[항공우주법 강좌 3]

# 항공법판례해설 Ⅲ

## 航空運送法

권 창 영

한국항공대학교 겸임교수 · 법학박사
법무법인(유한) 지평 변호사

法 文 社

[The Lecture Series on the Air and Space Law 3]

# THE COMMENTARY ON THE AVIATION LAW CASES Ⅲ

## – The Law of Carriage by Air –

by

Dr. Kwon, Chang Young

Adjunct Professor of Korea Aerospace University
Attorney at Law of JIPYONG LLC

2020

BUBMUNSA
Paju Book City, Korea

# 추 천 사

**이 공 현**
前 헌법재판관
법무법인(유한) 지평 대표변호사

항공은 사람이 탑승하는 항공기를 사용하여 공중을 항행하는 것이다. 20세기 초반 비행기가 등장하면서 항공운송이 급성장하기 시작하였고, 이제는 육상운송, 해상운송과 더불어 중요한 운송수단의 하나로 자리를 잡고 있다. 오늘날 인천국제공항이나 외국의 국제공항과 국내공항의 규모와 위상을 보면 국민이 느끼는 항공운송이나 관련 산업의 중요성은 더 말할 나위도 없다. 그리고 인천국제공항만 보더라도 현재 진행 중인 4단계 건설사업이 완공되면 연간 여객수용능력은 1억 3,000만 명, 화물처리능력은 580만t으로 늘어나게 된다.

종전에는 우리나라에서는 '항공법'과 '항공운송사업진흥법'을 두고 안전항공과 항공운송사업진흥을 도모하였다. 국제항공운송의 발전에 따라 '국제민간항공협약'이 탄생하게 되고, 우리나라도 2011년 상법에 항공운송편을 신설하여 항공운송인과 여객, 화주 기타 관련 당사자 사이의 법률관계를 규율하고 있다. 그리고 항공보안을 확보하기 위한 '항공보안법'과 안전항공과 항공기술발전을 위한 '항공안전법'을 정비하였다.

저자인 권창영 변호사는 3년여 전 법무법인(유한) 지평에 합류하여 법률실무에 종사하면서 한국항공대학교 항공우주법학과 겸임교수로 활약하고 있다. 금번 낯설게 느껴지는 항공우주법 분야 중 항공민사법과 항공노동법에 관한 판례해설을 모아 책자를 발간한 저자에게 경의를 표한다. 항공기 자체의 권리관계뿐만 아니라 항공기 운항으로 인한 소음 등 문제,

항공운송과 관련된 노동법문제를 다루고 있다. 앞으로도 항공운송과 항공행정 관련 문제에 이르기까지 아주 넓은 대상을 다룰 예정이다.

항공우주분야를 규율하는 법규범으로는 국제적인 항공협약이 있고, 이를 바탕으로 각국은 국내법을 제정하여 시행하여 오고 있다. 새로운 제도와 이론이 끊임없이 도입되고 있는 분야이다. 따라서 이 분야에 관심있는 법률가나 항공우주 실무가는 항공우주 관련 실무를 처리하면서 부딪칠 문제들에 대한 지침을 알려 줄 해설서가 절실하게 필요하다. 이러한 요청에 부응하여 다년간 이론과 실무를 연구한 저자가 변호사업무에 바쁜 와중에도 판례해설을 중심으로 항공우주법 강좌를 펴낸 것은 항공우주 관련업계와 법조계가 다함께 기뻐할 일이다.

이 책은 항공우주법에 관한 우리나라의 판례뿐만 아니라 미국 등 다른 나라의 판례를 소개하여 법조계와 항공우주관련 실무가에게 큰 도움을 주리라고 믿는다. 아울러 항공우주법 분야에서 이론과 실무의 발전을 염원하는 저자의 꿈과 바람이 법조계와 항공우주업계에 전하여져 활짝 꽃이 피길 기원한다.

# 서 문

인류는 오랜 옛날부터 하늘을 나는 것을 꿈꾸어 왔다. 1903년 라이트 형제가 역사적인 첫 비행에 성공한 이래 양차 세계대전을 거치면서 고정익항공기를 중심으로 항공산업이 눈부시게 발달하였다. 최근에는 무인항공기(Drone)의 등장으로 인류에게 새로운 희망을 주고 있다. 한편 우리나라는 지정학적으로 섬처럼 고립되어 있으므로 여객운송은 대부분 항공운송에 의존하고 있는데, 국력의 상승과 더불어 항공산업은 급격하게 발전하고 있다. 항공산업의 발달은 이를 적절하게 규율할 법령의 발전이 없으면 이루어질 수 없다. 이에 따라 항공법이 1961. 6. 8. 시행된 이래 많은 법령의 제정과 개정이 이루어졌다. 그럼에도 항공법에 관한 연구성과나 법학서는 다른 분야에 비해 매우 빈약하다.

저자는 최준선 항공우주정책·법학회 회장님의 소개로 2015년 가을 항공우주정책·법학회에서 항공기 집행에 관하여 주제 발표한 것을 계기로 항공법에 본격적으로 관심을 갖게 되었다. 그 후 저자는 한국항공대 황호원 교수님의 추천으로 2016년 2학기부터 한국항공대 대학원에서 항공법 강의를 담당하게 되었다. 주로 항공 관련 업무에 종사하면서 학업을 병행하는 수강생들의 경력이 다양하고 항공법에 대한 이해도에 차이가 컸기 때문에, 방대하고 복잡한 항공법을 체계적으로 설명하는데 가장 좋은 방법은 항공법에 관한 판례를 소개하고 이를 중심으로 강의하는 것이었다. 7학기 동안 강의를 하면서 항공법 전반에 관한 주제를 다루었고, 강의안도 점차 충실하게 되었다.

그동안 매번 필기의 어려움을 호소하면서 강의안을 정리하여 교재로 출판하여 달라는 수강생들의 요청에 부응하고자, 이번에 법문사의 도움으로 항공법판례해설서를 출간하게 되었다. 해설서는 국내외 대표적인 판례 200여 개를 주제별로 나누어, Ⅰ. 항공민사법, Ⅱ. 항공노동법, Ⅲ. 항공운송법, Ⅳ. 항공행정법 등 4권으로 순차적으로 출간될 예정이다. 최대한 국내 판례를 소개하려고 노력하였으나, 적절한 국내 판례가 없는 경우에는 외국 판례를 소개하였다. 독자들의 판례 접근의 어려움을 감안하여, 가급적 자세하게 사실관계와 판시사항을 기술하였고, 항공법 고유의 법리를 쉽게 이해할 수 있도록 해설부분을 집필하였다. 그러나 집필 착수 당시의 거창함에 비하여 출간을 앞둔 지금 부족한 점이 많이 보인다. 부족한 점이나 잘못된 점은 오로지 저자의 책임인바, 江湖諸賢의 기탄없는 질정과 매서운 비판을 기대한다.

이 책이 나오기까지 많은 분들의 도움이 있었다. 항공산업의 최전선에서 열심히 땀을 흘리고 계신 모든 항공인들, 김두환, 홍순길, 최준선, 김선이 회장님, 황호원 교수님을 비롯한 항공우주정책·법학회 회원들, 수업 도중 질의와 현장경험을 바탕으로 한 토론을 통하여 항공의 특수성을 이해하게 해주신 수강생들께 감사드린다. 특히 한국항공대 항공운항관리학과(항공우주법 전공) 박사과정을 수료하고 박사논문 준비와 항공판례연구회 창립 준비로 바쁜 와중에도 불구하고, 방대한 원고를 꼼꼼하게 검토해주신 김선아(金善娥) 항공판례연구회 사무총장(아시아나항공 부사무장)님께 깊이 감사드리며, 학문적으로 대성하기를 기원한다. 또한 장지훈 부장님, 노윤정 차장님, 권혁기 대리님을 비롯한 法文社 관계자 분들은 어려운 출판 환경에서도 법학 발전을 위한 사명감으로 방대한 분량의 원고를 이와 같이 멋진 책으로 만들어 주셨다. 이 책이 나오기까지 도움을 주신 모든 분들께 이 지면을 빌려 감사의 마음을 전한다.

파리 협약(Paris Convention) 탄생 101주년을 맞이하는 2020년 봄<br>
仁旺山에서 社稷壇을 바라보며<br>
저자 識

# 차 례

## 제1장 국제항공운송과 몬트리올 협약

## 제2장 항공여객운송계약

## 제3장 사망과 신체상해

## 제4장 연 착

## 제5장 수 하 물



## 제6장 항공물건운송계약

## 제7장 항공화물운송장

# 제 1 장

# 국제항공운송과 몬트리올 협약

# [1] 몬트리올 협약의 적용요건

대법원 2016. 3. 24. 선고 2013다81514 판결[1]

## Ⅰ. 사실관계

(1) 원고 미노언 주식회사는 아이티(Haiti)에 있는 국제연합(UN) 아이티 안정화 임무단(United Nations Stabilization Mission in Haiti, 이하 'MINUSTAH')에 파병된 국군 파견부대에 광파(光波) 거리측정기 2세트를 공급하기 위하여, 2011. 9. 27. 피고 주식회사 DHL코리아와 서울에서 아이티의 포르토프랭스에 있는 MINUSTAH의 로그베이스까지 광파거리측정기 2세트를 운송할 것을 내용으로 하는 항공운송계약을 체결하였다.

(2) 원고가 의뢰한 화물은 4개의 상자에 포장되어 있었는데, 그중 2개의 상자에 주장비(主裝備)가 들어 있었고, 나머지 2개의 상자에 부속장비인 삼각대 등이 들어 있었다. 피고는 이 사건 운송계약 체결 당일 원고 회사의 사무실에서 위 화물을 인수한 원고에게 항공화물운송장(Air Waybill)을 발행해 주었다. 이 운송장에는 송하인은 '원고 회사', 수하인은 '파병부대의 남○○ 대위'라고 기재되어 있었으며, 화물 정보란에는 '포장 4개, 무게 50kg', 화물 명세란에는 'TS09 Power-1 (Leica/Swiss) 2세트, Prism Pole & Support 2세트, CPT101. Wooden Tripod 2세트'라고 각 기재되어 있었고, 세관신고를 위한 가격표시란인 'Declared Value for Customs'에 'USD 39,786.13'으로 기재되어 있었다.

(3) 피고는 위 화물의 용적을 83.5kg으로 측정하여 이를 기준으로 기본운임 1,118,900원에 부피 초과로 인한 추가요금 30,000원, 유류할증료 268,536원을 포함하여 총 운송료로 1,417,436원을 청구하였다. 이 화물은 2011. 9. 28. 인천국제공항에서 피고의 항공기에 기적(機積)되었고, 다음

1) 이에 대한 평석은 김광록, "최근 판례를 통해 본 몬트리올 협약과 상법상 항공운송인의 책임", 항공우주정책·법학회지 제32권 제2호(2017. 12.), 33~66면.

날인 9. 29. 경유지인 미국 플로리다의 마이애미 공항에 도착한 후, 같은 날 목적지인 아이티의 포르토프랭스 공항에 다시 운송되었다. 그러나 위 화물 4상자 중 주장비가 들어 있는 상자 1개가 도착하지 않았는데, 위 화물의 무게는 12.7kg이고 용적은 22.2kg이다. 한편 피고는 위 화물의 소재를 발견할 수 없게 되자 나머지 화물인 상자 3개만을 수하인에게 배송하였다.

(4) 원고는 피고에게 실제 화물가치를 신고하고 추가요금 지급을 약정한 이상 몬트리올 협약의 책임제한 규정이 적용되지 않는다고 주장하였다. 따라서 피고는 원고에게 분실된 이 사건 화물이 광파거리측정기의 주장비인 관계로 광파거리측정기 세트의 납품가격 23,440,000원과 위 화물 분실로 인하여 새로 이를 구매하여 납품하면서 납품지연으로 부담하게 된 지체상금 2,953,440원을 합하여 총 26,393,440원을 배상하여야 한다고 주장하였다.

(5) 피고는 이 사건 운송계약에 적용되는 약관에 따라 배상책임이 kg당 미화 25달러로서 총 미화 555달러(=22.2kg×미화 25달러)로 제한되거나 몬트리올 협약에 kg당 17SDR[2]로서 총 377.4SDR(=22.2kg×17SDR)로 제한되어야 한다고 주장하였다.

# Ⅱ. 참조 조문

## 1. 몬트리올 협약

### 제1조(적용범위)

1. 이 협약은 항공기에 의하여 유상으로 수행되는 여객·수하물 또는 화물의 모든 국제운송에 적용된다. 이 협약은 항공운송기업이 항공기에 의하여 무상으로 수행하는 운송에도 동일하게 적용된다.
2. 이 협약의 목적상 국제운송이라 함은 운송의 중단 또는 환적이

2) 몬트리올 협약이 발효된 때부터 2009. 12. 29.까지는 17SDR, 2009. 12. 30.부터 2019. 12. 27.까지는 19SDR, 2019. 12. 28.부터는 22SDR이다.

있는지 여부를 불문하고, 당사자간 합의에 따라 출발지와 도착지가 두 개의 당사국의 영역 내에 있는 운송 또는 출발지와 도착지가 단일의 당사국 영역 내에 있는 운송으로서 합의된 예정 기항지가 타 국가의 영역 내에 존재하는 운송을 말한다. 이때 예정 기항지가 존재한 타 국가가 이 협약의 당사국인지 여부는 불문한다. 단일의 당사국 영역내의 두 지점간 수행하는 운송으로서 타 국가의 영역 내에 합의된 예정기항지가 존재하지 아니하는 것은 이 협약의 목적상 국제운송이 아니다.

## 2. 바르샤바 협약

**제1조**

(1) 이 협약은 항공기에 의하여 유상으로 행하는 여객, 수하물, 또는 화물의 모든 국제운송에 적용한다. 이 협약은 또한 항공운송기업이 항공기에 의하여 무상으로 행하는 운송에도 적용한다.

(2) 이 협약의 적용에서 "국제운송"이란 운송의 중단 또는 환적의 유무를 불문하고, 당사자간의 약정에 따라 출발지 및 도착지가 두 개의 체약국의 영역 내에 있는 운송이나 또는 출발지 및 도착지가 단일의 체약국의 영역 내에 있고 또 합의된 기항지가 이 협약의 체약국의 여부를 불문하고 타국의 주권, 종주권, 위임통치 또는 권력하에 있는 영역 내에서의 운송을 말한다. 동일한 체약국의 주권, 종주권, 위임통치 또는 권력하에 있는 영역간의 운송으로서 그러한 예정된 기항지가 없는 것은 이 협약의 적용에서 국제운송이라고 보지 아니한다.

## 3. 국제사법

**제25조(당사자 자치)** ① 계약은 당사자가 명시적 또는 묵시적으로 선택한 법에 의한다. 다만, 묵시적인 선택은 계약내용 그 밖에 모든 사정으로부터 합리적으로 인정할 수 있는 경우에 한한다.

② 당사자는 계약의 일부에 관하여도 준거법을 선택할 수 있다.

③ 당사자는 합의에 의하여 이 조 또는 제26조의 규정에 의한 준거법을 변경할 수 있다. 다만, 계약체결 후 이루어진 준거법의 변경은

계약의 방식의 유효성과 제3자의 권리에 영향을 미치지 아니한다.
④ 모든 요소가 오로지 한 국가와 관련이 있음에도 불구하고 당사자가 그 외의 다른 국가의 법을 선택한 경우에 관련된 국가의 강행규정은 그 적용이 배제되지 아니한다.
⑤ 준거법 선택에 관한 당사자의 합의의 성립 및 유효성에 관하여는 제29조의 규정을 준용한다.

**第26條(준거법 결정시의 객관적 연결)** ① 당사자가 준거법을 선택하지 아니한 경우에 계약은 그 계약과 가장 밀접한 관련이 있는 국가의 법에 의한다.
② 당사자가 계약에 따라 다음 각 호 중 어느 하나에 해당하는 이행을 행하여야 하는 경우에는 계약체결 당시 그의 상거소가 있는 국가의 법(당사자가 법인 또는 단체인 경우에는 주된 사무소가 있는 국가의 법)이 가장 밀접한 관련이 있는 것으로 추정한다. 다만, 계약이 당사자의 직업 또는 영업활동으로 체결된 경우에는 당사자의 영업소가 있는 국가의 법이 가장 밀접한 관련이 있는 것으로 추정한다.
1. 양도계약의 경우에는 양도인의 이행
2. 이용계약의 경우에는 물건 또는 권리를 이용하도록 하는 당사자의 이행
3. 위임·도급계약 및 이와 유사한 용역제공계약의 경우에는 용역의 이행

③ 부동산에 대한 권리를 대상으로 하는 계약의 경우에는 부동산이 소재하는 국가의 법이 가장 밀접한 관련이 있는 것으로 추정한다.

## 4. 상 법

**第46條(기본적 상행위)** 영업으로 하는 다음의 행위를 상행위라 한다. 그러나 오로지 임금을 받을 목적으로 물건을 제조하거나 노무에 종사하는 자의 행위는 그러하지 아니하다.
13. 운송의 인수

**第125條(의의)** 육상 또는 호천, 항만에서 물건 또는 여객의 운송을 영업으로 하는 자를 운송인이라 한다.

## Ⅲ. 판시사항

(1) 우리나라가 가입한 국제조약은 일반적으로 민법이나 상법 또는 국제사법보다 우선적으로 적용되지만, 적용대상은 조약에서 정한 바에 따라 엄격하게 판단하여야 한다. 몬트리올 협약은 우리나라도 가입하여 2007. 12. 29. 국내에서 발효되었는데, 이는 '항공기에 의하여 유상으로 수행되는 여객·수하물 또는 화물의 모든 국제운송'을 원칙적인 적용대상으로 하고(제1조 제1호), 여기에서 말하는 국제운송이란 "운송의 중단 또는 환적이 있는지를 불문하고 당사자 간 합의에 따라 출발지와 도착지가 두 개의 당사국의 영역 내에 있는 운송, 또는 출발지와 도착지가 단일의 당사국 영역 내에 있는 운송으로서 합의된 예정 기항지가 타 국가의 영역 내에 존재하는 운송을 말한다"고 규정되어 있다(제1조 제2호). 따라서 국제항공운송계약에 몬트리올 협약이 적용되려면 출발지와 도착지가 모두 협약 당사국이어야 한다.

(2) 원심이 인정한 사실관계에 의하면 이 사건 운송계약상 출발지인 대한민국은 몬트리올 협약 당사국이지만 도착지인 아이티 공화국은 위 협약의 당사국이 아니다. 따라서 이 사건 운송계약에는 원칙적으로 몬트리올 협약이 적용되지 않는다.

## Ⅳ. 해 설

### 1. 국제항공운송에 적용되는 규범

#### 가. 바르샤바 체제에서 몬트리올 협약으로

1929년 바르샤바 협약은 항공운송의 초창기에 항공사고에 관한 항공운송인의 책임을 제한함으로써 상당히 취약한 상태에 있었던 항공산업이 성장할 수 있도록 형성된 국제협약이다.[3] 바르샤바 협약의 주된 목적은 국

3) Andreas Lowenfeld/Allan Mendelsohn, "The United States and the Warsaw Convention", 80 Harv. L. Rev. 497, 498~502 (1967).

제항공운송에서 발생하는 분쟁을 규율하는 규범의 국제적 통일을 달성하기 위한 것이다.[4] 1999년 몬트리올 협약은 바르샤바 협약을 수정한 협약이 아니라, 바르샤바 협약에서 유래된 책임제도를 통일하고 대체하기 위한 새로운 협약이다.[5] 몬트리올 협약의 주된 목적은 바르샤바 체제를 구성하는 보충협약과 국제항공운송인간의 합의[6]로 뒤죽박죽된 국제항공운송의 규범을 조화롭게 하는 것이다.[7] 기존 바르샤바 협약과 달리 몬트리올 협약은 항공산업의 발전으로 항공운송산업을 보호할 필요성이 감소함에 따라 항공운송산업의 소비자인 고객을 위한 책임원리가 도입되어 항공운

---

4) El Al Israel Airlines v. Tseng, 525 U.S. 155 (1999); Eastern Airlines, Inc. v. Floyd, 499 U.S. 530 (1990).

5) Ehrlich v. American Airlines, Inc., 360 F.3d 366 (2d Cir. 2004); Baah v. Virgin Atlantic Airways Ltd., 473 F.Supp.2d 591 (2007); Blanca I. Rodriguez, "Recent Developments in Aviation Liability Law", 66 J. AIR L. & Com. 21, 24 (2000).

6) 예를 들면, 1966년 몬트리올 협정(Montreal Agreement 1966). 제2차 세계대전을 통하여 급속한 경제성장을 이룩한 미국은 국민의 생활수준이 다른 나라에 비하여 훨씬 높았기 때문에, 바르샤바 협약에서 정한 국제항공운송인의 책임한도액인 1만 달러, 헤이그 의정서가 정한 2만 달러는 미국내에서 발생한 항공사고로 인한 손해에 대하여 미국 법원이 인정하여 주는 금액보다 훨씬 못미치는 것으로 여객에 대하여 적절한 보상이 되지 못하였다. 이에 미국은 1965년 바르샤바 협약 상 여객에 대한 책임한도액을 100,000달러까지 인상하려고 노력하였으나 이러한 노력이 무위로 돌아가자, 미국은 바르샤바 협약의 책임한도액이 지나치게 낮다는 이유로, 1965. 11. 15. 폴란드 정부에 1966. 3. 16.자로 바르샤바 협약에서 탈퇴할 것을 정식통고하였다. 미국이 항공시장에서 차지하는 압도적 영향력에 비추어 미국이 바르샤바 협약을 폐기할 경우 그동안 바르샤바 체제를 통하여 확립된 ICAO의 기반은 물론이고 국제협약을 통하여 형성된 국제협력이 무너질 위기에 처하자, ICAO는 미국의 탈퇴선언을 철회하도록 종용하기 위한 대책을 협의하기 위하여 특별총회를 소집하였으나 합의점에 도달할 수가 없었다. 이에 IATA는 미국의 입장을 고려하여 미국 정부와 교섭하지 않고, 미국을 출발·도착·경유하는 항공사들의 회의를 몬트리올에 소집하여, 1966. 5. 4. 임시협정을 체결하고 이를 조건으로 미국 정부로부터 바르샤바 협약 탈퇴통고를 철회한다는 약속을 받아냈다. 이것이 'IATA 운송인과 미국 민항국 사이의 협정[Agreement Between Carriers of International Air Transport Association (IATA) and the Civil Aeronautics Board (CAB) of the United States, Montreal 1966, 이하 '몬트리올 협정']'인바, 위 협정은 1966. 5. 13. 민항국(CAB)의 승인을 얻어 1966. 5. 16.자로 발효되었다. 몬트리올 협정에 의하면 출발지·도착지·합의된 중간기착지가 미국 영토 안에 있는 경우, 여객의 사상에 대한 항공운송인의 책임한도액을 소송비용 및 제 경비를 포함하는 경우에는 75,000달러로 인상하고, 소송비용 및 제 경비에 관한 별도 규정을 두고 있는 경우에는 58,000달러로 인상하며, 운송인은 바르샤바 협약 제20조 제1항에 의한 책임배제규정의 원용권을 포기하여 절대책임(absolute liability)을 부담하도록 하였다.

7) Carl E. Fumarola, Note, "Stratospheric Recovery: Recent and Forthcoming Changes in International Air Disaster Law and Its Effect on Air Terrorism Recovery", 36 Suffolk U. L. Rev. 821, 835 (2003).

송인의 손해배상책임을 한층 강화하였고(유한·과실책임주의에서 무한·무과실책임주의로 운송인의 책임구조 변화), 운송인의 이익보호에서 고객의 이익보호로 전환하였다.[8] 이와 같이 몬트리올 협약은 바르샤바 협약에 비하여 운송인보다 여객에게 우호적이다.[9] 그럼에도 몬트리올 협약의 내용은 바르샤바 협약과 매우 유사하므로,[10] 몬트리올 협약을 해석할 때는 같은 내용의 바르샤바 협약 해석을 참조하여야 한다.[11]

### 나. 몬트리올 협약의 배타적 적용

(1) 국제항공운송에 관하여는 몬트리올 협약이 배타적·강제적으로 적용된다.[12] 따라서 당사자 사이에 몬트리올 협약 이외의 다른 법규, 예를 들면 대한민국 법이나 아이티 법을 준거법으로 약정하더라도 효력이 없고,[13] 몬트리올 협약에 의하여 항공운송인의 책임이 인정되지 아니하면 국내법에 의하여도 청구할 수 없다.[14] 승강(乘降) 중에 발생한 차별에 관한 분쟁,[15] 위탁수화물에 대한 추가요금의 징수에 관한 분쟁[16] 등도 모두 몬트리올 협약이 배타적으로 적용된다.

(2) 몬트리올 협약 가입 이전에 바르샤바 체제하에서 판례는 "국제항공운송에 관한 법률관계에 대하여는 1955년 헤이그에서 개정된 '국제항공운송에서의 일부규칙의 통일에 관한 협약'이 일반법인 민법이나 상법에 우선하여 적용된다"고 판시하여 이와 같은 입장을 취하고 있었다.[17]

---

8) 서울중앙지방법원 2013. 9. 27. 선고 2013나16779 판결.
9) Weiss v. El Al Isr. Airlines, Ltd., 433 F.Supp.2d 361, 365 (S.D.N.Y. 2006).
10) Weiss v. El Al Isr. Airlines, Ltd., 433 F.Supp.2d 361, 365 (S.D.N.Y. 2006).
11) Kalantar v. Lufthansa German Airlines, 402 F.Supp.2d. 130, 140 n. 10 (D.D.C. 2005); Baah v. Virgin Atlantic Airways Ltd., 473 F.Supp.2d 591 (2007); Phifer v. Icelandair, 652 F.3d 1222 (9th Cir. 2011).
12) Aikpitanhi v. Iberia Airlines of Spain, 553 F.Supp.2d 872, 878-79 (E.D.Mich. 2008).
13) El Al Israel Airlines Ltd. v. Tsui Yuan Tseng, 525 U.S. 155 (1999); Sidhu v. British Airways Plc. [1997] A.C. 430; [1997] 2 Lloyd's Rep. 76.
14) Ramirez v. United Airlines, Inc., 416 F.Supp.2d 792 (N.D.Cal. 2005).
15) King v. American Airlines, Inc., 284 F.3d 352 (2d Cir. 2002).
16) Mbaba v. Societe Air France, 457 F.3d 496 (5th Cir. 2006).
17) 대법원 1986. 7. 22. 선고 82다카1372 판결, 대법원 2006. 4. 28. 선고 2005다30184 판결.

### 다. 몬트리올 협약이 적용되는 국제운송(international carriage)의 개념

몬트리올 협약 제1조 제2항은 위 협약이 적용되는 국제운송에 관하여 다음과 같이 규정하고 있다.

#### (1) 당사자간 합의에 따라 출발지와 도착지가 두 개의 당사국의 영역 내에 있는 운송

항공운송인과 여객 또는 송하인이 합의한 출발지와 도착지가 속한 두 개의 국가가 모두 몬트리올 협약 체약국이어야 한다. 실제 운송이 중단되거나 중간에 다른 곳에 기착하더라도 합의된 출발지와 도착지 국가가 몬트리올 협약 체약국이라면 국제운송에 해당한다. 송하인이 항공화물을 인천에서 미국[18] 마이애미로 운송하는 계약을 항공운송인과 체결하였다면, 위 물건운송은 몬트리올 협약이 적용되는 국제운송에 해당한다. 또한 화물의 출발지(대한민국)와 도착지(파라과이)가 모두 몬트리올 협약의 당사국이므로 위 국제항공운송에 관한 법률관계에는 몬트리올 협약이 민법이나 상법보다 우선적으로 적용된다.[19] 합의된 출발지와 도착지는 여객항공권, 항공화물운송장에 기재된 곳으로 볼 수 있다.[20]

#### (2) 출발지와 도착지가 단일의 당사국 영역 내에 있는 운송으로서 합의된 예정 기항지가 다른 국가의 영역 내에 존재하는 운송

불가분의 단일한 국제운송에서 도착지는 하나만 존재한다.[21] 왕복운송에서는 출발지와 도착지가 동일하다.[22] 그러므로 여객이 부산 ↔ 코타키

18) 미국은 2003. 9. 5. 몬트리올 협약서를 기탁하였고, 2003. 11. 4. 몬트리올 협약이 발효되었다.

19) 대법원 2018. 3. 15. 선고 2017다240496 판결.

20) CARRIAGE OF GOODS BY AIR: A GUIDE TO THE INTERNATIONAL LEGAL FRAMEWORK, UNCTAD secretariat, 2006. 6. 27., para. 44.

21) In re Alleged Food Poisoning Incident, March 1984, 770 F.2d 3, 6 (2d Cir. 1985); Swaminathan v. Swiss Air Transport Co., 962 F.2d 387, 389 (5th Cir. 1992).

22) Baah v. Virgin Atlantic Airways Ltd., 473 F.Supp.2d 591 (2007); Swaminathan v. Swiss Air Transport Co., 962 F.2d at 389 (5th Cir. 1992); Lee v. China Airlines, Ltd., 669 F.Supp. 979, 981 (C.D.Cal. 1987); Petrire v. Spantax, S.A., 756 F.2d 263, 265 (2d Cir. 1985); Butz v. British Airways, 421 F.Supp. 127, 130 (E.D.Pa. 1976). 이와 달리, 복편이 오픈으로 예약된 경우에는 두 개의 운송계약이라고 판시한

나발루(말레이시아) 왕복항공권을 구입하여 부산에서 코타키나발루에 갔다가, 코타키나발루를 출발하여 다시 부산에 도착할 예정이라면,[23] 출발지와 도착지가 단일의 당사국(대한민국) 영역 내에 있는 운송으로 합의된 예정 기항지가 다른 국가(말레이시아)의 영역 내에 존재하는 국제운송에 해당한다. 위의 사례에서 출발지 및 도착지국이 몬트리올 협약에 가입하면 충분하고, 예정 기항지(코타키나발루)가 몬트리올 협약의 체약국인지 여부와는 관계없다(몬트리올 협약 제1조 제2항 제2문).[24]

### 라. 출발지국과 도착지국이 가입한 국제협약이 서로 다른 경우

#### (1) 국제항공운송에 관한 바르샤바 체제

국제항공운송을 규율하는 국제협약에는 1929년 바르샤바 협약(Warsaw Convention 1929), 1955년 헤이그 의정서(Hague Protocol 1955),[25] 1961년 과달라하라 협약(Guadalajara Convention 1961), 1971년 과테말라시 의정서(Guatemala City Protocol 1971),[26] 1975년 몬트리올 추가의정서 1, 2, 3, 4(Montreal Additional Protocols Numbers 1, 2, 3, 4 of 1975) 등이 있는데, 위의 협약과 의정서를 합하여 바르샤바 체제라고 한다. 바르샤바 체제에 의하면, 체약국이 비준한 협약과 의정서에 따라 체약국의 지위는 다

---

Aanestad v. Air Canada, Inc., 382 F.Supp. 550, 551 (C.D.Cal. 1974)가 있으나, 위 판결에 반대하는 판결이 다수를 이루고 있다[Lee v. China Airlines, Ltd., 669 F.Supp. 979, 981 (C.D.Cal. 1987); Swaminathan v. Swiss Air Transport Co., 962 F.2d at 389 (5th Cir. 1992); Butz v. British Airways, 421 F.Supp. 127 (E.D.Pa. 1976), aff'd, 566 F.2d 1168 (3d Cir. 1977)].

23) 피고의 원고들에 대한 항공운송구간은 '부산 → 코타키나발루 → 부산'으로서, 출발지와 도착지가 모두 몬트리올 협약의 당사국인 대한민국이거나 예정 기항지가 타 국가인 말레이시아이므로, 몬트리올 협약 제1조 제2호에 따라 이 사건 항공운송에 관해서는 위 협약이 적용된다. 부산지방법원 서부지원 2018. 4. 11. 선고 2017가단107238 판결.

24) 말레이시아는 2007. 12. 31. 몬트리올 협약서를 기탁하였고, 2008. 2. 29. 위 협약이 발효되었다. 다만 군사당국이 사용하는 항공운송의 경우에는 협약의 적용을 유보하였다. Malaysia, in accordance with Article 57 (b) of the Montreal Convention, declares that the Convention shall not apply to the carriage of persons, cargo and baggage for its military authorities on aircraft registered in or leased by Malaysia, the whole capacity of which has been reserved by or on behalf of such authorities.

25) 우리나라는 1967. 7. 13. 헤이그 의정서를 비준하여, 1967. 10. 11. 위 의정서가 발효되었다.

26) 위 의정서는 발효되지 않았다.

음과 같이 분류할 수 있다.

1. Warsaw Convention 1929
2. Warsaw-Hague Convention 1955
3. Warsaw-MAP 1 Convention 1975
4. Warsaw-Hague-MAP 2 Convention 1975
5. Warsaw-Hague-MAP 4 Convention 1975
6. Warsaw Convention 1929 supplemented by Guadalajara Convention 1961
7. Warsaw-Hague Convention 1955 supplemented by Guadalajara Convention 1961
8. Warsaw-MAP 1 Convention 1975 supplemented by Guadalajara Convention 1961
9. Warsaw-Hague-MAP 2 Convention 1975 supplemented by Guadalajara Convention 1961
10. Warsaw-Hague-MAP 4 Convention 1975 supplemented by Guadalajara Convention 1961

#### (2) 출발지국과 도착지국 중 일방만 몬트리올 협약에 가입한 경우

만약 출발지국은 몬트리올 협약의 체약국이고 도착지국이 몬트리올 협약의 체약국이 아니라면, 양국 사이에 공통된 국제협약은 존재하지 아니하므로, 국제사법에 의하여 국내법이 준거법이 된다.[27] 출발지국과 도착지국이 바르샤바 협약 체약국이라면, 양국 사이에 공통된 바르샤바 협약이 적용된다.[28]

#### (3) 출발지국과 도착지국 모두 몬트리올 협약에 가입하지 않은 경우

이 경우 양국이 바르샤바 체제하에 가입한 협약과 의정서에 따라 국제항공운송에 적용되는 규범이 결정된다. 출발지국이 바르샤바 협약 및 헤

27) CARRIAGE OF GOODS BY AIR: A GUIDE TO THE INTERNATIONAL LEGAL FRAMEWORK, UNCTAD secretariat, 2006. 6. 27., para. 48.

28) CARRIAGE OF GOODS BY AIR: A GUIDE TO THE INTERNATIONAL LEGAL FRAMEWORK, UNCTAD secretariat, 2006. 6. 27., para. 48.

이그 의정서 체약국이고 도착지국이 헤이그 의정서 체약국이라면, 국제항공운송에는 헤이그 의정서가 적용된다.[29] 출발지국이 바르샤바 협약 및 헤이그 의정서 체약국이고, 도착지국이 바르샤바 협약 체약국이라면, 국제항공운송에는 바르샤바 협약이 적용된다.

2002. 4. 15. 중국 베이징공항에서 대한민국 김해공항으로 오던 중 중국 국적 항공기가 추락한 경우, 출발지인 중국과 도착지인 대한민국은 모두 바르샤바 협약은 가입하지 않고, 헤이그 의정서에만 가입하였으므로, 위 사고로 인한 여객 및 상속인의 항공운송인에 대한 손해배상청구에 관한 적용규범은 헤이그 의정서에 의하여 개정된 바르샤바 협약이 된다고 판시한 사례가 있다.[30] 그러나 중국은 1958. 7. 20. 바르샤바 협약에 가입하고, 1975. 8. 20. 헤이그 의정서에 가입하였으므로, 위 인정사실은 잘못되었지만, 헤이그 의정서가 적용된다는 결론은 타당하다.[31]

#### (4) 출발지국이 헤이그 의정서만 가입하고 도착지국이 바르샤바 협약만 가입한 경우

헤이그 의정서만 가입한 우리나라와 바르샤바 협약(원협약)만 가입한 미국[32] 사이에 여객 또는 물건 운송계약을 체결한 경우, 국제운송계약에 적용되는 협약이 무엇인지 문제된다.

##### (가) 헤이그 의정서 적용설

대법원은 "개정된 바르샤바 협약 제1조 제2항에서 사용하고 있는 용어인 '체약국'이란 개념은 바르샤바 협약과 헤이그 의정서에 모두 가입한 국가는 물론, 대한민국과 같이 바르샤바 협약에는 가입하지 않고 있다가 헤이그 의정서에 가입함으로써 바르샤바 협약에 가입한 효력이 발생한 국가와 바르샤바 협약에는 가입하였으나 헤이그 의정서에는 아직 가입하지 아니한 국가를 모두 포함하는 것으로 보아야 한다"[33]고 판시하면서, 헤이그

29) 서울지방법원 1998. 7. 7. 선고 98나7048 판결.
30) 서울중앙지방법원 2006. 6. 23. 선고 2003가합58978 판결.
31) 박원화, 항공사법 - 항공운송법-, 한국학술정보(2012), 136면.
32) 미국은 몬트리올 협약을 비준한 지 10일 후인 2003. 9. 15. 헤이그 의정서도 비준하였고, 2003. 12. 14. 발효되었다. 따라서 위 사례는 미국이 헤이그 의정서를 비준하기 전임을 전제로 한다.

의정서에 의하여 개정된 바르샤바 협약이 적용규범이 된다고 보았다.

(나) 원협약 적용설

미국 판례[34]는, 미국은 바르샤바 협약에만 가입하였고 우리나라는 원협약을 개정한 헤이그 의정서에만 가입하였으나, 헤이그 의정서는 독립된 조약이 아니라 원협약 중 일부를 개정한 것에 불과하므로 원협약과 개정협약 두 협약은 각각 별개의 협약이 아니며, 헤이그 의정서만으로는 스스로 독립성이 없고, 따라서 미국과 우리나라 사이의 항공운송에는 원협약이 적용된다고 판시하였다.[35]

(다) 적용협약 부존재설

삼성전자가 1995. 8. 10. 아시아나 항공기를 이용하여 반도체를 서울에서 샌프란시스코까지 운송을 의뢰한 사건에서, 미국 연방항소법원[36]은 미국과 대한민국 사이에 이루어진 물건운송에 관한 손해배상사건에서 적용할 국제협약이 없다고 판시하였다.

#### (5) 가상적 사례

1969. 12. 15. 김포공항에서 출발하여 부산, 일본을 경유한 후 미국 LA로 가는 항공편에 A, B, C가 탑승하였다. A의 도착지는 부산, B의 도착지는 일본, C의 도착지는 미국이었는데, 항공기가 김포공항에서 부산으로 가는 도중 추락하였다고 가정하자. 이 경우 손해배상에 관하여 적용되는 규범은, A는 국내법, B는 1955년 헤이그 의정서, C는 1929년 바르샤바 협약(대법원 판례에 의하면 1955년 헤이그 의정서에 의하여 개정된 바르샤

33) 대법원 1986. 7. 22. 선고 82다카1372 판결.

34) In re Korean Airlines Disaster of September 1, 1983, 664 F.Supp. 1463 (D.D.C. 1985); Hyosung (America), Inc. v. Japan Air Lines Co., Ltd. and Flying Tigers, United States District Court, S.D.N.Y., 25 October 1985, 19 Avi 18,034.

35) 同旨 최준선, 국제항공운송법론, 삼영사(1987), 68면; OLG Hamburg, 1988 ZLW 362; Wolf Muller-Rostin, "Recent Developments in German Aviation Law", 1991 Air L. 14.

36) Chubb & Son, Inc. v. Asiana Airlines, 214 F.3d 301 (2nd Cir. 2000), cert. denied, 533 U.S. 928 (2001). 이에 관한 평석은 정재중, "한미간 항공화물운송에 관한 공통조약관계의 존재 여부 -Chubb & Son, Inc. v. Asiana Airlines (2nd Cir. 2000) 및 미국에서의 논의를 중심으로-", 항공우주정책·법학회지 제16권 제2호(2002. 12.), 160~196면.

바 협약)이 된다.[37)]

## 2. 대상사안의 검토

### 가. 도착지인 MINUSTAH 기지의 지위

아이티는 몬트리올 협약의 체약국이 아니고, 바르샤바 체제에 관한 어떠한 협약이나 의정서를 비준한 바 없다. 이 사건 운송계약상 도착지가 아이티 공화국 내에 있는 MINUSTAH의 기지이기는 하지만, MINUSTAH는 UN 안전보장이사회 결의 제1542호로 창설·파견된 UN 평화유지군이고, 그 파견과 관련하여 아이티 공화국 정부와 UN 간에 체결된 '아이티 내 UN 활동의 지위에 관한 UN과 아이티 정부 간 협정'에는 MINUSTAH의 '구성원(MEMBER)'에 대하여 일정한 경우 아이티 공화국의 재판관할권을 배제하는 규정이 있을 뿐이고, MINUSTAH 주둔지역을 일반적으로 아이티 공화국 법의 적용이 배제되는 것으로는 하고 있지 않다.

또한 몬트리올 협약의 제정을 주도하고 위 협약이 기탁된 '국제민간항공기구(ICAO)'는 국제연합 산하의 전문기구(Specialized Agency)이기는 하지만 UN 평화유지군 파견지역에서는 UN 또는 UN 전문기구에 기탁된 협약이 당연히 적용된다고 볼 근거는 없고, 몬트리올 협약 자체에도 UN 평화유지군 파견지역에 대하여 그 협약이 적용된다는 규정이 없다. 그러므로 이 사건 운송계약에서 아이티 공화국 내에 있는 MINUSTAH 기지를 도착지로 정하였다고 하더라도 아이티 공화국이 몬트리올 협약 당사국이 아닌 이상 그 협약이 적용될 수는 없다.

### 나. 적용규범의 조사

소송사건에 적용할 법률은 법원이 직권으로 조사할 사항이다. 외국적 요소가 있는 섭외적 사건[38)]에 관하여 적용될 준거법으로서 외국법은 여전

37) 일본에서는 1953. 8. 18. 바르샤바 협약을, 1967. 11. 8. 헤이그 의정서가 발효되었다. 손주찬, "항공사고와 항공보험 2", 법률신문 제848호(1969. 12. 15.).

38) 외국적 요소가 있는지 여부는 거래당사자의 국적뿐만 아니라 주소, 물건 소재지, 행위지, 사실발생지 등이 외국과 밀접하게 관련되어 있는지 등을 종합적으로 고려하여야 하고, 그 결과 곧바로 내국법을 적용하기보다는 국제사법을 적용하여 그 준거법을 정하는

히 사실이 아니라 법으로서 법원은 직권으로 그 내용을 조사하여야 하고, 그러한 직권조사에도 불구하고 그 외국법의 내용을 확인할 수 없는 경우에 한하여 조리 등을 적용한다.[39] 한편 섭외적 사건에 관하여 적용될 준거법인 외국법의 내용을 확정하고 그 의미를 해석할 때는 그 외국법이 본국에서 현실로 해석·적용되고 있는 의미 또는 내용에 좇아야 하고, 소송과정에서 그 외국의 판례 등 해석기준에 관한 자료가 제출되지 아니하여 그 내용의 확인이 불가능한 경우에만 일반적인 법해석기준에 따라 법의 의미·내용을 확정할 수 있다.[40]

### 다. 몬트리올 협약 적용에 관한 내용이 자백의 대상이 되는지 여부

#### (1) 원고의 주장

원고는 피고가 원심까지의 소송과정에서 이 사건 운송계약에 몬트리올 협약을 적용하는 데 대하여 이의가 없었으므로 그 협약에 정한 바에 따라 운송인의 책임제한 여부를 판단한 것은 정당하다고 주장하였다.

#### (2) 적용법률은 자백의 대상이 되지 아니함

재판상 자백이란 변론기일 또는 준비절차기일에 당사자가 하는 상대방의 주장과 일치하는 자기에게 불리한 사실의 진술을 말하는 것이다.[41] 일반적으로 법원에서 당사자가 자백한 사실은 증명을 필요로 하지 아니하고 (민사소송법 제288조), 자백이 성립된 사실은 법원을 기속한다. 그러나 이는 법률 적용의 전제가 되는 주요사실에 한정되는 것이고, 사실에 대한 법적 판단이나 평가 또는 적용할 법률이나 법적 효과는 자백의 대상이 되지 아니한다.[42]

당사자 자치의 원칙에 비추어 계약당사자는 어느 국제협약을 준거법으

---

것이 더 합리적이라고 인정되는 법률관계에 대하여는 국제사법의 규정을 적용하여 준거법을 정하여야 한다. 대법원 2014. 12. 11. 선고 2012다119443 판결.

39) 대법원 2000. 6. 9. 판결 98다35037 판결.

40) 대법원 2010. 3. 25. 선고 2008다88375 판결.

41) 대법원 2014. 3. 13. 선고 2013다213823 판결.

42) 대법원 1992. 11. 10. 선고 92다22121 판결, 대법원 2000. 1. 28. 선고 99다35737 판결.

로 하거나 그중 특정 조항이 당해 계약에 적용된다는 합의를 할 수 있고 그 합의가 있었다는 사실은 자백의 대상이 될 수 있지만, 소송절차에서 비로소 당해 사건에 적용할 규범에 관하여 쌍방 당사자가 일치하는 의견을 진술하였다고 해서 이를 준거법 등에 관한 합의가 성립된 것으로 볼 수는 없다. 소송대리인이 그러한 합의를 하려면 소송대리권의 수여 외에 별도로 정당한 수권이 있어야 함은 물론이다.

(3) 원고 주장에 대한 검토

원고는 이 사건 운송계약이 몬트리올 협약의 적용대상이라고 주장하였고, 피고도 제1심 제6차 변론기일에 "이 사건 몬트리올 협약 내용 중 책임제한 적용에 대해서는 이의가 없다"라고 진술한 바가 있다. 그러나 이는 사건에 적용할 준거법 또는 법적 판단 사항에 대한 의견에 해당할 뿐 민사소송법에서 불요증사실로 규정한 자백의 대상에 관한 진술이라고는 할 수 없다.

그러므로 설사 원심에 이르기까지 원고와 피고 사이에 이 사건 운송계약에 관한 분쟁에 몬트리올 협약을 적용하는 데 대하여 이견이 없었다고 볼 여지가 있더라도, 규범 체계로 볼 때 이 사건 운송계약이 위 협약에서 정한 적용대상에 해당하지 않는 이상 이를 근거로 하여 손해배상책임의 범위 등을 판단할 수는 없다.

### 라. 이 사건에 적용되는 법규

대상사안에서 아이티는 몬트리올 협약의 가입국이 아니므로 몬트리올 협약은 적용되지 아니하고, 아이티는 바르샤바 체제에 가입한 바 없으므로 우리나라와 공통적으로 적용되는 국제규범은 존재하지 아니한다. 대상사안에서는 운송계약과 가장 밀접한 국가의 법률이 적용되어야 하는바(국제사법 제25조, 제26조),[43] 외국적 요소가 있는 계약에서 당사자가 계약의

43) 구 섭외사법(2001. 4. 7. 법률 제6465호 국제사법으로 전문 개정되기 전의 것) 제9조는 법률행위의 성립 및 효력에 관하여 당사자의 의사에 의하여 법을 정하되 당사자의 의사가 분명하지 아니한 때에는 행위지법에 의하도록 규정하고 있는바, 근로계약의 당사자 사이에 준거법 선택에 관한 명시적인 합의가 없는 경우에는 근로계약에 포함된 준거법

일부에 관하여만 준거법을 선택한 경우에 해당 부분에 관하여는 당사자가 선택한 법이 준거법이 되지만, 준거법 선택이 없는 부분에 관하여는 계약과 가장 밀접한 관련이 있는 국가의 법이 준거법이 된다.[44] 이 사건에서 운송계약의 체결지, 운송인의 영업소 소재지 등을 고려하면, 운송계약과 가장 밀접한 관련이 있는 국가는 대한민국이므로, 객관적 준거법은 우리나라의 법령(상법·민법 등)이 된다. 한편 이 사건 당시 상법 제6편의 항공운송편은 시행되지 않았으므로, 당사자 사이에 체결된 운송계약에 편입된 운송약관에 따라 피고의 책임 유무와 범위가 결정된다.[45]

---

이외의 다른 의사표시의 내용이나 소송행위를 통하여 나타난 당사자의 태도 등을 기초로 당사자의 묵시적 의사를 추정하여야 하고, 그러한 묵시적 의사를 추정할 수 없는 경우에도 당사자의 국적, 주소 등 생활본거지, 사용자인 법인의 설립 준거법, 노무 급부지, 직무 내용 등 근로계약에 관한 여러 가지 객관적 사정을 종합하여 볼 때 근로계약 당시 당사자가 준거법을 지정하였더라면 선택하였을 것으로 판단되는 가정적 의사를 추정하여 준거법을 결정할 수 있다. 대법원 2004. 6. 25. 선고 2002다56130 판결.

44) 대법원 2016. 6. 23. 선고 2015다5194 판결.

45) 제1심(서울중앙지방법원 2013. 2. 18. 선고 2011가단459050 판결)은 원고의 청구를 기각하였고, 파기 환송 후 항소심(서울중앙지방법원 2016. 7. 14. 선고 2016나20397 판결)은 약관에 규정된 책임제한조항을 적용하여 항소기각 판결을 선고하였으며, 위 판결은 2016. 8. 5. 확정되었다.

# [2] 국제항공운송에서 도착지의 판단

In Re Air Crash Disaster of Aviateca Flight 901,
29 F.Supp.2d 1333 (S.D.Fla. 1997)

## Ⅰ. 사실관계

(1) 과테말라에 본점을 두고 있는 피고 아비아테카 회사(Aviateca S.A.)가 운항하는 901편 항공기(보잉 737-200, N125GU)는 과테말라 소재 과테말라시(Guatemala City) La Aurora 국제공항에서 엘 살바도르 소재 산 살바도르(San Salvador)로 운항하던 중, 1995. 8. 9. San Vicente 화산에 충돌하여 추락하였다. 위 사고로 인하여 58명의 여객과 7명의 승무원 전원이 사망하였다.

(2) 사망한 여객의 유족들은 1995. 9.경 피고를 상대로 손해배상을 구하는 소를 미국 연방지방법원에 제기하였다. 이에 대하여 피고는 원고들이 제기한 소는 바르샤바 협약 제28조 제1항에 의하면 미국 연방지방법원에 관할권이 인정되지 아니한다는 내용으로 본안전 항변을 제기하였다.

(3) Aadland, Eika, Fadum, Finstad, Nybraaten 등 5명의 노르웨이 국적 여객의 상속인인 원고들은 도착지(Place of Destination)가 플로리다주 마이애미(Miami)이므로, 이 사건 소는 미국 연방법원에 관할권이 인정된다고 주장하였다. 위 5명의 여객은 1995. 8. 9. 노르웨이 오슬로(Oslo)를 출발하여 런던과 마이애미를 경유하고, 니카라과 마나과(Managua)에 도착한 다음, 마나과를 출발하여 1995. 8. 23. 같은 경로를 거쳐 오슬로로 돌아오는 항공편을 예약하였다.

(4) 2장으로 구성된 항공권에 인쇄된 내용을 살펴보면, 하나는 British Airways가 오슬로 ↔ 런던 ↔ 마이애미 구간을 담당하고, 나머지 하나는 피고가 마이애미 ↔ 마나과 구간을 담당하도록 되어 있었다. 원고들은 이

를 근거로, 국제항공운송계약은 두 개로 분리되어 있고, 마이애미 → 마나과 → 마이애미 구간의 도착지는 마이애미라고 주장하였다. 이에 대하여 피고는, 위 국제항공운송은 여러 개의 운송구간으로 나누어져 있더라도 여러 개의 운송계약으로 볼 수 없으며, 출발지와 도착지가 오슬로인 단일한 운송계약이라고 주장하였다.

(5) 원고들의 주장과 같이 마이애미가 도착지라면, 바르샤바 협약 제28조 제1항에 의하여 도착지 소재지국의 법원인 미국 연방법원에 관할권이 인정된다.[1)] 이와 달리, 피고의 주장과 같이 오슬로가 도착지라면, 중간기착지에 불과한 마이애미가 소재한 미국 연방법원에는 바르샤바 협약에 따른 관할권은 인정되지 아니한다.

## Ⅱ. 참조 조문

### 1. 바르샤바 협약

**제1조** (2) 이 협약의 적용에서 "국제운송"이란 운송의 중단 또는 환적의 유무를 불문하고, 당사자 간의 약정에 따라 출발지 및 도착지가 두 개의 체약국의 영역 내에 있는 운송이나 또는 출발지 및 도착지가 단일의 체약국의 영역 내에 있고 또 합의된 기항지가 이 협약의 체약국의 여부를 불문하고 타국의 주권, 종주권, 위임통치 또는 권력하에 있는 영역 내에서의 운송을 말한다. 동일한 체약국의 주권, 종주권, 위임통치 또는 권력하에 있는 영역간의 운송으로서 그러한 예정된 기항지가 없는 것은 이 협약의 적용에서 국제운송으로 보지 아니한다.

(3) 둘 이상의 운송인이 계속하여 행하는 항공운송은 당사자가 단일의 취급을 한 때에는 단일의 계약형식에 의하거나 또는 일련의 계약형식에 의하거나를 불문하고, 본조의 적용에 있어서 불가분의 운송을 구성하는 것으로 보며, 또 이러한 운송은 단일의 계약이거나

---

1) 이 사건에서 피고 아비아테카의 주소지 또는 주된 영업소 소재지, 운송계약의 체결지 모두 미국이 아니었으므로, 미국 연방법원에 바르샤바 협약 제28조 제1항에 따른 관할권이 인정되기 위해서는 마이애미가 도착지로 인정되는 것만이 유일한 방법이었다.

또는 일련의 계약이 동일한 체약국의 주권, 종주권, 위임통치 또는 권력하에 있는 영역 내에서 모두 이행되는 것이라는 사실만으로써 그 국제적인 성질을 잃는 것은 아니다.

**제24조** (1) 제18조 및 제19조에 의하여 정하여진 경우에는, 책임에 관한 소는 명의의 여하를 불문하고 이 협약에 정하여진 조건 및 제한 하에서만 이를 제기할 수 있다.

(2) 전항의 규정은 제17조에 의하여 정하여진 경우에도 이를 적용한다. 다만 소를 제기하는 권리를 가지는 자의 결정 및 이러한 자가 각자 가지는 권리의 결정에 영향을 미치지 아니한다.

**제28조** (1) 손해에 관한 소는 원고의 선택에 따라 어느 1개의 체약국의 영역에서 운송인의 주소지, 운송인의 주된 영업소의 소재지 또는 운송인이 계약을 체결한 영업소의 소재지의 법원 또는 도착지의 법원의 어느 쪽에 제기하여야 한다.

(2) 소송절차의 문제는 소가 제기된 법원이 속하는 국가의 법률에 의한다.

## 2. 몬트리올 협약

**제33조(재판관할권)**

1. 손해에 관한 소는 원고의 선택에 따라 당사국 중 하나의 영역 내에서 운송인의 주소지, 운송인의 주된 영업소 소재지, 운송인이 계약을 체결한 영업소 소재지의 법원 또는 도착지의 법원 중 어느 한 법원에 제기한다.
2. 여객의 사망 또는 부상으로 인한 손해의 경우, 소는 본 조 제1항에 언급된 법원 또는 사고발생 당시 여객의 주된 영구 거소지가 있고 운송인이 자신이 소유한 항공기 또는 상업적 계약에 따른 타 운송인의 항공기로 항공운송서비스를 제공하는 장소이며, 운송인 자신 또는 상업적 계약에 의하여 타 운송인이 소유하거나 임대한 건물로부터 항공운송사업을 영위하고 있는 장소에서 소를 제기할 수 있다.
3. 제2항의 목적을 위하여,

   가. '상업적 계약'이라 함은 대리점 계약을 제외한, 항공여객운송

을 위한 공동서비스의 제공과 관련된 운송인간의 계약을 말한다.

나. '주된 영구 거소지'라 함은 사고 발생 당시 여객의 고정적이고 영구적인 하나의 소재지를 말한다. 이 경우 여객의 국적은 결정요인이 되지 않는다.

4. 소송절차에 관한 문제는 소송이 계류 중인 법원의 법률에 의한다.

## Ⅲ. 판시사항

(1) 이 사건에서 노르웨이 국적의 여객 5명에게 발행된 항공권에 의하면 국제여객운송계약의 내용은 명확하다. 운송계약에 나타난 내용을 살펴보면, 운송계약의 당사자들은 노르웨이 국적의 여객들이 오슬로 → 런던 → 마이애미 → 마나과로, 다시 마나과 → 마이애미 → 런던을 경유하여 오슬로에 도착하는 여정을 하나의 일정으로 고려하였음은 명백하다. 따라서 위 여객운송은 바르샤바 협약상 '불가분의 단일한 국제운송(one undivided transportation)'으로 보아야 한다.

(2) 이와 같이 불가분의 운송에서는 도착지가 하나만 있을 수 있으며, 이 사건에서 노르웨이 국적 여객들의 목적지는 오슬로로서 출발지와 동일하다. 만약 항공여객운송의 계약 내용이 불분명한 경우에는 여객에게 항공권을 발행하였던 상황을 고려하여 계약당사자가 전체 여정을 불가분의 단일한 운송으로 간주했음을 인정할 수 있다.

(3) 따라서 마이애미는 바르샤바 협약상 노르웨이 국적 여객들의 도착지가 아니므로, 미국 법원은 바르샤바 협약 제28조 제1항에 따른 관할권이 인정되지 아니한다. 그렇다면 미국 연방법원은 원고들의 청구에 대한 바르샤바 협약상 관할권이 없다.

# Ⅳ. 해 설

## 1. 국제항공운송협약상 재판관할

### 가. 바르샤바 협약상 재판관할

바르샤바 협약 제28조 제1항에 의하면, 운송인의 주소지, 운송인의 주된 영업소의 소재지, 운송인이 계약을 체결한 영업소의 소재지, 도착지의 법원에 관할권이 인정된다. 항공운송인은 1개의 주된 영업소를 가질 수 있다.[2] 회사의 주소는 주된 사무소의 소재지에 있는 것으로 한다(민법 제36조).[3] 주된 영업소 소재지는 회사의 본점 소재지,[4] 조직적·기능적 수뇌부 소재지 등을 의미한다.[5] 이 사건에 피고의 주된 영업소 소재지는 과테말라시로 인정되었다.

### 나. 몬트리올 협약상 재판관할

몬트리올 협약 제33조 제1항은 바르샤바 협약 제28조 제1항과 동일하다. 몬트리올 협약 제33조 제2항은 제5관할권을 창설하여 항공소비자의 이익을 도모하였다. 이에 의하면, 여객의 사망 또는 상해로 인한 손해의 경우, 사고발생 당시 여객의 주된 고정적·영구적 소재지가 있고 운송인이 자신이 소유한 항공기 또는 상업적 계약에 따른 타 운송인의 항공기로 항공운송서비스를 제공하는 장소이며, 운송인 자신 또는 상업적 계약에 의하여 타 운송인이 소유하거나 임대한 건물로부터 항공운송사업을 영위하고 있는 장소에서 소를 제기할 수 있다.

---

2) Smith v. Canadian Pacific Airways, 452 F.2d 798, 800 (2d Cir. 1971); In re Air Disaster Near Cove Neck, New York, on January 25, 1990, 774 F.Supp. 718, 722 (E.D.N.Y. 1991); Recumar Inc. v. KLM Royal Dutch Airlines, 608 F.Supp. 795, 798 (S.D.N.Y. 1985).

3) Razi v. Quatar Airways Q.C.S.C., 2014 WL 496654 (S.D.Tex. Feb. 6, 2014); Fadhliah v. Societe Air France, 987 F.Supp.2d 1057, 1066 (C.D.Cal. 2013); Aikpitanhi v. Iberia Airlines of Spain, 553 F.Supp.2d 872, 878 (E.D. Mich. 2008).

4) Swaminathan v. Swiss Air Transport Co. Ltd., 962 F.2d 387, 390 (5th Cir. 1992).

5) Recumar, Inc. v. KLM Royal Dutch Airlines, 608 F.Supp. 795, 798 (S.D.N.Y. 1985); Stanford v. Kuwait, 648 F.Supp. 657, 661 (S.D.N.Y. 1986).

## 2. 도착지의 개념과 판단

### 가. 도착지(Place of Destination)의 개념

(1) 바르샤바 협약 제28조 제1항, 몬트리올 협약 제33조 제1항에 규정된 도착지 소재지국은 국제항공운송상 국제재판관할권이 인정된다. 도착지는 항공기가 아니라 여객을 기준으로 한다.[6)]

(2) 불가분의 국제항공운송에서는 하나의 도착지만 인정된다.[7)] 불가분의 왕복운송에서는 출발지와 도착지가 동일하다.[8)] 복편의 일자가 오픈으로 예약되어 있는 경우,[9)] 여객이 전세계를 여행하면서 복편을 출발편보다 1년이 넘게 오픈으로 예약한 경우[10)]에도 도착지는 출발지와 동일하다.

(3) 도착지의 결정과 관련하여 문제되는 것은 운송인이 복수이거나 복수의 항공권이 발행된 경우이다. 이와 관련하여 바르샤바 협약 제1조 제3항, 몬트리올 협약 제1조 제3항은 "둘 이상의 운송인이 계속하여 행하는 항공운송은 당사자가 단일의 취급을 한 때에는 단일의 계약형식에 의하거나 또는 일련의 계약형식에 의하거나를 불문하고, 본조의 적용에서 불가분의 운송을 구성하는 것으로 본다"고 규정하고 있다. 그러므로 운송인이 복수이거나 항공권이 복수로 발행된 경우에도 도착지는 하나로 보아야 한다.[11)]

---

6) Sopcak v. Northern Mountain Helicopter Servs., 52 F.3d 817, 818~19 (9th Cir 1995); Compania Mexicana de Aviacion, S.A. v. United States District Court, 859 F.2d 1354 (9th Cir 1988).

7) In re Alleged Food Poisoning Incident, March 1984, 770 F.2d 3, 6 (2d Cir. 1985); Swaminathan v. Swiss Air Transport Co., 962 F.2d 387, 389 (5th Cir. 1992); Gasca v. Empresa de Transporte Aero del Peru, 992 F.Supp. 1377, 1380 (S.D.Fl. 1998).

8) Petrire v. Spantax, S.A., 756 F.2d 263, 265 (2d Cir. 1985); Lee v. China Airlines, Ltd., 669 F.Supp. 979, 981 (C.D.Cal. 1987); Butz v. British Airways, 421 F.Supp. 127, 130 (E.D.Pa. 1976).

9) Swaminathan v. Swiss Air Transport Co., Ltd., 962 F.2d 387, 389 (5th Cir 1992).

10) Vergara v. Aeroflot, 390 F.Supp. 1266 (D.Neb. 1975).

11) Vergara v. Aeroflot, 390 F.Supp. 1266 (D.Neb. 1975)(8개의 항공사가 운송에 참여하였고, 17개의 중간기착지가 존재하였다); In re Alleged Food Poisoning Incident, March 1984, 770 F.2d 6 (2d Cir. 1985).

### 나. 계약당사자의 의사에 의한 판단

(1) 운송계약 당사자가 불가분의 단일한 운송계약을 체결하였는지 여부는 계약 체결 당시의 당사자 의사를 심리하여 결정하여야 한다.[12] 당사자의 의사를 확정하기 위해서는 계약 조항(특히 항공권)을 심리하여야 한다.[13] 이와 같이 항공권에 기재된 도착지가 운송계약상 도착지라는 입장은 몬트리올 협약이 시행된 이후에도 미국 판례에서 유지되고 있다.[14]

(2) 계약 내용이 명확한 경우에는 법원은 당사자의 객관적 의사를 확인하기 위하여 계약 조항 이외의 것을 더 이상 심리할 필요는 없다.[15] 이와 달리, 항공권에 나타난 계약내용이 불명확한 경우에는 법원은 항공권을 구매할 당시의 사정 등 항공권에 기재된 내용 이상의 것을 심리하여야 한다.[16]

## 3. Karfunkel v. Compagnie Nationale Air France, 427 F.Supp. 971 (S.D.N.Y. 1977)

(1) George Karfunkel과 Renee Karfunkel은 1976. 6. 6. 뉴욕 맨하탄 소재 여행대행사로부터 6. 8.자 TWA의 뉴욕 → 이탈리아 밀라노 일정의 항공권 2장을 구입하였다. 또한 같은 날 6. 30.자 파리 → 뉴욕 일정의 항공권을 구입하였다. 1976. 6. 7. 같은 여행대행사로부터 밀라노 → 취리히 → 이스라엘 여정의 항공권을 구입하였다.

---

12) In re Alleged Food Poisoning Incident, 770 F.2d at 6 (2d Cir. 1985); Swaminathan v. Swiss Air Transport Co., 962 F.2d at 389 (C.D.Cal. 1987); Sopcak v. Northern Mountain Helicopter Service, 52 F.3d 817, 819 (9th Cir. 1995).

13) Petrire v. Spantax, S.A., 756 F.2d at 265 (2d Cir. 1985); Swaminathan v. Swiss Air Transport Co., 962 F.2d at 389 (C.D.Cal. 1987); Sopcak v. Northern Mountain Helicopter Service, 52 F.3d at 819 (9th Cir. 1995).

14) Razi v. Quatar Airways Q.C.S.C., 2014 WL 496654 (S.D.Tex. Feb. 6, 2014); Fadhliah v. Societe Air France, 987 F.Supp.2d 1057, 1066 (C.D.Cal. 2013); Baah v. Virgin Atl. Airways Ltd., 473 F.Supp.2d 591 (S.D.N.Y. 2007).

15) Swaminathan v. Swiss Air Transport Co., 962 F.2d at 389 (C.D.Cal. 1987); Sopcak v. Northern Mountain Helicopter Service, 52 F.3d at 819 (9th Cir. 1995).

16) In re Air Crash Disaster at Warsaw, Poland, on March 14, 1980, 748 F.2d 94, 96~97 (2d Cir. 1984).

(2) Karfunkel 부부는 1976. 6. 23. 이스라엘을 여행하던 도중 이스라엘에서 다른 여행대행사를 통하여 6. 27.자 Air France의 이스라엘 → 파리 항공권을 구입하였다. 이는 특별할인된 운임과 미국행 연결편의 편의제공 때문이었다.

(3) Karfunkel 부부가 탑승한 항공기는 6. 27. 텔아비브 공항을 이륙하여 아테네 공항에 중간 기착하였다. 이 때 테러범들이 항공기를 납치하였고, 항공기는 리비아 벵가지에 기착하였다가, 우간다 엔테베 공항에 착륙하였다. 1974. 7. 4. 이스라엘 특공대가 엔테베 공항 건물에 억류되어 있던 Karfunkel 부부를 포함한 인질들을 구출하여 이스라엘로 이송하였다.

(4) Karfunkel 부부는 바르샤바 협약을 근거로 미국 연방지방법원에 Air France를 상대로 소를 제기하였다. 법원은, 당시 Karfunkel 부부에게 항공권을 판매하였던 이스라엘 여행대행사와 항공사는 Karfunkel 부부가 파리에서 뉴욕으로 연속하여 여행한다는 것을 전혀 알지 못하였기 때문에, 원고들이 뉴욕에서 구입한 항공권상 여정과 Air France의 이스라엘 → 파리 여정은 서로 독립된 별개의 항공운송이라고 보았다. 따라서 Air France의 이스라엘 → 파리 여정의 도착지는 파리이므로, 미국 법원에는 바르샤바 협약에 의한 관할권이 인정되지 않는다고 판시하였다.[17)]

## 4. 대상사안의 검토

### 가. 항공권의 발행사

1995. 8. 7. 운송인을 British Airways로 하는 이 사건 항공권을 발행한 사람은 모두 오슬로 소재 NSB 여행대행사(Travel Agency) 소속 Oivend Olsen이었다. NSB는 British Airways의 대리인이고, British Airways는 마이애미 → 마나과 → 마이애미 구간의 항공권 발행시 아비

17) Air France의 주소지, 주된 영업소 소재지는 프랑스이고, 운송계약이 체결된 곳은 이스라엘이므로, 바르샤바 협약 제28조 제1항에 의하여 미국 법원에 관할권이 인정되기 위해서는 운송계약의 도착지가 뉴욕으로 인정되어야 한다.

아테카의 대리인이었다.[18] 아비아테카의 복대리인 NSB는 노르웨이 여객들이 오슬로를 출발하여 마나과로 갔다가 다시 오슬로로 돌아온다는 것을 알고 있었기 때문에, 아비아테카도 노르웨이 여객들이 마나과에서 오슬로로 가는 여정이 일정의 일부라는 것을 알았다고 보아야 한다.[19]

### 나. 항공권에 기재된 일정

(1) 국제항공운송인지 여부는 여객의 주관적인 의사가 아니라, 항공사가 객관적으로 인식할 수 있는 자료(항공권)에 의하여 결정하여야 한다.[20] 그러므로 폴란드인이 비록 폴란드로 돌아갈 생각이 전혀 없음에도, 왕복항공권을 구입한 경우에만 출국을 허가하는 폴란드 정부의 정책에 따라, 바르샤바 ↔ 뉴욕 사이의 왕복항공권을 구입한 경우에도 출발지와 도착지가 동일한 왕복여정에 해당한다.[21] 또한 여객이 뉴욕에 계속 체류할 의도가 있음에도, 왕복항공권이 편도항공권보다 저렴하다는 이유만으로 다카르 ↔ 뉴욕 사이의 왕복항공권을 구입하고 복편을 오픈으로 둔 경우에도 출발지와 도착지가 동일한 왕복여정에 해당한다.[22]

(2) 이 사건 항공권에 의하면, 오슬로 → 런던 → 마이애미 → 마나과 여정은 같은 날로 예정되어 있었고, 마나과 → 마이애미 → 오슬로 여정도 같은 날로 예정되어 있었다. 두 여정 모두 기착지에서 체류시간(layover)은 모두 16시간 이내였다. 상식적으로 여객이 여행 일정 중 위와 같이 단기간의 체류시간을 계획한 경우, 여객은 체류장소를 단지 중간기착지로 생각하고 여객의 도착지로 여기지는 않는다.[23] 이 사건에서 단기

18) Kapar v. Kuwait Airways Corp., 845 F.2d 1100 (D.C. Cir. 1988).
19) Illinois Corporate Travel, Inc. v. American Airlines, Inc., 806 F.2d 722 (7th Cir. 1986); Computel, Inc. v. Emery Air Freight Corp., 919 F.2d 678 (11th Cir. 1990).
20) Christopher E. Cotter, "Recent Developments in Montreal Convention Litigation", Journal of Air Law and Commerce, Volume 79 Issue 2(2014), 310~312.
21) Klos v. Polskie Linie Lotnicze, 133 F.3d 164, 166~68 (2d Cir. 1997).
22) Swaminathan v. Swiss Air Transport Co., 962 F.2d 387 (5th Cir. 1992).
23) In re Air Crash Disaster at Warsaw Poland, 748 F.2d 94, 96 (2d Cir. 1984) (기착지에서 24시간을 초과하는 체류시간은 전후 두 개의 여정으로 나누는데 고려사항이 된다); In re Alleged Food Poisoning Incident, 770 F.2d 3, 6 (2d Cir. 1985) (Saudi Arabia의 Riyadh에서 출발하여 미국 뉴욕을 거쳐 다시 Riyadh로 돌아가는 왕복여정에서 미국은 단지 합의된 중간기착지에 불과하다).

간의 체류시간을 고려하면, 노르웨이 여객들도 마이애미를 그들의 도착지로 생각하기보다는 중간기착지로 여겼다고 보아야 한다.

### 다. 항공권에 표기된 'SITT'와 'SOTO'

(1) 이 사건에서 오슬로 ↔ 런던 ↔ 마이애미 구간의 항공권에는 'SITT'로 표기되어 있고, 마이애미 → 마나과 → 마이애미 구간의 항공권에는 'SOTO'로 표기되어 있다. IATA에 의하면, 'SITT'는 항공운송의 출발지와 같은 국가에서 항공권이 판매·발행된 것을 의미하고, 'SOTO'는 항공운송의 출발지 이외의 국가에서 항공권이 판매·발행된 것을 의미한다.

(2) 원고들은 이를 이유로 이 사건 여정은 두 개의 운송계약으로 분리되었다고 주장하였다. 그러나 법원은, (i) 위와 같은 표기는 항공권 판매대행사가 항공권을 발행하는 장소와 운임의 구성을 표시하는 것에 불과한 점, (ii) 노르웨이 여객들이 'SITT'와 'SOTO'의 의미를 이해하였다거나 항공운송계약 당사자의 의사와 위 표기가 서로 모순된다는 것을 인식하였는지 의문이 드는 점, (iii) 두 장의 항공권을 발행하였다는 것이 항공운송계약의 불가분성을 부인하는 근거는 되지 못한다는 점,[24] (iv) 항공권을 발행한 Olsen의 설명에 따르면, 노르웨이 청소년 위원회(Norwegian Youth Council)에서 항공운임을 보조하였기 때문에 운임을 낮추기 위하여 2장의 항공권을 발행한 점[25] 등을 이유로 원고들의 주장을 배척하였다.

### 라. 결 론

이 사건 항공운송은 '불가분의 단일한 운송(one undivided transportation)'으로, 출발지와 도착지가 동일하다. 따라서 항공운송계약의 도착지는 미국 마이애미가 아니라 노르웨이 오슬로이므로, 미국 법원에는 바르샤바협약 제28조 제1항에 따른 관할권이 인정되지 아니한다.[26] 관할권이 인정

---

24) Petrire v. Spantax, S.A., 756 F.2d at 265 (2d Cir. 1985).

25) Vergara v. Aeroflot Soviet Airlines, 390 F.Supp. 1266 (D.Neb. 1975). 중간에 여행일정을 변경하여 6장의 항공권이 발행되었고, 서로 다른 8개의 항공사를 이용하여 세계각국을 방문한 경우에도 불가분의 단일한 운송으로 인정하였다.

26) 국제재판관할이 인정되지 아니하는 경우에는 소가 부적법하므로 각하한다(대법원 2014.

되지 아니한 경우 법원은 소를 각하한다.[27)]

---

4. 10. 선고 2013다47934 판결, 부산지방법원 2009. 6. 17. 선고 2006가합12698 판결). 국제재판관할을 흠결한 경우에도 국제법상 재판권 자체를 흠결한 것이 아니라면, 그 재판이 반드시 무효가 되는 것은 아니다[권창영, 민사보전, 한국사법행정학회(2018), 102면]. 이와 달리, 재판권은 재판에 의하여 법적 쟁송사건을 해결할 수 있는 국가권력 또는 사법권을 의미하므로, 재판권면제에 해당하여 재판권이 인정되지 아니함에도 이를 무시한 채 이루어진 재판은 국제법위반으로 무효가 된다(대법원 2011. 12. 13. 선고 2009다16766 판결).

27) Gayda v. LOT Polish Airlines, 702 F.2d 424, 425 (2d Cir. 1983); In Re Air Disaster Near Cove Neck, New York, on January 25, 1990, 774 F.Supp. 725, 726 (E.D.N.Y. 1991).

# [3] 국제항공운송의 일부인 국내운송구간

Robertson v. American Airlines Inc.,
401 F.3d 499 (D.C. Cir. 2005)

## Ⅰ. 사실관계

(1) 미국 워싱턴 D.C.에 거주하는 전쟁게임 전략가(war games strategist) Kathleen Robertson은 1998. 8. 7. 여행대행사 Gateway Travel의 Nancy Thompson을 통하여, British Airways(이하 'BA')의 1998. 9. 2.자 덴버 → 런던 항공권과 9. 8.자 런던 → 덴버 항공권을 구입하였다. 톰슨은 3일 후인 8. 10. 로버슨을 위하여 American Airlines(이하 'AA')의 워싱턴 D.C. ↔ 덴버 구간(시카고 경유)의 왕복항공권(8. 29. 출발, 9. 8. 도착)을 구입하였다. 그 결과 로버슨의 여행 일정은 8. 29. 워싱턴을 출발하여 덴버에 며칠간 머물다가, 9. 2. 런던행 비행기에 탑승하고, 9. 8. 런던을 출발하여 덴버에서 3시간 체류하다가 워싱턴으로 돌아오는 것이었다.

(2) 로버슨은 8. 24. Gateway Travel을 통하여 AA의 9. 10.자 런던 → 워싱턴 구간의 편도 항공권(뉴욕 경유)을 구입하였다. 로버슨은 8. 29. 워싱턴에서 덴버로 이동하여 며칠간 체류하면서 덴버 시장을 만나 전쟁게임을 자문한 후, 9. 2. 덴버에서 런던으로 이동하였다. 로버슨은 9. 2. 귀국일정을 9. 8.에서 9. 10.로 변경하면서, Gateway Travel을 통하여 별도의 항공권(AA의 런던 → 워싱턴)을 구입하였다.

(3) 이에 따라 로버슨에게는 (i) AA 항공편을 이용하여 8:00에 런던을 출발하여 뉴욕을 경유한 후 14:10에 워싱턴에 도착하는 일정, (ii) BA 항공편을 이용하여 10:20에 런던을 출발하여 13:20에 덴버에 도착한 다음, AA 항공편을 이용하여 16:32에 덴버를 출발하여 시카고를 경유한 후, 23:19에 워싱턴에 도착하는 일정 등 두 가지의 귀국방법이 있었다.

(4) 로버슨은 그중 후자의 일정[(ii)]을 선택하고 9. 10. BA 항공편을 이용하여 런던에서 덴버로 이동하였다. 덴버에서 3시간 대기한 후 AA 항공편을 이용하여 덴버를 출발한 다음 워싱턴으로 이동하였다(시카고 경유). 로버슨은 워싱턴으로 가는 도중, 등의 통증을 완화시키기 위하여 승무원에게 찜질 팩(gel pack)을 요청하였다. 승무원은 로버슨에게 찜질 팩과 드라이 아이스가 들어 있는 멀미용 봉투(air-sickness bag)를 가져다 주었다. 로버슨이 봉투를 등에 접촉하였을 때 3도 화상을 입었다.

(5) 로버슨은 약 3년이 지난 2001. 9. 7. AA를 상대로 손해배상을 청구하는 소를 미국 법원(Superior Court of the District of Columbia)에 제기하였다. AA는 위 소를 미국 연방법원(United States District Court for the District of Columbia)으로 이송하여 달라는 신청을 하였고, 사건은 연방지방법원으로 이송되었다.

(6) AA는 이 사건 항공운송은 바르샤바 협약이 적용되는 국제운송이므로, 이 사건 소는 바르샤바 협약 제29조 제1항이 규정한 제척기간 2년을 경과하여 제기된 것이어서 부적법하다고 주장하였다. 로버슨은 이 사건 항공운송은 국제운송이 아니므로, 콜럼비아 특별구 법률 제12장 제301조가 규정한 3년의 제척기간이 적용된다고 주장하였다. 제1심 법원은 AA의 주장을 받아들여 로버슨의 소를 각하하였다.[1)]

## Ⅱ. 참조 조문

### 1. 바르샤바 협약

**제1조**

(3) 둘 이상의 운송인이 계속하여 행하는 항공운송은 당사자가 단일의 취급을 한 때에는 단일의 계약형식에 의하거나 또는 일련의 계약형식에 의하거나를 불문하고, 본 조의 적용에서 불가분의 운송을 구성하는 것으로 보며, 또 이러한 운송은 단일의 계약이거나 또는 일련의 계약이 동일한 체약국의 주권, 종주권, 위임통치 또는 권력

1) Robertson v. American Airlines, Inc., 277 F.Supp.2d 91, 100 (D.D.C. 2003).

> 하에 있는 영역 내에서 모두 이행되는 것이라는 사실만으로써 국제적인 성질을 잃는 것은 아니다.

## Ⅲ. 판시사항

런던에서 워싱턴으로 이동하는 여정은 로버슨의 자의에 의하여 결정된 점, 덴버에서 BA 항공편에서 AA 항공편으로 환승하기 위하여 대기한 시간은 약 3시간에 불과한 점, 로버슨은 런던 → 덴버 → 워싱턴의 이동과정을 하나의 여정으로 취급한 점, 바르샤바 협약 제2조 제3항에서는 "둘 이상의 운송인이 연속하여 행하는 항공운송은 당사자가 단일의 취급을 한 때에는 일련의 계약형식에 의하거나를 불문하고 불가분의 운송을 구성하는 것"으로 규정하고 있으므로, 항공권이 복수로 발행되었거나 복수의 운송인이 항공운송을 수행한 것만으로는 불가분의 단일한 항공운송임을 부정할 수 없는 점, AA는 Gateway Travel을 통하여 로버슨의 런던 → 덴버 여정이 국제운송의 일부구간인 것을 알고 있었던 점 등을 종합적으로 고려하면, 이 사건 항공운송(덴버 → 워싱턴)은 바르샤바 협약상 국제항공운송에 해당한다.

## Ⅳ. 해　설

### 1. 국제항공운송

#### 가. 국제항공운송의 개념

국제항공운송이란 운송의 중단 또는 환적이 있는지를 불문하고 당사자간 합의에 따라 출발지와 도착지가 두 개의 당사국의 영역 내에 있는 운송, 또는 출발지와 도착지가 단일의 당사국 영역 내에 있는 운송으로서 합의된 예정기항지가 타 국가의 영역 내에 존재하는 운송을 말한다(바르샤바 협약 제2조 제2항, 몬트리올 협약 제1조 제2항).

### 나. 판단기준

국제항공운송 여부를 판단하는 기준에 관하여, 여객이 항공사와 합의한 여정으로서 항공권에 인쇄된 일정을 기준으로 한다는 견해(객관설), 여객의 주관적 의사를 기준으로 한다는 견해(주관설)가 대립하고 있다. 이에 관하여 미국 연방법원의 판례는 국제항공운송인지 여부는 여객의 주관적 의사가 아니라, 항공사가 객관적으로 인식할 수 있는 자료(항공권)에 의하여 결정하여야 한다는 객관설의 입장을 취하고 있다.[2] 이하에서는 대상사안과 유사한 쟁점이 문제된 Haldimann v. Delta Airlines, Inc. 사건을 먼저 살펴보기로 한다.

## 2. Haldimann v. Delta Airlines, Inc., 168 F.3d 1324 (D.C. Cir. 1999)

### 가. 사실관계

(1) Martha Haldimann은 1996. 3. 7. 스위스 여행대행사인 Lathion-Voyages를 통하여 제네바 ↔ 워싱턴 D.C. 왕복항공권을 일괄하여 구입하였다(모든 항공권에는 동일한 레코드 넘버가 기재되어 있었다). 그녀는 1996. 6. 19. Swissair 항공편을 이용하여 스위스 제네바를 출발하여 미국 워싱턴 D.C.에 도착하였고, 워싱턴에서 제네바로 돌아오는 복편(復片)도 스위스에어 항공편을 예약하였다.

(2) 그녀는 워싱턴에 도착한 지 1주일 후에 델타 항공편으로 워싱턴을 출발하여 부모님을 방문하기 위하여 펜사콜라(Pensacola)로 이동하였고, 플로리다 대학에서 개최되는 세미나에 참석하기 위하여 펜사콜라에서 게인스빌(Gainesville)로 이동하였다. 그 후 그녀는 7. 15. 제네바행 비행기를 타기 위하여 워싱턴으로 이동할 계획이었다.

(3) 그녀는 펜사콜라에서 게인스빌로 이동하기 위하여 델타 항공편에 탑승하였는데, 이륙 준비 중이던 항공기 엔진에서 화재가 발생하여 그녀

---

2) Klos v. Polskie Linie Lotnicze, 133 F.3d 164, 166~68 (2d Cir. 1997); Swaminathan v. Swiss Air Transport Co., 962 F.2d 387 (5th Cir. 1992).

는 상해를 입었다. 이에 그녀와 그녀의 남편은 델타 항공사를 피고로 하여 손해배상을 청구하는 소를 제기하였다.

(4) 만약 펜사콜라 → 게인스빌 여정이 바르샤바 협약상 국제항공운송에 해당한다면, 피고의 손해배상책임은 미화 75,000달러로 제한된다.

### 나. 판시사항

운송계약 당사자가 전체 여정을 계획하고 운임을 일괄 지급한 경우에는, 운송의 일부구간이 비록 한 나라의 영역 안에서만 이루어지고, 항공권도 분리되어 발행되었으며, 다른 항공사에 의하여 일부 항공편이 운항되었다 하더라도, 바르샤바 협약상 국제항공운송에 해당한다.

### 다. 몬트리올 협약 시행 이후 미국 판례의 동향

(1) 위와 같은 미국 연방법원의 판례 법리는 2003. 11. 4. 몬트리올 협약이 시행된 이후에도 일관되게 유지되고 있다.[3)]

(2) 산타 클라라에 거주하는 78세의 여객 Mabel Cattaneo는 American Airlines(이하 'AA')의 항공편을 이용하여, 2011. 6. 3. LA 출발 → Dallas Fort Worth Texas International Airport(중간기착지) → 멕시코 코주멜(Cozumel)에 도착한 후, 6. 12. 코주멜 → Dallas Fort Worth Texas International Airport(중간기착지) → LA로 돌아오던 중 기내에서 끓는 물이 쏟아져 무릎 등에 화상을 입었다. 그녀는 2014. 11. 14. Santa Clara County Superior Court에 AA를 피고로 하여 손해배상을 구하는 소를 제기하였다. 법원은 위 운송은 국제항공운송으로서 몬트리올 협약이 적용되는바,[4)] 이 사건 소는 몬트리올 협약 제35조 제1항에 규정된 2년의 제소기

---

3) Zhang v. Air China Ltd., 866 F.Supp.2d 1162, 1167 (N.D.Cal. 2012); Kruger v. United Air Lines, Inc., No. C 06-04907 MHP, 2007 WL 3232443, at *3 (N.D.Cal. Nov. 1, 2007); Catteneo v. American Airlines, Inc., 32 F.Supp.3d 1309 (S.D.Ga. 2014); Heinemann v. United Continental Airlines, 2011 WL 2144603 (W.D.Wash. May 31, 2011); Gerard v. American Airlines, Inc., 2007 WL 2205364 (Conn. Super. July 12, 2007).

4) 항공기가 도착지에 도착하거나 도착하기로 예정된 날로부터 2년 이내에 소를 제기하여야 한다. Narayanan v. British Airways, 747 F.3d at 1128 (9th Cir. 2014).

간을 경과한 후 제기된 것이어서 부적법하다고 판시하였다.[5)]

### 3. 대상사안의 검토

#### 가. 한 장소에서 동시에 복수의 항공권이 발행된 경우

(1) 한 장소에서 복수의 항공권이 동시에 발행된 경우에는 단일한 운송으로 보아야 한다.[6)] 이와 달리, 국제운송과 국내운송 항공권을 다른 사람을 통하여 서로 다른 신용카드로 구매한 경우에는 국내운송구간은 국제운송에 포함되지 아니하므로, 국내운송구간에 대하여는 몬트리올 협약이 적용되지 아니한다.[7)] 또한 국내운송 항공권과 국제운송 항공권을 서로 다른 항공사의 웹사이트를 통하여 구입하고 두 여정 사이에 1.5일의 체류기간이 있는 경우에도 국내운송구간에 대하여는 몬트리올 협약이 적용되지 아니한다.[8)]

(2) 복수구간의 항공일정 중 일부구간에 관한 항공권을 나머지 항공권과는 다른 장소와 시간에 구입한 경우라 하더라도, 국제운송의 일부구간임이 부정되는 것은 아니다.[9)]

#### 나. 환승공항에서 체류시간

상식적으로 여객이 여행 일정 중 16시간의 체류시간을 계획한 경우, 여객은 체류장소를 단지 중간기착지로 생각하고 여객의 도착지로 여기지는 않는다.[10)]

---

5) Catteneo v. American Airlines, Inc., 32 F.Supp.3d 1309 (S.D.Ga. 2014).
6) Petrire v. Spantax, 756 F.2d 263, 264-65 (2d Cir. 1985).
7) Zhang v. Air China Ltd., 866 F.Supp.2d at 1168 (N.D.Cal. 2012).
8) Kruger v. United Air Lines, Inc., No. C 06-04907 MHP, 2007 WL 3232443, at *4 (N.D.Cal. Nov. 1, 2007).
9) Gasca v. Empresa de Transporte Aero del Peru, 992 F.Supp. 1377 (S.D.Fl. 1998) (최초 항공권은 마이애미에서 구입하였고, 추가 항공권은 칠레에서 구입하였다); Vergara v. Aeroflot Soviet Airlines, 390 F.Supp. 1266 (D.Neb. 1975) (최초의 항공권은 네브라스카에서 구입하였고, 추가항공권은 우즈베키스탄에서 구입하였다); Lam v. Aeroflot Russian Int'l Airlines, 999 F.Supp. 728 (S.D.N.Y. 1998) (대부분의 항공권을 덴버에서 구입하였고, 한가지 여정의 항공권은 홍콩에서 대행사를 통하여 구입하였다).
10) In Re Air Crash Disaster of Aviateca Flight 901, 29 F.Supp.2d 1333 (S.D.Fla.

### 다. 항공권에 나타난 당사자의 의사

운송계약 당사자가 불가분의 단일한 운송계약을 체결하였는지 여부는 계약 체결 당시의 당사자 의사를 심리하여 결정하여야 하고,[11] 당사자의 의사는 항공권에 기재된 내용에 의하여 확정되어야 한다.[12] 즉 국제항공운송인지 여부는 여객의 주관적인 의사가 아니라, 항공사가 객관적으로 인식할 수 있는 자료(항공권)에 의하여 결정하여야 한다.[13] 일반적으로 여객이 최초에 발행된 항권에 기재된 항공편과는 다른 항공편을 이용하였다면, 새로운 운송계약이 체결된 것이 아니라 최초의 운송계약이 변경된 것으로 보아야 한다.[14]

### 라. 결 론

(1) 대상사안에서 로버슨은 여행대행사 Gateway Travel을 통하여 전체 항공권을 구입한 점, 로버슨이 덴버에서 BA 항공편에서 AA 항공편으로 환승하기 위하여 대기한 시간은 약 3시간에 불과한 점, 항공권에 기재된 내용에 의하면 AA는 Gateway Travel을 통하여 로버슨의 런던 → 덴버 여정이 국제운송의 일부구간인 것을 알고 있었던 점 등을 종합적으로 고려하면, 이 사건 항공운송(덴버 → 워싱턴)은 비록 미국 영역 내에서 이루어졌지만, 바르샤바 협약상 국제항공운송에 해당한다.

(2) 따라서 이 사건 운송에 적용되는 규범은 미국 국내법이 아니라 바르샤바 협약이고, 로버슨이 워싱턴에 도착한 날로부터 2년이 경과한 후

---

1997).

11) In re Alleged Food Poisoning Incident, 770 F.2d at 6 (2d Cir. 1985); Swaminathan v. Swiss Air Transport Co., 962 F.2d at 389 (C.D.Cal. 1987); Sopcak v. Northern Mountain Helicopter Service, 52 F.3d 817, 819 (9th Cir. 1995).

12) Petrire v. Spantax, S.A., 756 F.2d at 265 (2d Cir. 1985); Swaminathan v. Swiss Air Transport Co., 962 F.2d at 389 (C.D.Cal. 1987); Sopcak v. Northern Mountain Helicopter Service, 52 F.3d at 819 (9th Cir. 1995).

13) Christopher E. Cotter, "Recent Developments in Montreal Convention Litigation", Journal of Air Law and Commerce, Volume 79 Issue 2(2014), 310~312.

14) Boyar v. Korean Air Lines, 664 F.Supp. 1481, 1485 (D.D.C. 1987).

제기된 이 사건 소는 바르샤바 협약 제29조 제1항이 규정한 제소기간을 경과한 후 제기된 것이어서 부적법하다.

## 4. Coyle v. P.T. Garuda Indonesia, 363 F.3d 979 (9th Cir. 2004)

### 가. 사실관계

(1) 미국 오레곤 주 레이크 오스웨고(Lake Oswego)에 거주하는 바덴 부부(Fritz G. and Djoeminah Baden)는 1997. 9. 인도네시아를 방문하기로 하였다. 바덴 부부는 오레곤 주 포틀랜드 소재 여행사인 아스트라 월드 익스프레스사(Astra World Express, Inc., 이하 '아스트라')를 통하여 포틀랜드와 인도네시아 자카르타 사이의 왕복항공권을 다음과 같이 예약하였다.

| 일자 | 항공사 | 출발지 | 도착지 |
|---|---|---|---|
| 9. 6. | Alaska/Horizon | Portland | Seattle |
| 9. 7. | Eva Airways | Seattle | Taipei |
| 9. 8. | Eva or Garuda | Taipei | Jakarta |
| 9. 30. | Garuda | Jakarta | Singapore |
| 9. 30. | Eva Airways | Singapore | Taipei |
| 9. 30. | Eva Airways | Taipei | Seattle |
| 9. 30. | Alaska/Horizon | Seattle | Portland |

(2) 바덴 부부는 인도네시아에 체류하는 동안 1997. 9. 25.경 자카르타 → 메단(Medan), 메단 → 자카르타(복편은 오픈으로 예약하였다[15]) 항공권 각 2장을 아스트라를 통하지 않고 가루다 인도네시아 항공사(Garuda Indonesia Airlines, 이하 '가루다')[16]로부터 구입하였다. 바덴 부부는 항공권

15) 바덴 부부는 9. 30. 8:00 출발하는 자카르타 → 싱가포르 항공편에 탑승하기 위해서는 자카르타에 제 때 도착할 필요가 있었다.

16) 인도네시아 정부가 100% 소유한 항공사로, 미국 연방법률인 '외국의 재판권면제법' 제1603조 (a), (b)항에서 규정하고 있는 외국 정부의 기구(instrumentality of a foreign state)에 해당하므로, 재판권면제의 주체가 된다. 과거에는 주권면제(sovereign immunity)라는 용어를 사용하였으나, 국제연합 총회는 2004. 12. 2. '외국정부와 재산에

대금을 인도네시아 루피화로 지급하였고, 항공권에는 '국내용(DOMESTIK)'이라고 기재되어 있었다.

(3) 가루다 152 항공편(Airbus A300 B4)은 1997. 9. 26. 11:30에 자카르타 공항을 이륙하였으나, 숲에서 발생한 화재로 인하여 생긴 짙은 연기를 뚫고 메단 공항으로 접근하던 중 산중턱과 충돌하였다. 이 사고로 234명의 여객과 승무원 전원이 사망하였고, 이는 인도네시아 항공사상 최악의 참사로 기록되었다.

(4) 바덴 부부의 3자녀 중 한 명인 원고 조이스 코일(Joyce Coyle)은 1999. 9. 22. 피고 가루다를 상대로 미국 연방지방법원(United States District Court for the District of Oregon)에 바르샤바 협약상 여객의 사망으로 인한 손해배상을 구하는 소를 제기하였다.

(5) 피고는 재판권면제를 주장하면서 연방지방법원에 재판권이 없다고 주장하였다. 원고는 미국 연방법률인 '외국의 재판권면제법' 제1605조 (a)항을 근거로, 피고가 재판권을 포기하였거나 또는 외국의 상업활동과 관련하여 미국 영역 밖의 행위로 인하여 미국에서 직접적 영향을 미치는 경우에 해당하므로 재판권이 면제되지 않는다고 주장하였다.

(6) 만약 바덴 부부의 자타르타 → 메단 → 자카르타 여정이 국제항공운송의 일부에 해당한다면 바르샤바 협약이 적용되므로, 피고는 재판권이 면제되지 않게 된다.[17] 이와 달리, 위 여정이 인도네시아 국내항공운송에 해당하고 국제항공운송과 단절된 것이라면, 바르샤바 협약이 적용되지 않고 피고는 재판권이 면제된다.

---

관한 재판권면제협약(The United Nations Convention on Jurisdictional Immunities of States and their property)'을 채택하였으므로, 이하에서는 재판권면제라는 용어를 사용한다. 국가의 주권은 국내에 대한 관계에서는 최고이지만, 다른 나라에 대한 관계에서는 독립평등하다. "평등자 사이에 명령권은 없다(par in parem habet non imperium)"는 원칙에서 국가는 다른 국가의 재판권에 복종하지 아니한다는 원칙이 논리적으로 연역되지만, 이러한 원칙이 최초부터 타당한 것은 아니었고, 영국의 보통법상 국왕대권(royal prerogative)에 기원을 두고 있다. 秋元佐一郎, 国際民事訴訟法論, 国書刊行会(1994), 5~10면.

17) 만약 바르샤바 협약이 적용된다면, 피고의 책임은 여객당 75,000달러로 제한된다. 당시 일부 항공사들은 자발적으로 배상책임의 상한을 약 134,700달러까지 상향시켰으나, Garuda는 이에 해당하지 않았다.

## 나. 판시사항

(1) 제1심[18]은 자카르타 ↔ 메단 여정이 국제항공운송의 일부를 구성하는 인도네시아의 국내여정이라고 판단하였으나, 항소심에서는 국제항공운송과는 단절된 인도네시아 국내운송으로서 그 도착지는 자카르타라고 판단하였다.

(2) 항공운송이 국제항공운송인지 아니면 국내운송인지 여부는 항공운송 당사자의 의사가 중요하고, 이러한 의사는 항공권에 기재된 운항일정에 의하여 객관적으로 결정하여야 한다. 이 사건 항공권에는 인도네시아 국내용(DOMESTIK)이라고 기재되어 있었다. 또한 이 사건 항공권에는 바덴 부부가 최초로 구입한 항공권과의 연결관계가 전혀 표시되어 있지 아니하였다.[19]

(3) 바덴 부부는 아스트라를 통하지 않고 인도네시아에서 이 사건 항공권을 구입하였고, 가루다는 이 사건 여정이 바덴 부부가 포틀랜드로 귀국하려는 항공편과 연결되어 있다는 것을 전혀 알지 못하였다. 또한 아스트라는 바덴 부부가 이 사건 항공권을 구입하였다는 것을 전혀 알지 못하였다.[20]

(4) 이 사건에서 바덴 부부의 자카르타 ↔ 메단 여정은 미국과 인도네시아를 왕복하는 국제항공여정과 연결되지 아니한, 원래 예정된 여정에

18) United States District Court, 2001 Civil No. 99-1348-JE (D.Or. Apr. 30, 2001).

19) 이와 달리, Haldimann v. Delta Airlines, Inc., 168 F.3d at 1325 (D.C. Cir. 1999) 사건에서는 항공사가 서로 다른 모든 항공권에 같은 레코드 넘버가 기재되어 있었다. In re Alleged Food Poisoning Incident, 770 F.2d 3, 6-7 (2d Cir. 1985) 사건에서는 연결항공권(conjunction ticket)임을 알 수 있도록 모든 항공권이 소책자로 묶여서 같이 발행되었다. Vergara, v. Aeroflot Soviet Airlines, 390 F.Supp. at 1267~68 (D.Neb. 1975) 사건에서는 48개의 항공 쿠폰이 발행되었는데, 모든 쿠폰에는 운임이 일괄 지급되었고, 운임이 지급된 신용 번호가 기재되었으며, 전체 일정을 알 수 있는 충분한 정보가 기재되어 있었다.

20) 이와 달리, Gasca v. Empresa de Transporte Aero del Peru, 992 F.Supp. 1377 (S.D.Fl. 1998) 사건에서는 항공권을 발행한 여행대행사를 비롯하여 모든 당사자가 원고가 업무상 여행을 하고 있었고 궁극적으로는 마이애미로 돌아간다는 것을 알고 있었다. Vergara v. Aeroflot Soviet Airlines, 390 F.Supp. 1266, 1269 (D.Neb. 1975) 사건에서는 타쉬켄트 → 카라치 여정은 원래 여행 목적을 달성하기 위하여 항공사가 원고의 동의를 얻어 변경한 것이었다.

갑자기 편입된 부수적인 방문(side-trip)이므로, 국제항공운송에 해당하지 아니한다. 따라서 자카르타 ↔ 메단 여정은 바텐 부부의 포틀랜드 ↔ 자카르타 여정과는 서로 독립된 인도네시아 국내 여정으로서, 자카르타 ↔ 메단 여정의 도착지는 자카르타이다. 결국 이 사건 항공편 운항이 피고의 재판권면제 주장을 배척할 수 있는 상업활동에 해당한다는 점을 전제로 한 원고의 주장은 이유 없다.

# [4] 국제항공운송에서 국제협약의 배타적 적용(專占效)

**서울중앙지방법원 2015. 10. 16. 선고 2014나56668 판결**

## Ⅰ. 사실관계

(1) 원고(미국 펜실배니아 주 소재 회사)는 보험업 등을 목적으로 하는 회사이고, 피고 K항공은 항공운수업 등을 목적으로 하는 대한민국 회사이다.

(2) 주식회사 IT는 한국 EM 주식회사로부터 컴퓨터 장비(제품명: VMAX 15SLT DR ENCL UPG) 및 부속품 7상자 1,507kg(이하 '이 사건 화물')을 공장 인도 조건으로 미화 258,148달러에 수입하기로 약정하였다. IT는 아일랜드 코크공항에서 인천국제공항까지의 항공운송을 AI에게 의뢰하였고, AI는 이를 다시 AC에게 의뢰하였으며, AC는 이를 다시 피고에게 의뢰하였다.

(3) 피고는 2011. 10. 5. 아일랜드 코크공항에서 AC로부터 이 사건 화물을 인도받아 피고가 운항하는 항공기에 기적(機積)하였다. 피고는 2011. 10. 8. 영국 런던 히드로 공항에서 이 사건 화물을 피고가 운항하는 항공기에 환적(換積)한 다음, AC에 무고장 마스터 항공화물운송장(clean Master Air Waybill)을 발행하였으며, 이에 AC는 EM에 무고장 하우스 항공화물운송장(clean House Air Waybill)을 발행하였다.[1)]

(4) 이 사건 화물은 2011. 10. 9. 15:39경 인천공항에 도착하였고, 2011. 10. 9. 16:39경 피고의 인천화물터미널에 도착하였는데, 그 무렵 이 사건 화물 중 1상자(이하 '이 사건 사고화물') 682kg에 부착된 팁-앤-텔

---

1) 송하인이 항공운송주선인(Forwarder)에게 운송을 의뢰하는 경우에는 그 운송주선인이 항공운송인의 지위에 서서 송하인용의 혼재항공화물운송장(House Air Waybill)을 작성·교부하게 되며, 그 혼재화물이 항공사에 인도될 때 운송주선인은 송하인의 지위에 서서 항공사로부터 마스터 항공화물운송장(Master Air Waybill)을 작성·교부받게 된다. 대법원 1995. 6. 13. 선고 92다19293 판결.

(TIP-N-TELL) 표시기가 변색되어 있음이 발견되었다.

(5) 이 사건 화물은 2011. 10. 9. 19:12경 피고의 인천화물터미널에서 주식회사 IV의 운송 의뢰를 받은 DA에 인도되었고, DA를 통하여 IV가 운영하는 IT의 지정 보세창고로 육상운송되었다. 2011. 10. 17. 위 보세창고에서 확인한 결과 이 사건 사고 화물은 판지로 된 외포장상자의 모서리 중 2군데가 외부 물체와의 접촉으로 찢어지고 옆판 모서리 1군데가 찔렸으며, 외포장상자에 부착된 팁-앤-텔 표시기 2개가 변색되어 있었다. 그리고 내부 제품(제품명 : VMAX SE SB DCH DELTA UPG 등)은 골조가 구부러지는 등 심각한 손상을 입었는데, 그 손상 상태로 볼 때 넘어짐에 의한 충격을 받은 것으로 추정되었으며, 제품성이 완전히 상실되어 그 원래 가액은 미화 112,257달러였으나, 잔존물이 2,000,000원에 매각되었다.

(6) IT는 2011. 10. 무렵 원고와 사이에 이 사건 화물의 항공운송 중 위험을 담보하기 위하여 보험가액 미화 283,962.80달러, 협회항공적하약관(전위험 담보) 등을 조건으로 하는 항공적하보험계약을 체결하였는데, 이에 원고는 위 사고와 관련하여 2011. 12. 20. IT에 보험금 147,117,288원을 지급하였다.

(7) 원고는, 피고가 항공운송인으로서 항공운송 중 이 사건 사고 화물이 손상되도록 하였고, 이로 인하여 원고는 IT에게 보험금을 지급하였는바, IT가 피고에 대하여 가지는 몬트리올 협약 제18조, 제39조, 제41조에 따른 손해배상청구권 또는 선택적으로 불법행위에 의한 손해배상청구권을 대위행사하고, 다만 몬트리올 협약 제22조 및 피고의 국제화물운송약관 제14조에 따르면 피고의 화물과 관련한 배상책임은 중량 1㎏당 19SDR로 제한되고, 이 사건 사고 화물의 중량은 682㎏이므로, 피고에 대하여 12,958SDR(=682㎏×19SDR)과 이에 대한 보험금 지급일 이후의 지연손해금을 청구한다는 내용의 소를 제기하였다.

# Ⅱ. 참조 조문

## 1. 몬트리올 협약

> **제29조(청구의 기초)**
> 여객·수하물 및 화물의 운송에서, 손해에 관한 어떠한 소이든지 이 협약·계약·불법행위 또는 기타 어떠한 사항에 근거하는지 여부를 불문하고, 소를 제기할 권리를 가지는 자와 그들 각각의 권리에 관한 문제를 침해함이 없이, 이 협약에 규정되어 있는 조건 및 책임한도에 따르는 경우에만 제기될 수 있다. 어떠한 소송에서도 징벌적 배상 또는 비보상적 배상은 회복되지 아니한다.

# Ⅲ. 판시사항

국제항공운송에 관한 법률관계에 대하여는 몬트리올 협약이 일반법인 민법이나 상법에 우선하여 적용되고, 몬트리올 협약 제29조에 의하면, 피고가 이 사건 국제항공운송에 관하여 위 협약상 책임과 별도로 민법상 불법행위책임을 진다고 볼 수 없다.

# Ⅳ. 해 설

## 1. 국제항공운송에 대한 몬트리올 협약의 배타적 적용여부

### 가. 운송계약의 종류와 청구권경합(請求權競合)

(1) 운송계약은 당사자의 일방에게 여객 또는 물품을 한 장소로부터 다른 장소로 이동할 것을 약속하고 상대방이 이에 대하여 일정한 보수를 지급할 것을 약속함으로써 성립하는 계약이다.[2] 운송계약은 민법상 도급(都給)에 해당하고,[3] 상인인 운송인과 사이에 운송계약이 체결된 경우에는 상법의 적용을 받는다. 상법상 운송에는 육상운송, 해상운송, 항공운송이

---

2) 대법원 2007. 4. 27. 선고 2007다4943 판결.
3) 최기원, 상법총칙·상행위(신정증보판), 경세원(1994), 621면.

있다.

(2) 육상운송과 해상운송에서는 운송인이 운송 도중에 여객·수하물·물건 등에 손해를 가한 경우 계약당사자는 운송인을 상대로 채무불이행으로 인한 손해배상청구권과 아울러 불법행위로 인한 손해배상 청구권을 취득하며, 그 중 어느 쪽의 손해배상 청구권이라도 선택적으로 행사할 수 있다(청구권경합).[4)]

(3) 국제항공운송계약상 채무불이행책임이나 불법행위로 인한 손해배상책임은 병존하고, 운송계약상의 면책특약은 일반적으로 이를 불법행위책임에도 적용하기로 하는 명시적 또는 묵시적 합의가 없는 한 당연히 불법행위책임에 적용되지 않는다.[5)]

### 나. 국제항공운송에도 청구권경합이 인정되는지 여부

대법원은 육상운송과 해상운송의 경우에는 청구권경합이 인정된다는 입장을 취하고 있다. 그런데 국제항공운송에도 청구권경합이 인정되는지 여부가 문제된다. 즉 몬트리올 협약상 청구권원을 운송계약상 채무불이행으로 보고, 민법상 불법행위에 기한 손해배상을 청구하는 경우에는 몬트리올 협약이 적용되지 않고 민법이 적용되는지 여부가 문제된다. 항공운송인이 송하인으로부터 항공운임을 과다 청구하였다는 이유로, 송하인이 운송인을 상대로 몬트리올 협약상 제척기간이 경과한 이후에도 민법에

---

4) 대법원 1983. 3. 22. 선고 82다카1533 전원합의체 판결(해상운송); 운송계약상 채무불이행책임이나 불법행위로 인한 손해배상책임은 병존한다(대법원 1999. 7. 13. 선고 99다8711 판결).

5) 대법원 1999. 7. 13. 선고 99다8711 판결, 대법원 2004. 7. 22. 선고 2001다58269 판결. 한편 해상운송에 관하여 대법원 1983. 3. 22. 선고 82다카1533 전원합의체 판결은 "운송계약상 채무불이행 책임에 관하여 법률상 면책의 특칙이 있거나 또는 운송계약에 그와 같은 면책특약을 하였다고 하여도 일반적으로 이러한 특칙이나 특약은 이를 불법행위책임에도 적용하기로 하는 명시적 또는 묵시적 합의가 없는 한 당연히 불법행위 책임에 적용되지 않는 것이나, 운송물의 권리를 양수하여 선하증권을 교부받아 그 소지인이 된 자는 운송계약상의 권리를 취득함과 동시에 목적물의 점유를 인도받은 것이 되어 운송물의 소유권을 취득하여 운송인에 대하여 채무불이행 책임과 불법행위 책임을 아울러 추궁할 수 있게 되는 점에 비추어 볼 때 운송인이 선하증권에 기재한 면책약관은 채무불이행 책임만을 대상으로 한 것이고 당사자 사이에 불법행위 책임은 감수할 의도였다고 볼 수 없으므로 불법행위책임에 적용키로 하는 별도의 명시적·묵시적 합의가 없더라도 당연히 불법행위 책임에도 그 효력이 미친다"고 판시하였다.

기하여 정당한 운임과의 차액을 부당이득반환으로 청구하는 것이 가능한지 여부도 이와 관련이 있다.[6] 이는 몬트리올 협약이 운송계약에 관한 법률관계에 배타적으로 적용되는지 여부로 귀결된다[Exclusivity of the Convention, 국제협약의 배타적 효력(排他的 效力) 또는 전점효(專占效)]. 이하에서는 바르샤바 협약 당시 이러한 문제가 쟁점이 된 판례를 차례로 살펴보기로 한다.

## 2. 대법원 1986. 7. 22. 선고 82다카1372 판결

### 가. 사실관계

(1) 피고 K항공의 대리인인 미국 Intercontinental Air Frt Inc.(이하 'IAF')와 하송인(荷送人) Digital Equipment Corporation(이하 'DEC') 사이에서 체결된 항공운송계약은 출발지를 미국의 보스턴, 도착지를 대한민국 서울로 한 것이다.

(2) 이 사건 화물은 IAF와 DEC 사이의 항공운송계약에 따라 보스턴에서 IAF의 항공기에 적재되어 뉴욕까지 운송되었다가, 뉴욕에서 피고의 항공기에 이적(移積) 운송되어 1980. 1. 1. 김포공항에 도착하였다.

(3) 김포공항 도착 즉시 이 사건 화물은 김포공항 화물터미널 주식회사(이하 '화물터미널') 창고에 반입되었다가 곧이어 서울역 부근에 있는 삼화보세창고로 옮겨졌는데, 화물터미널 창고에 반입 당시 11개로 포장된 이 사건 화물 중 1개의 포장이 파손되고 그 내용물에도 이상이 있었음이 확인되어 피고 회사의 직원이 그 확인서를 작성하여 화물터미널측에 교부하였다.

(4) 그 후 피고는 1980. 1. 4. 이 사건 화물의 실질상 하수인(荷受人)으로서 항공운송장에 통지선으로 기재되어 있던 한국개발리스에 화물이 도착하였음을 통지하였다. 한국개발리스에서는 1980. 1. 7. 피고에게 운임을 지불하고, 피고로부터 화물의 인수에 필요한 서류를 수취하였다. 한국개발리스는 1980. 1. 31.에 이르러서야 피고에게 화물파손에 대한 클레임

---

6) 서울중앙지방법원 2018. 1. 9. 선고 2017가단5063609 판결.

청구서를 발송함으로써 서면에 의한 이의를 진술하였다.

(5) 이 사건에서는 국제항공운송에 적용되는 규범, 국제협약이 적용되는 경우 청구권경합이 허용되는지 여부, 화물훼손 책임에 관한 소제기의 전제요건으로서 운송인에게 사기가 없는 한 운송인이 선의이든 악의이든 하수인이 운송인에게 일정한 기간 내에 적극적인 의사표시로서 서면에 의한 이의를 제기하여야 하는지 여부 등이 문제되었다. 이하에서는 위와 같은 쟁점에 관한 대법원의 판시사항을 살펴보기로 한다.

### 나. 이 사건 항공운송에 적용되는 규범

#### (1) 국제항공운송에 적용되는 규범

항공운송에 관하여 아직까지 국내법이 제정된 바 없으므로[7] 이에 관한 법률관계는 일응 일반법인 민법의 적용 대상이 된다. 그러나 바르샤바 협약은 헤이그 의정서에 의하여 개정된 내용대로 국내법과 동일한 효력을 가지게 되어서 국제항공운송에 관한 법률관계에 대하여는 일반법인 민법에 대한 특별법으로서 1955년 헤이그에서 개정된 바르샤바 협약(이하 '개정 바르샤바 협약')이 우선 적용되어야 한다.

#### (2) 개정 바르샤바 협약의 적용요건

개정 바르샤바 협약이 적용될 국제항공운송이라 함은 당사자간의 협정에 의하여 출발지 및 도착지가 2개의 체약국의 영역 내에 있거나 또는 출발지 및 도착지가 단일 체약국의 영역 내에 있는 운송으로서 타국의 영역 내에 예정기착지가 있는 것을 지칭하는 것이다. 위 규정에서 사용하고 있는 용어인 '체약국'이란 개념은 바르샤바 협약과 헤이그 의정서에 모두 가입한 국가는 물론 대한민국과 같이 바르샤바 협약에는 가입하지 않고 있다가 헤이그 의정서에 가입함으로써 바르샤바 협약에 가입한 효력이 발생한 국가와 바르샤바 협약에는 가입하였으나 헤이그 의정서에는 아직 가입하지 아니한 국가를 모두 포함하는 것으로 보아야 한다.

---

7) 상법 제6편 항공운송은 2011. 11. 24.부터 시행되었다.

(3) 대상사안의 검토

이 사건 항공운송계약은 그 출발지를 미국의 보스턴, 도착지를 대한민국 서울로 한 것인바, 미국은 헤이그 의정서에는 가입하지 아니하였으나 바르샤바 협약에는 가입한 국가로서 개정 바르샤바 협약 제1조 제2항에서 들고 있는 '체약국'에 해당하므로, 이 사건 화물의 운송은 민법에 우선하여 개정 바르샤바 협약의 적용대상이 되는 국제항공운송이다.

### 다. 국제항공운송에도 청구권경합이 허용되는지 여부

(1) 바르샤바 협약의 규정

바르샤바 협약은 제3장(제17조 내지 제30조)에서 국제항공 운송인의 책임에 관하여 규정하면서, 제24조 제1항에서 "제18조 및 제19조에 정하여진 경우에는 책임에 관한 소는 명의의 여하를 불문하고 본 협약에 정하여진 조건 및 제한하에서만 제기할 수 있다"고 규정하고 있다.

위 조항에서 "명의의 여하를 불문하고"라는 문언은 영어의 "however founded"에 대한 공식 번역이기는 하나, 이를 다른 말로 풀이하면 "그 근거가 무엇이든지 간에" 내지는 "그 청구원인이 무엇이든지 간에"로 해석되는 것임이 분명하므로, 국제항공운송인에 대하여 그 항공운송 중에 생긴 화물훼손으로 인한 손해배상을 소구할 때는 계약불이행을 청구원인으로 하는 것이든 불법행위를 청구원인으로 하는 것이든 모두 바르샤바 협약에 정하여진 조건 및 제한 내에서만 가능하다.

그렇게 해석하는 것이 국제항공운송인의 책임에 관하여 위 협약의 규정과 다른 국내법 원리를 적용하여 협약의 규정을 배제하는 결과를 초래하는 것을 방지함으로써 국제항공운송에 관한 법률관계를 규율하는 통일된 규범을 창조하려는 위 협약의 제정 목적에도 부합하는 것이다.

(2) 대상사안의 검토

국제항공운송인 이 사건 화물운송 중에 생긴 화물의 훼손으로 인한 손해배상을 구하는 원고들의 청구는 그 청구원인이 채무불이행이든 불법행위든 간에 모두 개정 바르샤바 협약에서 정한 조건과 제한의 적용을 받는다.

(3) 상고이유의 요지 및 이에 대한 판단

(가) 상고이유의 요지

상고인의 논지(論旨)는 바르샤바 협약 제20조 제1항, 제2항의 규정에 비추어 보면, 협약 제3장에서 규정한 국제항공운송인의 책임의 법적 성질은 계약불이행으로 인한 손해배상책임에 불과하여 불법행위로 인한 손해배상책임에 관하여는 바르샤바 협약의 규정들이 적용될 여지가 없고, 따라서 위 협약 제24조 제1항의 "명의의 여하를 불문하고"라는 문언도 "사고의 종류가 무엇이든지 간에"라는 취지로 해석하여야 하며 그렇게 해석하는 것이 육상운송인과 해상운송인의 책임에 관하여 청구권경합설을 취하고 있는 대법원의 판례의 취지에도 부합한다는 것으로 요약된다.

(나) 상고이유에 대한 판단

그러나 아래와 같은 이유에 비추어 보면, 논지는 이유 없다.

(i) 협약 제3장의 관련 조문들과 대비하여 보면 협약 제20조의 규정 내용은 국제항공운송인의 책임이 무과실책임으로서의 결과책임이 아니라 과실책임임을 밝힌 것일 뿐, 협약상 국제항공운송인의 책임의 법적 성질이 채무불이행으로 인한 손해배상책임임을 전제로 한 것이라고는 볼 수 없다.

(ii) 협약 제18조와 제19조의 규정들이 이미 운송인에게 책임이 있는 각종 손해의 내용과 그 손해의 원인이 된 사고의 종류에 관한 규정들인 점에 비추어 보면, 협약 제24조 제1항의 "명의의 여하를 불문하고"라는 문언을 논지와 같이 "사고의 종류가 무엇이든지 간에"라고 풀이하는 것은 위 문언을 "제18조 및 제19조에 정하여진 경우에는"이라는 문언과 중복되어 불필요한 것으로 만드는 것이 되어 부당하다.

(iii) 바르샤바 협약 제24조 제1항의 규정은 국제항공운송인에 대한 손해배상 청구가 내국법상으로는 채무불이행 또는 불법행위의 어느 법리에 의하여서도 가능함은 당연한 전제로 하여, 그 책임에 관한 소는 청구원인

이 무엇이든 간에 위 협약에 정하여진 조건 및 제한에 따른 것을 규정한 것이라고 보아야 하므로, 협약의 규정을 논지와 같이 해석하지 아니한다 하여 해상운송인과 육상운송인의 책임에 관하여 대법원이 청구권경합설을 취하고 있는 것과 반드시 모순되는 것도 아니다.

### 라. 서면에 대한 이의제기 여부

#### (1) 바르샤바 협약의 해석

개정 바르샤바 협약 第26조 第2항의 "훼손이 있는 경우에는 하수인은 훼손을 발견한 후에 즉시 늦어도 수하물에서는 그 수취일로부터 7일 이내에, 화물에서는 그 수취일로부터 14일 이내에, 운송인에 대하여 이의를 진술하여야 한다"는 규정, 제3항의 "모든 이의는 운송증권에 유보를 기재함으로써 또는 위 기간 내에 별도의 서면을 발송함으로써 진술되어야 한다"는 규정, 제4항의 "소정의 기간 내에 이의를 진술하지 아니하였을 때에는 운송인에 대한 소는 운송인에게 사기가 있는 경우를 제외하고는 수리되지 아니한다"는 규정은 결국 화물훼손에 대한 책임에 관한 소제기의 전제요건으로서 운송인에게 사기가 없는 한 운송인이 선의이든 악의이든 하수인이 운송인에게 일정한 기간 내에 적극적인 의사표시로서 서면에 의한 이의를 제기할 것을 요구하고 있는 것으로 해석된다.

#### (2) 대상사안의 검토

이 사건 화물이 화물터미널 창고에 반입될 당시 피고 회사 직원이 화물의 일부에 이상이 있음을 확인하고 그 확인서를 작성하여 창고측에 교부한 것만으로는 하수인인 한국개발리스가 운송증권에 이의의 유보를 기재하였다거나 별도의 서면에 의하여 적극적인 이의의 의사표시를 한 것으로 볼 수 없다. 또 피고가 이 사건 화물의 훼손 사실을 알게 되었다 하더라도 그 점만으로 곧 피고에게 사기가 있었다고 단정할 자료로 삼을 수도 없다.

한국개발리스가 1980. 1. 7. 피고로부터 삼화보세창고에 보관되어 있는 이 사건 화물의 인수에 필요한 서류를 교부받은 것이라면 이 사건 화물은 같은 날 한국개발리스에게 인도된 것으로 볼 것이므로, 한국개발리스가 그로부터 24일이나 지난 1980. 1. 31.에 이르러서야 비로소 클레임 청구를 함으로써 서면에 의한 이의를 발송한 것이라면, 한국개발리스는 바르샤바 협약 제26조가 규정하고 있는 소송요건을 갖추지 못하여 그 소권을 상실하였다. 따라서 한국개발리스를 대위하여 이 사건 화물의 훼손으로 인한 손해배상을 구하는 원고들의 이 사건 소는 부적법하다.

(3) 상고이유에 대한 판단

(가) 논지는 바르샤바 협약 제26조 제1항에서 "하수인이 이의없이 수화물 및 화물을 수취한 때에는 수화물 및 화물은 반증이 없는 한 양호한 상태로 또한 운송증권에 따라 인도되는 것으로 추정된다"고 규정하고 있음에 비추어 보면, 같은 조 제2항 내지 제4항의 규정들은 운송인이 화물을 하수인에게 인도할 당시 그 화물의 훼손을 모르고 있었을 때에만 적용되는 규정들이라고 해석하여야 한다. 그러므로 피고의 직원이 이 사건 화물을 한국개발리스에 인도하기 전에 그 이상이 있음을 확인한 바 있었다면, 하수인인 한국개발리스로서는 피고에 대하여 서면에 의한 이의를 함이 없이 손해배상을 구할 수 있다는 것이다.

바르샤바 협약 제26조 제1항의 규정은 채무불이행을 원인으로 한 손해배상청구의 소에서 하수인이 화물훼손이 있었음을 주장하는 경우 채무의 본지에 따른 이행을 하였다는 점에 관한 증명책임을 부담하는 운송인이 그 화물을 하송인으로부터 인도받은 상태대로 하수인에게 인도하였음을 증명하기가 곤란한 경우가 많음을 감안하여 하수인이 이의없이 화물을 수취한 사실 자체가 채무의 본지에 따른 이행에 대한 일응의 증거(prima facie evidence)가 됨을 규정한 것일 뿐 화물 훼손의 사실을 모르고 있었던 운송인에 대하여서만 이의가 필요한 것임을 전제로 하여 운송인의 선의를 추정한 규정이라고 할 수 없다. 또한 제26조 제4항에서 하수인이 서면에 의한 이의를 함이 없이 소를 제기할 수 있는 경우는 운송인에게 사기(詐欺)가 있는 경우에 한한다고 명백히 규정하고 있으므로, 운송인이 화물의 훼손을 미리 알고 있었을 때에는 서면에 의한 이의없이 소를 제기할 수 있다는 논지는 이유 없다.

(나) 논지는 피고의 직원이 이 사건 화물에 이상이 있음을 확인하고 화물터미널에게 작성 교부해 준 확인서는 항공운송과 육상운송이 연결되는 곳에서 교환되는 화물의 인수도증의 성질을 가진 것으로서 바르샤바 협약 제26조 제3항에서 규정한 운송증권이고, 위 확인서가 피고에 대한 관계에서는 한국개발리스측의 대리인 격인 화물터미널의 요구에 의하여 작성된 것이므로 한국개발리스로서는 운송증권에 그 이의를 유보한 것으로 보아야 한다는 것이다.

바르샤바 협약 제2장에서 운송증권으로 여객항공표와 수하물표 및 항공운송장만을 들고 있고, 제26조 제3항이 이의의 방법으로 운송증권에 유보 이외에도 별도의 서면 발송을 규정하고 있음에 비추어 보면, 같은 조항에서 들고 있는 운송증권은 여객항공표와 수하물표 및 항공운송장만을 지칭하는 것으로 해석되므로, 피고 직원이 작성한 위 확인서가 위 조항에서 들고 있는 운송증권에 해당하는 것임을 전제로 한 논지는 더 나아가 살펴 볼 필요없이 이유 없다.

(다) 논지는 한국개발리스가 피고로부터 삼화보세창고에 보관되어 있는 이 사건 화물의 인수에 필요한 서류를 교부받았다는 사실만으로는 아직 이 사건 화물을 수취한 것으로 볼 수 없고, 한국개발리스가 통관절차를 거쳐 이 사건 화물을 위 보세창고로부터 실제로 반출하였을 때에 이를 수취한 것으로 보아야 한다는 것이다. 제3자가 점유하고 있는 동산에 관하여 그 제3자에 대한 반환청구권을 양도하는 것은 그 동산 자체를 인도한 것으로 보아야 함은 민법 제190조가 규정하고 있는 바이므로, 수입화물을 운송한 운송인이 그 운송물을 자신이 지정한 보세창고에 반입한 후 그 반출에 필요한 서류를 화주에게 교부하였다면 운송인은 이로써 그 운송물에 대한 인도를 완료한 것으로 보아야 할 것이니 논지는 이유 없다.

### 마. 후속 판례

개정 바르샤바 협약은 유족이 여객인 사망자들의 손해배상청구권을 상속하여 청구를 하는 경우는 물론이고, 유족이 그 고유한 위자료를 청구하

는 경우에도 마찬가지로 적용된다.[8)]

### 3. El Al Israel Airlines, Inc. v. Tseng, 525 U.S. 155 (1999)

#### 가. 사실관계

(1) Tsui Yuan Tseng는 1993. 5. 22. El Al Israel Airlines의 뉴욕 → 텔아비브 항공편을 탑승하기 위하여 뉴욕 JFK 공항에 도착하였다. 탑승 전 절차에서 보안요원은 그녀에게 목적지와 여행계획에 관하여 질문하였다. 보안요원은 그녀의 대답이 비논리적이라고 판단하고, 그녀를 고도의 위험 여객(high risk passenger)로 분류하여, 개별 검사실로 데려가 정밀검사를 실시하였다. 그곳에서 보안요원은 폭발물 탐지를 위하여 그녀의 수하물과 신체를 검색하였고, 그녀에게 신발·자켓·스웨터를 벗고, 청바지를 엉덩이 중간까지 내리게 하였다. 또한 여성보안요원은 손과 전기안전봉으로 Tseng의 가슴과 사타구니 부위 등을 수색하였다. 보안요원들은 15분간 실시한 보안검사 결과, 그녀가 보안에 위협을 주는 여객이 아니라고 판단하고 그녀의 항공기 탑승을 허가하였다.

(2) Tseng은 비행기에 머무르는 동안 실제로 구토하고 매우 화가 났으며, 한 달간 이루어진 이스라엘 여행기간 동안 정신적으로 트라우마와 불안 장애를 겪었고, 미국으로 돌아온 뒤에는 정신과 상담까지 받았다.

(3) 그녀는 El Al Israel Airlines를 상대로 과도한 보안검사로 인하여 정신적 상해를 입었다고 주장하면서(신체의 상해는 주장하지 않았다), 폭행과 불법감금(assault and false imprisonment)을 이유로 뉴욕 주 불법행위법(New York Tort Law)을 근거로 손해배상을 청구하는 소를 뉴욕 주법원에 제기하였다. 항공사는 위 소송을 연방법원으로 이송하여 줄 것을 신청하였고, 사건은 연방지방법원으로 이송되었다.

8) 서울고등법원 1998. 8. 27. 선고 96나37321 판결.

### 나. 재판의 경과

#### (1) 제1심 법원의 판단[9)]

항공사의 보안검사는 일상적이지만 원고에게 잘못 이행되었으며, 탑승을 위한 과정 중에 발생한 것이므로, 바르샤바 협약 제17조의 사고에 해당한다. 그런데 위 협약은 신체의 상해로 인한 손해에 대하여만 운송인의 책임을 인정하고 있는바, 원고는 정신적 상해로 인한 배상만 청구하고 있으므로 위 협약에 의하여 권리를 구제받을 수 없다.

또한 위 협약 제24조는 제17조에 의하여 배상받을 수 없는 손해는 운송인에게 책임을 물을 수 없도록 제한하고 있기 때문에, 원고는 뉴욕 주법에 의하여 손해배상을 청구할 수 없다.

#### (2) 항소심의 판단[10)]

보안검사는 비록 여객을 불편하고 당혹스럽게 하지만, 국제항공에서 일상적 운영절차이고, 테러방지를 위한 노력의 일부로 적법성이 인정되며, 여객은 항공운송의 안전을 위하여 비용을 지불하는 것이므로, 보안검사는 사고에 해당하지 않는다.

바르샤바 협약 제24조는 사건이 협약 제17조의 적용범위에 포함되는 경우에만 자국법을 통한 구제를 제한하는 것이므로, 협약이 명시적으로 적용되지 아니한 경우에는 여객이 자국법에 의하여 구제를 청구할 수 있다.

### 다. 연방대법원 판단

(1) 연방대법원은, 보안검사는 바르샤바 협약 제17조가 규정하고 있는 사고에 해당하지 않고,[11)] 항공사의 과도한 보안검사 행위도 무모한 행위(wilful misconduct)에 해당하지 않는다고 보았다.

---

9) 919 F.Supp. 155 (S.D.N.Y. 1996).

10) 122 F.3d 99 (CA2 1997).

11) 보안검사는 사고가 아니므로, 상해는 사고로 인하여 발생한 것이 아니거나[Air France v. Saks, 470 U.S. 392, at 405 (1985)], 사고가 신체의 상해라는 결과를 가져온 것도 아니다[Eastern Airlines, Inc. v. Floyd, 499 U.S. 530, at 552 (1991)].

(2) 연방대법원은 다음과 같은 이유를 들어, 국제항공운송에 바르샤바 협약이 배타적(exclusive)으로 적용된다고 판시하였다.

(i) 바르샤바 협약은 유치한 항공산업의 보호를 목적으로 하는데,[12] 만약 협약의 배타성이 부정될 경우 협약에서는 운송인의 책임을 제한하면서, 자국법으로 운송인에게 무한책임을 지우는 것은 협약의 본래 목적에 어긋난다.

(ii) 협약의 주요 목적 중 하나는 국제항공운송 중에 발생하는 청구에 관한 규범을 통일하는 것이다.[13] 협약의 배타성을 부정하고 제24조가 회원국에게 운송인의 책임에 대한 규율을 허용한다고 해석하는 것은 협약이 달성하려고 하는 예측가능성(predictability)에도 어긋나는 것이다.

(iii) 협약 제24조의 목적은 운송인의 이익과 상해를 입은 여객의 배상 사이에 운송인의 책임제한을 통하여 균형을 이루는 것이다. 이는 협약의 배타성을 통하여 유지될 수 있고, 이러한 해석이 협약의 전체 체계(overall structure)와 일치하는 것이다.

(iv) 여객이 상해를 입었을 때 이에 관한 교묘한 소송과 변칙을 막기 위해서는 협약의 전점효(專占效, preemptive effect of the Convention)를 인정하여야 한다.

## 라. 후속 판례

이후에도 Tseng 판결의 취지에 따라, 몬트리올 협약의 배타성(exclusivity) 또는 주법에 대한 전점효(preemption)를 인정하는 수많은 판결이 선고되고 있다.[14]

---

12) Lowenfeld/Mendelsohn, "The United States and the Warsaw Convention", 80 Harv. L. Rev. 497, 499~500 (1967).

13) Floyd, 499 U.S., at 552.

14) Alam v. American Airlines Group Inc., 2017 WL 1048073 (E.D.N.Y. Mar. 17, 2017); Patel v. Singapore Airlines, Ltd., 2017 WL 1078444 (C.D.Cal. Mar. 21, 2017); Vanderwall v. United Airlines, Inc., 80 F.Supp.3d 1324 (S.D.Fla. 2015).

### 4. 대상사안의 검토

#### 가. 민법상 불법행위책임 주장에 관한 검토

(1) 몬트리올 협약(2007. 12. 29. 국내 발효)은 국제항공운송에 관한 법률관계에 대하여 민법이나 상법에 우선하여 적용된다(몬트리올 협약의 배타적 적용 또는 전점효).[15)]

(2) 몬트리올 협약 제29조는 "여객 · 수하물 및 화물의 운송에서, 손해에 관한 어떠한 소이든지 이 협약 · 계약 · 불법행위 또는 기타 어떠한 사항에 근거하는지를 불문하고, 소를 제기할 권리를 가지는 자와 그들 각각의 권리에 관한 문제를 침해함이 없이, 이 협약에 규정되어 있는 조건 및 책임한도에 따르는 경우에만 제기될 수 있다"고 규정하고 있으므로, 피고가 이 사건 국제항공운송에 관하여 위 협약상 책임과 별도로 민법상 불법행위 책임을 진다고 볼 수 없다.[16)]

(3) 따라서 원고가 민법을 근거로 하여 피고에게 구하는 불법행위에 기한 손해배상 청구는 이유 없다.[17)]

#### 나. 몬트리올 협약상 운송인책임 주장에 관한 판단

(1) 증명책임

몬트리올 협약 제18조, 제39조, 제40조, 제45조의 규정에 비추어 보면, 원고가 피고에게 몬트리올 협약에 따른 운송책임을 묻기 위해서는 이 사건 사고 화물이 피고의 운송구간인 항공운송 중에 손상되었다는 점을 증명하여야 한다.

(2) 인정사실

피고의 인천화물터미널에서 DA로 인도되기 전에 이 사건 사고 화물에

---

15) 대법원 1986. 7. 22. 선고 82다카1372 판결, 대법원 1999. 7. 13. 선고 99다8711 판결, 대법원 2006. 4. 28. 선고 2005다30184 판결.
16) 대법원 1986. 7. 22. 선고 82다카1372 판결.
17) 同旨 서울중앙지방법원 2018. 1. 9. 선고 2017가단5063609 판결.

부착된 팁-앤-텔 표시기가 변색된 사실은 앞서 본 바와 같으나, 다음과 같은 사정이 비추어 보면, 이 사건 사고 화물이 피고의 항공운송 중에 손상되었다고 인정하기에 부족하고, 달리 이를 인정할 증거가 없다.

(i) 이 사건 사고 화물에 부착된 팁-앤-텔 표시기가 변색되어 있으나 팁-앤-텔 표시기는 넘어짐 뿐만 아니라 단순한 기울어짐이나 빠른 상하 운동만으로도 변색이 발생할 수 있는 작동 원리와 그러한 변색이 발생하더라도 화물에 손상이 없는 경우가 있을 수 있는 점[18]에 비추어 이러한 변색 사실만으로 이 사건 사고 화물이 전복되었다고 단정할 수 없고, 항공운송의 특성상 정상적인 이착륙이나 비행과정에서의 기류변화로 인하여 변색되었을 가능성도 배제할 수 없다. 더욱이 이 사건 사고 화물이 DA로 인도된 이후 이 사건 사고 화물에 부착된 팁-앤-텔 표시기의 변색의 정도가 더 심해지기도 하였다.

(ii) 원고는 이 사건 사고 화물은 DA로 인도되기 전 외포장상자가 찌그러져 있었으므로 이 사건 사고 화물은 피고의 항공운송 중에 넘어지거나 외부의 충격으로 손상되었다고 주장하나, 피고의 화물터미널에서 이 사건 화물이 반출되기 전에 수하인인 IT가 지정한 IV가 운영하는 보세창고까지 육상운송을 의뢰받은 DA 직원이 작성한 혼재화물적하목록에는 이 사건 화물 7상자 중 팁-앤-텔 표시기가 변색된 화물 1상자와 외포장상자의 하단이 찌그러진 화물 1상자가 있다고 기재되어 있고, 이 사건 화물의 수하인 AC가 피고에게 발송한 사고통지서에도 손상된 화물이 2개라고 기재되어 있으며, 피고의 화물터미널에 입고된 직후 촬영된 사진에 의하더라도 팁-앤-텔 표시기가 변색된 화물상자 하단의 찌그러짐 현상을 발견할 수 없어서 하단이 찌그러진 화물과 이 사건 사고 화물이 동일한 것이라고 보기 어려운바, 팁-앤-텔 표시기가 변색된 이 사건 사고 화물의 외포장상자가 피고의 항공운송 중에 찌그러졌다고 단정하기 어렵다(오히려 이 사건 사고 화물의 외포장상자는 피고의 화물터미널에서 반출되기 전까지는

---

18) 실제로 피고의 인천화물터미널에서 2011. 1. 1.부터 2012. 5. 31.까지 팁-앤-텔 표시기 등 인디케이터의 변색이 보고된 사례는 약 1,600건에 달하는 반면, 실제로 손해배상 청구가 제기된 것은 8건에 불과하다.

외관이 크게 손상되지 아니하였을 개연성이 높다고 판단된다).

(iii) 설령 피고의 화물터미널에 도착할 당시 이 사건 사고 화물의 외포장상자의 하단이 찌그러졌다고 하더라도 이 사건 화물의 수하인 AC는 IV가 운영하는 보세창고로 이 사건 화물을 인도할 것으로 피고에게 지정하였고, 피고는 IV가 운영하는 보세창고까지 육상운송을 의뢰받은 DA에게 이 사건 화물을 인도하였는바, DA가 이 사건 화물을 인도받으면서 이 사건 화물은 피고의 관리를 벗어나 수하인에게 인도되었다고 할 것인데, DA가 IV가 운영하는 보세창고로 이 사건 화물을 운송한 후 촬영된 사진에 의하면 이 사건 사고 화물의 외포장상자가 상단이 찌그러지고 하단이 터져 당초 혼재화물적하목록을 작성할 당시보다 손상의 정도가 심하게 된 사실이 인정되는 점에 비추어, 이 사건 사고 화물 내부 제품이 피고의 항공운송 중에 손상되었다고 단정하기 어렵고, 운송과정 중 어느 단계에서 손상되었는지 불명확하다.

(iv) 원고의 주장과 같이 피고의 항공운송 중 이 사건 사고 화물이 전복되고 그 결과 내부 제품까지 심각한 손상을 입었다면 내부 제품의 무게에 비추어 이 사건 사고 화물의 외포장상자도 크게 손상되었을 것이지만 피고의 화물터미널에서 반출되기 전까지는 이 사건 사고 화물의 외포장상자에는 별다른 손상이 없었다. 실제로 IV가 운영하는 보세창고에서 이 사건 사고 화물의 내부 제품이 손상되었음을 인지하였을 당시 이 사건 사고 화물의 외포장상자는 상단이 찌그러지고 하단이 터지는 등 손상이 심하였다.

(3) 결 론

따라서 원고의 몬트리올 협약에 기초한 이 사건 청구는 이유 없으므로, 이를 기각하여야 한다.

# [5] 몬트리올 협약상 제척기간

**서울중앙지방법원 2018. 1. 9. 선고 2017가단5063609 판결[1)]**

## Ⅰ. 사실관계

(1) 서울 강남구에 주소를 두고 있는 원고 JA 주식회사는 2011년부터 2013년까지 서울 영등포구에 주소를 두고 있는 피고 DG 주식회사에게 해외 화물의 운송을 위탁하였고, 피고는 원고로부터 비용을 지급받고 화물을 운송해 주었다.

(2) 원고는, 피고가 운송비용을 청구하는 과정에서 기본 운송비 이외에 'FSC2'(fuel surcharge, 유류할증료를 의미한다), 'SSC3'(security surcharge, 보안할증료를 의미한다) 항목을 별도로 구분하여 시가(at cost)로 청구하도록 되어 있는데, 이를 실제 항공사 공시요금보다 높게 적용하여 청구함으로써 그 차액 49,930,388원 상당의 부당이득을 얻었다고 주장하면서, 2017. 3. 28. 피고에게 위 금원 및 지연손해금의 지급을 구하는 부당이득 반환 청구의 소를 제기하였다.

## Ⅱ. 참조 조문

### 1. 몬트리올 협약

**제35조(제소기한)**

1. 손해에 관한 권리가 도착지에 도착한 날·항공기가 도착할 날 또는 운송이 중지된 날로부터 기산하여 2년 내에 제기되지 않을 때에는 소멸된다.
2. 그러한 기간의 산정방법은 소송이 계속된 법원의 법률에 의하여 결정된다.

1) 원고의 항소 부제기로 2018. 1. 26. 확정되었다.

**第37조(제3자에 대한 구상권)**
이 협약의 어떠한 규정도 이 협약의 규정에 따라 손해에 대하여 책임을 지는 자가 갖고 있는 다른 사람에 대한 구상권을 행사할 권리가 있는지 여부에 관한 문제에 영향을 미치지 아니한다.

**第48조(계약운송인 및 실제운송인의 상호관계)**
제45조에 규정된 경우를 제외하고는 본 장의 여하한 규정도 여하한 구상권 또는 손실보상청구권을 포함하는, 계약운송인 또는 실제운송인간 운송인의 권리 및 의무에 영향을 미치지 아니한다.

## 2. 상 법

**第899조(비계약적 청구에 대한 적용 등)** ① 이 장의 운송인의 책임에 관한 규정은 운송인의 불법행위로 인한 손해배상의 책임에도 적용한다.

**第902조(운송인 책임의 소멸)** 운송인의 여객, 송하인 또는 수하인에 대한 책임은 그 청구원인에 관계없이 여객 또는 운송물이 도착지에 도착한 날, 항공기가 도착할 날 또는 운송이 중지된 날 가운데 가장 늦게 도래한 날부터 2년 이내에 재판상 청구가 없으면 소멸한다.

# Ⅲ. 판시사항

(1) 몬트리올 협약 제35조 및 이를 수용한 상법 제902조에 규정된 기간은 제소기간이고, 이 사건 소가 2017. 3. 28. 제기된 사실은 기록상 명백하고 운송물의 마지막 도착일은 이로부터 2년보다 전의 날임은 다툼이 없으므로, 이 사건 소는 운송물의 도착일로부터 제척기간이 2년이 지난 뒤에 제기된 것으로서 소송요건을 갖추지 못한 부적법한 소이다.

(2) 원고는 위와 같은 제척기간이 운송물의 멸실·훼손 등 운송인으로서 고유책임에만 적용되고 고의로 인한 불법행위책임에는 적용되지 않는다고 주장하나, 상법 제902조는 그 문언상 청구원인에 관계없이 불법행위로 인한 손해배상책임 등에도 모두 적용되고, 상법 제899조도 이 장의 운송인의 책임에 관한 규정은 운송인의 불법행위로 인한 손해배상의 책임에

도 적용된다고 정하고 있으므로 원고의 위 주장은 이유 없다.

## Ⅳ. 해 설

### 1. 몬트리올 협약상 제소기한의 법적 성질

#### 가. 소멸시효와 제척기간

(1) 사법상 권리에는 시간의 경과에 의해 영향을 받지 않는 것도 있지만(소유권, 점유권 등), 일정한 시간의 경과에 의해 권리를 취득하거나 권리가 소멸되는 제도가 있다. 전자에 속하는 것이 취득시효이고, 후자에 속하는 것으로 소멸시효(消滅時效)와 제척기간(除斥期間)이 있다.

(2) 소멸시효는 일정한 기간 권리행사를 하지 않은 것(권리불행사)에 초점을 맞추어, 그러한 경우에는 채무자가 변제하였을 개연성이 높다고 보아, 권리자의 근거 없는 청구로부터 변제한 채무자를 보호하기 위해, 그 권리가 소멸하거나(절대적 소멸설) 채무자에게 권리의 소멸을 주장할 항변권(상대적 소멸설)을 부여하기 위한 것이다. 제척기간이란 일정한 권리에 관하여 법률이 예정하는 존속기간이다. 따라서 소 제기 등 재판상 권리를 행사하지 않고, 그 존속기간이 만료하면 그 권리는 당연히 소멸하게 된다. 즉 소멸시효제도에서는 채무자 보호라는 관점이 상대적으로 더 부각되는 데 비하여, 제척기간제도는 채무자 보호라는 관점이 후퇴하고 법적 안정성이 더 부각된다.[2)]

(3) 소멸시효와 제척기간은 다음과 같은 차이점이 있다. (i) 소멸시효에 의한 권리소멸은 소급적 소멸(민법 제167조)이지만, 제척기간에 의한 권리소멸은 기간이 경과한 때부터 장래를 향하여 소멸한다. (ii) 제척기간은 당사자가 주장하지 않더라도 법원이 직권으로 이를 고려하여야 하지만, 소멸시효는 당사자의 원용이 있어야만 재판의 기초로 삼을 수 있다. (iii) 소멸시효에는 중단(민법 제168~178조), 정지(제179~182조) 등이 있으나, 제척기간에는 이러한 규정이 적용되지 않는다. (iv) 소멸시효는 완성 후

---

2) 김준호, "제척기간과 소멸시효의 경합", 저스티스 제141호(2014. 4.), 269면.

시효이익을 포기할 수 있으나, 제척기간에 관한 이익은 포기할 수 없다. (v) 소멸시효는 법률행위에 의하여 이를 단축 또는 경감할 수 있으나(민법 제184조 제2항), 제척기간은 당사자가 자유롭게 단축시킬 수 없다.

### 나. 협약상 제소기한

(1) 개정 바르샤바 협약 제29조 제1항은 "손해에 관한 권리는 도착지에의 도착일, 항공기가 도착하여야 할 일자 또는 운송의 중지일로부터 기산하여 2년 내에 소가 제기되지 아니한 경우에는 소멸된다"고 규정하였고, 제2항은 "위 기간의 계산방법은 소송이 계속된 국가의 법률에 의하여 결정된다"고 규정하였다. 대법원은 "위 기간은 제소기간으로서 재판 외의 권리행사로 보전되는 기간이라거나 중지 또는 정지가 허용되는 성질의 것이라고 볼 수도 없다"[3]고 판시하여, 제척기간이라는 입장을 취하고 있다.

(2) 바르샤바 협약의 내용은 현행 몬트리올 협약의 내용과 동일하므로, 위 판결의 취지는 몬트리올 협약상 제소기한에도 적용된다. 따라서 몬트리올 협약상 제소기간은 제척기간으로 보아야 한다.[4] 제척기간이므로 채권자는 기간 내에 반드시 재판상 권리를 행사하여야 한다.[5] 이는 아래에서 보는 Narayanan v. British Airways 사건에서도 확인할 수 있다.

## 2. Narayanan v. British Airways, 747 F.3d 1125 (9th Cir. 2014)

### 가. 사실관계

(1) Panpansam Narayanan은 2008. 12. 26. British Airways(BA)의 항공편을 이용하여 LA에서 인도로 향하였다. 그는 중증 폐질환을 앓고 있어서 승무원에게 기내에서 휴대용 산소발생기(supplemental oxygen)를 제공해 줄 것을 요청하였으나, 항공사는 이를 거절하였다. 그는 중간기착지

3) 대법원 2004. 7. 22. 선고 2001다58269 판결.

4) Allison Stewart, "The Montreal Convention's Statute of Limitations - A Failed Attempt at Consistency", 80 J. Air L. & Com. 267 (2015).

5) [비교] 채권양도의 통지는 양도인이 채권이 양도되었다는 사실을 채무자에게 알리는 것에 그치는 행위이므로, 그것만으로 제척기간 준수에 필요한 권리의 재판외 행사에 해당한다고 할 수 없다. 대법원 2012. 3. 22. 선고 2010다28840 전원합의체 판결.

인 런던에서 치료를 받았고, 계속 비행기로 여행하는 것이 가능하다는 진단을 받은 후, 2008. 12. 26. 최종 목적지인 인도 방갈로르(Bangalore)에 도착하였다. Narayanan는 2009. 1. 16. 미국으로 귀국한 후 치료를 받았으나, 건강상태가 악화되어 결국 2009. 6. 11. 사망하였다.

(2) Narayanan의 유족들은 2011. 3. 7.[6] BA가 국제항공운송 도중 휴대용 산소발생기 제공을 거절하여 생명이 단축되었다고 주장하면서, BA를 상대로 손해배상을 청구하는 소를 제기하였다.

(3) 피고는 이 사건 소는 몬트리올 협약상 제소기간이 경과한 이후에 제기된 것이어서 부적법하다고 주장하였다. 이에 대하여 원고들은 몬트리올 협약상 제소기간은 캘리포니아 주법의 불법사망소송과 같이 Narayanan이 사망한 날인 2009. 6. 11.부터 진행하므로, 이 사건 소는 그로부터 2년 이내에 제기된 것이어서 적법하다고 주장하였다.

### 나. 판시사항

몬트리올 협약 제29조, 제35조 제1항에 의하면, 위 협약상 손해배상의 청구의 소는 항공기의 도착일 또는 도착예정일로부터 2년 이내에 제기되어야 하고, 원고들의 주장과 같이 사망이라는 결과가 발생한 날부터 기산하여서는 안된다. 따라서 이 사건 소는 항공기가 방갈로르에 도착한 2008. 12. 26.부터 2년이 경과한 2011. 3. 7.에 제기되었으므로 부적법하다.

## 3. 제소기간의 적용범위

### 가. 몬트리올 협약상 청구

(1) 제척기간은 여객운송과 물건운송 모두에 적용된다. 국제협약은 운송인의 대리인이나 근로자를 상대로 소를 제기하는 경우에도 적용되므로,[7] 항공사를 피고로 하는 경우뿐만 아니라 운송인의 대리인, 근로자를

6) Narayanan이 방갈로르에 도착한 날인 2008. 12. 26. 또는 미국에 도착한 날인 2009. 1. 16.로부터 2년이 경과하였으나, 사망한 날인 2009. 6. 11.로부터는 2년 이내였다.

7) Mitchell, Shackleton & Co. v. Air Express Intern'l, 704 F.Supp. 524, 525 (S.D.N.Y. 1989); Baker v. Lansdell Protective Agency, Inc., 590 F.Supp. 165 (S.D.N.Y. 1984); Julius Young Jewelry Mfg. Co., Inc. v. Delta Air Lines, 67

상대로 소를 제기하는 경우에도 제척기간은 적용된다.

(2) Robertson v. American Airlines, Inc. 사건[8]에서 로버슨은 1998. 9. 10. AA 항공편을 이용하여 덴버를 출발하여 워싱턴으로 이동하던 중, 등의 통증을 완화시키기 위하여 승무원에게 찜질 팩(gel pack)을 요청하였다. 승무원은 로버슨에게 찜질 팩과 드라이 아이스가 들어 있는 멀미용 봉투(air-sickness bag)를 가져다 주었다. 로버슨이 봉투를 등에 접촉하였을 때 3도 화상을 입었다. 로버슨은 약 3년이 지난 2001. 9. 7. AA를 상대로 손해배상을 청구하는 소를 제기하였고, 법원은 제소기간이 경과하여 부적법하다는 이유로 소를 각하하였다.

### 나. 사고가 고의 또는 무모한 행위로 발생한 경우

개정 바르샤바 협약상 제소기간은 손해가 운송인의 고의 또는 중과실에 의하여 발생하였다고 하여 그 적용이 배제된다고 볼 수 없다.[9] 개정 바르샤바 협약 제25조는 적용범위 즉, 고의 또는 미필적 고의(準故意)의 경우 일부 협약 규정의 적용이 배제되는 범위를 운송인의 배상책임제한 등에 관한 제22조에 한정하였으므로, 사고가 고의에 상당하는 과실로 인하여 발생되었다고 하더라도 제소기간에 관한 협약 제29조는 여전히 적용될 뿐만 아니라, 위 협약 제25조는 손해에 따른 권리의 행사 그 자체를 제한하는 데 관한 것일 뿐 운송인의 원용을 금지하는 책임의 배제나 제한에 관한 규정은 아니므로, 바르샤바 협약에 의하더라도 그 결과는 마찬가지이다.[10]

### 다. 해상운송인의 채권에 관한 규정의 유추적용 여부[11]

(1) 항공운송인은 항공운송인의 운임채권에 해상운송인의 채권에 관한 상법 제814조 제1항이 유추적용되어야 하고, 이는 제척기간에 관한 규정

A.D.2d 148, 414 N.Y.S.2d 528 (1979).

8) Robertson v. American Airlines, Inc., 401 F.3d 499 (D.C. Cir. 2005).

9) 대법원 2004. 7. 22. 선고 2001다58269 판결.

10) 서울고등법원 1998. 8. 27. 선고 96나37321 판결.

11) 대법원 2015. 5. 28. 선고 2013다216389 판결.

으로서 그 경과 여부는 직권조사사항이므로, 운임채권이 운송물품을 인도할 날부터 1년 이내에 재판상 청구되었는지를 직권으로 심리·판단하여야 한다고 주장하였다.

(2) 상법 항공운송편이 신설·시행되기 전에 국제항공운송에 관한 법률관계에 적용되던 1955년 헤이그에서 개정된 바르샤바 협약은 항공운송인이 갖는 채권의 제척기간이나 소멸시효에 관하여 규정하지 않고, 송하인의 채권에 관하여는 “손해에 관한 권리는 도착지에의 도착일, 항공기가 도착하여야 할 일자 또는 운송의 중지일로부터 기산하여 2년의 기한 내에 제기되지 아니한 경우에는 소멸된다”고 규정하고 있던 점(제29조 제1항), 이 사건 운송물품을 인도할 날 이후에 신설된 상법 항공운송편은 항공운송인의 책임에 2년의 제척기간이 적용되고(제902조) 항공운송인의 채권에는 2년의 소멸시효가 적용되도록 규정하고 있는 점(제919조), 한편 상법은 해상운송인의 경우에는 그 채권 및 채무의 제척기간을 1년으로 정하고(제814조 제1항), 육상운송인의 경우에도 그 채권과 책임의 소멸시효기간을 1년으로 정하고 있는 점(제147조, 제122조, 제121조) 등 운송인별로 채권과 채무의 행사기간 또는 시효기간이 균형을 이루도록 하고 있음을 감안해 보면, 항공운송인의 채권에 상법 제814조 제1항이 유추적용된다고 할 수 없다.

## 4. AGCS Marine Ins. Co. v. Geodis Calberson Hungaria Logisztikai KFT, No. 16-CV-9710 (S.D.N.Y. 2017)

여객 또는 송하인·수하인 등에게 손해배상을 한 계약운송인이 실제운송인, 사용인 등에게 구상권을 행사하는 경우에도 제척기간이 적용되는지 문제된다.

### 가. 사실관계

(1) Geodis Calberson Hungaria Logisztikai KFT(이하 ‘Geodis’)는 AGCS Marine Ins. Co.(이하 ‘AGCS’)에게 컴퓨터 장비를 헝가리에서 펜실배니아까지 운송하여 줄 것을 요청하였다. Geodis는 El Al Israel Airlines

Ltd.(이하 'El Al')에게 유럽에서 미국까지 컴퓨터 장비를 항공운송 위탁하였다. Alliance Ground International LLC(이하 'Alliance')는 El Al의 지상조업자로서 2014. 12. 12. 뉴욕 John F. Kennedy 공항에 도착한 장비를 처리하였고, PAI Trucking Corp.(이하 'PAI')는 최종적으로 물건을 자동차를 이용하여 뉴욕에서 2014. 12. 15. 펜실배니아까지 운송하였다.

(2) 물건이 최종 목적지에 도착한 날로부터 약 2년이 경과한 직후인 2016. 12. 16. AGCS는 컴퓨터장비가 도착하였을 때 훼손된 상태였다고 주장하면서 계약운송인인 Geodis를 상대로 소를 제기하였다. 그로부터 수개월이 지난 후인 2017. 5. 22. Geodis는 El Al, Alliance, PAI(이하 '제3당사자')를 상대로 제3당사자들이 실제운송인 또는 그 사용인으로서 물건 훼손에 대한 책임이 있다고 주장하면서 구상권 및 면책을 위한 피고인입(被告引込)의 소(third-party complaint)를 제기하였다.

### 나. 판시사항

몬트리올 협약상 제소기간의 제한을 받은 청구는 송하인이 운송인에 대하여 손해배상을 구하는 경우에 한정되고, 계약운송인이 실제운송인 등 제3자에 대하여 구상권을 행사하는 경우는 몬트리올 협약이 적용되지 아니하고 자국법이 적용된다. 이는 바르샤바 협약과는 달리 몬트리올 협약 제37조에서 "이 협약의 어떠한 규정도 이 협약의 규정에 따라 손해에 대하여 책임을 지는 자가 갖고 있는 다른 사람에 대한 구상권을 행사할 권리가 있는지 여부에 관한 문제에 영향을 미치지 아니한다"고 규정하고 있고, 제48조에서는 "제45조에 규정된 경우를 제외하고는 본 장의 여하한 규정도 여하한 구상권 또는 손실보상청구권을 포함하는, 계약운송인 또는 실제운송인간 운송인의 권리 및 의무에 영향을 미치지 아니한다"고 규정하고 있는 것에서도 알 수 있다.

### 다. 판결의 의의

바르샤바 협약 제29조와 몬트리올 협약 제35조의 내용은 동일하다. 그러나 두 협약의 내용이 전체적으로 완전히 동일한 것은 아니므로, 몬트리올 협약의 해석에서는 이러한 점을 고려하여 바르샤바 협약상 선행판결들을 재해석하여야 한다.[12] 위 판결은 구상권을 행사하는 경우 몬트리올 협약이 적용되지 않고 자국법이 적용되므로, 제소기간도 몬트리올 협약이 아닌 캘리포니아 주법이 적용된다고 판시하였다. 이는 선행판결[13]의 취지와 같고, 몬트리올 협약 제37조, 제48조와 같은 규정이 없었던 바르샤바 협약 시행 당시 구상권 행사에도 제척기간이 적용된다고 판시한 판결들[14]과는 결론을 달리하는 것이다.[15]

### 라. 해상운송에 관한 대법원 판례

해상물건운송계약에서 계약운송인과 실제운송인과의 관계와 같이 복수의 주체가 운송물의 멸실·훼손으로 인하여 선하증권소지인에 대하여 연대하여 손해배상책임을 부담하는 경우, 어느 일방이 선하증권소지인에 대하여 먼저 손해액을 배상한 후 다른 일방에 대하여 그 배상금액을 구상하는 경우에는, 운송인의 채권·채무의 소멸을 규정하고 있는 상법 제814조 소정의 단기제척기간에 관한 규정은 적용되지 않는다.[16]

---

12) DeJoseph v. Cont'l Airlines, Inc., 18 F.Supp.3d 595, 604 (D.N.J. 2014).

13) Chubb Ins. Co. of Europe S.A. v. Menlo Worldwide Forwarding, Inc., 634 F.3d 1023 (9th Cir. 2011); United Airlines Inc. v. Sercel Australia Pty Ltd., (2012) 260 FLR 37; United Airlines Inc. v. Sercel Australia Pty Ltd, (2012) 260 FLR 37. 한편, 송하인들이 운송인 Sabena Belgian World Airlines에 대하여 손해배상을 청구하는 소를 독일법원에 제기하여 승소하였고, 원고 Sabena Belgian World Airlines는 뉴욕에서 공항지상조업협정(Airport Ground Services Agreement)을 체결하였던 피고를 상대로 구상금을 청구한 사안에서, Sabena Belgian World Airlines v. United Airlines, Inc., 773 F.Supp. 1117 (N.D.Ill. 1991) 미국 연방법원은 구상금청구에는 바르샤바 협약이 적용되지 않는다고 판시하였다.

14) Data General Corp. v. Air Express Int'l Co., 676 F.Supp. 538, 540~41 (S.D.N.Y. 1988); Split End Ltd. v. Dimerco Express (Phils) Inc., No. 85-CV-1506 (RLC), 1986 WL 2199, at *6 (S.D.N.Y. Feb. 11, 1986).

15) 몬트리올 협약 하에서도 계약운송인이 실제운송인 또는 그 대리인에 대하여 제기하는 구상금청구의 소(또는 피고인입의 소)에도 몬트리올 협약상 제척기간이 적용된다는 판결이 등장하고 있으나[American Home v. Kuehne Nagel (AG & Co.), 544 F.Supp.2d 261 (S.D.N.Y. 2008)], 다른 법원에서 지지를 받지 못하고 있다.

16) 대법원 2001. 10. 30. 선고 2000다62490 판결.

### 마. 결 론

따라서 여객 또는 송하인·수하인 등에게 손해배상을 한 계약운송인이 실제운송인, 사용인 등에게 구상권을 행사하는 경우에는 몬트리올 협약상 제척기간이 적용되지 않는다.

## 5. 제척기간의 계산

### 가. 기산일

(1) 운송인의 여객, 송하인 또는 수하인에 대한 책임은 그 청구원인에 관계없이 여객 또는 운송물이 도착지에 도착한 날, 항공기가 도착할 날 또는 운송이 중지된 날 가운데 가장 늦게 도래한 날을 기산일로 한다(몬트리올 협약 제35조 제1항).

(2) 여정이 여객의 사정으로 단축된 경우에도 실제 도착한 날을 기준으로 산정하여야 하고, 원래 예정된 도착일을 기준으로 산정할 것은 아니다.[17]

(3) 운송물이 멸실되거나 운송물의 인도가 불가능하게 된 경우에는 '운송물을 인도할 날'을 기준으로 제척기간이 도과하였는지를 판단하여야 하는데, '운송물을 인도할 날'이란 통상 운송계약이 그 내용에 좇아 이행되었으면 인도가 행하여져야 했던 날을 의미한다.[18]

### 나. 합의에 의한 제척기간의 연장의 허용여부: John Doe v. El Al Israeli Airlines, CF 21836-06-16

(1) 원고는 2014. 4. 8. El Al Israeli Airlines의 항공편을 이용하여 태국에서 이스라엘로 이동하였다. 비행 도중 음식용 카트와 팔꿈치가 충돌하여 상해를 입었다. 원고는 2016. 6. 9. 항공사를 상대로 손해배상을 청

17) Korba v. Trans World Airlines, 508 NE.2d 48 (Ind App. 1987).

18) 대법원 2019. 6. 13. 선고 2019다205947 판결. 운송물이 물리적으로 멸실되는 경우뿐만 아니라 운송인이 운송물의 인도를 거절하거나 운송인의 사정으로 운송이 중단되는 등의 사유로 운송물이 인도되지 않은 경우에도 '운송물을 인도할 날'을 기준으로 하여 제소기간이 도과하였는지 여부를 판단하여야 한다(대법원 2019. 7. 10. 선고 2019다213009 판결).

구하는 소를 제기하였다. 당시 태국은 몬트리올 협약의 가입국이 아니었지만, 이스라엘이 출발지이자 도착지였으므로, 위 국제항공운송은 몬트리올 협약의 적용대상이었다.

(2) 원고는 이스라엘 국적 항공사가 국제항공운송에 제공하는 항공기는 이스라엘의 영토로 간주되어야 하므로, 이 사건은 이스라엘 불법행위법이 적용되어야 하고, 위 법에 의하면 소멸시효는 7년이라고 주장하였다. 또한 원고와 피고 사이에 손해배상의 범위에 관하여 협상이 진행되고 있었고, 협상이 진행되는 동안 원고는 소제기를 유보하였기 때문에, 이스라엘 책임제한법 제9조에 따라 협상이 계속되는 동안에는 제척기간이 기산되지 않는다고 주장하였다.

(3) 법원은 손해배상의 범위에 관하여 협상하는 것이 항공사가 책임을 인정한 것으로 볼 수 없고, 설령 손해배상책임을 인정한 것으로 보더라도 당사자의 합의에 의하여 제척기간을 연장하는 것은 허용되지 아니한다는 이유로,[19] 원고의 소는 제척기간이 경과되어 부적법하다고 판시하였다.

## 6. 직권조사와 주장의 시한

제척기간을 도과하였는지는 법원의 직권조사사항이므로 당사자의 주장이 없더라도 법원이 이를 직권으로 조사하여 판단하여야 한다. 또한 당사자가 제척기간의 도과 여부를 사실심 변론종결 시까지 주장하지 아니하였다 하더라도 상고심에서 이를 새로이 주장·증명할 수 있다.[20]

## 7. 대상사안의 검토

몬트리올 협약 제35조에 규정된 기간은 제척기간이다. 이 사건에서 운송물의 마지막 도착일부터 2년이 경과한 2017. 3. 28. 이 사건 소가 제기되었는바, 이 사건 소는 소송요건을 갖추지 못하여 부적법하므로 각하되어야 한다.

---

19) Taichner v. Air France, AH 36/84 PDI 84(1). 당사자의 합의에 의하여 제척기간을 연장하는 것은 허용되지 아니한다.

20) 대법원 2019. 6. 13. 선고 2019다205947 판결.

# [6] 항공기사고에서 항공사 승무원의 법적 지위

**대법원 2010. 7. 15. 선고 2010다18355 판결**[1]

## Ⅰ. 사실관계

(1) 피고는 중화인민공화국(이하 '중국')의 법령에 의하여 설립되어 대한민국 내(부산 중구 중앙동 4가 36-14 반도빌딩 2층 205호)에도 그 영업소를 두고 국제항공운송사업 등을 영위하는 중국 법인으로서 보잉 767-200 기종 129편 항공기(이하 '이 사건 항공기')의 항공운송인이고, A(중국인, 1978. 10. 5.생)는 1997. 4. 1.경 피고와 사이에 근로계약(勞動合同)을 체결하고 그 무렵부터 피고 회사에서 근무해 온 사람이며, 원고들은 A의 부모이다.

(2) A와 피고 사이에 작성된 노동계약서에는, 근로자의 직업병 또는 업무상 상해로 인한 대우, 근무 또는 질병으로 인한 사망의 장례비용, 1회성 무휼비용과 직계친족부양의 생활보조비용 등에 관하여는 중국, 민항총국, 지방정부의 관련 법률, 법규, 규장, 정책과 회사가 제정한 규장에 따라 집행하는 것으로 규정되어 있다(제17조). 한편 노동계약의 이행으로 인하여 발생한 노동쟁의에 대하여 당사자는 본 고용업체 또는 노동쟁의조정위원회에 조정을 신청할 수 있고, 조정이 이루어지지 않음으로써 당사자 일방이 중재를 요구하는 경우에는 노동쟁의 발생일로부터 60일내에 현지 노동쟁의중재위원회에 중재를 신청하여야 하며, 당사자 일방은 직접 현지 노동쟁의중재위원회에 중재를 신청할 수도 있고, 중재판정에 불복하는 경우에는 인민법원에 소를 제기할 수 있는 것으로 규정되어 있다(제38조).

(3) 이 사건 항공기는 2002. 4. 15. 08:37경 중국 베이징을 출발하여,

---

1) 이에 대한 평석은, 김수학, "김해공항 항공기사고의 국제재판관할권", 재판과 판례 제20집, 대구판례연구회(2011), 1~29면; 조정현·황호원, "항공기사고에서 국제근로계약과 불법행위의 국제재판관할권 판단기준", 항공우주정책·법학회지 제31권 제2호(2016. 12.), 73~98면 각 참조.

2002. 4. 15. 11:21경 대한민국 김해공항 활주로 18R에 착륙하기 위하여 곡선을 그리듯 진로를 바꾸면서 활주로로 접근하는 선회접근을 하던 중, 활주로 18R 시단(threshold)으로부터 북쪽 4.6km 지점에 위치한 돗대산 중턱(표고 204m) 부분에 부딪혀 추락(이하 '이 사건 사고')하였고, 그로 인하여 이 사건 항공기의 탑승객 166명 중 당시 객실승무원인 A를 비롯하여 여객 등 129명이 사망하고, 나머지 37명이 부상당하였다.

(4) 이 사건 사고로 인한 일부 사상자 및 유가족 등은 피고 회사를 상대로 하여 서울중앙지방법원 2004가합13903호, 부산지방법원 2004가합5757호로 손해배상을 청구하는 소를 제기하였고, 위 각 법원은 이 사건 사고에 대한 피고 회사의 책임을 인정하여 위 유가족 등의 손해배상청구를 일부 인용하는 판결을 각 선고하였으며, 그 각 항소심 법원 역시 같은 이유를 들어 위 유가족 등의 손해배상청구를 일부 인용하는 판결(서울고등법원 2006나49217호, 부산고등법원 2007나6550호)을 각 선고하였다.

(5) 이에 유가족 등만이 위 서울고등법원 2006나49217호 판결에 대하여 대법원 2008다3619호로 상고하였다. 대법원은 2009. 12. 24. "원심법원은 항공기 승무원들의 전적인 과실로 사고가 발생하여 여객들의 과실은 전혀 없는 점, 그 결과가 참혹한 점 등 항공기사고로서 특수한 사정을 제대로 참작하지 아니한 채 위자료를 산정함으로써 손해의 공평한 분담이라는 이념과 형평의 원칙에 현저히 반함으로써 그 직권에 속하는 재량의 한계를 일탈하였다"고 판시하면서 원심판결 중 위자료에 관한 유가족 등 패소부분을 파기환송하고, 유가족 등의 나머지 상고를 기각하였다. 한편 유가족 등만이 대법원 2007다77149호로 상고한 위 부산고등법원 2007나6550호 사건에서 대법원은 같은 날 "원심법원이 위와 같은 항공기 사고의 특수한 사정을 고려하여 위자료를 산정한 것은 적법하다"고 판시하면서 유가족 등의 상고를 모두 기각하였다.

(6) 제1심[2)]은 "비록 이 사건 사고가 대한민국 내에서 발생하였고, 피고 회사의 영업소가 대한민국 내에 존재한다 하더라도, 그러한 사정만으

---

2) 부산지방법원 2009. 6. 17. 선고 2006가합12698 판결.

로는 중국 국적의 원고들과 피고 회사 사이의 이 사건과 대한민국 사이에 어떤 실질적 관련이 있다고 보기는 어렵다"는 이유로, 원고들의 이 사건 소는 국제재판관할권이 없는 대한민국 법원에 제기된 것으로서 모두 부적법하다고 하여 이 사건 소를 각하하는 판결을 선고하였다. 항소심[3]도 제1심판결의 내용을 그대로 유지하여 인용판결을 하면서 원고들의 항소를 기각하였다.

## Ⅱ. 참조 조문

### 1. 국제사법

**제2조(국제재판관할)** ① 법원은 당사자 또는 분쟁이 된 사안이 대한민국과 실질적 관련이 있는 경우에 국제재판관할권을 가진다. 이 경우 법원은 실질적 관련의 유무를 판단함에 있어 국제재판관할 배분의 이념에 부합하는 합리적인 원칙에 따라야 한다.

② 법원은 국내법의 관할 규정을 참작하여 국제재판관할권의 유무를 판단하되, 제1항의 규정의 취지에 비추어 국제재판관할의 특수성을 충분히 고려하여야 한다.

**제28조(근로계약)** ① 근로계약의 경우에 당사자가 준거법을 선택하더라도 제2항의 규정에 의하여 지정되는 준거법 소속 국가의 강행규정에 의하여 근로자에게 부여되는 보호를 박탈할 수 없다.

② 당사자가 준거법을 선택하지 아니한 경우에 근로계약은 제26조의 규정에 불구하고 근로자가 일상적으로 노무를 제공하는 국가의 법에 의하며, 근로자가 일상적으로 어느 한 국가 안에서 노무를 제공하지 아니하는 경우에는 사용자가 근로자를 고용한 영업소가 있는 국가의 법에 의한다.

③ 근로계약의 경우에 근로자는 자신이 일상적으로 노무를 제공하거나 또는 최후로 일상적 노무를 제공하였던 국가에서도 사용자에 대하여 소를 제기할 수 있으며, 자신이 일상적으로 어느 한 국가 안에서 노무를 제공하지 아니하거나 아니하였던 경우에는 사용자가 그

---

3) 부산고등법원 2010. 1. 28. 선고 2009나10959 판결.

를 고용한 영업소가 있거나 있었던 국가에서도 사용자에 대하여 소를 제기할 수 있다.

④ 근로계약의 경우에 사용자가 근로자에 대하여 제기하는 소는 근로자의 상거소가 있는 국가 또는 근로자가 일상적으로 노무를 제공하는 국가에서만 제기할 수 있다.

⑤ 근로계약의 당사자는 서면에 의하여 국제재판관할에 관한 합의를 할 수 있다. 다만, 그 합의는 다음 각 호 중 어느 하나에 해당하는 경우에 한하여 그 효력이 있다.

1. 분쟁이 이미 발생한 경우
2. 근로자에게 이 조에 의한 관할법원에 추가하여 다른 법원에 제소하는 것을 허용하는 경우

## Ⅲ. 판시사항

(1) 법원이 국제재판관할권의 유무를 판단할 때 당사자간의 공평, 재판의 적정, 신속 및 경제를 기한다는 기본이념에 따라 국제재판관할을 결정하여야 하고, 구체적으로는 소송당사자들의 공평, 편의, 예측가능성과 같은 개인적인 이익뿐만 아니라 재판의 적정, 신속, 효율 및 판결의 실효성 등과 같은 법원 내지 국가의 이익도 함께 고려하여야 하며, 이러한 다양한 이익 중 어떠한 이익을 보호할 필요가 있을지 여부는 개별 사건에서 법정지와 당사자의 실질적 관련성 및 법정지와 분쟁이 된 사안과의 실질적 관련성을 객관적인 기준으로 삼아 합리적으로 판단하여야 한다.

(2) 이 사건에서 민사소송법상 토지관할권, 소송당사자들의 개인적인 이익, 법원의 이익, 다른 피해 유가족들과의 형평성 등에 비추어, 위 소송은 대한민국과 실질적 관련이 있다고 보기에 충분하므로 대한민국 법원의 국제재판관할권이 인정된다.

# Ⅳ. 해 설

## 1. 승무원이 항공기사고로 손해를 입은 경우 적용법규

### 가. 항공기에서 근무 중인 승무원

승무원과 항공사의 법률관계는 근로계약의 존재를 전제로 한 근로관계에 해당한다. 승무원이 근로제공을 위하여 항공기에 탑승하는 것은 근로계약을 근거로 한 것이고, 여객운송계약을 근거로 하는 것이 아니다. 그러므로 항공기사고로 인하여 항공기에 탑승한 승무원이 손해를 입은 경우, 사용자인 항공사에 대하여 근로계약에 기한 채무불이행 책임을 묻는 경우에는 노동법이 적용된다. 이와 달리, 근로자 또는 유족이 사용자를 상대로 불법행위에 기한 손해배상을 청구하는 경우에는 민법이 적용된다.[4] 결국 항공기사고로 인한 손해배상의 청구원인을 채무불이행으로 구성하든, 불법행위로 구성하든 항공기에서 근로를 제공하는 승무원(duty crew)에 대하여는 여객운송계약을 전제로 한 몬트리올 협약이 적용되지 아니한다.[5]

### 나. 여객의 지위에서 탑승 중인 승무원

비록 항공사 근로자의 지위에 있는 승무원이라도 여객의 지위에서 항공기에 탑승하는 경우가 있다. 이때 승무원은 유상여객이든 무상여객[6]이든 불문하고 여객의 지위에 있으므로, 항공운송에 관한 몬트리올 협약이 적용된다.[7] 유럽 사법재판소(CJEU)는 2015. 2. 26. 선고한 판결[8]에서 "몬

4) 서울고등법원 1998. 8. 27. 선고 96나37321 판결(확정).

5) In Re Asia Crash off Long Island, New York on July 17, 1996, 30 F.Supp.2d 631 (S.D.N.Y. 1998); Sulewski v. Federal Express Corp., 749 F.Supp. 506 (S.D.N.Y. 1990).

6) 몬트리올 협약 제1조 제1항 제2문에서는 "이 협약은 항공운송기업이 항공기에 의하여 무상으로 수행되는 운송에도 동일하게 적용된다"고 규정하고 있다. 항공사는 소속 근로자들에게 무료 항공권을 지급하거나 운임을 대폭 할인한 항공권을 제공하는 경우가 많다.

7) 김종복, "항공판례의 연구 - 국제항공운송조약의 적용문제를 중심으로-", 항공우주정책법학회지 제21권 제1호(2006. 6.), 49면.

8) CJEU, Wucher Helicopter GmbH and Euro-Aviation Versicherungs AG v. Fridolin Santer, Case C-6/14, 26 February 2015.

트리올 협약상 여객이란, 항공기에서 근무 중인 운항승무원과 객실승무원을 제외하고 항공사의 동의 아래 항공기에 탑승한 모든 사람을 말한다"고 판시하였다.[9)]

### 다. 근무종료 후 또는 교대근무를 위해 탑승한 승무원(deadhead crew)

(1) 의 의

탑승한 항공기에서 임무를 부여받은 것이 아니라, 업무를 마치고 근거지로 복귀하거나 근무를 위하여 다른 장소로 이동하기 위하여 탑승한 승무원(deadhead crew)은 비록 항공사의 근로자이지만 몬트리올 협약상 여객에 해당하므로, 몬트리올 협약이 적용된다.[10)]

(2) In Re Mexico City Aircrash of October 31, 1979, 708 F.2d 400 (9th Cir. 1983)

(가) Western Airlines Flight 2605는 1979. 10. 31. LA를 출발하여 멕시코시티 공항에 착륙하던 중 추락하여 74명이 사망하였다. 사망자 중에는 항공사 승무원 Theresa Haley, Regina Tovar, Vikki Dzida도 포함되어 있었는데, Theresa Haley, Regina Tovar는 위 항공편에서 객실승무원으로 근무 중이었고(duty crew), Vikki Dzida는 멕시코시티에서 10. 31. 08:55에 이륙하는 Western Airlines Flight 604 항공편에 탑승하기 위하

---

9) 그러나 운송인과 계약을 체결하지 아니한 밀항자(stowaways)는 협약의 적용대상이 아니다. 니콜라스 마테(Nicolas Mateesco Matte) 著, 양승규 譯, 국제항공운송법, 법문사(1987), 79면; A가 1989. 3. 15. 09:50경 부산진역에서 피고 산하 철도청이 운행하는 열차를 타고 떠나는 며느리와 손자를 전송하고자 입장권을 구입하여 역구내로 들어가서, 1분간 정차했다가 출발하는 경주행 통일호 496열차의 1호 객차 내에 손자를 안고 올라가 전송을 마친 다음 위 열차가 출발하여 약 100여 m 정도 진행하였을 때 열차에서 뛰어내리다가 승강장을 벗어난 철로변의 자갈밭에 넘어져 상해를 입고 치료 중 같은 해 12. 1. 07:30 위 상해로 인한 심폐정지로 인하여 사망한 사안에서, 법원은 여객운송인의 손해배상책임에 관하여 "입장권은 여객의 송영(送迎)을 목적으로 (열차 내까지가 아니라) 승강장에만 입장하고자 하는 사람에게만 발매되는 것이니 만큼 입장권 발매로써 피고와 그 매수인 사이에 여객운송계약이 체결되었다고 볼 수 없다"고 판시하였다(대법원 1991. 11. 8. 선고 91다20623 판결).

10) In Re Mexico City Aircrash of October 31, 1979, 708 F.2d 400, 412 (9th Cir. 1983).

여 위 항공편을 이용하여 모기지인 LA를 떠나 멕시코시티로 이동하던 중이었다.

(나) 법원은 Theresa Haley, Regina Tovar는 객실승무원으로서 위 항공편에서 근로를 제공하던 중 사고를 당한 것이므로, 캘리포니아 주 근로자재해보상법 등 캘리포니아 주 노동법이 배타적으로 적용되고, 항공사에 대한 청구에는 바르샤바 협약이 적용되지 않는다고 판시하였다.

(다) 이와 달리, Vikki Dzida(deadheading employee)는 비록 이동 중이던 항공편에 탑승하면서 100%의 비행근무수당(flight duty pay)과 매월 80시간의 근무에 대한 50%의 점수를 받았지만 위 항공편에서 근로를 제공한 것이 아닌바, 그녀는 근로자로서 근무 중이 아니라 여객으로서 이동 중이었으므로, 그녀의 항공사에 대한 청구는 바르샤바 협약이 적용된다고 판시하였다.[11)]

### (3) Sulewski v. Federal Express Corp., 749 F.Supp. 506 (S.D.N.Y. 1990)

기장·부기장·정비사가 1989. 2. 18. Flying Tiger Line의 화물운송용 항공기(Flying Tiger Flight 66)에 탑승하여 싱가포르에서 쿠알라룸푸르(최종 목적지는 홍콩이었다)로 이동하던 중 비행기가 추락하여 승무원 전원 사망하였다. 당시 정비사 Leonard Sulewski는 근로자로서 항공기에 근무를 위하여 탑승한 것이 아니라 여객으로서 이동 중에 사고를 당한 것이므로, 바르샤바 협약이 적용된다고 주장하였다. 법원은 원고가 항공기에 탑승하여 근로자로서 업무수행을 위하여 이동 중이라고 판단하고, 원고의 주장을 배척하였다.

---

11) Demanes v. United Airlines, 348 F.Supp. 13 (C.D.Cal. 1972). 위 사건에서는 4명의 운항승무원이 다른 항공기의 운항임무를 모두 마치고 모기지인 덴버로 가기 위하여, 1969. 1. 18. LA → 덴버 여정의 항공기(United Airlines flight 266)에 탑승하여 이동하던 중 추락사고로 전원이 사망하였다. 당시 항공사는 운항승무원들에게 'UA Crew Member-Passenger'라고 기재된 항공권을 발행하였는데, 항공권에는 적어도 3군데에서 위 운항승무원들을 여객(passenger)으로 표시하였다. 법원은 사망한 운항승무원들이 임무교대를 위해 이동 중이던 근로자(deadheading employee)로서 바르샤바 협약상 여객에 해당하므로, 바르샤바 협약이 적용된다고 판시하였다.

### 라. 대상사안의 검토

대상사안에서 A는 이 사건 항공기에서 객실승무원의 근로를 제공하고 있었으므로, 바르샤바 협약이 적용되는 여객에 해당하지 아니한다. 따라서 원고들의 피고에 대한 손해배상 사건의 관할과 준거법은 근로계약에 관한 관할과 준거법, 불법행위에 관한 관할과 준거법으로 나누어서 살펴보아야 한다.

## 2. 근로계약에 기한 손해배상 청구사건의 관할[12)]

### 가. 국제사법 제2조 제2항과 제28조 제3, 4, 5항의 관계

#### (1) 국제사법 제2조의 신설취지[13)]

우리나라의 경우 종래 국제민사사건에서 제기되는 법적 쟁송에 대하여 어느 국가의 법원이 재판할 권한을 가지는가의 문제인 국제재판관할에 관하여, 구 섭외사법 하에서는 이를 직접 규정하는 성문법규가 없었고, 그에 관한 원칙은 판례에 의하여 발전되어 왔다. 국제재판관할의 문제는 법정지 쇼핑(forum shopping)에 관한 논의에서 보는 바와 같이 국제민사소송이 빈번하게 된 오늘날 그 중요성이 날로 커지고 있으므로 명확한 기준 제시가 요청되었고, 이에 따라 국제사법에서는 이를 고려하여 국제재판관할에 관한 원칙을 규정하였다. 다만 국내에서는 국제재판관할에 관한 연구가 충분하지 않았고, 헤이그 국제사법회의의 차원에서 국제재판관할에 관한 세계적인 협약이 성안 중에 있었기 때문에 국내법에 완결된 규칙을 두기는 어렵다는 이유로, 국제사법에서는 과도기적인 조치로 총칙인 제2조에서 판례가 취해 온 입장을 반영하여 국제재판관할에 관한 일반원칙만 규정하였다. 이와는 별도로 각칙인 '채권의 장'(제5장)에서 사회·경제적 약자인 소비자와 근로자를 보호하기 위하여 국제재판관할에 관한 개별조항을 두었다.

---

12) 자세한 논의는 권창영, 항공법판례해설 Ⅱ -항공노동법, 법문사(2019), [2] 국제근로계약에 관한 국제재판관할 참조.

13) 석광현, 국제사법 해설, 박영사(2013), 59면.

(2) 제2조 제2항의 의미

국제사법 제2조 제2항은 "법원은 국내법의 관할 규정을 참작하여 국제재판관할권의 유무를 판단하되, 제1항의 규정의 취지에 비추어 국제재판관할의 특수성을 충분히 고려하여야 한다"고 규정하고 있다. 이는 제2조 제1항이 제시하는 기준이 추상적임을 고려하여 법원과 당사자들이 구체적으로 인식할 수 있는 더욱 구체적인 국제재판관할의 기준을 제시함으로써 법적 안정성을 보장하기 위한 것이다. '국제재판관할의 특수성'이란 국내관할 특히 토지관할과 구별되는 특성을 말하는데,[14] 토지관할은 단순한 관할의 장소적 배분문제이나, 국제재판관할의 경우 그에 추가하여 법원의 조직, 법관과 변호사의 자격, 소송절차 및 실체의 준거법, 재판의 집행가능성 등에 차이가 있음을 의미한다.

(3) 근로계약에 관하여는 제28조 제3, 4, 5항이 특별규정임

위와 같이 제2조 제2항은 국제재판관할에 관한 일반규정임에 비하여 제28조 제3, 4, 5항은 근로계약에 관한 국제재판관할에 관한 특별규정이므로, 국제근로계약에 관하여는 특별규정인 제28조가 우선 적용된다.[15]

## 나. 제28조의 적용범위

(1) 개별근로계약에 한정됨

국제사법상 특례규정의 적용대상이 되는 '근로계약'은 개별근로계약의 법률관계를 의미하므로,[16] 노동조합 등 근로자단체와 사용자 사이에서 노

14) 당사자간의 공평, 재판의 적정, 신속 및 경제를 기한다는 기본이념에 따라 국제재판관할을 결정하여야 하고, 구체적으로는 소송당사자들의 공평·편의·예측가능성 같은 개인적 이익뿐만 아니라 재판의 적정·신속·효율 및 판결의 실효성 등과 같은 법원 내지 국가의 이익도 함께 고려하여야 하며, 이러한 다양한 이익 중 어떠한 이익을 보호할 필요가 있을지 여부는 개별 사건에서 법정지와 당사자의 실질적 관련성 및 법정지와 분쟁이 된 사안과의 실질적 관련성을 객관적 기준으로 삼아 합리적으로 판단하여야 한다. 대법원 2008. 5. 29. 선고 2006다71908 판결, 대법원 2010. 7. 15. 선고 2010다18355 판결.

15) 산세바스찬 협약에 의한 개정 협약과 루가노 협약상 근로계약에 관한 관할규정은 국제재판관할에 관한 특별규정이라고 해석하는 견해로는 Martiny, Münchener Kommentar Bürgerliches Gesetzbuch, Band 10, C.H.Beck(2006), S.2016.

동조합의 결성 및 활동, 단체교섭, 단체협약의 체결, 쟁의행위, 부당노동행위 등의 집단적 노동관계의 준거법 결정이나 재판관할의 결정에 관하여는 적용되지 않는다.[17] 또한 제28조는 고용계약 대신 근로계약이라는 용어를 사용하는데, 그 이유는 국제사법 차원에서 보호를 필요로 하는 자는 종속노동을 제공하는 근로자이기 때문이다. 따라서 제28조는 종속노동을 제공하는 근로계약(Arbeitsvertrag)에만 적용되고, 자주적인 노동을 제공하는 고용계약(Dienstvertag)에는 적용되지 않는다.[18]

(2) 사실적 근로관계에도 적용됨

독일 민법 시행법(EGBGB) 제30조는 그 적용대상을 근로계약과 근로관계(Arbeitsverhältnis)로 표현하고 있으나,[19] 국제사법 제28조는 근로계약이라고만 하고 있어 무효이거나 취소사유 있는 근로계약에 기초한 '사실적 근로관계'의 경우에는 적용되지 않는지 여부가 문제된다. 이에 관하여 근로계약의 법률관계에는 이러한 사실적 근로관계까지 포함되는 것으로 풀이하여 국제사법의 적용대상이 된다고 해석하는 견해[20]가 있는바, 입법취지 등에 비추어 보면 위 견해가 타당하다.

### 다. 근로자가 사용자에 대하여 소를 제기하는 경우

(1) 제28조 제3항의 의의

제28조 제3항은 근로계약에 관한 사건 중 근로자가 사용자에 대하여 소를 제기하는 경우 국제재판관할에 관한 특칙을 규정하고 있다. 그런데 제28조 제3항은 "국가에서도"라고 규정하여, 제2조에 따라 정립되는 국제

---

16) 브뤼셀 규정 제5절은 'individual contracts of employment'라고 규정하여 개별근로계약에 한하여 적용됨을 명확히 하고 있다.

17) 석광현, 357면. 국제사법의 위 규정은 노동조합 등 근로자단체와 사용자 또는 사용자단체 사이의 법률관계의 준거법 결정에 적용될 수 없다는 의미이므로, 집단적 노동관계를 규율하는 법규정 중 근로계약의 성립 및 유효성에 영향을 주는 강행법규가 준거법으로 적용될 수 있는 것은 별개의 문제이다. 김지형, "국제적 근로계약의 준거법", 저스티스 제68호(2002. 8.), 257면.

18) Martiny-Münchener Kommentar, S.1971.

19) 따라서 EGBGB 제30조는 사실적 근로관계(faktische Arbeitsverhältnis)에도 적용된다. Martiny-Münchener Kommentar, S.1972.

20) 김지형, 257~258면.

재판관할에 관한 일반규칙에 따라 결정되는 관할국 이외의 다른 관할을 추가로 인정한 것이다. 따라서 근로자는 제3항에서 정한 노무제공지 또는 그를 고용한 영업소 소재지 외에 사용자의 주소지, 의무이행지 등 다른 곳에서도 소를 제기할 수 있다.[21)]

#### (2) 근로자가 한 국가에서 일상적으로 노무를 제공하는 경우

근로자가 어느 한 국가에서 일상적으로 노무를 제공하는 경우에는 현재의 노무제공지에서도 사용자에 대한 소를 제기할 수 있고, 현재 그러한 노무제공지가 없는 경우에는 최종 노무제공지에서도 사용자에 대한 소를 제기할 수 있다(제28조 제3항 전단). 노무제공지가 의무이행지인지 여부를 묻지 않고 노무제공지의 국제재판관할을 인정한 것에 의의가 있다.

'일상적 노무제공지'란 근로자가 사업에 편입된 곳,[22)] 영업활동이 이루어지는 곳,[23)] 여러 국가에서 근무하는 경우에는 영업활동의 중심이 되는 곳,[24)] 근로자가 대부분의 근로시간을 보내고 사무실이 있으며 사용자를 위하여 영업활동을 조직하고 외국출장에서 돌아오는 곳[25)] 등을 의미한다.

#### (3) 근로자가 일상적으로 한 국가 안에서 노무를 제공하지 아니한 경우

근로자가 일상적으로 어느 한 국가 안에서 노무를 제공하지 아니하거나 아니하였던 경우에는 근로자는 사용자가 그를 고용한 영업소가 있거나 있었던 국가에서도 사용자에 대하여 소를 제기할 수 있다(제28조 제3항 전단).[26)] 위 '영업소'를 근로기준법 제11조 등에 규정된 '사업 또는 사업장'의 개념과 동일한 것으로 보고, 회사가 여러 나라에 지점·지사·출장소 등을 두고 있다고 하더라도 그 경영주체가 동일한 법인격체이면 하나의 사업 또는 사업장이고, 이와 달리 다국적기업과 같이 각각 현지법인으로 별

21) 석광현, 367면.
22) BAGE 16, 215, 222.
23) BAGE 100, 130, 136.
24) EuGH Slg. 1997 I 57 RnNr. 12ff.
25) EuGH Slg. 1997 I 57 = EuZW 1997, 143.
26) 선원관리사업자의 영업소 소재지도 사용자가 선원을 고용한 영업소로 인정한 사례로는 대법원 2008. 2. 1. 선고 2006다63990 판결.

도로 설립되어 그 경영주체가 독립되어 있으면 수 개의 사업 또는 사업장이라고 해석하는 견해가 있다.[27]

(4) 구 섭외사법 당시의 판례

미합중국 하와이 주(州)의 법률에 의하여 설립된 외국법인의 서울 사무소에서 근무하던 외국인 직원들이 부당해고되었음을 이유로 손해배상을 청구하는 소송에서, 법원은 민사소송법 제12조[28] 소정의 재판적이 인정되므로 국내 법원에 재판관할권이 있다고 판시하였다.[29]

### 라. 사용자가 근로자에 대하여 소를 제기하는 경우

사용자가 근로자에 대하여 제기하는 소는 근로자의 상거소지 또는 일상적인 노무제공지에서만 제기할 수 있다(제28조 제4항). 사용자가 제기하는 소는 근로자가 제기하는 소가 추가적인 것과는 달리 전속적인 것이다.[30] 우리나라 국적의 종업원(피고)이 우리나라 국적의 업주(원고)와 일본에서 근로계약을 체결하고 일본 소재 주점에 취업하였고, 원고가 서울남부지방법원에 피고를 상대로 결근 · 지각 · 손님 동반의무 불이행시에는 일정 금액을 월급에서 공제하고 손님의 외상주대채무를 대신 변제하기로 하는 등의 약정에 기한 손해배상을 구하는 소를 제기한 사안에서, 법원은 재판관할권을 긍정하였는바,[31] 근로자의 상거소지가 국내인 점에 비추어 보면 위 결론은 타당하다.

### 마. 합의관할

민사소송법 제29조는 합의관할에 관하여 규정하고 있는바, 일반적으로 국제재판관할합의도 허용됨에는 의문이 없다.[32] 국제재판관할의 합의에

---

27) 김지형, 262~263면.

28) 제12조(사무소·영업소가 있는 곳의 특별재판적) 사무소 또는 영업소가 있는 사람에 대하여 그 사무소 또는 영업소의 업무와 관련이 있는 소를 제기하는 경우에는 그 사무소 또는 영업소가 있는 곳의 법원에 제기할 수 있다.

29) 대법원 1992. 7. 28. 선고 91다41897 판결.

30) 석광현, 368면.

31) 대법원 2007. 11. 15. 선고 2006다72567 판결.

32) 대법원 2004. 3. 25. 선고 2001다53349 판결.

의하여 재판지에 관한 당사자의 예측가능성을 확보할 수 있다.[33] 국제사법 제28조 제5항은 근로자보호의 정신에 입각하여 근로자에게 부당한 재판관할합의를 방지하기 위하여 당사자 사이의 재판관할합의는 원칙적으로 사후합의만 허용하고, 예외적으로 사전합의일 경우 근로자에게 유리한 추가합의만 인정하고 있다. 방식은 민사소송법 제29조 제2항에 따라 서면으로 하여야 한다.[34]

### 바. 항공승무원의 일상적 노무제공지[35]

#### (1) 일상적으로 한 국가 안에서 노무를 제공하는 경우

국제항공운송에 종사하는 승무원은 비록 여러 국가의 영공이나 영토를 경유하여 근로를 제공한다 하더라도 이를 일상적으로 한 국가 안에서 노무를 제공하지 아니한 경우에 해당하지 않는다. 오히려 승무원은 모기지(母基地) 소재국을 제외한 나머지 국가에서는 업무의 특성상 일시적으로 체류하는 것으로 보아야 하므로, 한 국가에서 일상적으로 노무를 제공하는 것으로 보는 것이 타당하다. 이 경우 승무원은 사용자에 대하여 일상적 노무제공지, 사용자의 주소지, 의무이행지 등에 소를 제기할 수 있지만, 사용자는 승무원의 상거소지 또는 일상적 노무제공지에서 소를 제기할 수 있다.

#### (2) 한 국가에서 일상적으로 노무를 제공하지 아니한다고 보는 경우

이와 달리, 국제항공운송에 종사하는 승무원은 한 국가에서 일상적으로 노무를 제공하지 아니한 경우에 해당한다고 보는 견해에 따르면, 승무원은 사용자가 그를 고용한 영업소 소재지, 사용자의 주소지, 의무이행지 등에 소를 제기할 수 있지만, 사용자는 오로지 승무원의 상거소지에서만 소를 제기할 수 있다.

---

33) 廣江健司, 國際民事關係法 -國際私法・國際民事手續法・國際取引法-, 成文堂(2008), 33면.

34) 구두에 의한 합의는 효력이 없다. BAG NJW 1984, 1320.

35) 자세한 논의는 권창영·김선아, “국제항공운송 승무원의 일상적 노무제공지”, 항공우주정책·법학회 제34권 제1호(2019. 6.), 39~77면 참조.

### (3) 승무원의 일상적 노무제공지의 결정

승무원의 일상적 노무제공지를 결정하기 위해서는 (i) 승무원이 근무를 시작하고 종료하는 곳, (ii) 승무원이 업무를 수행하는 항공기가 주로 주기(駐機)된 곳, (iii) 사용자가 전달한 지시사항을 알게 되고 근무활동을 조직하는 곳, (iv) 근로계약상 승무원이 거주할 의무가 있는 곳, (v) 사용자가 제공하고 승무원이 사용할 수 있는 사무실이 있는 곳, (vi) 승무원이 업무에 부적합하거나 징계사유가 발생할 때 참석할 의무가 있는 곳 등을 종합적으로 고려하여야 한다. 그런데 위에서 열거한 고려사항은 대부분 모기지 소재지와 동일하므로, 승무원의 일상적 노무제공지를 결정할 때 모기지를 가장 중요한 요소로 고려하는 것이 타당하다.[36)]

### 사. 대상사안의 검토

(1) 이 사건에서는 법정지인 대한민국 국제사법에 의하여, 법률관계의 성질을 결정하고, 근로계약으로 인정된다면 국제사법 제28조에 제1항에 의하여, A와 피고가 합의한 준거법인 중국법이 준거법이 된다.

(2) A의 유족이 근로계약에 기하여 피고를 상대로 채무불이행 책임 또는 재해보상 책임을 소구하는 경우에는, A의 일상적 노무제공지는 모기지 소재지인 중국이므로, 일상적 노무제공지, A를 고용한 영업소 소재지, 사용자의 주소지, 근로계약의 의무이행지인 중국에서 소를 제기하여야 한다.

## 3. 불법행위에 기한 손해배상 청구 사건의 관할

### 가. 문제의 소재

피고는, (1) A와 피고 사이에 근로계약상 발생하는 일체의 분쟁에 관하여 중국 법원만을 전속관할법원으로 하기로 하는 합의가 있었고, (2) 이 사건은 중국인인 원고들과 중국 법인인 피고 회사 사이의 분쟁에 관한 것으로서 대한민국과 실질적 관련이 없으므로, 결국 이 사건 소는 국제재판

---

36) CJEU 2017. 11. 14., Judgment in Joined Cases C-168/16 and C-169/16, Sandra Nogueira and Others v. Crewlink Ltd; Miguel José Moreno Osacar v. Ryanair.

관할권 없는 대한민국 법원에 제기되어 부적법하다고 주장하였다. 제1심[37]과 항소심[38]은 대한민국 법원에 관할이 인정되지 않는다고 보았으나, 대법원은 이와 달리 대한민국 법원의 관할을 인정하였다.

## 나. 제1심의 판단

### (1) 관할합의 주장에 대한 판단

이 사건 노동계약서의 기재내용과 형식 및 관할합의에 관하여 계약당사자로 하여금 피고 주소지·계약이행지·계약서명지·원고 주소지·목적물 소재지 등 관할법원을 반드시 특정할 것을 요건으로 하고 있는 중국 민사소송법 제25조의 규정내용을 종합해 볼 때, 위와 같은 노동계약서의 규정은 A와 피고 회사 사이의 근로계약의 이행으로 인하여 발생하는 노동쟁의에 관하여 적용될 법령을 정함과 아울러 그러한 노동쟁의처리의 절차 및 방법에 관한 중국 노동법(1995. 1. 1. 시행) 제79조의 규정을 재확인하는 차원에서 기재한 것에 불과할 뿐, 더 나아가 그러한 분쟁의 재판관할권에 관한 직접적 합의조항이라고 보기는 어려운 점에 비추어 보면, 위에서 본 노동계약서의 일부 규정내용과 피고 제출의 증거만으로는 A와 피고 사이에 이 사건과 같은 섭외적 분쟁을 포함하여 근로계약에 기하여 발생하는 일체의 분쟁에 관하여 중국 법원만을 전속관할법원으로 하기로 하는 합의가 있었다고 인정하기에 부족하고, 달리 이를 인정할 만한 증거가 없다.

### (2) 국제재판관할권의 존부에 대한 판단

#### (가) 쟁점의 정리

이 사건은 항공기가 대한민국 내에서 추락함으로써 사망한 중국 국적 승무원의 부모가 그 항공운송인으로서 중국 법인인 피고 회사를 상대로 중국 법원이 아닌 대한민국 법원에 손해배상을 명하는 판결을 구하는 것으로서 국제사법 제1조가 규정하고 있는 바와 같이 외국적 요소가 있는 법률관계에 관한 분쟁임이 명백하고, 따라서 대한민국 법원에 이 사건에

---

37) 부산지방법원 2009. 6. 17. 선고 2006가합12698 판결.
38) 부산고등법원 2010. 1. 28. 선고 2009나10959 판결.

관한 국제재판관할권이 있는지 여부는 국제사법의 관련 규정에 따라 판단하여야 하는바, 원고들과 피고 회사 사이의 이 사건이 국제사법의 규정 및 국제재판관할 배분의 이념에 비추어 대한민국과 실질적 관련이 있는지 여부에 관하여 본다.

(나) 민사소송법상 토지관할

먼저 민사소송법 제5조 제1항은 "법인, 그 밖의 사단 또는 재단의 보통재판적은 이들의 주된 사무소 또는 영업소가 있는 곳에 따라 정하고, 사무소와 영업소가 없는 경우에는 주된 업무담당자의 주소에 따라 정한다"고 규정하고 있고, 같은 조 제2항은 "제1항의 규정을 외국법인, 그 밖의 사단 또는 재단에 적용하는 경우 보통재판적은 대한민국에 있는 이들의 사무소·영업소 또는 업무담당자의 주소에 따라 정한다"고 규정하고 있으며, 같은 법 제18조 제1항은 "불법행위에 관한 소를 제기하는 경우에는 행위지의 법원에 제기할 수 있다"고 규정하고 있고, 같은 조 제2항은 "선박 또는 항공기의 충돌이나 그 밖의 사고로 말미암은 손해배상에 관한 소를 제기하는 경우에는 사고선박 또는 항공기가 맨 처음 도착한 곳의 법원에 제기할 수 있다"고 규정하고 있는바, 원고들이 내세우고 있는 이 사건 소송의 청구원인은 피고 회사의 불법행위 또는 근로계약상 채무불이행으로 인한 손해배상청구권이므로, 위 기초사실에서 본 바와 같이 불법행위지(이 사건 사고의 행위지 및 결과발생지 또는 이 사건 항공기의 도착지) 및 피고의 영업소 소재지가 속한 대한민국 법원에 위 각 규정에 의한 토지관할권은 존재한다고 봄이 상당하다.

(다) 실질적 관련성에 관한 판단

(i) 비록 이 사건 사고가 우연한 사정으로 인하여 대한민국 내에서 발생하였다 하더라도, 적어도 원고들과 피고 사이에서는 그들의 국적국인 중국 내에서 발생한 사고와 그 실질에 있어서 전혀 다를 바 없다. 피고의 입장에서도 대한민국 국민 기타 다른 국적의 탑승자들이 이 사건 사고의 발생지 또는 이 사건 항공기의 도착지인 대한민국 법원에 제소하는 경우는 이를 별론으로 하더라도, 그 피용자일 뿐만 아니라 같은 국적의 피해

승무원 및 그 상속인들이 이 사건 사고의 발생지 또는 이 사건 항공기의 도착지라는 이유만으로 전혀 별개의 법체계를 가진 대한민국 법원에 그 피해구제를 청구한다는 것은 이를 쉽사리 예상하기 어렵다.

(ii) 이 사건 사고의 발생원인 등에 관하여는 이 사건 항공기의 등록·운영국인 중국과 그 설계·제작국인 미국의 각 항공사고조사기관의 참여하에 이 사건 사고의 발생지이자 이 사건 항공기의 도착지인 대한민국의 건설교통부 산하 항공사고조사위원회에 의하여 충분한 조사가 이미 이루어졌고, 그러한 조사결과가 관련 손해배상청구 소송에서 증거로 현출되어 이를 근거로 이 사건 사고에 대한 피고 회사의 책임이 인정되었다.

앞서 본 관련 손해배상청구 소송의 진행 경과에 비추어 볼 때 원고들의 주장과 같이 피고 회사의 피용자인 기장 등 운항승무원들의 과실로 인하여 이 사건 사고가 발생하였다는 점에 관하여는 사실상 피고도 이를 더 이상 다투지 않는 것으로 보여, 결국 이 사건을 비롯한 이 사건 사고로 인한 관련 손해배상청구 소송에서는 피고의 손해배상책임의 발생 여부보다는 손해배상책임의 범위만이 실질적인 쟁점으로 남았다고 보아도 무방하다.

(iii) 국제사법 제25조 제1항은 "계약은 당사자가 명시적 또는 묵시적으로 선택한 법에 의한다. 다만, 묵시적인 선택은 계약내용 그 밖에 모든 사정으로부터 합리적으로 인정할 수 있는 경우에 한한다"고 규정하고 있고, 같은 법 제28조 제2항은 "당사자가 준거법을 선택하지 아니한 경우에 근로계약은 제26조(준거법 결정시의 객관적 연결)의 규정에 불구하고 근로자가 일상적으로 노무를 제공하는 국가의 법에 의하며, 근로자가 일상적으로 어느 한 국가 안에서 노무를 제공하지 아니하는 경우에는 사용자가 근로자를 고용한 영업소가 있는 국가의 법에 의한다"고 규정하고 있으며, 같은 법 제32조 제1항은 "불법행위는 그 행위가 행하여진 곳의 법에 의한다"고 규정하면서도 그 제2항에서는 "불법행위가 행하여진 당시 동일한 국가 안에 가해자와 피해자의 상거소가 있는 경우에는 제1항의 규정에 불구하고 그 국가의 법에 의한다"고 규정하고 있고, 같은 법 제49조 제1항은 "상속은 사망 당시 피상속인의 본국법에 의한다"고 규정하고 있다.

위 인정사실 및 노동계약서의 기재내용에 의하면, 피고 회사의 불법행위 또는 근로계약상 채무불이행으로 인한 손해배상청구권을 그 청구원인으로 하는 이 사건에 관하여 적용될 준거법은 A와 피고 회사 사이의 근로계약에 관하여 그들이 명시적·묵시적으로 선택한 법(노동계약서 제17조 참조)일 뿐만 아니라 A와 피고 회사의 상거소 소재지법 및 A의 사망 당시의 본국법인 중국법으로 봄이 상당하다.

앞서 본 바와 같이 이 사건의 실질적 쟁점으로 남아 있는 피고 회사의 손해배상책임의 범위를 심리·판단하고, 원고들에 대하여 자국의 실정에 맞는 합리적인 구제수단을 강구함에 있어서는 그 준거법인 중국법의 기계적·형식적 적용에서 더 나아가 중국 현지의 법감정이나 사회통념 및 근로계약관계에 기하여 발생한 유사사건의 처리관행 등도 필수적으로 고려되어야 할 요소인바, 적어도 그러한 요소에 관하여는 원고들과 피고 회사의 국적국인 중국 법원이 국가체제 및 사회구조가 전혀 다른 대한민국 법원보다는 이를 충분히 고려할 수 있는 여지가 큰 것으로 보인다.

(iv) A를 제외한 중국 국적의 다른 피해승무원들이나 그 상속인 등과 피고 회사 사이에서는 이미 중국 법원을 통한 피해구제가 예정되어 있거나 또는 합의 등 소송외적 구제방안 등이 모색되고 있는 점에 비추어 볼 때, 이 사건에 관한 대한민국 법원의 재판권 행사가 오히려 원고들과 다른 피해승무원들 및 그 상속인 등과 사이의 실질적 공평을 해할 우려도 있다.

이 사건에 관하여 대한민국 법원이 재판권을 행사하여 피고 회사에 대하여 손해배상을 명한다 하더라도, 그 이후 중국법에 의한 판결의 승인 및 집행의 문제가 여전히 남아 있어(중국 민사소송법 제267조, 제268조 참조), 이 사건에 대한 대한민국 법원의 재판권 행사가 반드시 원고들의 신속한 권리구제에 이바지한다고 단정하기도 어렵다.

(v) 그 밖에 이 사건에 관한 중국 법원의 재판권 행사가 자국민인 원고들의 피해구제를 외면하는 결과로 된다거나 또는 원고들의 피해구제에 있어 현저히 부당한 결과를 초래하게 된다고 볼 만한 아무런 사정도 없다.

(vi) 위와 같은 사정을 종합해 보면, 비록 이 사건 사고가 대한민국 내

에서 발생하였고, 피고 회사의 영업소가 대한민국 내에 존재한다 하더라도, 그러한 사정만으로는 중국 국적의 원고들과 피고 회사 사이의 이 사건과 대한민국 사이에 어떤 실질적 관련이 있다고 보기는 어려우므로, 피고 회사의 위 주장은 이유 있다.

### 다. 대법원의 판단

(1) 국제재판관할의 판단 기준

국제사법 제2조가 제1항에서 “법원은 당사자 또는 분쟁이 된 사안이 대한민국과 실질적 관련이 있는 경우에 국제재판관할권을 가진다. 이 경우 법원은 실질적 관련의 유무를 판단함에 있어 국제재판관할 배분의 이념에 부합하는 합리적인 원칙에 따라야 한다”고 규정하고, 이어 제2항에서 “법원은 국내법의 관할 규정을 참작하여 국제재판관할권의 유무를 판단하되, 제1항의 규정의 취지에 비추어 국제재판관할의 특수성을 충분히 고려하여야 한다”고 규정하고 있으므로, 당사자 간의 공평, 재판의 적정, 신속 및 경제를 기한다는 기본이념에 따라 국제재판관할을 결정하여야 하고, 구체적으로는 소송당사자들의 공평, 편의 그리고 예측가능성과 같은 개인적인 이익뿐만 아니라 재판의 적정, 신속, 효율 및 판결의 실효성 등과 같은 법원 내지 국가의 이익도 함께 고려하여야 하며, 이러한 다양한 이익 중 어떠한 이익을 보호할 필요가 있을지 여부는 개별 사건에서 법정지와 당사자의 실질적 관련성 및 법정지와 분쟁이 된 사안과의 실질적 관련성을 객관적인 기준으로 삼아 합리적으로 판단하여야 한다.[39)]

(2) 판시사항

(i) 원고들이 내세우고 있는 이 사건 소송의 청구원인은 피고의 불법행위 또는 근로계약상 채무불이행으로 인한 손해배상 청구이므로, 불법행위지(이 사건 사고의 행위지 및 결과발생지 또는 이 사건 항공기의 도착지) 및 피고의 영업소 소재지가 속한 대한민국 법원에 민사소송법상 토지관할권

---

39) 대법원 2005. 1. 27. 선고 2002다59788 판결, 대법원 2008. 5. 29. 선고 2006다71908 판결.

이 존재한다고 봄이 상당한데, 당사자 또는 분쟁이 된 사안이 대한민국과 실질적 관련이 있는지를 판단하는 데 민사소송법상 토지관할권 유무가 여전히 중요한 요소가 됨을 부인할 수 없다.

(ii) 국제재판관할권은 배타적인 것이 아니라 병존할 수 있으므로, 지리상·언어상·통신상 편의 측면에서 중국 법원이 대한민국 법원보다 피고에 더 편리하다는 것만으로 대한민국 법원의 재판관할권을 쉽게 부정하여서는 곤란하고, 원고가 대한민국 법원에서 재판을 받겠다는 의사를 명백히 표명하여 재판을 청구하고 있는 점도 쉽사리 외면하여서는 아니 된다. 그리고 이 사건에서 피고의 영업소가 대한민국에 존재하고 피고 항공기가 대한민국에 취항하며 영리를 취득하고 있는 이상, 피고가 그 영업 활동을 전개하는 과정에서 대한민국 영토에서 피고 항공기가 추락하여 인신사고가 발생한 경우 피고로서는 대한민국 법원의 재판관할권에 복속함이 상당하고, 피고 자신도 이러한 경우 대한민국 법원에 피고를 상대로 손해배상의 소가 제기될 수 있다는 점을 충분히 예측할 수 있다고 보아야 한다. 따라서 개인적인 이익 측면에서도 대한민국 법원의 재판관할권이 배제된다고 볼 수 없다.

(iii) 일반적으로 항공기사고가 발생한 국가의 법원에 사안과 증거조사가 편리하다는 재판관할의 이익이 인정되는데, 관련 사건에서 이미 증거조사가 마쳐졌다든지 관련 사건에서 당사자가 책임 자체를 인정하고 있다든지 하는 사정은 소 제기 시점에 따라 좌우되는 우연적인 사정에 불과하므로 이러한 우연적 사정에 의하여 재판관할권 유무가 달라진다는 것은 합리적이라고 할 수 없다. 그리고 준거법은 어느 국가의 실질법 질서에 의하여 분쟁을 해결하는 것이 적절한가의 문제임에 반하여, 국제재판관할권은 어느 국가의 법원에서 재판하는 것이 재판의 적정·공평을 기할 수 있는가 하는 서로 다른 이념에 의하여 지배되는 것이기 때문에, 국제재판관할권이 준거법에 따라서만 결정될 수는 없는 점, 더구나 오늘날 외국적 요소가 있는 법률관계에 관하여 재판관할과 별도로 준거법에 관한 합의를 하는 경우가 드물지 않은 점에 비추어 보면, 이 사건에 적용될 준거법이 중국법이라고 하더라도 그러한 사정만으로 이 사건 소와 대한민국 법원과

의 실질적 관련성을 부정하는 근거로 삼기에 부족하다. 또한 피고의 영업소가 대한민국에 있음에 비추어 대한민국에 피고의 재산이 소재하고 있거나 장차 재산이 형성될 가능성이 있고, 따라서 원고들은 대한민국에서 판결을 받아 이를 집행할 수도 있고, 원고들도 이러한 점을 고려하여 이 사건 소를 대한민국 법원에 제기한 것으로 볼 수 있다. 따라서 법원의 이익 측면에서도 대한민국 법원에 재판관할권을 인정할 여지가 충분하다.

(iv) 국제재판관할권은 주권이 미치는 범위에 관한 문제이므로, 형식적인 이유를 들어 부당하게 자국의 재판관할권을 부당하게 넓히려는 시도는 타당하지 않지만, 부차적인 사정을 들어 국제재판관할권을 스스로 포기하는 것 또한 신중할 필요가 있다. 그리고 같은 항공기에 탑승하여 같은 사고를 당한 사람의 손해배상청구에서 단지 탑승객의 국적과 탑승 근거가 다르다는 이유만으로 국제재판관할권을 달리하게 된다면 형평성에서도 납득하기 어려운 결과가 된다.

(3) 결 론

그렇다면 원고들의 이 사건 소는 대한민국과 실질적 관련이 있다고 보기에 충분함에도, 제1심이 이와 달리 판단하여 이 사건 소를 각하하고 원심이 제1심 판결을 그대로 유지한 데에는 국제재판관할권 인정에서 실질적 관련성에 관한 법리를 오해함으로써 판결 결과에 영향을 미친 위법이 있다.

### 라. 대상사안의 검토

대법원은, 불법행위지 및 피고의 영업소 소재지가 속한 대한민국 법원에 민사소송법상 토지관할권이 존재하는 점, 피고가 그 영업 활동을 전개하는 과정에서 대한민국 영토에서 피고 항공기가 추락하여 인신사고가 발생한 경우 피고로서는 대한민국 법원의 재판관할권에 복속함이 상당한 점, 이 사건에 적용될 준거법이 중국법이라고 하더라도 그러한 사정만으로 이 사건 소와 대한민국 법원과의 실질적 관련성을 부정하는 근거로 삼기에 부족한 점, 같은 항공기에 탑승하여 같은 사고를 당한 사람의 손해배상청구에서 단지 탑승객의 국적과 탑승 근거가 다르다는 이유만으로 국제재판관할권을 달리하게 된다면 형평성에서도 납득하기 어려운 결과가 되는 점 등을 근거로, 불법행위에 기한 손해배상 청구 사건에 관하여는 대한민국 법원에 국제재판관할권이 인정된다고 판시하였다.

## 마. 관련 문제

(1) 근로계약에 기한 손해배상 청구사건은 대한민국 국제사법을 근거로 하면, 대한민국 법원에 국제재판관할권이 인정되지 아니한다. 이와 관련하여, 민사소송법 제25조 제1항의 규정[40]에 의하여 국제재판관할에서 객관적 병합의 허용여부, 즉 관할 적격이 있는 청구와 실질적 관련이 인정되지 아니한 다른 청구를 병합하여 재판할 수 있는지 여부가 문제된다.

(2) 하나의 소로써 여러 개의 청구를 하는 경우에 그 중 하나의 청구에 관하여 어떠한 관할원인에 의해 우리나라 법원에 국제재판관할권이 인정되는 경우에 다른 청구에 대하여도 우리나라 법원이 민사소송법 제25조의 관련 재판적 규정에 따라 국제재판관할권을 행사하기 위하여는 국내관할과는 달리 여러 개의 청구 사이에 그 기초되는 사실관계 또는 쟁점이 같거나 견련관계를 갖는 등의 밀접한 관계가 인정되어야 하고, 비록 동일한 당사자 사이의 청구라 할지라도 위와 같은 밀접한 관계가 없는 경우에는 병합하여 재판하는 것은 국제사회에서 재판기능의 합리적 분배의 관점에서 볼 때 상당하지 않을 뿐만 아니라 오히려 재판이 복잡해지고 장기화할 우려가 있을 뿐이기 때문에 민사소송법상의 관련 재판적 규정에 의한 국제재판관할권이 인정되지 아니한다.[41]

(3) 대법원은, 일제강점기에 국민징용령에 의하여 강제징용되어 일본국 회사인 미쓰비시중공업 주식회사(이하 '구 미쓰비시')에서 강제노동에 종사한 대한민국 국민 B 등이 구 미쓰비시가 해산된 후 새로이 설립된 미쓰비시중공업 주식회사(이하 '미쓰비시')를 상대로 국제법 위반 및 불법행위

40) 하나의 소로 여러 개의 청구를 하는 경우에는 제2조 내지 제24조의 규정에 따라 그 여러 개 가운데 하나의 청구에 대한 관할권이 있는 법원에 소를 제기할 수 있다.
41) 인천지방법원 2003. 7. 24. 선고 2003가합1768 판결(확정).

를 이유로 한 손해배상과 미지급 임금의 지급을 구한 사안에서, 미쓰비시가 일본법에 의하여 설립된 일본 법인으로서 주된 사무소를 일본국 내에 두고 있으나 대한민국내 업무 진행을 위한 연락사무소가 소 제기 당시 대한민국내에 존재하고 있었던 점, 대한민국은 구 미쓰비시가 일본국과 함께 B 등을 강제징용한 후 강제노동을 시킨 일련의 불법행위 중 일부가 이루어진 불법행위지인 점, 피해자 B 등이 모두 대한민국에 거주하고 있고 사안의 내용이 대한민국의 역사 및 정치적 변동 상황 등과 밀접한 관계가 있는 점, B 등의 불법행위로 인한 손해배상청구와 미지급임금 지급청구 사이에는 객관적 관련성이 인정되는 점 등에 비추어 대한민국은 사건 당사자 및 분쟁이 된 사안과 실질적 관련성이 있다는 이유로, 대한민국 법원의 국제재판관할권을 인정하였다.[42)]

42) 대법원 2012. 5. 24. 선고 2009다22549 판결.

# [7] 외국의 항공기사고로 내국인 사망시 국제재판관할

서울지방법원 1996. 1. 12. 선고 94가합66533 판결[1)]

## Ⅰ. 사실관계

(1) 대한민국 국민 H는 1992. 7. 27. 태국 내에서 피고 타이항공 주식회사 소유의 항공기(Thai Airways Flight 311)에 대한 탑승권을 구입하였다. 위 항공기는 1992. 7. 31. 태국 방콕 돈무앙(Don Mueang) 국제공항을 출발하여 네팔 카트만두 트리부반(Tribhuvan) 국제공항으로 향하던 중, 네팔 랑탕 국립공원(Langtang National Park) 외곽 지역에서 암벽과 충돌하여 H를 포함한 99명의 여객과 14명의 승무원 전원이 사망하였다.

(2) 피고는 태국법에 의하여 설립된 태국 법인으로서 그 주된 사무소를 태국 내에 두고 있으나, 수파크릿 분야아난타를 대한민국 내에서의 대표자로 정하여 서울 중구 소공동 50 동양화학빌딩 16층에 피고의 영업소를 두고 있다.

(3) 원고들은 H의 부모들로서, 위 항공기사고로 H가 사망함으로써 입은 H 및 원고들의 손해를 항공운송계약 책임 또는 불법행위 책임에 기하여 피고가 부담하여야 한다고 주장하면서 서울지방법원에 손해배상을 구하는 소를 제기하였다.

(4) 피고는, 태국법에 의하여 설립된 태국법인으로서 그 주된 사무소를 태국 내에 두고 있고, H가 항공권을 구입하여 피고와 항공운송계약을 체결한 장소는 태국이고, 항공기 추락사고가 발생한 장소는 네팔국이므로, 이 사건 소에 대한 재판권을 갖는 나라는 태국 또는 네팔일 뿐 대한민국은 이 사건 소에 대한 재판권을 가지지 아니한다고 주장하였다.

1) 이에 대한 평석은 전병서, "타이항공사건에 있어서 국제재판관할권", 판례월보 제308호(1996), 40~52면.

# Ⅱ. 참조 조문

## 1. 민사소송법

**제2조(보통재판적)**
소는 피고의 보통재판적이 있는 곳의 법원이 관할한다.

**제5조(법인 등의 보통재판적)**
① 법인, 그 밖의 사단 또는 재단의 보통재판적은 이들의 주된 사무소 또는 영업소가 있는 곳에 따라 정하고, 사무소와 영업소가 없는 경우에는 주된 업무담당자의 주소에 따라 정한다.
② 제1항의 규정을 외국법인, 그 밖의 사단 또는 재단에 적용하는 경우 보통재판적은 대한민국에 있는 이들의 사무소·영업소 또는 업무담당자의 주소에 따라 정한다.

**제12조(사무소·영업소가 있는 곳의 특별재판적)**
사무소 또는 영업소가 있는 사람에 대하여 그 사무소 또는 영업소의 업무와 관련이 있는 소를 제기하는 경우에는 그 사무소 또는 영업소가 있는 곳의 법원에 제기할 수 있다.

## 2. 국제사법

**제2조(국제재판관할)** ① 법원은 당사자 또는 분쟁이 된 사안이 대한민국과 실질적 관련이 있는 경우에 국제재판관할권을 가진다. 이 경우 법원은 실질적 관련의 유무를 판단함에 있어 국제재판관할 배분의 이념에 부합하는 합리적인 원칙에 따라야 한다.
② 법원은 국내법의 관할 규정을 참작하여 국제재판관할권의 유무를 판단하되, 제1항의 규정의 취지에 비추어 국제재판관할의 특수성을 충분히 고려하여야 한다.

# Ⅲ. 판시사항

피고는 태국법에 준거하여 설립되고 태국 내에 주된 사무소를 두고 있는 회사이기는 하나, 대한민국 내에서의 대표자를 정하고 대한민국 내에 영업소를 두고 있어서 위 대한민국 내에 있는 영업소가 피고의 보통재판적이 되므로 피고는 대한민국 내에 보통재판적이 있으니, 이 사건 소에 있어서 대한민국의 재판권은 피고에 대하여도 미친다.

## Ⅳ. 해 설

### 1. 문제의 소재

네팔은 1966. 2. 12. 바르샤바 협약과 헤이그 의정서를 비준하여 1966. 5. 13. 발효되었다. 태국[2]은 바르샤바 협약이나 헤이그 의정서를 비준하지 아니하였으므로, 양국 사이에 공통적으로 적용되는 국제협약은 존재하지 아니하였다.[3] 또한 국제재판관할의 결정 원칙을 규정하고 있는 국제사법 제2조는 2001. 7. 1.부터 시행되었으므로, 법원은 대상사안에서 법정지법인 대한민국의 민사소송법과 조리(條理)에 의하여 국제재판관할을 결정하였다. 이하에서는 국제사법의 개정 전과 개정 후의 국제재판관할의 결정에 관한 판례에 관하여 살펴보기로 한다.

### 2. 구 섭외사법에 따른 국제재판관할의 결정

#### 가. 독일의 이중기능설

독일 민사소송법(ZPO)의 토지관할규정은 국내의 재판관할권 뿐만 아니라 섭외사건에 관한 국제재판관할권도 정하는 것이므로, 섭외사건의 경우 ZPO가 정한 재판적 중의 하나가 독일에 있는 때에는 독일 법원이 국제재판관할권을 가진다고 해석하는 것이 독일의 통설이다.[4] 즉 ZPO의 토지관할규정은 국내·국제재판관할을 함께 규율하는 이중의 기능

---

2) 태국은 1999년 몬트리올 협약을 2017. 8. 3. 비준하여, 2017. 10. 2. 발효되었다.

3) 만약 태국이 바르샤바 협약과 헤이그 의정서를 비준하였다면, 이 사건 국제항공운송은 개정 바르샤바 협약이 적용되므로, 이 사건 소는 바르샤바 협약 제28조 제1항에 따라, 운송인의 주소지, 운송인의 주된 영업소의 소재지, 운송인이 계약을 체결한 영업소의 소재지인 태국의 법원 또는 도착지인 네팔의 법원의 전속관할에 속한다.

4) Geimer, IZPR, Rn. 946; 安達栄司, 国際民事訴訟法の展開 ―国際裁判管轄と外国判決承認の法理―, 成文堂(2000), 25~27면.

(Doppelfunktion)을 가진다. ZPO가 제정되던 당시 외국관계사건을 독일 법원이 재판권을 행사하는 것으로 규정할 경우 일어날지도 모르는 외국과의 충돌을 피하기 위하여 입법기술상으로 국내 재판적이 인정되면 재판권이 인정된다는 생각으로 국내토지관할의 형식으로 입법하였다.[5] 독일 판례도 국제재판관할에 관하여는 이를 직접 규제하는 조약이나 협약이 없는 한 독일 법원은 국내법(autonomes Recht)인 ZPO를 기초로 판단하고, 원칙적으로 토지관할에 관한 규정에서 독일의 국제재판관할을 추론하여야 한다고 판시하였다.[6]

### 나. 일본 판례

(1) 일본인 B가 말레이시아에서 말레이시아항공으로부터 페낭 → 쿠알라룸푸르 국내선 항공권을 구입하여 항공기(Malaysian Airline System Flight 653)에 탑승하였다가, 1977. 12. 4. 항공기가 Tanjung Kupang에서 추락함에 따라 현지에서 사망하였다. 일본 나고야에 거주하는 B의 상속인들은 말레이시아항공을 피고로 하여, B가 가지는 운송계약상의 채무불이행에 기한 손해배상청구권을 상속하였음을 이유로 상속인들의 주소지를 관할하는 나고야지방재판소에 소를 제기하였다. 그런데 말레이시아항공사는 일본 동경에 영업소를 가지고 있었지만, 동경영업소는 B에게 티켓을 판매하지도 않았고 이 사건 사고와는 아무런 관련이 없었다.

(2) 제1심은 일본에 국제재판관할권이 없음을 이유로 소를 각하하였으나, 항소심은 피고 말레이시아항공이 일본 동경에 영업소를 가지고 있으므로 일본에 보통재판적과 의무이행지의 특별재판적이 인정된다고 보아 국제재판관할을 긍정하였다.

(3) 상고심[7]은 "국제재판관할을 직접 규정하는 법규도 없고, 조약이나 일반적으로 승인된 명확한 국제법상의 원칙도 아직 확립되지 아니한 현재로서는 당사자 간의 공평, 재판의 적정, 신속을 기한다고 하는 이념에 의

---

5) 최공웅, "국제재판관할원칙에 관한 재론", 법조 제47권 제8호(1998. 8.), 9~10면.
6) BGHZ 94, 156.
7) 最高裁判所 1981. 10. 16. 判決, 民集 35巻 7 号 1224頁, マレーシア航空事件.

한 조리에 따라서 결정함이 상당하고, 일본 민사소송법의 국내 토지관할에 따라 일본에 재판적이 있는 때에는 그에 관한 사건에 대하여는 피고를 일본의 재판권에 따르게 하는 것이 조리에 합당하다"는 이유로 상고를 기각하였다.

### 다. 견해의 대립[8)]

국제사법 개정 이전 학설로는, (i) 민사소송법상 재판권의 한계에 관한 직접의 규정이 없기 때문에 섭외사건의 경우에도 토지관할에 관한 규정으로부터 역으로 추지하여, 국내에 재판적이 인정되는 사건은 원칙적으로 재판권이 있다는 역추지설(逆推知說), (ii) 국제재판관할의 문제를 국제민사소송에서의 당사자의 공평, 재판의 적정, 절차의 신속 등의 이념에 기하여 국제적인 규모로 재판관할권을 배분하는 것이라고 보아 조리에 의하여 종합적으로 판단하여야 한다는 관할배분설, (iii) 민사소송법의 토지관할규정은 국내에서 관할권의 장소적 분배의 기준으로 일응의 합리성을 가지는 것이라고 생각되므로, 각론으로 개개의 사례에서 토지관할규정을 국제적 규모까지 확대하여 유추 수정을 가하여야 할 경우가 많다고 보는 수정역추지설, (iv) 개별사건에서의 여러 이익, 즉 당사자의 이익 및 편의, 사안의 내용, 성질, 법정지국과 사건의 관련성 등을 형량적으로 판단하여 관할을 결정하여야 한다는 이익형량설, (v) 민사소송법의 토지관할규정과는 별도로 국제소송에 상응하는 사건 유형을 독자적으로 정립한 다음, 개별적인 사건유형에 따라 관할을 긍정할 수 있는 요건을 정하면서 아울러 구체적인 사건의 특수한 사정에 기한 개별적 조정의 여지를 남겨 둔다는 신유형설, (vi) 기본적으로는 민사소송법의 규정 내지 그 수정에 의하면서도 개별사건의 특수사정을 관할권발생을 부정하는 특별사정으로 구성하여 개별적인 조정의 여지를 인정하는 특별사정설 등이 있었다.

---

8) 학설에 관한 자세한 논의는 김수형, "외국법인의 영업소가 대한민국에 소재하는 경우 그 외국법인을 피고로 하는 소송사건이 영업소의 업무와 아무런 관련이 없는 때에도 대한민국의 법원이 국제재판관할권을 가지는지 여부", 민사판례연구 제24권(2002), 453~455면 참조.

### 라. 판 례

(1) 대법원 2000. 6. 9. 선고 98다35037 판결

(가) 섭외사건에 관하여 국내의 재판관할을 인정할 지 여부는 국제재판관할에 관하여 조약이나 일반적으로 승인된 국제법상의 원칙이 아직 확립되어 있지 않고, 이에 관한 우리나라의 성문법규도 없는 이상, 결국 당사자 간의 공평, 재판의 적정·신속을 기한다는 기본이념에 따라 조리에 의하여 이를 결정함이 상당하다. 이 경우 우리나라 민사소송법의 토지관할에 관한 규정 또한 위 기본이념에 따라 제정된 것이므로, 기본적으로 위 규정에 의한 재판적이 국내에 있을 때에는 섭외사건에 관한 소송에 관하여도 우리나라에 재판관할권이 있다고 인정함이 상당하다.

(나) 구 민사소송법 제4조(현행 민사소송법 제5조)에 의하면, 외국법인 등이 대한민국 내에 사무소, 영업소 또는 업무담당자의 주소를 가지고 있는 경우에는 그 사무소 등에 보통재판적이 인정된다. 증거수집의 용이성이나 소송수행의 부담 정도 등 구체적인 제반 사정을 고려하여 그 응소를 강제하는 것이 민사소송의 이념에 비추어 보아 심히 부당한 결과에 이르게 되는 특별한 사정이 없는 한, 원칙적으로 그 분쟁이 외국법인의 대한민국 지점의 영업에 관한 것이 아니라 하더라도 우리 법원의 관할권을 인정하는 것이 조리에 맞다.

(다) 피고는 중국법에 의하여 설립된 중국 법인으로서 그 주된 사무소를 중국 내에 두고 있기는 하나, 또한 서울 종로구에 피고의 영업소를 두고 있다. 대한민국 법인인 원고가 신용장에 기한 환어음 및 선적서류 등의 매입은행으로서 신용장의 개설은행인 중국 법인인 피고에 대하여 그 신용장 대금의 지급을 구하고 있는 이 사건 소송이 위 영업소의 업무와 관련이 없고, 위 영업소는 이 사건 신용장과 관련하여 통지은행으로서도 관여한 바 없다 할지라도, 이러한 사정만으로 이 사건에 관하여 대한민국이 재판관할권을 행사하는 것이 당사자 간의 공평이나 재판의 적정·신속 등 조리에 반하는 특별한 사정이 있다고 보이지는 아니하므로 국내에 재판관할권이 있다.[9)]

(2) 판례 법리의 정리

대법원 1992. 7. 28. 선고 91다41897 판결, 대법원 1995. 11. 21. 선고 93다39607 판결, 대법원 2000. 6. 9. 선고 98다35037 판결의 판시사항을 종합하면 다음과 같고, 이는 특별사정설의 입장으로 볼 수 있다.

(i) 국제재판관할에 관하여는 조약이나 일반적으로 승인된 국제법상의 원칙이 확립되어 있지 않고 우리나라의 성문법규도 없다. (ii) 그러므로 섭외사건에 관한 우리 법원의 국제재판관할 유무는 당사자간 공평, 재판의 적정·신속이라는 기본이념에 따라 조리에 의하여 결정함이 상당하다. (iii) 이 경우 민사소송법의 토지관할규정 또한 위 기본이념에 따라 제정된 것이므로 위 규정에 의한 재판적이 우리나라에 있을 때에는 우리 법원에 국제재판관할을 있다고 봄이 상당하다. (iv) 그러나 (iii)에 따라 국제재판관할을 인정하는 것이 조리에 반한다는 '특별한 사정'이 있을 때에는 우리 법원에 국제재판관할권이 없다.

## 3. 개정 국제사법 시행에 따른 국제재판관할의 법리

### 가. 의 의

(1) 종래 섭외사법은 실종선고, 한정치산 및 금치산선고, 후견 등 비송사건에 한하여 개별적으로 국제재판관할에 관한 규정을 두고 있었을 뿐, 이를 제외한 민사사건의 경우에는 국제재판관할에 관한 성문법규가 없었는데, 현행 국제사법은 제1장(총칙) 제2조에서 국제재판관할에 관한 일반원칙을 규정하였다. 국제사법 제2조는 국제재판관할에 관한 일반원칙을

9) 피고는 중국법에 의하여 설립된 중국 법인으로서 그 주된 사무소를 중국 내에 두고 있고, 이 사건 소가 피고의 영업소의 영업과 직접 관련된 것은 아니나, 피고는 고도의 조직과 통제력을 가지고 각자의 지점과 영업소를 관리할 능력이 없으며, 1997. 11. 6. 대한민국 서울 중구 태평로 2가 310에 피고의 서울지점을 개설하여 영업활동을 하고 있어 이 사건 소에 응소함에 별다른 어려움이 없고, 이 사건 신용장과 그에 부대한 선적서류 등의 소송자료가 대한민국 내에 있는 점 등을 고려하면, 이 사건에 관하여 피고의 영업소가 소재한 대한민국의 법원에 토지관할권이 있고, 나아가 같은 이유로 대한민국이 재판관할권을 행사하는 것이 당사자간의 공평이나 재판의 적정·신속 등 조리에 반하는 특별한 사정이 있다고 보이지는 아니하므로 대한민국 법원에 재판관할권이 있다. 대법원 2001. 1. 16. 선고 99다62388 판결.

규정한 1개 조문에 불과하나, 종래부터 활발하게 논의되어 오던 국제재판관할에 관한 학설을 정리하여 일응의 기준을 확정·제시하여 성문의 규정을 마련한 것이다.

(2) 개정 국제사법 제2조 제1항 전문은 "법원은 당사자 또는 분쟁이 된 사안이 대한민국과 실질적 관련이 있는 경우에 국제재판관할권을 가진다"고 규정하여, 당사자 및 사안과 법정지와의 실질적 관련성을 국제재판관할의 결정기준으로 명시하였다. 여기서 말하는 '실질적 관련'이란 우리나라 법원이 재판관할권을 행사하는 것을 정당화할 수 있을 정도로 원·피고 또는 분쟁대상이 우리나라와 관련성을 가지는 것을 의미하며, 그 구체적인 인정 여부는 법원이 개별사건마다 종합적인 사정을 고려하여 판단하게 된다.[10)]

### 나. 개정 국제사법 시행 이후 판례

(1) 대법원 2019. 6. 13. 선고 2016다33752 판결

(가) 국제사법 제2조 제1항은 "법원은 당사자 또는 분쟁이 된 사안이 대한민국과 실질적 관련이 있는 경우에 국제재판관할권을 가진다. 이 경우 법원은 실질적 관련의 유무를 판단함에 있어 국제재판관할 배분의 이념에 부합하는 합리적인 원칙에 따라야 한다"라고 정하고 있다. 여기에서 '실질적 관련'은 대한민국 법원이 재판관할권을 행사하는 것을 정당화할 정도로 당사자 또는 분쟁이 된 사안과 관련성이 있는 것을 뜻한다. 이를 판단할 때에는 당사자의 공평, 재판의 적정, 신속과 경제 등 국제재판관할 배분의 이념에 부합하는 합리적 원칙에 따라야 한다. 구체적으로는 당사자의 공평, 편의, 예측가능성과 같은 개인적 이익뿐만 아니라, 재판의 적정, 신속, 효율, 판결의 실효성과 같은 법원이나 국가의 이익도 함께 고려하여야 한다. 이처럼 다양한 국제재판관할의 이익 중 어떠한 이익을 보호할 필요가 있을지는 개별 사건에서 실질적 관련성 유무를 합리적으로 판

---

10) 법무부, 국제사법해설(2001), 24면; 노태악, "국제재판관할에 관한 최근 대법원판결의 분석 -실질적 관련 원칙과 국제사법 제2조의 해석론을 중심으로-", 사법 제22호(2012. 12.), 202~203면.

단하여 결정하여야 한다.

(나) 국제사법 제2조 제2항은 "법원은 국내법의 관할 규정을 참작하여 국제재판관할권의 유무를 판단하되, 제1항의 규정의 취지에 비추어 국제재판관할의 특수성을 충분히 고려하여야 한다"라고 정하여 제1항에서 정한 실질적 관련성을 판단하는 구체적 기준 또는 방법으로 국내법의 관할 규정을 제시한다. 따라서 민사소송법 관할 규정은 국제재판관할권을 판단하는 데 가장 중요한 판단 기준으로 작용한다. 다만 이러한 관할 규정은 국내적 관점에서 마련된 재판적에 관한 규정이므로 국제재판관할권을 판단할 때에는 국제재판관할의 특수성을 고려하여 국제재판관할 배분의 이념에 부합하도록 수정하여 적용해야 하는 경우도 있다.

(다) 국제재판관할에서 특별관할을 고려하는 것은 분쟁이 된 사안과 실질적 관련이 있는 국가의 관할권을 인정하기 위한 것이다. 원고가 소를 제기할 당시 피고의 재산이 대한민국에 있는 경우 대한민국 법원에 피고를 상대로 소를 제기하여 승소판결을 얻으면 바로 집행하여 재판의 실효를 거둘 수 있다. 이와 같이 피고의 재산이 대한민국에 있다면 당사자의 권리구제나 판결의 실효성 측면에서 대한민국 법원의 국제재판관할권을 인정할 수 있다. 그러나 그 재산이 우연히 대한민국에 있는 경우까지 무조건 국제재판관할권을 인정하는 것은 피고에게 현저한 불이익이 발생할 수 있다. 따라서 원고의 청구가 피고의 재산과 직접적인 관련이 없는 경우에는 그 재산이 대한민국에 있게 된 경위, 재산의 가액, 원고의 권리구제 필요성과 판결의 실효성 등을 고려하여 국제재판관할권을 판단해야 한다.

(라) 예측가능성은 피고와 법정지 사이에 상당한 관련이 있어서 법정지 법원에 소가 제기되는 것에 대하여 합리적으로 예견할 수 있었는지를 기준으로 판단해야 한다. 피고가 대한민국에서 생활 기반을 가지고 있거나 재산을 취득하여 경제활동을 할 때에는 대한민국 법원에 피고를 상대로 재산에 관한 소가 제기되리라는 점을 쉽게 예측할 수 있다.

(마) 국제재판관할권은 배타적인 것이 아니라 병존할 수도 있다. 지리, 언어, 통신의 편의 측면에서 다른 나라 법원이 대한민국 법원보다 더 편리하다는 것만으로 대한민국 법원의 재판관할권을 쉽게 부정할 수는 없다.

### (2) 판례의 정리

대법원 판결을 종합하면, (i) '조리'가 아니라 국제사법 제2조에 기하여 국제재판관할을 판단하여야 한다는 점, (ii) 국제사법 제2조에서 다소 추상적으로 규정한 "국제재판관할 배분의 이념에 부합하는 합리적인 원칙"을 좀 더 명확히 하여, 당사자 간의 공평, 재판의 적정, 신속, 경제를 기한다는 기본이념, 보다 구체적으로는 소송당사자들의 공평, 편의, 예측가능성과 같은 개인적 이익 및 재판의 적정, 신속, 효율 및 판결의 실효성 등과 같은 법원 내지 국가의 이익이 고려 대상이 된다는 점,[11] (iii) 개별 사건에서 법정지와 당사자와의 실질적 관련성 및 법정지와 분쟁이 된 사안과의 실질적 관련성을 객관적인 기준으로 삼아 이러한 다양한 이익 중 어떠한 이익을 보호할 필요가 있을지 여부를 합리적으로 판단하여야 한다는 점, (iv) 더 이상 '특별한 사정'을 판단요소로 설시하지 않고 있다는 점에서 일단은 공통된 기준을 따르고 있다.[12]

---

11) 관할이익은 우선 사적 이익과 공적 이익으로 구분할 수 있고, 구체적으로는 ① 당사자 이익(가능한 한 당사자와 법원에서 소송을 하는 데 대하여 당사자가 가지는 지리상·언어상·통신상 이익, 사안 및 증거와 밀접한 법원에서 재판을 받는 데 대하여 공통된 이익을 가지나, 원고와 피고의 당사자이익이 정면으로 대립된다는 점에 문제가 있고, 국제재판관할에 대한 당사자의 예견가능성의 보호도 당사자 이익에 해당함), ② 법원 이익(사안과 증거조사가 편리한 곳에서 재판을 하는 데 대하여 법원이 가지는 이익 및 준거법과 관련하여 외국법이 아닌 자국법을 적용함으로써 얻는 이익), ③ 국가 이익(국제재판관할의 긍정 또는 부정에 대하여 국가가 가지는 이익, 즉 원고의 정당한 이익을 침해함이 없이 피고를 보호함으로써 법적 평화를 유지하고, 원고에 대해 그의 국적에 관계없이 실효적인 권리보호를 하는 이익), ④ 질서 이익(국제사법의 이상의 하나인 '국제적 판결의 일치'를 실현하기 위하여 국제적으로 통용되는 연결원칙을 따르고, 국제재판관할의 배분도 국제적 판결의 일치하는 이상에 봉사함으로써, 자국 판결이 외국에서 승인될 개연성을 제고하고, 동일사건에 대해 다시 외국에서 재판하는 것을 피할 수 있도록 하는 이익)으로 구분할 수 있다고 한다. 또한 위에서 본 다양한 이익 중 어느 이익을 보호할지를 판단하는 객관적 기준으로는 ① 당사자와의 밀접성, ② 사안과의 밀접성(또는 절차의 집중), ③ 준거법과의 밀접성, ④ 판결의 유효성(또는 집행가능성)이 있는데, 일반적으로는 당사자와의 밀접성 또는 사안과의 밀접성(또는 절차의 집중)이 준거법과의 밀접성보다 우선하나, 구체적으로는 문제된 법분야에 따라 기준의 중요성이 달라질 수 있다. 석광현, 국제재판관할에 관한 연구, 서울대학교 출판부(2001), 52~57면.

12) 한애라, "국제재판관할과 관련된 판결의 추이 및 국제사법의 개정방향: 국제재판관할의 판단구조 및 법인에 대한 일부 과잉관할 쟁점과 관련하여", 민사판례연구 제35권(2013), 1101면.

## 다. 영업소 소재지국 법원의 국제재판관할

### (1) 문제의 소재

민사소송법 제12조가 특별관할로 "사무소 또는 영업소가 있는 사람에 대하여 그 사무소 또는 영업소의 업무와 관련이 있는 소를 제기하는 경우에는 그 사무소 또는 영업소가 있는 곳의 법원에 제기할 수 있다"고 규정하고 있음에도, 이와 별도로 민사소송법 제5조 제2항은 "외국 법인, 그 밖의 사단 또는 재단의 보통재판적은 대한민국에 있는 이들의 사무소·영업소 또는 업무담당자의 주소에 따라 정한다"고 일반관할 규정을 두고 있다.

### (2) 구 섭외사법 당시의 판례

국제사법 시행 전 판례[13)]는 외국법인 등이 대한민국 내에 사무소, 영업소 또는 업무담당자의 주소를 가지고 있는 경우에는 그 사무소 등에 보통재판적이 인정되고, 증거수집의 용이성이나 소송수행의 부담 정도 등 구체적인 제반 사정을 고려하여 그 응소를 강제하는 것이 민사소송의 이념에 비추어 보아 심히 부당한 결과에 이르게 되는 특별한 사정이 없는 한, 원칙적으로 그 분쟁이 외국법인의 대한민국 지점의 영업에 관한 것이 아니라 하더라도 우리 법원의 관할권을 인정하는 것이 조리에 맞다고 보았다.

### (3) 견해의 대립

이와 같이 법원이 외국법인 등이 대한민국 내에 사무소, 영업소 또는 업무담당자의 주소를 가지고 있는 경우에는 원칙적으로 그 분쟁이 외국법인의 대한민국 지점의 영업에 관한 것이 아니라 하더라도 우리 법원의 관할권을 인정하는 입장을 취하게 되자, 학설상 다음과 같이 다양한 견해가 제기되고 있다.

(i) 민사소송법 제5조 제2항을 국제재판관할 근거로 인정하는 것은 피고에게 불공평하여 합리성을 결여한 것이라는 부정설,[14)] (ii) 오늘날 기업

13) 대법원 2000. 6. 9. 선고 98다35037 판결.

은 고도의 조직과 통제력을 가지고 지점과 영업소를 관리하고 있으므로 응소에 어려움이 없다는 등의 이유로 이를 국제재판관할의 근거로서 허용하여야 한다는 긍정설,[15] (iii) 소송에 관한 증거자료가 대부분 국내에 있거나 원고가 일개 소비자에 불과하여 외국에서의 제소를 강요한다면 사실상 구제를 부정하는 결과가 되는 경우에는 우리 법원의 관할을 인정해야 한다는 절충설[16] 등이 제시되고 있다.

#### (4) 개정 국제사법 시행 이후의 판례 및 평가

(가) 학계가 대체로 법인 영업소 소재지를 근거로 한 국제재판관할이 과잉관할에 해당하므로 제한할 필요성이 있다고 역설하고 있음에도, 개정 국제사법 이후에 나온 사실심 판결[17] 다수는 법인 영업소 소재지를 국제재판관할(일반관할)의 근거나 실질적 관련성의 판단요소로 거시하고 있고, 영업소 소재지가 사실상 유일한 관할의 연결점인 경우도 자주 발견된다는 평가가 있다.[18]

(나) 이에 대해서는 (i) 영업소 소재지가 대한민국에 있고 그 외에 실질적 관련성 인정에 보탬이 될 다른 사정이 인정된다면 국제재판관할을 인정하는 방법, (ii) 사무소 또는 영업소의 업무와 관련이 있는 소에 대해서만 국제재판관할을 인정하는 방법, 즉 영업소 소재지 관할을 특별관할화하는 방법,[19] (iii) 영업소 소재지 관할을 특별관할화함과 동시에 영업활동지 관할을 별도의 특별관할로 추가함으로써 영업소 소재지 관할의 인정범위가 축소되는 데 따른 부작용을 보완하는 방법 등을 생각해 볼 수 있

---

14) 석광현, "국제재판관할의 몇 가지 문제점 - 종래의 논의에 대한 비판적 고찰-", 인권과 정의 제262호(1998), 43면; 유영일, "국제재판관할의 실무운영에 관한 소고: 개정 국제사법과 헤이그신협약의 논의를 중심으로", 법조 제554호(2002. 11.), 83면.

15) 유중원, 신용장거래의 법률이론, 안성문화사(1996), 239~240면.

16) 강병섭, "국제재판관할", 섭외사건의 제문제(하), 재판자료 제34집(1986), 368면.

17) 부산지방법원 2009. 6. 17. 선고 2008나3906 판결, 서울중앙지방법원 2011. 1. 14. 선고 2007가합80850 판결, 서울고등법원 2009. 6. 1. 선고 2006나30787 판결, 서울중앙지방법원 2007. 11. 23. 선고 2007가합17494 판결, 서울고등법원 2008. 10. 30. 선고 2008나9374 판결.

18) 한애라, 1140면.

19) 국제재판관할에서 민사소송법 제5조 제2항의 적용을 배제하고 민사소송법 제12조만을 적용하자는 것으로, 국제적인 추세에 부합한다.

다는 견해는 경청할 만하다.[20]

## 4. 서울중앙지방법원 2011. 1. 14. 선고 2007가합80850 판결

### 가. 인정사실

(1) L을 포함한 한국인 4명은 주식회사 A와 2007. 6. 23.부터 같은 달 28.까지 4박 6일간 캄보디아 왕국의 시엠립(Siem Reap)과 시하누크빌(Sihanoukville)을 관광하는 내용의 기획여행계약을 체결하였다.

(2) 기획여행계약 체결시 여객에게 안내된 여행일정에는, 2007. 6. 23. 17:50 대한항공 KE687편으로 인천에서 출발하여 6. 23. 21:10 캄보디아 왕국의 시엠립에 도착한 후, 시엠립에서 2박을 하면서 관광을 하고, 6. 25. 캄보디아 법인인 피고 PMT Air가 운영하는 항공편인 U4-241편(PMT-241)으로 시하누크빌로 이동하여 시하누크빌에서 2박을 하면서 관광을 한 다음, 6. 27. 피고의 U4-242(PMT-242)편으로 시엠립으로 이동하여, 같은 날 22:25 KE688편으로 시엠립에서 출발하여 6. 28. 05:40 대한민국에 도착하는 것으로 예정되어 있었다.

(3) A는 위 기획여행계약에 따라 L 등의 명의로, 피고와 2007. 6. 25. 10:00 시엠립에서 출발하여 같은 날 11:00 시하누크빌에 도착하는 항공편(U4-241, 이하 '이 사건 항공편') 및 6. 27. 11:30 시하누크빌에서 출발하여 6. 27. 12:30 시엠립에 도착하는 항공편(U4-242)에 관한 항공운송계약(이하 '이 사건 항공운송계약')을 체결하였다.

(4) L 등은 위 항공운송계약에 따라 피고가 운항하는 시엠립과 시하누크빌 간의 여객항공편인 항공기[캄보디아 왕국 등록표시 XU-U4A, 항공기 모델 Antonov An-24b] U4-241편에 탑승하여 2007. 6. 25. 03:01(국제표준시각, 캄보디아 왕국 시각 10:01)경 시엠립 앙코르 국제공항을 출발해 시하누크빌 공항으로 가다가, 위 항공기가 같은 날 03:50경(캄보디아 왕국 시각 10:50경) 프놈댐레이(Phnom Dam Rey) 산자락에 추락(이하 '이 사건 추락사고')하면서 모두 사망하였다.

---

20) 한애라, 1140~1141면.

(5) 캄보디아 왕국 민간항공사무국 항공사고 조사위원회는 2008. 2. 15.경 이 사건 추락사고에 대한 조사 결과, 이 사건 추락사고 발생의 주된 원인은 운항승무원들이 악천후 상태에서 자신의 정확한 위치와 지형을 알지 못한 채 허가된 항로를 이탈하여 산악지역으로 비행하였기 때문인 것으로 판단하였다. 캄보디아 왕국은 바르샤바 협약과 헤이그 의정서를 모두 1996. 12. 12. 비준하여 1997. 3. 12. 시행하였다.

### 나. 국제재판관할의 인정

법원은 피고 법인이 대한민국 내에 피고의 항공운송총대리점으로 실질적인 영업소에 해당하는 계열회사를 두고 있었고, 여객이 그 계열회사를 통하여 운송계약을 체결하였으므로, 대한민국 법원은 바르샤바 협약 제28조 제1항의 '운송인이 계약을 체결한 영업소의 소재지 법원'에 해당할 뿐만 아니라 위 실질적인 영업소가 있었던 점 등으로부터 실질적 관련성도 인정된다고 보았다.

### 다. 보충적 준거법

(1) 이 사건 소에 적용될 준거법을 개정 바르샤바 협약으로 정하기로 합의하였으므로, 이 사건 소에 우선 적용될 준거법은 개정 바르샤바 협약이다.[21] 한편 개정 바르샤바 협약에는 항공운송 중 인명사고가 발생한 경우 손해배상액의 산정방법에 관하여는 구체적인 규정이 없는 바, 이러한 경우 위 협약을 보충하는 준거법은 법정지법인 대한민국의 국제사법에 따라 정해져야 한다.

(2) 국제사법 제32조 제3항은 "가해자와 피해자 간에 존재하는 법률관계가 불법행위에 의하여 침해되는 경우에는 제1항 및 제2항의 규정에 불구하고 그 법률관계의 준거법에 의한다"라고 규정하고 있다. 앞에서 인정

---

21) 이 사건 국제항공운송은 출발지와 도착지가 인천국제공항이고, 캄보디아 국내 항공운송 구간은 국제항공운송 구간의 일부에 해당하므로, 캄보디아가 바르샤바 협약을 비준하였는지 여부와 관계 없이 개정 바르샤바 협약이 적용된다. 한편 대한민국은 몬트리올 협약에 가입하여 2007. 12. 29. 국내에서 발효되었으므로, 이 사건 추락사고 발생 당시에는 몬트리올 협약이 대한민국에 적용되지 않았다.

한 사실에 의하면, L 등과 피고 사이에는 항공운송계약관계가 존재하고 있었고, 위 계약관계는 이 사건 추락사고에 의하여 침해되었으므로, 위 추락사고에 대하여 바르샤바 협약을 보충할 준거법은 국제사법 제32조 제3항에 의하여 L 등과 피고 사이에 존재하였던 법률관계, 즉 이 사건 항공운송계약관계의 준거법에 의한다. L 등이 피고와 이 사건 항공운송계약을 체결하면서 이 계약에 적용될 준거법을 명시적 또는 묵시적으로 선택하였음을 인정할 증거가 없으므로, 위 항공운송계약과 가장 밀접한 관련이 있는 국가의 법이 바르샤바 협약을 보충할 준거법이다.

(3) 이 사건과 같이 피고가 운송인으로서 항공운송계약상 의무를 이행하여야 하는 경우에는 의무이행자인 피고의 주된 사무소가 있는 국가의 법이 가장 밀접한 관련이 있는 것으로 추정되므로, 위 항공운송계약 체결 당시 피고의 주된 사무소가 있는 국가의 법, 즉 캄보디아 왕국 법이 이 사건 소의 보충적 준거법이 된다.

## 5. 대상사안의 검토

### 가. 대상판결의 요지

(1) 원래 한 국가의 재판권은 주권의 작용 중 하나이고, 재판권이 미치는 범위는 원칙적으로 주권이 미치는 범위와 같으므로, 피고가 외국내에 본점을 두고 있는 외국법인이라면 그 법인이 스스로 응소하는 경우 외에는 원칙적으로 대한민국의 재판권은 피고에게 미치지 아니하는 것이 원칙이다.

(2) 그러나 그러한 원칙에 대한 예외로서 피고가 대한민국과 어떠한 법적 관련을 가지는 경우에는 피고의 국적이나 본점소재지를 묻지 아니하고 대한민국의 재판권이 피고에 대하여도 미치는 경우가 있다. 피고 법인 기타 단체의 사무소 또는 영업소가 대한민국내에 있는 경우에는 피고에 대하여 대한민국의 재판권이 미친다고 함이 위 조리에 부합하며, 다만 구체적인 제반 사정을 고려하여 위와 같은 국내재판적에 관한 규정을 유추적용하여 국제재판관할권을 인정함이 앞서 본 민사소송의 이념에 비추어

보아 심히 부당한 결과에 이르게 되는 특별한 사정이 있는 때에는 그렇지 아니하다.

(3) 피고는 태국법에 준거하여 설립되고 태국내에 주된 사무소를 두고 있는 회사이기는 하나, 대한민국내에서의 대표자를 정하고 대한민국내에 영업소를 두고 있어서 위 대한민국내에 있는 영업소가 피고의 보통재판적이 되므로, 피고는 대한민국내에 보통재판적이 있으니 이 사건 소에 있어서 대한민국의 재판권은 피고에 대하여도 미친다.

(4) 다만 앞서 본 바와 같이 이 사건 항공기 추락사고의 발생지점이 네팔이고, H가 피고와 항공운송계약을 체결한 장소가 태국 내이어서 사고경위 및 원인에 관한 증거수집이나 준거법 내용의 지득에 다소의 난점이 예상되기는 하나, 피고는 대한민국 내에도 영업소를 두고 있어 이 사건 소에 응소함에 별다른 어려움이 없을 것으로 보이는 데 대하여, 원고들은 개인이어서 태국이나 네팔국 등 외국에서 소송을 수행하기가 사실상 어려운 입장에 있는 점 및 원고들의 배상권 범위를 정함에 있어서 필요한 H의 수입 정도, 가동연한, 가족관계 등의 소송자료는 대한민국 내에서 수집함이 편리한 점 등을 고려하면, 위와 같은 다소의 난점이 예상된다는 사정만으로 이 사건에 대한민국이 재판권을 행사하는 것이 당사자 간의 공평, 재판의 적정, 신속이라는 민사소송의 일반이념에 반하는 특별한 사정이 있다고 보기는 어렵다.

### 나. 평 가

대상판결은 개정 국제사법 시행 전 대법원 판례의 법리에 따라, 피고의 영업소 소재지가 대한민국이라는 점을 들어 국제재판관할을 일응 긍정하였다. 또한 준거법, 운송계약 체결지, 도착지, 증거의 소재지 등은 모두 태국 또는 네팔이라는 사실을 인정하였음에도, 원고들이 개인이고 손해배상의 범위를 결정하는 증거는 법정지인 대한민국에 있다는 점을 특별한 사정의 부인 근거로 삼았다.

### 다. 개정 국제사법 시행 이후의 가정적 해석

만약 대상사안이 개정 국제사법 시행 이후에 문제가 되었다면, 피고의 영업소 소재지가 대한민국이라는 점만으로는 당사자 또는 분쟁이 된 사안이 대한민국과 실질적 관련이 있다고 보기는 어렵기 때문에, 국제재판관할은 인정되기 어렵다고 생각한다.

# [8] 몬트리올 협약상 제5관할

Hornsby v. Lufthansa German Airlines, 593 F.Supp.2d 1132 (C.D.Cal. 2009)

## Ⅰ. 사실관계

(1) 미국 시민권자인 원고 Glenda M. Hornsby는 2007. 2. 8. 피고 Lufthansa German Airlines의 항공편을 이용하여 프랑크푸르트에서 LA로 이동하던 중 난기류를 만나 상해를 입었다. 당시 원고는 LA에서 며칠간 머문 후 프랑크푸르트로 돌아갈 생각으로 왕복항공권을 구입한 상태였다. 원고는 2008. 10. 16. 피고를 상대로 미국 연방지방법원(United States District Court, C.D. California)에 비행 중 입은 상해에 관하여 손해배상을 구하는 소를 제기하였다.

(2) 원고는 오랫동안 캘리포니아에서 살다가, 이 사건 발생 약 2년여 전에 캘리포니아에 있던 집을 매각하고, 독일 Kaiserslautern에 있는 아파트에 거주하면서 일을 하고 있었다. 그녀는 독일에 은행계좌, 주치의가 있었고, 캘리포니아에서 기르던 고양이와 개도 독일로 데려왔다. 또한 Kaiserslautern에 있는 아파트 주소에서 우편물을 수령하고, 독일 전화번호도 가지고 있었다. 원고는 사고가 발생한 2007년도에는 미국보다는 독일에서 더 많은 시간을 보냈다.

(3) 한편 원고는 캘리포니아 주 운전면허증을 유지하였고, 캘리포니아에 2개, 텍사스에 1개의 은행계좌를 가지고 있었다. 또한 캘리포니아 창고에 그녀의 가구를 보관하였고, 미국에서 세금을 환급받기 위하여 캘리포니아에서 우편함을 유지하고 있었으며, 미국 선거에서 부재자투표를 하기도 하였다.

(4) 원고는 독일에서 정기적으로 갱신해야 하는 일시적 거주허가

(temporary residency permit)를 받았고, 독일에서 가입한 건강보험은 독일에서 90일 이상 체류하는 모든 외국인들에 요구되는 것이며, 거주허가도 독일에서 3개월 이상 거주하기 위해 필요한 것이라고 주장하였다. 또한 그녀는 미국 이외의 다른 나라(독일 포함)에 영구거주할 의사가 전혀 없었고, 항상 미국으로 돌아갈 생각을 가지고 있었다고 주장하였다. 그녀는 이 사건 사고 발행 직후 독일로 돌아갔지만, 얼마 후 미국으로 돌아와서 현재에는 캘리포니아에 살고 있다.

(5) 미국 연방법원은 이 사건에 관하여 몬트리올 협약 제33조 제1항에 규정된 관할권(운송인의 주소지, 운송인의 주된 영업소 소재지, 운송인이 계약을 체결한 영업소 소재지, 도착지)을 갖지 못하였기 때문에, 미국 연방법원이 이 사건에 관할권을 갖기 위해서는 위 협약 제33조 제2항에 의하여 원고의 '주된 영구 거소지(principal and permanent residence, 主된 永久 居所地)'가 미국으로 인정되어야만 한다.

## Ⅱ. 참조 조문

### 1. 몬트리올 협약

**제33조(재판관할권)**

1. 손해에 관한 소는 원고의 선택에 따라 당사국 중 하나의 영역 내에서 운송인의 주소지, 운송인의 주된 영업소 소재지, 운송인이 계약을 체결한 영업소 소재지의 법원 또는 도착지의 법원 중 어느 한 법원에 제기한다.
2. 여객의 사망 또는 부상으로 인한 손해의 경우, 본 조 제1항에 언급된 법원 또는 사고 발생 당시 여객의 주된 영구 거소지가 있고 운송인이 자신이 소유한 항공기 또는 상업적 계약에 따른 타 운송인의 항공기로 항공운송서비스를 제공하는 장소이며, 운송인 자신 또는 상업적 계약에 의하여 타 운송인이 소유하거나 임대한 건물로부터 항공운송사업을 영위하고 있는 장소에서 소를 제기할 수 있다.
3. 제2항의 목적을 위하여,

> 가. '상업적 계약'이라 함은 대리점 계약을 제외한, 항공여객운송을 위한 공동서비스의 제공과 관련된 운송인 간의 계약을 말한다.
> 나. '주된 영구 거소지'라 함은 사고 발생 당시 여객의 하나의 고정적·영구적 소재지를 말한다. 이 경우 여객의 국적은 결정요인이 되지 않는다.

## Ⅲ. 판시사항

(1) 몬트리올 협약은 주된 영구 거소지를 '고정적·영구적 소재지(fixed and permanent abode, 固定的·永久的 所在地)'로 정의하고 있다. 블랙 법률 용어 사전에 의하면, 고정적·영구적 소재지는 거소지보다는 주소(domicile, 住所)에 더 가까운 개념이다.

(2) 연방 보통법(Federal Common Law)에 의하면, 사람은 물리적으로 주소지를 떠나더라도 그 주소를 포기한 것은 아니고, 새로운 장소에 계속 머무를 의사를 가지고 물리적으로 현재할 때 새로운 주소로 변경된다.[1] 그러므로 종전 주소는 새로운 주소를 얻을 때까지 그대로 유지된다.[2]

(3) 만약 몬트리올 협약의 의미가 모호한 경우에는 법원은 협약의 제정 당시 협상과정과 초안을 참조할 수 있다.[3] 협약 제정 당시의 자료를 살펴보아도, 미국에 취항하지 않은 항공편에 미국 시민이 탑승한 경우 거액의 배상금을 인정하는 미국의 관할권이 인정되는 것을 부담스러워하는 개발도상국들의 반대가 있었기 때문에, 여객의 국적만으로 제5관할권을 결정하는 것을 반대하는 것뿐이다.[4]

(4) 주된 영구 거소지라는 용어는 여객의 의사를 구체화한 것이다. 이 사건에서 원고는 사고 당시 비록 독일에 거주하였지만 미국으로 돌아갈 의사가 있었으므로, 원고의 주된 영구 거소지는 캘리포니아에 여전히 남

---

1) Gaudin v. Remis, 379 F.3d 631, 636~37 (9th Cir. 2004).
2) Lew v. Moss, 797 F.2d 747, 750 (9th Cir. 1986).
3) El Al Israel Airlines, Ltd. v. Tsui Yuan Tseng, 525 U.S. at 167 (1999); Baah v. Virgin Atlantic Airways Ltd., 473 F.Supp.2d at 595~96 (2007).
4) Charles Krause & Kent Krause, 1 Aviation Tort & Reg. Law §§ 11:14, 11:17 (2008).

아 있다고 보아야 한다. 이러한 결론은 몬트리올 협약이 항공사보다는 여객에게 우호적이라는 견해[5]와도 일치한다.

(5) 원고의 주된 영구 거소지는 캘리포니아이므로, 이 사건은 미국 연방법원의 관할에 속한다. 따라서 피고의 관할 위반 주장은 받아들이지 아니한다.

## Ⅳ. 해 설

### 1. 몬트리올 협약 제33조 제1항의 관할

몬트리올 협약 제33조 제1항에서 규정하고 있는 관할은 바르샤바 협약 제28조 제1항에 규정된 관할과 동일하다. 여기서 말하는 관할은 국제재판관할이므로, 어느 나라의 법원에서 재판권을 행사할 수 있는지 여부를 결정하는 것이고, 재판권이 인정된 국가의 법원 중 구체적으로 어느 법원이 심리할 수 있는지 여부(관할권)는 국내법에 의하여 결정된다.[6]

#### 가. 운송인의 주소지

회사의 주소는 주된 사무소의 소재지에 있는 것으로 한다(민법 제36조).[7] 협약상 법인의 주소지는 법인이 설립된 곳을 말한다.[8] 협약의 적용에서 외국 법인은 하나의 주소지만 가질 수 있다.[9]

#### 나. 운송인의 주된 영업소 소재지

항공운송인은 1개의 주된 영업소만를 가질 수 있다.[10] 주된 영업소 소

---

5) Ehrlich v. American Airlines, Inc., 360 F.3d at 371 n. 4 (2d Cir. 2004); Baah v. Virgin Atlantic Airways Ltd., 473 F.Supp.2d at 595 (2007).

6) Mertens v. Flying Tiger Line, Inc., 9 Avi. 17,475 (2d Cir. 1965).

7) Razi v. Quatar Airways Q.C.S.C., 2014 WL 496654 (S.D.Tex. Feb. 6, 2014); Fadhliah v. Societe Air France, 987 F.Supp.2d 1057, 1066 (C.D.Cal. 2013); Aikpitanhi v. Iberia Airlines of Spain, 553 F.Supp.2d 872, 878 (E.D. Mich. 2008).

8) The People v. Giliberto, 383 NE.2d 977, 981 (Ill. 1978).

9) Singh v. Tarom, 88 F.Supp.2d 62, 65 (E.D.N.Y. 2000).

10) Smith v. Canadian Pacific Airways, 452 F.2d 798, 800 (2d Cir. 1971); In re Air Disaster Near Cove Neck, New York, on January 25, 1990, 774 F.Supp. 718, 722

재지는 회사의 본점 소재지,[11] 조직적·기능적 수뇌부 소재지 등을 의미한다.[12] 구체적으로 기업의 영업활동에서 중심이 되는 일정한 장소로서 일정한 범위의 독립성을 갖고 영업에 관하여 내부적으로 지휘·명령을 하고, 외부적으로 기본적 거래가 이루어지며 영업활동의 결과가 통일되는 장소를 말한다.[13]

### 다. 운송인이 운송계약을 체결한 영업소 소재지

#### (1) 최초의 계약체결지(lex loci contractus)

영업소 소재지는 한 나라 전체를 기준으로 판단한다.[14] 운송인이 여객과 최초의 운송계약을 체결한 영업소 소재지를 의미하고,[15] 나중에 운송계약을 변경한 곳은 포함되지 아니한다.[16] 계약체결지는 항공권이 발행된 곳을 의미하고, 운임이 지급된 곳을 의미하지는 않는다.[17] 영업소는 코드쉐어나 얼라이언스 관계에 있는 다른 항공사나 대리점도 포함한다.[18]

#### (2) Lam v. Aerofloat, 999 F.Supp. 728, 732 (S.D.N.Y. 1998)

계약의 체결과 관련하여 항공권을 구입한 장소나 항공화물운송장이 발행된 곳이 문제된다. 미국에 거주하던 원고는 미국에서 항공운송계약을

---

(E.D.N.Y. 1991); Recumar Inc. v. KLM Royal Dutch Airlines, 608 F.Supp. 795, 798 (S.D.N.Y. 1985); Swaminathan v. Swiss Air Transport Co. Ltd., 962 F.2d 387, 390 (5th Cir. 1992).

11) Swaminathan v. Swiss Air Transport Co. Ltd., 962 F.2d 387, 390 (5th Cir. 1992).

12) Recumar, Inc. v. KLM Royal Dutch Airlines, 608 F.Supp. 795, 798 (S.D.N.Y. 1985); Stanford v. Kuwait, 648 F.Supp. 657, 661 (S.D.N.Y. 1986).

13) 김종복, 신국제항공법, 한국학술정보(2012), 343면.

14) Eck v. United Arab Airlines, 9 Avi. 18,146 (2nd Cir. 1966) 사건에서 여객이 캘리포니아 소재 SAS 항공사 영업소로부터 UAA 항공권을 구입하였는데, 항공기가 예루살렘 → 카이로 구간 비행 중 발생한 사고에 대하여, 미국 연방법원은 뉴욕에 UAA 영업소가 있다는 이유로 관할권을 인정하였다.

15) Malcolm Clarke, Contracts of Carriage by Air, 2nd Edi., Lloyd's List(2010), 179면.

16) Boyar v. Korean Airlines, 664 F.Supp. 1266, 1269 (D.Neb. 1975).

17) Singh v. Tarom, 88 F.Supp.2d 62, 65 (E.D.N.Y. 2000). 항공권을 구입하거나 발행된 곳이라고 판시한 사례로는 Shen v. Japan Airlines, 918 F.Supp. 686, 689 (S.D.N.Y. 1994).

18) Berner v. United Airlines, 157 N.Y.S.2d 884 (N.Y. App. Div. 1956); 김종복, 344~345면.

체결하려고 하였으나, 항공사의 컴퓨터가 고장났다. 원고는 팩스로 홍콩에 있는 항공사 대리인에게 계약체결을 요청하였고, 홍콩에서 항공권이 발행되었다. 법원은 홍콩에서 계약이 체결되었다고 판시하였다.

(3) Boyar v. Korean Airlines, 664 F.Supp. 1266, 1269 (D.Neb. 1975)

원고는 한국에서 왕복항공권을 구입하였다. 항공사의 대리인은 뉴욕으로 전화를 걸어 여객을 위한 항공편을 예약하였다. 이 경우 뉴욕에서 항공편을 예약한 것은 이미 체결된 운송계약을 당사자의 합의에 의하여 이행한 것에 불과하므로, 이 사건 계약은 한국에서 체결된 것으로 인정된다.

(4) 전자상거래에 의한 항공권 구매시 계약체결지

(가) Polanski v. KLM Royal Dutch Airlines, 378 F.Supp.2d 1222 (S.D.Cal. 2005)

최근에는 기술의 발달로 인하여 전자적 수단으로 운송계약을 체결하는 사례가 많고, 이 경우 계약체결지의 결정이 문제된다. 위 사건에서는 온라인으로 항공권을 구입한 경우 계약을 체결한 영업소 소재지가 문제되었다.

원고는 2003. 10. 29. 캘리포니아 Escondido에 있는 집에서 컴퓨터를 이용하여 온라인으로 KLM website에 접속한 다음, LA를 출발하여 암스테르담을 경유한 후 바르샤바로 가는 항공권을 구입하였고, 항공권은 LA 공항에 있는 Northwest를 통하여 발급받았다. 원고는 10. 30. KL0602 항공편을 이용하여 이동하던 중 이륙한지 15분이 지나서 심한 복통을 호소하였고, 약 12시간의 비행 후에 기착지인 암스테르담에서 하기하여 십이지장 천공 궤양 수술을 받았다.

원고는 항공사를 상대로 캘리포니아에 있는 연방지방법원에 소를 제기하였다. 피고는 원고가 사용한 Flyer Miles 프로그램은 폴란드에 서버를 두고 있으므로 이 사건 항공권이 폴란드에서 발행되었다고 주장하였다. 법원은 KLM이 Northwest와 얼라이언스 관계에 있고, KLM은 얼라이언스 파트너인 Northwest를 통하여 운송계약을 체결할 수 있기 때문에 KLM의 영업소 소재지는 LA에 존재한다고 판단하였다. 다음으로 법원은 원고가 캘리포니아에서 운임을 지급하고 항공권을 발급받음으로써 항공사의 제안을 수락하였기 때문에 계약체결지는 캘리포니아라고 판시하였다.

이에 대하여, 기술의 발달로 핸드폰으로 항공권을 어디서나 구입할 수 있게 되어 여러 가지 고려할 사항이 많음에도 불구하고, 법원이 클라우드 컴퓨터를 포함하여 항공사의 인터넷 서버의 장소 등과 같은 전자상거래에서 관할인정의 특수성을 간과하고, 전자상거래로 인한 관할권의 인정근거를 지나치게 단순하게 파악하였다는 비판이 제기되고 있다.[19)]

(나) 여객의 주소지를 체결지로 보는 견해

전자거래는 대화자간의 계약으로 보아 계약의 성립시기는 승낙의 의사표시가 도달한 때로 보아야 하고, 전자거래로 항공권을 구입한 경우에는 항공운송인의 홈페이지는 실제로 영업장의 역할을 한다고 볼 수 있으므로, 계약체결지는 여객의 주소지와 거소지가 된다.[20)]

(다) 검토

(i) 전자거래를 "컴퓨터와 컴퓨터 간의 네트워크를 이용하여 전자문서를 교환함으로써 체결되는 거래"라고 좁은 의미로 사용하는 경우,[21)] 전자거래기본법에서는 송신과 수신의 시기에 관하여 규정하고 있다. 위 법 제6조 제1항은 "전자문서는 수신자 또는 그 대리인이 당해 전자문서를 수신할 수 있는 정보처리시스템에 입력된 때에 송신된 것으로 본다"고 규정하고 있다. 또한 제6조 제2항에서는 "전자문서는 다음 각 호의 1에 해당하

---

19) Rebecaa Tillery, "Airline Liability －The Warsaw Convention－United States District Court of the Southern District of California Holds That the Passenger May Bring Suit in the United States because It is KLM's Place of Business through Which the Contract Was Made: Polanski v. KLM Royal Dutch Airlines", 71 J. Air Law & Com, 91 (2006); Digital Equip. Corp. v. Altavista Tech., Inc., 960 F.Supp. 456 (D.Mass. 1997) 판결은 전자상거래나 인터넷과 관련된 분쟁에서 법률행위와 관할지역 간의 상당한 정도의 관련성을 인정하기 위해서는 계약당사자의 합의, 주소지 등 일반적인 사항 이외에도 서버의 소재지, 광고 등 판매를 위한 고객유치행위, 데이터의 입출력, 전송행위의 장소, 결과발생지 등을 생각할 수 있다고 판시하였다.

20) 김종복, 299~300면.

21) 최병록, "전자계약에서의 법률문제 －소비자보호측면에서－", 비교사법 제12권 제2호 (2005. 6.), 308면. UNCITRAL(UN국제거래법위원회)의 전자상거래모델법 제2조 a호에서 정하는 바와 같이 데이터 메시지 형태로 전달되는 모든 데이터의 교환, 즉 EDI, 전자우편, PC통신, 전보, 텔렉스, 텔레카피, 팩시미리 등을 포함하는 전자적 방식에 의한 데이터 교환으로 행해지는 모든 거래형태를 넓은 의미의 전자거래라고 한다.

는 때에 수신된 것으로 본다. 1. 수신자가 전자문서를 수신할 정보처리시스템을 지정한 경우에는 지정된 정보처리시스템에 입력된 때. 다만, 전자문서가 지정된 정보처리시스템이 아닌 정보처리시스템에 입력된 경우에는 수신자가 이를 출력한 때를 말한다. 2. 수신자가 전자문서를 수신할 정보처리시스템을 지정하지 아니한 경우에는 수신자가 관리하는 정보처리시스템에 입력된 때"로 규정하고 있다.

(ii) 전자상거래에서 상품이나 용역의 제공자는 사이버쇼핑몰을 개설하거나 인터넷상 홈페이지에 가격이나 거래조건 등을 게시함으로써 거래를 유인하고 있는데 이러한 게시를 단순한 청약의 유인으로 볼 것인지 청약으로 볼 것인지가 문제된다. 청약은 승낙과 결합하여 일정한 계약을 성립시킬 목적으로 하는 일방적·확정적 의사표시로서 효력이 발생하면 청약자가 임의로 철회하지 못하는 청약의 구속력이 있다(민법 제527조). 청약의 유인은 상대방으로 하여금 청약을 하도록 유인하는 행위로서 물품판매광고, 상품목록의 배부, 기차시간표의 게시 등을 들 수 있다. 항공권을 홈페이지에 게시한 행위는 청약의 유인으로 보는 것이 타당하다. 전자상거래 등에 있어서 소비자보호에 관한 법률 제2조 제2호도 통신판매에서 사업자의 공고 등 여하한 조건의 제시는 청약의 유인이라는 점을 전제하고 있다.[22)]

(iii) 전자거래를 격지자간의 계약으로 보면 청약에 해당하는 전자데이터와 승낙에 해당하는 전자데이터의 합치에 의하여 계약은 성립한다. 따라서 민법의 의사표시와 계약의 성립에 관한 법리는 원칙적으로 그대로 전자거래에도 적용된다.[23)] 전자거래를 격지자간의 계약으로 보면, 의사의 합치와 구별하여 계약의 성립시기를 논하게 된다. 이처럼 계약의 성립시기를 논하는 이유는 계약이 성립하면, 계약상의 채권채무관계가 발생하여 당사자는 그것에 구속되기 때문이다. 민법은 격지자간에 의사표시의 효력 발생시기에 대해서는 도달시로 하고 있지만(민법 제111조), 계약의 성립시기에 대해서는 승낙의 발신시로 하고 있다(민법 제531조). 따라서 민법에

22) 최병록, 323면.
23) 최병록, 318면.

따르면, 전자상거래에서도 승낙에 해당하는 전자데이터가 발신된 시점에 계약이 성립한다는 견해가 있을 수 있다.[24] 그러나 UNCITRAL의 전자거래모델법(Model Law on Electronic Commerce) 제14조에서는 수신확인을 조건으로 하여 행해진 데이터의 송신은 수신확인의 도달시까지는 송신되지 않은 것으로 본다고 규정하여 도달주의를 채택하였고,[25] 전자상거래법 제6조 제2항의 취지에 비추어 보면, 전자거래의 경우에는 도달주의를 채택하였다고 보아야 한다.[26]

(iv) 국내거래의 경우에는 계약성립의 장소가 문제되지 않으나, 국제거래에서는 준거법 및 재판관할에 관한 약정이 없는 경우에 준거법 등을 정하기 위하여 계약의 성립장소가 문제된다. 학설은 승낙의 효력발생지를 계약성립지로 보는데, 이는 그 장소에서의 승낙의 행위가 단순한 거래교섭을 구속력있는 법적 의무로 만들었기 때문이다. 승낙의 효력발생지를 보다 구체적으로 말하면 승낙의 의사표시가 효력을 발생하는 도달지가 계약의 성립장소가 된다.[27]

(v) 그러나 몬트리올 협약에서는 '운송계약의 체결지'가 아니라 '운송인이 계약을 체결한 영업소 소재지'를 관할의 연결점으로 규정하고 있으므로, 여객이 전자거래로 항공권을 구입한 경우라 하더라도 계약체결지인 여객의 주소지·거소지가 아닌,[28] 항공사 영업소 소재지가 있는 국가에 관할권이 인정된다고 보아야 한다. 이 경우 컴퓨터 호스트 서버(클라우드 서

---

24) 최병록, 324면.

25) 대부분 통신 소프트웨어가 발신자 쪽에서 통신장애에 관한 메시지(delivery failure)가 표시되도록 되어 있으므로, 불도달사실은 발신자만이 알고 있으며, 따라서 불도달에 대한 위험은 발신자가 지는 것이 합리적이다. 승낙의 메시지가 도착하기까지 청약자에게 아무런 법률효과도 생기지 않는다는 원칙이 보다 합리적이다. 이러한 이유로 UNCITRAL 모델법에서는 그 심의 초기 단계에서 도달주의를 명기하는 것이 논의되었지만, 도달주의 원칙이 당연하다는 전제하에 규정을 두지 않기로 결정하였다. 한웅길, "전자거래와 계약법", 비교사법 제5권 제2호(1998), 23면.

26) 정종휴, "전자거래의 등장에 따른 계약이론의 변용", 인권과 정의 제268호(1998), 82~83면.

27) 한웅길, 25면; 지원림, "자동화된 의사표시", 저스티스 제31권 제3호(1998), 54면.

28) 여객이 이동 중에 전자항공권을 구입하는 경우에는 정보를 입력하고 전자항공권을 수령한 단말기 소재지가 계약체결지가 되므로, 이론적으로는 전세계가 계약체결지가 될 수 있다. 이러한 결론은 관할을 특정하고자 하는 협약의 관할조항 취지에 반한다.

비스의 경우에는 서버의 소재지도 불명확하다)가 존재하는 영업소 소재지 또는 여객이 전자항공권으로 탑승하고자 하는 공항이나 비행장이 있는 곳에 가장 가까운 영업소 소재지 국가가 이에 해당한다. 위에서 말하는 영업소는 운송인의 직영 영업소뿐만 아니라 코드쉐어나 얼라이언스 관계를 맺고 있는 항공사의 영업소도 포함된다고 보아야 한다.

### 라. 도착지

도착지는 항공기가 아니라 여객을 기준으로 한다.[29] 불가분의 국제항공운송에서는 하나의 도착지만 인정된다.[30] 불가분의 왕복 운송에서는 출발지와 도착지가 동일하다.[31] 순차운송은 최종도착지가 도착지이다. 도착지는 여객의 주관적 의사가 아니라 항공권에 기재된 내용을 주된 판단근거로 삼아서 객관적으로 결정하여야 한다. 복합운송의 경우에는 항공구간에서 사고가 발생하면 사고 발생지가 도착지이고, 불명이면 복합운송계약에 의해 물건수령지가 도착지이다.

## 2. 몬트리올 협약 제33조 제2항의 관할 : 제5관할[32]

### 가. 도입 경위

(1) 제5관할은 바르샤바 협약에 없던 것을 새로 창설한 것이다. 원래 제5관할에 관한 내용은 과테말라시 의정서에 규정되어 있었으나, 위 의정서는 발효되지 않았다. 항공사는 특별한 합의를 통하여 제5관할을 창설할

---

29) Sopcak v. Northern Mountain Helicopter Servs., 52 F.3d 817, 818~19 (9th Cir 1995); Compania Mexicana de Aviacion, S.A. v. United States District Court, 859 F.2d 1354 (9th Cir 1988).

30) In re Alleged Food Poisoning Incident, March 1984, 770 F.2d 3, 6 (2d Cir. 1985); Swaminathan v. Swiss Air Transport Co., 962 F.2d 387, 389 (5th Cir. 1992); Gasca v. Empresa de Transporte Aero del Peru, 992 F.Supp. 1377, 1380 (S.D. Fl 1998).

31) Petrire v. Spantax, S.A., 756 F.2d 263, 265 (2d Cir. 1985); Lee v. China Airlines, Ltd., 669 F.Supp. 979, 981 (C.D.Cal. 1987); Butz v. British Airways, 421 F.Supp. 127, 130 (E.D.Pa. 1976).

32) Devendra Pradham, "The Fifth Jurisdiction Under the Montreal Liability Convention: Wandering American or Wandering Everybody?", 68 J. Air L. & Com. 717, 719 (2003).

수 있다는 제안이 제기되기도 하였다.[33] 바르샤바 협약에 의하면, 여객의 주소지가 4개의 관할지 중 어느 것과도 일치하지 않게 되면, 여객은 주소지를 관할하는 국가에 소를 제기하지 못하는 불합리한 결과가 발생하였다.[34] 미국은 바르샤바 협약상 관할조항에 불만을 가지고 있었기 때문에, 사고발생지와 여객의 국적을 근거로 한 관할의 추가를 요구하였으나, 모두 거절되었다.[35]

(2) 제5관할은 미국이 자국민 보호의 취지에서 강력히 주장하였던 것인데,[36] 프랑스를 비롯한 여러 국가들의 강력한 반대가 있었다. 사고가 어느 곳에서 발생하든 광활한 영토에 흩어져 있는 미국 시민은 각자가 거주하는 각 주 소재 연방법원에 소를 제기할 수 있게 되었고,[37] 이로써 미국인들은 상대적으로 높은 배상금을 판결받을 수 있게 되었으므로, 이전 협약보다 유리하게 변경되었다.[38]

### 나. 제5관할권의 중요성

몬트리올 협약에서 제5관할을 신설한 이유는 국제적으로 이동이 잦은 사람들이 자국에서 소를 제기할 수 있도록 하는 데 있다. 종래에는 많은 경우 여객이 그 주소지에서 운송인을 상대로 소를 제기하기 어려운 경우가 많았고, 운송인을 상대로 소를 제기하려면 반드시 외국에 가야만 해야 하는 경우도 흔히 있었다. 몬트리올 협약 제5관할에 의하여 이제는 여객

---

33) Federico Ortino & Gideon R.E. Jurgens, "The IATA Agreements and the European Regulation: The Latest Attempts in the Pursuit of a Fair and Uniform Liability Regime for International Air Transportation", 64 J. Air L. & Com. 377 (1999).

34) Devendra Pradham, 68.

35) James D. Macintyre, "Where are You Going? Destination, Jurisdiction, and the Warsaw Convention: Does Passenger Intent Enter the Analysis?", 60 J. Air L. & Com. 657, 696 (1994-95).

36) Sven Brise, "Economic Implications of Changing Passenger Limits in the Warsaw Liability System", 22 Annals Air & Space L. 121, at 125 (1992).

37) Christopher Chipello & Anna Wilde Matthews, "Accord Is Reached to Increase Liability, Remove Low Caps for Plane Accidents", Wall St. J., June 1, at 88 (1999).

38) 최준선, "국제항공운송에 관한 1999년 Montreal Convention에 대한 일고", 저스티스 제78호(2004. 4.), 205면.

이 본국의 더욱 친숙한 법원과 더욱 친숙한 절차에 따라 소를 제기할 수 있게 되었다.[39]

### 다. 적용요건

#### (1) 여객의 사망 또는 부상

제5관할은 여객의 사망 또는 부상으로 인한 손해의 경우에 한정된다. 따라서 수하물과 물건의 멸실 등으로 인한 손해의 경우에는 적용되지 않는다. 다만 수하물에 관한 손해배상 사건은 민사소송법상 객관적 병합에 따른 관련 재판적의 규정(제25조 제1항)의 유추적용에 의하여 여객의 사망·신체상해 사건과 병합하는 경우 국제재판관할권이 인정될 수 있다.[40]

#### (2) 여객의 주된 영구 거소지

사람은 동시에 2개 이상의 거소지를 가질 수 있지만, 주소는 하나만 가질 수 있다.[41] 협약은 주된 영구 거소지를 '고정적·영구적 소재지(fixed and permanent abode)'로 정의하고 있는데, 고정적·영구적 소재지는 개념상 1개만 존재할 수 있다. 몬트리올 협약은 주된 영구 거소지나 고정적·영구적 소재지의 개념을 정의하는 규정은 두지 않지만, 대상판결은 어원을 분석하면서 이를 주소와 동일한 개념으로 파악하고 있고, 같은 취지의 판결들이 계속 선고되고 있다.[42]

#### (3) 운송인이 자신이 소유한 항공기 또는 상업적 계약에 따른 타 운송인의 항공기로 항공운송서비스를 제공하는 장소

운송인이 소유한 항공기란, 운송인이 소유권에 기하여 사용하는 항공기

39) 최준선, 205면.
40) 국제재판관할에서 객관적 병합은 여러 개의 청구 사이에 그 기초되는 사실관계 또는 쟁점이 같거나 견련관계를 갖는 등의 밀접한 관계가 인정되어야 한다. 인천지방법원 2003. 7. 24. 선고 2003가합1768 판결(확정).
41) Black's Law Dictionary, 1335 (8th Ed. 2004).
42) Choi v. Asiana Airlines, Inc., 2015 WL 394198, at *3 (N.D.Cal. Jan. 29, 2009); Razi v. Qatar Airways Q.C.S.C., 2014 WL 496654 (S.D.Tex. Feb. 6, 2014); In re Air Crash Over Mid-Atlantic on June 1, 2009, 760 F.Supp.2d 832 (N.D.Cal. 2010).

에 한정되지 않고, 임차나 운용리스를 포함하여 운항에 사용할 수 있는 항공기를 의미한다. 상업적 계약에는 코드쉐어나 프랜차이즈 계약도 포함된다.[43] 그러므로 운송인의 항공편이 취항한 곳뿐만 아니라, 코드쉐어, 얼라이언스, 프랜차이즈 계약 등을 통하여 운송인과 상업적으로 밀접한 관계를 맺고 있는 항공사가 서비스를 제공하는 장소를 포함한다. 그러나 대리점은 포함되지 아니한다.

#### (4) 운송인 자신 또는 상업적 계약에 의하여 타 운송인이 소유하거나 임대한 건물로부터 항공운송사업을 영위하고 있는 장소

최초의 초안에서는 사업지(a place of business)라고 표현하였으나, 운송인이 운송사업을 영위하는 장소로서 운송인 자신 또는 상업적 계약에 의하여 타 운송인이 소유하거나 임대한 건물로 표현하게 되었다.[44]

### 3. 대상사안의 검토

몬트리올 협약 제33조 제1항에 규정된 관할권을 갖는 나라는 운송인의 주소지, 운송인의 주된 영업소 소재지, 운송인이 계약을 체결한 영업소 소재지, 도착지인 독일이다. 미국 연방법원이 이 사건에 관할권을 갖기 위해서는 위 협약 제33조 제2항에 의하여 원고의 '주된 영구 거소지'가 미국으로 인정되어야 하는바, 법원은 주된 영구 거소지를 주소와 동일한 개념으로 판단하였다. 이에 따라, 대상사안에서 원고는 사고 당시 비록 독일에 거주하였지만 미국으로 돌아갈 의사를 가지고 있었으므로, 원고의 주된 영구 거소지(=주소)는 캘리포니아에 여전히 남아 있다고 보았다. 그렇다면, 원고의 주된 영구 거소지는 캘리포니아이므로, 이 사건은 미국 연방법원의 관할에 속하고, 피고의 관할 위반 주장은 이유 없다.

---

43) Pablo Mendes de Leon, Introduction to Air Law, 10th Edi., Wolters Kluwer(2017), 181면.

44) Devendra Pradham, 68~69.

# [9] 책임제한 배제사유인 가해의사로 무모하게 한 행위

**대법원 2005. 9. 29. 선고 2005다26598 판결**[1)]

## Ⅰ. 사실관계

(1) H기공 주식회사 외 4개의 회사 등은 화물을 수입하기로 하면서 화물 수입을 위한 항공운송 중 발생할 수 있는 위험을 담보하기 위하여 보험회사인 원고 그린화재해상보험 주식회사와 사이에 해상적하보험계약을 체결하였다.

(2) 이 사건 화물을 탑재한 피고 대한항공 소속 보잉 747-2B5F 화물항공기(KE8509)는 1999. 12. 22. 18:36경 영국 런던 북부 스탠스테드(Stensted) 공항을 이륙하여 이탈리아 밀라노로 향하던 중 이륙 2분 후인 18:38경 스탠스테드 공항 인근 숲에 추락하여 화물은 모두 전소되었다.[2)]

(3) 위 사고 후 보험자인 원고는 H기공 등 각 회사에 각 화물에 대한 보험금을 지급하였다.

## Ⅱ. 재판의 경과

### 1. 제1심[3)]

과도한 좌선회로 인한 이 사건 항공기의 추락은 피고 소속 기장 등의 부주의하거나 또는 손해가 아마 발생할 것이라는 인식으로 이루어진 조종행위에 의하여 발생하였다고 보이고, 따라서 피고는 바르샤바 협약 및 헤이그 의정서에서 인정하고 있는 운송인의 손해배상책임 제한을 주장할 수

1) 이에 대한 평석은 이상민, "개정된 바르샤바 협약 제25조에 정한 책임제한 배제사유의 의미", 대법원판례해설 제57호(2006), 581~594면 참조.

2) Report on the accident to Boeing 747-2B5F, HL-7451 near London Stansted Airport on 22 December 1999, EW/C99/12/04, AAIB(2003. 3.).

3) 서울중앙지방법원 2004. 2. 6. 선고 2001가합67503 판결.

없다.

## 2. 항소심[4)]

(1) 피고는 이 사건 사고 당시 이 사건 화물을 실제로 운송한 운송인으로서, 이 사건 사고의 방지에 필요한 모든 조치를 취하였거나 또는 그러한 조치를 취할 수 없었던 불가피한 사정을 증명하지 못하는 한 이 사건 사고로 인하여 이 사건 화물의 소유자 내지 인도청구권자인 H 등이 입은 손해를 배상할 책임이 있다(개정 바르샤바 협약 제20조 제1항). 한편 이 사건 사고로 인하여 H 등이 입은 손해는 적어도 원고가 지급한 전손보험금 이상이라고 봄이 상당하므로, H 등에 대하여 보험금을 지급한 원고는 지급보험금의 범위 내에서 H 등의 피고에 대한 위 손해배상청구권을 대위취득하였다.

(2) 다만 이 사건 항공기를 운행함에 있어서 피고 소속 기장 등의 과실은 중대하나, 그렇다고 하여 그들이 자신들이나 동료들의 생명까지 앗아갈 수 있는 이 사건 사고발생의 개연성에 대하여 실제적으로 인식하면서도 그 결과를 무모하게 무시하면서 한 의도적인 행위에 의하여 이 사건 사고가 발생하였다고 볼 수 없으므로, 피고 운송인의 책임액은 개정 바르샤바 협약 제22조에 의하여 화물 1kg당 250프랑의 금액으로 한정된다.

## 3. 원고의 상고이유

피고의 피용자들에게는 사고발생의 개연성에 대한 인식이 있었다. 특히 피고 직원들의 행위를 개별적으로 볼 것이 아니라 종합적으로 관찰하여 하나의 행위로 일관하여 판단할 경우 사고 발생의 개연성에 대한 인식이 있었다고 보아야 한다.

---

4) 서울고등법원 2005. 4. 20. 선고 2004나16084 판결.

## Ⅲ. 참조 조문

### 1. 바르샤바 협약

**제25조**

제22조의 규정은 운송인, 그의 고용인 또는 대리인의 가해할 의사로써 또는 무모하게 그리고 손해가 아마 발생할 것이라는 인식으로써 행하여진(done with intent to cause damage or recklessly and with knowledge that damage would probably result) 작위나 부작위로부터 손해가 발생하였다고 증명되는 한 적용되지 아니한다(다만, 고용인이나 대리인의 작위나 부작위의 경우에 있어서는 그들이 그 직무 범위 내에서 행동하였음을 증명하여야 한다).

### 2. 몬트리올 협약

**제22조(연착·수하물 및 화물과 관련한 배상책임의 한도)**

5. 손해가 운송인·그의 고용인 또는 대리인이 손해를 야기할 의도를 가지거나 또는 무모하게 손해가 야기될 것을 인지하고 행한 작위 또는 부작위로부터 발생되었다는 것이 증명되었을 때에는 본 조 제1항 및 제2항에 전술한 규정은 적용되지 아니한다. 단, 고용인 또는 대리인이 작위 또는 부작위를 행한 경우에는 그가 자기의 고용업무의 범위 내에서 행하였다는 것이 증명되어야 한다.

**제30조(고용인·대리인 – 청구의 총액)**

1. 이 협약과 관련된 손해로 인하여 운송인의 고용인 또는 대리인을 상대로 소가 제기된 경우, 그들이 고용범위 내에서 행동하였음이 증명된다면 이 협약 하에서 운송인 자신이 주장할 수 있는 책임의 조건 및 한도를 원용할 권리를 가진다.
2. 그러한 경우, 운송인·그의 고용인 및 대리인으로부터 회수 가능한 금액의 총액은 전술한 한도를 초과하지 아니한다.
3. 화물운송의 경우를 제외하고는 본 조 제1항 및 제2항의 규정은 고용인 또는 대리인이 손해를 야기할 의도로 무모하게, 또는 손

> 해가 발생할 것을 알고 행한 작위 또는 부작위에 기인한 손해임 이 증명된 경우에는 적용되지 아니한다.

### 3. 상 법

> **제899조(비계약적 청구에 대한 적용 등)**
> ① 이 장의 운송인의 책임에 관한 규정은 운송인의 불법행위로 인한 손해배상의 책임에도 적용한다.
> ② 여객, 수하물 또는 운송물에 관한 손해배상청구가 운송인의 사용인이나 대리인에 대하여 제기된 경우에 그 손해가 그 사용인이나 대리인의 직무집행에 관하여 생겼을 때에는 그 사용인이나 대리인은 운송인이 주장할 수 있는 항변과 책임제한을 원용할 수 있다.
> ③ 제2항에도 불구하고 여객 또는 수하물의 손해가 운송인의 사용인이나 대리인의 고의로 인하여 발생하였거나 또는 여객의 사망·상해·연착(수하물의 경우 멸실·훼손·연착)이 생길 염려가 있음을 인식하면서 무모하게 한 작위 또는 부작위로 인하여 발생하였을 때에는 그 사용인이나 대리인은 운송인이 주장할 수 있는 항변과 책임제한을 원용할 수 없다.

## Ⅳ. 판시사항

(1) 개정 바르샤바 협약 제25조에 규정된 '손해가 생길 개연성이 있음을 인식하면서도 무모하게 한 작위 또는 부작위'라 함은 자신의 행동이 손해를 발생시킬 개연성이 있다는 것을 알면서도 그 결과를 무모하게 무시하면서 하는 의도적인 행위를 말한다. 그에 대한 증명책임은 책임제한조항의 적용배제를 구하는 자에게 있고 그에 대한 증명은 정황증거로써도 가능하다. 그러나 손해발생의 개연성에 대한 인식이 없는 한 아무리 과실이 무겁더라도 무모한 행위로 평가될 수는 없다.[5)]

(2) 이 사건 항공기를 운행함에 있어 피고 소속 기장 등의 과실은 중대하나, 그렇다고 하여 인정된 사실만으로는 그들이 자신들이나 동료들의

---

5) 同旨, 대법원 2006. 10. 13. 선고 2005다3724 판결.

생명까지 앗아갈 수 있는 사고 발생의 개연성에 대하여 실제적으로 인식하였다고는 볼 수 없다. 오히려 스탠스테드 현지의 정비사가 피고의 지상 정비사로부터 항공기에 관한 문제점을 듣고 기술일지(Technical log)에 기재된 내용을 보았으며, 출항승무원 중 한 명이 지켜보는 가운데 기장용 ADI(항공기의 위치, 진행방향, 속도 및 고도에 관한 정보를 제공하는 장치)에 대한 일련의 조치들을 한 후 테스트를 하여 기장용 ADI가 서비스 가능 상태인 것을 확인하였던 점, 더욱이 항공기가 스탠스테드 공항을 이륙할 당시 항공기의 계기판에 어떠한 경고 플래그도 나타나지 않았던 점, 사고 당시 기장 및 부기장은 사고 직전까지 어떠한 비상조치도 시도하지 않고 일상적으로 이륙 업무를 수행하던 중 갑작스럽게 사고를 당한 점 및 제반 사정을 고려할 때 당시 정비사들이나 승무원들은 항공기의 결함이 교정되었다고 신뢰하였을 뿐만 아니라, 출항승무원들은 사고 직전까지도 사고 발생의 위험에 대하여 현실적으로 인식하지 못하였다고 봄이 상당하다.

(3) 그러므로 피고 소속 기장 등이 손해를 발생시킬 개연성이 있다는 것을 인식하면서도 그 결과를 무모하게 무시하면서 한 의도적인 행위에 의하여 이 사건 사고가 발생한 것으로 볼 수 없다.

## Ⅴ. 해 설

### 1. 문제의 소재

(1) 개정 바르샤바 협약 제22조 제2항 (a)에 의하면 화물운송인의 책임은 1kg당 250프랑의 금액을 한도로 제한함이 원칙이고(단, 가액을 신고하고 추가요금을 지불한 경우는 예외), 그 제한배제사유의 하나로서 협약 제25조는 "제22조의 규정은 운송인, 그의 고용인 또는 대리인이 가해할 의사로써 또는 손해가 발생할 개연성이 있음을 인식하면서도 무모하게(with intent to cause damage or recklessly and with knowledge that damage would probably result) 한 작위 또는 부작위로부터 손해가 발생하였다고 증명된 경우"를 규정하고 있다.

(2) 개정 바르샤바 협약 제25조와 같은 책임제한 배제사유는 개정 바

르샤바 협약을 비롯하여 선박소유자의 책임제한에 관한 '1976년 런던 해사채권에 대한 책임제한 조약', 해상운송인의 책임제한에 관한 '1968년 헤이그-비스비 규칙'과 '1978년의 함부르크 규칙' 등 국제 운송법 체계에서 보편적인 책임제한 배제사유로 정착되었고, 상법 제769조에서 선주, 해상운송인 등 해상기업주체의 책임을 제한하는 사유로서 동일한 문언을 규정하고 있다.[6)]

(3) 몬트리올 협약 제22조 제5항, 제30조 제3항에서도 위와 같은 책임제한 배제사유를 동일하게 규정하고 있다. 그런데 무모성(recklessness)이라는 개념은 대륙법계 국가에 존재하지 아니하던 개념이어서 해석상 어려움이 있다.

## 2. 협약의 제정과 개정 경위

(1) 1929년 바르샤바 협약 당시의 제25조 문안은, "운송인은 손해가 운송인의 고의에 의하여 발생한 때 또는 소가 계속된 법원이 속하는 국가의 법률에 의하면 고의에 상당하다고 인정되는 과실에 의하여 발생한 때에는, 운송인의 책임을 배제하거나 제한하는 본 협약의 규정을 원용하는 권리를 가지지 아니한다(The carrier shall not be entitled to avail himself of the provisions of this Convention which exclude or limit his liability, if the damage is caused by his willful misconduct or by such default on his part as, in accordance with the law of the Court seised of the case, is considered to be equivalent to willful misconduct)"라고 되어 있었다.

(2) 협약의 공식언어는 영어가 아니라 프랑스어이었는데 책임제한 배제사유를 지칭하는 단어는 'dol'이었고, 이는 '의도적으로 해를 가할 의사로 행하여진 작위 또는 부작위'를 의미하는 것이다. 그런데 영미법계에는 'dol'에 상응하는 개념이 없고 이에 가장 가까운 개념이 'willful misconduct'이었는데, 이는 의도적인 행동(intentional act)을 필요로 하지 않는 것이었

---

6) 상법 제769조는 "선박소유자는 청구원인의 여하에 불구하고 다음 각 호의 채권에 대하여 제770조에 따른 금액의 한도로 그 책임을 제한할 수 있다. 다만, 그 채권이 선박소유자 자신의 고의 또는 손해발생의 염려가 있음을 인식하면서 무모하게 한 작위 또는 부작위로 인하여 생긴 손해에 관한 것인 때에는 그러하지 아니하다"고 규정하고 있다.

다. 협약은 대륙법계 및 영미법계 법정 양쪽 모두에 적용될 수 있도록 작성되어야 했고, 그러한 이유에서 'willful misconduct에 상응하는 행동'이라는 문안을 넣게 되었다. willful misconduct의 증명에 필요한 증거는 'dol'을 증명하기 위하여 필요한 증거의 정도보다는 엄격하지 않다.[7)]

(3) 1929년 협약기초자들은 예외사유가 될 행위로는 고의 및 고의보다는 약간 넓으나 중과실(gross negligence, faute lourde)까지는 포함하지 않는 개념을 염두에 두었다. 이러한 개념에 들어맞는 용어로 선택된 것이 영미법상의 'willful misconduct'이며, 'willful conduct에 상당하다고 인정되는 default'라는 개념은 영미법에 존재하지 않는 개념이고 순전히 대륙법계 국가들을 위한 것이었다. 그런데 영미법상 고의에 가까운 willful misconduct의 개념이 대륙법에서는 과실에 가까운 것으로 오해되는 경향이 생기고 법정지법에 해석을 맡김으로써 생긴 불일치를 종식시키기 위해 헤이그 의정서에서는 willful misconduct의 내용을 구체적으로 풀어쓰는 방식으로 규정하게 되었다. 'willful misconduct'란 일정 결과의 발생을 인식하고서도 그 결과의 발생을 용인하는 경우, 즉 고의 내지는 고의적으로 그 결과를 고려하지 않고 부주의하게 그 행위를 하는 것이라는 점에서 행위자의 의사(will)를 필요로 한다.[8)]

## 3. 협약상 책임제한 배제사유의 해석

### 가. 손해를 야기할 의도

(1) 손해를 야기할 의도는 상법 제899조 제3항의 고의와 동일하다. 그런데 상법상 고의가 민법상 고의의 개념과 동일한지 여부가 문제된다. 손해를 야기할 의도(=상법 제899조 제3항의 고의)라 함은 책임제한의 대상이 되는 채권의 발생에 대한 의도를 말한다. 운송인의 책임제한 채권은 몬트리올 협약에서 정해진 손해에 기한 것이기 때문에, 이때의 의도는 손해발생에 대한 '적극적 고의'로서 의도를 가지고 있었다는 것을 의미한다. 그

---

7) Lawrence B. Goldhirsch, The Warsaw Convention Annotated : A Legal Handbook, Kluwer Law International(2000).

8) 최준선, 국제항공운송법론, 삼영사(1987), 125~129면.

러므로 불법행위나 채무불이행에서 권리침해에 대한 인용을 고의라고 하는 것과는 다르다. 따라서 손해를 야기할 의도는 손해발생에 대한 의도라는 점에서 통상의 고의의 개념보다 엄격하게 해석하여야 한다.[9] 즉 손해를 야기할 의도는 '확정적 고의(確定的 故意)'로 해석하는 것이 타당하다.

(2) 2015. 3. 24. 스페인 바르셀로나 국제공항을 출발하여 독일 뒤셀도르프 국제공항으로 가던 Germanwings 9525편 A320-211은, 부기장 Andreas Günter Lubitz가 기장이 화장실에 간 틈을 이용하여 조종실 문을 잠그고, 자동항법장치를 재프로그래밍하여 고도를 100ft까지 하강하도록 하였기 때문에, 프랑스 남부 알프스 산맥에 추락하여 여객 144명과 승무원 6명이 전원 사망하였다. 이와 같이 운항조종사가 자살비행의 의도로 고의로 사고를 낸 경우에는 확정적 고의를 인정할 수 있다.

### 나. 사고가 생길 염려가 있음을 인식하면서 무모하게 한 작위 또는 부작위

#### (1) 견해의 대립

손해가 발생할 개연성이 있음을 인식하면서도 무모하게 한 작위 또는 부작위(이하 '무모한 행위')의 의미에 관하여는, (i) 미필적 고의로 보는 견해,[10] (ii) 중과실보다는 고의에 가까운 개념으로 보는 견해,[11] (iii) 고의에 가까운, 손해발생의 개연성에 대한 인식 있는 중과실을 의미한다는 견해,[12] (iv) 손해의 발생을 인식하고 한 행위뿐만 아니라 중대한 과실로 손해가 발생하지 않을 것을 믿거나 또는 중대한 과실로 손해발생가능성에 대한 인식이 미치지 못하고 행한 모든 행위로 보는 견해[13] 등이 제시되고

9) 주석 상법, 해상법(제2판), 한국사법행정학회(2015), 205면.

10) 최준선, 보험·해상·항공운송법(제11판), 삼영사(2018), 568면; 이균성, "개정 해상법과 해상기업관계자의 총체적 책임제한," 현대 상법의 과제와 전망 (송연 양승규 교수 화갑기념), 삼지원(1994), 429~446면; 김효신, "해상기업주체에 대한 책임제한조각사유로서 고의 또는 손해발생의 염려가 있음을 인식하면서 무모하게 행한 작위 또는 부작위의 의미", 기업법연구 제10집(2002), 121~137면; 주석 상법, 해상법(제2판), 한국사법행정학회(2015), 206면.

11) 손주찬, 상법(하)(2002), 739면; 송상현·김현, 해상법원론(1999), 142면; 채이식, 상법강의(하)(2003), 669면.

12) 이상민, 589면.

있다.

다만 몬트리올 협약에서는 "손해가 발생할 개연성이 있음을 인식하면서도 무모하게 한 작위 또는 부작위"라고 규정하고 있는 것에 비하여, 상법 제899조 제3항은 "여객의 사망·상해·연착(수하물의 경우 멸실·훼손·연착)이 생길 염려가 있음을 인식하면서 무모하게 한 작위 또는 부작위"라고 규정하고 있다. 이와 같이, 국제협약에서는 인식의 대상을 '손해가 발생할 개연성'으로 규정하고 있지만, 상법에서는 인식의 대상을 손해의 원인이 되는 '사고·사건(여객의 사망·상해·연착, 수하물의 멸실·훼손·연착)'으로 규정하고 있다는 점에서 차이가 있다는 것에 주의하여야 한다.

(2) 판　례

대법원에서는 개정 바르샤바 협약 제25조에 관한 해석기준을 제시한 바 없다가, 대법원 2004. 7. 22. 선고 2001다58269 판결에서 "개정 바르샤바 협약 제25조에 규정된 '손해가 생길 개연성이 있음을 인식하면서도 무모하게 한 작위 또는 부작위'라 함은 자신의 행동이 손해를 발생시킬 개연성이 있다는 것을 알면서도 그 결과를 무모하게 무시하면서 하는 의도적인 행위를 말하는 것으로서, 그에 대한 증명책임은 책임제한조항의 적용배제를 구하는 자에게 있고 그에 대한 증명은 정황증거로써도 가능하나, 손해발생의 개연성에 대한 인식이 없는 한 아무리 과실이 무겁더라도 무모한 행위로 평가될 수는 없다"고 판시하여, 처음으로 그 해석기준을 제시하였다.

(3) 검　토

(가) 무모한 행위는 (i) 자신의 행동이 손해를 발생시킬 개연성이 있다는 것을 알아야 하고(손해발생의 인식), (ii) 그 결과를 무모하게 무시하면서 의도적으로 하는 행위이어야 한다(결과의 무모한 무시 및 의도적 행위). 즉 대법원은 '손해발생의 인식'을 기본조건으로 하고, 여기에 결과를 무모하게 무시하면서 '의도적으로 하는 행위'를 '무모한 행위'로 파악하고 있다.

13) 이기수·최병규·김인현, 보험·해상법(2003), 399면.

이는 결과에 대한 의도가 없는 '인식 있는 과실'과 구분되고, 손해발생의 인식이 없는 중과실과도 구분된다.

(나) 항공·철도사고조사위원회 운영규정(국토교통부 훈령 제31호, 전부개정 2018. 11. 13.) [별표 5] 항공·철도사고등 조사기록의 보호(제34조 관련) 4. 이익형량심사의 수행 및 기록에서는 "이익형량심사를 수행할 시 관할기관은 다음과 같은 요소를 고려하여야 한다. I) 해당 기록이, 국내법과 규정에 따라 중과실(gross negligence), 미필적 고의(willful misconduct), 범의(犯意)에 의한 행동으로 간주되는 작위 또는 부작위에 의해 항공·철도사고등이 야기되었다는 것을 합리적으로 보여 주는지 여부"라고 규정하여, 'willful misconduct'를 미필적 고의(未必的 故意)로 번역하고 있다.

(다) 강학상 미필적 고의에 관하여는 인식설, 의사설, 용인설, 감수설 등의 견해 대립이 있는바,[14] 판례[15]는 "고의의 일종인 미필적 고의는 중대한 과실과는 달리 범죄사실의 발생 가능성에 대한 인식이 있고 나아가 범죄사실이 발생할 위험을 용인(容認)하는 내심의 의사가 있어야 한다"로 해석하고 있다(용인설).

(라) 이러한 점을 종합적으로 고려하면, 무모한 행위는 형법상 '미필적 고의에 의한 행위'와 동일한 개념으로 보는 것이 타당하다.

### 다. 증명책임

여객과 송하인등 손해배상의 청구권자가 원고가 되어 운송인(피고)에 대하여 손해배상을 청구하면, 운송인은 항변사유(抗辯事由)로 책임제한을 주장한다. 이에 대하여 원고는 운송인의 책임제한 배제사유를 재항변사유(再抗辯事由)로 주장하는 것이므로, 책임제한 배제사유는 재항변사유를 주장하는 원고(청구권자)에게 있다.[16]

---

14) 주석 형법(제2판), 한국사법행정학회(2011), 제13조, 231~233면.
15) 대법원 2017. 1. 12. 선고 2016도15470 판결.
16) 대법원 2004. 7. 22. 선고 2001다58269 판결.

## 4. 대상사안의 검토

### 가. 관련 종사자들의 상황과 대응조치[17)]

(1) 입항조종사

(가) 입항조종사가 타슈켄트에서 스탠스테드로 오는 동안 기장용 ADI(항공기의 위치, 진행방향, 속도 및 고도에 관한 정보를 제공하는 장치)에 문제가 있음을 발견하고 취한 행동[18)] 및 동승한 비행엔지니어가 기술일지(Technical Log)에 기장용 ADI에 문제가 있다(captain's ADI unreliable in roll)고 기재한 것은 매우 적절한 조치였다.

(나) 사고 항공기의 문제는 기장용 ADI에 연결된 No.1 INU에 있었기 때문에 입항조종사 등이 기술일지에 ADI가 아닌 INU에 문제가 있다는 취지로 기재하였다면 정비사팀에서 사고 항공기를 제대로 수리할 수 있었을 것이다. 그러나 당시 입항조종사가 확인할 수 있었던 사항은 기장용 ADI가 정보를 제대로 반영하지 못하고 있다는 것을 아는 데 그쳤기 때문에, 비행엔지니어로서는 그렇게 기재할 수밖에 없었을 것이고, 그 정확한 원인이 무엇인가 하는 것은 항공기를 운항하는 승무원의 판단사항이 아니고 정비사의 몫이다.

(다) 사고조사분석보고서에 의하면, 입항조종사는 위 문제를 해결하기 위해서 스위치를 Norm에서 Alt로 조작하여 운행하다가 스탠스테드에 도착한 후 스위치를 다시 Norm으로 돌려놓았는데, 만약 그 때 스위치를 여전히 Alt로 유지했다면 정비팀에서 INU에 이상이 있다는 사실을 좀 더 쉽게 알 수도 있었을 것으로 보인다(그러나 비행엔지니어는 피고 소속 정비사에게 Alt를 선택한 채 조종했다는 사실을 알려주었다).

(라) 입항조종사가 입항 당시 비행기에 문제가 있다는 사실을 알고 있

---

17) 이상민, 591~594면 참조.

18) 사고 비행기의 실질적인 문제는 기장용 ADI 자체에 있었던 것이 아니라 기장용 ADI에 정보를 제공하는 INU(ADI에 나타나는 정보를 생산하여 이를 ADI에 공급하는 장치)에 있었고, 입항조종사는 기장용 ADI에 정보를 제공하던 문제의 No.1 INU를 다른 예비의 INU로 교체함으로써 문제를 해결할 수 있었다.

었다고 하더라도 그러한 문제점을 구두로 출항조종사에게 직접 알려줄 수 있는 시스템은 없는 것으로 보인다. 입항시간과 출항시간의 차이가 있고, 입항조종사가 알게 된 문제점은 기술일지에 적어 정비팀으로 하여금 완벽하게 수리한 후 출항을 하게 되며, 기술일지에 입항조종사가 적은 문제점과 수리내역을 출항조종사가 출항 전 반드시 확인하므로 이를 직접 알려줄 필요도 없다.

(마) 이 사건에서 입항조종사에게 요구되는 모든 주의의무는 다한 것으로 보이고, 입항조종사는 자신이 제기한 문제가 정비팀에서 모두 수리될 것(수리가 되지 않으면 출항이 불가능하다)이라고 믿었을 것이므로, 사고발생의 개연성에 대한 인식도 전혀 없었을 것으로 보인다.

(2) 정비사

(가) 사고 비행기에 관하여 입항조종사가 파악한 문제는 기술일지를 통해서, 그리고 구두를 통해서도 모두 피고 소속의 정비사에게 전달되었다. 다만 피고 소속 정비사가 현지 엔지니어와 함께 기장용 ADI의 판을 열어본 결과 핀이 밀려나 있는 것을 발견하고는 그것 때문에 기장용 ADI가 제대로 작동하지 않게 된 것이라고 가볍게 판단하고, 현지 엔지니어에게 그 부분을 수리하도록 한 다음, 기장용 ADI에 대한 테스트 결과 정상적으로 작동되는 것을 확인하고는 기장용 ADI의 문제가 완벽하게 해결되었다고 확신하였다.

(나) 이 사건 사고의 원인은 전적으로 정비불량이지만, 피고 소속 정비사로서는 자신이 사고 비행기의 문제를 완벽하게 해결했다고 확신하고 있었고, 그 점은 정비사 자신이 바로 이 사건 사고 항공기에 탑승하였다가 사망한 점으로 미루어 보아도 넉넉히 추인할 수 있다. 따라서 정비사에게 과실이 있다고 할 수는 있어도, 사고발생 개연성에 대한 인식이 있었다거나 무모한 행위를 하였다고 할 수는 없다.

(3) 출항조종사

(가) 출항조종사들은 기술일지를 통해서 항공기의 문제점이 어떤 것이

었다는 것을 잘 알고 있었고, 특히 부기장은 그 수리과정을 지켜보기까지 했다. 그 과정에서 이들은 사고 항공기의 문제점이 완벽하게 해결된 것으로 확신하고 있었던 것으로 보인다. 사고조사분석보고서에서도 출항조종사나 승무원 중에 한 명이라도 ADI의 정상적인 작동에 의구심이 있었다면 시동과 유도비행 시에 이에 관하여 이야기하였을 텐데 음성기록장치에 그에 관한 언급이 전혀 없고, 지상 엔지니어로서는 자신이 결함을 찾아내어 이를 고쳤다고 생각했을 것이며 기술일지에도 문제점이 해결된 것으로 기재되었을 것이어서 기장도 ADI에 아무런 문제가 없을 것이라고 생각했을 것이라고 분석하고 있다. 만일 기장이 ADI의 문제점이 해결되지 않았다고 생각했다면 다른 조치들을 취했을 것이라고 설명하고 있다. 기술일지에 적힌 문제점이 해결된 것을 기장이 확인하지 않는 한 출항하지 않는다는 사실에 비추어 보아도 그러하다.

(나) 출항조종사가 ADI상에 좌선회 동작이 나타나지 않는다는 이유로, 기계장치의 이상에 관하여 아무런 의심을 하지 않고 계속하여 무리하게 좌선회를 시도하였다거나 부기장의 ADI는 정상적으로 작동함에도 부기장이 기장의 과도한 좌선회를 막지 않았다거나 경고음을 듣고도 ADI의 문제점을 바로 인식하지 못하였다는 것 등은 사고 당시는 비행기가 이륙하고 있던 매우 짧은 급박한 상황이었고, 어두운 저녁이어서 기상사정의 악화로 시계가 불량하였다는 점을 감안하면, 이는 이들의 조종과실에 해당할 수는 있어도 이것이 무모한 행동이었고 사고발생 개연성에 대한 인식도 있었다고 할 수는 없다.[19)]

## 나. 결 론

이 사건에서 정비사와 출항조종사에게 중대한 과실이 있는 것으로 평가할 수 있다. 그러나 그렇다고 하여 그들이 자신들이나 동료들의 생명까지 앗아갈 수 있는 사고 발생의 개연성에 대하여 실제적으로 인식하였다

19) 사고 비행기의 기장은 총 비행시간 13,490시간의 노련한 조종사였고, 비행엔지니어 역시 총 비행시간 8,301시간의 숙련된 엔지니어였으며, 비행 훈련시 자신의 시각과 느낌보다는 최우선적으로 무조건 계기판을 신뢰하도록 훈련을 받는다.

고 볼 수 없다. 따라서 이들이 결과 발생의 개연성을 인식하였다거나 이를 알면서 그 결과를 무모하게 무시한 의도적인 행위라고 할 수 없으므로, 원고의 책임제한 배제 주장은 타당하지 않다.[20)]

## 5. 서울중앙지방법원 2006. 6. 23. 선고 2003가합58978 판결

### 가. 사실관계

(1) 피고는 대한민국에 영업소를 두고 있는 중국 법인으로서 보잉 767-200 기종 129편 항공기의 항공운송인이고, A 등은 피고와 출발지를 중화인민공화국의 베이징, 도착지를 대한민국 부산으로 하는 항공운송계약을 체결하고 이 사건 항공기에 탑승한 자들이다.

(2) 이 사건 항공기는 2002. 4. 15. 08:40 중국 베이징을 출발하여 같은 날 11:23경 대한민국 김해공항에 착륙을 시도하였는데, 항공기의 꼬리부분에서 부는 바람(背風)의 강도가 커서 선회비행을 할 경우에는 선회비행의 원칙상 활주로가 육안으로 보이지 아니하면 즉시 선회비행을 중단하고 고도를 높여야 함에도 불구하고, 만연히 선회비행을 계속하다가 활주로 18R 시단으로부터 북쪽 4.6km지점인 김해공항 부근 돗대산 중턱(표고 204m)에 부딪혀 추락하였다.

(3) A 등의 유족들은 피고를 상대로 손해배상을 구하는 소를 제기하였다.

### 나. 당사자들의 주장 요지

(1) 피고는, 개정 바르샤바 협약 제22조 제1항이 여객운송에서는 각 여객에 대한 운송인의 책임을 250,000 프랑스 골드 프랑(이하 '프랑')의 액을 한도로 한다고 규정하여 항공운송인의 책임을 제한하고 있으므로, 피고의 책임은 위 책임 제한금액에 한정되어야 한다고 주장한다.

---

20) 원심과 대법원은 책임제한과 관련하여 지나치게 승무원들의 입장에서만 다루어, 승무원들을 제외한 피고나 피고의 사용인들에 대한 심리를 제대로 하지 않았다는 점에 있어서 아쉬움을 남기고 있다는 비판적 견해로는 김현, "항공운송에서 책임제한 배제사유", 법률신문 제3522호(2007. 1. 15.).

(2) 원고들은, 이 사건 사고는 피고의 고용인 또는 대리인이 가해할 의사로 또는 무모하게 그리고 손해가 아마 발생할 것이라는 인식으로 행한 작위나 부작위로 인하여 발생하였으므로, 피고 주장의 책임제한규정은 적용이 배제되고, 따라서 피고는 이 사건 사고로 인하여 원고들이 입은 모든 손해를 배상하여야 한다고 주장한다.

### 다. 이 사건 사고의 구체적 경위

#### (1) 이 사건 항공기 기장이 의도했던 선회접근절차

이 사건 항공기 기장이 의도했던 선회접근절차는, 활주로 36L의 최종접근로에서 활주로를 육안으로 확인한 후, 45도 왼쪽 방향으로 선회하여 20초를 비행한 뒤, 우선회하여 활주로와 평행한 방향(360도)인 배풍경로(downwind leg)로 진입하고, 활주로 북쪽 말단과 평행한 지점을 통과한 후 20초를 측정하여, 3선회 및 4선회를 실시하여 착륙하는 것이었다. 그러나 이 사건 사고 당시 실제로 이루어진 착륙절차는 아래 (3)에서 보는 바와 같다.

#### (2) 김해공항의 선회접근절차와 요구되는 운항승무원의 절차

(가) ICAO의 항공기 운항 절차(Doc 8168-ops/611) 제1권 4.6항, 4.7항 및 중국 민용항공총국령 제98호 제30조, 제77조는, 선회접근을 하는 조종사는 해당 항공기 접근범주의 선회접근 구역 내에서 비행하는 동안 조종사 자신의 육안으로 활주로나 그 주변 정황을 지속적으로 식별할 수 있을 때에만 선회접근 구역 내에서 비행하도록 되어 있고, 활주로나 그 주변 정황을 육안으로 식별할 수 없는 상태가 되면 즉시 실패접근(missed approach, 복행)을 해야 한다고 규정하고 있다.

(나) 김해공항 활주로 18R로의 선회접근절차는 지상의 참조물이나 활주로 유도 등을 이용한 선회접근궤도가 설정되지 않은 일반적인 선회접근절차로서, 선회접근시에는 승무원간 각별한 협조가 요구되며, 기장은 우측 선회 장주(場周, traffic pattern) 비행시 좌측석에서 조종을 실시하므로 우측에 위치한 활주로를 확인하기 어렵기 때문에 우측석의 부조종사가 활주

로 말단 통과시기, 3선회를 위한 정확한 시간측정, 활주로 위치 및 지상참조물을 확인하여 기장에게 조언을 해주어야 하며 기장은 이러한 조언에 특히 주의하여야 한다.

(다) 피고의 기조훈련수첩(flight crew training manual)에 의하면, 선회접근절차는 자동비행장치[autopilot(이하 'a/p'), auto throttle(이하 'a/t'), flight director(이하 'f/d')]를 이용할 경우, 횡적 조종모드는 방위각 지시기(localizer, 비행기에 활주로 중심선 지시 정보 제공, 이하 'loc'라고 약칭한다) 수직 조종모드는 수직속도(vertical speed, 이하 'v/s') 모드 방식을 이용하여 활주로 36L 방향으로 정밀계기접근을 실시하도록 되어 있다. 활주로 36 방향 최종접근로 상의 최저결정고도(minimum decision altitude)에 도달하면, 기수방향선택 모드를 이용하여 최종접근로로부터 45도 선회하여 20초간 비행한 후 배풍경로로 진입하고, 배풍경로에서 활주로 18R 말단을 통과한 후 20초를 측정하여 3선회를 시작하며, 이때 플랩은 30도로 선정하고, 착륙점검표를 수행하며, 착륙이 확실시 되었을 때 자동비행장치를 풀고 강하하여 착륙하도록 되어 있다.

(라) 이 사건 항공기의 제조사인 보잉사의 훈련매뉴얼에는 "예상되는 선회접근 속도에 관련된 기상최저치를 사용한다. 접근 중 플랩을 25도나 30도로 선택할 수 있다. 고도 유지 모드를 이용하여 최저결정고도를 유지하고, 선회접근의 기동 부분에서는 기수방향선택 모드나 기수방향유지 모드를 이용한다. 만일 선회접근이 정밀계기접근으로부터 이루어질 경우, loc와 vnav나 v/s 모드를 이용한다. 선회접근을 위한 강하시 접근(이하 'app') 모드 사용을 권고하지 아니하는 몇 가지 이유는 자동비행장치가 mode control panel(이하 'mcp') 고도에서 고도유지를 못하고, app 모드를 벗어나기 위해서는 복행을 시작하거나, a/p와 f/d를 단절해야만 한다는 점 등이다"라고 되어 있다. 피고와 보잉사의 훈련매뉴얼에 선회접근이 정밀계기접근으로부터 이루어질 경우, 자동비행장치의 app 모드를 사용하지 않고 loc와 다른 수직모드를 사용해야 하는 것은 동일하였으나, 피고의 훈련매뉴얼에는 선회접근시 app 모드를 사용하지 말아야 하는 이유는 언급되어 있지 않다.

(3) 이 사건 항공기의 선회접근 경위

(가) 이 사건 항공기는 접근관제사의 지시에 따라, 활주로 36 방향의 정밀계기접근 최종접근로로 접근 시 loc 및 app 모드를 이용하여 진입하였고, 그 이후 활주로 18R 방향으로의 선회접근을 실시하였다. 선회접근의 최저치는 운저 700ft, 시정 3.2㎞의 접근범주 'c'를 사용하였다.

(나) 이 사건 항공기는 고도 2,600ft, 항공기의 기수방향이 030도인 상태에서 loc모드를 이용하여 최종접근로에 진입하였고, 최종접근로에 진입한 7초 후에 app 모드를 연결하였으나, 수직 모드인 활공각(glide slope) 모드는 연결되지 않았으며, 강하를 위해 v/s 모드 및 flch(flight level change) 모드를 사용하여 약 1,000ft까지 강하를 실시한 후 횡적 모드는 기수방향유지 모드를 사용하였으며 약 700ft를 유지한 다음 배풍경로로 진입을 위한 선회 시에는 기수방향선택 모드를 사용하였다.

(다) 이 사건 항공기는 약 1,100ft에서 활주로를 확인한 후 선회접근 장주로 진입하기 위해 좌선회를 실시하면서 제1부조종사가 "내가 조종한다"는 의사를 표시하고 자동조종장치를 풀고 수동으로 비행하였다. 이 사건 항공기가 활주로를 육안으로 확인하였다고 보고하였을 때, 접근관제사가 "air china 129, contact tower, one eighteen point one, circle west"라고 주파수 변경지시를 발부하였으나, 이 사건 항공기의 운항승무원들은 오직 "circle, circle, 18 right, air china 129"라고 복창하였다(이 사건 항공기의 운항승무원들은 민항총국령에 의거 영어시험 합격증을 모두 소지하고 있었으나, 교신을 담당했던 제2부조종사의 관제탑 주파수로의 이양지시 관련 등의 교신에 대해 기장 및 제1부조종사는 모니터를 제대로 수행하지 않아 관제탑 관제사와의 교신이 적절한 시기에 이루어지지 않았다. 운항승무원들과 관제탑 간의 교신이 이루어졌을 때, 항공기의 실제 위치는 활주로 18R의 접근 시단과 평행한 지점 부근이었다).

(라) 당시 비행을 담당하였던 제1부조종사는 활주로 36L 최종접근로로부터 선회 접근을 위한 선회를 시작할 때 표준율 선회(초당 3도의 선회율)로 배풍경로로 진입하기 위한 45도 좌선회를 하지 못하고, 적은 경사각(5.3

도~최대 19.9도)으로 선회함으로써 315도 기수방향으로 선회하는 시간이 지연되어 활주로 18R 방향의 접근 시단과 평행한 지점 부근을 지날 때 배풍경로에 진입하였고, 기장은 선회접근 장주의 배풍경로에서 11:20:02에 시간측정을 시작한 후 15초가 경과한 11:20:17부터 "내가 조종할게"라고 말하고 항공기를 조종하기 시작하였다. 이 시기에 적은 경사각과 바람의 방향 및 속도가 210도의 17노트로 불리한 영향을 주었기 때문에 접근 시단과 평행한 지점을 지날 때 항공기 위치는 배풍 폭이 1.1nm이었고(이는 정상적인 배풍 폭인 1.7nm보다 좁은 것이다), 기장은 배풍경로에 진입한 후 다시 자동비행장치를 연결하였다.

(마) 이 사건 항공기는 선회접근시 3선회 전까지 배풍경로에서 150~160노트의 속도로 비행함으로써 항공기가 활주로 18R의 접근 시단과 평행한 지점을 통과할 때, 140노트인 접근범주 'c'의 최대속도를 초과하였다 [위 항공기가 활주로 18R의 접근 시단과 평행한 지점을 통과할 때의 속도는 158노트였고, 대지속도(gs)는 177노트였는바, 이것이 배풍경로가 연장된 하나의 요인이 되었다].

(바) 기장은 선회접근 장주의 배풍경로에서 시간측정을 시작한 지 20초가 경과한 시점인 11:20:22에 정상적인 3선회를 시작하지 못하고(위 시각 기장이 "turning right"라고 말하였고, 시간 측정시로부터 22초가 경과한 11:20:24에 제1부조종사는 "빨리 선회하고, 너무 늦지 않도록"이라고 말하였다. 따라서 기장과 제1부조종사는 이때 3선회 지점 선정을 위한 시간측정이 완료되었음을 인지하고 있었다), 시간 측정 후 23초가 경과한 11:20:25부터 11:20:33 사이에 관제탑으로부터 착륙허가가 약 8초간 발부되었으나 이 시기에도 3선회를 실시하지 아니한 채 장주폭을 넓히기 위한 좌선회 조작을 하면서 관제사가 발부한 착륙허가를 청취하면서 11:20:37에 항공기의 기수 방향이 351도인 상태에서 자동비행장치를 풀고 정상보다 지연된 3선회를 시작하였으나, 약 40초가 경과한 시점인 11:20:42에 기수방향이 360도 방향을 지나 남쪽을 향한 선회가 이루어졌다.

(사) 11:20:54에 기장은 "활주로를 찾는데 도와줘"라고 부조종사에게 요청하였으나, 제1부조종사는 활주로나 지상참조물을 시각적으로 확인하

였다는 응답이 없이 11:20:59에 "비행하기 힘들어 지는데"라고 말하였고, 이 사건 항공기는 이 시기에 구름에 진입하였으나 기장은 즉시 복행을 실시하지 않았으며, 활주로 방향(180도)으로 정대한 후 복행을 실시하려고 하였다. 11:21:02에 제1부조종사는 외부의 상황에 대한 언급이 없이 "고도에 주의하고"라는 조언을 하였으며, 11:21:09에 기장이 재차 "활주로 봤나?"라고 물었을 때 11:21:10에 제1부조종사는 "없는데…안 보입니다"라고 하며, 11:21:12에 "복행하시오"라고 말하였으나 이때에도 기장은 즉시 복행하지 아니하였다. 이어서 11:21:15에 제1부조종사가 구름 사이로 전방의 장애물을 확인하고 "당겨! 당겨!" 라고 외쳤으며, 이에 기장이 상향 조작을 하였으나, 이미 늦어 항공기는 11:21:17에 돗대산에 충돌하였다.

(아) 이 사건 항공기에는 지상접근경고장치(gpws)가 장착되어 있었으나, 랜딩 기어가 내려오고, 착륙 플랩(25도 이상)이 설정되었으며, 최대접근율이 1,800fpm이었기 때문에 설계상 지상접근 경고음은 발령되지 않았다.

(4) 운항승무원의 경력

(가) 기장은 1994. 7.에 피고에 입사하여 2001. 11. 26.부터 기장이 되어 총 289시간 30분간 보잉 767 기종의 기장으로서 비행을 하였으나 김해공항에서의 선회접근 경험은 없었고, 피고는 보잉 767 기종의 선회접근 훈련은 베이징공항만을 대상으로 실시하였으며, 또한 김해공항이 특수공항으로 분류되지 않은 관계로 별도의 특별훈련을 받지 않았다.

(나) 제1부조종사는 1993. 9.에 피고에 입사하였으며, 2002. 1. 부조종사가 되어 2002. 2. 23. 보잉 767-200 제1부조종사로 첫 임무를 수행하였으며, 이 사건 항공기는 제1부조종사로서 김해공항에 3회째 비행이었고, 제1부조종사가 되기 전 김해공항에 2회의 비행경험이 있었다.

(다) 제2부조종사는 1997. 8.에 피고에 입사하여 2000. 11. 28. 피고에서 초기 부조종사 전환훈련 및 심사를 완료하고, 2차 심사는 2000. 12. 11.에, 정기기능심사는 2001. 6. 25.~같은 달 27. 사이에 완료하였으며, 2002년 김해공항에 비행한 경험은 없었다.

(5) 기상 상태

(가) 이 사건 사고가 발생하기 약 20분 전, 김해공항의 기상은 약한 이슬비가 내리고 있었으며, 구름상태는 500ft에 scattered(구름의 양이 3/8부터 4/8 정도 덮여 있는 상태), 1,000ft에 broken(구름의 양이 5/8부터 7/8까지 덮여 있는 상태), 2,500ft에 overcast(구름의 양이 8/8인 상태)였다. 시정은 3,200m였으며, 지상바람은 남서풍이 7노트로 불고 있었으나, 남서풍이 12노트로 증가되어 사고 발행 약 12분 전에 김해관제탑에서는 활주로를 18R로 변경하였으며 대형 항공기의 선회접근 가능 기상 최저치 이하의 상태였다.

(나) 항공기가 약 700ft의 고도로 선회접근 할 때 관제탑에서는 항공기를 육안으로 거의 볼 수 없었으나, 활주로 중간 정도의 서편 장주에서 잠시 볼 수 있었고, 활주로 18R의 3선회 지점부근은 구름이 북쪽으로 이동하면서 산악지역에서 항공기가 충돌한 높이 정도에 약간의 구름으로 덮여 있었다.

### 라. 법원의 판단

(1) 위 인정사실에 의하면, 이 사건 당시 이 사건 항공기의 기장 등은 기상 상태의 불량으로 인하여 3선회 및 4선회를 실시하면서 활주로를 지속적으로 확인할 수 없던 중구름을 통과하게 되면서 더욱 더 전방의 시야를 충분히 확보할 수 없게 되었을 것으로 보인다. 그와 같은 상황이라면, 많은 수의 여객이 탑승한 항공기의 안전운항과 관련한 모든 사항에 대하여 절대적인 권한과 책임을 지고 승무원들을 지휘, 감독하는 지위에 있는 기장 및 그러한 기장의 업무를 보조하는 지위에 있는 제1, 2부 조종사에게는 선회접근 방식에 따른 절차와 조건을 수집 가능한 정보와 면밀하게 비교, 검토하여 사고기의 현재 위치와 경로를 파악하고 신속하게 복행하는 절차 등을 취함으로써 충돌사고를 막아야 할 업무상의 주의의무가 있다.

(2) 그러나 위 인정사실에 의하면, 이 사건 항공기의 기장 등은 사고기의 위치와 경로에 대하여 아무런 문제 제기나 토의를 하지 않은 채 선회

접근과 관련된 대형항공기의 착륙기상 최저치를 숙지하지 못하고 선회접근을 실시하고, 관제탑과의 통신도 원활히 하지 못한 상태에서 활주로 18R의 선회접근을 실시하는 동안 배풍경로에서 김해공항 선회접근범주 "c" 등급의 최대속도인 140노트를 초과하여 150~160노트로 비행하였으며, 배풍경로 폭은 정상보다 좁았으나 적절한 수정조치를 하지 않은 채 상황인식을 상실하여 기장은 의도했던 시기에 3선회를 실시하지 못하고 선회접근 구역을 벗어났으며(기장 및 제1부조종사는 의도했던 시기에 3선회를 실시하지 못한 사실을 인식하였다), 활주로 18R로의 선회접근 중 활주로를 시야에서 잃어버렸을 때 즉시 복행하여야 한다는 규정을 지키지 않은 채 장애물을 발견한 후에야 뒤늦게 기기를 조작함으로써 공항 인근의 높은 지형장애물(산)에 충돌하였다. 또한 당시 제1, 2부조종사도 시각측정의 완료시점에 대한 확인 및 활주로 또는 시각참조물 등이 시야에서 보이지 않았을 때 기장에게 미리 복행하라는 적극적인 조언을 하지 않았고 이에 대한 문제 제기도 없었으며, 기장은 제1부조종사가 복행할 것을 권고했을 때조차도 즉시 적극적으로 복행을 하는 조작을 하지 않았다.

(3) 그렇다면 선회접근과 착륙에서 정확한 지시속도 및 고도의 유지, 계속적인 시각참조물의 확인, 시기적절한 3선회 등이 그 필수적인 조건들이라는 점에 비추어 볼 때 위와 같은 기장 등의 행위는 단순한 과실을 넘어 '무모하게 그리고 손해가 아마 발생할 것이라는 인식으로써 행하여진 것'으로 평가된다.

(4) 따라서 기장 등은 그 직무범위 내에서 이 사건 항공기를 조종하던 중 위와 같은 과실로 인하여 이 사건 사망자들이 모두 사망하는 사고를 발생케 하였으므로, 그 사용자인 피고는 운송인의 손해배상책임을 제한하는 개정 바르샤바 협약 제22조 제1항의 규정을 원용할 권리가 없고, 결국 원고들에게 이 사건 사고로 인한 모든 손해를 배상할 책임이 있다.

### 마. 검 토

이 사건에서 운항승무원에게 중대한 과실이 있는 것으로 평가할 수 있다. 그러나 그렇다고 하여 그들이 자신들이나 동료 승무원, 다수의 여객들의 생명까지 앗아갈 수 있는 사고 발생의 개연성에 대하여 실제적으로 인식하였다고는 볼 수 없다. 따라서 이들이 결과발생의 개연성을 인식하였다거나 이를 알면서 그 결과를 무모하게 무시한 의도적인 행위라고 할 수 없으므로, 법원의 판단은 타당하다고 보기 어렵다.

## 6. 서울중앙지방법원 2005. 12. 23. 선고 2002가합78265 판결

### 가. 인정사실

(1) K는 대한민국 국민으로서 아래 사고 당시 OL 유한회사 중국지사에서의 근무를 위하여 중국에 거주하고 있었다. 원고들은 K의 유족으로 모두 대한민국 국민이다. 피고는 중국법에 의하여 설립된 중국 법인으로서 주된 사무소를 중국 내에 두고 있고 대한민국 서울 중구에 영업소를 두고 있다.

(2) K는 2002. 5. 7. 피고가 운항하는 중국 북경발 대련행 6163편 중국 국내선 항공기에 탑승하여 북경에서 대련으로 향하던 중, 이 사건 항공기 탑승자 J의 방화로 항공기 뒷부분에서부터 불이 나 주요 전원선로가 소훼되었다. 이에 비행기기 등 비행시설의 대부분이 정상적으로 작동할 수 없게 되어 이 사건 항공기가 대련 근처에서 추락함에 따라, K를 포함하여 탑승객 103명 및 승무원 9명 전원이 사망하는 사고가 발생하였다.

(3) 피고는 이 사건 항공기 내에서 탑승객의 방화를 막고 화재를 조기 진화하거나 그 피해를 예방하기 위하여 어떠한 안전조치도 취한 바 없다.

### 나. 준거법

(1) 이 사건의 준거법

(가) 불법행위의 준거법

(i) 국제사법 제32조 제1항은 "불법행위는 그 행위가 행하여진 곳의 법에 의한다"고 규정하고 있고, 제2항은 "불법행위가 행하여진 당시 동일한 국가 안에 가해자와 피해자의 상거소가 있는 경우에는 제1항의 규정에 불구하고 그 국가의 법에 의한다"고 규정하고 있으나, 제3항은 "가해자와

피해자 간에 법률관계가 불법행위에 의하여 침해되는 경우에는 제1항 및 제2항의 규정에 불구하고 그 법률관계의 준거법에 의한다"고 규정하고 있다.

(ii) K와 피고 사이에는 항공운송계약관계가 존재하고 있었고(이하 '이 사건 항공운송계약') 아래에서 보는 바와 같이 이 사건 불법행위로 말미암아 위 계약관계가 침해된 것이 명백하므로, 이 사건 불법행위의 준거법은 국제사법 제32조 제3항에 의하여 K와 피고 사이에 존재하였던 법률관계, 즉 이 사건 항공운송계약관계의 준거법에 의한다.

(나) 항공운송계약의 준거법

(i) 국제사법 제25조 제1항은 "계약은 당사자가 명시적 또는 묵시적으로 선택한 법에 의한다. 다만, 묵시적인 선택은 계약내용 그 밖에 모든 사정으로부터 합리적으로 인정할 수 있는 경우에 한한다"고 규정하고 있고, 제26조 제1항은 "당사자가 준거법을 선택하지 아니한 경우에 계약은 그 계약과 가장 밀접한 관련이 있는 국가의 법에 의한다"고 규정하고 있으며, 제26조 제2항은 "당사자가 계약에 따라 다음 각 호 중 어느 하나에 해당하는 이행을 행하여야 하는 경우에는 계약체결 당시 그의 상거소가 있는 국가의 법(당사자가 법인 또는 단체인 경우에는 주된 사무소가 있는 국가의 법)이 가장 밀접한 관련이 있는 것으로 추정한다"고 규정하고 제3호에 "위임·도급계약 및 이와 유사한 용역제공계약의 경우에는 용역의 이행"이라고 규정하고 있다.

(ii) K와 피고와 사이에 이 사건 항공운송계약을 체결하면서 이 계약에 적용될 준거법을 명시적 또는 묵시적으로 선택하였음을 인정할 증거가 없으므로, 결국 이 사건 항공운송계약의 준거법은 이 계약과 가장 밀접한 관련이 있는 국가의 법에 의한다. K와 피고 사이에 도급계약의 일종인 이 사건 항공운송계약이 체결되어 피고가 위 운송계약상의 의무를 이행하여야 하는 경우에는 피고의 주된 사무소가 있는 국가의 법이 가장 밀접한 관련이 있는 것으로 추정된다. 이 사건 항공운송계약체결 당시 피고의 주된 사무소가 있는 국가의 법, 즉 중국법이 이 사건 항공운송계약의 준거

법이 되고 결국 이 사건 불법행위의 준거법도 중국법이 된다.

(2) 관련 중국법의 내용

중국의 '최고인민법원 인신손해배상안건심리 적용법률 약간 문제에 관한 해석' 제2, 6, 8, 17조, 민법 통칙 제106, 121, 122조의 규정내용을 종합하면 다음과 같다.

(가) 중국법상의 인신손해배상이란 민사 주체의 생명권, 건강권, 신체권이 불법침해를 받아 부상, 후유장해, 사망, 기타 손해를 입었을 경우 가해자에게 재산상 배상 등의 방법으로 손해를 구제·보호하도록 요구하는 법률제도이다.

(나) 인신손해 구성요건 중의 하나는 가해자의 주관적인 귀책사유 유무이다. 귀책사유는 고의와 과실을 포함한다. 고의란 자신의 행위가 위해를 조성할 것임을 명백히 인지하면서도 그 결과의 발생을 원하거나 방임한 것을 의미한다. 과실이란 주의했어야 한 일을 주의하지 않았거나 예측하였어야 한 일을 예측하지 못하였거나 예측하였더라도 그 결과의 발생을 피할 수 있다고 경신(輕信)하여 주의의무를 위반한 것을 말한다.

(다) 피해자가 인신손해를 입어 진찰·치료에 지출한 비용 및 노동손실로 감소한 수입은 의료비, 일실수입, 개호비, 교통비, 숙박비, 입원식사보조비, 필요영양비를 포함하여 모두 배상의무자가 이를 배상하여야 하며, 특히 피해자가 사망한 경우 가해자는 응급처치비용 외에 장례비, 사망자가 생전에 부양한 가족의 필요생활비, 피해자 가족에 대한 정신적인 위로금을 지불해야 한다.

### 다. 불법행위의 성립 여부

(1) 항공기는 대량의 인원을 태운 채 공중을 운항하기 때문에 항공기의 운항 중 기내에서 방화와 같은 사고가 발생하는 경우 이는 곧 대량참사로 이어지기 쉬우므로 항공기를 운항하는 항공사로서는 기내에서 발생할 수도 있는 방화와 같은 사고를 막기 위하여 고도의 주의의무를 부담한다.

(2) 항공기를 운항하는 항공사인 피고로서는 항공기 내에서 있을 수도

있는 방화 사고에 대비하여 탑승자가 항공기에 탑승하기 전 미리 그의 휴대품을 검색하여 탑승자가 인화성 물질 등을 가지고 탑승하지 못하게 하여야 하고, 항공기 내에는 일정한 자격을 갖춘 안전요원을 배치하여 탑승자가 기내에서 방화를 시도하지 못하도록 막아야 하며, 항공기 내부는 방열제 등을 사용하여 불이 쉽게 번지지 못하도록 하는 한편 소화기 등을 충분히 설치하여 불이 날 경우에도 이를 쉽게 소화할 수 있도록 하는 등의 조치를 취할 의무가 있다.

(3) 앞에서 인정한 사실에 의하면, 피고는 이 사건 항공기 내에서 탑승객의 방화를 막기 위하여 어떠한 안전조치도 취한 사실이 없는바, 이는 통상 항공사에게 요구되는 위와 같은 주의의무에 현저히 위반하는 것으로 거의 고의에 가까운 정도로 주의를 결한 것이므로, 이 사건 사고는 피고의 중대한 과실로 인하여 발생되었다고 보아야 한다.

(4) 따라서 피고는 특별한 사정이 없는 한 K의 상속인들인 원고들에게 이 사건 사고로 인하여 발생한 손해를 모두 배상할 책임이 있다.

### 라. 면책 또는 책임제한 항변에 대한 판단

#### (1) 면책 항변

피고는, 이 사건 사고는 J의 방화로 인한 불가항력적인 사고이고 피고에게는 아무런 과실이 없으므로 면책되어야 한다고 주장한다. 그러나 앞서 살펴 본 바와 같이 피고는 이 사건 사고에 관하여 중대한 과실이 인정되고, 달리 이 사건 사고가 불가항력에 의한 것임을 인정할 증거가 없으므로, 피고의 주장은 이유 없다.

#### (2) 책임제한 항변

(가) 피고의 주장 요지

피고는 이 사건 사고로 인하여 원고에게 손해배상책임을 부담한다고 하더라도 피고의 국내여객운송약관에 의하여 그 책임이 중국화 70,000위안으로 제한된다고 주장한다.

(나) 관련 규정 및 약관

중국 민용항공법(民用航空法)은 제124조에서 국내여객운송에서 여객에게 발생한 손해에 대하여 운송인에게 배상책임을 인정하고 있고, 제128조에서 국내여객운송의 경우 운송인의 배상책임한도는 국무원 민용항공 주관부문(주관부서)에서 제정하여 국무원 비준을 받은 후 반포·실시한다고 규정하고 있다.

중국 국무원은 1993. 11. 29. 국무원령 제132호로 국내항공운송여객에 대한 신체손해배상잠정규정 제6조를 개정하여 당해 규정에 따른 운송인의 배상책임한도액을 여객당 최고 중국화 70,000위안으로 정하여 공포하였다.

피고는 국내여객운송약관을 제정함에 있어 위 국무원령을 기초로 제18장 제99조에 국내여객 운송 중 발생한 여행자의 사망, 부상에 대한 배상한도액을 여객당 중국화 70,000위안으로 제한한다는 내용을 포함시켰고 위 약관은 1998. 1. 25. 중국 민용항공총국 운송관리처의 비준을 받았다. 따라서, 중국의 국내여객운송 중 발생한 여행자의 사망·부상에 대한 피고의 운송인으로서의 배상한도는 특별한 사정이 없는 한 여객당 중국화 70,000위안으로 제한되어 있다.

(다) 약관의 무효 여부

중국 계약법 제53조는 약관의 면책조항을 무효로 하는 2가지 정황으로, (i) 상대방의 인신손해를 초래한 경우, (ii) 고의나 중대한 과실로 상대방의 재산상 손실을 초래한 경우를 규정하고 있다.

위 조항의 규정취지를 종합해 보면, 어느 일방이 그의 고의 또는 중대한 과실로 타방의 인신에 손해를 가한 경우 이에 대한 손해배상책임을 면책하는 약관조항은 당연히 무효이고, 이러한 경우에는 나아가 위 배상책임을 합리적인 이유 없이 감경하는 조항도 무효라고 하여야 한다.

그러므로 비록 피고의 국내여객운송약관에 국내여객 운송 중 발생한 여행자의 사망·부상에 대한 배상한도액을 승객 당 중국화 70,000위안으로 제한한다는 내용의 규정이 있다고 하더라도 여행자의 사망·부상이 항공사의 고의 또는 중대한 과실에 의하여 발생한 경우라면 위 규정의 적용은 배제된다.

따라서 피고의 중대한 과실에 의하여 발생한 이 사건 사고에는 위 책임제한규정은 적용되지 않으므로, 피고의 주장은 이유 없다.

# [10] 여객 과실에 의한 상해와 운송인의 면책

Chutter v. KLM Royal Dutch Airlines, 132 F.Supp. 611 (S.D.N.Y. 1955)

## Ⅰ. 사실관계

(1) 원고 Adriana Chutter는 1950. 11. 14. 피고 KLM Royal Dutch Airlines(이하 'KLM')로부터 뉴욕 → 암스테르담 → 스페인 마드리드 → 그리스 아테네 항공편을 구입하였다(그중 마드리드 → 아테네는 다른 항공사의 항공편이다).

(2) 원고는 1950. 11. 17. 12:00경 항공기(PH－TFF)에 탑승하였고, 수석사무장이 원고를 예약된 좌석으로 안내하였으며, 원고의 수하물은 원고 좌석 윗선반에 놓였다. 원고가 그녀의 좌석으로 안내되었을 때 벨트를 착용하라는 사인에 불이 들어왔다.

(3) 그러나 원고는 벨트를 착용하지 않고, 좌석에서 일어나 통로를 따라 항공기 뒤로 이동하였다. 원고는 객실 후미에 도착한 후, 공항 터미널 건물 옥상에 설치된 관람석에 서 있던 딸에게 마지막 작별인사를 하기 위하여, 그때까지 열려 있던 출입문으로 걸어갔다. 원고는 그녀의 딸에게 손을 흔들다가 출입문 바깥으로 발을 헛디뎠고, 지상으로 떨어져 상해를 입었다.

(4) 위와 같은 사고가 나기 몇 초 전에 피고 Allied Aviation Service International Corporation 소속 근로자는 KLM 근로자의 신호에 따라 스텝카(loading ramp or stairs)를 항공기에서 분리하기 시작하였다. 이로 인하여 항공기 출입문과 스텝카 사이에 빈 공간이 생겼고, 원고는 빈 공간으로 빠져 추락하게 되었다.

(5) 그 후 위 항공기는 원고를 제외한 나머지 여객을 태운 채 1950.

11. 17. 뉴욕을 출발하여 암스테르담으로 향하였다.

(6) 원고는 1953. 3. 18. 피고들을 상대로 손해배상을 구하는 소를 제기하였다.

## Ⅱ. 참조 조문

### 1. 바르샤바 협약

**제21조** 피해자의 과실이 손해의 원인이 되었거나 원인의 일부가 되었다는 것을 운송인이 증명한 때에는 법원은 자국의 법률에 의하여 운송인의 책임을 면제하거나 감경할 수 있다.

### 2. 몬트리올 협약

**제20조(책임 면제)** 운송인이 손해배상을 청구하는 자 또는 그로부터 권한을 위임받은 자의 과실·기타 불법적 작위 또는 부작위가 손해를 야기하였거나 또는 손해에 기여하였다는 것을 증명하였을 때에는 그러한 과실·불법적 작위 또는 부작위가 손해를 야기하였거나 손해에 기여한 정도에 따라 청구자에 대하여 책임의 전부 또는 일부를 면제받는다. 여객의 사망 또는 부상을 이유로 하여 손해배상이 여객 이외의 자에 의하여 청구되었을 때, 운송인은 손해가 여객의 과실·불법적 작위 또는 부작위에 기인하였거나 이에 기여하였음을 증명한 정도에 따라 책임의 전부 또는 일부를 면제받는다. 본 조는 제21조 제1항을 포함한 이 협약의 모든 배상책임규정에 적용된다.

### 3. 상 법

**제898조(운송인 등의 책임감면)** 제905조 제1항을 포함하여 이 편에서 정한 운송인이나 항공기 운항자의 손해배상책임과 관련하여 운송인이나 항공기 운항자가 손해배상청구권자의 과실 또는 그 밖의 불법한 작위나 부작위가 손해를 발생시켰거나 손해에 기여하였다는 것을 증명한 경우에는, 그 과실 또는 그 밖의 불법한 작위나 부작위가 손해를 발생시켰거나 손해에 기여한 정도에 따라 운송인이나 항

> 공기 운항자의 책임을 감경하거나 면제할 수 있다.

### 4. 민 법

> **제396조(과실상계)** 채무불이행에 관하여 채권자에게 과실이 있는 때에는 법원은 손해배상의 책임 및 그 금액을 정함에 이를 참작하여야 한다.

## Ⅲ. 판시사항

원고의 상해는 원고의 기여과실(contributory negligence)[1]에 의하여 발생하였기 때문에, 바르샤바 협약 제21조에 의하여 피고들의 책임은 면제되므로, 원고의 피고들에 대한 청구는 모두 이유 없다.

## Ⅳ. 해 설

### 1. 과실상계

#### 가. 의 의

과실상계(過失相計, culpa compensatio)란 채무불이행에 의한 손해배상의 책임원인 또는 그 결과인 손해의 발생 및 확대에 관하여 채권자의 과실이 가담한 경우에는 손해배상의 책임 및 손해배상액을 정할 때에 채권자의 과실을 참작하여 배상책임을 면제하거나 손해배상액을 감경하는 제도이다.[2] 민법은 제396조에서 채무불이행에 관하여 채권자에게 과실이 있는 때에는 법원은 손해배상의 책임 및 그 금액을 정함에 채권자의 과실을 참작하여야 한다고 하여 과실상계를 규정하고 있다. 채무불이행에 의한 손해배상에서의 과실상계에 관한 규정을 불법행위로 인한 손해배상에 대하여도 준용하고 있다(민법 제763조).

---

1) 대륙법상 비례과실(comparative negligence)를 의미한다.
2) 주석 민법 채권총칙(제4판), 제396조, 한국사법행정학회(2014), 855면.

## 나. 기본이념

민법상 과실상계 제도는 채권자가 신의칙상 요구되는 주의를 다하지 아니한 경우 공평의 원칙에 따라 손해배상액을 산정할 때 채권자의 그와 같은 부주의를 참작하게 하려는 것이다.[3)]

## 다. 과실의 내용

채권자의 사회통념상 또는 신의성실의 원칙상 단순한 부주의라도 그로 말미암아 손해가 발생하거나 확대된 원인을 이루었다면 채권자에게 과실이 있는 것으로 보아 과실상계를 할 수 있다.[4)] 불법행위에서 가해자의 과실이 의무위반의 강력한 과실임에 반하여 과실상계에서 과실이란 사회통념상, 신의성실의 원칙상, 공동생활상 요구되는 약한 부주의까지를 가리키는 것이다.[5)]

## 라. 과실비율

채무불이행으로 인한 손해배상책임의 범위를 정할 때 과실상계 사유의 유무와 정도는 개별 사례에서 문제된 계약의 체결 및 이행 경위와 당사자 쌍방의 잘못을 비교하여 종합적으로 판단하여야 하며, 이때 과실상계나 손해부담의 공평을 기하기 위한 책임제한 사유에 관한 사실인정이나 비율을 정하는 것은 그것이 형평의 원칙에 비추어 현저히 불합리한 것이 아닌 한 사실심의 전권사항이다.[6)]

---

3) 대법원 2000. 6. 13. 선고 98다35389 판결. 불법행위에서 과실상계는 공평 내지 신의칙의 견지에서 손해배상액을 정할 때 피해자의 과실을 참작하는 것이다(대법원 1991. 4. 26. 선고 90다14539 판결).

4) 대법원 2000. 6. 13. 선고 98다35389 판결.

5) 대법원 2001. 3. 23. 선고 99다33397 판결.

6) 대법원 2017. 6. 8. 선고 2016다249557 판결, 대법원 2000. 6. 13. 선고 98다35389 판결. 불법행위로 인한 손해배상사건에서 피해자에게 손해의 발생이나 확대에 관하여 과실이 있거나 가해자의 책임을 제한할 사유가 있는 경우에는 배상책임의 범위를 정할 때 당연히 이를 참작하여야 할 것이나, 과실상계 또는 책임제한사유에 관한 사실인정이나 그 비율을 정하는 것은 그것이 형평의 원칙에 비추어 현저히 불합리하다고 인정되지 아니하는 한 사실심의 전권사항에 속한다(대법원 2017. 11. 29. 선고 2016다244743 판결).

## 마. 채무자의 면책

(1) 피해자측에도 과실이 있는 경우에 불법행위로 인한 손해배상책임을 부정(면책)할 것인가 또는 배상액을 정하는 경우에만 참작할 것인가는 가해자측과 피해자측의 과실의 경중과 그 밖의 제반사정을 비교 교량하여 공평의 원칙에 따라 결정해야 한다.[7)]

(2) 소음 등을 포함한 공해 등의 위험지역으로 이주하여 들어가서 거주하는 경우와 같이 위험의 존재를 인식하면서 그로 인한 피해를 용인하며 접근한 것으로 볼 수 있는 경우에, 그 피해가 직접 생명이나 신체에 관련된 것이 아니라 정신적 고통이나 생활방해의 정도에 그치고 그 침해행위에 고도의 공공성이 인정되는 때에는, 위험에 접근한 후 실제로 입은 피해 정도가 위험에 접근할 당시에 인식하고 있었던 위험의 정도를 초과하는 것이거나 위험에 접근한 후에 그 위험이 특별히 증대하였다는 등의 특별한 사정이 없는 한 가해자의 면책을 인정하여야 하는 경우도 있을 수 있다.[8)]

(3) 사용자책임(민법 제756조)이 면책되는 피해자의 중대한 과실이라 함은 조금만 주의를 기울였더라면 피용자의 행위가 그 직무권한 내에서 적법하게 행하여진 것이 아니라는 사정을 알 수 있었음에도 만연히 이를 직무권한 내의 행위라고 믿음으로써 일반인에게 요구되는 주의의무에 현저히 위반하는 것으로 거의 고의에 가까운 정도의 주의를 결여하고, 공평의 관점에서 피해자를 구태여 보호할 필요가 없다고 봄이 상당하다고 인정되는 상태를 말한다.[9)]

7) 대법원 1991. 4. 26. 선고 90다14539 판결.
8) 대법원 2005. 1. 27. 2003다49566 판결.
9) 대법원 2007. 11. 16. 선고 2005다55312 판결, 대법원 1999. 10. 22. 선고 98다6381 판결.

## 2. Medina v. American Airlines, Inc., 2006 WL 3663692 (S.D.Fla. Nov. 14, 2006)[10)]

### 가. 사실관계

(1) 원고 Miguel Antonio Medina 박사는 2001. 1. 5. American Airlines의 항공편에 탑승하여 마이애미에서 출발하여 콜롬비아 칼리(Cali)로 이동 중이었다. 그의 좌석은 3열 중 가운데로서, 창가 쪽 좌석에는 원고의 배우자가, 통로 쪽 좌석에는 다른 여객이 앉아 있었다.

(2) 객실승무원 Ryan Waddoups는 뚜껑 없는 스티로폼 컵에 뜨거운 커피를 담아서[11)] 원고의 앞 테이블(folding tray table)에 놓았다. 원고는 커피를 마시려고 오른손으로 컵을 들었는데, 너무 뜨거워서 컵을 잡기 위하여 왼손을 들다가 커피를 쏟아 배와 사타구니 부위에 심한 화상을 입었다. 당시 테이블에 커피를 올려 놓은 상태에서 커피를 식게 하는 것을 방해할 만한 사정은 전혀 없었고, 커피를 쏟게 할 만한 난기류나 예상 밖의 항공기 흔들림 등은 전혀 없었다.

(3) 원고는 상처를 신속하게 치료하기 위하여, Ryan에게 도착할 공항에 의사를 대기시켜 줄 것을 요청하였다. Ryan의 상급자는 원고에게 의사를 대기시킬 것이지만, 치료비는 전적으로 원고가 책임져야 한다고 말했다.

(4) 원고는 상처를 치료하는 데 수개월이 걸렸고, 치료 후에는 눈에 띄는 흉터가 남아 있었다. 원고는 항공사를 상대로 손해배상을 구하는 소를 제기하였다.

### 나. 판시사항

바르샤바 협약 제21조는, 운송인이 피해자의 과실이 손해의 원인이 되었다는 것을 증명한 때에는 운송인의 책임을 면제할 수 있다고 규정하고 있다. 이 사건에서 원고의 행위가 이 사건 사고의 유일하고 상당한 원인

---

10) Case No. 02-22133-CIV-BROWN.

11) 원고는 커피가 컵에 가득 들어있었다고 주장하였으나, 법원은 위 주장을 받아들이지 않았다.

을 제공하였고(sole proximate cause of the accident), 피고는 손해를 방지하기 위한 모든 합리적인 조치(all reasonable measures)를 취하였으므로,[12] 피고는 원고의 손해에 대하여 책임이 면제된다.

## 3. Ugaz v. American Airlines, Inc., 576 F.Supp.2d 1354 (S.D.Fla. 2008)

### 가. 사실관계

(1) 원고 Brigitte Espinoza Ugaz는 2006. 5. 26. 페루 리마에서 출발한 피고 American Airlines의 항공편을 타고 마이애미 국제공항에 도착하였다. 원고는 당시 바퀴 달린 무거운 여행용 가방과 랩톱 타입(laptop-type)의 가벼운 가방을 들고 있었다. 또한 원고는, 앞굽 높이는 3~4㎝, 뒷굽 높이는 5~8㎝이고, 뒷부분이 개방된 모양의 웨지 샌들(backless wedge sandals)을 신고 있었다.

(2) 원고는 비행기에서 하기하여 방역구역(sterile area)으로 이동하였고, 다른 여객을 따라 윗층에 있는 입국관리소(immigration)·세관(customs)으로 연결되는 에스컬레이터로 접근하였다. 원고가 에스컬레이터에 도착하였을 때, 그녀는 에스컬레이터가 작동하지 않는 것을 발견하였다(사고 직후 조사 결과, 에스컬레이터는 고장난 것이 아니라고 밝혀졌다). 그런데 원고 뒤에 있던 여객이 원고에게 에스컬레이터로 올라가라고 충고하자, 원고는 멈춰 있던 에스컬레이터로 올라가는 것을 선택하였다.

(3) 원고는 처음에는 계단을 올라가면서 여행용 가방을 끌어당기다가, 세 번째와 다섯 번째 계단 사이에서는 여행용 가방을 들어서 옮기기로 하였다. 원고는 여행용 가방을 드는 과정에서 쓰러졌고 이로 인하여 상해를 입었다.

(4) 당시 방역구역에서 입국관리소·세관으로 가는 길에는 에스컬레이

12) 모든 필요한 조치(all necessary measures)란 모든 합리적인 조치(all reasonable measures)를 의미한다. Lee v. American Airlines, 2004 WL 2624647, at 1 (N.D.Tex. Jul. 2, 2002); Obuzor v. Sabena Belgian World Airlines, 1999 WL 223162, at *2 (S.D.N.Y. April 16, 1999).

터 이외에도 계단과 모든 휴대 수하물을 편하게 옮길 수 있는 엘리베이터가 설치되어 있었다. 그런데 비행기 문 밖에 있던 피고 항공사 승무원들이 원고에게 세관으로 가려면 에스컬레이터를 이용하여야 한다고 말하였기 때문에 원고는 에스컬레이터 방향으로 이동한 것이었다. 한편 여객은 입국관리소·세관을 통과하지 않고서는 방역구역에서 공항 밖으로 나갈 수 없었다.

## 나. 판시사항

### (1) 하기 중인지 여부

몬트리올 협약 제17조 제1항에 의하면, 여객은 항공기내 또는 승강(乘降) 중에 발생한 사고로 인하여 사망·상해를 입어야 한다. '승강 중'의 개념에 관한 선례적인 Day v. Trans World Airlines, Inc. 사건[13]에서 판시한 3가지 기준[행위기준(activity test)·통제기준(control test)·장소기준(location test)]을 이 사건에 적용하면, (i) 원고는 입국사무소와 세관으로 가기 위하여 이동하던 중 작동하지 아니하는 에스컬레이터를 걸어서 올라가다가 상해를 입은 점, (ii) 그녀는 출입문과 방역구역을 관리하는 항공사의 직원으로부터 그런 지시를 받고 이동한 것인 점, (iii) 이 사건이 발생한 곳은 비행기에서 하기(下機)하여 방역구역에 있는 에스컬레이터 시작 부분인 점 등을 인정할 수 있다. 따라서 이 사건 사고는 몬트리올 협약상 하기 중(in the operations of disembarking)에 발생한 것이라고 보아야 한다.[14]

### (2) 몬트리올 협약상 사고에 해당하는지 여부

Air France v. Saks 사건[15]에서는 바르샤바 협약상 사고(accident)를

13) 528 F.2d 31, 33~34 (2d Cir. 1975). 위 판결의 판시를 하기 중에 적용한 판례로는 Alleyn v. Port Auth. of N.Y., 58 F.Supp.2d 15, 20 n. 10 (E.D.N.Y. 1999); Rabinowitz v. Scandinavian Airlines, 741 F.Supp. 441, 445 (S.D.N.Y. 1990); Bowe v. Worldwide Flight Servs., Inc., 979 So.2d 423 (Fla. Dist. Ct. App.3d 2008).

14) '승강 중'에 해당하는지 여부는 공항사정과 항공기의 종류 등 구체적인 사정을 고려하고 미국의 판례에서 밝힌 3가지의 판단기준을 종합적으로 적용하여 판단해야 한다는 견해로는 최준선, 국제항공운송법론, 삼영사(1987), 178면.

15) 470 U.S. 392 (1985).

"여객의 외부에서 발생한, 예상 밖의 특이한 사건을 의미한다"고 판시하였다. 위 법리에 의하면, 이 사건에서 작동하지 아니한 에스컬레이터는 예상 밖의 특이한 사건(unusual or unexpected event)이 아니므로 몬트리올 협약상 사고에 해당하지 아니한다.16)

### (3) 이 사건 상해의 원인

몬트리올 협약 제21조 제2항에 의하면, 운송인은 113,100SDR을 초과하는 손해에 대하여, (i) 운송인, 사용인, 대리인의 과실 또는 그 밖의 불법한 작위나 부작위에 의하여 발생하지 아니하였다는 것, (ii) 그 손해가 오로지 제3자의 과실 또는 그 밖의 불법한 작위나 부작위에 의하여만 발생하였다는 것을 증명하면 배상책임을 지지 아니한다.

피고가 주의의무 위반을 이유로 손해배상책임을 부담하기 위해서는, 피고에게 원고에 대한 보호의무가 있을 것, 피고가 보호의무를 위반하였을 것, 보호의무 위반과 손해 사이에 상당인과관계가 있을 것이 요구된다.17) 이 사건에서 원고는 에스컬레이터가 다른 곳의 에스컬레이터보다 경사가 가파르고 모서리도 더 날카로웠다고 주장하나, 이러한 사정만으로 에스컬레이터가 불합리할 정도로 위험하다는 것을 의미하는 것은 아니다.

이 사건 사고는 피고측에서 에스컬레이터의 작동을 멈추었다는 증거도 없는 점, 움직이는 에스컬레이터보다는 멈추어 있는 에스컬레이터가 더 안전하다는 점 등에 비추어 보면, 이 사건 사고는 오로지 원고의 과실로 인하여 발생한 것으로 보아야 한다.

### (4) 결 론

따라서 이 사건은 몬트리올 협약상 사고에 해당하지 아니하고, 원고의 상해는 오로지 원고의 과실로 인하여 발생한 것이므로, 피고는 손해배상

16) Sethy v. Malev-Hungarian Airlines, 2000 WL 1234660, at *4 (S.D.N.Y.2000) 사건에서는 여객이 통로에 놓여 있던 가방에 넘어졌고, Rafailov v. El Al Israel Airlines, Ltd., 2008 WL 2047610, at *2 (S.D.N.Y.2008) 사건에서는 여객이 좌석 밑에 있던 담요용 플라스틱 재질의 가방(plastic blanket bag)에 미끄러졌다. 법원은 두 사건 모두 몬트리올 협약상 사고에 해당하지 아니한다고 판시하였다.

17) Cooper Hotel Servs., Inc. v. MacFarland, 662 So.2d 710, 712 (Fla. Dist. Ct. App. 1995).

책임을 부담하지 아니한다.

## 4. 대법원 1993. 2. 26. 선고 92다46684 판결(철도여객운송인의 면책)

### 가. 원고의 주장

원고는 1991. 1. 5. 22:10경 여수역에서 영등포역까지 가기 위하여 여수발 서울행 제158 무궁화호 열차 승차권을 구입하고 승차하여 가던 중 같은 달 6. 05:02:30경 영등포역에서 위 열차가 정차위치로부터 약 60m 진행한 지점에 추락하여 상해를 입었다. 원고는 피고에 대하여 상법 제148조 제1항 소정의 여객운송인으로서의 손해배상책임을 청구하는 소를 제기하였다.

### 나. 인정사실

(1) 당시 위 열차의 승무원들은 여수역 출발 이후 매 정차역 발차시마다 열차운행 중 승강대승차 금지, 매달리기 금지, 뛰어타고 뛰어내리기 금지, 객차 밖으로의 신체노출 금지 등 내용의 안내방송을 실시하였다. 영등포역 도착 5분 전에는 도착예고 및 내릴 홈의 위치를 알리는 안내방송을 실시한 다음 자고 있는 여객이 깨어나도록 음악방송을 실시하였다.

(2) 위 열차는 1991. 1. 6. 05:00:30경 영등포역에 도착하여 2분간 정차하였는데, 영등포역 역무원이 3호객차와 6호객차 앞 플랫홈에 서서 하차하는 여객들을 유도안내하고 더 이상 하차하는 여객이 없는 것을 확인한 다음 열차 여객전무에게 발차하여도 좋다는 신호(발차신호)를 보냄에 따라 위 열차가 승강구 출입문이 폐쇄되지 않은 상태로 시속 약 20㎞로 출발하였다.

(3) 그런데 원고는 위 열차가 영등포역에 도착한 줄도 모르고 객실좌석에서 계속 잠을 자다가 정차시간 내에 하차하지 못하고 열차가 출발할 무렵 잠에서 깨어나 옆에 앉은 승객에게 물어보고 비로소 영등포역 도착사실을 알고는, 황급히 객실 뒤쪽 승강구로 나가 이미 출발하여 서서히

진행 중인 열차의 열려있는 출입문 승강대 계단을 내려와 승강대 손잡이를 잡고 있다가 그대로 플랫홈으로 뛰어 내리는 바람에 위 열차와 플랫홈 사이에 다리가 빠지면서 다소 끌려가 위 열차의 정차위치로부터 약 60m 진행한 지점에 추락하였다.

### 다. 피고의 면책항변에 대한 판단

(1) 원고는, 위 무궁화호 열차는 자동개폐식 출입문이 아니므로 열차의 기관사 또는 여객전무가 열차출발에 즈음하여 출입문을 폐쇄하였거나 영등포역의 역무원이 뒤늦게 열차를 타고 내리는 승객이 있는지 여부를 계속 확인한 후 발차신호를 보냈더라면 이 사건 사고를 예방할 수 있었을 텐데 그러한 조치를 취하지 아니한 데에 피고나 그 피용자들의 과실이 있다고 주장하였다.

(2) 그러나 피해자가 스스로 진행 중인 열차에서 밖으로 뛰어 내리다가 사고를 당한 이 사건에 있어, 출입문이 열려 있었다는 점이 사고발생의 원인이라 보기도 어려울 뿐 아니라,[18] 기록에 의하면 위 열차는 당시 11개 이상의 차량을 달고 있었고 영등포역에서 2분간을 정차하는 중에 하차한 승객만도 150여 명에 달하였다는 것이므로 그러한 상황에서 당시 여객운송을 책임지고 있던 소수의 피고 피용자들에게 사고예방을 위하여 위와 같이 안내방송 및 유도안내를 실시하는 등 조치를 취하는 이외에 열차의 출발 전에 모든 객차의 여객이 자유롭게 개폐할 수 있는 출입문을 일일이 폐쇄할 것을 기대할 수는 없고, 한편 영등포역 역무원들이 당시 예정된 정차시간 경과 후 더 하차하는 승객이 없음을 확인한 후 발차신호를 보낸 것이므로 그들에게 어떠한 과실이 있다 할 수도 없다.

(3) 결국 이 사건 사고발생에 피고측의 과실이 경합되어 있다고 보아 피고의 면책항변을 배척한 원심판결에는 사고당사자의 과실내용에 관한 심리미진 또는 운송인의 과실책임에 관한 법리를 오해함으로써 판결에 영향을 미친 위법이 있다.

---

18) 대법원 1991. 11. 8. 선고 91다20623 판결.

## 5. 대상사안의 검토

(1) 이 사건 소는 이 사건 비행기가 목적지에 도착하기로 예정된 1950. 11. 17.로부터 2년이 경과한 1953. 3. 18.에 제기되었으므로, 바르샤바 협약 제35조에 의하여 제소기간이 경과한 이후에 제기된 것이어서 부적법하다.

(2) 이 사건은 오로지 원고의 기여과실(contributory negligence)에 의하여 발생한 것이므로, 피고들은 모두 손해배상책임을 부담하지 아니한다.

(3) 이러한 법리는 몬트리올 협약 제20조, 상법 제898조에 의하여 몬트리올 협약이 적용되는 국제운송, 상법이 적용되는 국제운송과 국내운송에 모두 적용된다.

# [11] 실제운송인(actual carrier)의 지위

McCarthy v. American Airlines, Inc., 2008 WL 2704515 (S.D.Fla. June 27, 2008)

## Ⅰ. 사실관계

(1) 원고 Kevin McCarthy는 2007. 1. 3. 바하마 조지타운 공항을 출발하여 마이애미로 가는 American Eagle(이하 'AE') Flight 4956에 탑승하여, 수하물을 상단 선반과 앞좌석 아래에 놓으려고 하였다. 그러나 수하물이 제자리에 들어가지 않아서 원고는 수하물을 들고 비행기 뒤로 간 후, 운항승무원 Isis Harry에게 수하물의 처리방안에 관하여 질문하였다. Harry는 원고에게 비행기 옆부분을 확인하라고 하였다.

(2) 원고는 비행기 뒷문으로 가서 화물담당자의 주의를 끌려고 하였으나, 엔진 소리가 너무 커서 화물담당자의 주의를 끌 수 없었다. 이때 Harry가 원고를 건드려서 원고는 균형을 잃게 되었다. 당시 비행기 계단에는 난간이 없었기 때문에, 원고는 비행기 밖으로 떨어져 상해를 입게 되었다.

(3) 당시 Executive Airlines(이하 'EA')와 코드쉐어 관계에 있던 AE는 원고에게 이 사건 항공편에 관한 항공운송계약을 체결하였다.

## Ⅱ. 참조 조문

### 1. 몬트리올 협약

**제39조(계약운송인 - 실제운송인)**

본 장의 규정은 어떤 사람(이하 '계약운송인'이라 한다)이 여객 또는 송하인·여객 또는 송하인을 대신하여 행동하는 자와 이 협약에 의하여 규율되는 운송계약을 체결하고, 다른 사람(이하 '실제운송인'이라 한다)이 계약운송인으로부터 권한을 받아 운송의 전부 또는 일부를 행하지만 이 협약의 의미 내에서 그러한 운송의 일부에 관하여 순차운송인에는 해당되지 않는 경우에 적용된다. 이와 같은 권한은 반증이 없는 한 추정된다.

**제40조(계약운송인과 실제운송인의 개별적 책임)**

실제운송인이 제39조에 언급된 계약에 따라 이 협약이 규율하는 운송의 전부 또는 일부를 수행한다면, 본 장에 달리 정하는 경우를 제외하고, 계약운송인 및 실제운송인 모두는 이 협약의 규칙에 따른다. 즉, 계약운송인이 계약에 예정된 운송의 전부에 관하여 그리고 실제운송인은 자기가 수행한 운송에 한하여 이 협약의 규정에 따른다.

**제41조(상호 책임)**

1. 실제운송인이 수행한 운송과 관련하여, 실제운송인·자신의 고용업무의 범위 내에서 행동한 사용인 및 대리인의 작위 또는 부작위도 또한 계약운송인의 작위 또는 부작위로 간주된다.
2. 실제운송인이 수행한 운송과 관련하여, 계약운송인, 자신의 고용업무의 범위 내에서 행동한 사용인 및 대리인의 작위 또는 부작위도 또한 실제운송인의 작위 및 부작위로 간주된다. 그럼에도 불구하고, 그러한 작위 및 부작위로 인하여 실제운송인은 이 협약 제21조 내지 제24조에 언급된 금액을 초과하는 책임을 부담하지 아니한다. 이 협약이 부과하지 아니한 의무를 계약운송인에게 부과하는 특별 합의·이 협약이 부여한 권리의 포기 또는 이 협약 제22조에서 예정된 도착지에서의 인도 이익에 관한 특별신고는 실제운송인이 합의하지 아니하는 한 그에게 영향을 미치지 아니한다.

**제42조(이의제기 및 지시의 상대방)**

이 협약에 근거하여 운송인에게 행한 이의나 지시는 계약운송인 또는 실제운송인 어느 쪽에 행하여도 동일한 효력이 있다. 그럼에도 불구하고, 이 협약 제12조에 언급된 지시는 계약운송인에게 행한 경우에 한하여 효력이 있다.

### 2. 상 법

> **제900조(실제운송인에 대한 청구)** ① 운송계약을 체결한 운송인(이하 "계약운송인"이라 한다)의 위임을 받아 운송의 전부 또는 일부를 수행한 운송인(이하 "실제운송인"이라 한다)이 있을 경우 실제운송인이 수행한 운송에 관하여는 실제운송인에 대하여도 이 장의 운송인의 책임에 관한 규정을 적용한다. 다만, 제901조의 순차운송에 해당하는 경우는 그러하지 아니하다.
>
> ② 실제운송인이 여객·수하물 또는 운송물에 대한 손해배상책임을 지는 경우 계약운송인과 실제운송인은 연대하여 그 책임을 진다.
>
> ③ 제1항의 경우 제899조 제2항부터 제4항까지를 준용한다. 이 경우 제899조 제2항·제3항 중 "운송인"은 "실제운송인"으로, 같은 조 제4항 중 "운송인"은 "계약운송인과 실제운송인"으로 본다.
>
> ④ 이 장에서 정한 운송인의 책임과 의무 외에 운송인이 책임과 의무를 부담하기로 하는 특약 또는 이 장에서 정한 운송인의 권리나 항변의 포기는 실제운송인이 동의하지 아니하는 한 실제운송인에게 영향을 미치지 아니한다.

## Ⅲ. 판시사항

몬트리올 협약에 의하면, 한 명의 운송인보다 많은 복수의 운송인이 여객의 상해에 대하여 책임을 부담할 수 있다. 이 사건에서 AE는 계약운송인으로서, AE와 코드쉐어 관계에 있던 EA는 실제운송인으로서 원고의 상해로 인한 손해에 대하여 배상책임을 부담한다.

## Ⅳ. 해 설

### 1. 바르샤바 협약상 운송인과 과달라하라 협약상 실제운송인

#### 가. 바르샤바 협약

운송계약은 당사자의 일방에게 여객 또는 물품을 한 장소로부터 다른 장소로 이동할 것을 약속하고 상대방이 이에 대하여 일정한 보수를 지급할 것을 약속함으로써 성립하는 계약이다.[1] 이는 민법상 도급에 해당하므로,[2] 운송인의 의무 이행은 반드시 직접 하여야 하는 것은 아니다.

바르샤바 협약에는 운송인의 정의에 관한 규정이 없으나 계약운송인(Contracting Carrier)에게 협약이 적용되는 것에는 의문이 없다. 계약운송인이란 자기의 명의로 항공운송계약을 체결하고, 그 계약에 따라 자신의 의무를 이행하는 자이다. 자기의 명의란 자기가 운송계약에 관한 권리·의무의 귀속주체가 된다는 뜻이다. 개정 바르샤바 협약의 적용을 받는 운송계약을 여객이나 송하인 또는 그 대리인과 체결하고 실제운송인(Actual Carrier)[3]에게 그 운송의 전부 또는 일부를 이행하도록 위임하는 계약운송인은 개정 바르샤바 협약상 운송인(Carrier)에 해당한다.[4]

### 나. 과달라하라 협약

1961년 과달라하라 협약은 실제운송인(Actual Carrier)에 관한 규정을 두어, 계약운송인과 실제운송인의 개념과 양자가 일치하지 않는 경우 책임관계를 명확히 규정함으로써 그동안 두 개념의 불일치로 인해 야기되었던 해석상 문제를 입법적으로 해결하였다.[5]

---

1) 대법원 2007. 4. 27. 선고 2007다4943 판결.

2) 최기원, 상법총칙·상행위(신정증보판), 경세원(1994), 621면.

3) 함부르크 규칙(Hamburg Rules) 제1조 제2호의 규정에 따르면, 실제운송인이란 운송인의 위탁을 받아 화물운송 또는 일부 화물운송에 종사하는 자를 말한다. 양석완, "국제운송에 있어서 계약운송인과 실제운송인의 법적 책임", 국제거래법연구 제19집 제1호(2010), 150면.

4) 대법원 2002. 10. 22. 선고 2002다32523 판결. 원고가 피고와 사이에 화물을 김포공항에서 미국 LA까지 운송하는 것을 내용으로 하는 운송계약을 체결하고 항공운송장을 발행하여 준 뒤 A항공 주식회사와 별도로 항공운송계약을 체결하여 화물을 운송하도록 한 점 등에 비추어 볼 때, 화물의 운송은 개정 바르샤바 협약이 적용되는 국제항공운송이고 원고는 계약운송인이므로, 원고와 피고 사이의 화물에 대한 운송계약에 관하여는 개정 바르샤바 협약이 적용된다.

5) 만약 협약상 운송인을 계약운송인이라고 한다면, ① 실제운송인은 불법행위에 기한 책임만을 부담하게 되므로 협약상 유한책임규정을 원용하지 못하고, ② 피해자 입장에서는 협약상 배상책임한도액 이상의 배상을 받기 위해 실제운송인에게만 배상청구를 하게 되어 실제운송인에게 너무 가혹하게 되며, ③ 만약 대자본의 항공운송기업이 자신은 실제운송인으로 하고 무자력한 항공사를 계약운송인으로 한다면 피해자가 제대로 배상을 받지 못하게 되는 폐단이 생기게 된다. 반대로 협약상 운송인을 실제운송인이라고 한다면, ① 운송계약을 전제로 하는 협약의 취지에 반하게 되고, ② 실제운송인이 운송계약

우리나라는 과달라하라 협약에 가입하지 않았기 때문에, 바르샤바 체제에서는 실제운송인을 계약운송인과 분리하여 취급할 실익이 없었다.[6] 즉 실제운송인을 계약운송인과 동일시하거나 그 이행보조자로 보았다.[7]

## 2. 실제운송인의 확정

### 가. 항공기임대차

#### (1) 의의와 종류

타인의 항공기를 임차하여 항공운송에 사용하는 자를 항공기임차인이라고 한다.[8] 항공기임대차는 임대인이 임차인에게, 항공기만을 임대해 준 경우(機體賃貸借, a)와 일정한 기간 동안 승무원을 붙여서 임대해 준 경우(乘務員附 賃貸借)로 나눌 수 있다. 후자의 경우에는 다시 승무원이 임대인의 통제와 지시를 받는 경우(b)와 임차인의 통제와 지시를 받는 경우(c)로 구분할 수 있다.[9]

#### (2) 운송인의 확정

기체임대차(a)의 경우에는 임차인이 운송인이 된다. 임차인의 통제와 지시를 받는 승무원부 임대차의 경우(c)에는 항공기의 유지가 임대인의

---

을 체결한 후에 운송을 이행하지 않는다면 운송인이 존재하지 않게 되는 폐단이 생기게 된다. 정준우, "상법 항공운송편 제정시안의 문제점", 기업법연구 제22권 제3호(2008), 278면.

6) 사고 발생 당시 실제 운송을 담당하던 항공사가 바르샤바 협약상 운송인이라고 판시한 사례로는, Pflug v. Egyptair Corp., 961 F.2d 26, 31 (2d Cir. 1992); Kapar v. Kuwait Airways Corp., 845 F.2d 1100, 1103 (D.C.Cir. 1988); Shirobokova v. CSA Czech Airlines, Inc., 376 F.Supp.2d 439, 442 (S.D.N.Y. 2005); Stanford v. Kuwait Airlines Corp., 705 F.Supp. 142, 143 (S.D.N.Y. 1989).

7) 최준선, 국제항공운송인의 민사책임, 성균관대학교 박사학위논문(1986), 67면.

8) 최준선, 78면.

9) 선박 이용계약이 선박임대차계약인지, 항해용선계약인지 아니면 이와 유사한 성격을 가진 제3의 특수한 계약인지 여부 및 선박의 선장·선원에 대한 실질적인 지휘·감독권이 이용권자에게 부여되어 있는지 여부는 계약의 취지·내용, 특히 이용기간의 장단, 사용료의 고하, 점유관계의 유무 기타 임대차 조건 등을 구체적으로 검토하여 결정하여야 한다. 이 사건 선박의 이용계약은 항해용선계약으로는 볼 수 없고, 선박임대차와 유사하게 선박사용권과 아울러 선장과 선원들에 대한 지휘·감독권을 가지는 노무공급계약적 요소가 수반된 특수한 계약관계로 봄이 상당하다. 대법원 1999. 2. 5. 선고 97다19090 판결.

책임이든 아니든 임차인이 운송인이 된다.[10] 이와 달리 임대인의 통제와 지시를 받는 승무원부 임대차의 경우(b)에는 임대인이 항공기의 유지를 위한 책임을 진다면 임대인이 운송인이 되는데,[11] 이때에도 여객 또는 송하인과 운송계약을 체결한 당사자가 임차인이라면, 임차인은 계약운송인이 되고 임대인은 실제운송인이 된다.[12]

### 나. 용기계약(用機契約)

#### (1) 의의와 종류

용기인(用機人, Charterer)이란 타인 소유의 승무원부 항공기의 사용·수익권을 얻어 그 승무원의 노무를 제공받으면서 자기의 항공운송업에 이용하는 자를 말한다.[13] 이는 항공기만 임차하는 나용기(裸用機, bare hull charter)와 구별된다.

용기계약은, 용기인의 지휘감독 하에 하는 승무원부 용기(a), 항공기소유자의 지휘감독 하에 하는 승무원부 용기(b), 선매조건부 임대차(Hire purchase, c) 등으로 구분된다.[14] a, c의 경우에는 용기인이 운송인이 되고, b의 경우에는 용기인이 계약운송인, 항공기소유자가 실제운송인이 될 수 있다.

---

10) 니콜라스 마테(Nicolas Mateesco Matte) 著, 양승규 譯, 국제항공운송법, 법문사(1987), 86면.

11) 니콜라스 마테(Nicolas Mateesco Matte), 86면.

12) 바르샤바 협약에 의해 임대인이 운송인이 되고, 임차인은 그러한 운송계약의 단순한 중개인 또는 대리인이라는 견해로는, 정준우, 280면.

13) 최준선, 77면. 타인의 선박을 빌려 쓰는 용선계약에는 기본적으로 선박임대차계약, 정기용선계약 및 항해용선계약이 있는데, 이 중 정기용선계약은 선박소유자 또는 선박임차인(이하 통칭하여 '선주'라 한다)이 용선자에게 선원이 승무하고 항해장비를 갖춘 선박을 일정한 기간 동안 항해에 사용하게 할 것을 약정하고 용선자가 이에 대하여 기간으로 정한 용선료를 지급할 것을 약정하는 계약으로서 용선자가 선주에 의해 선임된 선장 및 선원의 행위를 통하여 선주가 제공하는 서비스를 받는 것을 요소로 하는바, 선박의 점유, 선장 및 선원에 대한 임면권, 그리고 선박에 대한 전반적인 지배관리권이 모두 선주에게 있는 점에서, 선박 자체의 이용이 계약의 목적이 되어 선주로부터 인도받은 선박에 통상 자기의 선장 및 선원을 탑승시켜 마치 그 선박을 자기 소유의 선박과 마찬가지로 이용할 수 있는 지배관리권을 가진 채 운항하는 선박임대차계약과는 본질적으로 차이가 있다(대법원 2010. 4. 29. 선고 2009다99754 판결).

14) 정준우, 280면.

(2) Block v. Compagnie Nationale Air France, 229 F.Supp. 801 (N.D.Ga. 1964)

위 사건에서 Atlanta Art Association은 에어 프랑스로부터 707호 제트기를 1962. 5. 9. 아틀란타 → 파리, 1962. 6. 3. 파리 → 아틀란타 왕복일정에 관하여 운항용선계약(Charter Flight Agreement)을 체결하였다. 법원은 에어 프랑스는 승무원과 함께 완전한 장비를 갖춘 항공기를 임대해 주었고, 비록 계약조건이 중개회사와 대리인에 의하여 결정되었으나, 운송계약은 에어 프랑스와 여객 사이에 존재하였으므로, 에어 프랑스가 운송인으로서 바르샤바 협약상 책임을 부담한다고 판시하였다.

### 다. 여행사

여행사가 단순히 항공권의 판매만을 대행해 주거나 중개대리인으로만 행동하는 경우[15]와 package trip 또는 all inclusive tour를 판매하는 경우에 따라 달라지는데, 이 중 후자의 경우에는 여행사에 대해 몬트리올 협약이 적용된다. 이 경우 여행사는 상법상 준위탁매매인의 지위를 갖고, 그로 인해 직접 여객에 대해 권리를 취득하고 의무를 부담하며, 여행사가 본인으로서 항공운송을 위한 항공권을 발행한 것이기 때문이다.[16] 독일 법원도 Osman Erdem v. Germanair 사건[17]에서 이러한 견해를 취하였다.

## 3. 몬트리올 협약상 실제운송인의 지위

### 가. 의 의

몬트리올 협약은 과달라하라 협약에 규정되어 있던 실제운송인에 관한 내용을 모두 수용하였다. 이로 인하여 코드쉐어에 관계된 항공사의 의무와 책임이 명확해졌다.[18] 계약운송인은 운송계약을 체결한 운송인이고, 실

15) 여행사는 항공운송인도 아니고 이행보조자도 아니므로 바르샤바 협약 제29조를 원용할 수 없다고 판시한 사례로는 De Marco v. Pan American World Airways, Inc., 117 Misc.2d 1971, 459 NYS.2d 655 (1982).

16) 정준우, 280~281면.

17) Osman Erdman v. Germanair, Landgericht Dusseldorf, February 3, 1971: [1971] ZLW 290, 니콜라스 마테(Nicolas Mateesco Matte), 136~137면.

제운송인은 계약운송인의 위탁을 받아 실제로 운송을 담당하는 운송인을 말한다.

## 나. 협약의 주요 내용

### (1) 계약운송인과 실제운송인(제39조)

운송인의 책임 및 손해배상의 범위를 규정하고 있는 협약 제3장의 규정은 계약운송인이 여객 또는 송하인과 항공운송계약을 체결하고, 실제운송인이 계약운송인으로부터 권한을 받아 운송의 전부 또는 일부를 행하지만 이 협약의 의미 내에서 그러한 운송의 일부에 관하여 순차운송인에는 해당되지 않는 경우에 적용된다.

실제운송인과 순차운송인은 협약상 준별되므로, 순차운송인에게는 실제운송인에 관한 규정이 적용되지 않는다.[19] 따라서 여객이 A로부터 순차운송구간의 항공권을 구입하고 A, B와 사이에 각각 항공운송계약을 체결하고 항공권을 발급받아서 순차적으로 A, B 운송인의 각 항공편을 이용한 경우에는, 순차운송인에 관한 규정이 적용될 뿐이다.

코드쉐어(code sharing)란 여객과 항공운송계약을 체결한 운송인이 다른 운송인 제공의 항공편을 표시하기 위한 방식이다.[20] 코드쉐어 관계에 있는 항공사의 경우에는, 여객과 항공운송계약을 체결한 운송인이 계약운송인이 되고, 여객에게 항공편을 제공한 운송인이 실제운송인이 된다. 이 경우 실제운송인의 운송구간에서 여객이 상해를 입은 경우 계약운송인도 손해배상의 책임을 부담한다.[21]

혼재항공화물운송장(House Air Waybill)이 발행된 경우, 계약운송인이란 송하인 또는 그 대리인으로부터 운송을 의뢰받아 실제운송인에게 그 운송의 전부 또는 일부를 이행하도록 위임하고, 하우스 항공화물운송장을

18) Letter of Transmittal, Montreal Convention, S. Treaty Doc. No. 106-45, 1999 WL 33292734.
19) Best v. BWIA West Indies Airways Ltd., 581 F.Supp.2d 359 (E.D.N.Y. 2008).
20) Shirobokova v. CSA Czech Airlines, Inc., 376 F.Supp.2d 439, at 442 (S.D.N.Y. 2005).
21) Yahya v. Yemenia-Yemen Airways, 2009 WL 3424192 (E.D.Mich. Oct. 20, 2009).

작성·교부한 자이다.[22)]

몬트리올 협약하에서도 법정지법에 의하여 법인격부인 이론(alter ego doctrine, joint venture theory)을 주장하여 손해배상 책임을 부담하는 피고를 확장할 수도 있다.[23)]

(2) 계약운송인과 실제운송인의 개별적 책임(제40조)

실제운송인의 책임 규정은 국제항공운송에 관한 1964년 과달라하라 협약에서 채택되어, 해상운송에 관한 함부르크 규칙(Hamburg Rules) 제10조에 도입된 것이다. 함부르크 규칙에 의하면, 계약운송인은 실제 운송인에게 운송의 전부 또는 일부가 위탁된 경우에도 전체운송(entire carriage)에 대하여 운송계약에 따라 책임을 지고(위 규칙 제10조 제1항), 계약운송인과 실제운송인은 연대하여 책임을 부담한다(위 규칙 제10조 제2항, 제4항).[24)]

실제운송인이 협약 제39조에 언급된 계약에 따라 협약이 규율하는 운송의 전부 또는 일부를 수행한다면, 제3장에 달리 정하는 경우를 제외하고 계약운송인과 실제운송인은 몬트리올 협약의 내용에 따른다. 즉 계약운송인은 계약에 예정된 운송의 전부에 관하여 책임을 지고, 실제운송인은 자기가 수행한 운송에 한하여 협약의 규정에 따른다. 그러므로 계약운송인과 실제운송인의 책임은 실제운송인이 인수한 운송구간에 관하여 병존하고, 이는 연대책임으로 보아야 한다(상법 제900조 제2항 참조).

(3) 상호 책임(제41조)

실제운송인이 수행한 운송과 관련하여, 실제운송인·자신의 고용업무의 범위 내에서 행동한 사용인 및 대리인의 작위 또는 부작위도 계약운송인의 작위 또는 부작위로 간주된다(제1항). 여객이 휠체어로 이동 중 사고를 당한 경우에는 휠체어를 작동했던 사람이 사용인에 해당한다.[25)] 공항 터

22) 대법원 2006. 4. 28. 선고 2005다30184 판결.

23) In re Air Crash Near Rio Grande Puerto Rico on December 3, 2008 10-Cv-81551 11-Cv-80059 (S.D.Fla. Jan. 23, 2015).

24) 양석완, "해상물건운송에 있어서 실제운송인의 법적 지위", 상사판례연구 제21집 제3권 (2008. 8.), 171면.

25) Johnson v. Allied Eastern States Maintenance Corp., 488 F.2d 1341 (Dist. Col.

미널 관리자는 운송인의 사용자이다.[26] 이와 달리, 공항 내 엘리베이터를 이용하다가 사고를 당한 경우에는 엘리베이터 서비스 회사는 사용인에 해당하지 아니한다.[27]

실제운송인이 수행한 운송과 관련하여, 계약운송인·자신의 고용업무의 범위 내에서 행동한 사용인 및 대리인의 작위 또는 부작위도 또한 실제운송인의 작위 및 부작위로 간주된다. 그럼에도 불구하고 그러한 작위 및 부작위로 인하여 실제운송인은 몬트리올 협약 제21조 내지 제24조에 언급된 금액을 초과하는 책임을 부담하지 아니한다. 이 협약이 부과하지 아니한 의무를 계약운송인에게 부과하는 특별 합의·이 협약이 부여한 권리의 포기 또는 이 협약 제22조에서 예정된 도착지에서의 인도 이익에 관한 특별신고는 실제운송인이 합의하지 아니하는 한 그에게 영향을 미치지 아니한다(제2항).

UK는 D와 화물에 관한 운송계약을 체결한 U항공의 대리인 UPS의 요청을 받고, 화물의 수령이나 선적에 관한 업무를 처리하면서 U항공을 대리하여 항공화물운송장을 발행·교부하는 업무도 함께 처리하는 경우, UK는 U항공의 대한민국내 대리인 내지 이행보조자의 지위에 있다.[28]

### 다. 적용범위

실제운송인에 관한 위와 같은 법리는 여객운송과 물건운송 모두에 적용된다.[29]

## 4. 대상사안의 검토

대상사안에서 원고는 계약운송인 AE와 코드쉐어 관계에 있던 EA가 제

---

App. 1985).

26) Vumbac v. Terminal One Group Ass'n, L.P., 859 F.Supp.2d 343, 362 (E.D.N.Y. 2012).

27) Alleyn v. Port Authority of New York & New Jersey, 58 F.Supp.2d 15 (E.D.N.Y. 1999).

28) 대법원 2015. 1. 29. 선고 2014다40237 판결.

29) 물건운송에도 동일한 법리가 적용된다고 판시한 사례로는 Eli Lilly and Co., et al. v. Air Exp. Intern. USA, Inc., 2009 WL 667451 (S.D.Fla. 2009).

공한 항공편에 탑승하는 과정에서 사고를 당하였으므로, 이는 몬트리올 협약상 사고에 해당한다.[30] 따라서 원고는 계약운송인 AE와 실제운송인 EA에 대하여 손해배상에 관한 연대책임을 청구할 수 있다. 대상판결은 몬트리올 협약이 적용된 이후에는 여객에 대하여 책임을 부담하는 운송인이 복수가 될 수 있다는 점을 명확하게 하였다는 점에서 의의가 있다.

30) Gezzi v. British Airways, 991 F.2d 603 (9th Cir. 1993) 사건에서, 여객이 탑승하기 위하여 계단을 내려가다가 계단 위에 고인 물 때문에 미끄러진 경우 이는 바르샤바 협약상 탑승 중에 발생한 사고라고 판시하였다.

제 2 장

# 항공여객운송계약

# [12] 항공권 초과예약(overbooking)[1)]

대법원 2014. 8. 28. 선고 2013다8410 판결

## Ⅰ. 사실관계

(1) 서울 강남구에 주소를 둔 한국인 A(원고)는 2011. 6. 24. C여행사(대한민국 주식회사)를 통하여 4,486,300원(=항공요금 3,860,000원+세금 475,400원+취급 수수료 150,900원)을 지급하고 피고 B(에어프랑스)로부터 다음과 같은 내용의 '서울-파리' 구간 비즈니스석 왕복항공권을 구입하고, 같은 날 이티켓(e-Ticket)을 발급받았다.

| | |
|---|---|
| AF267편 | 2011. 9. 10. 09:25[2)] 서울(인천 공항)에서 출발, 같은 날 14:20 파리(샤를 드골 공항)에 도착 |
| AF262편[3)] | 2011. 9. 17. 21:00 파리(샤를 드골 공항)에서 출발, 다음 날 14:50 서울(인천 공항)에 도착 |

(2) B는 공동운항사인 대한항공으로부터 파리에서 출발하여 서울에 도착할 예정인 에어프랑스 AF262편(이 사건 항공편) 중 일등석 2석, 비즈니스석 20석, 이코노미석 48석을 할당받았는데, 일등석 2석, 비즈니스석 21석, 이코노미석 50석을 발매하여, 비즈니스석 1석, 이코노미석 2석을 초과 판매하였다.

(3) 이 사건 항공편 중 비즈니스석 항공권을 구매한 21인 중 A를 제외한 20명은 파리 샤를 드골(Charles De Gaulle) 공항에서 2011. 9. 17. 11:58부터 19:03까지 사이에 탑승수속을 마쳤고, A가 같은 날 19:14 마지

1) 이 글은 항공우주정책·법학회지 제31권 제1호(2016. 6.), 99~143면에 게재된 "항공권 초과예약(overbooking)에 관한 항공사의 민사책임"을 현행법에 맞게 수정하고, 요약한 것이다.
2) 현지 시간(Local Time), 이하 같다.
3) 대한항공과 공동 운항으로, 실제 운항기는 대항항공(KE) 902편이다.

막으로 탑승수속을 하였다. 위 21인 중 가장 늦게 발권을 한 3명은 2011. 9. 13. 및 다음날인 14.에 항공권을 구입하였고, 이들은 2011. 9. 17. 17:57부터 18:34까지 사이에 탑승수속을 하였다.

(4) 공동 운항하는 대한항공 KE902편으로 할당된 좌석 중 비즈니스석은 만석이었고, 일등석 2석, 이코노미석 8석이 남아 있었으나, 일등석은 기내식이 준비되지 않았다는 이유로 A에게 제공되지 않았고, B가 차액 환급과 이코노미석 이용을 권유하였으나 A는 건강상 이유로 이를 거절하였다.

(5) 이에 B는 대체항공편으로 일본 도쿄(나리타 공항)로 가는 AF278편[4)]을 이용하여 나리타 공항으로 가서 다시 서울로 가는 항공편으로 갈아타는 방법과 숙박을 제공받은 후 다음날 오후 서울로 직접 출발하는 AF264편을 이용하는 방법을 제안하였다.

(6) 그러나 A는 위 각 제안도 고령 및 개인 일정상 이유로 거절하고 B에게 2시간 후(23:00)에 출발하는 KE904편 일등석(비즈니스석은 없었음)을 요구하였으나, B가 이를 거절하자 대한항공에 5,214.85유로를 지급하고 위 항공편 일등석을 구입한 후 위 항공편을 이용하여 귀국하였다.

(7) 위 항공편 탑승 전 B는 A에게 탑승거절확인서(Certificate of Denied Boarding)를 발급하고, 600유로의 보상금 확인서를 교부하였다. A는 B의 항공편을 이용하지 아니한 파리 → 인천 구간 항공료 2,221,100원(=항공요금 1,930,000원+사용하지 않은 세금 291,100원)을 환불받았고, 보상금으로 600유로를 지급받았다.

(8) B의 일반운송약관(여객 및 수하물) 제9조 제3항은 '초과예약으로 인한 탑승거절시 보상(Compensation for Denied Boarding in the event of Overbooking)'에 관하여 "비록 여객이 확정된 예약과 유효한 항공권을 소지하고 일정한 시간과 조건을 충족하여 탑승수속을 하였더라도, 항공편의 초과예약으로 인하여 항공사가 여객에게 좌석을 제공할 수 없는 상황이라면 항공사는 현행법에 따라 보상금을 지급하여야 한다"고 규정하고 있다.

---

4) A는 이 항공편이 이 사건 항공편보다 6시간 30분 뒤에, B는 2시간 35분 뒤에 출발하는 것이었다고 주장하였다.

## Ⅱ. 재판의 경과

### 가. 제1심[5)]

A는 2011. 10. 12. 서울중앙지방법원에 B를 상대로 항공편의 탑승거절로 인하여 A가 다른 항공편을 이용함으로써 지급하게 된 항공권 요금과 정신적 손해에 관한 배상금 합계 10,360,000원 및 이에 대한 지연손해금을 구하는 소를 제기하였다. 제1심은 원고의 청구를 기각하였다.

### 나. 환송 전 항소심[6)]

이에 대하여 A가 항소를 제기하였으나 항소심은, 로마협약(계약상 채무의 준거법에 관한 유럽공동체협약) 등을 이유로 들어 국제사법 제27조는 운송계약이나 소비자의 상거소지 외에서 배타적으로 용역이 제공되는 계약에 적용되지 않는다고 판단하여, 소비자계약에 관하여 정한 국제사법 제27조가 이 사건 항공권 구입에 따른 항공여객운송계약에 적용되어야 한다는 취지의 A의 주장에 대하여 더 나아가 판단하지 아니하고 이를 배척한 후, "B가 유럽연합규정[Regulation (EC) No 261/2004]에 따라 A에게 '파리-서울' 구간 항공권 요금을 환불해 주고 보상금을 지급한 것에 현행법상 잘못이 없으므로, 그 외에 A가 건강상 및 일정상 이유로 부득이하게 다른 항공편을 이용함으로써 지급하게 된 항공권 요금과 정신적 손해를 배상하여야 한다는 주장은 이유 없다"고 보아 항소를 기각하였다.

### 다. 상고심[7)]

이에 대하여 A가 상고를 제기하였고, 대법원은 "당사자가 준거법을 선택하지 아니하였더라도 운송계약이나 소비자의 상거소지(常居所地) 외에서

5) 서울중앙지방법원 2012. 5. 10. 선고 2011가소2336515 판결. 소액사건이어서 이유가 기재되어 있지 않다.

6) 서울중앙지방법원 2012. 12. 5. 선고 2012나24544 판결(각공2013상, 120). 이에 대한 평석은 정구태, "국제항공여객운송계약에서의 오버부킹과 약관규제법의 적용 여부", 외법논집 제39권 제4호, 한국외대 법학연구소(2015. 11.), 19~38면.

7) 대법원 2014. 8. 28. 선고 2013다8410 판결.

용역이 제공되는 계약이라고 하더라도 소비자계약에 해당하는 경우에는 국제사법 제27조 제2항이 적용되어 소비자의 상거소지법이 준거법이 된다"는 이유로, 원심을 파기 환송하였다.

### 라. 환송 후 항소심[8)]

환송 후 항소심은 대법원의 판결취지에 따라, 소비자인 A의 상거소지법인 대한민국법이 준거법이 되고, B는 A에게 채무불이행으로 인한 손해배상으로 4,024,582원 및 이에 대한 지연손해금을 지급할 의무가 있다고 판시하였다.

### 마. 상고심[9)]

이에 대하여 B가 상고를 제기하였으나, 대법원은 소액사건심판법 제3조에 의하면, 소액사건에 대하여는 법률·명령·규칙 또는 처분의 헌법위반 여부와 명령·규칙 또는 처분의 법률위반 여부에 대한 판단이 부당한 때나 대법원의 판례에 상반되는 판단을 한 때에만 상고할 수 있는데, 이 사건은 이에 해당하지 않는다는 이유로 상고를 기각하였다.

## Ⅲ. 참조 조문

### 1. 국제사법

> **제27조(소비자계약)**
>
> ① 소비자가 직업 또는 영업활동 외의 목적으로 체결하는 계약이 다음 각 호 중 어느 하나에 해당하는 경우에는 당사자가 준거법을 선택하더라도 소비자의 상거소가 있는 국가의 강행규정에 의하여 소비자에게 부여되는 보호를 박탈할 수 없다.
>
> 1. 소비자의 상대방이 계약체결에 앞서 그 국가에서 광고에 의한 거래의 권유 등 직업 또는 영업활동을 행하거나 그 국가 외의

8) 서울중앙지방법원 2015. 1. 29. 선고 2014나48391 판결.
9) 대법원 2015. 9. 10. 선고 2015다15757 판결.

지역에서 그 국가로 광고에 의한 거래의 권유 등 직업 또는 영업활동을 행하고, 소비자가 그 국가에서 계약체결에 필요한 행위를 한 경우
2. 소비자의 상대방이 그 국가에서 소비자의 주문을 받은 경우
3. 소비자의 상대방이 소비자로 하여금 외국에 가서 주문을 하도록 유도한 경우

② 당사자가 준거법을 선택하지 아니한 경우에 제1항의 규정에 의한 계약은 제26조의 규정에 불구하고 소비자의 상거소지법에 의한다.

③ 제1항의 규정에 의한 계약의 방식은 제17조 제1항 내지 제3항의 규정에 불구하고 소비자의 상거소지법에 의한다.

④ 제1항의 규정에 의한 계약의 경우에 소비자는 그의 상거소가 있는 국가에서도 상대방에 대하여 소를 제기할 수 있다.

⑤ 제1항의 규정에 의한 계약의 경우에 소비자의 상대방이 소비자에 대하여 제기하는 소는 소비자의 상거소가 있는 국가에서만 제기할 수 있다.

⑥ 제1항의 규정에 의한 계약의 당사자는 서면에 의하여 국제재판관할에 관한 합의를 할 수 있다. 다만, 그 합의는 다음 각 호 중 어느 하나에 해당하는 경우에 한하여 그 효력이 있다.
1. 분쟁이 이미 발생한 경우
2. 소비자에게 이 조에 의한 관할법원에 추가하여 다른 법원에 제소하는 것을 허용하는 경우

## 2. 유럽연합 규정 [Regulation (EC) No 261/2004][10)]

**제3조(적용범위)[11)]**

---

10) REGULATION (EC) No 261/2004 OF THE EUROPEAN PARLIAMENT AND OF THE COUNCIL of 11 February 2004, establishing common rules on compensation and assistance to passengers in the event of denied boarding and cancellation or long delay of flights, and repealing Regulation (EEC) No 295/91.

11) EU 회원국을 출발지로 하는 모든 항공편의 여객과 EU 회원국을 도착지로 하는 EU 회원국 소속 항공사의 항공편 여객에게 적용된다. 또한 우리나라를 출발지로 하여 EU로 향하는 항공편의 경우 유럽항공사의 여객이 적용대상에 포함되는 것은 명백하고, 우리나라 항공사가 유럽항공사와 공동 운항하는 경우에도 적용된다. 이창재, “운항지연에 따른 여객의 보상청구권”, 항공우주정책·법학회지 제30권 제2호(2015. 12.), 254면.

1. 이 규정은 다음 여객들에게 적용된다.
   (a) 이 조약이 적용되는 회원국의 영토내에 위치한 공항에서 출발하는 여객

**제4조(탑승거절)**

1. 운항항공사는 항공편에서 탑승거절을 예상하면, 해당 여객과 운항항공사가 서로 동의하는 조건 하에서 항공사가 제공하는 혜택을 받고 본인의 예약을 포기할 지원자를 먼저 찾아야 한다.[12] 지원자는 제8조에 의거하여 지원을 받아야 하며 그 지원은 이 항목에서 언급하는 혜택에 추가로 제공되는 것이다.
2. 만약 남아 있는 예약 여객들이 항공기에 탈 수 있을 만큼 충분한 수의 지원자들이 나오지 않으면, 운항항공사는 여객들의 의사와 관계없이 탑승을 거절할 수 있다.
3. 만약 여객들이 본인의 의사와 관계없이 탑승이 거절되면, 운항항공사는 제7조에 의거하여 여객들에게 즉시 보상하고 제8조, 제9조에 따라 지원하여야 한다.

**제7조(보상받을 권리)[13]**

1. 이 조항을 참고할 때 여객들은 다음과 같이 보상받아야 한다.
   (a) 1,500㎞ 이하의 모든 항공편에 대하여 250유로
   (b) 1,500㎞ 이상인 모든 유럽연합 내 항공편과 1,500㎞와 3,500㎞ 사이의 모든 다른 항공편에 대하여 400유로
   (c) (a)와 (b)에 속하지 않는 모든 항공편에 대하여 600유로
   거리를 결정할 때 그 기준은 탑승거절이나 항공기 취소로 인해 여객이 예정했던 시간보다 지연 도착하게 될 최종 목적지가 되어야 한다.
2. 여객들이 제8조에 의거하여 대체항공편으로 최종 목적지까지 경

12) 이는 미국에서도 동일하다. 항공사는 자발적인 예약포기자를 먼저 찾아서 합의에 의한 보상을 실시하고, 비자발적인 탑승거부자에 대하여는 연방법에 의한 보상을 하여야 한다. Dana A. Remus/Adam S. Zimmerman, "The Corporate Settlement Mill", 101 Virginia Law Review, March, 2015, 144면.

13) 미국의 경우 국내여객이 2시간 이상 지연된 경우에는 항공사는 요금의 400%(상한은 1300달러), 국제여객의 경우에는 1~4시간 지연의 경우 편도요금의 200%(상한은 650달러), 4시간 이상 지연의 경우에는 편도요금의 400%(상한은 1,300달러)를 보상하여야 한다고 규정하고 있다[14 C.F.R. §250.9 (2014)]. Dana A. Remus/Adam S. Zimmerman, 145면.

로를 재조정받았을 때는 그 도착시간이 최초 예약 항공편의 예정도착시간을 아래 기준과 같이 초과하지 않는다면, 운항항공사는 제1항에 명시된 보상금을 50% 감할 수 있다.

(a) 1,500㎞ 이하의 모든 항공편에 대하여 2시간

(b) 1,500㎞ 이상인 모든 유럽연합 내 항공편과 1,500㎞와 3,500㎞ 사이의 모든 다른 항공편에 대하여 3시간

(c) (a)와 (b)에 속하지 않는 모든 항공편에 대하여 4시간

3. 제1항에서 언급한 보상은 현금, 은행계좌송금, 은행수표 또는 여객이 서면으로 동의한 경우 여행 바우처나 다른 서비스로 지급하여야 한다.

**제8조(환불이나 경로를 재조정받을 권리)**

1. 이 조항을 참고할 때 다음 중에서 선택할 수 있어야 한다.

(a) 제7조 제3항에서 명시한 수단으로, 구입한 항공권의 모든 비용에 대하여, 사용하지 않은 부분에 대하여, 여객의 최초 여행계획과 관련하여 항공편이 더 이상 목적 달성에 기여하기 어렵다면 해당되는 경우 중 가장 빠른 기회에 첫 출발지로 가는 귀환편과 함께 이미 사용한 부분에 대하여, 7일 이내에 환불

(b) 가장 빠른 기회에 최종 목적지까지 비슷한 운송 조건으로 경로 재조정

(c) 여객 편의에 맞게 잔여 좌석 유무에 따라 비슷한 운송 조건으로 다른 날에 최종 목적지까지 갈 수 있도록 경로 재조정

3. 한 도시나 지역에 여러 공항이 있어 운항항공사가 여객을 예약했던 공항이 아닌 대체 공항으로 가도록 항공편을 제공할 때 운항항공사는 그 대체 공항에서 예약했던 공항까지 또는 여객이 동의한 인근의 다른 공항까지 가는 비용을 부담하여야 한다.

**제9조(보호받을 권리)**

1. 이 조항을 참고할 때 여객들은 무료로 다음을 제공받아야 한다.

(a) 대기시간과 관련하여 합리적인 식사와 음료

(b) 하루 이상의 체류가 필요한 경우 또는 여객이 의도했던 체류보다 긴 체류가 필요한 경우 호텔

(c) 공항과 숙박지(호텔이나 다른 곳) 사이의 운송

2. 추가로, 여객들은 무료로 두 번의 전화, 텔렉스, 팩스 또는 이메일 서비스를 제공받아야 한다.
3. 이 조항을 적용할 때 운항항공사는 혼자 여행하는 어린이뿐만 아니라 이동이 제한된 여객 그리고 그를 동반한 여객들에게 특별한 주의를 기울여야 한다.

## 3. 항공사업법

**제61조(항공교통이용자 보호 등)** ① 항공교통사업자는 영업개시 30일 전까지 국토교통부령으로 정하는 바에 따라 항공교통이용자를 다음 각 호의 어느 하나에 해당하는 피해로부터 보호하기 위한 피해구제 절차 및 처리계획(이하 "피해구제계획"이라 한다)을 수립하고 이를 이행하여야 한다. 다만, 제12조 제1항 각 호의 어느 하나에 해당하는 사유로 인한 피해에 대하여 항공교통사업자가 불가항력적 피해임을 증명하는 경우에는 그러하지 아니하다.
1. 항공교통사업자의 운송 불이행 및 지연
2. 위탁수화물의 분실·파손
3. 항공권 초과 판매
4. 취소 항공권의 대금환급 지연
5. 탑승위치, 항공편 등 관련 정보 미제공으로 인한 탑승 불가
6. 그 밖에 항공교통이용자를 보호하기 위하여 국토교통부령으로 정하는 사항

② 피해구제계획에는 다음 각 호의 사항이 포함되어야 한다.
1. 피해구제 접수처의 설치 및 운영에 관한 사항
2. 피해구제 업무를 담당할 부서 및 담당자의 역할과 임무
3. 피해구제 처리 절차
4. 피해구제 신청자에 대하여 처리결과를 안내할 수 있는 정보제공의 방법
5. 그 밖에 국토교통부령으로 정하는 항공교통이용자 피해구제에 관한 사항

③ 항공교통사업자는 항공교통이용자의 피해구제 신청을 신속·공정하게 처리하여야 하며, 그 신청을 접수한 날부터 14일 이내에 결과를

통지하여야 한다.

④ 제3항에도 불구하고 신청인의 피해조사를 위한 번역이 필요한 경우 등 특별한 사유가 있는 경우에는 항공교통사업자는 항공교통이용자의 피해구제 신청을 접수한 날부터 60일 이내에 결과를 통지하여야 한다. 이 경우 항공교통사업자는 통지서에 그 사유를 구체적으로 밝혀야 한다.

⑤ 제3항 및 제4항에 따른 처리기한 내에 피해구제 신청의 처리가 곤란하거나 항공교통이용자의 요청이 있을 경우에는 그 피해구제 신청서를 「소비자기본법」에 따른 한국소비자원에 이송하여야 한다.

⑥ 항공교통사업자는 항공교통이용자의 피해구제 신청현황, 피해구제 처리결과 등 항공교통이용자 피해구제에 관한 사항을 국토교통부령으로 정하는 바에 따라 국토교통부장관에게 정기적으로 보고하여야 한다.

⑦ 국토교통부장관은 관계 중앙행정기관의 장, 「소비자기본법」 제33조에 따른 한국소비자원의 장에게 항공교통이용자의 피해구제 신청현황, 피해구제 처리결과 등 항공교통이용자 피해구제에 관한 자료의 제공을 요청할 수 있다. 이 경우 자료의 제공을 요청받은 자는 특별한 사유가 없으면 이에 따라야 한다.

⑧ 국토교통부장관은 항공교통이용자의 피해를 예방하고 피해구제가 신속·공정하게 이루어질 수 있도록 다음 각 호의 어느 하나에 해당하는 사항에 대하여 항공교통이용자 보호기준을 고시할 수 있다.

1. 제1항 각 호에 해당하는 사항
2. 항공권 취소·환불 및 변경과 관련하여 소비자 피해가 발생하는 사항
3. 항공권 예약·구매·취소·환불·변경 및 탑승과 관련된 정보제공에 관한 사항

⑨ 국토교통부장관은 제8항에 따라 항공교통이용자 보호기준을 고시하는 경우 관계 행정기관의 장과 미리 협의하여야 하며, 항공교통사업자, 「소비자기본법」 제29조에 따라 등록한 소비자단체, 항공 관련 전문가 및 그 밖의 이해관계인 등의 의견을 들을 수 있다.

⑩ 항공교통사업자, 항공운송총대리점업자 및 「관광진흥법」 제4조에 따라 여행업 등록을 한 자(이하 "여행업자"라 한다)는 제8항에 따

> 른 항공교통이용자 보호기준을 준수하여야 한다.
> ⑪ 국토교통부장관은 「교통약자의 이동편의 증진법」 제2조 제1호에 해당하는 교통약자를 보호하고 이동권을 보장하기 위하여 다음 각 호의 어느 하나에 해당하는 사항에 대하여 교통약자의 항공교통이용 편의기준을 국토교통부령으로 정할 수 있다.
> 1. 항공교통사업자가 교통약자를 위하여 제공하여야 하는 정보 및 정보제공방법에 관한 사항
> 2. 항공교통사업자가 교통약자의 공항이용 및 항공기 탑승·하기(下機)를 위하여 제공하여야 하는 서비스에 관한 사항
> 3. 항공운송사업자가 교통약자를 위하여 항공기 내에서 제공하여야 하는 서비스에 관한 사항
> 4. 항공교통사업자가 교통약자 관련 서비스를 제공하기 위하여 실시하여야 하는 종사자 훈련·교육에 관한 사항
> 5. 교통약자 관련 서비스에 대하여 접수된 불만처리에 관한 사항
>
> ⑫ 항공교통사업자는 제11항에 따른 교통약자의 항공교통이용 편의기준을 준수하여야 한다.

## Ⅳ. 판시사항

소비자가 직업 또는 영업활동 외의 목적으로 체결하는 계약(이하 '소비자계약')에서, 소비자의 상대방이 계약체결에 앞서 그 국가에서 광고에 의한 거래의 권유 등 직업 또는 영업활동을 행하거나 그 국가 외의 지역에서 그 국가로 광고에 의한 거래의 권유 등 직업 또는 영업활동을 행하고, 소비자가 그 국가에서 계약체결에 필요한 행위를 한 경우나(국제사법 제27조 제1항 제1호), 소비자의 상대방이 그 국가에서 소비자의 주문을 받은 경우(같은 항 제2호) 등에는, 당사자가 준거법을 선택하지 아니하였더라도 국제사법 제27조 제2항이 적용되어 소비자의 상거소지법이 준거법이 된다. 따라서 운송계약이나 소비자의 상거소지 외에서 용역이 제공되는 계약이라고 하더라도 소비자계약에 해당하는 경우에는 마찬가지로 보아야 한다.

# Ⅴ. 해 설

항공권 초과예약(overbooking, Überbuchung) 또는 항공권 초과판매(oversale)[14]를 둘러싼 법률분쟁이 법원까지 오는 경우는 매우 드물고, 청구금액이 3,000만 원 이하인 소액사건인 경우가 대부분이어서 대법원 판결이 나오는 경우는 지극히 찾기 어렵다. 대상사안에서는 국제항공여객운송계약에도 국제사법이 적용되는지 여부에 관하여 최초로 대법원 판결이 선고되었고, 하급심 판결에서는 항공권 초과예약의 적법성, 소비자가 항공권 초과예약에 의하여 예정 항공편에 탑승하지 못한 경우 항공사의 대체수단 제공 의무 여부, 항공권 초과예약에 따른 채무불이행으로 인하여 항공사가 부담하는 손해배상책임의 범위 등이 문제되었다.

## 1. 초과예약의 법적 성질

### 가. 연착에 해당하는지 여부

(1) 몬트리올 협약에서 여객에 관한 배상원인을 사망·상해·연착 등 3가지 경우만 상정하고 있기 때문에, 위 협약의 적용을 위해서 초과예약에 따른 탑승거부를 위 협약상 '항공운송 중 연착(delay in the carriage by air of passengers)'으로 해석하는 견해[15]가 있다. Paradis 사건[16]에서 법원은 항공사가 대체수단을 제공한 경우에는 연착에 해당하지만, 여객이 거절한 경우에는 채무불이행이 된다고 판시하였다.[17] 연착에 해당한다는 견

---

14) 이 글에서는 항공권의 초과예약과 초과판매를 동일한 것으로 보고 논의를 진행하되, 실무관행과 대상사안에서 초과예약이라는 용어를 사용하고 있으므로, 이 글에서도 '초과예약'이라는 용어를 사용하기로 한다. 다만 법률 제11244호로 2012. 1. 26. 신설되어 2012. 7. 27.부터 시행된 구 항공법 제119조의2 제1항 제3호, 항공사업법 제61조에서는 '항공권 초과 판매'라는 용어를 사용하고 있으므로, 실정법상 용어인 '초과 판매'라는 용어를 사용하는 것이 바람직하다.

15) Sassouni v. Olympic Airways, 769 F.Supp. 537 (S.D.N.Y. 1991); Igwe v. Northwest Airlines, 2007 WL 43811 (S.D.Tex, 2007).

16) Paradis v. Ghana Airways, 348 F.Supp.2d 106, 114 (S.D.N.Y. 2001).

17) Malcolm Clarke, Contracts of Carriage by Air, 2nd Ed, Lloyd's List(2010), 124면. 항공사가 오버부킹으로 범핑된 여객에게 대체항공편을 제공한 경우에는 연착에 해당한다는 견해로는 Sassouni v. Olympic Airways, 769 F.Supp. 537 (S.D.N.Y. 1991).

해에 따르면, 초과예약에 따른 탑승거절에는 몬트리올 협약 제19조가 배타적으로 적용되므로, 위 협약상 책임제한규정에 의해 항공사의 배상부담이 가벼워진다. 상법 제899조, 제907조 등에서는 연착에 관한 항공운송인의 책임을 규정하고 있으므로, 위 견해에 따르면 상법상 책임제한에 관한 규정이 적용된다.

(2) 연착은 여객이 예약한 항공편 자체가 늦어지는 것이고,[18] 초과예약으로 인한 탑승거부는 예약항공편 자체는 원래 운항계획대로 운항하는 것이므로 양자를 같이 볼 수는 없다.[19] 이와 달리, 첫 비행구간이 아닌 구간에서 탑승 불가 또는 탑승이 거절된 경우에는 연착에 해당한다.[20] 또한 초과예약은 바르샤바 협약이 예정하고 있는 항공운송계약의 전형적인 위험에 해당하는 것이 아니라, 항공사의 조직적인 의사에 기한 것이다.[21] 그러므로 초과예약에 따른 탑승거부는 연착이 아니라 몬트리올 협약이나 상법에서 규정하지 아니하고 있는 별개의 채무불이행(이행거절)으로 파악하는 것이 타당하다.[22] 미국 연방법원의 다수 판결[23]과 영국 법원[24]도 이와 같은 견해를 취하고 있다.

### 나. 사고(accident)에 해당하는지 여부

오버부킹으로 인한 여객의 범핑(bumping)은 체계적이고 광범위하게 이

18) 일반적으로 연착이란 운송 자체는 실행된 것을 전제로 목적물의 운송에서 출발·도착이 계획보다 늦어진 경우를 의미한다. 이강빈, “항공화물운송인의 책임에 관한 국제협약과 국내입법의 비교연구”, 항공우주정책·법학회지 제24권 제2호(2009. 12.), 25면; 소재선·이창규, “항공운송인의 손해배상책임 원인에 관한 법적 고찰 -여객 손해배상책임을 중심으로-”, 항공우주정책·법학회지 제28권 제2호(2013. 12.), 22면.

19) 정준식·황호원, “항공권 초과예약의 법률적 문제에 관한 연구”, 항공우주정책·법학회지 제27권 제2호(2012. 12.), 146면.

20) 박원화, 항공사법(항공운송법), 한국학술정보(2012), 81면.

21) 박원화, 81면; Ernst Führich, “Entschädigung bei Überbuchung von Linienflügen”, NJW 1997, 1045.

22) Ernst Führich, NJW 1997, 1044f.; 환송 후 항소심도, 항공여객운송에 관한 상법 제6편은 이 사건 발생 이후인 2011. 11. 24. 시행되었고, 제907조가 연착에 대한 책임에 관하여만 규정하고 있어 이 사건에 적용하기는 어렵다고 판시하여 동일한 입장을 취하고 있다.

23) Wogel v. Mexicana, 821 F.2d 442 (7th Cir. 1987); Lathigra v. BA, 41 F.3d 535 (9 Cir, 1994); Weiss v. El Al Israel Airlines, 433 F.Supp.2d 361 (S.D.N.Y. 2006).

24) British Airways Board v. Taylor, [1976] 1 W.L.R. 13.

루어지며, 널리 알려져 있으므로, 몬트리올 협약 제17조에 규정된 사고에 해당하지 아니한다.[25) 악천후나 항공기 정비문제로 인하여 연착되는 것과 같이 범핑은 불쾌한 것이지만, 예상 밖이나 특이한 것이라고 할 수 없으므로, 여객이 오버부킹으로 탑승하지 못한 것만으로는 사고가 발생한 것이라고 볼 수 없다.[26)]

## 2. 국제항공여객운송계약에 국제사법이 적용되는지 여부

### 가. 문제의 소재

대상사안에서 A는 서울에 상거소지를 둔 한국인이고, B는 프랑스에 본사를 둔 외국법인이며, 국제항공여객운송계약의 내용은 서울과 파리를 왕복하는 것이므로, 위 계약을 둘러 싼 법률관계는 외국적 요소가 있는 법률관계에 해당한다. 따라서 위 계약의 준거법은 국제사법의 규정에 의하여 결정된다. 그런데 국제항공여객운송계약의 경우에도 국제사법 제27조가 적용되는지 여부에 관하여는 견해 대립이 있다.

### 나. 부정설

(1) 로마협약[27)] 제5조[28)] 제4항은 운송계약과 소비자에 대한 용역이 소

---

25) Weiss v. El Al Isr. Airlines, 309 Fed.Appx. 483 (2d Cir. 2009).

26) Campbell v. Air Jamaica Ltd., 760 F.3d 1165 (11th Cir. 2014).

27) EEC의 1980년 계약채무의 준거법에 관한 협약[Convention on the Law Applicable to Contractual Obligations 1980; Rome Convention(80/934/EEC), 1991. 4. 1. 발효].

28) **Article 5 [Certain consumer contracts]**
1. This Article applies to a contract the object of which is the supply of goods or services to a person ("the consumer") for a purpose which can be regarded as being outside his trade or profession, or a contract for the provision of credit for that object.
2. Notwithstanding the provisions of Article 3, a choice of law made by the parties shall not have the result of depriving the consumer of the protection afforded to him by the mandatory rules of the law of the country in which he has his habitual residence: — if in that country the conclusion of the contract was preceded by a specific invitation addressed to him or by advertising, and he had taken in that country all the steps necessary on his part for the conclusion of the contract, or
— if the other party or his agent received the consumer's order in that country, or
— if the contract is for the sale of goods and the consumer travelled from that

비자가 상거소를 가지는 국가 이외의 장소에서 배타적으로 제공되어야 하는 용역의 제공에 관한 계약에 대하여는 제5조의 적용을 배제한다. 이는 운송계약에 관하여 사업자가 예상할 수 없는 다수 고객들의 상거소지법을 적용하는 것은 사업자에게 지나치게 불리하므로,[29] 운송계약에 관하여 다수 고객들의 상거소지법을 적용할 수 없음이 명백하고 그에 관하여는 다수의 조약이 있음을 고려한 것이라고 한다.[30]

(2) 국제사법에도 로마협약과 유사한 취지의 조항을 두자는 견해가 있었으나, 이는 개정연구반부터 채택되지 못하였는데, 그 이유는 우리나라의 경우 이 분야에서의 조약이 가지는 의미를 알지 못한다는 것과 스위스 국제사법(제120조)이 이러한 예외를 두지 않고 있다는 점이 고려되었기 때문이다.[31] 그럼에도 불구하고 국제사법의 해석상 로마협약과 마찬가지로 운송계약에 대하여는 제27조의 적용을 부정하여야 한다는 견해가 있다.[32]

(3) 환송 전 항소심도 국제사법의 해석상 로마협약과 마찬가지로 운송계약과 소비자의 상거소지 외에서 배타적으로 용역이 제공되는 계약의 경우에는 제27조의 적용이 배제된다는 것을 전제로, "국제사법 제26조 제1, 2항의 규정을 종합하여 보면, 항공권 구매계약의 경우에는 그 항공편이

---

country to another country and there gave his order, provided that the consumer's journey was arranged by the seller for the purpose of inducing the consumer to buy.

3. Notwithstanding the provisions of Article 4, a contract to which this Article applies shall, in the absence of choice in accordance with Article 3, be governed by the law of the country in which the consumer has his habitual residence if it is entered into in the circumstances described in paragraph 2 of this Article.

4. This Article shall not apply to:

(a) a contract of carriage;

(b) a contract for the supply of services where the services are to be supplied to the consumer exclusively in a country other than that in which he has his habitual residence.

5. Notwithstanding the provisions of paragraph 4, this Article shall apply to a contract which, for an inclusive price, provides for a combination of travel and accommodation.

29) 정구태, 22~23면.

30) 석광현, 국제사법해설, 박영사(2013), 328면.

31) 석광현, 328면.

32) 석광현, 328~329면; 정구태, 22~23면.

제공되는, 즉 항공기가 출발하는 공항이 위치한 나라의 법이 항공권 구매계약과 가장 밀접한 관련이 있는 국가의 법이라고 봄이 상당하므로, 이 사건의 경우는 이 사건 항공편이 제공된 샤를 드골 공항이 위치한 국가의 법, 즉 위 유럽연합규정이 이 사건 항공편 탑승거절로 인한 손해배상의 준거법이 된다"고 판시하여 부정설의 입장을 취하였다.

### 다. 긍정설

현재까지 긍정설의 입장을 취하는 학자는 없으나, 대법원은 환송판결[33]에서 "소비자계약에서, 소비자의 상대방이 계약체결에 앞서 그 국가에서 광고에 의한 거래의 권유 등 직업 또는 영업활동을 행하거나 그 국가 외의 지역에서 그 국가로 광고에 의한 거래의 권유 등 직업 또는 영업활동을 행하고, 소비자가 그 국가에서 계약체결에 필요한 행위를 한 경우나, 소비자의 상대방이 그 국가에서 소비자의 주문을 받은 경우 등에는, 당사자가 준거법을 선택하지 아니하였더라도 국제사법 제27조 제2항이 적용되어 소비자의 상거소지법이 준거법이 된다. 따라서 운송계약이나 소비자의 상거소지 외에서 용역이 제공되는 계약이라고 하더라도 소비자계약에 해당하는 경우에는 마찬가지로 보아야 한다"고 판시하여 긍정설의 입장을 취하였다.

### 라. 검 토

(1) 이에 관하여는 (i) 국제항공여객운송계약은 소비자계약의 일종인 점, (ii) 국제사법 제27조에는 로마협약 제5조 제4항과는 달리, 운송계약이나 소비자에 대한 용역이 소비자가 상거소를 가지는 국가 이외의 장소에서 배타적으로 제공되어야 하는 용역의 제공에 관한 계약에 대하여 상거소지법의 적용을 배제하는 명문의 규정이 없는 점 등에 비추어 보면, 국제사법 제27조는 국제항공여객운송계약에도 적용된다고 보아야 한다.

(2) 이 사건에서 A와 B 사이의 항공여객운송계약은 대한민국 법인인 C를 통하여 체결되었으므로, 소비자의 상대방이 소비자의 국가에서 소비

---

33) 대법원 2014. 8. 28. 선고 2013다8410 판결.

자의 주문을 받은 경우에 해당하여 국제사법 제27조 소비자의 상거소지법이 준거법이 되는바, B가 A에게 부담하는 채무불이행에 관한 손해배상의 준거법은 소비자 A의 상거소지법인 대한민국 법령이 된다.

## 3. 항공권 초과예약의 적법성

### 가. 초과예약의 경제적 기능

(1) 국제운송에 투입되는 항공기는 항공협정에 의해 결정된 운항횟수에 따라 정시성이 보장되어야 하고, 상대국에서 자국으로 오는 여객도 수송하여야 하기 때문에 항공기에 탑승한 여객 수의 다과에 관계 없이 반드시 정해진 운항계획에 따라 출발하여야 한다. 한 번 이륙한 항공기는 남은 좌석을 판매할 방법이 없고, 손익분기점에 못 미치는 수의 여객을 태웠다면 출발 즉시 인건비·유류비 같은 고정비용으로 인하여 적자를 입게 된다.[34] 따라서 여객을 한 명이라도 더 태우기 위한 항공사의 노력은 당연하다.[35]

(2) 예약탑승률(take-uprate, 원래 예약된 좌석 수와 비교한 여객 수)이 상당히 낮을 수 있는데, 이로 인한 항공사의 손실을 줄이기 위하여 초과예약을 하는 경우가 많다. 초과예약이 항공사에게는 보상책이 될 수 있으나, 이럴 때에도 여전히 탑승불가여객이나 공석의 발생가능성은 있다. 초과예약의 근거는 항공사가 더 많은 수입을 올릴 수 있고, 그 결과 항공권의 가격을 낮출 수 있어 고객을 더욱 만족시킬 수 있다는 것이다.[36] 이에 따라 경영학에서는 수익관리(Yield Management 또는 Revenue Management) 모델의 한 내용으로 초과예약으로 인한 한계비용이 한계수익을 초과하지 않는 범위 안에서 최대의 이윤을 창출하기 위한 초과예약모델에 관하여 많은 연구성과가 축적되어 있다.[37] 기존의 연구성과를 간략하게 요약하면

---

34) Stephan Holloway, Straight and Level; Practical Airline Economics, Routledge(1997), 9~10면.

35) 정준식·황호원, 144면.

36) 이강석·최성희, 항공사 수익관리시스템(YMS)의 효율적 운영에 관한 연구, 한국항공진흥협회(1999. 11.), 4면.

37) S. Brumelle/J. Mcgill, "Airline Seat Allocation with Multiple Nested Fare Classes",

다음과 같다.

(3) 초과예약은 각 운항편에 대하여 의도적으로 실제 공급좌석보다 더 많은 좌석을 판매하는 것이다. 항공사들은 여객의 예약취소 및 탑승부도(no-shows)로 인한 영향을 상쇄하기 위해 초과예약을 사용한다. 초과예약 모델은 미판매로 인한 손실(spoilage risk, 서비스를 판매하지 못함으로써 발생하는 수익손실)과 탑승거부위험(denied access risk, 탑승거부로 인해서 발생하는 재무적 측면의 직접비용과 간접비용) 간의 균형점을 찾기 위한 것이다.[38]

다음 그림[39]은 순수익 측면에서 최적 초과예약시 할당된 좌석에 관한 순수익을 나타낸 것으로, 순수익은 최적 수준까지는 증가하지만 그 이후에는 감소한다. 초과예약모델은 초과예약정책과 관련하여 총비용이 어떻게 변하는가를 제시하고, 초과예약증가가 미판매손실의 감소와 탑승거부 위험비용의 증가를 가져오는 것을 보여준다. 탑승거부 위험비용에는 서비스를

---

Opns. Res. 41, 127~137 (1993); R. Chatwin, Optimal Airline Overbooking. Ph.D. Dissertation, Department of Operations Research, Stanford University (1992); R. Curry, "Optimal Seat Allocation with Fare Classes Nested by Origins and Destinations", Transp. Sci. 24, 193~204 (1990); G. Gallego/G. van Ryzin, "Optimal Dynamic Pricing of Inventories with Stochastic Demand over Finite Horizons", Management Sci. 40, 999~1020 (1994); S. G. Johansen/S. Stidham, "Control of Arrivals to a Stochastic Input-Output System", Adv. Appl. Probab. 12, 972~999 (1980); T. Lee/M. Hersh, "A Model for Dynamic Airline Seat Inventory Control with Multiple Seat Bookings", Transp. Sci. 27, 252~265 (1993); L. Robinson, "Optimal and Approximate Control Policies for Airline Booking with Sequential Nonmonotonic Fare Classes", Opns. Res. 43, 252~263 (1995); B. Smith, J. Leimkuhler/R. Darrow, "Yield Management at American Airlines", Interfaces 22, 8~31 (1992); S. Stidham/R. Weber, "A Survey of Markov Decision Models for Control of Network of Queues", Queueing Syst. Theory Appl. 13, 291~314 (1993); J. Subramanian/S. Stidham Jr./C. J. Lautenbacher, "Airline Yield Management with Overbooking, Cancellations, and No-Shows", Transportation Science, Vol. 33, No. 2, 147~167 (May, 1999); E. Williamson, Airline Network Seat Control, Ph.D. Dissertation, Flight Transportation Laboratory, MIT (1992); R. Wollmer, "An Airline Seat Management Model for a Single-Leg Route when Lower Fare Classes Book First", Opns. Res. 40, 26~37 (1992).

38) 이강석·최성희, 55면.

39) Revenue Management Tutorial, Stefan Pölt, Network Management Lufthansa German Airlines, stefan.poelt@dlh.de, AGIFORS Reservations & Yield Management Study.

거부당한 소비자에게 항공사가 지불하는 비용인 '탑승거부 직접비용'과 서비스를 거부당한 소비자에게 인식되는 항공사의 나쁜 이미지로 인한 '탑승거부 잠재비용'으로 구성된다.

■ Overbooking

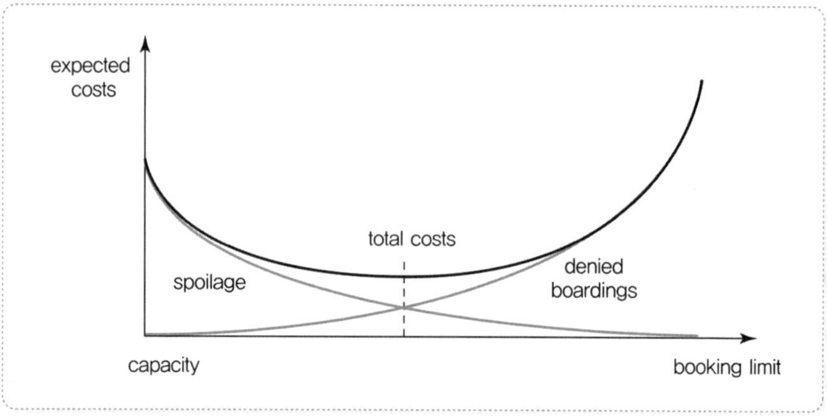


■ Overbooking: Determining the optimal level

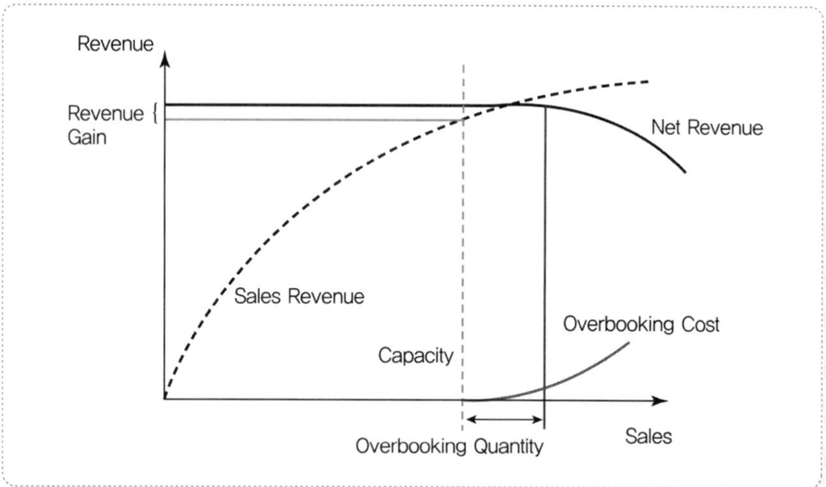


위 그림[40)]은 미판매로 인한 손실 및 탑승거부위험과 초과예약으로 인

40) Peter C. Bell, Revenue Management Presentations, 2005, 71면. www.slideshare.

한 수익 사이의 관계를 나타낸 것으로, 항공사는 일반적으로 표준서비스 유지와 이미지 보호를 위하여 예약한계를 설정한다.[41)]

### 나. 초과예약의 적법성에 관한 견해의 대립

(1) Nader v. Allegheny Airlines, Inc., 426 U.S. 290 (1976)

Nader는 항공사에 항공권을 예약하였으나, 항공사는 계속 예약을 받아 초과예약상태가 되었다. Nader가 1972. 4. 8. 항공기에 탑승하려고 하였으나(출발예정시간 5분 전에 도착하였다), 먼저 온 여객들이 좌석을 차지하는 바람에 Nader는 예약한 항공기에 탑승하지 못하였고, 이로 인하여 다른 항공기에 탑승하여 목적지에 1시간 늦게 도착하였다. 그 결과 Nader는 비영리공익단체인 '코네티컷 시민행동단(Conneticut Citizens Action Group)'에 참석하지 못하여 기금 모금에 차질이 생겼다.

법원은 항공사가 의도적으로 Nader에게 예약이 확정되었다고 잘못된 의사표시를 하였고, Nader와 '코네티컷 시민 행동단'은 항공사의 잘못된 의사표시를 믿고 일정을 계획하였으며, 항공사는 초과예약의 실태와 위험을 사려깊게 알리지 않았다는 이유를 들어, 항공사의 초과예약이 '악의의 부실표시(fraudulent misrepresentation)'라고 판단하였다. 법원은 항공사에게 계약위반의 책임을 물어, Nader에게 10달러의 손해배상(compensatory damage) 및 25,000달러의 징벌적 손해배상(punitive damage)을, '코네티컷 시민행동단'에게 51달러의 명목상 손해배상(nominal damage) 및 25,000달러의 징벌적 손해배상을 할 것을 명하였다.[42)]

---

net/mobile/sgehrels/Revenue-Management-Peter-C-Bell-2005.

41) 이강석·최성희, 56면.

42) 초과예약으로 인하여 탑승거절된 여객이 항공사가 신의성실의 원칙에 위반하였다는 이유로 몬태나 州法에 의하여 손해배상을 청구한 William D. West v. Northwest Airlines, Inc., 995 F.2d 148, 61 USLW 2765 사건에서, 제9순회 연방항소법원은 징벌적 손해배상은 연방항공법(Federal Aviation Act)에 의하여 專占(preemption)되었으나 통상의 손해배상(compensatory damage)은 전점되지 아니하였다고 판시하였다.

(2) 용인된 관행설[43)]

(가) 대상사안에서 A는, B가 위법·부당한 상술로서 당초부터 A를 빈자리가 많은 항공편으로 유도할 계획을 가지고 출발시각에 임박하여 급하게 출발하려는 제3자에게 비싼 가격에 A의 항공권을 팔았다고 주장하였다. 이에 대하여 법원은, B가 대한항공으로부터 할당된 이 사건 항공편의 비즈니스석(20석)을 1석 초과하여 판매한 점에 비추어 보면, B가 부당하게 많은 좌석을 초과판매하였다고 볼 수 없다고 판단하였다.

(나) 법원은 (i) B의 일반운송약관은 "비록 여객이 확정된 예약과 유효한 항공권을 소지하고 일정한 시간과 조건을 충족하여 탑승수속을 하였더라도, 정기 항공편의 초과예약으로 인하여 항공사가 여객에게 좌석을 제공할 수 없는 상황이라면 항공사는 현행법에 따라 보상금을 지급하여야 한다"고 규정하고 있고, 위 유럽연합 규정상 "운항항공사는 항공편에서 탑승거절을 예상하면, 해당 여객과 운항항공사가 서로 동의하는 조건하에서 항공사가 제공하는 혜택을 받고 본인의 예약을 포기할 지원자를 먼저 찾아야 한다. 만약 남아 있는 예약 여객들이 항공기에 탈 수 있을 만큼 충분한 수의 지원자들이 나오지 않으면, 운항항공사는 여객들의 의사와 관계없이 탑승을 거절할 수 있다"고 규정하고 있는데 이는 단순한 예약을 전제하고 있다기보다 확약된 예약 즉 항공권의 판매를 전제한 규정인 점, (ii) 초과예약이 항공운송업의 특성상 일정 수준의 예약을 더 받음으로써 좌석 이용을 극대화하기 위하여 용인되는 것이라면 항공권 판매 이후에도 그러한 용인의 필요성이 인정되어야 하는 점, (iii) 우리나라의 소비자분쟁해결기준에서도 '사업자의 고의, 과실로 인한 운송의 불이행'으로서 '확약된 항공편의 취소', '확약된 예약의 취소', 'OVERBOOKING'을 함께 들고 있는 등 확약된 예약의 경우에만 보상이 문제가 되고 있고, 세계적으로 이를 금지하기보다 그로 인한 계약 위반의 경우 보상관계를 규율하는 방법을 택하고 있는 것으로 보이는 점 등에 비추어 볼 때, 항공권 초과예약은 초과판매를 포함하는 개념으로 보고 일반적으로 용인된 관행이라고 보

---

43) 서울중앙지방법원 2012. 12. 5. 선고 2012나24544 판결.

았다.

(다) 유럽연합규정이나 미국 연방법령[14 C.F.R. §250.2a (2013)]에서 초과예약에 관하여 일정한 보상규정을 두고 있는 것도 용인된 관행이라는 것을 전제로 하여, 합리적인 범위 내에서 여객을 보호하기 위한 것이다.[44] 미국 교통부(U.S. Department of Transportation)도 초과예약은 탑승부도(no-shows)로 인한 손실을 보상하기 위하여 대부분의 항공사가 시행하는 것으로 위법하지 않다는 입장을 취하고 있다.[45]

(3) 사기죄에 해당한다는 견해

초과예약의 관행은 형사적으로 사기죄에 해당한다는 견해이다.[46] 이러한 견해에 의하면, 여객은 항공사와 체결한 예약을 기망을 이유로 취소할 수 있다.

(4) 구 항공법 제119조의2 및 현행 항공사업법 제61조

법률 제11244호로 2012. 1. 26. 신설되어 2012. 7. 27.부터 시행된 구 항공법 제119조의2에서는 '항공권 초과 판매'를 적법한 것으로 보고 이에 관한 규정을 두었다. 현행 항공사업법 제61조에도 같은 내용이 규정되어 있다.

### 다. 검 토

(1) 항공업계의 초과예약 관행은 소정의 보상금을 조건으로 항공업계에서 일반적으로 시행되어 왔지만, 초과예약은 항공편이 최소한의 공석만 남긴 채 출발하도록 일정 수준의 예약을 더 받음으로써 좌석 이용을 극대

---

44) Ernst Führich, NJW 1997, 1044; Jürgen Basedow, Private Law in the International Arena, T·M·C Asser Press(2000), S.23.; Paul Stephen Dempsey/Laurence E. Gesell, Air Commerce and the Law, Coast Aire Publications(2004), 244; Dana A. Remus/Adam S. Zimmerman, "Aggregate Litigation Goes Private", 63 Emory L. J. 1325, 2014.

45) https://www.transportation.gov/airconsumer/fly-rights.

46) 정준식·황호원, 152~162면. 특히 국제항공운송약관에 초과예약에 대한 명시적인 규정이나 언급조차 없다는 점도 고의성에 관한 중요한 참고자료가 된다고 한다(정준식·황호원, 154면).

화하려는 항공사의 편의를 위한 것이다. 또한 초과예약으로 인하여 탑승률을 높임으로써 항공사의 손실이 감소되고 이는 항공권의 가격하락요인이 되는 점, 여객들은 탄력적으로 예약을 할 수 있고, 항공사로 하여금 예약취소에 관대한 정책을 유지할 수 있으므로, 결국 여객들에게도 이익이 된다.[47)]

(2) 2012. 7. 27.부터 시행된 구 항공법 제119조의2에서도 항공권 초과판매를 적법한 것으로 보고 피해자구제수단을 마련하도록 규정하고 있었으므로, 항공권 초과예약을 위법한 행위로 보는 견해는 더 이상 타당하다고 보기 어렵다.

(3) 상품의 선전·광고에서 다소의 과장이나 허위가 수반되는 것은 그것이 일반 상거래의 관행과 신의칙에 비추어 시인될 수 있는 한 기망성이 결여되지만, 거래에서 중요한 사항에 관하여 구체적 사실을 신의성실의 의무에 비추어 비난받을 정도의 방법으로 허위로 고지한 경우에는 기망행위에 해당한다는 것이 판례의 입장이다.[48)] 이러한 법리에 비추어 보면, 초과예약은 세계적으로 인정되는 상거래의 관행에 해당하고, 초과예약비율이 다른 항공사에 비하여 높지 않은 이상 신의칙에 비추어 시인될 수 있으므로, 기망행위에 해당한다고 보기는 어렵다.[49)] 또한 구 항공법 제119조의2에서도 항공권 초과판매를 적법한 것으로 인정하는 이상, 사기죄에 해당한다는 견해는 타당하다고 보기 어렵다.

(4) 한편 초과예약의 관행을 기망에 의한 사기로 보아 계약을 취소할

---

47) Elliott Blanchard, “Note, Terminal 250: Federal Regulation of Airline Overbooking”, 79 N.Y.U. L. Rev. 1803-1804, 2004; 이와 같이 여객에게도 이익이 되기 때문에 미국 정부도 초과예약을 금지하지 않고 있다(Dana A. Remus/Adam S. Zimmerman, “Aggregate Litigation Goes Private”, 63 Emory L.J. 1325, 2014).

48) 대법원 2009. 4. 23. 선고 2009다1313 판결, 대법원 2014. 6. 12. 선고 2013다75892 판결.

49) 미국 교통부 통계자료에 의하면, 미국 항공사의 2016년도 제1분기(2016. 1. ~ 2016. 3.) 탑승거부율은 평균 0.0060%(151,791,763명 중 9,085명에 해당하고, 이외에 초과예약으로 탑승이 거부된 97,531명은 자발적으로 대체항공편을 이용하였다)이고, 가장 거부율이 낮은 항공사는 Hawaiian Airlines(0.0001%), 가장 높은 항공사는 Expressjet Airlines(0.0146%)였다. Air Travel Consumer Report, U.S. Department of Transportation, Office of Aviation Enforcement and Proceedings, Aviation Consumer Protection Division, May, 2016, 32~33면.

수 있다는 견해는 여객의 보호에는 큰 도움이 되지 않는다. 오히려 초과예약으로 인하여 여객이 예약한 항공기에 탑승할 수 없는 경우에는, 항공사의 편의를 위한 초과예약시스템에서 탑승거부라는 특별한 희생을 입은 여객에게 항공사는 우선적으로 당초 계약에 버금가거나 우월한 대체수단을 신속히 마련하여 여객의 불편을 최소화할 의무를 부담하게 하고, 그와 같은 조치가 이행되지 않는 경우 항공사에게 채무불이행에 따른 책임을 추궁하는 것이 바람직하다.

## 4. 초과예약에 따른 탑승거부에 대한 항공사의 책임

### 가. 의 의

초과예약에 따른 탑승거부를 채무불이행으로 구성하는 경우에는 민법의 채무불이행에 관한 규정이 적용되는데, 여객은 채무불이행을 이유로 계약을 해제하거나(민법 제543조, 제545조), 손해배상을 청구할 수 있다.[50] 항공운송인이 초과예약으로 인하여 항공운송의 이행이라는 채무를 이행할 수 없게 된 경우, 여객은 항공사에 대한 의사표시로서 운송계약을 해제할 수 있고,[51] 항공사는 계약해제에 따른 원상회복의무를 부담하는 것은 당연하다.[52] 이하에서는 항공사의 대체수단 제공 의무와 손해배상책임에 관하여 살펴보기로 한다.

50) Ernst Führich, NJW 1997, 1045.

51) 이창재, 264면.

52) 계약해제의 효과로서 원상회복의무를 규정하는 민법 제548조 제1항 본문은 부당이득에 관한 특별규정의 성격을 가지는 것으로서, 그 이익 반환의 범위는 이익의 현존 여부나 청구인의 선의·악의를 불문하고 특단의 사유가 없는 한 받은 이익의 전부이다. 과실상계는 본래 채무불이행 또는 불법행위로 인한 손해배상책임에 대하여 인정되고, 매매계약이 해제되어 소급적으로 효력을 잃은 결과 매매당사자에게 당해 계약에 기한 급부가 없었던 것과 동일한 재산상태를 회복시키기 위한 원상회복의무의 이행으로서 이미 지급한 매매대금 기타 급부의 반환을 구하는 경우에는 적용되지 아니한다. 대법원 2014. 3. 13. 선고 2013다34143 판결.

## 나. 항공사의 대체수단 제공 의무

### (1) 공정거래위원회 고시 제2019-3호 소비자분쟁해결기준: 항공(국제여객) (3-3)

| 분쟁유형 | 해결기준 | 비고 |
|---|---|---|
| 4) 운송 불이행(Overbooking, No-Record 등). 다만, 국토교통부에서 정하고 있는 항공기점검을 하였거나 기상사정, 공항사정, 항공기 접속관계, 안정운항을 위한 예견하지 못한 조치 등을 증명한 경우에는 제외<br>① 대체편이 제공된 경우<br>– 운항시간 4시간 이내<br>· 2시간 이후 ~ 4시간 이내 대체편 제공 시<br>· 4시간 초과 대체편 제공 시<br>– 운항시간 4시간 초과<br>· 2시간 이후 ~ 4시간 이내 대체편 제공 시<br>· 4시간 초과 대체편 제공 시 | ○ 체재필요시 적정숙식비등 경비부담<br>○ USD 200 배상<br>○ USD 400 배상<br>○ USD 300 배상<br>○ USD 600 배상 | * 목적지 도착 기준<br>* 각 항공사에서 정하고 있는 탑승수속 마감시간 이후 도착자는 제외<br>* 보상기준 금액은 최고한도임(체제필요시 적정숙식비 등 경비 포함)<br>* 운항시간 4시간을 운항거리 3,500㎞와 동일하게 적용함. |
| ② 대체편을 제공하지 못한 경우 | ○ 불이행된 해당구간 운임 환급및 USD 600 배상 | |
| ③ 대체편 제공을 여객이 거부한 경우 | ○ 불이행된 해당구간 운임 환급 및 ①의 규정에 준하여 최초 대체편 제공가능시기를 산정하여 배상 | * 목적지 도착기준 |

### (2) 계약 목적 달성을 위한 항공사의 의무

(가) 의 의

운송계약을 체결한 여객은 항공사에 대하여 운송을 청구할 수 있는데, 특정 항공편을 이용하여 정시에 목적지에 도착하는 것은 항공여객운송계약의 본질적 내용을 구성한다.[53] 여객이 항공사에 대하여 대체항공편의

53) Ernst Führich, NJW 1997, 1044.

제공을 청구할 수 있는 법적 근거는 “쌍무계약의 당사자 일방의 채무가 채권자의 책임 있는 사유로 이행할 수 없게 된 때에는 채무자는 상대방의 이행을 청구할 수 있다”고 규정하고 있는 민법 제538조 제1항 제1문이 된다. 초과예약으로 인하여 여객의 탑승이 이유 없이 거절되는 경우에 항공사는 우선적으로 당초 계약에 버금가거나 우월한 대체수단을 신속히 마련하여 여객의 불편을 최소화할 의무가 있다.[54] 여객이 운송계약을 체결한 목적은 항공편을 이용하여 목적지까지 신속하게 이동하기 위한 것이므로, 최초의 예약항공편을 항공사의 귀책사유로 이용하지 못하게 되었다면, 항공사로서는 계약목적을 달성하기 위해서 최선의 노력을 하여야 하기 때문이다.[55]

(나) 내 용

구체적으로 살펴보면, 출발 및 도착 일자·시각·공항과 좌석등급이 특정되어 있는 항공편의 속성상 대체항공편은 여객이 탑승을 거절당한 항공편과 비교하여 도착공항이 동일하고, 도착시각이 당초 판매한 항공권의 도착시각보다 이르거나 근접하여야 하며, 판매한 항공권의 좌석등급과 동일하거나 그보다 우월한 좌석을 제공하여야 한다. 이러한 의무는 피해최소화의무에서 그 근거를 찾을 수 있다.[56]

---

54) 이와 구분할 것은 여객이 오픈티켓 항공권을 구입한 경우이다. 광주지방법원 2015. 10. 28. 선고 2015나50787 판결은 “오픈티켓은 탑승할 날짜와 시간이 정해져 있지 않은 항공권인바, 위와 같은 오픈티켓의 개념에 비추어 오픈티켓의 구입자보다 처음부터 탑승일자와 좌석을 특정하여 항공권을 구입한 사람에게 우선적으로 탑승권이 주어질 것임은 자명하므로(오픈티켓의 구입비용이 더 싼 것으로 보인다), 오픈티켓을 이용하는 사람은 원하는 날짜와 시간에 등급에 맞는 좌석이 남아있어야 탑승이 가능하다. 따라서 항공사는 여객이 지정하는 날짜와 시간에 탑승 가능한 좌석이 남아있는 것을 조건으로 여객을 탑승시킬 의무가 있다”고 판시하였다.

55) 독일 판례는 탑승거절(Verweigerung der Beförderung)의 이유가 초과예약에 의한 것으로 여객이 자발적으로 탑승을 거부하거나 비자발적으로 탑승을 거부당한 경우에도 모두 탑승거절에 해당한다고 판시하였다. BGH, Urteil vom 30. April 2009 - Xa ZR 78/08, S.6.

56) 독일 민법 제254조 제2항 제1문에서 이러한 의무를 명문으로 규정하고 있는데, 독일 판례도 위 민법 조항에서 항공사의 피해최소화의무의 근거를 찾고 있다(BGH NJW 1979, 495f.; AG Frankfurt/Main, NJW-RR 1996, 1335, 1336). Jens Peter Janköster, Fluggastrechte im internationalen Luftverkehr -Verspätung von Fluggästen, Überbuchung und Annullierung von Flügen-, Mohr Siebeck, 2009, S.257.

(3) 대상사안의 검토

대상사안에서 B는 먼저 도쿄를 경유하는 자사의 항공편을 제안하였는바, 이 항공편은 A가 구입한 항공권보다 적어도 2시간 35분 후에 출발하는 것이고, 도쿄에서 서울까지 연결항공편을 이용하여 귀국할 경우 도쿄에서의 대기시간을 추가하면 도착일자 및 시각이 A가 구입한 항공편의 일자 및 시각보다 현저히 늦어지므로 적절한 대안으로 보기 어렵다. 또한 B는 다음날 출발하는 자사의 항공편을 제안하였으나, 이것도 위와 같은 이유로 적절한 대안으로 평가하기 어렵다.

한편 A가 탑승을 거절당한 AF262 항공편과 공동운항 관계에 있는 KE902 항공편에 일등석 2석이 남아 있었고, A가 자비로 일등석 항공권을 구매하여 귀국한 그 다음 시간대의 KE904 항공편에도 일등석 좌석이 남아 있었다. 그런데 A가 탑승을 제안했던 KE902 항공편의 경우 일등석 기내식이 준비되지 않았다는 이유로, A가 실제로 탑승한 그 다음 KE904 항공편의 경우 요금이 다르다는 이유로 B가 대체좌석 제공을 거절하였는바, 이는 초과예약 때문에 당초 항공편 탑승이 거절된 여객에 대한 적절한 대응으로 평가하기 어렵다.

항공사는 대체항공편의 항공권구입에 필요한 모든 비용을 부담하여야 한다.[57] 특히 빈 좌석이 당초 판매한 좌석보다 고가의 좌석이라 하더라도 초과예약을 강행하여 좌석을 모두 판매한 채 항공편을 운항하는 항공사로서는 공석 없이 운행하는 이득을 얻었으므로, 당초 판매한 좌석보다 고가의 좌석을 제공함으로서 발생하는 추가 비용은 항공사의 부담으로 하는 것이 형평의 원칙에 부합한다.

## 다. 손해배상책임

(1) 적용 법령

(가) 위에서 본 바와 같이 이 사건 국제항공여객운송계약의 준거법은

---

57) BGH NJW 1979, 495f.; OLG Frankfurt/Main, TranspR 1992, 366; OLG Köln, NJW-RR 1994, 632; OLG Frankfurt/Main, TranspR 1997, 374, 375; AG Frankfurt/Main, NJW-RR 1996, 1335, 1336; AG Frankfurt/Main, NVZ 1998, 332.

대한민국의 법령이 된다. 그런데 항공여객운송에 관한 상법 제6편은 이 사건 발생 이후인 2011. 11. 24. 시행되었고, 상법 제907조가 연착에 대한 책임에 관하여만 규정하고 있어, 초과예약으로 인한 탑승거절이 문제된 이 사건에 적용하기는 어렵다. 결국 손해배상의 범위에 관하여는 우리 민법 제390조 등에 규정된 손해배상의 일반 원칙에 따라야 한다.

한편 B는 소비자분쟁해결기준이 적용되어야 한다고 주장하였지만, 법원은 소비자분쟁해결기준은 분쟁당사자 사이에 분쟁해결방법에 관한 별도의 의사표시가 없는 경우에 한하여 분쟁해결을 위한 합의 또는 권고의 기준이 될 뿐 구속력이 있다고 보기는 어렵다는 이유로 위 주장을 배척하였는바, 이는 하급심 판례[58]의 입장과도 합치하고, 위 해결기준의 법적 성격에 부합하는 것이어서 타당하다고 생각한다.

(나) 계약 상대방의 채무불이행을 이유로 한 계약의 해지 또는 해제는 손해배상의 청구에 영향을 미치지 아니하지만(민법 제551조), 다른 특별한 사정이 없는 한 그 손해배상책임 역시 채무불이행으로 인한 손해배상책임과 다를 것이 없으므로, 상대방에게 고의 또는 과실이 없을 때에는 배상책임을 지지 아니한다(민법 제390조).[59] 일반적으로 채무불이행으로 인한 손해배상청구에서 그 불이행의 귀책사유에 관한 증명책임은 채무자에게 있다.[60] 초과예약으로 인한 탑승거절은 항공사에게 미필적 고의가 있는 경우에 해당하므로, 항공사는 손해배상책임을 부담한다.

(2) 손해배상의 범위

(가) 채무불이행을 이유로 손해배상을 청구하는 경우에 그 계약이행으

58) 소비자분쟁해결기준은 소비자기본법에 따라 소비자와 사업자 사이에 발생한 분쟁이 원활하게 해결될 수 있도록 합의 또는 권고의 기준을 제시하기 위한 고시에 불과하다. 서울고등법원 2015. 6. 4. 선고 2013나2023677 판결.

59) 대법원 2016. 4. 15. 선고 2015다59115 판결; 이와 달리, 계약이 합의에 의하여 해제 또는 해지된 경우에는 상대방에게 손해배상을 하기로 특약하거나 손해배상 청구를 유보하는 의사표시를 하는 등 다른 사정이 없는 한 채무불이행으로 인한 손해배상을 청구할 수 없고, 그와 같은 손해배상의 특약이 있었다거나 손해배상 청구를 유보하였다는 점은 이를 주장하는 당사자가 증명할 책임이 있다(대법원 2013. 11. 28. 선고 2013다8755 판결).

60) 대법원 2010. 8. 19. 선고 2010다26745 판결.

로 인하여 채권자가 얻을 이익, 즉 이행이익의 배상을 구하는 것이 원칙이지만 그에 갈음하여 그 계약이 이행되리라고 믿고 채권자가 지출한 비용, 즉 신뢰이익의 배상을 구할 수도 있으나, 이때 채무불이행에 있어서 채권자에게 발생한 손해는 채무자의 채무불이행이 없었더라면 채권자에게는 손해가 발생하지 않았을 것이라고 인정되는 손해이어야 한다.[61]

(나) 채무불이행으로 인한 손해배상책임이 인정된다면 손해액에 관한 증명이 불충분하다 하더라도 법원은 그 이유만으로 손해배상청구를 배척할 것이 아니라 그 손해액에 관하여 적극적으로 석명권을 행사하고 증명을 촉구하여 이를 밝혀야 한다.[62] 손해가 발생한 사실은 인정되나 구체적인 손해의 액수를 증명하는 것이 사안의 성질상 매우 어려운 경우에 법원은 변론 전체의 취지와 증거조사의 결과에 의하여 인정되는 모든 사정을 종합하여 상당하다고 인정되는 금액을 손해배상 액수로 정할 수 있다(민사소송법 제202조의2).[63]

### (3) 재산상 손해

(가) 통상손해

계약의 해제에 따른 손해배상을 청구하는 경우에 채권자는 계약이 이행되리라고 믿고 지출한 비용의 배상을 청구할 수 있다. 이때 지출비용 중 계약의 체결과 이행을 위하여 통상적으로 지출되는 비용은 통상의 손해로서 상대방이 알았거나 알 수 있었는 지와 상관없이 배상을 청구할 수 있으며, 이를 초과하여 지출한 비용은 특별한 사정으로 인한 손해로서 상대방이 이를 알았거나 알 수 있었던 경우에 한하여 배상을 청구할 수 있다(민법 제393조).[64]

(a) 대체항공권 구입비용

항공여객운송계약은 출발 및 도착의 일자, 시각 및 공항이 특정되는 계약이므로, 특정되는 일시와 장소는 중요한 의미를 지니는 계약요소이다.

---

61) 대법원 2011. 6. 9. 선고 2011다15292 판결.
62) 대법원 1992. 4. 28. 선고 91다29972 판결.
63) 위 조항은 2016. 9. 30.부터 시행되었다.
64) 대법원 2016. 4. 15. 선고 2015다59115 판결.

그러므로 A가 이 사건 항공편과 출발 및 도착 일자와 공항이 같고 출발 시각이 2시간 후인 대한항공편을 선택한 것은 사회통념에 비추어 보면 합리적인 대체수단의 선택이라고 평가할 수 있다. 또한 B와의 항공여객운송계약에서 약정된 비즈니스석이 모두 판매되어 남아 있지 않자 A가 그보다 위 등급인 일등석 항공권을 구입한 것은 더 이상의 대안이 남아 있지 않은 상황에서는 불가피하였다고 볼 수 있다.

따라서 A가 2011. 9. 17. 23:00에 파리 샤를 드골 공항을 출발하여 서울 인천공항에 도착하는 KE904편의 일등석 항공권을 구입하기 위하여 5214.85유로를 지출한 것은 B의 탑승거절과 상당인과관계가 있는 통상손해에 해당한다. 대상사안에서 A는 미사용 예약항공권에 관하여 환불금 및 보상금 600유로를 받았으므로, 실제 손해액은 KE904편의 일등석 항공권 구입비용에서 환불받은 금액 및 보상금을 공제한 나머지 금액이 된다.[65]

(b) 이동 비용

한 도시나 지역에 여러 공항이 있어 항공사가 여객을 예약했던 공항이 아닌 대체 공항으로 가도록 항공편을 제공할 때, 항공사는 그 대체 공항에서 예약했던 공항까지 또는 여객이 동의한 인근의 다른 공항까지 가는 비용을 부담하여야 한다(유럽연합규정 제9조 제1항 참조).

(c) 식음료 및 숙박비용 등

항공사는 (i) 대기시간과 관련하여 합리적인 식사와 음료, (ii) 하루 이상의 체류가 필요한 경우 또는 여객이 의도했던 체류보다 긴 체류가 필요한 경우 호텔, (iii) 공항과 숙박지(호텔이나 다른 곳) 사이의 운송 등에 필요한 비용을 부담하여야 한다(유럽연합 규정 제9조 제1항 참조).

(d) 기타 손해

위에서 언급한 손해는 예시적인 것에 불과하고, 여객이 목적 달성에 필요한 것으로 사회통념상 상당성이 인정되는 손해(예를 들면, 다른 항공사와 운송계약을 체결하는데 지출한 통화료, 인터넷 사용료 등)는 통상의 손해에 해당한다고 보아야 한다.[66]

---

65) 대체항공권 구입비용과 예약항공권의 차액은 통상의 손해에 해당한다. AG Bad Homburg, ZLW 1992, 314; AG Stuttgart, NJW-RR 1992, 1082.

(나) 특별손해

Nader v. Allegheny Airlines 사건에서 법원은 코네티컷 시민행동단의 모금액 감소에 대하여도 손해배상을 인정하였다. 그러나 우리 민법 제393조 제2항은 "특별한 사정으로 인한 손해는 채무자가 그 사정을 알았거나 알 수 있었을 때에 한하여 배상의 책임이 있다"고 규정하고 있으므로, 위와 같은 사례에서 항공사가 여객의 도착 후 목적(연설 및 기금모금)을 알았거나 알 수 있었다고 인정하기는 쉽지 않기 때문에 특별손해를 인정하기는 어렵다고 생각한다.

(4) 위자료

일반적으로 계약상 채무불이행으로 인하여 재산적 손해가 발생한 경우 그로 인하여 계약 당사자가 받은 정신적인 고통은 재산적 손해에 대한 배상이 이루어짐으로써 회복되므로, 재산적 손해의 배상만으로는 회복될 수 없는 정신적 고통을 입었다는 특별한 사정이 있고, 상대방이 이와 같은 사정을 알았거나 알 수 있었을 경우에 한하여 정신적 고통에 대한 위자료를 인정할 수 있다.[67)]

대상사안에서 법원은, "A는 사전에 예상할 수 없었던 사정인 오버부킹을 이유로 탑승이 거절되었는바(특히 일반석에 비하여 고가인 비즈니스석의 경우 오버부킹을 이유로 탑승이 거절될 것이라고 예상하기는 더욱 어렵다), 그 당시 겪었을 낭패감과 불편은 짐작되고도 남음이 있다. 또한 B로서는 탑승이 거절된 항공편과 동등하거나 우월한 대체항공편을 제공하여 여객의 편의를 도모하였어야 함에도 불구하고 이 사건의 경우 탑승이 거절된 항공편보다 부족한 대체항공편만을 제시하였다. 이로 인하여 A가 정신적 충격을 받았으리라는 사실은 충분히 예상할 수 있으나, 그와 같은 충격은 A에게 일등석 이용에 따른 경제적 차액을 이 사건에서 배상하도록 함으로

---

66) Nader v. Allegheny Airlines, 426 U.S. 290 (1976) 사건에서 연방대법원은 연방항공규정이 우선 적용된다 하더라도 보통법(common law)에 의한 구제수단이 배제되는 것은 아니라고 판시하였다.

67) 대법원 1994. 12. 13. 선고 93다59779 판결, 대법원 2004. 11. 12. 선고 2002다53865 판결, 대법원 2007. 12. 13. 선고 2007다18959 판결.

써 어느 정도 회복되었다고 판단되고, 별도로 정신적 위자료를 인정할 특별한 사정이 없으므로, A의 위자료 청구는 받아들이지 아니한다"고 판단하였다.

그러나 초과예약으로 인한 탑승거절은 항공사의 고의에 의한 채무불이행이고, 미국과는 달리 징벌적 손해배상이 인정되지 않는 우리나라의 실정상, 소비자에 비하여 우월적 지위에 있는 항공사의 초과예약의 관행을 합리적으로 제한하고, 과다한 초과예약으로 인한 분쟁을 예방하기 위해서라도 위자료를 인정하는 것이 타당하다.[68]

### (5) 손익상계

손해배상액 산정에서 손익상계가 허용되기 위해서는 손해배상책임의 원인이 되는 행위로 인하여 피해자가 새로운 이득을 얻었을 뿐만 아니라 그 이득은 배상의무자가 배상하여야 할 손해의 범위에 대응하는 것이어야 한다.[69] 이 사건에서 A는 환송 후 항소심에서 B로부터 반환받은 항공료 2,221,100원과 600유로[70]를 공제한 나머지 금액을 손해배상으로 청구하였

---

68) 항공기의 기체결함(바퀴다리 길이의 연장 및 수축과정에 관여하는 기계장치 상부에 위치한 조정링크 부품의 하단 몸통부분 내부의 손상)으로 회항하였고 이로 인하여 여객이 지연 도착한 사안에서, 여객은 지연 도착으로 인하여 지연된 시간을 허비하게 되었고, 그 여행계획이 어긋나게 되어 정신적 고통을 받았다고 인정할 수 있다는 이유로 항공사로 하여금 여객에게 위자료 500,000원의 지급을 인정한 사례로는 서울중앙지방법원 2016. 6. 17. 선고 2015가소547171 판결; 이와 달리, 확정된 운행 일정에 따라 이륙하였던 항공기가 엔진 고장으로 회항함으로써 운항 스케줄이 당초 예정보다 15시간 늦어진 사안에서, 항공사가 운송인으로서 손해를 방지하기 위하여 필요한 모든 조치를 취하였으므로 개정 바르샤바 협약 제20조에 따라 여객들에 대하여 연착으로 인한 손해배상책임을 지지 않는다고 한 사례로는 대전지방법원 2009. 6. 26. 선고 2007가합3098 판결.

69) 대법원 2011. 4. 28. 선고 2009다98652 판결.

70) 채권액이 외국통화로 지정된 금전채권인 외화채권을 채무자가 우리나라 통화로 변제할 경우, 민법 제378조가 그 환산시기에 관하여 외화채권에 관한 민법 제376조, 제377조 제2항의 '변제기'라는 표현과는 다르게 '지급할 때'라고 규정한 취지에 비추어 볼 때, 그 환산시기는 이행기가 아니라 현실로 이행하는 때, 즉 현실이행시의 외국환 시세에 의하여 환산한 우리나라 통화로 변제하여야 한다고 풀이함이 타당하다. 따라서 채권자가 위와 같은 외화채권을 대용급부의 권리를 행사하여 우리나라 통화로 환산하여 청구하는 경우에도, 법원은 원고가 청구취지로 구하는 금액 범위 내에서는, 채무자가 현실로 이행할 때에 가장 가까운 사실심 변론종결 당시를 우리나라 통화로 환산하는 기준시로 삼아 그 당시의 외국환 시세를 기초로 채권액을 다시 환산한 금액에 대하여 이행을 명하여야 한다. 대법원 2012. 10. 25. 선고 2009다77754 판결.

으므로 별도로 손익상계를 할 것은 없다.

(6) 과실상계

민법 제396조는 채무불이행에 관하여 채권자에게 과실이 있는 때에는 법원은 손해배상의 책임 및 그 금액을 정함에 이를 참작하여야 한다고 규정하고 있으므로, 채무자가 채권자에 대하여 채무불이행으로 인한 손해배상책임을 지는 경우 채권자에게도 채무불이행에 관한 과실이 있다면 특별한 사정이 없는 한 법원으로서는 채무자의 손해배상책임의 범위를 정할 때 이를 참작하여야 한다.[71]

여객은 예약이 확정되면 예약항공편에 당연히 탑승이 가능할 것으로 예상하고 운송계약을 체결하는 것이므로, 설령 초과예약상태를 알고 있었더라도 탑승수속에 지장이 없는 한 탑승대에 가장 늦게 도착한 것을 여객의 과실이라고 평가할 수는 없다.[72] 대상사안에서 A는 항공기 출발예정시간보다 1시간 46분 전에 탑승수속을 하였으므로, 과실상계가 허용될 수는 없다.

## 5. 대상판결의 평가

(1) 이상에서 살펴본 바와 같이, 대상판결은 국제사법 시행 이후 국제항공운송계약의 준거법, 항공권의 초과예약으로 인한 탑승거절에 대하여 항공사가 부담하는 민사책임에 관하여 다양한 논점을 제시한 선례적인 판례로서 그 의의가 매우 크다.

(2) 운송계약이나 소비자의 상거소지 외에서 용역이 제공되는 계약이라고 하더라도 소비자계약에 해당하는 경우에는 소비자의 상대방이 계약

71) 대법원 2014. 7. 24. 선고 2010다58315 판결; 그러나 예외적으로 고의에 의한 채무불이행으로서 채무자가 그 채무 발생의 원인이 된 계약을 체결할 당시 채권자가 계약내용의 중요부분에 관하여 착오에 빠진 사실을 알면서도 이를 이용하거나 이에 적극 편승하여 계약을 체결하고 그 결과 채무자가 부당한 이익을 취득하게 되는 경우 등과 같이 채무자로 하여금 채무불이행으로 인한 이익을 최종적으로 보유하게 하는 것이 공평의 이념이나 신의칙에 반하는 결과를 초래하는 경우에는 채권자의 과실에 터잡은 채무자의 과실상계 주장을 허용하여서는 안 된다(대법원 2011. 5. 26. 선고 2007다83991 판결).

72) 이와 달리, 탑승수속에 지장을 주는 지각 도착은 여객의 과실이다. 서울남부지방법원 2015. 10. 16. 선고 2014나51294 판결.

체결에 앞서 그 국가에서 광고에 의한 거래의 권유 등 직업 또는 영업활동을 행하거나 그 국가 외의 지역에서 그 국가로 광고에 의한 거래의 권유 등 직업 또는 영업활동을 행하고, 소비자가 그 국가에서 계약체결에 필요한 행위를 한 경우나, 소비자의 상대방이 그 국가에서 소비자의 주문을 받은 경우 등에는, 당사자가 준거법을 선택하지 아니하였더라도 국제사법 제27조 제2항이 적용되어 소비자의 상거소지법이 준거법이 된다는 결론은 외국항공사를 이용하여 국제여행을 다녀오는 내국인이 점차 증가하고 있는 상황에서 내국인 보호에 커다란 이정표가 될 수 있다.

(3) 다음으로 초과예약의 관행을 긍정한다 하더라도, 항공사는 초과예약으로 인하여 탑승이 거절된 여객에게 적절한 대체항공편을 제공하여야 하고, 만약 그러한 의무를 이행하지 아니한 경우에는 민법상 채무불이행 책임을 부담한다고 판시하여, 초과예약으로 인한 탑승거절의 법적 성격과 법률효과를 명확히 하였다는 점도 높이 평가되어야 한다.

# [13] 몽골 국영 항공사와 체결한 국내총판대리점 (GSA) 계약의 유효 여부

서울중앙지방법원 2019. 9. 4. 선고 2017가합504171 판결

## Ⅰ. 사실관계

### 가. 당사자들의 지위

원고는 국외여행 알선업, 항공운송, 항공운수업 등을 목적으로 설립된 국내 회사이다. 피고는 몽골 울란바토르에 본사를 두고, 서울 중구 서소문로에 대한민국 내 영업소를 두고 있는 몽골의 국영 항공사이다.

### 나. 총판대리점계약의 체결

(1) 원고 대표이사 K는 2014. 1. 30. 몽골 울란바토르에서 피고의 정책 및 경영전략본부장 BS와 사이에, 원고가 피고의 '울란바토르-인천' 항공 노선의 좌석 등을 전속적으로 판매할 수 있는 권한을 갖고, 이에 대한 대가로 피고에게 매년 몽골화 550억 투그릭 이상을 지급하기로 하는 내용의 GSA(General Sales Agency Agreement, 총판대리점) 계약을 체결하였다(이하 '이 사건 계약').

(2) 이 사건 계약 중 이 사건 관련 주요 내용은 아래와 같다.

**제2조 기간**

기간 : 본 계약서의 기간은 2014. 3. 1.에 개시되어 2019. 2. 28.까지인 것으로 간주한다. 이 후에는 정식으로 승인된 양사 대표의 상호 동의에 의하여 결정된다. 그러나 매년 초에 양 당사자는 실적 및 본 계약서의 이행여부를 검토한다.

**제3조 GSA의 의무**

3.1 서비스 : 본 계약서의 조건에 따라 별첨 A에 규정한 바와 같은 지역에서 GSA를 피고의 총판대리점으로 지정한다. GSA는 지역에 설치된 자신

의 사무소를 통하여 지역에서 피고의 운송서비스를 판매하고 마케팅을 한다.

**제10조 탑승권 재고, 송금절차, 변제절차, 은행보증, 송금, BSP 규칙**

10.4 보증금 현금예치(Security Cash Deposit)

a. GSA는 별첨 C에 규정되어 있는 바와 같이 미화 5,000,000달러 무이자 조건의 보증현금 예치금을 피고에게 예치하여야 한다.

b. 보증현금예치금은 피고와 GSA가 본 계약서를 체결한 때로부터 영업일자를 기준으로 3일 이내에 GSA가 피고에게 예치하여야 한다.

c. 보증현금예치금은 GSA가 피고에게 지불하여야 할 금액을 배상하는 데 사용된다.

d. 보증현금예치금은 본 계약서 해지시에 이로부터 14일 이내에 GSA로 반송되어야 한다.

10.5 송금 a. GSA는 별첨 B의 절차에 따라 작성한 주당 계산서의 총액을 송금하여야 한다.

**제15조 기타 규정**

15.8 법인의 권한 : 각기 법인인 각 당사자들은 본 계약서를 승인하기 위하여 필요한 회사에 대한 조치가 취해졌음을 증명한다. 각 당사자를 대리하여 본 계약서에 서명하는 자들은 해당하는 당사자에 의하여 본 계약서에 서명을 할 수 있도록 권한이 부여되었음을 보증한다.

15.9 준거법 및 장소 : 본 계약서는 법의 갈등이 되는 규정들의 적용을 제외하고, 몽골법 및 대한민국법에 따라 해석된다.

**별첨 A GSA 지역**

항공사의 국제 및 국내 정기 항공 서비스 관련 한국 GSA의 영업 GSA는 한국과 몽골 지역을 포함한 피고의 기타 서비스 제공 지역에서 항공권을 판매할 수 있다.

**별첨 F 기타 특별 합의 조항**

1. 운항 확약:

1-1. GSA는 총 55,000,000,000.00MNT/년 및 울란바토르-인천-울란바토르 노선의 340회 운항을 보장한다.

1-2. 왕복여정을 340회 이상 운항할 시 각 왕복여정에 대해 75,000,000.00MNT을 적용한다.

1-3. 매년 초 양 당사자는 왕복여정의 비율과 판매 금액에 대해 논의하고

연간 마케팅 계획과 사업 성장에 따라 이를 최소 5% 확대한다.
1-4. 앞서 언급한 가격은 유류비를 포함한 모든 비용을 포함한다.
1-5. 피고는 GSA가 추가 차터 비행편을 요청할 시 합당한 항공기를 제공한다.
1-6. 최소 여객 수는 연간 138,000명이다.

(3) 한편, 이 사건 계약 당시 BS는 계약서의 서명란 중 피고 대표이사였던 JS의 기명 위에 자신의 서명을 하였다.

### 다. 이 사건 계약의 파기

(1) 원고는 2014. 2. 3. 이 사건 계약 제10.4조에 따라 피고 명의 계좌로 보증현금예치금으로 미화 5,000,000달러를 송금하였고, 피고는 2014. 2. 10. 국제항공운송협회(IATA, International Air Transport Association)에 2014. 3. 1.부로 원고가 대한민국 지역 내 GSA가 되었음을 통지하면서, 원고에 대한 GSA 코드[1] 발급 및 BSP 수취계좌[2]를 원고 명의 계좌로 변경할 것을 요청하였다.

(2) 그러나 피고는 2014. 2. 24. 원고에게, 피고의 확대 이사회가 2014. 2. 21. 개최되어 원고의 사업 제안서를 논의한 결과 원고가 제안한 사업 제안서를 공식적으로 거절하였고, 원고에게 미화 500만 달러를 환불할 것이며, 피고의 현재 규정에 따라 대표이사만이 회사를 대표하고 국내외 계약에 서명할 수 있는 권한을 가진다는 내용의 공문을 보냈고, 결국 이 사건 계약은 더 이상 이행되지 않았다.

### 라. 원고의 주장 요지

(1) BS는 피고를 대표하거나 피고 대표이사였던 JS를 대리하여 이 사건 계약을 체결할 적법한 권한을 가지고 계약서에 서명하였으므로, 이 사건 계약은 원고와 피고 사이에 유효하게 성립하였다. 설령 BS가 이러한

1) 항공권 및 항공화물 티켓을 발권할 때 사용되는 코드.
2) 항공권 및 항공화물 판매 대금 정산 계좌.

권한을 가지고 있지 않았다고 하더라도, 표현대표이사(또는 표현대리) 법리에 따라 이 사건 계약은 유효하며, 이후 피고는 이를 추인하기까지 하였다.

(2) 그런데 피고는 정당한 이유 없이 이 사건 계약을 이행하지 않았으므로 채무불이행에 따른 손해배상책임이 있다. 따라서 피고는 원고에게 이 사건 계약의 이행이익인 160,397,805,000원 중 일부로서 300억 원 및 이에 대한 지연손해금을 지급할 의무가 있다.

## Ⅱ. 참조 조문

### 1. 국제사법

**제16조(법인 및 단체)** 법인 또는 단체는 그 설립의 준거법에 의한다. 다만, 외국에서 설립된 법인 또는 단체가 대한민국에 주된 사무소가 있거나 대한민국에서 주된 사업을 하는 경우에는 대한민국 법에 의한다.

**제17조(법률행위의 방식)** ① 법률행위의 방식은 그 행위의 준거법에 의한다.

② 행위지법에 의하여 행한 법률행위의 방식은 제1항의 규정에 불구하고 유효하다.

③ 당사자가 계약체결시 서로 다른 국가에 있는 때에는 그 국가 중 어느 한 국가의 법이 정한 법률행위의 방식에 의할 수 있다.

④ 대리인에 의한 법률행위의 경우에는 대리인이 있는 국가를 기준으로 제2항에 규정된 행위지법을 정한다.

⑤ 제2항 내지 제4항의 규정은 물권 그 밖에 등기하여야 하는 권리를 설정하거나 처분하는 법률행위의 방식에 관하여는 이를 적용하지 아니한다.

**제18조(임의대리)** ① 본인과 대리인간의 관계는 당사자 간의 법률관계의 준거법에 의한다.

② 대리인의 행위로 인하여 본인이 제3자에 대하여 의무를 부담하는지의 여부는 대리인의 영업소가 있는 국가의 법에 의하며, 대리인

의 영업소가 없거나 영업소가 있더라도 제3자가 이를 알 수 없는 경우에는 대리인이 실제로 대리행위를 한 국가의 법에 의한다.

③ 대리인이 본인과 근로계약 관계에 있고, 그의 영업소가 없는 경우에는 본인의 주된 영업소를 그의 영업소로 본다.

④ 본인은 제2항 및 제3항의 규정에 불구하고 대리의 준거법을 선택할 수 있다. 다만, 준거법의 선택은 대리권을 증명하는 서면에 명시되거나 본인 또는 대리인에 의하여 제3자에게 서면으로 통지된 경우에 한하여 그 효력이 있다.

⑤ 대리권이 없는 대리인과 제3자간의 관계에 관하여는 제2항의 규정을 준용한다.

## 2. 몽골 민법

56. 무효인 협상

56.1.8 법률에서 정한 기준을 위법, 법률에 명시한 자의 허락 없이 진행한 협상

56.6 무효인 협상을 진행한 잘못이 있는 자는 타인에게 입힌 손해를 배상하여야 한다.

68.1 대리권이 없는 자가 타인을 대리하여 제3자와 거래를 체결한 경우, 거래의 효력은 위임인의 동의 여부에 따른다.

## 3. 몽골 상법

83.1 대표경영진은 회사정관 및 이사회(이사회가 없는 경우에 주주총회)와 체결한 계약 규정의 권리 범위내에서 일상의 업무를 경영해야 한다.

83.2. 회사 정관에 집단 대표경영진을 규정하지 않은 경우 대표경영진은 개인이다.

83.3. 회사 대표경영진이 개인인 경우 그 직책은 대표이사이다.

83.8. 대표경영진은 이사회가 부여한 권리 범위 내에서 거래, 계약 체결, 회사를 대표하는 등 회사를 대표하여 위임 없이 업무를 진행할 수 있다.

## Ⅲ. 판시사항

피고는 국내에 주된 사무소를 두고 있지 않고 주된 사업을 국내에서 하지 않는 외국 법인이며, BS는 피고와의 계약에 따라 피고의 임원으로서 몽골에서 이 사건 계약을 체결하였으므로, BS의 피고에 대한 대표권 또는 대리권의 존부나 그 제한, 대표권 또는 대리권 없이 한 행위의 효력 등에 관하여는 몽골법이 적용되어야 한다.

## Ⅳ. 해 설

### 1. 준거법의 결정

#### 가. 법인의 준거법

(1) 설립준거법

국제사법 제16조 본문은 "법인 또는 단체는 그 설립의 준거법에 의한다"라고 하여 법인에 관한 준거법은 설립준거법, 즉 속인법(lex societatis)임을 명시적으로 선언하고 있다. 법인에 관한 속인법의 적용범위에 관하여, 법인의 설립, 권리능력의 유무와 범위, 행위능력, 조직과 내부관계, 단체의 채무에 대한 책임, 단체의 조직에 기하여 행위하는 자의 대리 등 이에 포함된다.[3)]

(2) 판 례

대법원도 "국제사법 제16조가 적용되는 사항을 제한하는 규정이 없는데, 그 적용 범위는 법인의 설립과 소멸, 조직과 내부관계, 기관과 구성원의 권리와 의무, 행위능력 등 법인에 관한 문제 전반을 포함한다. 따라서 법인의 구성원이 법인의 채권자에 대하여 책임을 부담하는지, 만일 책임을 부담한다면 그 범위는 어디까지인지 등에 관하여도 해당 법인의 설립

---

3) 석광현, 국제사법해설, 박영사(2013), 201~213면. 이는 스위스 국제사법 제155조의 규정과 일치한다고 한다.

준거법에 따라야 한다"[4]고 판시하여 학설과 같은 입장을 취하였다.

서울고등법원 2019. 1. 29. 선고 2016나2070124 판결도, "국제사법 제16조 본문은 '법인 또는 단체는 그 설립의 준거법에 의한다'라고 하여 법인의 준거법은 원칙적으로 설립 준거법을 기준으로 정하고 있다. 이 조항이 적용되는 사항을 제한하는 규정이 없는데, 그 적용범위는 법인의 설립과 소멸, 조직과 내부관계, 기관과 구성원의 권리와 의무, 행위능력 등 법인에 관한 문제 전반을 포함한다고 보아야 한다. 따라서 법인이 당사자능력, 소송능력을 가지고 있는지에 관하여는 해당 법인의 설립 준거법에 따라야 한다"고 판시하였다.

(3) 대리권의 수여

대리권의 수여는 단독행위로도 가능하지만, 국제거래에서는 이 사건과 같이 계약을 통하여 부여하는 것이 일반적이다. 국제사법 제18조 제1항은 "본인과 대리인 간의 관계는 당사자 간의 법률관계의 준거법에 의한다"고 규정하고 있다(대리의 내부관계에 관한 당사자 자치의 원칙).

대법원은 "국내회사와 외국회사가, 국내회사가 외국회사의 제품을 국내에서 배급·판매대리 하는 내용의 계약을 체결하면서 준거법을 외국법으로 정하고, 계약해지사유의 하나로 '특별한 사유가 없더라도 전적으로 계약을 해지하려는 당사자의 편의에 따라 60일 전에 사전통보를 함으로써 계약을 해지할 수 있다'고 약정한 사안에서, 위 계약이 외국법을 준거법으로 정함으로써 현저하게 불합리하거나 불공정한 결과가 초래된다고 볼 근거가 없어 그 준거법 약정은 유효하다"[5]라고 판시하여 대리점계약의 준거법에 관한 당사자 자치의 유효성을 승인하였다.

### 나. 대리의 외부관계에 관한 준거법

(1) 대리인의 행위로 인하여 본인이 제3자에 대하여 의무를 부담하는지 여부는 대리인의 영업소가 있는 국가의 법에 의하며, 대리인의 영업소

4) 대법원 2018. 8. 1. 선고 2017다246739 판결.
5) 대법원 2010. 8. 26. 선고 2010다28185 판결.

가 없거나 영업소가 있더라도 제3자가 이를 알 수 없는 경우에는 대리인이 실제로 대리행위를 한 국가의 법에 의한다(국제사법 제18조 제1항).

(2) 임의대리에서 대리인 또는 대리인으로 칭한 자와 거래를 한 상대방에 대하여 본인에게 거래당사자로서의 책임이 있는지의 여부는 거래의 안전 내지 상대방 보호를 위한 측면을 고려할 때 대리행위지법에 의하여 판단되어야 함이 상당하므로, 영국에서 한국 회사인 B의 런던사무소 책임자인 C가 B를 대리하여 영국 회사인 A와 사이에 중재계약을 체결한 경우에 C의 중재계약상 대리행위에 관한 준거법은 대리행위지법인 영국법이다.[6]

(3) 국내에 영업소가 있는 선박대리점이 외국의 선박소유자 등과의 선박대리점계약에 기하여 외국 선적의 선박에 관하여 항해 등에 관한 사무의 처리를 위탁받아 그 사무를 처리하는 경우에, 선박대리점계약에 의하여 발생하는 채권 및 채무의 종류·내용과 효력, 변제 그 밖의 방법에 의한 소멸 등의 사항에 관하여 당사자가 준거법을 따로 선택하지 아니하였다면, 다른 특별한 사정이 없는 한 국제사법 제26조 제2항 단서에 의하여 계약과 가장 밀접한 관련이 있는 것으로 추정되는 선박대리점의 영업소가 있는 우리나라의 법이 준거법이 된다.[7]

(4) 미국 캘리포니아 거주 미국인 L과 한국회사 M을 대리한 N이 L과 M 사이의 협력관계를 종식시키고 그 사이에 얽혀 있는 계산 내지 이해관계를 해결하는 것을 목적으로 하는 결별협약을 체결하면서 그 협약으로부터 발생하는 법률관계에 관하여는 캘리포니아 주법을 적용하기로 약정한 경우, 표현대리나 무권대리의 추인에 관한 문제는 협약이 유효하게 성립된 것을 전제로 비로소 적용될 수 있는 위 협약내용의 해석이나 시행에 관한 문제가 아니므로 협약의 효력이 다투어지는 경우에는 위 준거법에 관한 약정이 적용될 수 없지만, 표현대리나 무권대리의 추인은 거래의 안전을 보호하기 위한 제도인 만큼 계약체결지법인 캘리포니아 주법에 의하여 판단되어야 한다.[8]

---

6) 대법원 1990. 4. 10. 선고 89다카20252 판결.
7) 대법원 2012. 7. 16.자 2009마461 결정.

### 다. 대상사안의 검토

(1) 피고는 몽골 울란바토르에 본점을 둔 회사로 이 사건은 외국적 요소가 있는 사건에 해당하므로 국제사법에 따라 준거법을 결정하여야 한다. 이 사건 계약 제15.9조가 "본 계약서는 법의 갈등이 되는 규정들의 적용을 제외하고, 몽골법 및 대한민국법에 따라 해석된다"고 정하고 있으므로, 국제사법 제25조 제1항에 따라 이 사건 계약에 관한 법률관계에 적용될 준거법은 원칙적으로 몽골법 및 대한민국법이고, 몽골법과 대한민국법의 규정이 상이할 경우에는 다시 국제사법의 다른 규정들에 따라 준거법을 정할 수밖에 없다.[9)]

(2) 피고는 국내에 주된 사무소를 두고 있지 않고 주된 사업을 국내에서 하지 않는 외국 법인이며, BS는 피고와의 계약에 따라 피고의 임원으로서 몽골에서 이 사건 계약을 체결하였으므로, BS의 피고에 대한 대표권 또는 대리권의 존부나 그 제한, 대표권 또는 대리권 없이 한 행위의 효력 등에 관하여는 국제사법 제16조에 따라 피고 법인 설립의 준거법인 몽골법이 적용되어야 한다.[10)]

(3) 나아가 수권행위의 준거법은 이 사건 수권계약은 본인(피고)이 몽골 정부로부터 취득한 국제항공운수권에 기초하여 국제항공운송계약 체결권한 일부를 대리인(원고)에게 부여하는 것을 주된 내용으로 한다는 점에서 항공운송계약의 근거가 되는 운수권 발생의 근거지(본인의 주된 사무소 소재지) 법에 따른다고 해석하는 것이 타당하다. 또한 어느 누구도 자신이

---

8) 대법원 1987. 3. 24. 선고 86다카715 판결. 대리인이 미국 소재 법인을 대리하여 신용장개설 계약을 체결하였다고 볼 수 있을 것인지 그렇지 아니하더라도 그 법인이 사후에 대리인이 대리 권한 없이 체결한 신용장개설 계약을 추인하였다고 볼 것인지는 그 신용장개설 계약체결지의 법을 적용하여 판단하여야 한다(대법원 1995. 12. 5. 선고 95다32198 판결).

9) 후술하는 바와 같이 이 사건 계약은 무효이다. 이와 관련하여, 국제사법 제29조 제1항은 "계약의 성립 및 유효성은 그 계약 이 유효하게 성립하였을 경우 이 법에 의하여 적용되어야 하는 준거법에 따라 판단한다"고 규정하고 있고, 판례도 계약이 무효인 경우에도 준거법은 그 계약에 의하여 판단하여야 한다는 입장을 취하고 있다(대법원 2007. 11. 15. 선고 2006다72567 판결).

10) 대법원 2012. 6. 14. 선고 2010다4615 판결, 대법원 2018. 11. 29. 선고 2016다18753 판결.

가진 권한 이상을 다른 사람에게 줄 수 없다(Nemo plus iuris ad alium transferre potest quam ipse habet)는 법언, 이 사건 계약은 울란바토르에서 체결된 점, 이 사건 계약에 따라 원고가 피고에게 지급할 대가도 몽골 화폐인 투그릭으로 규정된 점 등을 종합하면, 이 사건 수권행위의 준거법은 몽골법으로 보는 것이 타당하다.

## 2. 서울고등법원 2008. 11. 6. 선고 2007나117469 판결

### 가. 인정사실

(1) 원고는 국내외 여행업을 영위하는 법인이다. 원고는 2006. 3. 13. A항공과 사이에, 2006. 3. 14.부터 2006. 5. 23.까지 사이에 청주공항에서 몽골 울란바타르 공항, 러시아 이르쿠츠크 공항 구간을 운행하는 A의 항공기 좌석 중 각 항공편당 25석을 20회에 걸쳐 원고에게 공급하기로 하는 내용의 계약을 체결하였고, A는 원고가 요청하는 2006. 6. 1.부터 2006. 8. 31.까지 사이의 항공기 좌석에 대하여도 우선적으로 공급하기로 하였다. 위 계약은 A의 부사장과 서울지점장(station manager)인 피고가 A항공을 대표하여 체결하였다.

(2) 원고는 2006. 6. 13. A항공과 사이에 2006. 6. 1.부터 2006. 8. 31.까지 사이에 위 (1)항과 같은 구간을 운행하는 항공기의 좌석 중 합계 1,215석을 공급하기로 하는 계약(이하 '이 사건 계약')을 체결하였고, 이 사건 계약서는 A의 서울지점장인 피고와 원고가 서명하였다.

### 나. 원고의 주장

(1) 이 사건 계약은 피고가 A의 독립대리점(general sales agent)의 자격에서 원고와 체결한 것이므로 그 계약의 당사자는 A가 아니라 피고이다.

(2) 이 사건 계약은 A의 정기운항편 항공기 좌석을 공급하기로 하는 계약임에도 피고는 임시운항편 항공기를 제공하였을 뿐 아니라 운항허가를 받지 아니한 항공권을 예약하여주기도 하고 예약 및 발권 시스템마저 불안정하게 유지하여 예정된 항공기가 운항을 중단하는가 하면, 이중발권,

항공권의 당일 취소, 예고 없는 귀국 항공편의 일정 변경 등의 문제가 발생하였고 이로 인하여 원고는 손해를 입었다.

(3) 설령 피고가 이 사건 계약의 당사자가 아니라고 하더라도 피고는 위와 같은 문제가 생길 것을 알면서도 원고와 사이에 항공권 발권계약을 체결하였거나 또는 항공기의 출발일자, 항공좌석 수 등을 확인하고 발권계약을 체결하여야 함에도 이를 확인하지 아니하고 발권계약을 체결하여 위 문제가 발생하였고, 항공기 운항경로가 없는 구간도 있는 것처럼 원고를 기망하였으며, 원고로부터 교부받은 항공료를 A에 송금하지 아니하여 예약이 취소되게 하였으므로, 피고는 위와 같은 불법행위로 인한 원고의 손해를 배상할 책임이 있다.

### 다. 판 단

(1) 이 사건 계약서에 표시된 피고의 자격, 그 내용과 이 사건 계약이 위 2006. 3. 14.자 계약에서 정한 원고와 A 사이의 항공기 좌석 우선 공급약정에 기하여 체결된 것으로 보이는 점 등에 비추어 보면, 피고는 A의 서울지점장 자격에서 이 사건 계약을 체결한 것으로 보일 뿐이고 달리 피고가 이 사건 계약의 당사자로 볼 아무런 증거가 없다. 따라서 피고가 이 사건 계약상 채무불이행책임을 진다는 원고의 주장은 이유 없다.

(2) 다음으로 불법행위 주장에 관하여 보건대, 원고 제출의 증거만으로 피고가 원고의 주장과 같은 불법행위를 하였다고 인정하기에는 부족하고 달리 이를 인정할 증거가 없으므로(원고가 주장하는 손해는 A가 예정된 항공편에 대한 운항을 취소하거나 일정을 변경함으로써 생긴 것으로 보일 뿐이고, 서울지점장인 피고가 이를 알거나 알 수 있었으면서도 발권계약을 체결하였다고 볼 증거는 없다), 이 부분 주장 역시 이유 없다.

## 3. 이 사건 GSA 계약의 효력

### 가. BS의 피고에 대한 대표권 인정 여부

(1) 몽골 회사법 제83.1.조 내지 제83.3.조 및 제83.8.조에 의하면, 피고 대표이사였던 JS만이 피고를 대표하여 이 사건 계약을 체결할 권한이

있으므로, BS에게 위와 같은 권한이 인정되기 위해서는 JS로부터 대표권 행사에 관한 위임을 받은 사실을 인정할 수 있어야 한다. 한편 몽골 민법 제64.1.조는 "위임인은 대리인 및 거래의 제3자에 대하여 대표 및 위임 사실에 관하여 구두 또는 문서로 통지함으로써 대리인에게 위임할 수 있다"라고 정하여, 대한민국 법과는 달리 위임인이 거래의 제3자에 대하여도 대리권 수여 의사표시를 할 것을 요구하고 있다.

(2) 원고는, JS가 2013. 12. 6.경 원고 대표이사를 만나 "이 사건 계약에 관하여 피고 재무회계이사 DS에게 권한을 위임하였다"고 말하였다고 주장하나, 이를 인정할 만한 증거가 없다. 한편 피고는 이 사건 계약 체결 당시 "원고와 GSA 계약을 맺을 것을 의결하며, 비용에 대한 예측을 자세히 조사하여 다음 임원회에서 보고하기를 재무회계이사 DS에게 명하였다"는 내용의 2014. 1. 28.자 임원회 의사록을 교부하였던 사실, 위 임원회 의사록에는 피고 대표이사였던 JS가 서명한 사실, 이 사건 계약 체결 당시 피고의 정책 및 경영전략본부장 BS, 재무회계이사 DS 등이 참석한 사실, 피고는 2014. 2. 24. 국제항공운송협회에 GSA 코드 발급 및 BSP 수취계좌 변경 취소를 요청하는 공문을 보내면서, 그 사유로 이사회가 원고와 협력하지 않기로 결정하였다는 사정만 들고 있을 뿐 이 사건 계약이 권한 없는 사람에 의하여 체결되어 무효라는 취지로 통지하지는 않았던 사실을 인정할 수 있다.

(3) 그러나 (i) 피고의 내규인 계약체결규정은 "계약서에는 회사를 대표하여 대표이사가 서명한다. 필요시 대표이사가 서면으로 계약에 서명할 권한을 제3자에게 위임할 수 있다"고 정하고 있는 점, (ii) 2014. 1. 28.자 임원회 의사록을 DS가 아닌 BS에 대하여 대리권을 수여하는 의사표시가 기재된 문서로 볼 수는 없는 점, (iii) 위 2014. 2. 24.자 공문은 이 사건 계약 체결 이후에 계약의 상대방이 아닌 제3자에게 보낸 것에 불과한 점 등에 비추어 보면, 위에서 인정한 사실관계만으로는 피고 대표이사였던 JS가 계약 체결 권한을 BS에게 위임하였음을 이 사건 계약의 상대방인 원고에게 통지하였다고 인정하기 부족하고, 달리 이를 인정할 증거가 없다. 따라서 BS는 피고를 적법하게 대표하여 이 사건 계약을 체결할 권한이

없으므로, 이 사건 계약은 몽골 민법 제68.1.조에 따라 피고의 동의가 없는 한 무효라고 봄이 타당하다.

### 나. 표현대리 규정 적용 여부

#### (1) 몽골 민법의 규정

몽골 민법 제65.1.조는 "본인이 다른 자에게 자기를 대리할 수 있다는 믿음을 줄 수 있는 환경을 조성하여 다른 자가 본인을 대리할 수 있다고 신뢰하여 본인을 공정하게 대리하여 제3자와 협상을 하였을 경우 다른 자에게 그 신뢰를 준 본인은 다른 자의 권한이 없었음을 이용하여서는 안된다"고 정하고 있다.

#### (2) 원고의 주장

피고 대표이사였던 JS가 원고 대표이사에게 이 사건 계약에 관하여 DS에게 권한을 위임하였다는 의사를 표시하였고, 이 사건 계약 체결 당시 피고 임직원들이 BS를 피고 부사장으로 소개하였기 때문에, BS가 피고 대표이사였던 JS로부터 권한을 위임받아 적법하게 이 사건 계약을 체결할 권한이 있다고 믿었으므로, 피고는 몽골 민법 제65.1.조에 따라 이 사건 계약이 무권대리인에 의하여 체결되었다는 이유로 그 효력을 다툴 수 없다.

#### (3) 판 단

살피건대, 원고의 주장을 인정할 증거가 없다. 설령 원고 주장 사실을 그대로 인정한다고 가정하더라도, 이러한 사실만으로 피고 또는 JS가 BS에게 이 사건 계약을 체결할 권한이 있다고 신뢰할 만한 조건을 조성하였다거나, BS[11)]가 스스로 대리권이 있다고 신뢰하였다고 보기 부족하고, 달리 이를 인정할 증거가 없다. 따라서 원고의 이 부분 주장은 이유 없다.

---

11) 몽골 민법 제65.1.조는 대리행위의 상대방이 아니라, 대리행위를 한 사람이 대리권의 존재를 신뢰할 것을 요건으로 하고 있다.

### 4. 피고의 이 사건 계약 추인 여부

#### 가. 몽골 민법의 규정

몽골 민법 제53.1.조는 "권한 없는 자가 한 행위를 권한 있는 자가 추후 승인하면 본 행위를 효력이 있다고 본다"고 정하고 있다.

#### 나. 인정사실

(1) 원고는 2014. 2. 3. 피고 명의 계좌로 보증현금예치금 미화 500만 달러를 송금하였다. 피고는 2014. 2. 10. 국제항공운송협회(IATA)에 2014. 3. 1.부로 원고가 한국 지역 내 GSA가 되었음을 통지하면서, 원고와 관련한 GSA 코드 발급 및 BSP 수취계좌를 원고 명의 계좌로 변경할 것을 요청하였다.

(2) 피고는 2014. 2. 12. 원고에게 "한국의 원고는 피고의 GSA로 선정되었으며, 2014. 1. 30.경 협력을 위한 합의에 이르렀습니다. 원고는 2014. 3. 1.경부터 위 합의 하에 당사와 협력하여 '울란바토르-서울-울란바토르' 노선의 항공권 판매 사업을 진행할 것입니다"라는 내용의 공문을 보냈고, BS가 2014. 2. 20.경 한국을 방문하여 원고와 비용 송금 일정을 합의하여 이를 기재한 서류에 서명하였다.

#### 다. 판 단

그러나 (i) 피고가 IATA에 보낸 각 2014. 2. 10.자 공문, 원고에게 보낸 2014. 2. 12.자 공문, 2014. 2. 20. 작성된 비용 송금 일정 합의 문서에는 피고 인감이 날인되어 있기는 하나 BS 또는 DS의 서명만 되어 있는 반면, 피고가 원고에게 보낸 2014. 2. 24.자 공문(이 사건 계약의 파기를 통보), IATA에 보낸 각 2014. 2. 24.자 공문(GSA 코드 발급 및 BSP 수취계좌 변경 취소를 요청)에는 피고 대표이사였던 JS의 서명이 되어있는 점, (ii) 피고가 2014. 2. 3. 500만 달러를 송금받는 과정에 JS가 개입하였다는 사정은 보이지 않는 점 등에 비추어 보면, 피고를 대표할 권한을 가진 자에 의하여 이 사건 계약이 승인되었다고 보기 부족하고, 달리 이를 인정할 증거가 없다. 따라서 원고의 이 부분 주장도 이유 없다.

### 5. 결 론

따라서 이 사건 계약이 유효함을 전제로 피고에게 채무불이행에 따른 손해배상을 구하는 원고의 주장은 나머지 점에 관하여 더 나아가 살펴볼 필요 없이 이유 없다.

# [14] 마일리지 적립 신용카드 약관의 불이익변경

대법원 2013. 2. 15. 선고 2011다69053 판결

## Ⅰ. 사실관계

(1) 피고 주식회사 C은행의 신용카드 개인회원약관은 2006. 3. 20. 변경되었는데, 변경 후 약관 제26조 제2항(이하 '이 사건 약관 규정')은 "신용카드에 부가된 제휴서비스의 제공 및 이용조건은 은행이나 해당 제휴기관의 사정에 따라 변경될 수 있으며, 그 변경 내용은 사전에 고지하여 드립니다"라고 규정되어 있었다.

(2) 원고들은 위 신용카드약관이 변경된 후인 2006. 3.경부터 같은 해 10월경까지 사이에 피고와 사이에 피고가 발행하는 A클럽 마스터카드(이하 '이 사건 신용카드') 회원 가입계약(이하 '이 사건 계약')을 체결하였다. 이 사건 신용카드는 피고가 A항공과 제휴하여 발급하는 카드로서 신용카드 본래의 기능에 따른 서비스 외에 위 제휴에 따라 마일리지를 적립하는 부가서비스를 제공함에 따라 그 명칭도 위와 같이 A클럽 마스터카드로 되어 있다.

(3) 이 사건 신용카드 광고 시 "A-C은행 마일리지 대축제, 타사 카드보다 2배 더 많은 사용금액 1,000원당 2마일을 적립해 드립니다"라고 하여 마일리지 제공 기준을 중요한 내용으로 홍보하였고 그 내용대로 약정이 이루어졌다. 또한 이러한 사정을 고려하여 기본적인 연회비 외에 제휴서비스 비용을 반영하여 연회비가 다른 신용카드에 비하여 높은 금액으로 책정되었다. 위 마일리지 제공 기준은 신용카드 본래의 기능에 관한 부분은 아니지만 원고들을 비롯하여 고객이 수많은 신용카드 중에서 이 사건 카드를 선택하는 이유가 되었다.

(4) 위 신용카드약관이 변경된 지 얼마 되지 아니한 2006. 3.경부터 같은 해 10월경까지 사이에 이 사건 계약이 체결됨에 따라 카드회원들이

제휴서비스 이용조건에 대한 유예기간 없는 일방적 변경을 허용하는 이 사건 약관 규정이 적용된다는 사정을 쉽게 알기 어려웠다.

## Ⅱ. 참조 조문

### 1. 약관의 규제에 관한 법률(이하 '약관규제법')

**제3조(약관의 작성 및 설명의무 등)** ① 사업자는 고객이 약관의 내용을 쉽게 알 수 있도록 한글로 작성하고, 표준화·체계화된 용어를 사용하며, 약관의 중요한 내용을 부호, 색채, 굵고 큰 문자 등으로 명확하게 표시하여 알아보기 쉽게 약관을 작성하여야 한다.

② 사업자는 계약을 체결할 때에는 고객에게 약관의 내용을 계약의 종류에 따라 일반적으로 예상되는 방법으로 분명하게 밝히고, 고객이 요구할 경우 그 약관의 사본을 고객에게 내주어 고객이 약관의 내용을 알 수 있게 하여야 한다. 다만, 다음 각 호의 어느 하나에 해당하는 업종의 약관에 대하여는 그러하지 아니하다.

1. 여객운송업
2. 전기·가스 및 수도사업
3. 우편업
4. 공중전화 서비스 제공 통신업

③ 사업자는 약관에 정하여져 있는 중요한 내용을 고객이 이해할 수 있도록 설명하여야 한다. 다만, 계약의 성질상 설명하는 것이 현저하게 곤란한 경우에는 그러하지 아니하다.

④ 사업자가 제2항 및 제3항을 위반하여 계약을 체결한 경우에는 해당 약관을 계약의 내용으로 주장할 수 없다.

**제5조(약관의 해석)** ① 약관은 신의성실의 원칙에 따라 공정하게 해석되어야 하며 고객에 따라 다르게 해석되어서는 아니 된다.

② 약관의 뜻이 명백하지 아니한 경우에는 고객에게 유리하게 해석되어야 한다.

**제6조(일반원칙)** ① 신의성실의 원칙을 위반하여 공정성을 잃은 약관 조항은 무효이다.

② 약관의 내용 중 다음 각 호의 어느 하나에 해당하는 내용을 정하

> 고 있는 조항은 공정성을 잃은 것으로 추정된다.
> 1. 고객에게 부당하게 불리한 조항
> 2. 고객이 계약의 거래형태 등 관련된 모든 사정에 비추어 예상하기 어려운 조항
> 3. 계약의 목적을 달성할 수 없을 정도로 계약에 따르는 본질적 권리를 제한하는 조항

### 2. 민 법

> **제105조(임의규정)** 법률행위의 당사자가 법령 중의 선량한 풍속 기타 사회질서에 관계없는 규정과 다른 의사를 표시한 때에는 그 의사에 의한다.

## Ⅲ. 판시사항

(1) 피고 은행이 항공사와 제휴하여 마일리지가 적립되는 신용카드를 발급하던 중 약관을 변경하여 "신용카드에 부가된 제휴서비스의 제공 및 이용조건은 은행이나 제휴기관의 사정에 따라 변경될 수 있다"는 내용의 조항을 두었고, 그 후 원고들이 피고와 기존 마일리지 제공 기준에 따른 신용카드 회원가입계약을 체결하였는데, 나중에 피고가 마일리지 제공 기준을 변경한 경우, 위 약관 조항의 내용은 설명의무의 대상이 되는 약관의 중요한 내용에 해당한다.

(2) 약관규제법이 약관의 '명시의무' 외에 중요 내용에 대한 '설명의무'를 별도로 규정하고 있는 취지를 고려할 때에, 피고는 약관의 '명시의무'를 다한 것이라고 할 수 있을 뿐 중요 내용에 대한 설명의무까지 이행하였다고 볼 수는 없다. 설명의무 위반으로 약관의 전부 또는 일부의 조항이 계약의 내용으로 되지 못하는 경우 계약은 나머지 부분만으로 유효하게 존속하고, 다만 유효한 부분만으로는 계약의 목적 달성이 불가능하거나 그 유효한 부분이 한쪽 당사자에게 부당하게 불리한 경우에는 그 계약은 전부 무효가 된다.

## Ⅳ. 해 설

### 1. 보통거래약관과 법원에 의한 약관의 내용통제

#### 가. 의 의[1)]

(1) 일반적인 계약의 경우 계약당사자는 서로 협의하여 계약의 내용을 확정한다. 그런데 어떤 경우에는 계약 당사자 일방이 계약 내용으로 삼을 사항(계약조건)을 일방적으로 미리 정해놓고 계약체결시에 이를 제시하기도 한다. 그 때 상대방이 이를 받아들이면 그것은 계약의 내용으로 된다. 보통거래약관은 계약의 일방당사자(약관 사용자)가 다수의 상대방(고객)과 계약을 체결하기 위하여 일정한 형식에 의하여 미리 마련한 계약의 내용이 되는 것을 말한다(약관규제법 2조 1항).

(2) 보통거래약관은 부정적 기능도 있다. 보통거래약관은 약관의 사용자측에서 일방적으로 준비하는 것이므로, 사용자에게만 유리한 내용으로 이루어질 가능성이 크다. 예를 들면, 사용자가 의무를 면하거나 모든 위험을 상대방에게 전가하거나 분쟁 발생시 자신에게 유리하게 해줄 방법을 정한 경우, 상대방이 전혀 예상할 수 없는 의무를 상대방에게 부담시키는 조항을 두는 경우 등이 이에 해당한다. 물론 보통거래약관의 사용자가 약관을 이용하여 계약을 체결하려는 경우에 상대방은 계약체결을 거절할 수 있다. 그러나 일단 계약을 체결하려고 하면 보통거래약관에 따라서 계약을 체결할 수밖에 없다. 그 결과 계약체결의 자유는 있으나 계약내용 결정의 자유는 가지지 못한다.

(3) 이와 같이 보통거래약관이 중대한 폐단을 가져올 수 있기 때문에 종래 각국의 판례와 학설은 보통거래약관을 규제하기 위하여 부심해왔다. 우리나라도 1986년 약관규제법을 제정하여 1987. 7. 1.부터 시행하고 있다.

---

1) 송덕수, “보통거래약관의 법률문제”, 법학논집 제11권 제1호(2006. 9.), 21~22면.

### 나. 법원에 의한 약관통제

#### (1) 내용통제

법원이 약관규제법에 근거하여 사업자가 미리 마련한 약관에 대하여 행하는 '구체적 내용통제'는 개별 계약관계에서 당사자의 권리·의무를 확정하기 위한 선결문제로서 약관조항의 효력 유무를 심사하는 것이다. 법원은 약관에 대한 단계적 통제과정, 즉 (i) 약관이 사업자와 고객 사이에 체결한 계약에 편입되었는지의 여부를 심사하는 '편입통제',[2] (ii) 편입된 약관의 객관적 의미를 확정하는 '해석통제', (iii) 이러한 약관의 내용이 고객에게 부당하게 불이익을 주는 불공정한 것인지를 살펴보는 '불공정성통제'의 과정에서,[3] 개별사안에 따른 당사자들의 구체적인 사정을 고려해야 한다.[4]

#### (2) 약관의 해석

약관의 해석은 신의성실의 원칙에 따라 해당 약관의 목적과 취지를 고려하여 공정하고 합리적으로 해석하되, 개별 계약 당사자가 의도한 목적이나 의사를 참작하지 않고 평균적 고객의 이해가능성을 기준으로 객관적·획일적으로 해석하여야 한다. 위와 같은 해석을 거친 후에도 약관 조

---

2) 보험회사가 영국법 준거약관에 의하여 영국 해상보험법이 적용되는 워런티(warranty) 약관 조항을 사용하여 해상운송업자인 보험계약자와 선박에 관한 보험계약을 체결하면서 보험계약자가 일정 기한까지 선박에 대한 현상검사와 그에 따른 권고사항을 이행할 것을 워런티 사항으로 정한 사안에서, 보험회사가 워런티의 의미와 효과에 관하여 보험계약자가 제대로 이해할 수 있도록 충분히 설명하지 않는 경우에는 보험계약자가 위 워런티 약관 조항의 의미와 효과를 전체적으로 이해할 수 없게 되어 예측하지 못한 불이익을 받게 되므로, 그 경우 위 약관 조항 전체가 처음부터 보험계약에 편입되지 못하는 것으로 보아야 한다. 대법원 2010. 9. 9. 선고 2009다105383 판결.

3) 고객에 대하여 부당하게 불리한 조항으로서 '신의성실의 원칙에 반하여 공정을 잃은 약관조항'이라는 이유로 무효라고 보기 위해서는, 약관조항이 고객에게 다소 불이익하다는 점만으로는 부족하고, 약관 작성자가 거래상의 지위를 남용하여 계약 상대방의 정당한 이익과 합리적인 기대에 반하여 형평에 어긋나는 약관조항을 작성·사용함으로써 건전한 거래질서를 훼손하는 등 고객에게 부당하게 불이익을 주었다는 점이 인정되어야 한다. 그리고 이와 같이 약관조항의 무효 사유에 해당하는 '고객에게 부당하게 불리한 조항'인지는 약관조항에 의하여 고객에게 생길 수 있는 불이익의 내용과 불이익 발생의 개연성, 당사자들 사이의 거래과정에 미치는 영향, 관계 법령의 규정 등 모든 사정을 종합하여 판단하여야 한다. 대법원 2017. 4. 13. 선고 2016다274904 판결.

4) 대법원 2008. 12. 16.자 2007마1328 결정.

항이 객관적으로 다의적으로 해석되고 각각의 해석이 합리성이 있는 등 해당 약관의 뜻이 명확하지 않은 경우에는 고객에게 유리하게 해석하여야 한다. 그러나 약관의 목적과 취지를 고려하여 공정하고 합리적으로, 그리고 평균적 고객의 이해가능성을 기준으로 객관적이고 획일적으로 해석한 결과 약관 조항이 일의적으로 해석된다면 약관 조항을 고객에게 유리하게 해석할 여지가 없다.[5)]

### 다. 설명의무

#### (1) 약관규제법의 규정

약관규제법 제3조 제3항 전문은 "사업자는 약관에 정하여져 있는 중요한 내용을 고객이 이해할 수 있도록 설명하여야 한다"라고 정하여 사업자에게 약관의 중요한 내용에 대하여 구체적이고 상세한 설명의무를 부과한다. 같은 조 제4항은 이러한 약관의 설명의무를 위반하여 계약을 체결한 때에는 약관의 내용을 계약의 내용으로 주장할 수 없도록 한다.

#### (2) 설명의무의 대상이 되는 약관의 '중요한 내용'

설명의무의 대상이 되는 약관의 '중요한 내용'은 사회통념에 비추어 고객이 계약체결의 여부나 대가를 결정하는 데 직접적인 영향을 미칠 수 있는 사항을 말한다. 약관 조항 중에 무엇이 중요한 내용에 해당하는지는 일률적으로 말할 수 없고, 구체적인 사건에서 개별적 사정을 고려하여 판단하여야 한다.

#### (3) 설명의무의 이행방법

약관규제법 제3조 제3항은 "사업자는 약관에 정하여져 있는 중요한 내용을 고객이 이해할 수 있도록 설명하여야 한다. 다만 계약의 성질상 설명하는 것이 현저하게 곤란한 경우에는 그러하지 아니하다"라고 규정하고 있다. 위 규정은 약관에 정하여져 있는 중요한 내용을 설명하는 방법에 관하여는 특별한 제한을 두지 않고 있지만, 당해 계약의 체결 경위 및 방

---

5) 대법원 2018. 10. 25. 선고 2014다232784 판결.

법, 약관에 대한 고객의 이해가능성, 당해 약관이 고객에게 미치는 불이익의 정도 등에 비추어 고객이 이해할 수 있는 설명방법을 취하여야 한다.

따라서 사업자가 인터넷을 통하여 약관을 게시하고 그 약관이 적용됨을 전제로 하여 전자거래의 방법으로 고객과 사이에서 재화·용역 공급계약을 체결하는 경우에, 법령에서 특별히 설명의무를 면제하고 있다는 등의 특별한 사정이 없는 한, 그것이 비대면 거래라는 사정만으로 약관규제법 제3조 제3항 단서가 적용되어 다른 통상의 경우와 달리 약관의 중요한 내용에 관하여 고객이 이해할 수 있도록 설명할 의무가 면제된다고 볼 수 없다.[6)]

### 라. 설명의무의 면제

#### (1) 의 의

사업자에게 약관의 설명의무가 인정되는 것은 어디까지나 계약 상대방이 알지 못하는 가운데 약관에 정해진 중요한 사항이 계약 내용으로 되어 예측하지 못한 불이익을 받게 되는 것을 피하고자 하는 데 근거가 있다. 따라서 약관에 정해진 사항이라고 하더라도, (i) '거래상 일반적이고 공통된 것'이어서 계약 상대방이 별도의 설명 없이도 충분히 예상할 수 있었던 사항이거나,[7)] (ii) '이미 법령에서 정하여진 것을 되풀이하거나 부연하는 정도에 불과한 사항'이라면 그러한 사항에 대해서까지 사업자에게 설명의무가 있다고 할 수 없다.[8)] 다만 사업자가 고객에게 약관의 내용을 따로

6) 통신판매 방식으로 체결된 상해보험계약에서 보험자가 약관 내용의 개요를 소개한 것이라는 내용과 면책사고에 해당하는 경우를 확인하라는 내용이 기재된 안내문과 청약서를 보험계약자에게 우송한 것만으로는 보험자의 면책약관에 관한 설명의무를 다한 것으로 볼 수 없다고 한 사례로는 대법원 1999. 3. 9. 선고 98다43342 판결.

7) 공정거래위원회의 무인경비 표준약관에 이 사건 면책약관과 동일한 규정이 포함되어 있다거나 원고가 오래 전부터 귀금속 소매업에 종사해 왔고, 이 사건 계약을 체결하기 전에 이 사건 가게의 경비를 담당하였던 대한경보의 약관에 이 사건 면책약관과 동일한 규정이 포함되어 있다는 사정 및 원고가 2003. 8.경 이 사건 가게를 리모델링하면서 진열장 밑에 금고들을 들여놓고 그 중 2개에 금고감지기가 부착되었다는 사정만으로 이 사건 면책약관이 귀금속 소매업에 종사하는 사람들로서는 별도의 설명 없이도 충분히 예상할 수 있는 사항이라거나 원고가 위 면책약관을 충분히 잘 알고 있었다고 단정하기에는 부족하다. 대법원 2010. 7. 15. 선고 2010다19990 판결.

8) 대법원 2003. 12. 11. 선고 2001다33253 판결, 대법원 2005. 6. 9. 선고 2003두7484

설명할 필요가 없는 특별한 사정이 있다는 점은 이를 주장하는 사업자가 증명하여야 한다.[9)]

(2) 거래상 일반적이고 공통된 것

사업자의 설명의무를 면제하는 사유로서 '거래상 일반적이고 공통된 것'이라는 요건은 해당 약관 조항이 거래계에서 일반적으로 통용되고 있는지의 측면에서, '고객이 별도의 설명 없이도 충분히 예상할 수 있는 사항'인지는 소송당사자인 특정 고객에 따라 개별적으로 예측가능성이 있었는지의 측면에서 각 판단되어야 한다.[10)]

(3) 이미 법령에 의하여 정하여진 것을 되풀이하거나 부연하는 정도에 불과한 것

약관에 정하여진 사항이 '이미 법령에 의하여 정하여진 것을 되풀이하거나 부연하는 정도에 불과한지'는 약관과 법령의 규정 내용, 법령의 형식 및 목적과 취지, 해당 약관이 고객에게 미치는 영향 등 여러 가지 사정을 종합적으로 고려하여 판단하여야 한다.

여기에서 말하는 '법령'은 일반적인 의미에서의 법령, 즉 법률과 그 밖의 법규명령으로서의 대통령령, 총리령, 부령 등을 의미하고, 이와 달리 상급행정기관이 하급행정기관에 대하여 업무처리나 법령의 해석·적용에 관한 기준을 정하여 발하는 이른바 행정규칙은 일반적으로 행정조직 내부에서만 효력을 가질 뿐 대외적인 구속력을 갖는 것이 아니므로 이에 해당하지 않는다.

다만 행정규칙이라 하더라도, 법령의 규정이 특정 행정기관에 법령 내용의 구체적 사항을 정할 수 있는 권한을 부여함으로써 법령 내용을 보충하는 기능을 가지고, 그 내용이 해당 법령의 위임한계를 벗어나지 않아 법령과 결합하여 대외적 구속력이 있는 법규명령으로서의 효력을 가지는 등의 특별한 사정이 인정된다면, 달리 볼 수 있다.[11)]

---

판결.

9) 대법원 2018. 6. 19. 선고 2018다201610 판결.

10) 대법원 2019. 5. 30. 선고 2016다276177 판결.

11) 대법원 2019. 5. 30. 선고 2016다276177 판결.

### 마. 설명의무 위반의 효과

보험자가 이러한 보험약관의 명시·설명의무에 위반하여 보험계약을 체결한 때에는 약관의 내용을 보험계약의 내용으로 주장할 수 없다.[12] 설명의무 위반으로 약관의 전부 또는 일부의 조항이 계약의 내용으로 되지 못하는 경우 계약은 나머지 부분만으로 유효하게 존속하고, 다만 유효한 부분만으로는 계약의 목적 달성이 불가능하거나 그 유효한 부분이 한쪽 당사자에게 부당하게 불리한 경우에는 그 계약은 전부 무효가 된다(약관규제법 제16조). 그리고 나머지 부분만으로 계약이 유효하게 존속하는 경우에 계약의 내용은 나머지 부분의 약관에 대한 해석을 통하여 확정되어야 하고, 만일 계약자가 확정된 계약의 내용과 다른 내용을 계약의 내용으로 주장하려면 사업자와 사이에 다른 내용을 계약의 내용으로 하기로 하는 합의가 있었다는 사실을 증명하여야 한다(약관규제법 제4조).[13]

## 2. 대상사안의 검토

### 가. 설명의무의 대상 여부

(1) 신용카드에 부가된 제휴서비스의 제공 및 이용조건은 비록 부가서비스에 관한 사항이기는 하지만 신용카드 회원이 신용카드를 선택하는 요인이 될 수 있고, 특히 이 사건 계약에서 제공하기로 약정된 마일리지 제공 기준은 피고가 카드회원을 유치하려는 목적에서 다른 신용카드와 달리 특별한 혜택을 부여하기 위하여 제공된 것으로 보이며 이에 따라 원고들이 다른 신용카드보다 더 비용을 부담하면서도 이 사건 신용카드를 선택하게 되었으므로, 이 사건 마일리지 제공 기준에 관한 약정은 단순한 부수적인 서비스를 넘어서서 이 사건 계약의 주요 내용을 이룬다.

(2) 따라서 이와 같이 중요한 마일리지 제공 기준에 관한 약정이 이 사건 약관 규정에서 정한 “신용카드에 부가된 제휴서비스의 제공 및 이용조건”으로 취급되고 나아가 원고들의 의사와 무관하게 피고 은행이나 해

12) 대법원 2014. 7. 24. 선고 2013다217108 판결.
13) 대법원 2015. 11. 17. 선고 2014다81542 판결.

당 제휴기관의 사정에 따라 일방적으로 변경될 수 있다는 이 사건 약관 규정의 내용은 원고들이 이 사건 계약 체결의 여부를 정할 때에 직접적인 영향을 미칠 수 있는 사항으로서 설명의무의 대상이 되는 약관의 중요한 내용에 해당된다.

(3) 원고들이 이 사건 약관 규정을 충분히 잘 알고 있었다거나 이 사건 계약에서의 마일리지 제공 기준 약정과 관련된 위와 같은 사정이 거래상 일반적이고 공통된 것이어서 카드회원이 별도의 설명 없이도 그 변경 가능성을 충분히 예상할 수 있었다고 보기도 어렵다.

### 나. 설명의무의 면제 여부

약관규제법이 약관의 중요 내용에 대한 설명의무를 규정하고 있는 취지를 고려하면, 인터넷으로 거래를 하는 경우에도 사업자가 신용카드 회원가입을 신청한 고객에게 전화통화를 이용하여 구두로 중요 내용을 이해할 수 있게 설명하거나, 적어도 상품설명 화면이나 계약신청 화면에 약관 게시와 별도로 고객이 쉽게 알아보고 이해할 수 있도록 계약의 중요 내용을 명시하는 등의 방법으로 설명의무를 이행하는 것이 그다지 어렵지 않다고 보이며, 인터넷 외의 방법으로 가입한 고객에 대한 보호와 인터넷 가입 고객에 대한 보호의 형평성 등을 고려할 때, 인터넷으로 이 사건 계약을 체결하였다는 이유만으로 계약의 성질상 약관의 설명이 현저하게 곤란한 경우에 해당하여 약관설명의무가 면제된다고 보기 어렵다.

### 다. 설명의무의 이행 여부

피고가 인터넷상으로 신용카드 회원가입신청을 하는 경우 약관을 읽고 이에 동의하여야 신청절차가 진행되도록 조치하고, 인터넷상으로 회원가입을 신청한 신청자들에게 카드를 배송할 때 카드회원가입신청서를 추가로 제시하고, "신용카드개인회원규약 등을 충분히 이해하고 동의합니다"라는 기재 아래에 서명 또는 날인하도록 한 사실은 인정된다.

그러나 약관규제법이 약관의 '명시의무' 외에 중요 내용에 대한 '설명의무'를 별도로 규정하고 있는 취지를 고려할 때에, 위 사실만으로는 약관의

'명시의무'를 다한 것이라고 할 수 있을 뿐 중요 내용에 대한 설명의무까지 이행하였다고 볼 수는 없다.

### 라. 동의 또는 갱신 여부

(1) 피고의 마일리지 제공 기준 변경발표에 대하여 원고들이 이의를 제기하지 않았다 하더라도 그것만으로 원고들이 마일리지 제공 기준의 변경에 동의한 것이라고 볼 수는 없고, 피고의 마일리지 제공 기준의 변경발표에 관하여 원고들이 알고 있다고 하더라도 그 이후 계속 카드를 사용하면서 카드 유효기간까지 기존 마일리지의 제공을 주장하는 것이 신의칙에 반하지 아니한다.

(2) 신용카드 회사와 신용카드 회원가입 계약을 체결한 고객이 신용카드 회사에 대하여 납부하는 연회비는 신용카드 회사가 제공하는 용역이나 부가서비스 등에 대한 보수를 1년 단위로 정하여 지급하는 것에 불과하고, 고객이 연회비 납부기간 안에 연회비를 납부하였다고 하여 그러한 사정만으로 당초 신용카드 회원가입 계약을 체결한 이후에 새로 변경된 약관이 적용됨을 전제로 신용카드 회사와 새로 신용카드 회원가입 계약을 체결하거나 기존의 신용카드 회원가입 계약을 갱신한 것으로 볼 수는 없다.

### 마. 결 론

피고가 2006. 11.경 마일리지 제공 기준의 변경에 관하여 발표를 하였다 하더라도, 적어도 마일리지 제공 기준 부분에 관하여는 이 사건 약관 규정이 원고들에게 적용되지 아니하므로, 위 발표 전에 이미 이 사건 계약을 체결한 원고들에 대하여는 각 해당 신용카드의 유효기간까지 기존 마일리지 제공 기준에 따른 마일리지가 제공되어야 하고,[14] 위 발표 시점 이후 새로이 연회비를 납부하는 시점까지만 적용된다고 볼 수 없다.

14) 신용카드회사가 신용카드 회원가입계약 체결시 회원에게 신용카드 사용액에 비례하여 항공마일리지를 제공하기로 하였다가 후에 그 제공 비율을 회원에게 불리하게 변경한 사안에서, 이에 관한 변경 권한이 신용카드회사에게 미리 유보되었다고 볼 사정이 없으므로 신용카드회사는 변경전 비율로 계산한 항공마일리지를 제공해야 한다고 한 사례로는 서울고등법원 2008. 2. 26. 선고 2007나1748 판결(확정).

# [15] 전자상거래로 구입한 항공권의 매수 취소(청약철회)

서울중앙지방법원 2018. 10. 24. 선고 2018나29442 판결

## Ⅰ. 사실관계

(1) 원고들은 2017. 8. 9. 피고 W 주식회사가 운영하는 웹사이트에서 2017. 9. 25. 인천공항을 출발해 호주 시드니에 도착하는 피고 A항공사의 601편 항공권(이하 '이 사건 항공권') 2매를 대기 예약하였다.

(2) W는 다음날인 2017. 8. 10. 원고들에게, 이 사건 항공권의 좌석이 확보되어 대기 상태가 해소되었고 2017. 8. 11. 16:00까지 대금을 결제하지 않을 경우 예약이 자동취소됨을 안내하였다. 이에 원고들은 2017. 8. 10. 항공권대금을 신용카드로 결제하였는데, 2,344,400원(=개인별 1,172,200원×2)은 항공요금 명목으로 A 앞으로, 20,000원(=개인별 10,000원×2)은 발권대행수수료 명목으로 W 앞으로 결제되었다. 결제 후 곧바로 원고들 앞으로 전자항공권이 발행되었다.

(3) 원고들은 2017. 8. 16. W에게 항공권 구매 취소 의사를 밝히면서 구매 취소시 수수료 내지 위약금이 있는지 여부를 문의하였는데, W는 "취소시 1인당 항공사 위약금 20만 원, 발권수수료 1만 원, 항공업무대행 수수료 1만 원으로, 1인당 합계 22만 원의 환불수수료가 발생한다"고 답변하였다.

(4) 원고들은 다음날인 2017. 8. 17. W 사이트 내 1:1 상담코너를 이용하여, "전날 W가 알려준 바와 달리 항공권 결제 후 7일 이내에는 전자상거래 등에서의 소비자보호에 관한 법률(이하 '전자상거래법')에 따라 청약의 철회를 할 수 있으며, 항공권 구입을 취소하고자 하므로 취소 및 환불 처리를 해달라"는 요청을 하였고, 위 온라인 사이트의 '예약' 페이지에 있는 '취소 및 환불 요청' 버튼을 클릭하였다.

(5) A는 2017. 8. 31. 항공권 대금 2,344,200원 중 위약금 40만 원을

제외한 나머지 1,944,200원만 원고들에게 환급하였고, W는 발권대행수수료 20,000원을 환급하지 않았다.

## Ⅱ. 당사자들의 주장

### 1. 원고들의 주장

(1) 원고들은 전자상거래법 제17조 제1항에 따라 이 사건 항공권 구입에 대한 청약을 철회하였는바, W는 청약철회일로부터 3영업일 이내에 항공권대금을 환급해야 함에도 현재까지 42만 원을 지급하지 않고 있으므로 42만 원과 이에 대한 지연손해금을 지급해야 한다.

(2) A는 거래당사자는 아니지만 그 항공권대금을 받은 자로서 전자상거래법 제18조 제11항에 따라 위 대금 반환에 대하여 연대책임을 진다.

### 2. W의 주장

(1) W는 항공권을 대행하여 판매하는 업체일 뿐이고 항공권대금은 A가 수령하였고 그 환불 위약금도 A가 정한 바에 따라 안내한 것이므로 W는 이에 대하여 책임이 없다.

(2) 원고가 W에게 지급한 발권대행수수료 2만 원은 발권대행 용역에 대한 대가로서 그 용역의 제공이 완료되었으므로 전자상거래법 제17조 제2항 제5호에 따라 그에 대한 청약철회를 할 수 없다.

### 3. A의 주장

(1) A는 항공권구매계약의 당사자가 아니므로 W의 대금 환급에 대하여 연대책임을 지지 않는다.

(2) 원고들이 계약내용에 관한 서면을 받은 날은 예약일인 2017. 8. 9.이고, 그로부터 7일이 지난 2017. 8. 17. 청약철회를 하였으므로 청약철회 기간이 도과하였다.

(3) 원고들은 출발일까지 남은 기간에 따라 차등이 있는 환불위약금을

부담하는 조건으로 큰 폭으로 할인된 가격으로 항공권을 구매하였고, 출발일까지 남은 기간이 21 내지 40일에 해당하여 그 기간의 위약금 20만원이 부과된 것으로 구매대금에 비하여 위약금이 과다하지 않은 점, 항공권의 경우 시간이 지날수록 재판매가 어려워지는 점 등을 고려하면, 원고들과 W 사이의 환불위약금에 관한 약정은 전자상거래법 제35조에서 정한 '소비자에게 불리한' 경우에 해당하지 않아 유효하다.

## Ⅲ. 참조 조문

### 1. 전자상거래 등에서의 소비자보호에 관한 법률 (이하 '전자상거래법')

**제17조(청약철회등)** ① 통신판매업자와 재화등의 구매에 관한 계약을 체결한 소비자는 다음 각 호의 기간(거래당사자가 다음 각 호의 기간보다 긴 기간으로 약정한 경우에는 그 기간을 말한다) 이내에 해당 계약에 관한 청약철회등을 할 수 있다.

1. 제13조 제2항에 따른 계약내용에 관한 서면을 받은 날부터 7일. 다만, 그 서면을 받은 때보다 재화등의 공급이 늦게 이루어진 경우에는 재화등을 공급받거나 재화등의 공급이 시작된 날부터 7일
2. 제13조 제2항에 따른 계약내용에 관한 서면을 받지 아니한 경우, 통신판매업자의 주소 등이 적혀 있지 아니한 서면을 받은 경우 또는 통신판매업자의 주소 변경 등의 사유로 제1호의 기간에 청약철회등을 할 수 없는 경우에는 통신판매업자의 주소를 안 날 또는 알 수 있었던 날부터 7일
3. 제21조 제1항 제1호 또는 제2호의 청약철회등에 대한 방해 행위가 있는 경우에는 그 방해 행위가 종료한 날부터 7일

② 소비자는 다음 각 호의 어느 하나에 해당하는 경우에는 통신판매업자의 의사에 반하여 제1항에 따른 청약철회등을 할 수 없다. 다만, 통신판매업자가 제6항에 따른 조치를 하지 아니하는 경우에는 제2호부터 제5호까지의 규정에 해당하는 경우에도 청약철회등을 할 수 있다.

1. 소비자에게 책임이 있는 사유로 재화등이 멸실되거나 훼손된 경우. 다만, 재화등의 내용을 확인하기 위하여 포장 등을 훼손한 경우는 제외한다.
2. 소비자의 사용 또는 일부 소비로 재화등의 가치가 현저히 감소한 경우
3. 시간이 지나 다시 판매하기 곤란할 정도로 재화등의 가치가 현저히 감소한 경우
4. 복제가 가능한 재화등의 포장을 훼손한 경우
5. 용역 또는 「문화산업진흥 기본법」 제2조 제5호의 디지털콘텐츠의 제공이 개시된 경우. 다만, 가분적 용역 또는 가분적 디지털콘텐츠로 구성된 계약의 경우에는 제공이 개시되지 아니한 부분에 대하여는 그러하지 아니하다.
6. 그 밖에 거래의 안전을 위하여 대통령령으로 정하는 경우

③ 소비자는 제1항 및 제2항에도 불구하고 재화등의 내용이 표시·광고의 내용과 다르거나 계약내용과 다르게 이행된 경우에는 그 재화등을 공급받은 날부터 3개월 이내, 그 사실을 안 날 또는 알 수 있었던 날부터 30일 이내에 청약철회등을 할 수 있다.

④ 제1항 또는 제3항에 따른 청약철회등을 서면으로 하는 경우에는 그 의사표시가 적힌 서면을 발송한 날에 그 효력이 발생한다.

⑤ 제1항부터 제3항까지의 규정을 적용할 때 재화등의 훼손에 대하여 소비자의 책임이 있는지 여부, 재화등의 구매에 관한 계약이 체결된 사실 및 그 시기, 재화등의 공급사실 및 그 시기 등에 관하여 다툼이 있는 경우에는 통신판매업자가 이를 증명하여야 한다.

⑥ 통신판매업자는 제2항 제2호부터 제5호까지의 규정에 따라 청약철회등이 불가능한 재화등의 경우에는 그 사실을 재화등의 포장이나 그 밖에 소비자가 쉽게 알 수 있는 곳에 명확하게 표시하거나 시험 사용 상품을 제공하는 등의 방법으로 청약철회등의 권리 행사가 방해받지 아니하도록 조치하여야 한다. 다만, 제2항 제5호 중 디지털콘텐츠에 대하여 소비자가 청약철회등을 할 수 없는 경우에는 청약철회등이 불가능하다는 사실의 표시와 함께 대통령령으로 정하는 바에 따라 시험 사용 상품을 제공하는 등의 방법으로 청약철회등의 권리 행사가 방해받지 아니하도록 하여야 한다.

**제18조(청약철회등의 효과)** ① 소비자는 제17조 제1항 또는 제3항에 따라 청약철회등을 한 경우에는 이미 공급받은 재화등을 반환하여야 한다. 다만, 이미 공급받은 재화등이 용역 또는 디지털콘텐츠인 경우에는 그러하지 아니하다.

② 통신판매업자(소비자로부터 재화등의 대금을 받은 자 또는 소비자와 통신판매에 관한 계약을 체결한 자를 포함한다. 이하 제2항부터 제10항까지의 규정에서 같다)는 다음 각 호의 어느 하나에 해당하는 날부터 3영업일 이내에 이미 지급받은 재화등의 대금을 환급하여야 한다. 이 경우 통신판매업자가 소비자에게 재화등의 대금 환급을 지연한 때에는 그 지연기간에 대하여 연 100분의 40 이내의 범위에서 「은행법」에 따른 은행이 적용하는 연체금리 등 경제사정을 고려하여 대통령령으로 정하는 이율을 곱하여 산정한 지연이자(이하 “지연배상금”이라 한다)를 지급하여야 한다.

1. 통신판매업자가 재화를 공급한 경우에는 제1항 본문에 따라 재화를 반환받은 날
2. 통신판매업자가 용역 또는 디지털콘텐츠를 공급한 경우에는 제17조 제1항 또는 제3항에 따라 청약철회등을 한 날
3. 통신판매업자가 재화등을 공급하지 아니한 경우에는 제17조 제1항 또는 제3항에 따라 청약철회등을 한 날

③ 통신판매업자는 제1항 및 제2항에 따라 재화등의 대금을 환급할 때 소비자가 「여신전문금융업법」 제2조 제3호에 따른 신용카드나 그 밖에 대통령령으로 정하는 결제수단으로 재화등의 대금을 지급한 경우에는 지체 없이 해당 결제수단을 제공한 사업자(이하 “결제업자”라 한다)에게 재화등의 대금 청구를 정지하거나 취소하도록 요청하여야 한다. 다만, 통신판매업자가 결제업자로부터 해당 재화등의 대금을 이미 받은 때에는 지체 없이 그 대금을 결제업자에게 환급하고, 그 사실을 소비자에게 알려야 한다.

④ 제3항 단서에 따라 통신판매업자로부터 재화등의 대금을 환급받은 결제업자는 그 환급받은 금액을 지체 없이 소비자에게 환급하거나 환급에 필요한 조치를 하여야 한다.

⑤ 제3항 단서에 해당하는 통신판매업자 중 환급을 지연하여 소비자가 대금을 결제하게 한 통신판매업자는 그 지연기간에 대한 지연

배상금을 소비자에게 지급하여야 한다.

⑥ 소비자는 통신판매업자가 제3항 단서에도 불구하고 정당한 사유 없이 결제업자에게 대금을 환급하지 아니하는 경우에는 결제업자에게 그 통신판매업자에 대한 다른 채무와 통신판매업자로부터 환급받을 금액을 상계(相計)할 것을 요청할 수 있다. 이 경우 결제업자는 대통령령으로 정하는 바에 따라 그 통신판매업자에 대한 다른 채무와 상계할 수 있다.

⑦ 소비자는 결제업자가 제6항에 따른 상계를 정당한 사유 없이 게을리한 경우에는 결제업자에 대하여 대금의 결제를 거부할 수 있다. 이 경우 통신판매업자와 결제업자는 그 결제 거부를 이유로 그 소비자를 약정한 기일까지 채무를 변제하지 아니한 자로 처리하는 등 소비자에게 불이익을 주는 행위를 하여서는 아니 된다.

⑧ 제1항의 경우 통신판매업자는 이미 재화등이 일부 사용되거나 일부 소비된 경우에는 그 재화등의 일부 사용 또는 일부 소비에 의하여 소비자가 얻은 이익 또는 그 재화등의 공급에 든 비용에 상당하는 금액으로서 대통령령으로 정하는 범위의 금액을 소비자에게 청구할 수 있다.

⑨ 제17조 제1항에 따른 청약철회등의 경우 공급받은 재화등의 반환에 필요한 비용은 소비자가 부담하며, 통신판매업자는 소비자에게 청약철회등을 이유로 위약금이나 손해배상을 청구할 수 없다.

⑩ 제17조 제3항에 따른 청약철회등의 경우 재화등의 반환에 필요한 비용은 통신판매업자가 부담한다.

⑪ 통신판매업자, 재화등의 대금을 받은 자 또는 소비자와 통신판매에 관한 계약을 체결한 자가 동일인이 아닌 경우에 이들은 제17조 제1항 및 제3항에 따른 청약철회등에 의한 제1항부터 제7항까지의 규정에 따른 재화등의 대금 환급과 관련한 의무의 이행에 대하여 연대하여 책임을 진다.

## Ⅳ. 판시사항

이 사건 항공권의 환불위약금에 관한 약관은 소비자가 7일 이내에 적법하게 청약철회권을 행사한 경우에도 일정 금액의 환불위약금을 공제하고 대금을 반환하도록 한 것인바, 전자상거래법에서 정한 청약철회에 관한 규정(제18조 제9항)을 위반하여 소비자에게 불리하게 정한 것으로서 무효이다.

## Ⅴ. 해 설

### 1. 전자상거래법상 청약과 승낙

#### 가. 의 의

청약(請約)이란 특정인이 이에 대응하는 상대방의 의사표시인 승낙(承諾)과 결합하여 일정한 계약을 성립시킬 것을 목적으로 하는 확정적 의사표시를 말한다. 전자상거래에서 판매자와 구매자의 전자적 의사표시 중 누구의 의사표시가 청약과 승낙에 해당하는지 문제된다. 이는 전자상거래의 성립시기를 결정하는 데에 중요한 의미를 갖는다. 판매자의 의사표시를 청약이라고 할 경우에는 전자상거래는 구매자의 승낙의 의사표시가 있으면 성립하게 되고, 반대로 판매자의 의사표시를 청약의 유인(誘引)이라고 볼 경우에는 구매자의 청약에 대하여 다시 판매자가 최종적인 승낙의 의사를 표시하여야 전자상거래가 성립하게 된다.[1)]

전자상거래에서 불특정다수를 상대로 하는 일반의 거래에서처럼 당사자가 구체적으로 협상을 통하여 거래의 조건을 정하는 것이 아니라 판매자가 가격을 포함한 거래조건을 상세하게 일방적으로 정하는 경우가 대부분이기 때문에, 판매자와 구매자의 전자적 의사표시 중 누구의 의사표시를 청약과 승낙으로 볼 것인가 하는 문제는 판매자의 행위를 청약의 유인으로 볼 것인지 아니면 청약으로 볼 것인지 하는 문제로 다루어지고 있다.[2)]

---

1) 남효순, "전자상거래 등에서의 소비자보호에 관한 법률에 관한 몇 가지 쟁점 -전자상거래와 통신판매에 대한 적용법조의 차별, 전자상거래에서 청약과 승낙의 결정 및 이행하자로 인한 청약철회와 해제의 관계-", 민법학의 현대적 양상(나암 서민 교수 정년기념논문집), 법문사(2006), 407~408면.

### 나. 견해의 대립

#### (1) 청약유인설

이 견해는 판매자의 의사표시를 무조건 청약의 유인으로 본다.[3] 이에 의하면 구매자의 주문이 청약에 해당하고, 판매자가 이를 수락하거나 물품을 송부하는 행위에 의하여 전자거래가 성립하게 된다.

#### (2) 청약설

이 견해는 전자거래의 경우 판매자가 가격, 품질, 배달장소, 계약의 부수조건 등 확정적 거래조건을 제시하고 상대방은 그 내용을 수용할 것인가의 여부만을 판단한다는 점에서 판매자의 의사표시는 청약에 해당한다고 본다.[4]

#### (3) 성질설(구체적 판단설)

이 견해는 판매자의 행위가 청약인지 아니면 청약의 유인인지의 여부는 거래의 성격이나 관습 등을 고려하여 구체적으로 결정하여야 한다고 본다. 판매자가 거래상대방의 개성을 묻지 않거나 유보조건 없이 상대방의 동의에 대하여 확정적 구속의사를 표시하였으면 판매자의 행위는 청약이고, 반대로 거래상대방의 개성을 고려하거나 거래조건이 불확정적이어서 상대방의 동의에 대한 확정적 구속의사가 없으면 청약의 유인에 지나지 않는 것으로 본다.[5]

### 다. 검 토

전자상거래법은 전자상거래를 구성하는 청약과 승낙과 관련하여, 언제나 소비자가 청약을 하는 것으로 전제하고 있다(제1조 제2호, 제14조, 제15조). 국내거래인 전자상거래의 경우는 전자상거래법의 규정에도 불구하고

---

2) 남효순, 408면.
3) 정완용, 인터넷 전자거래의 법률관계에 관한 고찰, 디지털경제법제 ⑦, 한국법제연구원(2001), 28~29면; 정영화, 전자상거래법, 다산출판사(2002), 103면.
4) 오병철, 전자거래법, 법원사(1999), 287면.
5) 고용환, "전자상거래법제 발전에 관한 연구", 인터넷법률, 법무부(2001. 6.), 30면.

청약의 결정은 청약의 법리에 따라, 판매자의 행위가 청약인지 아니면 단순한 청약의 유인에 지나지 않는 것인가 하는 문제는 판매자의 행위가 계약을 성립시킬 만큼 내용과 의사가 모두 확정적인 것인가의 여부에 따라 결정하여야 한다. 전자상거래가 이루어지는 구체적인 상황에 따라서 사업자의 의사표시가 청약에 해당하고 소비자의 승낙에 의하여 전자상거래가 성립하는 것이 위 법에 의하여 배제되는 것은 아니기 때문이다.[6)]

## 2. 전자상거래법상 청약철회

### 가. 의의와 종류

전자상거래법(제17조 및 제18조)은 청약철회를 규율하면서 두 가지의 종류를 인정하고 있다. 하나는 계약서를 교부받은 날부터 7일 이내에 하는 청약철회이고(의사변경에 의한 청약철회), 다른 하나는 재화 등의 내용이 표시·광고 내용과 다르거나 계약내용과 다르게 이행된 경우에 하는 청약철회이다(이행하자로 인한 청약철회).

### 나. 청약철회권의 발생요건

소비자의 의사변경에 따른 청약철회는 제한 없이 인정된다. 다만 전자상거래법 제17조 제2항에서는 철회의 제한사유를 규정하고 있다. 이행하자로 인한 청약철회는 사업자가 표시광고된 내용과 다른 재화를 배송한 경우 또는 계약내용과 다르게 이행한 경우에만 인정된다.

### 다. 청약철회권의 행사기간

(1) 소비자의 의사변경에 따른 청약철회권은 소비자가 계약내용에 관한 서면을 교부 받은 날부터 7일(단, 그 서면을 교부받은 때보다 재화등의 공급이 늦게 이루어진 경우에는 재화등의 공급을 받거나 공급이 개시된 날부터 7일) 또는 계약내용에 관한 서면을 교부받지 아니한 경우, 통신판매업자의 주소 등이 기재되지 아니한 서면을 교부받은 경우 또는 통신판매업자의

---

6) 남효순, 411면.

주소 변경 등의 사유로 위 기간 내에 청약철회등을 할 수 없는 경우에는 그 주소를 안 날 또는 알 수 있었던 날부터 7일 이내에 행사할 수 있다(제17조 제1항).

(2) 재화등의 내용이 표시·광고의 내용과 다르거나 계약내용과 다르게 이행된 경우에는 그 재화등을 공급받은 날부터 3개월 이내, 그 사실을 안 날 또는 알 수 있었던 날부터 30일 이내에 청약철회등을 할 수 있다(제17조 제3항).

### 라. 방식과 증명책임

소비자가 청약철회권을 행사할 때 그 방식은 제한이 없다. 다만 청약철회등을 서면으로 하는 경우에는 그 의사표시가 적힌 서면을 발송한 날에 그 효력이 발생한다(제17조 제4항, 發信主義). 재화등의 훼손에 대하여 소비자의 책임이 있는지 여부, 재화등의 구매에 관한 계약이 체결된 사실 및 그 시기, 재화등의 공급사실 및 그 시기 등에 관하여 다툼이 있는 경우에는 통신판매업자가 이를 증명하여야 한다(제17조 제5항).

### 마. 철회권 행사의 효과

(1) 소비자가 청약철회권을 행사한 경우 당해 계약은 소멸하며, 양당사자는 상대방으로부터 이행받은 것을 반환하여야 한다. 소비자는 사업자로부터 인도받은 재화를 반환하여야 하고, 반환에 따른 비용은 소비자의 단순구매의사변경의 경우 소비자가 부담하며, 사업자의 채무불이행에 의한 경우에는 사업자가 부담한다(제18조 제9항, 제10항).

(2) 사업자는 소비자로부터 재화를 반환 받은 날부터 3영업일 이내에 이미 지급 받은 재화등의 대금을 환급하여야 한다. 만일 사업자가 대금환급을 지연한 경우 연 15%의 지연이자를 지급하여야 한다(제18조 제2항, 시행령 제21조의3). 신용카드로 결제한 경우 신용카드사와 관계에 대하여는 제18조 제3항부터 제7항에서 자세히 규정하고 있다.

### 바. 이행하자로 인한 청약철회권과 해제권의 경합

다음과 같은 이유에서 이행하자로 인한 청약철회권과 민법상 계약해제권은 경합한다고 보아야 한다.[7)]

(1) 청약철회와 해제는 성립요건과 효과에서 동일하지 않다. 전자상거래법은 청약철회의 효과로서 손해배상에 대하여는 아무런 규정을 두고 있지 않기 때문에, 물품대금의 반환과 함께 손해배상을 받기 위해서는 소비자는 채무불이행책임(또는 담보책임)을 이유로 해제권을 행사하여야 한다.

(2) 전자상거래법은 이행하자로 인한 청약철회의 경우 소비자는 물품을 공급받은 날부터 3개월 이내, 그 사실을 안 날 또는 알 수 있었던 날부터 30일 이내에 철회권을 행사할 것을 규정하고 있다(제17조 제3항). 이처럼 소비자의 철회권의 행사기간을 제한하고 있는 것은 장기간 전자상거래를 유동적인 상태로 둘 경우 거래의 안전을 해칠 수 있기 때문이다. 그런데 민법의 해제 법리에 의하면 해제권은 형성권(形成權)이기 때문에 소비자가 사업자에 대하여 채무불이행책임을 물을 경우에는 10년 이내에 이를 행사하면 되고, 담보책임(민법 제582조)을 추궁할 경우에는 6개월 이내에 행사하면 된다.

## 3. 서울서부지방법원 2015. 7. 17. 선고 2014나7159 판결

(1) A가 신부 B와 신혼여행을 가기 위하여 여행사인 C 주식회사와 신혼여행계약을 체결하고 대금을 모두 지급하였다가, B가 다발성 골절 등 5주간의 치료를 필요로 하는 상해를 입게 되자 여행 출발 3일 전에 C에게 계약해제의 의사표시를 하였는데, C가 "신혼여행상품의 경우 여행 출발 14일 전부터 출발 당일까지 계약을 취소하면 환불을 받지 못한다"는 내용의 약관 조항 등을 들어 대금 중 항공료 부분만 반환하였다.

(2) 법원은, 위 약관 조항은 계약해제에 따른 사업자의 원상회복의무를 부당하게 경감하는 조항으로서 약관의 규제에 관한 법률 제9조 제5호에

---

7) 남효순, 417~418면.

따라 무효이고, A가 여행 출발 직전 계약해제의 의사표시를 함으로써, “여행자는 여행 출발 전에는 여행계약을 해제할 수 있고, 배우자가 신체 이상으로 3일 이상 병원에 입원하여 여행 출발 전까지 퇴원이 곤란한 경우에는 여행자는 손해배상을 하지 않고 여행계약을 해제할 수 있다”는 내용의 약관 조항에 따라 계약이 적법하게 해제되었으므로, C는 A에게 나머지 대금을 반환할 의무가 있다고 판시하였다.

## 4. 대상사안의 검토

### 가. 청약철회로 인한 대금 반환 책임의 주체

#### (1) 항공권구매계약의 당사자

원고들이 W의 웹사이트에서 이 사건 항공권을 구매하였고, 위 웹사이트에는 항공권의 가격과 내용(비행 일시 및 노선, 좌석 종류, 탑승 등에 관한 정보), 항공권 구매에 관한 계약 내용(대금 결제방법, 향후 여정 변경, 환불 시 수수료 등)이 모두 나와 있고, 예약 및 대금의 결제가 모두 위 웹사이트상에서 이루어진다.

W는 원고들로부터 대금을 지급받고 A항공에 원고들의 이름이 기재된 항공권의 발권을 의뢰하며 A에서 전자항공권을 발행하여 W로 송신하면 W는 이것을 원고들에게 이메일로 보내거나 W의 웹사이트를 통해 출력할 수 있도록 하여 원고들에게 제공하는 사실, 원고들은 이 사건 항공권 구매 과정에서 한 번도 A의 웹사이트를 방문하거나 직접 A과 접촉할 필요가 없었다.

이와 같이 여행사를 통해 항공권을 구매한 경우 그 여정 변경이나 환불 등은 모두 여행사를 통하도록 되어 있고 항공사에 직접 연락하면 처리할 수 없는 경우가 대부분이며(원고들 역시 W에게 환불 요청을 하였다), 여행사에서 고객을 모집하여 발권을 의뢰하는 경우 항공사에서 계약 체결을 거부하며 발권을 거절하는 경우는 없다.

이러한 사정과 더불어 전자상거래의 경우 소비자로서는 통상 발권 후 계약변경이나 취소를 애초에 전자상거래를 한 웹사이트에서 하려고 하며,

이것이 소비자 보호와 일반적인 거래 관념에도 부합하는 점을 고려하면, 이 사건 항공권구매계약의 당사자는 W이고, A는 W와의 계약에 따라 W가 판매하여 발권된 항공권을 소지하는 고객에게 그에 따른 용역을 제공할 의무를 부담하는 주체라고 보아야 한다.

(2) 대금반환의 의무자

이 사건 항공권 구매대금 중 항공권대금 부분은 직접 A 앞으로, 발권대행수수료는 W 앞으로 결제되었지만, 그 명목을 불문하고 그 합계액이 항공권구매계약의 대금이라고 보아야 하며(상인이 물건을 판매할 경우 판매대금에 물건과 판매활동의 대가가 모두 포함되어 일체를 이루는 것이지 물건가격과 판매활동의 가격이 분리되어 따로 매겨지는 것이 아니다), W가 편의상 그 대금 중 일부를 직접 A가 지급받도록 한 것이라고 보아야 한다.

따라서 원고들이 전자상거래법에 따라 적법하게 청약철회를 한 경우, W는 계약상대방인 통신판매업자로서 그 구매대금을 반환해야 하고, A는 계약당사자는 아니지만 전자상거래법 제18조 제11항에 따라 자신이 지급받은 대금의 범위 내에서 W와 연대하여 대금을 반환할 의무가 있다.

### 나. 원고들이 청약철회기간 내 청약 철회를 하였는지 여부

(1) 전자상거래법의 규정

전자상거래법 제17조 제1항 제1호에 의하면, 통신판매업자와 재화등의 구매에 관한 계약을 체결한 소비자는 제13조 제2항에 따른 계약내용에 관한 서면을 받은 날로부터 7일 내에, 다만 그 서면을 받은 때보다 재화등의 공급이 늦게 이루어진 경우에는 재화등을 공급받거나 공급이 시작된 날로부터 7일 이내에 청약철회등을 하여야 한다. 한편 제13조 제2항은, 통신판매업자는 계약이 체결되면 소비자에게 공급자, 재화에 관한 정보, 교환·반품 등이 기재된 계약내용에 관한 서면을 재화등을 공급할 때까지 교부하여야 한다고 규정하고 있다.

(2) 검 토

원고들이 구매대금을 결제하고 전자항공권을 발행받은 것은 2017. 8. 10.인데, 그 때 원고들과 W 사이에 항공권구매계약이 체결되었다. 그렇다면 원고들에게 전자항공권이 발행되었을 때 계약내용에 관한 서면을 받았거나 제17조 제1항 단서의 재화등의 공급이 이루어졌다고 보아야 하고, 원고들은 그때로부터 7일 내인 2017. 8. 17.에 W의 웹사이트에 청약철회의 의사를 표시하였으므로, 전자상거래법에서 정한 청약철회 기간을 준수하였다.

A는 원고들이 대기예약을 한 2017. 8. 9.부터 7일의 청약철회기간이 기산된다고 주장한다. 그러나 항공권 예약 단계에서는 아무런 제한 없이 예약취소가 가능하여 항공권구매계약이 체결된 단계에 이르렀다고 볼 수 없을 뿐더러, A의 주장과 같이 2017. 8. 9.부터 청약철회기간이 기산된다고 하더라도 원고들은 그로부터 7일 내인 2017. 8. 16. W에게 환불에 관하여 문의하였는데 W가 1인당 22만 원의 환불위약금이 부과된다고 안내하였던 사실은 앞서 본 바와 같고, 이는 부당하게 청약철회권을 제한하는 것으로서(환불위약금 부과약정이 무효임은 뒤에서 보는 바와 같다) 청약철회등에 대한 방해행위로 보아 청약철회등에 대한 방해행위가 종료한 날로부터 7일 이내에 청약철회를 할 수 있도록 규정한 전자상거래법 제17조 제1항 제3호가 적용된다고 볼 수도 있으므로, A의 주장은 어느 모로 보나 이유 없다.

### 다. 환불위약금 규정의 무효 여부

(1) 전자상거래법의 규정

전자상거래법은 통신판매업자와 구매계약을 체결한 소비자에게 7일 이내에 청약철회를 통해 계약의 구속력에서 벗어날 수 있는 권리를 부여하고(제17조), 그 경우 통신판매업자는 사유를 불문하고 그 대금을 반환해 주어야 하며(제18조 제2항), 공급받은 재화 등의 반환에 필요한 비용 외에 청약철회 등을 이유로 위약금이나 손해배상을 청구할 수 없도록 규정한다

(제18조 제9항). 전자상거래법 제35조는 위 규정을 위반한 약정으로서 소비자에게 불리한 것은 효력이 없다고 규정한다.

(2) 환불위약금 규정은 소비자에게 불리하므로 무효임

이 사건 항공권의 환불위약금에 관한 약관은 소비자가 7일 이내에 적법하게 청약철회권을 행사한 경우에도 일정 금액의 환불위약금을 공제하고 대금을 반환하도록 한 것인바, 위 전자상거래법에서 정한 청약철회에 관한 규정(특히 제18조 제9항)을 위반하여 소비자에게 불리하게 정한 것으로서 무효이다.

(3) A의 주장에 대한 판단

(가) A의 주장

전자상거래법 제35조는 “제17조부터 제19조까지의 규정을 위반한 약정으로서 소비자에게 불리한 것은 효력이 없다”고 규정하는바, 이는 청약철회 등의 규정을 모든 업종에 무조건적으로 적용할 경우 여러 부작용이 나타나거나 시장의 건전성을 저해할 위험이 있음을 고려하여, 강행법규에 반하는 약정이라 하더라도 개별사안마다 제반 사정을 고려하여 실질적으로 소비자에게 불리한지 여부를 살펴본 다음 약정의 효력을 평가할 수 있도록 하기 위하여 ‘소비자에게 불리한 경우에 한하여’ 효력이 없다고 규정한 것이고, 원고들이 위약금 규정을 충분히 숙지하고 이에 동의하였고 이를 조건으로 훨씬 더 저렴한 가격에 항공권을 구매하였으므로 이것이 실질적으로 원고들에게 불리하지 않아 유효하다.

(나) 판 단

(i) 전자상거래법 제35조는, 전자상거래법과 달리 약정한 경우에 이것이 그 자체로 소비자에게 더 유리한 경우(예를 들면, 청약철회 기간을 7일보다 더 길게 약정한 경우)에는 유효하고 소비자에게 불리한 경우에만 무효라는 취지의 ‘편면적 강행법규’임을 규정한 것이지, 이것이 A의 주장처럼 개개 사안마다 실질적 유·불리를 따져보라는 의미로 볼 수 없다. 종래 경제적 약자인 임차인, 채무자, 보증인 등을 보호하는 규정 역시 위와 동일한

문언으로 규정되어 왔는바(주택임대차보호법 제10조, 상가건물 임대차보호법 제15조, 가등기담보 등에 관한 법률 제4조 제4항, 보증인 보호를 위한 특별법 제11조 등) 이것은 편면적 강행법규를 의미하는 것으로 해석되어 왔다.

(ii) 전자상거래법은 전자상거래, 통신판매에 관하여 공정한 거래질서를 확립하고 소비자를 보호하기 위해 2002년 제정되었는데, 기존에 방문판매 및 다단계판매 등에 인정되던 조건없는 청약철회권을 새롭게 통신판매에도 인정하였다. 종래 소비자에게 청약철회권을 인정하였던 취지는, 소비자와 사업자 간의 거래에서 정보·경제력·계약내용 결정 등 측면에서 사업자가 소비자에 비해 우월적인 지위를 차지하고, 그로 인하여 소비자가 사업자와의 거래시 충분히 숙고하여 구매 여부를 결정하는 것이 아니라 사업자의 적극적인 권유에 의하여 충동적으로 구매 여부를 결정하기 쉬우므로, 이러한 여건하에서 체결된 소비자계약을 일반 계약과 동일하게 기속시키는 것은 오히려 소비자를 차별하는 것으로서 부당하다는 인식하에, 소비자가 계약체결 후 자신의 구매의사를 재차 판단하여 구매의사가 변경된 경우 간편하게 당해 계약관계에서 벗어날 수 있도록 한 것이었다. 급증하는 통신판매로 인한 소비자 피해를 최소화하기 위해 이러한 권리를 통신판매에도 새로 인정하였으며, 다만 그 거래의 특징을 고려하고 소비자 보호, 거래의 안정성, 전자상거래 활성화를 조화롭게 도모하기 위하여 청약철회 기간을 7일로 정하였다.[8)]

(iii) 위와 같은 전자상거래법의 입법취지와 청약철회권 관련 규정의 문언, 종래 방문판매 등에 관하여 인정되던 청약철회권을 통신판매에 확대하면서 그 기간을 단축하여 규정하기에 이른 경위, 인터넷과 모바일의 발달로 전자상거래의 비중이 급속히 증가하고 있는 점과 편면적 강행법규의 의미를 고려하면, 전자상거래법 제17, 18조에서 정하는 소비자의 청약철

---

8) 통신판매의 경우에는 방문판매등의 경우와 달리 비대면적 거래 형태로서 판매원의 강압이나 기만행위에 기인하여 소비자가 재화등을 구매할 가능성이 매우 희박하므로, 조건없는 청약철회 기간을 너무 길게 인정할 경우 거래의 안전성을 해하고 전자상거래업자의 경제적 비용을 증가시켜 전자상거래의 활성화를 오히려 저해할 우려가 있다는 점이 고려되었다. 전자상거래법 법률안(의안번호 160722) 정무위원회 심사보고서 및 회의록 참조.

회권을 제한하는 약정은, 이것이 소비자에게 불리하지 않다는 점이 명백하다는 등의 특별한 사정이 없는 한, 이를 쉽게 유효하다고 해석하여서는 안 된다.

(iv) 위 인정사실과 각 증거에 의하면, 원고들은 항공사 환불규정[9]에 명시된 요금규정을 확인하고 그에 동의한 뒤 예약 및 대금결제를 한 사실, 원고들은 이 사건 항공권을 1장당 1,172,100원(항공요금 1,035,900원과 제세공과금 136,200원)에 구매하였는데 정상운임은 3,372,000원으로 많은 할인을 받았고 환불위약금이 있는 항공권은 그렇지 않은 항공권에 비하여 가격이 낮은 사실, 항공권의 경우 일반적인 재화나 용역에 비하여 시간이 경과할수록 재판매할 수 있는 기회가 줄어드는 특징이 있는 사실과 국제적으로도 많은 항공사들이 환불위약금 부과를 조건으로 항공권을 할인판매하고 있는 사실은 인정된다.

(v) 그러나 한편, 원고들은 항공권 구입일로부터 7일 만인 2017. 8. 17. 청약철회권을 행사하였고, 그 때는 출발일인 2017. 9. 25.까지 40일이나 남아 있어 항공권 재판매가 충분히 가능한 시점인 점(원고들이 이 사건 항공권을 구입한 시점과 청약철회 시점 사이에 항공권 재판매 가능성에 큰 차이가 있다고 보기 어렵다), 원고들의 청약철회권은 7일이라는 짧은 기간 내에만 한정적으로 인정되는 것인 점, 할인 항공권의 경우 소비자들이 충동구매를 할 가능성이 더 크고, 청약철회권 자체가 합리적인 의사결정을 하지 못하는 소비자를 보호하기 위하여 법률에서 특별히 인정한 것이므로 원고들이 위약금 규정을 다 고지받고 항공권을 구매하였다는 점은 청약철회권을 제한한 사정이 되지 않는 점, 청약철회 시점과 출발일이 근접한 경우에는 전자상거래법 제17조 제2항 제3호(시간이 지나 다시 판매하기 곤란할 정도로 재화등의 가치가 현저히 감소한 경우)에 해당하여 청약철회가 제한된다고 볼 여지가 있으나 원고들의 경우 출발일 40일 이전에 청약철회를 한 경우로서 그에 해당된다고 볼 수도 없는 점을 감안하면, 앞서 본

---

9) 이 사건의 경우 이 사건 항공권의 요금규정에는 취소일로부터 출발일까지의 기간에 따라 그 위약금이 차등적으로 정해져 있는데, 출발일 91일 이전에는 무료, 90일 내지 61일 전에는 11만 원, 41일 내지 21일 전에는 20만 원, 20일 내지 11일 전에는 28만 원, 출발일 10일 이후에는 36만 원이다.

사정만으로 이 사건 항공권의 환불위약금 규정이 소비자인 원고들에게 불리하지 않다는 사정이 명백하다고 할 수 없다.

(vi) A는 전자상거래법과 관련한 공정거래위원회 고시 등에서 환불위약금을 유효한 것으로 규정하고 있다는 점도 주장하나, 공정거래위원회의 고시 등 행정규칙은 법률의 위임 범위를 벗어나면 무효라고 볼 것이므로, 공정거래위원회의 소비자보호지침, 소비자분쟁해결기준 등이 소비자의 청약철회권을 제한하는 위약금 규정을 유효한 것으로 해석하고 있다고 하더라도 이로 인하여 법률에 반하는 위약금 규정이 유효해진다고 할 수 없다.

### 라. 결 론

그렇다면 피고는 원고들에게, W는 각 아직 반환하지 않은 대금 21만 원, A는 W와 연대하여 위 돈 중 A가 수령하였던 20만 원과 각 이에 대하여 청약철회일인 2017. 8. 17.(목)부터[10] 3영업일이 지난 다음날인 2017. 8. 23.부터 다 갚는 날까지 전자상거래법 제18조 제2항, 같은 법 시행령 제21조의3이 정한 연 15%의 비율로 계산한 지연손해금을 지급할 의무가 있다.

---

10) 원고들은 2017. 8. 22.부터의 지연손해금의 지급을 구하나, 피고들은 청약철회일로부터 3영업일[8. 18.(금), 8. 21.(월), 8. 22.(화)]까지 대금반환 의무가 있고 그 다음날인 8. 23.부터 지체책임을 진다고 보아야 하므로, 1일치에 해당하는 지연손해금 청구는 이유 없다.

# [16] 환승시간을 짧게 책정한 항공권을 구매대행한 경우 손해배상 책임

수원지방법원 2018. 10. 25. 선고 2018나500 판결

## Ⅰ. 사실관계

(1) 피고는 여행 관련 인터넷 카페를 운영하면서 항공권 예약 등을 대행하는 사람이다. 원고는 멕시코 칸쿤으로 신혼여행을 가기 위하여 피고에게 항공권 구매대행을 요청하였고, 피고는 원고를 대신하여 아래와 같은 일정의 항공권을 예매하였다(각 현지시간임).

2015. 10. 18. 15:10 인천공항 출발(아시아나 항공)
2015. 10. 18. 17:30 일본 나리타 공항 도착(아시아나 항공)
2015. 10. 18. 18:30 일본 나리타 공항 출발(아메리칸 항공)
2015. 10. 18. 16:05 미국 달라스 공항 도착(아메리칸 항공)
2015. 10. 18. 18:37 미국 달라스 공항 출발(아메리칸 항공)
2015. 10. 18. 21:23 멕시코 칸쿤 공항 도착(아메리칸 항공)

(2) 원고는 2015. 10. 18. 출국하였는데, 일본 나리타 공항에서 환승하는 비행기에 탑승하지 못하였고, 결국 일본에서 1박을 한 후 다음날 다른 항공편을 이용하여 칸쿤에 도착하였다.

(3) 원고는 아시아나 항공, 아메리칸 항공, 나리타 공항에 국제선의 최소 환승시간에 관하여 문의하였는데, 아시아나 항공과 아메리칸 항공은 90분을, 나리타 공항은 110분을 최소 환승시간으로 답변하였다.

(4) 원고는, "피고가 원고의 요청에 따라 칸쿤행 항공권을 예매하면서 일본 나리타 공항의 환승시간을 1시간으로 하는 항공권을 발권하였는데, 이는 국제선의 환승에 필요한 최소시간에 미치지 못하는 시간이었고, 실제로 원고는 일본 나리타 공항에서 환승하는 비행기에 탑승하지 못하였다.

따라서 피고는 원고에게 이로 인한 손해를 배상할 의무가 있다"고 주장하면서 소를 제기하였다.

## Ⅱ. 참조 조문

### 1. 민 법

**제387조(이행기와 이행지체)** ① 채무이행의 확정한 기한이 있는 경우에는 채무자는 기한이 도래한 때로부터 지체책임이 있다. 채무이행의 불확정한 기한이 있는 경우에는 채무자는 기한이 도래함을 안 때로부터 지체책임이 있다.

② 채무이행의 기한이 없는 경우에는 채무자는 이행청구를 받은 때로부터 지체책임이 있다.

**제388조(기한의 이익의 상실)** 채무자는 다음 각 호의 경우에는 기한의 이익을 주장하지 못한다.

1. 채무자가 담보를 손상, 감소 또는 멸실하게 한 때
2. 채무자가 담보제공의 의무를 이행하지 아니한 때

**제389조(강제이행)** ① 채무자가 임의로 채무를 이행하지 아니한 때에는 채권자는 그 강제이행을 법원에 청구할 수 있다. 그러나 채무의 성질이 강제이행을 하지 못할 것인 때에는 그러하지 아니하다.

② 전항의 채무가 법률행위를 목적으로 한 때에는 채무자의 의사표시에 갈음할 재판을 청구할 수 있고 채무자의 일신에 전속하지 아니한 작위를 목적으로 한 때에는 채무자의 비용으로 제3자에게 이를 하게 할 것을 법원에 청구할 수 있다.

③ 그 채무가 부작위를 목적으로 한 경우에 채무자가 이에 위반한 때에는 채무자의 비용으로써 그 위반한 것을 제각(除却)하고 장래에 대한 적당한 처분을 법원에 청구할 수 있다.

④ 전3항의 규정은 손해배상의 청구에 영향을 미치지 아니한다.

**제390조(채무불이행과 손해배상)** 채무자가 채무의 내용에 좇은 이행을 하지 아니한 때에는 채권자는 손해배상을 청구할 수 있다. 그러나 채무자의 고의나 과실없이 이행할 수 없게 된 때에는 그러하지 아니하다.

**제391조(이행보조자의 고의, 과실)** 채무자의 법정대리인이 채무자를 위하여 이행하거나 채무자가 타인을 사용하여 이행하는 경우에는 법정대리인 또는 피용자의 고의나 과실은 채무자의 고의나 과실로 본다.

**제392조(이행지체 중의 손해배상)** 채무자는 자기에게 과실이 없는 경우에도 그 이행지체 중에 생긴 손해를 배상하여야 한다. 그러나 채무자가 이행기에 이행하여도 손해를 면할 수 없는 경우에는 그러하지 아니하다.

**제393조(손해배상의 범위)** ① 채무불이행으로 인한 손해배상은 통상의 손해를 그 한도로 한다.

② 특별한 사정으로 인한 손해는 채무자가 그 사정을 알았거나 알 수 있었을 때에 한하여 배상의 책임이 있다.

**제394조(손해배상의 방법)** 다른 의사표시가 없으면 손해는 금전으로 배상한다.

**제395조(이행지체와 전보배상)** 채무자가 채무의 이행을 지체한 경우에 채권자가 상당한 기간을 정하여 이행을 최고하여도 그 기간 내에 이행하지 아니하거나 지체 후의 이행이 채권자에게 이익이 없는 때에는 채권자는 수령을 거절하고 이행에 갈음한 손해배상을 청구할 수 있다.

**제396조(과실상계)** 채무불이행에 관하여 채권자에게 과실이 있는 때에는 법원은 손해배상의 책임 및 그 금액을 정함에 이를 참작하여야 한다.

**제397조(금전채무불이행에 대한 특칙)** ① 금전채무불이행의 손해배상액은 법정이율에 의한다. 그러나 법령의 제한에 위반하지 아니한 약정이율이 있으면 그 이율에 의한다.

② 전항의 손해배상에 관하여는 채권자는 손해의 증명을 요하지 아니하고 채무자는 과실없음을 항변하지 못한다.

**제398조(배상액의 예정)** ① 당사자는 채무불이행에 관한 손해배상액을 예정할 수 있다.

② 손해배상의 예정액이 부당히 과다한 경우에는 법원은 적당히 감액할 수 있다.

③ 손해배상액의 예정은 이행의 청구나 계약의 해제에 영향을 미치지

아니한다.
④ 위약금의 약정은 손해배상액의 예정으로 추정한다.
⑤ 당사자가 금전이 아닌 것으로써 손해의 배상에 충당할 것을 예정한 경우에도 전4항의 규정을 준용한다.

## Ⅲ. 판시사항

피고는 항공권 구매를 대행하는 자로서 원고와 항공권 구매대행 계약을 체결함으로써 원고로 하여금 계약상 확정된 여행 일정대로 항공편을 이용할 수 있도록 서비스를 제공하여야 할 계약상·신의칙상 의무가 있음에도 불구하고, 국제선 환승에 필요한 최소한의 시간을 고려하지 않은 채 국제선의 환승시간을 1시간으로 정하여 항공권을 예매한 과실로 원고가 실제 예약하였던 항공일정과 다른 일정의 항공편을 이용하도록 하고, 그 과정에서 원고에게 추가적인 비용을 지출하게 함과 아울러 예정된 신혼여행 일정 중 일부를 포기하게끔 하였으므로, 특별한 사정이 없는 한 피고는 원고에게 채무불이행으로 인한 손해배상책임을 부담한다.

## Ⅳ. 해 설

### 1. 여행관계자의 주의의무

대상사안에서는 항공권 구매를 대행하는 자의 항공권 구매대행 계약이행시 주의의무가 문제되었다. 이하에서는 이와 유사한 여행관계자의 주의의무에 관한 판례를 살펴보기로 한다.

#### 가. 기획여행업자의 안전배려의무

(1) 기획여행업자는 통상 여행에 관한 일반적인 사항은 물론 목적지의 자연적·사회적 조건에 관하여 전문적 지식을 가진 자로서 우월적 지위에서 행선지나 여행시설 이용 등에 관한 계약 내용을 일방적으로 결정하는 반면, 여행자는 안전성을 신뢰하고 기획여행업자가 제시하는 조건에 따라

여행계약을 체결하는 것이 일반적이다. 이러한 점을 감안할 때, 기획여행업자는 여행자의 생명·신체·재산 등의 안전을 확보하기 위하여 여행목적지·여행일정·여행행정·여행서비스기관의 선택 등에 관하여 미리 충분히 조사·검토하여 여행계약 내용의 실시 도중에 여행자가 부딪칠지 모르는 위험을 미리 제거할 수단을 강구하거나, 여행자에게 그 뜻을 고지함으로써 여행자 스스로 위험을 수용할 지에 관하여 선택할 기회를 주는 등 합리적 조치를 취할 신의칙상 안전배려의무를 부담한다.[1] 이 경우 기획여행업자가 취할 조치는 여행일정에서 상정할 수 있는 모든 추상적 위험을 예방할 수 있을 정도일 필요는 없고, 개별적·구체적 상황에서 여행자의 생명·신체·재산 등의 안전을 확보하기 위하여 통상적으로 필요한 조치이면 된다.[2]

(2) 여행자가 해외 여행계약에 따라 여행하는 도중 여행업자의 고의 또는 과실로 상해를 입은 경우 계약상 여행업자의 여행자에 대한 국내로의 귀환운송의무가 예정되어 있고, 여행자가 입은 상해의 내용과 정도, 치료행위의 필요성과 치료기간은 물론 해외의 의료 기술수준이나 의료제도, 치료과정에서 발생할 수 있는 언어적 장애 및 의료비용의 문제 등에 비추어 현지에서 당초 예정한 여행기간 내에 치료를 완료하기 어렵거나, 계속적·전문적 치료가 요구되어 사회통념상 여행자가 국내로 귀환할 필요성이 있었다고 인정된다면, 이로 인하여 발생하는 귀환운송비 등 추가적인 비용은 여행업자의 고의 또는 과실로 인하여 발생한 통상손해의 범위에 포함되고, 이 손해가 특별한 사정으로 인한 손해라고 하더라도 예견가능성이 있었다고 보아야 한다.[3]

### 나. 관광여행사 직원의 주의의무

관광여행사 직원이 여행자로부터 여행알선을 의뢰받은 것이 아니라 여행자에게 국제항공표만을 파는 과정에서 받은 질문에 따라 외무부 발행의

1) 대법원 2014. 9. 25. 선고 2014다213387 판결, 대법원 2017. 12. 22. 선고 2015다221309 판결.
2) 대법원 2017. 12. 22. 선고 2015다221309 판결.
3) 대법원 2019. 4. 3. 선고 2018다286550 판결.

여권발급신청안내서에 의하여 멕시코는 우리나라와 비자면제협정이 체결되어 있어 비자가 필요없다고 안내하였을 뿐 여행허가서를 권장하는 것으로 되어있는 점에 대하여는 묻지 아니하여 적극적으로 이를 안내하여 주지 아니한 것이라면, 비록 여행자가 여행허가서를 갖추지 못하여 멕시코에 갔다가 그대로 귀국하게 되었다 하더라도 위 직원의 위와 같은 안내행위가 사무집행상 고의 또는 과실에 기인한 불법행위를 구성한다고 볼 수 없다.[4)]

## 2. 채무불이행으로 인한 손해배상

### 가. 손해배상책임의 발생

(1) 채무자가 채무의 내용에 좇은 이행을 하지 아니한 때에는 채권자는 손해배상을 청구할 수 있다(민법 제390조 제1문). 계약 상대방의 채무불이행을 이유로 한 계약의 해지 또는 해제는 손해배상의 청구에 영향을 미치지 아니하지만(민법 제551조),[5)] 다른 특별한 사정이 없는 한 그 손해배상책임 역시 채무불이행으로 인한 손해배상책임과 다를 것이 없으므로, 상대방에게 고의 또는 과실이 없을 때에는 배상책임을 지지 아니한다(민법 제390조). 이는 상대방의 채무불이행과 상관없이 일정한 사유가 발생하면 계약을 해지 또는 해제할 수 있도록 하는 약정해지·해제권을 유보한 경우에도 마찬가지이고 그것이 자기책임의 원칙에 부합한다.[6)]

(2) 이와 달리 계약이 합의에 의하여 해제 또는 해지된 경우에는 상대

---

4) 대법원 1991. 11. 12. 선고 91다29354 판결.

5) 서울남부지방법원 2013. 6. 11. 선고 2012가합11335 판결. 원고는 2006. 11. 6. 피고와 의료장비구매를 대행하기로 하는 내용의 계약을 체결하였다. 피고는 병원을 건립하지도 못한 채 파산선고를 받았고, 그로 인하여 피고와 원고가 체결한 구매대행계약 중 장비구매대행 업무의 위탁은 이행불능에 빠졌다. 원고는, 이 사건 구매대행계약이 피고에게 책임 있는 사유로 이행할 수 없게 되었으므로, 피고에 대하여 구매대행계약의 해제에 따른 원상회복으로 3억 원 및 이에 대한 이자 또는 지연손해금의 지급을 청구하였다. 법원은 "원고가 피고에게 의료장비의 공급을 목적으로 3억 원을 지급한 것은 리베이트에 해당하고, 원고가 피고에게 3억 원을 지급한 것은 선량한 풍속 기타 사회질서에 반하는 행위로서 민법 제103조에 따라 무효이므로, 3억 원은 불법원인급여에 해당한다. 따라서 원고는 민법 제746조에 따라 피고에게 그 반환을 구할 수 없다"고 판시하였다.

6) 대법원 2016. 4. 15. 선고 2015다59115 판결.

방에게 손해배상을 하기로 특약하거나 손해배상 청구를 유보하는 의사표시를 하는 등 다른 사정이 없는 한 채무불이행으로 인한 손해배상을 청구할 수 없다.[7]

### 나. 손해배상의 범위

(1) 민법 제393조 제1항의 통상손해는 특별한 사정이 없는 한 그 종류의 채무불이행이 있으면 사회일반의 거래관념 또는 사회일반의 경험칙에 비추어 통상 발생하는 것으로 생각되는 범위의 손해를 말하고, 제2항의 특별한 사정으로 인한 손해는 당사자들의 개별적·구체적 사정에 따른 손해를 말한다.[8]

(2) 채무불이행을 이유로 계약을 해제하거나 해지하고 손해배상을 청구하는 경우에, 채권자는 채무가 이행되었더라면 얻었을 이익을 얻지 못하는 손해를 입은 것이므로 계약의 이행으로 얻을 이익, 즉 이행이익의 배상을 구하는 것이 원칙이다. 그러나 채권자는 그 대신에 계약이 이행되리라고 믿고 지출한 비용의 배상을 채무불이행으로 인한 손해라고 볼 수 있는 한도에서 청구할 수도 있다. 이러한 지출비용의 배상은 이행이익의 증명이 곤란한 경우에 증명을 용이하게 하기 위하여 인정되는데, 이 경우에도 채권자가 입은 손해, 즉 이행이익의 범위를 초과할 수는 없다. 채권자가 계약의 이행으로 얻을 수 있는 이익이 인정되지 않는 경우라면, 채권자에게 배상해야 할 손해가 발생하였다고 볼 수 없으므로, 당연히 지출비용의 배상을 청구할 수 없다.[9]

### 다. 원상회복의무와 이자

한쪽 당사자가 계약을 해제한 때에는 각 당사자는 상대방에 대하여 원상회복의 의무가 있고, 원상회복의무의 이행으로서 수령한 금전을 반환할 때에는 받은 날부터 법정이자를 가산하여 지급하여야 하므로(민법 제548조

7) 대법원 2013. 11. 28. 선고 2013다8755 판결.
8) 대법원 2019. 4. 3. 선고 2018다286550 판결.
9) 대법원 2017. 2. 15. 선고 2015다235766 판결.

제2항), 매매계약이 해제된 경우에도 매도인은 반환할 매매대금에 대하여 받은 날부터 민법이 정한 연 5%의 법정이율에 의한 이자를 가산하여 지급하여야 한다. 그리고 위와 같은 법정이자의 지급은 계약해제로 인한 원상회복의 범위에 속하므로 부당이득반환의 성질을 가지는 것이지 반환의무의 이행지체로 인한 손해배상이 아니다.[10)]

### 라. 손해배상액의 예정

(1) 민법 제398조에서 정하고 있는 손해배상액의 예정은 손해의 발생사실과 손해액에 대한 증명의 곤란을 덜고 분쟁의 발생을 미리 방지하여 법률관계를 쉽게 해결하고자 하는 등의 목적으로 규정된 것이고, 계약 당시 손해배상액을 예정한 경우에는 다른 특약이 없는 한 채무불이행으로 인하여 입은 통상손해는 물론 특별손해까지도 예정액에 포함되고 채권자의 손해가 예정액을 초과한다 하더라도 초과 부분을 따로 청구할 수 없다.[11)]

(2) 당사자 사이의 계약에서 채무자의 채무불이행으로 인한 손해배상액이 예정되어 있는 경우, 채무불이행으로 인한 손해의 발생 및 확대에 채권자에게도 과실이 있다고 하여도 민법 제398조 제2항에 따라 채권자의 과실을 비롯하여 채무자가 계약을 위반한 경위 등 제반 사정을 참작하여 손해배상 예정액을 감액할 수는 있을지언정 채권자의 과실을 들어 과실상계를 할 수는 없다.[12)]

(3) 위약벌의 약정은 채무의 이행을 확보하기 위하여 정해지는 것으로서 손해배상의 예정과는 내용이 다르므로 손해배상의 예정에 관한 민법 제398조 제2항을 유추적용하여 감액할 수 없으나, 의무의 강제로 얻어지는 채권자의 이익에 비하여 약정된 벌이 과도하게 무거울 때에는 일부 또는 전부가 공서양속에 반하여 무효로 된다.[13)]

---

10) 대법원 2016. 8. 24. 선고 2016다17668 판결.
11) 대법원 2012. 12. 27. 선고 2012다60954 판결.
12) 대법원 2016. 6. 10. 선고 2014다200763 판결.
13) 대법원 2015. 12. 10. 선고 2014다14511 판결.

### 마. 손해배상채권과 본래 채권과의 동일성

채무불이행으로 인한 손해배상채권은 본래의 채권이 확장된 것이거나 본래의 채권의 내용이 변경된 것이므로 본래의 채권과 동일성을 가진다. 따라서 본래의 채권이 시효로 소멸한 때에는 손해배상채권도 함께 소멸한다.[14)]

### 바. 상 계

(1) 민법 제496조는 "채무가 고의의 불법행위로 인한 것인 때에는 그 채무자는 상계로 채권자에게 대항하지 못한다"라고 정하고 있다. 고의의 불법행위로 인한 손해배상채권에 대하여 상계를 허용한다면 고의로 불법행위를 한 사람까지도 상계권 행사로 현실적으로 손해배상을 지급할 필요가 없게 되어 보복적 불법행위를 유발하게 될 우려가 있다. 또 고의의 불법행위로 인한 피해자가 가해자의 상계권 행사로 현실의 변제를 받을 수 없는 결과가 됨은 사회적 정의관념에 맞지 않는다. 따라서 고의에 의한 불법행위의 발생을 방지함과 아울러 고의의 불법행위로 인한 피해자에게 현실의 변제를 받게 하려는 데 이 규정의 취지가 있다.

이 규정은 고의의 불법행위로 인한 손해배상채권을 수동채권으로 한 상계에 관한 것이고 고의의 채무불이행으로 인한 손해배상채권에는 적용되지 않는다. 다만 고의에 의한 행위가 불법행위를 구성함과 동시에 채무불이행을 구성하여 불법행위로 인한 손해배상채권과 채무불이행으로 인한 손해배상채권이 경합하는 경우에는 이 규정을 유추적용할 필요가 있다. 이러한 경우에 고의의 채무불이행으로 인한 손해배상채권을 수동채권으로 한 상계를 허용하면 이로써 고의의 불법행위로 인한 손해배상채권까지 소멸하게 되어 고의의 불법행위에 의한 손해배상채권은 현실적으로 만족을 받아야 한다는 이 규정의 입법 취지가 몰각될 우려가 있기 때문이다. 따라서 이러한 예외적인 경우에는 민법 제496조를 유추적용하여 고의의 채무불이행으로 인한 손해배상채권을 수동채권으로 하는 상계를 한 경우에

---

14) 대법원 2018. 2. 28. 선고 2016다45779 판결.

도 채무자가 상계로 채권자에게 대항할 수 없다고 보아야 한다.[15)]

(2) 불법행위 또는 채무불이행에 따른 채무자의 손해배상액을 산정할 때에 손해부담의 공평을 기하기 위하여 채무자의 책임을 제한할 필요가 있고, 채무자가 채권자에 대하여 가지는 반대채권으로 상계항변을 하는 경우에는 책임제한을 한 후의 손해배상액과 상계하여야 한다.[16)]

## 3. 서울중앙지방법원 2018. 8. 14. 선고 2017가소6765919 판결

### 가. 인정사실

(1) 원고들은 2006. 7. 3. 오전 인천공항 해당 창구에서 피고 A항공 직원으로부터 (i) 인천에서 이스탄불로 가는 탑승권 각 1장(A항공편), (ii) 이스탄불에서 마드리드로 가는 탑승권 각 1장(T항공편)을 발행 교부받았는데, 위 두 종류의 탑승권에는 모두 "출발시각 10분 전에 탑승이 종료됩니다"라고 기재가 되어 있었다.

(2) 원고들은 이스탄불 공항에 A항공편을 이용하여 도착한 후 대기하다가, 마드리드행 항공기로 환승하기 위해서 출발 10분 전 이전에 해당 탑승구에 도착하였으나, 이미 탑승이 마감되어 항공기에 탑승할 수 없었다. 원래 T항공의 항공기 탑승마감시간은 출발 15분 전임에도 피고 A에서 교부한 탑승권에 10분 전으로 잘못 기재되어 이로 인하여 원고들이 탑승마감시간을 잘못 알아 결과적으로 탑승을 할 수 없게 되었다.

(3) A항공과 T항공은 이 사건의 경우 공동운항 방식이 아닌 연결편운항 방식을 택하였으나, A항공은 '항공사간 연결편 체크인 협약'에 의하여 T항공의 탑승권 발행업무를 위탁받아 수행하였다.

### 나. 피고들의 손해배상 책임

위 인정사실에 의하면, 피고 A항공은 위와 같은 과실로 인한 불법행위로 인하여 원고들이 입은 손해를 배상할 책임이 있다. 그 책임에 관하여

15) 대법원 2017. 2. 15. 선고 2014다19776 판결.
16) 대법원 2015. 3. 20. 선고 2012다107662 판결.

는 몬트리올 협약 제1조 제2호에 따라 위 협약이 적용된다. A항공의 원고들에 대한 책임은 협약 제19조에 규정된 여객의 운송지연으로 인한 손해배상에 해당된다. 한편 피고 H보험 주식회사는 위와 같은 손해에 대한 보험자로서 원고들에게 직접 보험금을 지급할 의무가 있다.

### 다. 손해배상의 범위

(1) 생필품 구입비용은 지출한 증거가 없고, 사망과 신체상해를 수반하지 않는 정신적 손해에 대한 위자료는 몬트리올 협약상 인정되지 아니한다.

(2) 인정되는 손해는, 원고 L에 대하여는 194,805원(=국제전화비용 116,805원+호텔숙박비용 78,000원), 원고 J에 대하여는 130,854원(=국제전화비용 52,854원+호텔숙박비용 78,000원) 및 이에 대한 지연손해금이다.[17)]

## 4. 대상사안의 검토

### 가. 피고의 주의의무 위반으로 인한 손해배상책임의 발생

(1) 피고는 항공권 구매를 대행하는 자로서 원고와 항공권 구매대행 계약을 체결함으로써 원고로 하여금 계약상 확정된 여행 일정대로 항공편을 이용할 수 있도록 서비스를 제공하여야 할 계약상·신의칙상 의무가 있다.

(2) 피고는 위 주의의무가 있음에도 불구하고, 국제선 환승에 필요한 최소한의 시간을 고려하지 않은 채 국제선의 환승시간을 1시간으로 정하여 항공권을 예매한 과실로, 원고가 실제 예약하였던 항공일정과 다른 일정의 항공편을 이용하도록 하고 그 과정에서 원고에게 추가적인 비용을 지출하게 함과 아울러 예정된 신혼여행 일정 중 일부를 포기하게끔 하였으므로, 특별한 사정이 없는 한 피고는 원고에게 위 채무불이행으로 인한 손해배상책임을 부담한다.

---

17) L의 청구금액은 2,324,805원, J의 청구금액은 2,260,854원이었다.

### 나. 과실상계

채무자가 채권자에 대하여 채무불이행으로 인한 손해배상책임을 지는 경우에 채권자에게 과실이 있거나 손해부담의 공평을 기하기 위한 필요가 있는 때에는 채무자의 책임을 제한할 수 있다. 원고로서도 미리 고지받은 항공일정을 통하여 환승에 필요한 시간이 충분히 확보되었는지 여부 등을 확인할 수 있었던 점(국제선 항공편의 경우 환승 공항의 사정에 따라 환승절차의 지연이 발생할 수 있고, 일본 나리타 공항의 경우 피고가 예매해 준 항공편으로의 환승을 위해서는 터미널의 변경이 있었음), 반면 실제로 환승시간을 1시간으로 하여 일본 나리타 공항에서 미국 달라스 공항으로 출발하는 비행기에 환승한 사례가 확인되는 점 등을 참작해보면, 피고가 원고에게 배상할 손해액은 공평의 원칙상 원고가 입은 손해액의 70%로 제한한다.

### 다. 손해배상책임의 범위

#### (1) 외국통화로 지정된 금전채권

채권액이 외국통화로 지정된 금전채권인 외화채권을 채권자가 대용급부의 권리를 행사하여 우리나라 통화로 환산해 청구하는 경우, 법원이 채무자에게 이행을 명할 때에는 채무자가 현실로 이행할 때에 가장 가까운 사실심 변론종결 당시의 외국환시세를 우리나라 통화로 환산하는 기준시로 삼아야 한다.[18] 이 사건 변론종결일인 2018. 9. 6. 당시의 매매기준 환율(KEB하나은행 최초 고시 매매기준율)이 미화 1달러당 1,117.6원인 사실은 법원에 현저하므로, 이를 기준으로 원고의 청구금액을 환산하면 아래와 같다(원 미만 버림, 이하 같다).

#### (2) 인정되는 손해

(i) 항공권 변경수수료 178,788원, (ii) 항공사 대행료 56,593원, (iii) 일본 호텔 숙박비 104,143원, (iv) 멕시코 호텔 숙박비 186,948원(피고는 일본 호텔 숙박비와 멕시코 호텔 숙박비의 청구가 중복되어 부당하다고 주장하

18) 대법원 2016. 6. 23. 선고 2015다55397 판결.

나, 일본 호텔 숙박비는 피고의 채무불이행으로 인하여 원고가 지출한 비용이고, 멕시코 호텔 숙박비는 피고의 채무불이행으로 인하여 원고가 상실하게 된 용역의 대금이므로, 위 각 청구는 중복되는 손해배상의 청구로 볼 수 없다), (v) 국제통화료 57,557원.

### 라. 결 론

피고는 원고에게 채무불이행으로 인한 손해배상으로 408,820원[=(변경수수료 178,788원+항공사대행료 56,593원+일본 호텔 숙박비 104,143원+멕시코 호텔 숙박비 186,948원+국제통화료 57,557원)×책임제한 70%] 및 이에 대하여 원고가 구하는 바에 따라 이 사건 소장부본 송달일 다음날인 2017. 8. 17.부터 피고가 그 이행의무의 존재 여부나 범위에 관하여 항쟁하는 것이 상당하다고 인정되는 판결 선고일인 2018. 10. 25.까지는 민법이 정한 연 5%, 그 다음날부터 다 갚는 날까지는 소송촉진 등에 관한 특례법이 정한 연 15%[19]의 각 비율로 계산한 지연손해금을 지급할 의무가 있다.

---

19) 2019. 6. 1.부터 연 12%로 변경되었다.

# [17] 기내난동행위가 기재된 승무원일지 유포와 항공사 책임

서울중앙지방법원 2016. 5. 17. 선고 2015가합546348 판결[1)]

## Ⅰ. 사실관계

### 가. 당사자들의 지위

B 주식회사는 발전소 및 발전시설의 국내외 건설 및 운영, 신재생에너지 등 전력자원의 개발 및 운영 사업 등을 목적으로 설립된 법인이고, 피고 주식회사 K항공(이하 'K항공')은 국내외 항공운송업 등을 목적으로 설립된 법인이다. 원고는 1983. 1. 16. B에 입사한 후 2013. 3. 25.부터 비등기 임원(상무)으로서 ○○실장으로 근무하다가 2013. 4. 23. 퇴사한 자이다.

### 나. 원고의 K항공 항공기 탑승 및 귀국 경위

(1) 원고는 2013. 4. 15. 15:15경 피고 B와 미국 D회사 사이의 E사업 관련 송전선로 공유방안, Shale Gas 비즈니스 협력 등 사업상 현안을 논의하기 위한 업무상 출장을 이유로 K항공의 인천 → LA 항공편의 비즈니스석에 탑승하였다.

(2) 원고는 비행 중 위 항공기 기내에서 승무원들에게 좌석 교체 가능 여부와 실내온도 조절 문제, 조명의 밝기, 죽이나 라면과 같은 식사 제공, 면세품 판매 등 기내 서비스에 대하여 여러 차례 불만을 표시하였고, 미국 LA 공항 도착 2시간 전에는 원고가 직접 기내 주방(Galley)으로 들어가 담당 승무원에게 주문했던 라면을 제공하지 않는다며 질책하는 과정에서 들고 있던 책 모서리와 위 승무원의 신체부위가 부딪히는 상황이 발생하였다(이하 '이 사건 기내 사태').

---

1) 원고가 항소하였으나 서울고등법원 2016. 11. 18. 선고 2016나2030096 판결로 항소기각되었다. 원고가 상고를 제기하였으나 대법원 2017. 3. 9.자 2016다271059 판결로 심리불속행 기각되었다.

(3) 이에 위 항공기 사무장은 기장에게 기내 승무원 폭행사건이 발생하였다는 보고를 하였고, 기장이 LA 경찰 당국에 이 사건 기내 사태를 신고함에 따라 원고와 관련 승무원들은 LA 공항 착륙 즉시 미국 FBI의 조사를 받았으며, 이로 인하여 원고는 미국에 입국하지 못한 채 2013. 4. 16. 항공편으로 한국에 귀국하였다.

### 다. 이 사건 기내 사태의 언론 보도 등

(1) ○○뉴스는 이 사건 기내 사태에 관하여 "대기업 임원이 기내에서 라면을 주지 않는다고 여승무원을 폭행했다"는 내용으로 최초 보도를 하였다. 이 사건 기내 사태가 언론에 보도되고 원고의 신상정보와 피고 B와의 관계, 직위 등이 신문, 방송, 인터넷, SNS 등을 통해 공개된 전후로 이 사건 기내 사태와 관련한 승무원일지(이하 '이 사건 승무원일지')가 SNS, 인터넷 등을 통하여 유포되었다.

(2) 이 사건 기내 사태 발생 이후 위 항공기에 탑승한 승무원들이 K항공의 사내 안전보고 사이트(Safenet)에 그 경위를 기록한 사내 보고서를 작성하여 게재하였다. 인터넷과 SNS를 통하여 전파된 이 사건 승무원일지는 위 사내 보고서 중 관련 승무원의 개인정보가 삭제된 것을 제외하고는 그 내용이 대다수 일치하는데, 행위자인 원고의 인적 사항이나 신상을 파악할 만한 개인정보는 포함되어 있지 않지만 그의 기내에서 행적·태도·언행, 승무원들의 대응 내용 등이 매우 구체적으로 기재되어 있었다. 그러나 K항공의 사내 보고서가 어떻게 이 사건 승무원일지 형태로 변형된 후 인터넷과 SNS 등을 통하여 유출되었는지 그 구체적 경위나 행위자 등을 확인할 수 있는 아무런 자료가 없었다.

### 라. 원고의 피고 B에 대한 사임원 제출 경위

(1) 피고 B의 경영감사그룹장은 2013. 4. 20. 이 사건 기내 사태에 관한 뉴스기사를 확인하고 그 사실을 감사와 경영지원실 상무에게 보고하였고, 원고를 상대로 사실관계 확인을 위한 인터뷰를 진행한 후 사건조사보고서를 작성하였으며, 2013. 4. 22. 당시 대표이사에게 위 보고서를 토

대로 이 사건 기내 사태에 관한 조사보고를 하였다.

(2) 피고 B는 2013. 4. 22. 원고를 ○○실장의 직위에서 보직해임하는 내용의 인사발령을 하였고, 같은 날 회사 홈페이지에 이 사건 기내 사태에 대한 사과를 하면서 원고에 대한 보직해임 사실 및 진상조사 후 후속 인사조치를 취할 계획임을 공식발표하였다.

(3) 피고 B의 인사업무를 담당하고 있었던 경영지원실 상무는 2013. 4. 23. 대표이사의 지시에 따라 원고를 방문하여 원고로부터 자필로 작성한 사임원을 제출받았다.

### 마. 원고의 소제기

원고는, K항공의 성명불상의 피용자는 고객정보에 해당하는 이 사건 승무원일지를 불상의 경로를 통해 인터넷에 유포시켰고, 원고는 이로 인하여 직장에서 해고되고 비난 여론으로 인하여 심각한 정신적 충격을 입는 등 사회적 지위와 명예, 사생활 등에 큰 불이익을 입었으므로, K항공은 사용자로서 그 피용자의 직무상 불법행위로 인하여 원고가 입은 손해를 배상할 책임이 있다고 주장하면서, K항공에 대하여 위자료로서 300만원 이에 대한 지연손해금의 지급을 구하는 소를 제기하였다.

## Ⅱ. 참조 조문

### 1. 민 법

> **제756조(사용자의 배상책임)** ① 타인을 사용하여 어느 사무에 종사하게 한 자는 피용자가 그 사무집행에 관하여 제3자에게 가한 손해를 배상할 책임이 있다. 그러나 사용자가 피용자의 선임 및 그 사무감독에 상당한 주의를 한 때 또는 상당한 주의를 하여도 손해가 있을 경우에는 그러하지 아니하다.
>
> ② 사용자에 갈음하여 그 사무를 감독하는 자도 전항의 책임이 있다.
>
> ③ 전2항의 경우에 사용자 또는 감독자는 피용자에 대하여 구상권을 행사할 수 있다.

## Ⅲ. 판시사항

K항공의 사내 전산망에 접근할 수 있는 사람은 특별한 사정이 없는 한 권한 있는 내부 직원에 한정됨을 전제로 그 유출자가 피고 K항공의 직원이라고 가정하더라도, 내부 보고 목적의 사내 보고서를 인터넷이나 SNS를 통하여 유출하는 행위는 그 자체로 외형상 K항공의 사무집행에 관한 행위라고 볼 수 없을 뿐만 아니라, 사용자인 K항공이 평소 소속 직원의 관리·감독·정보보안 등에 상당한 주의를 다하였더라도 위와 같은 고의적인 유출행위를 막을 수는 없었을 것으로 보이는 점 등을 종합적으로 고려하면, K항공이 이 사건 승무원일지의 유출과 관련하여 사용자로서 손해배상 책임을 부담한다고 보기는 어렵다.

## Ⅳ. 해 설

### 1. 불법행위에 관한 사용자책임

#### 가. 의 의

(1) 타인을 사용하여 어느 사무에 종사하게 한 자와 사용자에 갈음하여 그 사무를 감독하는 자는 피용자가 그 사무집행에 관하여 제3자에게 손해를 준 때에는, 피용자의 선임 및 그 사무감독에 상당한 주의를 하였거나 상당한 주의를 하여도 손해가 있다는 것을 증명하지 않으면, 그 손해를 배상할 책임이 있다.

(2) 이와 같이 사용자책임을 묻기 위한 근거에 관하여 과실책임설, 보상책임설, 위험책임설, 사회에 생긴 손실의 분배라는 사회정책적 고려설 등이 견해 대립이 있다.[2] 판례는 "민법이 불법행위로 인한 손해배상으로서 특히 사용자의 책임을 규정한 것은 많은 사람을 고용하여 스스로의 활동영역을 확장하고 그에 상응하는 많은 이익을 추구하는 사람은 많은 사람을 하나의 조직으로 형성하고 각 피용자로 하여금 그 조직 내에서 자기

2) 주석 민법(제4판), 한국사법행정학회(2016), 제756조, 470~472면.

의 담당하는 직무를 그 조직의 내부적 규율에 따라 집행하게 하는 것이나, 그 많은 피용자의 행위가 타인에게 손해를 가하게 하는 경우도 상대적으로 많아질 것이므로 이러한 손해를 이익귀속자인 사용자로 하여금 부담케 하는 것이 공평의 이상에 합치된다는 보상책임의 원리에 입각한 것이다"[3]라고 판시하여 보상책임설의 입장을 취하고 있다.

### 나. 사용관계

민법 제756조가 규정하는 사용자책임의 요건으로는, 우선 타인을 사용하여 어느 사무에 종사하게 한다는 사용자와 피용자 사이에 사용관계가 존재하여야 한다. 사무는 법률적·계속적인 것에 한하지 않고 사실적이고 일시적인 것이라도 무방하다. 사용관계는 실질적으로 사용자가 피용자를 선임하고 감독하는 관계에 있는 것을 말하고, 고용관계나 근로관계보다 넓은 개념이다. 그 원인관계의 유무와 유효여부를 묻지 않기 때문에, 사용자와 피용자의 관계는 반드시 유효한 고용관계가 있는 경우에 한하는 것이 아니고, 사실상 어떤 사람이 다른 사람을 위하여 그 지휘·감독 하에 그 의사에 따라 사업을 집행하는 관계에 있을 때에도 사용자와 피용자의 관계에 있다고 볼 수 있다. 이에 더하여 사용자의 조직영역으로 피용자가 편입되고 사용자의 지시에 의존해야 한다.[4] 판례도, "민법 제756조에서의 사용자 관계라는 것은 실질적인 지휘감독관계를 의미하고 식당의 경영주로서 종업원들의 사용자인가의 여부를 따지려면 형식적인 식당의 영업허가 등 명의만에 의할 것이 아니라 어디까지나 실질적으로 이를 파악하여야 한다"고 판시하고 있다.[5]

### 다. 사무집행에 관하여

(1) 민법 제756조에 규정된 사용자책임의 요건인 '사무집행에 관하여'라는 뜻은 피용자의 불법행위가 외형상 객관적으로 사용자의 사업활동·사

3) 대법원 1985. 8. 13. 선고 84다카979 판결.
4) 박규용, "사용자책임의 요건으로서 사용관계와 사무집행관련성", 법학연구 제52집, 한국법학회(2013. 12), 113~114면.
5) 대법원 1976. 4. 27. 선고 75다137 판결.

무집행행위 또는 그와 관련된 것이라고 보일 때에는 행위자의 주관적 사정을 고려하지 않고 이를 사무집행에 관하여 한 행위로 본다는 것이다(外形理論).[6] 외형상 객관적으로 사용자의 사무집행에 관련된 것인지는 피용자의 본래 직무와 불법행위의 관련 정도와 사용자에게 손해발생에 대한 위험창출과 방지조치 결여의 책임이 어느 정도 있는지를 고려하여 판단하여야 한다.[7]

(2) 피용자가 고의에 기하여 다른 사람에게 가해행위를 한 경우, 그 행위가 피용자의 사무집행 그 자체는 아니라 하더라도 사용자의 사업과 시간적·장소적으로 근접하고, 피용자의 사무의 전부 또는 일부를 수행하는 과정에서 이루어지거나 가해행위의 동기가 업무처리와 관련된 것일 경우에는 외형적·객관적으로 사용자의 사무집행행위와 관련된 것이라고 보아 사용자책임이 성립한다. 이 경우 사용자가 위험발생 및 방지조치를 결여하였는지 여부도 손해의 공평한 부담을 위하여 부가적으로 고려할 수 있다.[8]

(3) 이와 같이, 법원은 '거래적 불법행위'의 영역에서 사용자책임이 문제되는 사안에서 일반론으로 외형이론을 근거로 하여 사무집행관련성을 인정하고 있다. '사실적 불법행위'의 영역 중 사고형(위험물 관리형)에서는 지배영역성, 사실적 불법행위로서 폭력형에서는 밀접관련성을 기준으로 판단하고 있다.[9] 다만 '거래적 불법행위'의 영역에서 사용자책임이 문제되는 경우, 대법원은 불법행위에서 피해자가 피용자의 행위가 직무에 속하지 않음을 알았거나 중대한 과실로 알지 못한 경우에는 사무집행관련성을 부정하고 있다.[10] 이에 대해 판례는 (i) 피용자의 행위가 법령상의 제한을 위반한 사실에 대한 인식가능성, (ii) 피해자의 경험과 직위, (iii) 피해자와 피용자의 종래의 거래관계, (iv) 은행의 개인으로부터 차용행위 등 경험칙상 피용자의 행위가 이례에 속한다는 사정 등을 고려하여 악의 또는

6) 대법원 1961. 2. 28. 선고 4293민상558 판결에서 외형이론이 최초로 등장하였다.
7) 대법원 2017. 9. 26. 선고 2014다27425 판결.
8) 대법원 2009. 2. 26. 선고 2008다89712 판결.
9) 박규용, 126면.
10) 대법원 2005. 2. 25. 선고 2003다36133 판결.

중과실을 판단하고 있다는 견해가 있다.[11)]

### 라. 면책사유

사용자가 피용자의 선임 및 그 사무감독에 상당한 주의를 하였거나 상당한 주의를 하여도 손해가 있다는 것을 증명하면 면책된다. 면책사유의 주장·증명책임은 이를 주장하는 사용자에게 있다.[12)]

## 2. 정보유출에 관한 손해배상책임

### 가. 정보보호조치 의무 위반[13)]

(1) 정보통신서비스가 '개방성'을 특징으로 하는 인터넷을 통하여 이루어지고 정보통신서비스 제공자가 구축한 네트워크나 시스템 및 운영체제 등은 불가피하게 내재적인 취약점을 내포하고 있어서 이른바 '해커' 등의 불법적인 침입행위에 노출될 수밖에 없고, 완벽한 보안을 갖춘다는 것도 기술의 발전 속도나 사회 전체적인 거래비용 등을 고려할 때 기대하기 쉽지 않다. 해커 등은 여러 공격기법을 통해 정보통신서비스 제공자가 취하고 있는 보안조치를 우회하거나 무력화하는 방법으로 정보통신서비스 제공자의 정보통신망 및 이와 관련된 정보시스템에 침입하고, 해커의 침입행위를 방지하기 위한 보안기술은 해커의 새로운 공격방법에 대하여 사후적으로 대응하여 이를 보완하는 방식으로 이루어지는 것이 일반적이다.

(2) 정보통신서비스 제공자가 구 정보통신망 이용촉진 및 정보보호 등에 관한 법률(2008. 2. 29. 법률 제8852호로 개정되기 전의 것, 이하 '구 정보통신망법') 제28조 제1항이나 정보통신서비스 이용계약에 따른 개인정보의 안전성 확보에 필요한 보호조치를 취하여야 할 법률상 또는 계약상 의무를 위반하였는지 여부를 판단할 때는 해킹 등 침해사고 당시 보편적으로 알려져 있는 정보보안의 기술 수준, 정보통신서비스 제공자의 업종·영업

---

11) 김형석, "사용자책임에서 사무집행관련성의 판단", 서울대학교 법학 제53권 제2호(2012), 356~357면.

12) 대법원 1969. 1. 28. 선고 68다578 판결, 대법원 1998. 5. 15. 선고 97다58538 판결.

13) 대법원 2015. 2. 12. 선고 2013다43994 판결.

규모와 정보통신서비스 제공자가 취하고 있던 전체적인 보안조치의 내용, 정보보안에 필요한 경제적 비용 및 효용의 정도, 해킹기술의 수준과 정보보안기술의 발전 정도에 따른 피해발생의 회피 가능성, 정보통신서비스 제공자가 수집한 개인정보의 내용과 개인정보의 누출로 인하여 이용자가 입게 되는 피해의 정도 등의 사정을 종합적으로 고려하여 정보통신서비스 제공자가 해킹 등 침해사고 당시 사회통념상 합리적으로 기대 가능한 정도의 보호조치를 다하였는지 여부를 기준으로 판단하여야 한다.

(3) 특히 구 정보통신망 이용촉진 및 정보보호 등에 관한 법률 시행규칙(2008. 9. 23. 행정안전부령 제34호로 전부 개정되기 전의 것) 제3조의3 제2항은 "정보통신부장관은 제1항 각 호의 규정에 의한 보호조치의 구체적인 기준을 정하여 고시하여야 한다"라고 규정하고 있고, 이에 따라 정보통신부장관이 마련한 「개인정보의 기술적·관리적 보호조치 기준」(정보통신부 고시 제2005-18호 및 제2007-3호, 이하 '고시')은 해킹 등 침해사고 당시의 기술수준 등을 고려하여 정보통신서비스 제공자가 구 정보통신망법 제28조 제1항에 따라 준수해야 할 기술적·관리적 보호조치를 구체적으로 규정하고 있으므로, 정보통신서비스 제공자가 고시에서 정하고 있는 기술적·관리적 보호조치를 다하였다면, 특별한 사정이 없는 한 정보통신서비스제공자가 개인정보의 안전성 확보에 필요한 보호조치를 취하여야 할 법률상 또는 계약상 의무를 위반하였다고 보기는 어렵다.

## 나. 상당인과관계[14)]

(1) 인터넷상에서 포털서비스사업을 하는 L 주식회사가 제공하는 온라인 서비스에 가입한 회원들의 개인정보가 해킹사고로 유출되었는데, 서비스 이용자인 M 등이 L 회사를 상대로 손해배상을 구하였다.

(2) 정보통신서비스 제공자가 정보처리시스템에 접속한 개인정보취급자로 하여금 작업 종료 후 로그아웃을 하도록 하는 것은, 비록 '개인정보의 기술적·관리적 보호조치 기준'(방송통신위원회 고시 제2011-1호)에서 정하

14) 대법원 2018. 1. 25. 선고 2015다24904 판결.

고 있는 기술적·관리적 보호조치에는 해당하지 않으나, 정보통신서비스 제공자가 마땅히 준수해야 한다고 일반적으로 쉽게 예상할 수 있고 사회통념상으로도 합리적으로 기대 가능한 보호조치에 해당한다.

(3) 정보통신서비스 제공자가 이러한 보호조치를 미이행하여 정보처리시스템에 접속권한이 없는 제3자가 손쉽게 시스템에 접속하여 개인정보의 도난 등의 행위를 할 수 있도록 하였다면 이는 불법행위에 도움을 주지 말아야 할 주의의무를 위반한 것으로, 이러한 방조행위와 피방조자의 불법행위 사이에 상당인과관계가 인정된다면 공동불법행위자로서 책임을 면할 수 없다.

(4) 해킹사고 당시 해커가 이미 키로깅(Keylogging)을 통하여 DB 서버 관리자의 아이디와 비밀번호를 획득한 상태였기 때문에, L 회사의 DB 기술팀 소속 직원이 자신의 컴퓨터에서 로그아웃을 하였는지 여부와 무관하게 언제든지 게이트웨이 서버를 거쳐 DB 서버에 로그인을 할 수 있었던 것으로 보이므로, 위와 같은 보호조치의 미이행과 해킹사고의 발생 사이에 상당인과관계가 인정되지 아니하여 L 회사의 손해배상책임이 인정되지 않는다.

### 다. 정신적 손해의 발생

#### (1) 판단기준[15]

개인정보를 처리하는 자가 수집한 개인정보가 정보주체의 의사에 반하여 유출된 경우, 그로 인하여 정보주체에게 위자료로 배상할 만한 정신적 손해가 발생하였는지는, 유출된 개인정보의 종류와 성격이 무엇인지, 개인정보 유출로 정보주체를 식별할 가능성이 발생하였는지, 제3자가 유출된 개인정보를 열람하였는지 또는 제3자의 열람 여부가 밝혀지지 않았다면 제3자의 열람 가능성이 있었거나 앞으로 열람 가능성이 있는지, 유출된 개인정보가 어느 범위까지 확산되었는지, 개인정보 유출로 추가적인 법익침해 가능성이 발생하였는지, 개인정보를 처리하는 자가 개인정보를 관리

15) 대법원 2018. 12. 28. 선고 2018다214142 판결.

해 온 실태와 개인정보가 유출된 구체적인 경위는 어떠한지, 개인정보 유출로 인한 피해 발생 및 확산을 방지하기 위하여 어떠한 조치가 취하여졌는지 등 여러 사정을 종합적으로 고려하여 구체적 사건에 따라 개별적으로 판단하여야 한다.

(2) 정신적 손해가 발생하지 않았다고 판단한 사례[16)]

(가) 주유 관련 보너스카드 회원으로 가입한 고객들의 개인정보를 데이터베이스로 구축하여 관리하면서 이를 이용하여 고객서비스센터를 운영하는 S주식회사로부터 고객서비스센터 운영업무 등을 위탁받아 수행하는 T주식회사 관리팀 직원 U가, 다른 사람과 공모하여 보너스카드 회원의 성명, 주민등록번호, 주소, 전화번호, 이메일 주소 등 고객정보를 빼내어 DVD 등 저장매체에 저장된 상태로 전달 또는 복제한 후 개인정보유출사실을 언론을 통하여 보도함으로써 집단소송에 활용할 목적으로 고객정보가 저장된 저장매체를 언론관계자들에게 제공하였다.

(나) 개인정보가 U에 의하여 유출된 후 저장매체에 저장된 상태로 공범들과 언론관계자 등에게 유출되었지만 언론보도 직후 개인정보가 저장된 저장매체 등을 소지하고 있던 사건 관련자들로부터 저장매체와 편집작업 등에 사용된 컴퓨터 등이 모두 압수·임의제출되거나 폐기된 점, 범행을 공모한 자들이 개인정보 판매를 위한 사전작업을 하는 과정에서 위와 같이 한정된 범위의 사람들에게 개인정보가 전달 또는 복제된 상태에서 범행이 발각되어 개인정보가 수록된 저장매체들이 모두 회수되거나 폐기되었고 그 밖에 개인정보가 유출된 흔적도 보이지 아니하여 제3자가 개인정보를 열람하거나 이용할 수는 없었다고 보이는 점, 개인정보를 유출한 범인들이나 언론관계자들이 개인정보 중 일부를 열람한 적은 있으나 개인정보의 종류 및 규모에 비추어 위와 같은 열람만으로 특정 개인정보를 식별하거나 알아내는 것은 매우 어려울 것으로 보이는 점, 개인정보 유출로 인하여 신원확인·명의도용이나 추가적인 개인정보 유출 등 후속 피해가 발생하였음을 추지할 만한 상황이 발견되지 아니하는 점 등 제반

16) 대법원 2012. 12. 26. 선고 2011다59834 판결.

사정에 비추어 볼 때, 개인정보 유출로 인하여 보너스카드 회원에게 위자료로 배상할 만한 정신적 손해가 발생하였다고 보기는 어렵다.

### 3. 대상사안의 검토

#### 가. K항공의 주장

(1) K항공의 직원이 사무집행 과정에서 이 사건 승무원일지의 유출과 관련하여 어떠한 불법행위를 하였다고 볼 수 없고, 원고가 입었다는 손해 또한 불분명하며, 이 사건 승무원일지가 유출되기 전에 이미 언론보도 등을 통하여 이 사건 기내 사태의 구체적 경위와 원고의 신상정보가 널리 알려져 있었던 점 등에 비추어 보면, 이 사건 승무원일지 유출과 원고의 손해 사이에 상당인과관계도 인정되지 아니한다.

(2) K항공은 사내 정보 관리에 관한 전자적 보안체계를 갖추고 정보보호지침을 운영하며 직원들을 상대로 정기적인 정보보안 교육을 실시하는 등 사회통념상 사내 정보 관리에 요구되는 합리적인 범위 내에서 정보보호조치를 취하고 주의의무를 다하였는바, 이 사건 승무원일지 유출은 K항공이 통제할 수 있는 범위를 벗어난 것으로서 면책되어야 한다.

#### 나. 사무집행에 관한 것인지 여부

K항공의 사내 전산망에 접근할 수 있는 사람은 특별한 사정이 없는 한 권한 있는 내부 직원에 한정됨을 전제로 그 유출자가 피고 K항공의 직원이라고 가정하더라도, 내부 보고 목적의 사내 보고서를 인터넷이나 SNS를 통하여 유출하는 행위는 그 자체로 외형상 K항공의 사무집행에 관한 행위라고 볼 수 없다.

#### 다. 정보보호조치 의무 위반 여부

K항공은 사내 전산망과 내부 정보의 보호를 위하여 전자적 보안체계를 갖추고, 사내 개인정보보호지침을 마련하였으며, 평소 직원들을 상대로 정보보안 교육을 하고 업무상 지득한 비밀 보호에 관한 서약서를 징구하는

등 내부 정보의 취급 및 보호를 위한 상당한 조치를 취하였다.

### 라. 상당인과관계의 존부

이 사건 승무원일지가 유출되기 전에 이미 언론보도를 통하여 이 사건 기내 사태의 내용이 상당히 알려져 있었던 점, 사용자인 K항공이 평소 소속 직원의 관리·감독·정보보안 등에 상당한 주의를 다하였더라도 위와 같은 고의적인 유출행위를 막을 수는 없었을 것으로 보이는 점 등에 비추어 보면, 승무원일지 유출과 원고가 주장하는 손해 사이에는 상당인과관계가 인정되지 아니한다.

### 마. 결 론

따라서 K항공이 이 사건 승무원일지의 유출과 관련하여 원고에게 승무원일지를 유출한 승무원의 사용자로서 손해배상 책임을 부담한다고 보기는 어렵다.

# [18] 승무원을 폭행한 기내난동여객의 손해배상책임

서울서부지방법원 2018. 11. 23. 선고 2018가단214350 판결

## Ⅰ. 사실관계

(1) 원고는 2011. 2. 7. 주식회사 T항공에 승무원으로 입사한 사람이고, 피고들은 모녀 사이로서 2016. 6. 18. 원고가 사무장으로 근무한 위 회사 운항의 제주발 대구행 TW806편 항공기에 탑승한 여객들이다.

(2) 피고들은 아래와 같이 원고를 폭행하였다는 등의 공소사실로 2016. 12. 21. 기소되어 2017. 9. 22. 대구지방법원 2016고단6444호로 집행유예의 형(피고 P: 징역 1년 2월에 집행유예 2년, 피고 L: 징역 8월에 집행유예 2년)을 선고받았다. 피고들이 이에 불복하여 대구지방법원 2017노4453호로 항소하였으나 2018. 4. 6. 항소기각판결이 선고되었고, 위 판결은 2018. 4. 14. 그대로 확정되었다.

> 피고들은 모녀지간으로서 제주국제공항에서 대구국제공항행 T 항공기 TW806편을 타기 위해 항공기 안으로 들어가려고 하던 중 피고 P가 승무원 K로부터 탑승권 제시를 요청받자 양손에 짐을 들고 있는 관계로 그대로 항공기 안으로 진입하였고, 이에 K로부터 진입제지를 위하여 팔을 잡히자 K의 팔을 뿌리치고 계속 진입하였고, 재차 승무원인 원고로부터 탑승권 확인 요청을 받자, 그제서야 가방에서 탑승권을 꺼내어 원고에게 보여주었는데, 피고들은 그때부터 짐이 많음에도 탑승권을 확인한 것에 원고 등 항공기 승무원에게 불만을 가지게 되었다.
>
> 1. 피고 P의 단독범행
>
> 가. 폭행
>
> 피고 P는 2016. 6. 18. 16:26경 대구국제공항에 도착한 위 항공기 안에서, 원고에게 "왜 짐이 많은데 표를 확인하냐. 왜 사람 잡어. 손님들이 계

속 밀고 들어오니 내가 안에서 보여주려고 했어. 너도 똑같이 당해봐라."라고 소리를 치고 손으로 원고의 팔을 잡고 2회 밀고 당기는 등 폭행하였다.

나. 항공보안법위반

피고 P는 2016. 6. 18. 16:26경 다른 승객들이 항공기에서 모두 하기(下機)하였음에도 항공기에서 내리지 않고 원고에게 짐이 많았음에도 탑승권을 확인하려고 했던 것에 불만을 표시하였고, 원고로부터 "우선 내려 가셔서 말씀을 하세요."라는 말을 듣자, "내가 왜 내려, 손님 짐을 들어주고 표 달라고 해! 니네 항공사는 이렇게 교육해? 대한항공이나 아시아나는 다 짐 들어줘! 그러니까 니네가 저가인거야!"라고 소리를 치고, 재차 원고로부터 "소리를 지르고 항공기에서 안 나가면 항공기 농성이에요."라는 말을 듣자, 원고에게 "뭐 농성, 지랄하네, 이것들이 농성이란다. 내가 농성을 해? 못된 년, 지랄한다. 너 같이 못생긴 것도 승무원이라고, 진짜 저가다 저가."라는 등 욕설을 하는 등 약 5분간 승무원의 하기 요구가 있었음에도 항공기에서 내리지 않고 소리치고 욕설을 하는 방법으로 항공기를 점거하고 농성하였다.

다. 모욕

피고 P는 2016. 6. 18. 16:30경 대구국제공항에 도착한 항공기에서 내려 도착장으로 이동하던 중 원고가 항공기 농성이라는 말을 했다는 이유로 다수의 항공사 직원들이 있는 가운데 원고에게 "뭐 농성? 지랄하네, 이것들이 농성이란다. 내가 농성을 해? 못된 년, 나쁜 년, 지랄하는 년. 지랄한다. 너 같이 못생긴 것도 승무원이라고. 진짜 저가다, 저가. 그러니까 승무원하지."라고 큰소리로 말하고, 계속하여 위 도착장에 도착한 후 불특정 다수의 승객들이 있는 가운데 원고에게 삿대질을 하면서 "나쁜 년, 위 아래도 없는 년, 교육 똑바로 받아, 니가 장이냐, 사무장을 아무한테나 달아주네, 자격도 없는 게 사무장이라고!"라며 큰 소리로 소리쳐 공연히 원고를 모욕하였다.

### 2. 피고들의 공동범행

가. 폭력행위등 처벌에 관한 법률 위반(공동폭행)

피고들은 2016. 6. 18. 16:31경 대구국제공항에 도착한 항공기에서 내려 도착장으로 이동하던 중, 피고 L은 원고가 피고 P에게 항공기 농성이라고 말하는 것을 듣자 격분하여 피해자에게 "야, 너 뭐라고 했어, 뭐라고 했냐고, 니가 승무원이야, 뭐 그따구로 배워 처먹었어, 본사 직원 나오라고 해, 여기 사장 나오라고 해, 니네 가만 안둬, 야 빨리 안 따라와, 당장 따라와"

라고 말하고 손으로 원고의 팔을 잡아 도착장 쪽으로 끌고 가고 원고의 등을 2회 밀치고, 피고 P은 이에 합세하여 원고의 등을 1회 밀치는 등 공동하여 원고를 폭행하였다.

나. 폭력행위등 처벌에 관한 법률 위반(공동강요)

피고들은 2016. 6. 18. 17:00경 대구국제공항 도착장에서 위 제2의 가.항과 같이 다음편 비행을 위해 항공기 안에서 대기하여야 하는 원고를 공동폭행하여 도착장 쪽으로 끌고 간 후, 피고 P는 원고에게 "나쁜 년, 위 아래도 없는 년, 교육 똑바로 받아, 니가 장이냐, 사무장? 장을 아무한테나 달아주네, 장은 아무한테나 안 달아주는데 왜 아무한테나 달아주노, 자격도 없는게 사무장이라고."라고 말하고, 피고 L은 "진심 어리게 사과해, 진심 어리게 사과 한 번이라도 해봤어."라고 말하는 등 욕설과 폭언을 하면서 원고에게 진심 어린 사과를 하지 않으면 원고로 하여금 다음 비행편 준비를 위해 항공기로 돌려보내지 않을 듯한 태도를 보여 이에 겁을 먹은 원고로 하여금 피고들에게 사과하도록 함으로써 공동하여 원고로 하여금 의무 없는 일을 하게 하였다.

다. 업무방해

피고들은 공모하여 2016. 6. 18. 16:56경 위 제2의 가.항 및 나.항과 같이 원고를 공동폭행하고 원고에게 진심 어린 사과를 하도록 강요하는 등 소란을 피워 원고로 하여금 다음 비행편 준비업무를 진행하지 못하게 함으로써 위력으로 원고의 승무원 업무를 방해하였다.

(3) 원고는 피고들의 폭행으로 상해(요추의 염좌 및 긴장)를 입어 2016. 6. 29.부터 2016. 7. 1.까지 및 2016. 10. 4. 치료를 받았고, 2017. 9. 14.부터 2018. 3. 26.까지 정신건강의학과의원에서 피고들의 불법행위로 인한 외상 후 스트레스 장애, 불안 장애, 우울증 등으로 치료를 받았다. 원고는 이 사건으로 인한 정신적 충격으로 인하여 치료를 받아 왔으나, 2018. 3. 14.경 자해를 하고, 2018. 3. 19.경 T항공에 사직서를 제출하였다.

(4) 원고는 피고들을 상대로 위와 같은 불법행위를 이유로 한 손해배상을 구하는 소를 제기하였다.

# Ⅱ. 참조 조문

## 1. 민 법

**제750조(불법행위의 내용)** 고의 또는 과실로 인한 위법행위로 타인에게 손해를 가한 자는 그 손해를 배상할 책임이 있다.

**제751조(재산 이외의 손해의 배상)** ① 타인의 신체, 자유 또는 명예를 해하거나 기타 정신상 고통을 가한 자는 재산 이외의 손해에 대하여도 배상할 책임이 있다.

② 법원은 전항의 손해배상을 정기금채무로 지급할 것을 명할 수 있고 그 이행을 확보하기 위하여 상당한 담보의 제공을 명할 수 있다.

**제760조(공동불법행위자의 책임)** ① 수인이 공동의 불법행위로 타인에게 손해를 가한 때에는 연대하여 그 손해를 배상할 책임이 있다.

② 공동 아닌 수인의 행위 중 어느 자의 행위가 그 손해를 가한 것인지를 알 수 없는 때에도 전항과 같다.

③ 교사자나 방조자는 공동행위자로 본다.

**제763조(준용규정)** 제393조, 제394조, 제396조, 제399조의 규정은 불법행위로 인한 손해배상에 준용한다.

**제764조(명예훼손의 경우의 특칙)** 타인의 명예를 훼손한 자에 대하여는 법원은 피해자의 청구에 의하여 손해배상에 갈음하거나 손해배상과 함께 명예회복에 적당한 처분을 명할 수 있다.

**제765조(배상액의 경감청구)** ① 본장의 규정에 의한 배상의무자는 그 손해가 고의 또는 중대한 과실에 의한 것이 아니고 그 배상으로 인하여 배상자의 생계에 중대한 영향을 미치게 될 경우에는 법원에 그 배상액의 경감을 청구할 수 있다.

② 법원은 전항의 청구가 있는 때에는 채권자 및 채무자의 경제상태와 손해의 원인 등을 참작하여 배상액을 경감할 수 있다.

**제766조(손해배상청구권의 소멸시효)** ① 불법행위로 인한 손해배상의 청구권은 피해자나 그 법정대리인이 그 손해 및 가해자를 안 날로부터 3년간 이를 행사하지 아니하면 시효로 인하여 소멸한다.

② 불법행위를 한 날로부터 10년을 경과한 때에도 전항과 같다.

## Ⅲ. 판시사항

피고들은 원고를 폭행하고 욕설과 폭언을 하면서 사과를 강요하며 업무를 방해하는 등의 불법행위를 저질렀으므로 그로 인하여 원고가 입은 손해를 배상할 의무가 있다.

## Ⅳ. 해 설

### 1. 불법행위에 기한 손해배상

#### 가. 손해배상 책임의 발생

대상사안에서 원고는 피고들의 고의에 의한 위법한 행위(범죄행위)로 인하여 상해 및 정신적 고통을 받았고, 객실사무장의 업무도 방해받았으므로, 피고들은 공동불법행위자로서 원고에게 공동하여 손해를 배상할 책임이 있다. 대상사안에서는 손해배상의 범위에 관하여 적극적 손해와 위자료만이 문제되었고, 소극적 손해는 쟁점이 되지 않았으므로, 이하에서는 적극적 손해와 위자료에 관하여 살펴보기로 한다.

#### 나. 적극적 손해

(1) 치료비

(가) 기왕치료비

치료는 병세의 호전이나 완치만을 목적으로 하는 것이 아니라 병세의 악화방지나 생명의 연장 등도 치료의 목적이므로, 병세의 악화방지를 위하여도 향후치료의 필요성은 인정되며 이 경우에 치료비는 불법행위와의 사이에 상당인과관계가 있는 범위 내에서만 배상청구가 가능하다. 상당성 여부를 판단할 때는 당해 치료행위의 필요성, 기간과 함께 그 진료행위에 대한 보수액의 상당성이 검토되어야 하며, 그러기 위해서는 부상 정도, 치료내용, 횟수, 의료사회 일반의 보편적 치료비수준 등 제반사정을 고려하여 비상식적인 고액진료비나 저액진료비의 가능성을 배제하여 합리적으로 그 범위를 정해야 한다.[1] 피해자의 후유증이 재해를 유일한 원인으로 하여 생긴 것이 아니고 재해와 피해자의 기왕증이 경합하여 후유증이 나타난 것이라면, 그 재해가 후유증이라는 결과발생에 대하여 기여하였다고 인정되는 정도에 따라 그에 상응한 배상액을 부담시키는 것이 손해의 공평한 부담이라는 입장에서 타당하다.[2]

(나) 향후치료비

신체감정 당시를 기준으로 치료가 종결되지 않고 앞으로도 계속 치료가 필요한 경우에는 추정 향후치료비를 산정한다. 한때 예상되었던 치료비라 할지라도 변론종결 당시에 이미 예상기간이 지났다면 그 지난 부분의 손해는 실제로 발생한 손해에 한하여 배상받을 수 있다.[3] 향후치료비 중 1회 내지 수회 지급하여야 할 비용에 관하여 그 지출시기가 밝혀진 경우에는 그 시기를 기준으로, 지출시기가 밝혀지지 아니한 경우에는 계산의 편의상 사실심 변론종결 무렵을 기준으로 사고일까지의 중간이자를 공제한다.

(다) 보조구

보조구는 휠체어, 욕창방지용 특수매트리스, 치과보철, 의족 등을 말하고, 그 수명과 가격은 통상 감정의사의 감정의견에 의해 결정된다.[4]

(라) 기대여명

기대여명이란 현재의 나이에서 그 사람이 앞으로 몇 년 더 살겠느냐 하는 예측연수를 말한다. 가동기간을 정하기 위해서는 전제로 기대여명을 확정하여야 하고, 장래 필요한 개호비·치료비·보조구 등의 비용을 산정하는데도 기대여명의 확정은 필요하다. 한국인의 평균여명은 통계청이 정기적으로 조사·작성하여 발표하는 '한국인 간이생명표' 등에 의하여 인정한다. 평균여명은 손해발생시에 가장 가까운 때에 작성된 간이생명표에 의하여 확정하여야 한다.[5] 상해의 후유증이 평균여명에 어떠한 영향을 미쳐

1) 대법원 1988. 4. 27. 선고 87다카74 판결, 대법원 2006. 5. 11. 선고 2003다8503 판결.
2) 대법원 1988. 4. 27. 선고 87다카74 판결.
3) 대법원 2003. 7. 25. 선고 2003다23670 판결.
4) 손해배상소송실무(교통 · 산재)(제2판), 사법발전재단(2017), 255~256면.

얼마나 단축될 것인가는 후유증의 구체적 내용에 따라 의학적 입장에서 개별적으로 판단하여야 하는바, 신체감정촉탁에 의한 여명감정 결과는 의학적 판단에 속하는 것으로서 특별한 사정이 없는 한 그에 관한 감정인의 판단은 존중되어야 한다.[6)]

(마) 변론종결 후에 발생한 새로운 적극적 손해

불법행위로 인한 적극적 손해의 배상을 명한 전소송의 변론종결 후에 새로운 적극적 손해가 발생한 경우에 그 소송의 변론종결 당시 그 손해의 발생을 예견할 수 없었고 또 그 부분 청구를 포기하였다고 볼 수 없는 등 특별한 사정이 있다면, 전소송에서 그 부분에 관한 청구가 유보되어 있지 않다고 하더라도 이는 전소송의 소송물과는 별개의 소송물이므로 전소송의 기판력에 저촉되는 것이 아니다.[7)] 따라서 식물인간 피해자의 여명이 종전의 예측에 비하여 수년 연장되어 그에 상응한 향후치료, 보조구 및 개호 등이 추가적으로 필요하게 된 것은 전소의 변론종결 당시에는 예견할 수 없었던 새로운 중한 손해로서 전소의 기판력에 저촉되지 않는다.[8)]

(2) 개호비

개호(介護)란 피해자가 중상을 입어 그 치료기간 동안 또는 치료가 종결된 이후에도 불치의 후유장해로 인하여 일정기간 또는 여명까지 다른 사람의 조력을 받아야 하는 경우 그 피해자를 돕는 행위를 말하는데, 이에 필요한 비용을 개호비라고 하여 적극적 손해로 파악한다. 신체의 부자유로 인하여 개호인의 조력을 받을 필요가 있는 경우 개호인비용은 특단의 사정이 없는 한 개호를 필요로 하는 기간의 전일수에 해당하는 도시보통일용 또는 농촌여자일용 노임액을 기준으로 산정한다.[9)]

---

5) 대법원 1984. 11. 27. 선고 84다카1349 판결.
6) 대법원 2002. 11. 26. 선고 2001다72678 판결.
7) 대법원 2007. 4. 13. 선고 2006다78640 판결.
8) 대법원 2007. 4. 13. 선고 2006다78640 판결.
9) 대법원 1990. 10. 23. 선고 90다카15171 판결.

#### (3) 장례비

실무상 장례비는 지출된 비용 여하를 불문하고 사회적 상당성 있는 범위 내로 제한함으로써 금액이 정액화되고 있는데, 500만 원 정도에서 다툼 없는 사실로 정리하여 처리하고 있다.[10)]

#### (4) 신체감정 등 부대비용

타인의 불법행위로 인하여 상해를 입었을 경우에 손해배상청구를 할 때 진단서의 제출은 필요하므로, 진단서작성을 위하여 지출한 비용은 불법행위로 인한 손해에 포함된다.[11)] 피해자가 법원의 감정명령에 따라 신체감정을 받으면서 그 감정을 위한 제반 검사비용으로 지출하였다는 금액은 예납절차에 의하지 않고 직접 지출하였다 하더라도 감정비용에 포함되어 소송비용에 해당하고, 소송비용으로 지출한 금액은 소송비용확정절차를 거쳐 상환받을 수 있어서 이를 별도로 소구할 이익이 없다.[12)]

#### (5) 현가액의 산정(중간이자의 공제)

##### (가) 일시금배상과 정기금배상

민법 제751조 제2항은 법원은 위자료를 정기금채무로 지급할 것을 명할 수 있다고 규정하고 있다. 재산상 손해에 대해서도 당사자는 정기금으로 지급할 것을 청구할 수도 있고, 중간이자를 공제하고 현가를 산정하여 일시금으로 지급할 것을 청구할 수도 있으며, 이러한 경우 법원으로서도 그 판단에 따라 정기금 또는 일시금으로 지급을 명할 수 있다.[13)] 여명 예측이 불확실한 경우에는 피해자가 확실히 생존하고 있으리라고 인정되는 기간 동안의 일실이익은 중간이자를 공제한 일시금으로, 그 기간 이후 가동연한까지의 일실이익은 생계비를 공제한 금액에서 중간이자를 공제한 일시금으로, 그 기간 이후 가동연한까지의 일실이익 중 생계비 상당의 손해는 피해자의 생존을 조건으로 매월 정기금으로 배상할 것을 명하여야

---

10) 손해배상소송실무(교통 · 산재)(제2판), 사법발전재단(2017), 279면.
11) 대법원 1974. 11. 12. 선고 74다483 판결.
12) 대법원 2000. 5. 12. 선고 99다68577 판결.
13) 대법원 1992. 10. 27. 선고 91다39368 판결.

한다.[14)]

(나) 일시금배상과 중간이자의 공제

법원이 장래에 발생할 손해에 대하여 일시금으로 배상을 명할 때에는 중간이자를 공제하여야 한다. 중간이자를 공제하는 방법에는 이자를 단리(單利)로 계산하는 호프만(Hoffman) 방식과 이자를 복리(複利)로 계산하는 라이프니쯔(Leibnitz) 방식이 있다. 대법원은 두 가지 방식을 모두 허용하고 있는데,[15)] 실무는 대부분 호프만 방식에 의한다. 호프만식 계산법에 의하여 중간이자를 공제하는 경우에 중간이자 공제기간이 414개월을 초과하여 월단위 수치표상 단리연금현가율이 240을 넘게 되는 경우, 이를 그대로 적용하여 현가를 산정하게 되면 현가로 받게 되는 금액의 이자가 매월 입게 되는 손해액보다 많게 되어 피해자가 과잉배상을 받게 되는 결과가 되므로, 이를 막기 위해서는 그 수치표상 단리연금현가율이 얼마인지를 불문하고 모두 240을 적용하여야 한다.[16)]

(다) 지연손해금의 기산점

불법행위로 인한 손해배상채권은 불법행위시에 발생하고 그 이행기가 도래하므로, 장래 발생할 소극적·적극적 손해의 경우에도 불법행위시가 현가산정의 기준시기가 되고, 이때부터 장래의 손해발생시점까지의 중간이자를 공제한 금액에 대하여 다시 불법행위시부터 지연손해금을 부가하여 지급을 명하는 것이 원칙이다. 다만 불법행위시 이후로 사실심의 변론종결일 이전의 어느 시점을 기준으로 하여 그 이후 발생할 일실이익손해를 그 시점으로부터 장래의 각 손해발생시점까지의 중간이자를 공제하는 방법으로 현가를 산정하되 지연손해금은 그 기준시점 이후로부터 구하는 것도 그것이 위와 같은 본래의 방법을 벗어나거나 이에 모순·저촉되는 것이 아닌 한 허용된다. 그러나 불법행위시 이후 사실심 변론종결일 이전의 어느 시점을 기준으로 하여 현가를 산정하면서도 지연손해금은 그 기준시점 이전부터 명하는 것은 위와 같은 방법에 비하여 중간이자를 덜 공제하였

14) 대법원 2000. 7. 28. 선고 2000다11317 판결.
15) 대법원 1983. 6. 28. 선고 83다191 판결.
16) 대법원 1994. 11. 25. 선고 94다30065 판결.

거나 지연손해금을 더 많이 인용한 결과가 되어(일종의 과잉배상이 된다) 허용될 수 없다.[17)]

### 다. 위자료

#### (1) 의 의

위자료(慰藉料)는 정신상 고통을 금전으로 위자하기 위하여 지급되는 금전을 말한다. 불법행위로 입은 정신적 고통에 대한 위자료 액수에 관하여는 사실심 법원이 제반 사정을 참작하여 그 직권에 속하는 재량에 의하여 이를 확정할 수 있다.[18)] 사실상 혼인관계에 있는 배우자도 다른 배우자가 제3자의 불법행위로 인하여 상해를 입은 경우에는 자기가 받은 정신적 고통에 대한 위자료를 청구할 권리가 있다.[19)]

#### (2) 산정방법

현재 실무례는 (i) 원고들 전체(家團)에 대한 금액을 기준으로 하여, 예를 들면 1억 원(사망 또는 노동능력 100% 상실시)[20)]에서 과실비율 상당금액을 공제한 금액에다 여러 가지 증감요소를 고려하여 적절히 증감한 뒤 신분관계에 따라 배분하거나, (ii) 청구인별로 기준금액을 정하여, 예를 들면 피해자 본인에 대하여 3,000만 원(사망 또는 노동능력 100% 상실시)을 기준으로 하여 과실상계 등 제반 증감요소를 고려한 뒤 신분관계에 따라 다른 원고들의 위자료를 일정한 비율로 정하는 방법이 있다.[21)] 노동능력의 일부 상실시에는 사망시 기준금액에서 노동능력상실률을 곱한 금액에다 위와 같은 원칙을 적용한다.

---

17) 대법원 1994. 11. 25. 선고 94다30065 판결.
18) 대법원 2006. 5. 11. 선고 2003다8503 판결.
19) 대법원 1969. 7. 22. 선고 69다684 판결.
20) 대법원이 2016. 10. 24. 발표한 '불법행위 유형별 적정한 위자료 산정방안'에 의하면, 교통사고(1억 원), 대형 재난사고(2억 원), 영리적 불법행위(3억 원), 명예훼손(일반피해 5천만 원, 중대피해 1억 원)으로 나누어 기준금액을 달리 설정하고, 특별 가중사유가 존재하는 경우 기준금액을 2배 가중하도록 하였다.
21) 손해배상소송, 사법연수원(2014), 218면.

### 라. 과실상계

#### (1) 의 의

과실상계제도는 채권자가 신의칙상 요구되는 주의를 다하지 아니한 경우 공평의 원칙에 따라 손해의 발생에 관한 채권자의 그와 같은 부주의를 참작하게 하려는 것이므로, 단순한 부주의라도 그로 말미암아 손해가 발생하거나 확대된 원인이 되었다면 피해자에게 과실이 있는 것으로 보아 과실상계를 할 수 있고, 피해자에게 과실이 인정되면 법원은 손해배상의 책임 및 그 금액을 정하면서 이를 참작하여야 하며, 배상의무자가 피해자의 과실에 관하여 주장하지 않는 경우에도 소송자료에 의하여 과실이 인정되는 경우에는 이를 법원이 직권으로 심리·판단하여야 한다.[22)]

또한 불법행위제도에서 과실상계란 피해자와 가해자 사이의 공평을 도모하고자 손해배상책임의 발생 및 손해의 확대에 피해자의 부주의가 가담된 경우 그가 입은 손해액에 합리적인 제한을 하여 가해자의 책임을 제한하고 배상액을 감경하는 제도이다. 민법 제763조는 제396조를 준용하여 불법행위에 관하여 피해자에게 과실이 있는 때에는 법원이 손해배상의 책임 및 그 금액을 정할 때 참작하도록 하고 있다. 불법행위에서 피해자의 과실을 따지는 과실상계상 과실은 가해자의 과실과 달리 사회통념이나 신의성실의 원칙에 따라 공동생활에 있어 요구되는 약한 의미의 부주의를 가리키는 것이다.[23)]

#### (2) 과실비율의 결정

과실상계는 법원의 소송상 나타난 모든 사정을 참작하여 그 재량에 의하여 결정하고,[24)] 피해자의 과실 유무·정도 등은 당사자의 주장과 달리 법원이 직권으로 조사·결정한다.[25)] 불법행위로 인한 손해의 발생 또는 확대에 관하여 피해자에게도 과실이 있을 때에는 그와 같은 사유는 가해

---

22) 대법원 2012. 8. 23. 선고 2012다9041 판결.
23) 대법원 1999. 2. 26. 선고 98다52469 판결.
24) 대법원 1974. 2. 26. 선고 73다76 판결.
25) 대법원 1981. 12. 22. 선고 81다331 판결.

자의 손해배상의 범위를 정할 때 당연히 참작되어야 하고, 양자의 과실비율을 교량할 때 손해의 공평부담이라는 제도의 취지에 비추어 사고발생에 관련된 제반 상황이 충분히 고려되어야 하며, 과실상계사유에 관한 사실인정이나 그 비율을 정하는 것이 사실심의 전권사항이라고 하더라도 그것이 형평의 원칙에 비추어 현저히 불합리하여서는 안 된다.[26)]

(3) 과실상계가 허용되지 않는 경우

가해행위가 사기, 횡령, 배임 등의 영득행위인 경우 등 과실상계를 인정하게 되면 가해자로 하여금 불법행위로 인한 이익을 최종적으로 보유하게 하여 공평의 이념이나 신의칙에 반하는 결과를 가져오는 경우에만 예외적으로 과실상계가 허용되지 않는다.[27)]

### 2. 대상사안의 검토

#### 가. 손해배상책임의 발생

피고들은 원고를 폭행하고 욕설과 폭언을 하면서 사과를 강요하며 업무를 방해하는 등의 불법행위를 저질렀으므로 그로 인하여 원고가 입은 손해를 배상할 의무가 있다.

#### 나. 손해배상의 범위

(1) 치료비 등 적극적 손해

원고는 피고들의 폭행으로 상해(요추의 염좌 및 긴장)를 입어 Y의원에서 2016. 6. 29.부터 2016. 7. 1.까지 및 2016. 10. 4. 치료를 받고 진료비로 20,000원을 지출하였고, 2017. 9. 14.부터 2018. 3. 26.까지 정신건강의학과의원에서 피고들의 불법행위로 인한 외상 후 스트레스 장애, 불안 장애, 우울증 등으로 치료를 받고 진료비로 280,500원 및 119,800원을 지출하였다(원고가 주장하는 치료비는 총 1,181,940원이나, 위 금액은 공단부담금을 포함한 치료비 전체액이므로, 본인부담금만 인정한다).

---

26) 대법원 1997. 2. 28. 선고 96다54560 판결.
27) 대법원 2013. 6. 13. 선고 2010다34159 판결.

(2) 위자료

이 사건의 경위, 원고가 입은 상해의 부위 및 정도, 원고가 이 사건으로 인한 정신적 충격으로 인하여 치료를 받아 왔으나 2018. 3. 14.경 자해를 하고 2018. 3. 19.경 회사에 사직서를 제출하는 등 이 사건 발생일로부터 상당한 시일이 지난 현재까지도 정신적으로 고통을 받고 있는 것으로 보이는 점, 피고들의 불법행위 내용 및 정도, 그 밖에 이 사건 변론에 나타난 제반 사정을 참작하여 위자료를 15,000,000원(피고 P의 경우 15,000,000원, 피고 L의 경우 피고 P와 공동하여 그중 13,000,000원)으로 정한다.

### 다. 결 론

불법행위로 인한 손해배상으로 원고에게, 피고 P는 15,420,300원[=재산상 손해 420,300원(=20,000원+280,500원+119,800원)+위자료 15,000,000원], 피고 L은 피고 P와 공동하여 위 돈 중 13,420,300원[=재산상 손해 420,300원(=20,000원+280,500원+119,800원)+위자료 13,000,000원] 및 각 이에 대하여 불법행위일인 2016. 6. 18.부터 피고들이 그 이행의무의 존부 및 범위에 관하여 항쟁함이 상당한 이 판결 선고일인 2018. 11. 23.까지는 민법이 정한 연 5%의, 그 다음날부터 다 갚는 날까지는 소송촉진 등에 관한 특례법이 정한 연 15%의 각 비율로 계산한 지연손해금을 지급할 의무가 있다.

# [19] 헬기 사고시 여객 상해에 관한 보험계약의 유효성

대법원 2019. 5. 30. 선고 2017다254600 판결

## Ⅰ. 사실관계

### 가. 보험계약의 체결

(1) 피고 C항공 주식회사는 2013. 11. 26. 원고 주식회사 K손해보험과 사이에 피고가 운용 중인 KA-32A 헬기(이하 '이 사건 헬기')에 관하여 다음과 같은 보험계약을 체결하였다.[1)]

① 이 사건 헬기가 멸실 또는 손상됨으로써 입게 되는 손해를 보상하는 내용의 기체보험(機體保險) 및 이 사건 헬기에 관한 사고에 의하여 그 여객 또는 승무원 이외의 제3자에게 끼친 신체상 또는 재산상 손해를 배상할 책임을 짐으로써 입게 되는 손해를 보상하는 내용의 제3자배상 책임보험(이하 '이 사건 기체 및 책임보험')

② 영국의 법과 관습(English law and practice)을 준거법으로 하여 이 사건 헬기에 탑승하게 되는 승무원 및 여객이 보험기간(2013. 11. 30. 00:00~2014. 3. 13. 24:00) 동안 탑승 및 비행 중에 발생한 사고로 인해 사망하거나 상해를 입을 경우 3억 원의 한도 내에서 사망 또는 장해의 정도에 따라 전액 또는 일정 비율의 정액 보험금을 지급하기로 하는 내용의 보험(이하 '이 사건 보험')

(2) 이 사건 보험증권에는 보험의 명칭이 'PERSONAL ACCIDENT POLICY'로, 피보험자(Insured Persons)가 '승무원 및 여객(Crew and Passenger)'으로 각 기재되어 있고, 그 보상금액란에는 피보험자의 사망 또는 장해의 정도에 따라 지급되는 보상금이 표시되어 있다.[2)]

---

1) 사실관계는 원심인 서울고등법원 2017. 6. 30. 선고 2016나2053327 판결을 참조하였다.

2) SCHEDULE OF COMPENSATION This insurance covers in respect only of the

(3) 원고와 피고는 2013. 11. 26. 이 사건 보험계약을 체결할 때 'HULL & LIABILITY POLICY'라는 명칭의 이 사건 기체 및 책임보험계약도 별도로 체결하였으나, 위 각 보험 전부에 대해 하나의 보험번호(2013-5177910)가 부여되었다. 그런데 이 사건 기체 및 책임보험증권에 피고의 제3자에 대한 책임(Liability to Third Parties)은 부보(付保)의 대상으로 기재되어 있으나, 피고의 여객에 대한 책임(Liability to Passenger)은 인적 책임(Bodily Injury), 물적 책임(Baggage and Personal Articles) 모두에 대해 '해당 없음(not application)'의 취지가 명확히 기재되어 있고, 피보험이익(被保險利益)란에도 피고의 여객에 대한 책임은 부보의 대상에서 제외된다는 내용이 명시되어 있다.[3)]

## 나. 보험금의 지급

(1) 이 사건 헬기가 2013. 12. 4. 19:22경 남극 장보고기지에 착륙하던 중 전복되어 기체가 전소되는 사고(이하 '이 사건 사고')가 발생하였는데, 이 사건 사고로 인하여 헬기에 탑승하고 있던 여객 A는 화염화상 25%의 상해를 입어 안면부 대부분의 면적 및 양쪽 귀에 영구적으로 뚜렷한 흉터가 남게 되었다.

(2) 피고는 A에게 이 사건 사고로 인한 치료비, 항공료, 숙박비 등을 포함하여 총 520,799,794원을 지출하였다(그중 치료비는 96,468,079원이다).

(3) 원고는 이 사건 사고에 관하여 피고에게 2014. 1. 22. 기체보험금

---

following benefits as have an amount(or percentage of the Capital Sum Insured) inserted against them 1. Death 100% 2. Total and irrecoverable loss of sight of both eyes 100% 3. Total and irrecoverable loss of sight of one eye 100% 4. Loss of two limbs 100% 5. Loss of one limb 100% 6. Total and Irrecoverable loss of sight of one eye and loss of one limb 100% 7. Permanent Total Disablement(other than total loss of sight of one or both eyes or loss of limb 100% (이하 생략).

3) Interest To cover the Assured's aircraft against all risks of physical loss or damage whilst rotor in motion/ rotor not in motion/ingestion, and their liability to third parties arising out of the assured's operation of the aircraft, but excluding passenger liability and chemical liability.

으로 35억 1,500만 원을, 2014. 12. 12. 이 사건 보험금으로 3억 원을 각 지급하였다.

### 다. 당사자의 주장 요지

(1) 원 고

이 사건 보험은 이 사건 헬기의 승무원 및 여객이 탑승 및 비행 중 발생한 사고로 인해 사망하거나 상해를 입게 되는 경우를 보험사고로 정한 상해보험이다. 이 사건 사고로 인해 이 사건 헬기의 여객 A가 상해를 입었으므로, 이 사건 보험금은 피보험자인 A에게 지급되어야 한다. 만약 원고와 피고가 보험금 수령권자를 피보험자 아닌 피고로 정해 이 사건 보험계약을 체결하였다면, 피고는 자신에게 피보험이익(Insurable Interest)이 없는 여객의 신체에 대해 상해보험계약을 체결한 것이 되어 영국법상 그 효력을 인정할 수 없다. 피고가 보험금 수령권한 없이 이 사건 보험금을 수령한 후 이를 A에게 전달하지 않거나, 무효인 이 사건 보험계약에 기해 이 사건 보험금을 수령함으로써 법률상 원인 없이 그 금액 상당의 이익을 얻었고, 그로 인해 원고는 그 금액 상당의 손해를 입었으므로, 피고는 부당이득의 반환으로 원고에게 이 사건 보험금 상당액을 지급할 의무가 있다.

(2) 피 고

이 사건 보험은 이 사건 헬기에 관한 사고로 인해 발생한 승무원 및 여객의 사망 또는 상해에 관하여 피고가 부담하는 배상책임을 부보하는 책임보험이다. 그리고 이 사건 보험이 상해보험에 해당한다면, 그 보험약관상 보험금 수령권한은 피고에게 있다. 피고는 정당한 권원에 의해 이 사건 보험금을 수령한 것이지, 법률상 원인 없이 위 금액 상당의 이익을 얻은 것이 아니다.

# Ⅱ. 참조 조문

## 1. 국제사법

**제25조(당사자 자치)** ① 계약은 당사자가 명시적 또는 묵시적으로 선택한 법에 의한다. 다만, 묵시적인 선택은 계약내용 그 밖에 모든 사정으로부터 합리적으로 인정할 수 있는 경우에 한한다.
② 당사자는 계약의 일부에 관하여도 준거법을 선택할 수 있다.
③ 당사자는 합의에 의하여 이 조 또는 제26조의 규정에 의한 준거법을 변경할 수 있다. 다만, 계약체결 후 이루어진 준거법의 변경은 계약의 방식의 유효성과 제3자의 권리에 영향을 미치지 아니한다.
④ 모든 요소가 오로지 한 국가와 관련이 있음에도 불구하고 당사자가 그 외의 다른 국가의 법을 선택한 경우에 관련된 국가의 강행규정은 그 적용이 배제되지 아니한다.
⑤ 준거법 선택에 관한 당사자의 합의의 성립 및 유효성에 관하여는 제29조의 규정을 준용한다.

## 2. 영국 생명보험법 (Life Assurance Act 1774)

1. No Insurance to be made on the lives of persons having no interest, &c.
From and after the passing of this Act no insurance shall be made by any person or persons, bodies politick or corporate, on the life or lives of any person, or persons, or on any other event or events whatsoever, wherein the person or persons for whose use, benefit, or on whose account such policy or policies shall be made, shall have no interest, or by way of gaming or wagering; and every assurance made contrary to the true intent and meaning hereof shall be null and void to all intents and purposes whatsoever.[4)]

---

4) **제1조 [피보험이익 없는 보험의 무효]** 이 법이 시행된 이후 타인의 생명에 관하여 피보험이익이 없는 자가 그 타인의 생명에 대해 보험계약을 체결하는 것을 금지하고, 이를 위반하는 계약은 무효로 한다.

## Ⅲ. 판시사항

(1) 보험계약자가 상당한 기간 동안에 발생한 불특정 다수인의 사망 또는 상해에 관하여 정액의 보험금을 지급받기로 하는 보험계약에서, 보험계약자가 그들의 사망 또는 상해와 관련하여 금전적인 책임을 부담할 수 있는 지위에 있고, 보험계약을 체결한 의도가 그러한 법적 책임을 부보하기 위한 것인 때에는 보험계약자에게 1774년 제정된 영국 생명보험법(Life Assurance Act 1774) 제1조에 따른 피보험이익을 인정할 수 있다.

(2) 이 사건 보험계약의 내용, 헬기의 운항·관리자로서 사고 발생시 손해배상 등 책임을 부담하여야 할 피고의 지위 등 제반 사정에 비추어 보험계약자인 피고에 피보험이익이 인정되므로, 위 보험계약이 영국법상 유효하다고 본 원심판단에 영국 생명보험법(Life Assurance Act 1774)상 피보험이익에 관한 법리오해 등 잘못이 없다.

## Ⅳ. 해 설

### 1. 보험계약의 준거법

#### 가. 주관적 준거법

##### (1) 명시적 합의

보험계약 당사자 사이에 준거법 선택에 관하여 명시적 합의가 있으면 이에 따라 준거법이 결정된다(국제사법 제25조 제1항 본문 전단).

##### (2) 묵시적 합의

보험계약 당사자 사이에 준거법 선택에 관하여 묵시적인 합의가 있는 경우에도 이에 따라 준거법이 결정된다(국제사법 제25조 제1항 본문 후단). 묵시적인 선택은 계약내용 그 밖에 모든 사정으로부터 합리적으로 인정할 수 있는 경우에 한한다(국제사법 제25조 제1항 단서).

### 나. 이 사건 보험계약의 준거법

이 사건 보험계약은 보험사고의 지역적 범위를 남극 지방으로 한정하고 있는 외국적 요소가 있어 국제사법에 따라 준거법을 정하여야 한다. 이 사건 보험계약은 명시적으로 준거법을 영국법으로 정하였으므로, 이 사건 보험계약의 해석 및 유효성이 문제될 때에는 영국법이 준거법이 된다.

## 2. 영국 생명보호법상 피보험이익

### 가. 1774년 생명보험법의 제정

18C 중반 영국에서는 유명인사의 생명을 대상으로 보험에 가입하는 도박보험이 성행함에 따라 1774년 생명보험법이 제정되었다. 1774년 제정된 영국 생명보험법(Life Assurance Act 1774) 제1조에 의하면, 생명보험 또는 상해보험의 경우 보험계약이 적법·유효하려면 보험계약자가 보험계약 체결 당시에 보험의 목적이 된 생명 또는 신체에 관하여 피보험이익[5]을 가져야 한다.

피보험이익의 개념에 관하여는, (i) 보험사고가 발생하면 피보험자에게 재산적 손실을 일으키는 관계가 있기 때문에 사고가 발생하지 아니하는 동안 피보험자가 가지는 경제적 이익을 피보험이익이라고 보는 이익설, (ii) 피보험자가 보험의 목적에 대하여 보험사고가 발생하면 손해를 입게 되는 경우 피보험자와 보험 목적과의 관계를 피보험이익이라고 보는 관계설[6]이 제시되고 있다.[7]

### 나. 피보험이익의 존재 시기

피보험이익이 보험사고 발생시에 존재하여야 한다는 초기 판례의 견해[8]는 영국의 보험실무에 반한다는 비판이 있었고, 실제로 19C 영국의 보험사들은 피보험자 사망시 피보험이익이 소멸한 경우에도 보험금을 지

5) 대한민국 상법 제668조에서는 손해보험에 관하여 '보험계약의 목적'이라는 용어를 사용하고 있다.
6) Lucena v. Craufurd, [1806] 2 Bos & PNR 269 at 302, 127 ER 630 at 643.
7) 김철호, 생명보험과 피보험이익, 고려대 법학박사학위논문(2011), 11~16면.
8) Godsall v. Boldero(1807), 9 East 72; Henson & Blackwell (1845) 4 Hare 434.

급하였다. Dalby v. India & London Life Assurance Co., 15 CB 365 [1854] 사건에서 피보험이익은 계약체결시에 존재하면 된다는 이른바 Dalby Rule을 정립하게 되었다.[9] 미국 연방대법원도 Grigsby v. Russell, 222 U.S. 149 (1911) 사건에서 위와 같은 견해를 취하였다.

### 다. 피보험이익의 인정

영국 생명보험법에는 피보험이익에 관한 정의규정을 두고 있지 않아 영국 법원은 여러 사례의 유형별로 개별적으로 피보험이익을 인정하고 있다. 이 사건과 관련된 유형의 보험계약자에게 피보험이익이 인정되는지는 보험계약의 해석을 통해 확정되어야 한다. 피보험이익이 손해배상책임에 관한 것이라고 하여 반드시 책임보험의 형식으로만 보험계약이 체결되어야 하는 것은 아니다.

### 라. Feasey v. Sun Life Assurance Co. of Canada, [2003] EWCA Civ 885

보험계약자가 상당한 기간 동안에 발생한 불특정 다수인의 사망 또는 상해에 관하여 정액의 보험금을 지급받기로 하는 보험계약에서, 보험계약자가 그들의 사망 또는 상해와 관련하여 금전적인 책임을 부담할 수 있는 지위에 있고, 보험계약을 체결한 의도가 그러한 법적 책임을 부보하기 위한 것인 때에는 보험계약자에게 영국 생명보험법 제1조에 따른 피보험이익을 인정할 수 있다.

## 3. 대상사안의 검토

### 가. 이 사건 보험의 성질 : 상해보험

(1) 이 사건 보험증권에는 이 사건 보험의 명칭이 개인상해보험으로, 피보험자가 승무원 및 여객으로 각 기재되어 있고, 그 보상금액란에는 피보험자의 사망 또는 장해의 정도에 따라 지급되는 보상금이 표시되어 있다. 이와 같은 이 사건 보험증권의 문언, 이 사건 보험과 기체 및 책임보

---

9) 김철호, 74면.

험의 각 부보 대상 및 내용 등에 비추어 보면, 이 사건 보험은 피보험자인 헬기의 승무원 및 여객이 탑승 및 비행 중 발생한 사고로 인해 사망하거나 상해를 입게 되는 경우를 보험사고로 정한 상해보험에 해당한다.

(2) 한편 원고가 피고에게 교부한 이 사건 보험과 이 사건 기체 및 책임보험에 관한 보험가입증명서의 보상금액란에 이 사건 보험금이 '제3자에 대한 책임보험금'의 하위 항목처럼 기재되어 있다는 형식적인 이유만을 들어, 이와 달리 이 사건 보험이 이 사건 헬기 승무원 및 여객의 사망 또는 상해에 관하여 피고가 부담하는 배상책임을 부보하는 책임보험에 해당한다고 보기는 어렵다.

### 나. 이 사건 보험금의 수령권자

(1) 이 사건 보험증권은 피보험자(an Insured Person)가 보험기간 내에 신체 상해를 입을 경우, 원고는 보상내역에 따라 'the Assured or the Assured's Executors or Administrators'에게 보험금을 지급한다고 규정하고 있다.[10)]

(2) 이 사건 보험증권 1면에 기재된 이 사건 보험금의 수령 조건 및 주체에 관한 위 문장에서 피보험자인 'an Insured Person'과 보험금 수령권자인 'the Assured' 등을 명시적으로 구분하고 있다. 그런데 위 문장에서 'the Assured'는 원고와 이 사건 보험계약을 체결한 보험계약자를 의미하는 용어로 사용되었다(WE THE COMPANY HEREBY agree with the Assured that…). 또한 위 문장에는 보험금의 수령권자로 'the Assured'뿐만 아니라 그의 책임자 또는 관리자(Executors or Administrators)까지 기재되어 있는데, 피보험자인 승무원·여객의 경우에는 그들의 책임자 또는 관리자가 보험금을 수령한다는 개념을 상정하기 어렵다.

한편 보험증권 2면의 '2. Condition'란에는 'the Assured'의 사업과 관

10) WE THE COMPANY HEREBY agree with the Assured, to the extent and in the manner herein provided, that if an Insured Person sustains Bodily Injury during the period of this Insurance, we will pay to the Assured, or to the Assured's Executors or Administrators, according to the Schedule of Compensation after the total claim shall be substantiated under this Insurance.

련되어 탑승한 사람은 조종사를 제외하고 누구나 여객(passenger)으로 간주된다고 기재되어 있는데,[11] 여기서 'the Assured' 역시 피보험자인 여객과는 구분되는, 이 사건 헬기를 운용하는 사업의 주체를 지칭하는 것으로 보인다.

(3) 위와 같은 점에 비추어 보면, 이 사건 보험증권에서 원고로부터 보험금을 수령한다고 정한 'the Assured'는 이 사건 보험계약자인 피고를 의미한다고 보는 것이 타당하다.

### 다. 이 사건 보험계약의 영국법상 유효 여부

#### (1) 문제의 소재

타인의 사망이나 상해에 관한 보험계약을 체결함에 있어 피보험자의 서면동의를 요하는 우리 상법(제731조)의 태도(동의주의)와 달리, 생명보험 또는 상해보험 등에 적용되는 영국의 생명보험법은 보험계약자에게 타인의 생명 또는 신체에 대해 금전적인 피보험이익이 있을 것을 요한다는 이익주의의 입장을 취하고 있다. 이 사건 보험금의 수령권한이 피보험자인 승무원 및 여객이 아니라 보험계약자인 피고에게 있는 경우에도 이 사건 보험계약의 준거법인 영국법상 그 효력이 인정될 수 있는지 문제된다.

#### (2) 영국의 판례법리

영국의 판례 등에 의해 인정된 생명 또는 신체에 대한 피보험이익은, (i) 자연적 관계로부터 발생하는 경우(interest arising out of natural affection), (ii) 법률에 의하여 인정되고 계약 시에 증명이 가능한 잠재적 손해로부터 발생하는 경우(interest arising out of a potential financial loss which is recognised by law and can be shown at the time of the contract), (iii) 제정법의 규정에 근거하는 경우(interest arising out of statutory provisions), (iv) 위 범주 중 어느 하나에 해당하지 않지만 법원에 의해 인정되는 경우(interest recognised by the courts that does not fit

---

11) Any person riding on in connection with the assured's business other than pilot shall be deemed as passenger.

into any of the above categories) 등으로 분류된다.[12)]

그중에는 보험계약자(P&I club, 선주책임상호보험조합)가 상당한 기간(3년) 동안 특정된 개인이 아니라 소속 회원의 선박에서 일하는 다수인의 사망 또는 상해에 대하여 금전적인 책임을 부담하게 되어, 그 법적 책임을 부보하기 위해 보험사와 정액의 보험금으로 생명보험 또는 상해보험을 체결하는 경우에도 피보험이익을 인정한 것이 있다.[13)]

(3) 이 사건 보험계약은 유효함

이러한 법리에 비추어 피고가 이 사건 헬기의 운행·관리자로서 이 사건 헬기에 탑승하게 되는 승무원·여객이 탑승 및 비행 중에 발생한 사고로 인해 사망하거나 상해를 입을 경우 그들에 대해 손해배상 등의 책임을 부담하게 되는 지위에 있는 점, 보험회사인 원고가 이 사건 보험계약이 유효한 상해보험계약임을 전제로 피고에게 이 사건 보험금을 전액 지급하고 피고로부터 그에 관한 완불확인서를 교부받은 사실을 인정할 수 있는 점 등의 사정을 살펴보면, 피고는 이 사건 헬기에 탑승하게 되는 다수의 승무원 및 승객을 피보험자로 하여 그들이 탑승 및 비행 중에 발생한 사고로 인해 사망하거나 상해를 입을 경우 정액의 상해보험금을 받는 내용으로 이 사건 보험계약을 체결할 피보험이익이 있었다고 봄이 타당하다. 따라서 이 사건 보험금의 수령권자를 피고로 정한 이 사건 보험계약은 영국법상 유효하다.

### 라. 피고의 부당이득 여부

그렇다면 원고는 이 사건 보험계약에 따라 보험금 수령권한이 있는 피고에게 이 사건 보험금을 지급한 것이고, 이와 달리 피고가 보험금 수령권한 없이 이 사건 보험금을 수령한 후 이를 그 수령권자인 A에게 전달하지 않거나, 무효인 이 사건 보험계약에 기해 이 사건 보험금을 수령함으로써 법률상 원인 없이 그 금액 상당의 이익을 얻었다고 보기 어렵다. 따라서 원고의 청구는 이유 없으므로, 이를 기각하여야 한다.

---

12) 서울고등법원 2017. 6. 30. 선고 2016나2053327 판결.
13) Feasey v. Sun Life Assurance Co. of Canada, [2003] EWCA Civ 885.

# [20] 항공보험 약관상 면책사유와 사고의 인과관계

AIG Aviation, Inc. v. Holt Helicopters, Inc.,
198 S.W.3d 276 (2006)

## Ⅰ. 사실관계

(1) 피고 홀트 헬리콥터사(Holt Helicopters, Inc., 이하 'Holt')의 헬기(Robinson R-22 Beta II)가 2001. 10. 30. 뉴멕시코 레드락(Redrock) 근처에서 가축을 몰다가 추락하였다.

(2) 피고는 내셔널 유니온 화재보험사(National Union Fire Ins. Co.)의 보험증서(보험약관)에 따라 원고 에이아이지 항공사(AIG Aviation, Inc., 이하 'AIG')의 기체보험(機體保險)에 가입하였기 때문에, AIG에게 보험금 지급을 청구하였다. 그러나 손해사정인은 엔진·기계장치 등의 오작동 여부 및 그것이 사고의 원인이 되었는지 여부에 관하여는 전혀 조사하지 않았고, AIG는 부보(付保) 헬기를 조종하였던 조종사 Fred Graff의 비행경험 부족을 이유로 보험금 지급을 거절하였다.

(3) 보험증서의 '조종사 담보 조건(Pilot Warranty Completion)'에는 "부보 헬기는 Robinson R22 모델 항공기 100시간을 포함하여 FAA에 의하여 인증된 최소 1,000시간 이상의 비행경험이 있는 조종사에 의하여 운항되어야 한다"고 기재되어 있었다. 또한 면책조항에는 "보험계약서에 기재된 조종사 이외의 다른 조종사가 부보 헬기를 조종하는 경우에는 이 보험은 피보험자에게 적용되지 아니한다"고 기재되어 있었다. Graff는 이 사건 당시 비행시간이 685시간에 불과하였고, 보험증서에 의하면 보험이 적용되기 위한 부보 헬기의 조종사는 'Larry Holt 또는 다른 2명의 근로자'로 지정되어 있었지만, Graff는 이에 포함되지 않았다.

(4) AIG는 Holt를 상대로 보험금지급의무 부존재확인의 소를 제기하였

고, Holt는 AIG를 상대로 보험금의 지급을 구하는 반소를 제기하였다. AIG가 조종사의 비행경험 부족과 추락사고 사이의 인과관계 유무에 관계 없이 보험계약상 면책규정에 의하여 보험금지급을 거부할 수 있는지가 쟁점이 되었다.

(5) 제1심 법원은, AIG가 조종사의 비행경험 부족이 이 사건 헬기 추락의 원인이 되었다는 것을 증명하지 못하면, AIG는 Holt에게 보험금을 지급하여야 한다고 일부약식판결(一部略式判決, partial summary judgment)을 선고하였다. 나머지 쟁점에 관하여 배심단은, (i) AIG가 Holt의 비행경험에 관한 조종사 담보조건 위반과 이 사건 추락사고 사이의 인과관계를 증명하지 못하였고, (ii) AIG가 손해를 야기한 기망행위에 가담한 것과 보험금 청구에 대하여 충분한 조사 없이 보험금 지급을 거절하였다고 평결하였다.

(6) 제1심 법원은, AIG는 Holt에게 기체손상에 따른 재산상 손해 65,000달러, 법정이자 36,574.20달러, 판결 전 이자 10,159.50달러, 고의에 의한 보험법 위반에 따른 130,000달러, 제1심 소송대리인 보수 282,910달러, 항소심에서 Holt의 소송대리인의 성공보수를 지급하라고 판결하였다.

(7) AIG는 텍사스 샌안토니오 항소법원(Court of Appeals of Texas, San Antonio)에 항소를 제기하였으나, 항소법원은 항소를 모두 기각하였다. 이에 대하여 AIG는 텍사스 주 대법원에 상고를 제기하였으나, 상고가 기각되어 위 판결은 확정되었다.[1)]

## Ⅱ. 참조 조문

### 1. 상 법

> **제638조(보험계약의 의의)** 보험계약은 당사자 일방이 약정한 보험료를 지급하고 재산 또는 생명이나 신체에 불확정한 사고가 발생할 경우

---

1) AIG Aviation v. Holt Helicopters, Inc. No. 06-0484 (Tex. Jan. 11, 2008).

에 상대방이 일정한 보험금이나 그 밖의 급여를 지급할 것을 약정함으로써 효력이 생긴다.

**제638조의2(보험계약의 성립)** ① 보험자가 보험계약자로부터 보험계약의 청약과 함께 보험료 상당액의 전부 또는 일부의 지급을 받은 때에는 다른 약정이 없으면 30일내에 그 상대방에 대하여 낙부의 통지를 발송하여야 한다. 그러나 인보험계약의 피보험자가 신체검사를 받아야 하는 경우에는 그 기간은 신체검사를 받은 날부터 기산한다.

② 보험자가 제1항의 규정에 의한 기간내에 낙부의 통지를 해태한 때에는 승낙한 것으로 본다.

③ 보험자가 보험계약자로부터 보험계약의 청약과 함께 보험료 상당액의 전부 또는 일부를 받은 경우에 그 청약을 승낙하기 전에 보험계약에서 정한 보험사고가 생긴 때에는 그 청약을 거절할 사유가 없는 한 보험자는 보험계약상의 책임을 진다. 그러나 인보험계약의 피보험자가 신체검사를 받아야 하는 경우에 그 검사를 받지 아니한 때에는 그러하지 아니하다.

**제638조의3(보험약관의 교부·설명 의무)** ① 보험자는 보험계약을 체결할 때에 보험계약자에게 보험약관을 교부하고 그 약관의 중요한 내용을 설명하여야 한다.

② 보험자가 제1항을 위반한 경우 보험계약자는 보험계약이 성립한 날부터 3개월 이내에 그 계약을 취소할 수 있다.

**제659조(보험자의 면책사유)** ① 보험사고가 보험계약자 또는 피보험자나 보험수익자의 고의 또는 중대한 과실로 인하여 생긴 때에는 보험자는 보험금액을 지급할 책임이 없다.

**제732조의2(중과실로 인한 보험사고 등)** ① 사망을 보험사고로 한 보험계약에서는 사고가 보험계약자 또는 피보험자나 보험수익자의 중대한 과실로 인하여 발생한 경우에도 보험자는 보험금을 지급할 책임을 면하지 못한다.

② 둘 이상의 보험수익자 중 일부가 고의로 피보험자를 사망하게 한 경우 보험자는 다른 보험수익자에 대한 보험금 지급 책임을 면하지 못한다.

## 2. 항공사업법

**제70조(항공보험 등의 가입의무)** ① 다음 각 호의 항공사업자는 국토교통부령으로 정하는 바에 따라 항공보험에 가입하지 아니하고는 항공기를 운항할 수 없다.

1. 항공운송사업자
2. 항공기사용사업자
3. 항공기대여업자

② 제1항 각 호의 자 외의 항공기 소유자 또는 항공기를 사용하여 비행하려는 자는 국토교통부령으로 정하는 바에 따라 항공보험에 가입하지 아니하고는 항공기를 운항할 수 없다.

③ 「항공안전법」 제108조에 따른 경량항공기소유자등은 그 경량항공기의 비행으로 다른 사람이 사망하거나 부상한 경우에 피해자(피해자가 사망한 경우에는 손해배상을 받을 권리를 가진 자를 말한다)에 대한 보상을 위하여 같은 조 제1항에 따른 안전성인증을 받기 전까지 국토교통부령으로 정하는 보험이나 공제에 가입하여야 한다.

④ 초경량비행장치를 초경량비행장치사용사업, 항공기대여업 및 항공레저스포츠사업에 사용하려는 자는 국토교통부령으로 정하는 보험 또는 공제에 가입하여야 한다.

⑤ 제1항부터 제4항까지의 규정에 따라 항공보험 등에 가입한 자는 국토교통부령으로 정하는 바에 따라 보험가입신고서 등 보험가입 등을 확인할 수 있는 자료를 국토교통부장관에게 제출하여야 한다. 이를 변경 또는 갱신한 때에도 또한 같다.

**제78조(항공사업자의 업무 등에 관한 죄)** ① 다음 각 호의 어느 하나에 해당하는 자는 3년 이하의 징역 또는 3천만 원 이하의 벌금에 처한다.

5. 제70조 제1항을 위반하여 항공보험에 가입하지 아니하고 항공기를 운항한 항공사업자
6. 제70조 제2항을 위반하여 항공보험에 가입하지 아니하고 항공기를 운항한 자

## 3. 항공사업법 시행규칙

**제70조(항공운송사업자 등의 항공보험 등 가입의무)** ① 법 제70조에 따라 항공보험 등에 가입한 자는 항공보험 등에 가입한 날부터 7일 이내에 다음 각 호의 사항을 적은 보험가입신고서 또는 공제가입신고서에 보험증서 또는 공제증서 사본을 첨부하여 국토교통부장관에게 제출하여야 한다. 가입사항을 변경하거나 갱신하였을 때에도 또한 같다.

1. 가입자의 주소, 성명(법인인 경우에는 그 명칭 및 대표자의 성명)
2. 가입된 보험 또는 공제의 종류, 보험료 또는 공제료 및 보험금액 또는 공제금액
3. 보험 또는 공제의 종류별 발효 및 만료일
4. 보험증서 또는 공제증서의 개요

② 법 제70조 제1항 및 제2항에 따른 항공보험에 가입하는 경우의 책임한도액은 다음과 같다.

1. 우리나라가 가입하고 있는 항공운송의 책임에 관한 제(諸)국제협약에서 규정하는 책임한도액
2. 제1호를 적용하기 불합리한 경우에는 국토교통부장관이 정하는 항공운송인의 책임한도액

③ 법 제70조 제3항에서 "국토교통부령으로 정하는 보험이나 공제"란 「자동차손해배상 보장법 시행령」 제3조 제1항 각 호에 따른 금액 이상을 보장하는 보험 또는 공제를 말하며, 동승한 사람에 대하여 보장하는 보험 또는 공제를 포함한다.

④ 법 제70조 제4항에서 "국토교통부령으로 정하는 보험 또는 공제"란 「자동차손해배상 보장법 시행령」 제3조 제1항 각 호에 따른 금액 이상을 보장하는 보험 또는 공제를 말하며, 동승한 사람에 대하여 보장하는 보험 또는 공제를 포함한다.

## Ⅲ. 판시사항

보험사는 보험계약자의 보험약관 위반이 보험사고의 유일한 원인 또는 여러 원인 중 하나에 해당하지 않는 한 보험금을 지급할 책임을 면하지 못하고, 이러한 법리는 보험약관에서 보험약관 위반과 보험사고 사이에 인과관계를 필요로 하지 않는 경우에도 적용된다. 이는 부수적인 계약 위반을 이유로 보험사를 면책시키는 것은 부당하고 공공정책에 어긋나기 때문이다.

## Ⅳ. 해 설

### 1. 항공보험

#### 가. 개 념[2)]

항공운송사업을 안정적으로 경영하고, 항공기의 운항에 따른 제반 사고로부터의 손해배상책임을 담보하기 위한 제도로 항공보험이 있다. 항공보험(Aviation Insurance)은 항공기 또는 항행과 관련하여 일어나는 일체의 위험을 담보하는 보험을 말한다. 여기서 '위험'이란 항공위험(Aviation Risk)을 말하는데, 항공위험은 비행 중의 위험, 즉 항공기가 이륙하여 착륙하기까지의 위험뿐만 아니라, 이착륙하기 위한 활주 중의 위험과 지상에서의 제반 위험을 포함한다. 항공보험은 항공위험에 노출된 항공기 자체의 물적 손해뿐만 아니라, 항공기의 소유·관리 및 운영 중 제3자의 재산이나 신체에 가한 손해에 대한 배상책임, 여객·화물에 대한 손해배상책임 등 항공기에 관한 일체의 위험을 담보하는 보험의 총칭이라고 할 수 있다.

#### 나. 항공보험 가입의무

항공기사고 여객·수하인 등이 손해를 입은 경우 몬트리올 협약과 상법

---

2) 김종복, 신국제항공법, 한국학술정보(2012), 378면.

에 의하여 운송인은 피해자에게 손해를 배상할 책임을 부담한다. 그런데 항공운송사업자, 항공기사용사업자, 항공기대여업자, 항공기 소유자 또는 항공기를 사용하여 비행하려는 자는 국토교통부령이 정하는 바에 따라 항공보험(航空保險)에 가입하지 아니하고는 항공기를 운항할 수 없다(항공사업법 제71조 제1항, 제2항). 이 경우 보험계약자는 보험사[3]가 정한 항공보험약관에 의하여 보험계약을 체결하는 것이 일반적이다. 항공보험에는 여객보험, 기체보험(機體保險), 화물보험, 전쟁보험, 제3자보험 및 승무원보험과 그 밖에 국토교통부령으로 정하는 보험이 있다(항공사업법 제2조 제37호). 운송인이 피해자에게 손해를 배상할 책임을 부담하는 경우, 보험자는 보험약관에 따른 보험금을 운송인에게 지급할 의무가 발생한다.

### 다. 면책사유

(1) 보험약관에서는 보험사의 면책사유를 규정하고 있는 경우가 많은데, 면책약관의 유효성에 관하여 견해 대립이 심하고, 많은 판례가 축적되어 있다. 미국에서 주로 문제가 되는 면책사유로는 (i) 운항승무원이 유효한 항공신체검사증명서를 받지 못한 경우,[4] (ii) 운항승무원이 해당 기종 조종에 적합하지 않는 경우,[5] (iii) 항공기 운항이 항공기의 적법한 사용에

3) 상법상 '보험자'라는 용어가 정확하지만, 이해의 편의를 위하여 관행상 용어인 '보험사'라는 용어를 사용하기로 한다.

4) U.S. Specialty Ins. Co. v. Skymaster, 123 F.Supp.2d 995, 999 (E.D.Va. 2000); Bayers v. Omni Aviation Managers, 510 F.Supp. 1204, 1207 (D.Mont. 1981); Avemco v. Chung, 388 F.Supp. 142, 152 (D.Haw. 1975); Sec. Ins. Co. v. Andersen, 763 P.2d 246, 249 (Ariz. 1988); Grigsby v. Hous. Fire & Cas. Ins., 148 S.E.2d 925, 927 (Ga. 1966); Global Aviation Ins. Managers v. Lees, 368 N.W.2d 209, 212 (Iowa Ct. App. 1985); Omaha Sky Divers Parachute Club, Inc. v. Ranger Ins. Co., 204 N.W.2d 162, 164 (Neb. 1973); Baker v. Ins. Co. of N. Am., 179 S.E.2d 892 (N.C. Ct. App. 1971); South Carolina v. Collins, 237 S.E.2d 358, 358 (S.C. 1977).

5) Arnold v. Globe Indem., 416 F.2d 119, 122 (6th Cir. 1969); Bequette v. Nat'l Ins. Underwriters, 429 F.2d 896, 897 (9th Cir. 1968); Fireman's Fund Ins. Co. v. McDaniel, 187 F.Supp. 614, 618 (N.D.Miss. 1960); Kilburn v. Union Marine & Gen. Ins. Co., 40 N.W.2d 90, 118-19 (Mich. 1949); Grigsby v. Hous. Fire & Cas. Ins. Co., 148 S.E.2d 925, 927 (Ga. Ct. App. 1966); Johnson v. Sec. Ins. Co., 481 N.E.2d 1263, 1265 (Ill. Ct. App. 1985); Macalco, Inc. v. Gulf Ins. Co., 550 S.W.2d 883, 890 (Mo. Ct. App. 1977).

해당하지 않는 경우,[6] (iv) 조종사가 보험계약에서 기명으로 특정된 운항 승무원이 아닌 경우,[7] (v) 항공기가 매년 받아야 하는 정기검사를 받지 아니한 경우,[8] (vi) 항공기가 유효한 감항인증을 받지 못한 경우[9] 등이 있다.[10]

(2) 대상사안에서는 텍사스 주의 판례 법리인 '면책사유와 보험사고 사이의 인과관계'의 유효성이 문제되었다. 미국 판례는 보험사가 면책되기 위해서는 면책사유와 보험사고 사이의 인과관계를 필요로 하지 않는다는 입장(不要說)[11]과 인과관계가 필요하다는 입장(必要說)[12]으로 나누어진다.

---

6) Global Indem. v. Hansen, 231 F.2d 895, 905 (8th Cir. 1956); Bruce v. Lumbermens Mut. Cas. Co., 222 F.2d 642, 645 (4th Cir. 1955); Middlesex Mut. Ins. Co. v. Bright, 106 Cal. App.3d 282, 288-89 (1980); Hedges Enter., Inc. v. Fireman's Fund Ins. Co., 225 N.Y.S.2d 779, 783 (Sup. Ct. 1962).

7) Roberts v. Underwriters at Lloyds London, 195 F.Supp. 168, 171 (D.Idaho 1961); Am. States v. Byerly, 456 F.Supp. 967, 970 (S.D.Ill. 1978).

8) O'Connor v. Proprietors Ins. Co., 661 P.2d 1180, 1182 (Colo. 1982); Sec. Mut. Cas. Co. v. O'Brien, 662 P.2d 639, 641 (N.M. 1983); Puckett v. U.S. Fire Ins. Co., 678 S.W.2d 936, 937 (Tex. 1984).

9) Old Republic Ins. v. Jensen, 276 F.Supp.2d 1097, 1102 (D.Nev. 2003); Pickett v. Woods, 404 So.2d 1152, 1152 (Fla. 1981); Gardner Trucking v. S.C. Ins., 376 S.E.2d 260, 262 (S.C. 1989); Global Aviation Ins. Managers v. Lees, 368 N.W.2d 209, 212 (Iowa Ct. App. 1985); Ochs v. Avemco, 644 P.2d 421, 428 (Or. Ct. App. 1981).

10) Jon Kettles et al., "The Causal Connection Question in Aviation Insurance Coverage", 75 J. Air L. & Com. 829 (2010), 832~833면.

11) National Insurance Underwriters Inc. v. Bequette, 280 F.Supp. 842 (D. Alaska 1968), aff'd 429 F.2d 896 (9th Cir. 1970); Middlesex Mutual Insurance Co. v. Bright, 106 Cal.App.3d 282, 165 Cal. Rptr. 45 (1980); O'Conner v. Proprietors Insurance Co., 661 P.2d 1181 (Colo. App. 1982), cert. granted; Grigsby v. Houston Fire and Casualty Insurance Co., 113 Ga.App. 572, 148 S.E.2d 925 (1966); Arnold v. Globe Indemnity Co., 416 F.2d 119 (6th Cir. 1969) (applying Kentucky law); Kilburn v. Union Marine & General Insurance Co., 326 Mich. 115, 40 N.W.2d 90 (1949); Macalco, Inc. v. Gulf Insurance Co., 550 S.W.2d 883 (Mo.App. 1977); Omaha Sky Divers Parachute Club, Inc. v. Ranger Insurance Co., 189 Neb. 610, 204 N.W.2d 162 (1973); Security Mutual Casualty Co. v. O'Brien, 99 N.M. 638, 662 P.2d 639 (1983); Baker v. Insurance Co. of North America, 10 N.C. App. 605, 179 S.E.2d 892 (1971); Ochs v. Avemco Insurance Co., 54 Or.App. 768, 636 P.2d 421 (1981); Di Santo v. Enstrom Helicopter Corp., 489 F.Supp. 1352 (E.D.Pa. 1980).

12) Ranger Insurance Co. v. Phillips, 25 Ariz.App. 426, 544 P.2d 250 (1976); Avemco Insurance Co. v. Chung, 388 F.Supp. 142 (D.Hawaii 1975); American States Insurance Co. v. Byerly Aviation, Inc., 456 F.Supp. 967 (S.D.Ill. 1978); Migues v.

이하에서는 대상판결이 설시한 법리를 처음으로 확립한 Puckett v. U.S. Fire Insurance Co. 사건을 살펴보기로 한다.

## 2. Puckett v. U.S. Fire Insurance Co., 678 S.W.2d 936 (Tex. 1984)

### 가. 사실관계

(1) Puckett은 1981. 7. 18. Cessna 337(Robert Holt와 M. Hunter Puckett의 공동소유였다)을 조종하다가 Pampa 근처에서 추락하였다. 이로 인하여 조종사인 Puckett과 2명의 여객은 사망하였고, 나머지 1명의 여객은 중상을 입었다.

(2) 보험사(U.S. Fire Insurance Co.)는, 보험약관상 "부보 항공기가 완전하고 유효한 감항증명을 갖추지 못하면 보험계약은 무효이다"라는 조항과 이 사건 사고 당시 부보 항공기는 연방규칙이 규정하는 감항성 인증검사를 갱신하지 않았다는 이유로(매년 정기적으로 감항성 인증검사를 받아야 함에도, 이 사건 항공기는 이 사고 약 1개월 전에 감항인증검사의 유효기간이 종료되었다), 이 사건 사고에 관하여 어떠한 보험금 지급의무도 없다고 주장하였다.

(3) 이에 대하여 원고들(조종사의 상속인 등)은, 감항성 인증검사를 받지 않은 것과 이 사건 사고 사이에는 인과관계가 없으므로, 보험사의 면책항변은 부당하다고 주장하였다.

### 나. 판시사항

(1) 보험계약자의 보험계약 위반과 보험사고 사이에 인과관계를 필요로 하는지 여부에 관하여 견해 대립이 있으나, 텍사스 주 대법원은 인과관계를 필요로 한다는 견해가 더 좋은 규범이라고 믿는다.[13] 보험사는 보

---

Universal Airways, Inc., 18 Av.Cas. (CCH) 17,250 (S.D.Miss. 1982); Bayers v. Omni Aviation Managers, 510 F.Supp. 1204 (D.Mont. 1981); South Carolina Insurance Co. v. Collins, 269 S.C. 282, 237 S.E.2d 358 (1977).

13) South Carolina Insurance Co. v. Collins, 237 S.E.2d at 362 (1977).

험계약자의 보험약관 위반이 보험사고의 유일한 원인 또는 여러 원인 중 하나에 해당하지 않는 한 보험금을 지급할 책임을 면하지 못한다. 이러한 법리는 이 사건과 같이 보험약관에서 보험약관 위반과 보험사고 사이에 인과관계를 필요로 하지 않는다고 해석되는 경우에도 적용된다.

(2) 만약 보험사고가 조종사의 운항과실로 인하여 발생한 경우에는 보험증권에 의하여 의심할 여지 없이 보험사가 보험금을 지급할 책임을 부담한다. 이러한 점에 비추어 보면, 단지 기술적인 사항(technicality)에 관한 보험계약 위반을 이유로 보험사를 면책시키는 것은 공공정책(public policy)에 어긋나기 때문이다. 연방법에 의하면 유효한 감항인증서를 받기 위해서는 수백 가지의 요건을 충족하여야 하는데,[14] 그중 일부는 중요한 것이고 일부는 기술적인 것이다. 텍사스 주 의회는 보험계약자측이 화재보험에서 단지 기술적 사항을 위반한 경우에도 보험사의 책임을 인정하는 보험법('anti-technicality' statute, Texas Insurance Code Ann. art. 6.14.)[15]을 통과시켰는데, 이러한 입법부의 행위가 텍사스 주의 공공정책을 표현한 것이라고 생각한다.

## 3. 보험약관상 면책사유의 유효성에 관한 우리나라 판례의 법리

### 가. 보험계약의 해석

보험계약은 당사자 일방이 약정한 보험료를 지급하고, 상대방이 재산 또는 생명이나 신체에 관하여 불확정한 사고가 생길 경우에 일정한 보험금액 기타의 급여를 지급할 것을 약정함으로써 효력이 생기는 불요식의 낙성계약이므로, 계약 내용이 반드시 보험약관의 규정에 국한되지는 아니

---

14) Maintenance, Preventive Maintenance, Rebuilding, & Alteration Requirements, 14 C.F.R. Part 43; General Operation & Flight Rules, 14 C.F.R. Part 91.

15) **Art. 6.14. Breach by Insured**
No breach or violation by the insured of any warranty, condition or provision of any fire insurance policy, contract of insurance, or applications therefor, upon personal property, shall render void the policy or contract, or constitute a defense to a suit for loss thereon, unless such breach or violation contributed to bring about the destruction of the property. [Acts 1951, 52nd Leg., p. 868, ch. 491.].

한다. 그리고 보험약관이 계약당사자 사이에 구속력을 갖는 것은 그 자체가 법규범이거나 또는 법규범적 성질을 가지기 때문이 아니라 당사자가 그 약관의 규정을 계약 내용에 포함시키기로 합의하였기 때문인바, 일반적으로 당사자 사이에 보험약관을 계약내용에 포함시킨 보험계약서가 작성된 경우에는 계약자가 그 보험약관의 내용을 알지 못하는 경우에도 그 약관의 구속력을 배제할 수 없는 것이 원칙이나, 당사자 사이에서 명시적으로 약관의 내용과 달리 약정한 경우에는 위 약관의 구속력은 배제된다.[16]

보험약관은 신의성실의 원칙에 따라 해당 약관의 목적과 취지를 고려하여 공정하고 합리적으로 해석하되, 개개 계약 당사자가 기도한 목적이나 의사를 참작하지 않고 평균적 고객의 이해가능성을 기준으로 보험단체 전체의 이해관계를 고려하여 객관적·획일적으로 해석하여야 하며, 위와 같은 해석을 거친 후에도 약관조항이 객관적으로 다의적으로 해석되고 그 각각의 해석이 합리성이 있는 등 해당 약관의 뜻이 명백하지 아니한 경우에는 고객에게 유리하게 해석하여야 한다.[17]

### 나. 인보험(人保險)에서 중과실 면책불가의 의미[18]

(1) 상법 제732조의2에서 보험계약자측의 중과실로 인하여 생긴 사고에 대한 보험자의 면책을 허용하지 않고, 상해보험에서도 이를 준용함으로써, 결국 인보험에서만은 고의로 인하여 생긴 사고가 아닌 한 보험자의 면책을 인정하지 아니하도록 하고 있는 것은, 물건 또는 재산에 대한 사고의 위험을 담보하는 여타의 보험과 차별하여 생명·신체에 대한 사고의 위험을 담보하는 인보험의 보험계약자 측을 더욱 두텁게 보호하려고 하는 데에 그 취지가 있다.

그러나 대인배상책임보험과 비교할 때 인보험의 보험계약자측을 상대적으로 더 두텁게 보호하는 위 조항은, 인보험과 기타의 보험을 구분하여

16) 대법원 2017. 6. 15. 선고 2013다215454 판결.
17) 대법원 2019. 3. 14. 선고 2018다260930 판결.
18) 헌법재판소 1999. 12. 23. 선고 98헌가12 결정.

인보험의 보험계약자측을 더 보호하기보다는 무고한 제3의 피해자 보호에 초점을 맞추고, 제3의 피해자와 무관한 경우에는 보험계약에서의 사적 자치를 보다 넓게 인정하는 선진외국 입법례의 주류적 경향과 일치하지는 않는다.

(2) 위 조항의 입법목적은 생명보험의 보험계약자측을 두텁게 보호하기 위한 것으로서, 특히 보험수익자가 되는 유족의 생활 안정을 보장하여 주기 위한 것이다(다만 이 사건 법률조항이 상법 제739조에 의하여 상해보험에 준용됨은 앞서 본 바와 같은데, 상해보험에 있어서 보험수익자는 주로 피보험자 자신일 것이다). 이러한 입법목적은 헌법 제37조 제2항에서 열거하고 있는 기본권 제한사유들 가운데 공공복리에 속하는 것으로서, 그 입법목적의 정당성이 인정된다.

(3) 보험계약은 보통의 계약과는 달리 기술성·단체성·사회성 등의 특성으로 인하여 사적 자치를 완전히 인정하는 것은 바람직하지 않다고 보아 나라마다 정도의 차이가 있기는 하나 보험을 이용하는 일반대중의 이익을 보호하기 위하여, 보험사업에 대하여 후견적 개입을 하고 있다. 보험자는 거대한 인적·물적 조직 및 전문성을 갖추고 있는 반면 보험계약자들은 보험에 관하여 잘 알지 못하는 것이 일반적이고, 보험계약은 정해진 약관에 의한 부합계약으로 이루어지기 때문에 보험계약자측의 이익을 보호할 필요가 생기는 것이다. 위 조항이 보험자의 면책사유를 계약당사자들인 보험자와 보험계약자의 사적 자치에 맡기지 아니하고 중과실의 경우에는 면책이 될 수 없도록 규정하고 있는 것도 이러한 정책적 배경을 가지고 있다.

(4) 한편 중과실의 경우 면책이 될 수 없도록 규정하고 있는 이론적 근거는 원래 보험은 우연한 사고로 인하여 초래되는 생활의 불안정에 대비하기 위한 것이므로, 고의로 인하여 생긴 사고와는 달리 과실로 인하여 생긴 사고에 대해서는 보호하는 것이 그 성질에 부합한다는 데 있다. 경과실로 인하여 생긴 사고에 대비하여 볼 때 중과실로 인하여 생긴 사고는 앞서 본 바와 같이 사고의 우연성에 영향을 미친다고 볼 여지도 없지 아니하나 고의가 보험사고의 우연성을 결하게 하는 것과는 여전히 다른 차

원에 있는 것이다.

중과실로 인하여 생긴 사고에 대하여 보호를 하지 않아야 한다는 주장의 근거는 중과실 행위가 띠는 반사회성에 있다. 위 조항에 의하면 인보험에서는 무면허운전·음주운전으로 사고가 발생하였더라도 보험사고의 발생이 고의에 의한 것이 아닌 한 보험자가 면책되지 않는다고 하는 것인데, 이에 대하여는 무면허운전·음주운전과 같은 반사회적 행위를 조장할 우려가 있다는 비판이 많다. 그러나 이에 대해서는, 무면허운전이나 음주운전과 같은 위법행위나 반사회적 행위를 형사처벌이나 행정적 제재 등 다른 방법으로 방지하는 외에, 별도의 입법목적을 가진, 면책약관을 규율하는 법조항에서 고려하여 그 방지를 도모하는 것이 과연 바람직한가 하는 의문이 제기될 수 있다. 왜냐하면, 반사회적 행위나 위법행위가 개재된 모든 사고가 보험에 의한 보호에서 제외된다면 우연한 사고로 인하여 초래되는 생활의 불안정에 대비하고자 하는 보험제도의 유용성은 반감될 우려가 있기 때문이다. 위 조항이 생명보험의 보험계약자측을 보호하려는 본래의 입법목적을 달성하기 위해서는 도로교통법 등 실정법의 위반행위도 포섭할 수밖에 없는 측면이 있다. 아울러 보험의 보장적 기능을 강화하기 위하여 나라마다 중과실사고에 대해서도 보험에 의한 보호를 확대해 주려고 하는 경향이 있음을 고려할 필요가 있다. 이러한 것들은 보험이라는 제도가 민법상 과실책임에 관한 이론이나 반사회적 위법행위를 방지하기 위한 여타 실정법이 추구하는 목적과 조화되기 어려운 고유의 특성을 가지고 있기 때문이다.

(5) 위에서 본 바와 같이, 중과실로 인하여 생긴 사고와 경과실로 인하여 생긴 사고의 차이는 상대적인 것에 불과함에도 그 결과는 '전부 아니면 전무'의 차이를 가져오는 데다 현실에 있어서 중과실과 경과실의 경계는 모호한 경우가 매우 많다. 그러므로 중과실의 경우에 면책이 되도록 한다면 많은 경우에 보험자가 자신에게 유리한 방향으로 해석하여 보험금의 지급을 거절함으로써 중과실인지 경과실인지 여부를 둘러싸고 분쟁이 일어날 것이며, 보험자와 보험계약자측이 대립하는 경우 전문성과 자금력이 뛰어난 보험자가 유리한 결과를 얻기가 쉬우므로 보험계약자측으로서

는 보험에 의한 보호를 충분히 보장받기 어렵게 된다.

따라서 중과실의 경우에는 면책이 되지 않도록 하는 것은 과실로 인하여 생긴 사고의 경우에는 보험계약자측을 보호하려고 하는 입법목적을 달성하기에 적정하고 유효한 수단이라고 할 수 있으며, 달리 기본권을 덜 제한하면서도 같은 정도의 효과를 거둘 수 있는 다른 합리적인 수단을 발견할 수 없다. 이 경우 보험자는 위 조항 때문에 면책의 범위가 줄어드는데 따르는 위험인수의 범위확대를 보험료에 반영시켜 이익을 보전할 수밖에 없으므로, 장기적으로 볼 때 중과실로 인하여 사고를 일으킨 보험계약자측은 고율의 보험료를 적용받을 것이므로 한정된 범위 안에서는 중과실에 상응하는 대가를 물게 되는 결과에 이른다. 결과적으로 위 조항으로 말미암아 보험자는 중과실의 경우에 면책을 인정하는 유형의 보험상품을 별도로 개발·판매할 수가 없어서 그러한 상품을 별도로 판매하였을 경우 있을 수 있는 영업이익의 증가를 얻을 수가 없는 정도의 불이익을, 보험계약자로서는 위와 같은 보험상품을 선택할 수 없는 정도의 불이익을 각 입게 된다.

위에서 본 바와 같이, 위 조항의 입법목적이 소비자인 인보험의 보험계약자측 특히 생명보험의 보험수익자로 되는 유족의 생활보장을 도모하는 데에 있고, 중과실과 경과실의 구별이 상대적이며 그 경계가 모호한데다가 보험계약자측이 현저히 약자의 지위에 있어 보호의 필요성이 있음에 비추어 볼 때, 보험자와 보험계약자에 대한 위와 같은 정도의 자유의 제한은 위 상반되는 법익과의 균형을 해할 정도로 과도하지는 않다고 보아야 하므로 입법재량의 범위를 벗어나지 않았다.

(6) 결국 위 조항은 보험자의 영업의 자유, 계약의 자유와 보험계약자의 계약의 자유를 제한하는 것이기는 하나, 그 입법목적이 공공복리를 위한 것이고 위와 같은 자유를 제한함에 있어 비례의 원칙을 지키고 있으므로, 헌법에 반하여 위와 같은 기본권을 침해하는 것은 아니다.

### 다. 무면허 면책약관[19)]

상법상 생명보험과 상해보험 같은 인보험에 관하여는 보험자의 면책사유를 제한하여 비록 중대한 과실로 인하여 생긴 것이라 하더라도 보험금을 지급하도록 규정하고 있는 점이나, 인보험이 책임보험과 달리 정액보험으로 되어 있는 점에 비추어 볼 때 인보험에서의 무면허 면책약관의 해석이 책임보험에서의 그것과 반드시 같아야 할 이유가 없다.

무면허운전의 경우에는 면허 있는 자의 운전이나 운전을 하지 아니하는 자의 경우와 달리 보험사고 발생의 가능성이 많을 수도 있으나 그 정도의 사고 발생 가능성에 관한 개인차는 보험에 있어서 구성원 간의 위험의 동질성을 해칠 정도는 아니다. 또한 무면허운전이 고의적인 범죄행위이기는 하나 그 고의는 특별한 사정이 없는 한 무면허운전 자체에 관한 것이고 직접적으로 사망이나 상해에 관한 것이 아니어서 그로 인한 손해보상을 해준다고 하여 그 정도가 보험계약에서의 당사자의 선의성·윤리성에 반한다고는 할 수 없다.

그러므로 인보험에 해당하는 상해보험에서의 무면허운전 면책약관이 보험사고가 전체적으로 보아 고의로 평가되는 행위로 인한 경우뿐만 아니라 과실(중과실 포함)로 평가되는 행위로 인한 경우까지 포함하는 취지라면 과실로 평가되는 행위로 인한 사고에 관한 한 무효라고 보아야 한다.

### 라. 보험계약자측의 법령 위반

피보험자의 사망이나 상해를 보험사고로 하는 보험계약에서는 보험사고 발생의 원인에 피보험자에게 과실이 존재하는 경우뿐만 아니라 보험사고 발생시의 상황에 있어 피보험자에게 안전띠 미착용 등 법령위반의 사유가 존재하는 경우를 보험자의 면책사유로 약관에 정한 경우에도 그러한 법령위반행위가 보험사고의 발생원인으로서 고의에 의한 것이라고 평가될 정도에 이르지 아니하는 한 상법 규정들에 반하여 무효이다.[20)]

---

19) 대법원 1998. 3. 27. 선고 97다27039 판결.

20) 대법원 2014. 9. 4. 선고 2012다204808 판결.

### 마. 무면허운전면책조항에서 인과관계의 필요 여부[21)]

자동차종합보험보통약관에 '무면허운전을 하였을 때 생긴 손해'에 관하여는 면책된다고 규정한 경우, 면책사유에 관하여 '무면허운전으로 인하여 생긴 손해'라고 되어 있지 않으므로 무면허운전과 사고 사이에 인과관계의 존재를 요구하고 있지 않다.

위 약관조항의 취지는 무면허운전의 경우 사고의 위험성이 통상의 경우보다 극히 증대하는 것이어서 그러한 위험은 보험의 대상으로 삼을 수 없다는 취지 외에도 보험자로서는 무면허운전과 사고 사이의 인과관계의 존재여부를 증명하기가 곤란한 경우에 대비하여 사고가 무면허운전 중에 발생한 경우 인과관계의 존부에 상관없이 면책되어야 한다는 취지도 포함되었다.

도로교통법과 중기관리법은 무면허운전이나 조종을 금지하면서 그 위반에 대하여는 형벌을 과하고 있고, 또 국민은 누구나 무면허운전이나 조종이 매우 위험한 행위로서 범죄가 된다는 것을 인식하고 있는 터이므로 그와 같은 범죄행위 중의 사고에 대하여 보상을 하지 아니한다는 약관의 규정이 결코 불합리하다고 할 수 없으므로, 위 면책조항이 무면허운전과 보험사고 사이에 인과관계가 있는 경우에 한하여 적용되는 것으로 제한적으로 해석할 수 없다.

21) 대법원 1990. 6. 22. 선고 89다카32965 판결.

제 3 장

# 사망과 신체상해

[21] 여객운송에서 사고(accident)의 개념
[22] 여객의 정신적 상해
[23] 승강(乘降)을 위한 작업 중
[24] 사망한 공군조종사의 일실이익
[25] 항공기사고로 인한 위자료 산정의 특수성
[26] 징벌적 손해배상의 허용 여부
[27] 난기류(turbulence)로 인한 상해와 항공사 책임
[28] 기내에서 화상을 입은 여객에 대한 항공사 책임
[29] 항공 차트 발행사의 항공기사고에 대한 책임 유무
[30] 기상정보 제공자의 항공기사고에 대한 책임 유무

# [21] 여객운송에서 사고(accident)의 개념

Air France v. Saks, 470 U.S. 372 (1985)

## Ⅰ. 사실관계

(1) Valerie Saks는 1980. 11. 16. 파리 → LA행 Air France 항공편에 탑승하였다. 항공기은 약 12시간의 비행 동안 순항하였지만, 원고는 항공기가 착륙하기 위해 하강하는 약 10여분간 왼쪽 귀에 약간의 압력과 심한 고통을 느꼈다. 당시 항공기의 여압장치(與壓裝置, pressurization system)는 정상적으로 작동되고 있었다. 원고의 고통은 항공기가 공항에 착륙한 이후에도 계속되었지만, Air France의 승무원이나 직원은 위와 같은 고통에 대하여 아무런 설명도 하지 않은 채 그녀를 하기(下機)시켰다.

(2) 그 다음날 Saks는 전화기 다이얼 소리를 듣지 못한다는 것을 깨닫고, 왼쪽 귀가 난청상태가 되었음을 알게 되었다. 착륙한 날로부터 5일이 지나서 의사는 그녀의 왼쪽 청력은 영구히 상실되었다고 진단하였다.

(3) 그녀는 청력상실의 원인이 Air France가 여압장치의 유지·관리상 과실에 있다고 주장하면서, Air France를 상대로 손해배상을 구하는 소를 캘리포니아 주 법원에 제기하였다. 사건은 그 후 연방지방법원(United States District Court for the Central District of California)으로 이송되었다.

(4) 피고는, 바르샤바 협약상 '사고(accident)'는 '항공기상에서 발생한 비정상적이고 특이하며 예상 밖의 사건(abnormal, unusual or unexpected occurrence aboard the aircraft)'을 의미하고, 여압장치의 정상적 작동이 원고의 상해를 유발한 것은 사고에 해당하지 않으며, 원고가 그녀의 상해가 바르샤바 협약상 사고로 인하여 발생한 것을 증명하지 못하였다는 이유로, 원고의 청구를 기각하는 약식판결(summary judgment)을 신청하였다.

(5) 원고는, 바르샤바 협약상 사고는 '항공여행상 위험(hazard of air travel)'을 의미하고, 여압장치의 정상적인 작동으로 원고가 입은 청력상실

도 사고에 해당한다고 주장하면서, 약식판결신청에 대하여 반대의견을 제출하였다.

## Ⅱ. 참조 조문

### 1. 바르샤바 협약

**제17조**

운송인은 여객의 사망 또는 부상 기타 신체상해로 인한 손해에 대하여 그 손해의 원인이 된 사고(accident)가 항공기상 또는 승강을 위한 작업 중에 발생하였을 때에 한하여 책임을 진다.[1)]

**제18조**

**제1항** 운송인은 위탁수하물의 파괴·분실 또는 손상으로 인한 손해에 대하여 그 손해의 원인이 된 사실(occurrence)이 항공기상에서 발생하였거나 또는 위탁수하물이 운송인의 관리하에 있는 기간 중 발생한 경우에 한하여 책임을 진다.[2)]

### 2. 몬트리올 협약

**제17조(여객의 사망 및 부상 - 수하물에 대한 손해)**

1. 운송인은 여객의 사망 또는 신체상해로 인한 손해에 대하여 사망 또는 상해를 야기한 사고(accident)가 항공기상 또는 승강을 위한 작업 중에 발생하였을 때에 한하여 책임을 진다.[3)]
2. 운송인은 위탁수하물의 파괴·분실 또는 손상으로 인한 손해에

---

1) The carrier is liable for damage sustained in the event of the death or wounding of a passenger or any other bodily injury suffered by a passenger, if the accident which caused the damage so sustained took place on board the aircraft or in the course of any of the operations of embarking or disembarking.

2) The carrier is liable for damage sustained in the event of the destruction or loss of, or of damage to, any registered luggage or any goods, if the occurrence which caused the damage so sustained took place during the carriage by air.

3) The carrier is liable for damage sustained in case of death or bodily injury of a passenger upon condition only that the accident which caused the death or injury took place on board the aircraft or in the course of any of the operations of embarking or disembarking.

> 대하여 파괴·분실 또는 손상을 야기한 사실(event)이 항공기상에서 발생하였거나 또는 위탁수하물이 운송인의 관리하에 있는 기간 중 발생한 경우에 한하여 책임을 진다.[4)]

### 3. 상 법

> **제904조(운송인의 책임)** 운송인은 여객의 사망 또는 신체의 상해로 인한 손해에 관하여는 그 손해의 원인이 된 사고(事故)가 항공기상에서 또는 승강을 위한 작업 중에 발생한 경우에만 책임을 진다.
>
> **제907조(연착에 대한 책임)** ① 운송인은 여객의 연착으로 인한 손해에 대하여 책임을 진다.
>
> **제908조(수하물의 멸실·훼손에 대한 책임)** ① 운송인은 위탁수하물의 멸실 또는 훼손으로 인한 손해에 대하여는 그 손해의 원인이 된 사실(事實)이 항공기상에서 또는 위탁수하물이 운송인의 관리하에 있는 기간 중에 발생한 경우에만 책임을 진다.
>
> **제909조(수하물의 연착에 대한 책임)** 운송인은 수하물의 연착으로 인한 손해에 대하여 책임을 진다.
>
> **제913조(운송물의 멸실·훼손에 대한 책임)** ① 운송인은 운송물의 멸실 또는 훼손으로 인한 손해에 대하여 그 손해가 항공운송 중(운송인이 운송물을 관리하고 있는 기간을 포함한다. 이하 이 조에서 같다)에 발생한 경우에만 책임을 진다.
>
> **제914조(운송물 연착에 대한 책임)** 운송인은 운송물의 연착으로 인한 손해에 대하여 책임을 진다.

## Ⅲ. 판시사항

바르샤바 협약 제17조에 의한 운송인의 여객에 대한 배상책임은, 상해가 여객의 외부에서 발생한, 예상 밖 또는 특이한 사실로 발생한 것이어

---

4) The carrier liable for damage sustained in case of destruction or loss of, or of damage to, checked baggage upon condition only that the event which caused the destruction, loss or damage took place on board the aircraft or during any period within which the checked baggage was in the charge of the carrier.

야 하고, 항공여행 고유의 위험에 해당하여야 하며, 사고가 상해의 원인이 된 경우에만 인정된다. 상해가 통상적·정상적이고 예상할 수 있는 항공기 운항으로 인하여 여객 자신의 내부적 반응으로 발생한 것이라면, 그 상해는 사고로 인한 것이 아니므로 바르샤바 협약 제17조는 적용되지 아니한다.

## Ⅳ. 해 설

### 1. 문제의 소재

몬트리올 협약 제17조는 여객운송계약[5]에서 여객이 사망·신체상해를 입었을 때 운송인에게 그로 인한 손해배상책임을 부과하고 있다. 다만 손해의 원인이 된 사고(事故)가 항공기상에서 또는 승강을 위한 작업 중에 발생한 경우에만 책임이 인정된다. 여객운송에서 위탁수하물의 멸실·훼손으로 인한 손해에 대하여는 그 손해의 원인이 된 사실(事實)이 항공기상에서 또는 운송인의 관리하에 있는 기간 중에 발생한 경우에만 책임을 진다. 이와 달리 물건운송에서는 운송인은 운송물의 멸실 또는 훼손으로 인한 손해에 대하여 그 손해가 항공운송 중(운송인이 운송물을 관리하고 있는 기간을 포함)에 발생한 경우에만 책임을 진다. 한편 여객·수하물·물건이 연착한 경우에는 운송인은 연착으로 인한 손해에 대하여 책임을 진다.

| 여 객 | 事故(accident) → | 사망·신체상해 | 손해 |
|---|---|---|---|
| 수하물 | 事實(event) → | 멸실·훼손 | 손해 |
| 물 건 | | 멸실·훼손 | 손해 |
| 연 착 | | 연착 | 손해 |

그런데 바르샤바 협약에서는 사고의 개념을 정의하지 않았기 때문에,[6]

5) 여객운송계약이란 자연인인 여객의 운송을 목적으로 하는 계약으로 여객의 운송이라는 일의 완성을 목적으로 하는 점에서 물건운송계약과 마찬가지로 민법상 도급계약의 성질을 가진다. 최기원, 상법총칙·상행위(신정증보판), 경세원(1994), 621면.

6) Note, "Warsaw Convention -Air Carrier Liability for Passenger Injuries Sustained

그 해석과 관련하여 많은 논란이 제기되었다. 몬트리올 협약의 내용은 바르샤바 협약과 대동소이하고, 현재에도 바르샤바 협약상에서 이루어진 판결을 인용하여 사고 여부를 판단하는 판례가 계속 등장하고 있기 때문에,[7] 이하에서는 먼저 세계적으로 사고의 개념에 관한 leading case로 평가되는 대상판결에 관하여 살펴보기로 한다.

## 2. 대상사건의 소송 경과

### 가. 제1심

제1심은 피고의 신청을 받아들여, 바르샤바 협약상 사고는 '비정상적이거나 예상 밖의 사건'을 의미하고, 여압장치의 정상적인 작동으로 인한 원고의 청력상실은 바르샤바 협약에서 규정하는 사고에 해당하지 않는다는 이유로 원고의 청구를 기각하는 약식판결을 선고하였다.

### 나. 항소심[8]

항소심은 다음과 같은 이유로 제1심의 판결을 취소하고, 원고의 청구를 인용하였다.

(1) 일반적으로 ICAO에서 제정한 협약[9] 또는 미국에서 받아들여지고 있는 '사고'는 '항공기의 운용과 관련하여 발생한 사건'을 의미하고, 국제항공업계에서도 사고를 피고가 주장하는 것처럼 정의하지는 않는다. 원고가 느낀 고통과 청력상실은 급격하고 비정상적인 것이었고, 항공기의 운용(operation of an aircraft)과 관련된 사건이다. 따라서 원고의 청력상실은 사고의 요건을 충족시킨다.

(2) 바르샤바 협약의 제정 경위 등을 살펴볼 때 초안자들은 사고를 넓

---

Within a Terminal", 45 Ford. L. Rev. 369, 388 (1976).

7) Carmelo Labbadia v. Alitalia [2019] EWHC 2103 판결도 Air France v. Saks의 사고 개념을 차용하여, 진눈깨비가 내리는 밀라노 공항에 Alitalia 항공기가 착륙한 후, 여객 Carmelo Labbadia가 지붕없는 스텝카를 이용하여 하기하다가 계단 위에 쌓여 있던 눈 때문에 미끄러져 상해를 입은 것은 몬트리올 협약 제17조상 사고에 해당한다고 판시하였다.

8) Saks v. Air France, 724 F.2d 1383 (9th Cir. 1984).

9) Annex 13 to the Convention on International Civil Aviation.

게 해석하여 항공기의 운용과 관련하여 발생한 상해를 입은 여객들이 협약을 적용받을 수 있도록 의도하였다. 이와 달리 사고의 개념을 피고의 주장과 같이 좁게 해석하면 초안자들의 의도에 어긋나고 배상 여부가 불확실하게 된다.

(3) 바르샤바 협약에서 배상되는 상해와 관련된 단어는 사고가 아니라 손해이다. 손해는 통제할 수 있는 단어이지만, 사고는 용어의 설명에 불과한 통제할 수 없는 용어이다. 만약 법원이 피고의 의견대로 사고의 통제적 효력을 인정하고 좁게 사고를 정의하면, 수하물과 물건의 소유자들은 제18조의 사실(occurrence)에 의한 손해에 대하여 제17조에 의하여 소를 제기하는 사람들보다 더 큰 배상권을 갖게 된다.

(4) 1966년 몬트리올 협정(Montreal Agreement)에 의하여 운송인의 책임은 과실책임에서 무과실책임(absolute liability)으로 변경되었다. 즉 위 협정은 원고의 청력상실과 같이 항공기의 운용과 관련하여 발생한 상해에 대하여 여객에 고의가 없는 한 운송인에게 무과실책임을 인정하고 있다. 원고는 배상받기 위하여 그녀의 상해를 의도하지 않았으며, 상해의 발생에 어떠한 기여과실도 없다. 원고는 오로지 항공기의 운용과 관련하여 발생한 손해에 대한 배상만 청구했을 뿐이다. 따라서 원고는 몬트리올 협정상 배상받을 권리가 있다.

(5) 미국 연방대법원은 지난 30여 년간 항공사의 안전을 강화하고 항공운송에 의한 손해에 대한 여객의 권리를 확장하기 위해 노력해왔다.

(6) 피고는 항공권에 기재된 공지사항에서 항공기의 운용과 관련된, 급격하고 예상 밖의 사건에 의한 상해만이 배상될 수 있다는 것을 원고에게 충분히 알리지 않았다.

(7) 제1심은 정상적인 기내압력 변화로 인하여 발생한 원고의 청력상실이 바르샤바 협약 제17조의 사고에 해당하는지 여부만을 판단하였지만, 원고가 주장하는 항공사 과실에는 청력상실이 항공여행 고유의 위험이라는 것을 경고하지 않은 것도 포함되어 있기 때문에, 제1심 판결은 취소되어야 한다.

## 다. 상고심

(1) 바르샤바 협약 제17조는 사고(accident)라는 용어를 사용하고 있고, 제18조는 사실(occurrence)이라는 용어를 사용하고 있다. 이와 같이 하나의 협약에서 서로 다른 용어를 사용한 것은 협약 작성자들이 논리적으로 두 개념을 서로 다른 것으로 인식하였기 때문이다.[10] 미국 법학자들은 사고로 인한 상해와 사고 자체인 상해의 차이점을 오랫동안 인정해 왔다.[11] 프랑스에서도 사고의 개념은 (i) 사람의 상해, (ii) 상해의 원인이 되는, 우연하고 예상 밖의 특이하거나 비의도적인 사실(fortuitous, unexpected, unusual, or unintended event)을 의미한다.[12]

(2) 1971년 항공법에 관한 과테말라시 국제회의(Guatemala City International Conference on Air Law in 1971)에서는 운송인의 책임을 확장하기 위하여 바르샤바 협약 제17조의 사고를 사실로 변경하면서도, 오로지 여객의 건강상태로 인한 사망·상해의 경우에는 운송인의 책임이 면제되도록 하였다.[13]

(3) 바르샤바 협약 제17조에 의한 운송인의 여객에 대한 배상책임은, (i) 상해가 여객의 외부에서 발생한, 예상 밖 또는 특이한 사실로 발생한 것이어야 하고[사건의 외부성(external), 예상 밖(unexpected) 또는 특이성(unusual)],[14] (ii) 항공여행 고유의 위험에 해당하여야 하며(항공여행 고유

---

10) M. Milde, The Problems of Liabilities in International Carriage by Air, Caroline Univ.(1963), 62면.

11) Landress v. Phoenix Mutual Life Ins. Co., 291 U.S. 491 (1934).

12) Grand Larousse de La Langue Francaise 29 (1971); Air France v. Haddad, Judgment of June 19, 1979, Cour d'appel de Paris, Premiere Chambre Civile, 1979 Revue Francaise de Droit Aerien 327, 328, appeal rejected, Judgment of February 16, 1982, Cour de Cassation, 1982 Bull. Civ. I 63.; Koehring Co. v. American Automobile Ins. Co., 353 F.2d 993 (CA7 1965).

13) International Civil Aviation Organization, 2 Documents of the International Conference on Air Law, Guatemala City, ICAO Doc. 9040-LC/167-2, 189면 (1972). 스웨덴 대표단은 사고의 개념이 너무 좁다고 하였다[Mankiewicz, "Warsaw Convention: The 1971 Protocol of Guatemala City", 20 Am. J. Comp. L. 335, 337 (1972)].

14) We conclude that liability under Article 17 of the Warsaw Convention arises only if a passenger's injury is caused by an unexpected or unusual event or

의 위험성), (iii) 사고가 상해의 원인이 된 경우(사고와 상해 사이의 인과관계)에만 인정된다. 이러한 정의는 법원이 관련된 모든 상황을 평가한 후 탄력적으로 적용되어야 한다.

(4) 몬트리올 협정은 운송인의 배상책임을 확대하고, 여객에게 신속한 권리구제와 분쟁해결을 목적으로 하였다. 또한 운송인은 바르샤바 협약 제20조 제1항의 항변권만 포기하였지만, 나머지 조항에 대한 항변권을 포기한 것은 아니므로, 몬트리올 협정이 항공사에게 무과실책임을 인정한 것이 아니다.

(5) 시카고협약 부속서 13에 규정된 사고와 사실은 명시적으로 항공사고 조사에만 적용되고, 바르샤바 협약에 따른 운송인의 책임에는 적용되는 것이 아니다.[15]

(6) 그렇다면 상해가 통상적·정상적이고 예상할 수 있는 항공기 운항으로 인하여 여객 자신의 내부적 반응으로 발생한 것이라면, 그 상해는 사고로 인한 것이 아니므로 바르샤바 협약 제17조는 적용되지 아니한다. 따라서 항소심 판결을 파기한다.

### 3. 여객의 사망·신체상해로 인한 운송인의 손해배상 책임

여객운송계약에서 여객이 사망·신체상해를 입었을 때, 항공기상에서 또는 승강을 위한 작업 중에 발생한 사고(事故)가 손해의 원인이 된 경우에만 운송인은 그로 인한 손해배상책임을 부담한다. 사망과 항공기상의 개념은 다툼이 없고, 신체상해에 정신적 상해가 포함되는지 여부, 승강을 위한 작업 중인지 여부 등은 다른 곳에서 다루기로 하고, 이곳에서는 사고의 개념과 사고와 사망·신체상해 사이의 상당인과관계에 관하여 살펴보기로 한다.

---

happening that is external to the passenger.

15) Bin Cheng, The Law of International Air Transport, Stevens and Sons(1962), 106~165.

### 가. 사고의 개념

몬트리올 협약이 여객에 대하여 부분적으로 무과실책임을 도입하였음에도, 운송인은 여객에게 발생한 모든 사망·상해에 대하여 배상책임을 부담하는 것이 아니고, 사고로 인하여 사망·신체상해가 발생하여야 하므로, 운송인의 책임이 인정되기 위해서는 몬트리올 협약상 사고임이 전제되어야 한다.[16] 사고는 여객의 외부에서 발생한, 예상 밖의 특이한 사건을 말한다.[17] 사고의 개념을 대상판결의 취지에 따라 나누어 설명하면 다음과 같다.

#### (1) 외부성(外部性, external)

사고는 여객의 외부에서 발생한 것이어야 한다. 그러므로 여객의 내부에서 발생한 사건은 사고에 해당하지 않는다.

(가) Abramson v. Japan Airlines Co., Ltd., 739 F.2d 130 (3d Cir. 1984)[18]

평소에 탈장증세를 겪었던 Stanley Abramson은 1982. 8. 23. 뉴욕 → 동경 JAL Flight No. 005 항공편에 탑승하였다. 이륙 직후 원고는 탈장증세가 발작하여 승무원에게 자가치료(self-help)를 위하여 누울 수 있는 장소를 요청하였으나, 승무원은 빈 좌석이 없다는 이유로 이를 거절하였다. 그러나 일등석에는 9개의 빈 좌석이 있었다. 원고는 자가치료를 하지 못하여 비행 중 상태가 악화되었고, 동경에 도착한 후 병원으로 후송되었다. 일본 의사는 원고가 폐렴에 걸렸다고 진단하고, 즉시 미국으로 돌아가 수술을 받으라고 조언하였다. 원고는 항공사를 상대로 항공사와 승무원의 과실로 원고가 자가치료를 받을 수 없어서 상태가 악화되었다고 주장하면서 소를 제기하였다. 법원은 비정상적인 외부요인(abnormal external

16) Nutt, Kathryn M., "Air France v. Saks: An Accidental Interpretation of the Warsaw Convention", American University International Law Review 1, No. 1 (1986), 195~213.

17) 여객의 외부에서 발생하고 예측 불가능하거나 이례적인 사건을 의미하고, 항공기가 통상적이고 정상적이며 예상된 운항을 하고 있었음에도 여객의 개인적인 반응으로 손해가 발생한 경우에는 항공운송인이 배상책임을 부담하지 아니한다. 서울동부지방법원 2018. 1. 17. 선고 2015가합108145 판결.

18) cert. denied, 470 U.S. 1059 (1985).

factors)이 없는 상태에서, 항공기가 순항하던 중 원고의 고질적인 질병이 기내에서 악화된 것은 사고에 해당하지 않는다는 이유로, 원고의 청구를 기각하였다.[19]

(나) Krys v. Lufthansa German Airlines[20]

47세의 Leonard Krys는 1991. 11. 30. 마이애미 → 프랑크푸르트 Lufthansa Flight 463편을 탑승하고 이동하던 중 이륙 후 얼마 지나지 않아 심장에 고통을 느끼고 승무원에게 도움을 요청하였다. 승무원의 기내 방송을 통하여 3명의 의사가 왔고, 그중 의사 Samuel Fischmann이 원고의 상태를 살펴보기로 하였다. 진단 결과 Fischmann은 원고의 상태가 걱정할 정도는 아니라고 하였기 때문에, 항공기는 비상착륙을 하지 않고 목적지로 계속 비행하였다. 원고는 이륙 후 1시간에서 1시간 30분이 경과한 다음 진통을 호소하였지만, 항공기는 이륙 후 3시간 동안 미국 동부해안선으로 계속 비행하였다. 한편 Fischmann은 항공기가 암스테르담 상공을 통과할 무렵 원고가 심근경색일 수도 있다고 생각하였다. 프랑크푸르트에 착륙한 후 원고는 구급차에 실려 병원으로 후송되었고, 진단 결과 심근경색으로 밝혀졌다.

원고는 기내에서 발작이 일어났음에도 불구하고 항공기가 비상착륙을 하지 않고 계속 비행하였다는 이유로 항공사를 상대로 소를 제기하였다. 법원은 원고의 상태가 지속적이었다는 것을 인정하면서도, 승무원이 비상착륙을 하지 아니한 것은 사고가 아니고, 계속적인 비행으로 상태가 악화될 수 있다는 것은 예상할 수 있었으므로, 이는 예상 밖의 특이한 사건에는 해당하지 않는다고 판단하였다.

(다) Blotteaux v. Qantas Airways, 171 Fed.Appx. 566 (9th Cir. 2006)

원고 Blotteaux는 2001. 9. 26. Qantas 항공편 비즈니스석을 이용하여

---

19) 同旨, Tandon v. United Air Lines, 926 F.Supp. 366, 369~70 (S.D.N.Y. 1996)(심근경색); Walker v. Eastern Air Lines, Inc., 775 F.Supp. 111, 114 (S.D.N.Y. 1991)(천식발작); Fischer v. Northwest Airlines, Inc., 623 F.Supp. 1064, 1065 (N.D.Ill. 1985)(심근경색).

20) United States Court of Appeals, 11th Cir., No. 96-4430, August 25, 1997.

호주에서 미국으로 가는 도중 심부정맥혈전증(Deep Vein Thrombosis, 이하 'DVT')이 악화되었다. Qantas 항공사는 비디오를 통하여 여객들에게 DVT의 위험성과 예방법을 알려주었다. 또한 기내에 비치된 항공사 잡지에도 DVT의 위험성에 관한 기사가 게재되어 있었고, 운항 도중 제공되는 음성오락시스템(audio entertainment system)에서는 비행 중 혈액 순환의 중요성에 관한 내용이 포함되어 있었다. 항공기는 비행 내내 순항하였고, 원고는 비행하는 동안 다리가 조금 불편하다고 하였으나, 승무원에게 도움을 요청하거나 조치를 요구하지는 않았고, 착륙 후 13일이 지난 후에 치료를 받았다.

법원은 비행 도중 특이한 외부 요인은 전혀 없었고, 오로지 원고가 장시간 동안 활동하지 않고 의자에 앉아 있음으로 인하여 원고의 신체 내부에서 반응을 일으킨 것이 DVT의 악화의 유일한 원인이 되었으므로, 이는 바르샤바 협약상 사고에 해당하지 않는다고 판시하였다.[21)]

#### (2) 예상 밖(豫想外, unexpected) 또는 특이성(特異性, unusual)

사고는 항공운송 도중에 일어난 예상 밖의 사실이어야 한다. 일반인의 관념상 통상 예상할 수 있는 사실은 사건에 해당하지 아니한다. 또한 사고는 항공운송과 관련하여 특이하여야 한다. 일반적인 사실은 사건에 해당하지 아니한다. '특이성'과 '예상외'는 동시에 충족될 필요는 없고, 선택적으로 충족되어도 좋다.

##### (가) Waxman v. CIS Mexicana De Aviacion, SA De CV, 13 F.Supp.2d 508 (S.D.N.Y. 1998)

Philip Waxman은 1997. 1. 25. Mexicana Flight 877을 이용하여 뉴욕에서 칸쿤으로 이동하였다. 비행 도중 앞좌석에 노출되어 있던 피하주

21) 同旨, Povey v. Quantas Airways Limited, [2005] HCA 170 (Australia); Deep Vein Thrombosis and Air Travel Group Litigation, [2005] UKHL 72 (House of Lords, England and Wales); Blansett v. Continental Airlines, 379 F.3d 177 (5th Cir. 2001); Caman v. Continental Airlines, Inc, 455 F.3d 1087 (9th Cir 2006) (United States); McDonald v. Korean Air, [2003] 171 OAC 368 (Canada); Zelaksonov v. El Al, Distr Court of Tel Aviv, (Dec. 2007) (Israel); Meilan v. Air China, Trib Busto Arsizio, Lombardia, January 7, 2009 (Italy).

사용 바늘에 무릎 부위를 찔려 상해를 입었다. 이로 인하여 원고는 귀국 후 HIV 감염 여부를 검사받고 간염 예방접종을 받았다. 원고는 항공사가 이륙 전 청소를 제대로 하지 못하였다는 이유로 항공사를 상대로 손해배상을 청구하는 소를 제기하였다. 법원은 항공사가 통상의 출발절차에서 출발 전에 주사바늘을 제거하지 못한 것은 예상 밖의 특이한 출발이므로, 이는 바르샤바 협약상 사고에 해당한다고 판시하였다.[22)]

(나) Fishman v. Delta Air Lines, Inc., 132 F.3d 138 (2d Cir. 1998)

Michelle Fishman은 1993. 11. 9. 두 자녀와 함께 텔아비브 → 파리 → 뉴욕 여정의 델타 항공편에 탑승하였다. 항공기가 파리에 착륙하기 위하여 고도를 낮출 무렵 두 살된 Penina가 귀의 통증 때문에 울기 시작하였다. 승무원은 따뜻한 천이 들어 있는 컵을 귀에 대고 있으라고 제안하였다. Michelle이 컵을 Penina의 오른쪽 귀에 대는 순간, 컵에 들어 있던 뜨거운 물이 쏟아져 Penina는 목과 어깨에 화상을 입었다. Michelle은 승무원에게 응급처치를 하여 줄 것을 요청하였으나, 승무원은 이를 거절하였다. 법원은 승무원이 제공한 뜨거운 물이 상해의 원인이 되었고, 이는 외부에서 발생한, 예상 밖의 특이한 사실이므로, 바르샤바 협약상 사고에 해당한다고 판시하였다.

(다) Olympic Airways v. Husain, 540 U.S. 644 (2004)

1998. 1. 4. Dr. Hanson은 아내 Rubina Husain과 함께 그리스 아테네에서 미국 New York행 Olympic Airways Flight 417편을 타고 가던

---

22) Doe v. Etihad Airways, P.J.S.C., No. 16-1042 (6th Cir. 2017). Jane Doe와 그녀의 11살된 딸은 Etihad 항공편을 이용하여 아부다비에서 시카고로 이동하였다. Jane이 앉아 있는 자리에서는 접이식 테이블을 고정시키는 장치가 떨어져 있었기 때문에 그녀는 테이블을 고정시킬 수 없었다. 착륙할 때 승무원이 테이블을 고정시키라고 하였고, 원고는 승무원에게 테이블의 고정장치가 고장난 것을 알려주기 위하여 바닥에 떨어져 있던 고정장치를 주워서 앞좌석 뒤에 붙어 있는 주머니에 넣었다. 이때 주머니에 들어 있던 피하주사용 바늘(hypodermic needle)에 찔려서 피가 났다. 주사기는 인슐린 주입용이었고, 인슐린 통도 주머니에서 발견되었다. 승무원은 소독 후 밴드를 손가락에 붙여주었다. 원고는 다음날 주치의에게 검진을 받았고, 약 1년간에 걸쳐 간염, 파상풍, HIV 등 전염가능성이 있는 질병들에 대하여 정밀검사를 받았다. 최종적으로는 모두 음성으로 판정되었으나, 그 결과가 나오기까지 남편과 성생활도 하지 못하였고, 딸과 음식도 같이 먹지 못하였다. 위 사건에서 법원은 Saks 판결의 사고 정의를 원용하여, 사고라고 인정하였다.

중 간접흡연으로 사망하였다. Hanson은 천식환자로서 담배연기에 알러지가 있는 사람이었다. 당시 그의 좌석은 이코노미석이었는데, 흡연석으로부터 앞으로 3줄 떨어진 곳이었고, 흡연석과 금연석 사이에는 칸막이가 없었다. 항공기 이륙 전부터 여객들이 담배를 피우기 시작하자 Hanson은 괴로움을 호소하였고, Husain이 승무원 Maria Leptourgou에게 좌석 교체를 요청하였으며, 당시 위 항공편에는 11개의 빈 좌석이 있었으나 승무원은 이를 거절하였다. 이륙 후 금연 표시등이 꺼지자 많은 여객들이 담배를 피우기 시작하였고, Husain은 승무원에게 좌석교체를 재차 요청하였으나, 승무원은 빈 좌석이 없고 너무 바쁘다는 이유로 이를 거절하였다. Husain이 세 번째로 좌석 교체를 요구하였으나, 승무원은 "승무원 도움 없이 직접 다른 여객에게 양해를 구하고 좌석을 교체할 수 있다"고 말하였을 뿐이었다. 이륙 후 2시간이 지난 후 Hanson은 천식환자용 흡입기를 꺼내기 위해 좌석에서 일어나 복도로 걸어 나가던 중 심한 호흡곤란으로 사망하였다. 법원은 Air France v. Saks 판결에서 판시된 사고(accident)의 정의를 원용하여, 좌석을 교체해 달라는 여객의 요청을 3번이나 거절한 것은 예상 밖의 특이한 행위로서, 이는 바르샤바 협약 제17조에 규정된 사고에 해당한다고 판시하였다.

### 나. 사고와 사망·신체상해 사이의 상당인과관계[23)]

사고와 사망·신체상해 사이에 인과관계가 인정되어야 한다.[24)] 인과관계는 자연과학적 인과관계가 아니라 규범적으로 평가하는 상당인과관계를 의미한다. 채무불이행으로 인한 손해배상의 경우 계약의 채무불이행과 손해 사이에 상당인과관계가 인정되어야 한다.[25)] 불법행위에 기한 손해배상

23) MacDonald v. Air Canada, 439 F.2d 1402 (CA1 1971); Mathias v. Pan Am World Airways, Inc., 53 F.R.D. 447 (WD Pa. 1971).

24) L이 일주일 이내의 기간 동안 3차례에 걸쳐 비행기의 이코노미석에 탑승하여 약 4시간 30분의 비행을 하였는바, 장시간의 비행이 폐동맥 색전증의 한 원인이 되긴 하지만, L의 경우 비행시간 및 이동거리가 비교적 짧고 사실조회 결과에 의하면 6시간 이하의 비행이 폐동맥 색전증을 유발하는 경우는 드물다. 또한 진료기록감정촉탁 결과에 의하면, L의 경우 비행보다는 비만·흡연 등이 폐동맥 색전증의 직접적인 요인으로 보인다. 서울행정법원 2015. 6. 4. 선고 2014구합66540 판결.

25) 대법원 2013. 11. 28. 선고 2011다67323 판결.

의 경우에도 불법행위와 손해 사이에 상당인과관계가 존재하여야 한다.[26) ] 가해자측이 피해자 주장의 후유장해가 기왕증에 의한 것이라고 다투는 경우 가해자측의 주장은 소송법상 인과관계의 부인이고 따라서 피해자가 적극적으로 그 인과관계의 존재, 즉 당해 사고와 상해 사이에 인과관계가 있다거나 소극적으로 기왕증에 의한 후유장해가 없었음을 증명하여야 한다.[27)]

### 다. 증명책임

사건이 몬트리올 협약상 사고에 해당한다는 것과 사망·신체상해 사이의 상당인과관계에 관한 증명책임은 운송인에게 손해배상을 청구하는 여객(유족)에게 있다.[28)]

## 4. 사고의 분류

전 세계적으로 수많은 항공판례에서 사고 여부가 쟁점이 되었다. 이해의 편의를 위하여 사고를 분류하면 다음과 같다.[29)]

### 가. 운송인의 불법행위 또는 동승여객의 폭행

일부 법원은 운송인이 동승한 여객의 폭행을 가능하게 하거나,[30)] 운송인의 피용자가 위법행위를 한 경우에 사고를 인정하였다.[31)] 일부 법원은 항공기 운용과의 관련성을 요구하거나 항공여행 고유의 위험과의 관련성을 요구한다.[32)] 이 경우 법원은 항공사가 폭행행위가 있을 때 통상적인 역할을 수행하였다면, 다른 여객[33)]이나 공무수행자[34)]에 의한 폭행은 사고

26) 대법원 1994. 8. 23. 선고 93다59595 판결.
27) 대법원 2002. 9. 4. 선고 2001다80778 판결.
28) Air France v. Saks, 470 U.S. 392 (1985).
29) Andrew J. Harakas, Litigating the Aviation Case, American Bar Association, 4th edition(2019), 18~22면.
30) Lahey v. Singapore Airlines, Ltd., 115 F.Supp. 2d 464 (S.D.N.Y. 2000).
31) Marotte v. American Airlines, Inc., 296 F.3d 1255 (11th Cir. 2002).
32) Price v. British Airways, 1992 WL 170679 (S.D.N.Y. July 7, 1992). 여객 상호간의 싸움은 항공여행의 고유한 위험이라고 할 수 없다.
33) Bland v. EVA Airways Corp., 2014 WL 1224466 (S.D.N.Y. 2014).

가 아니라고 판단한다.

### 나. 기왕증

기왕증으로 인하여 발생한 상해는 사고가 아니다. 그런데 최근 판결은 경고, 도움, 기왕증으로 인한 상해에 대한 적절한 조치 등을 하지 아니한 경우에는 사고로 인정하고 있다.[35)]

### 다. 항공산업의 표준 또는 항공사의 정책 위반

운송인이 항공사의 정책을 위반하거나 항공산업의 표준을 위반하는 경우에도 사고로 인정하고 있다. 일부 법원은 중대한 위반만을 예상 밖의 특이한 사건으로 인정한다.[36)] 일부 법원은 항공사의 정책이나 항공산업의 표준 위반은 예상 밖의 특이한 사건이 될 수도 있지만, 불가피한 것인지 여부는 사건마다 평가하여야 한다고 하여 융통성 있는 접근방식을 취하고 있다.[37)]

### 라. DVT

대다수의 법원은 DVT는 여객의 외부에서 발생한 사건이 아니고, 그에 대한 경고를 하지 않은 것도 Saks와 Husain 판결에서 언급한 사실에 해당하지 않으므로, 사건에 해당하지 아니한다는 입장을 취하고 있다. 일부 법원은 DVT의 위험에 대한 경고를 하지 않은 것은 Husain 판결에서 언급한 도움을 거절한 것과 동일한 부작위에 해당한다는 입장을 취하였다.[38)]

### 마. 알러지 반응

여객의 주문에 위반하여 음식이나 음료를 제공한 경우에는 사고에 해당하지만,[39)] 여객이 예상한 대로 음식이 제공된 경우에는 사고에 해당하

34) Dogbe v. Delta Air Lines Inc., 969 F.Supp.2d 261 (E.D.N.Y. Aug. 27, 2013). 하기를 거절하는 여객에 대하여 과도한 물리력을 사용한 공항요원의 행위는 사고가 아니다.
35) Binz v. Continental Airlines, Inc., 2016 WL 6906901 (S.D.Tex. 2016).
36) Safa v. Deutsche Lufthansa AG Inc., 2014 WL 4274071 (E.D.N.Y. Aug. 28, 2014).
37) Phifer v. Icelandair, 652 F.3d 1222 (9th Cir. 2011).
38) Povey v. Qantas Airways Limited, [2005] ALR 427.

지 않는다.[40]

### 바. 기내 통로와 좌석에 있는 물건

항공기 운항 중 통로에 하나의 쓰레기가 떨어져 있는 것만으로는 참을 한도를 넘어서는 불결함에 해당하지 않기 때문에, 이는 예상 밖의 특이한 사건이 아니다.[41] 좌석 배정에 관한 다툼은 예상 밖의 특이한 사건이 아니므로, 항공사가 좌석 재배정을 거부한 것은 사고가 아니다.[42]

39) Schaefer-Condulmari v. US Airways Group, LLC, 2012 WL 2920375B (E.D.Pa. 2012).

40) Farra v. American Airlines, 2000 WL 862830 (E.D.Pa. 2000).

41) Vanderwall v. United Airlines, Inc., 80 F.Supp.3d 1324 (S.D.Fla. 2015).

42) David v. United Airlines, Inc., 2016 WL 1573423 (C.D.Cal. Apr. 18, 2016).

# [22] 여객의 정신적 상해

Eastern Airlines, Inc. v. Floyd, 499 U.S. 530 (1991)

## Ⅰ. 사실관계

(1) Eastern Airline의 885편 여객기는 1983. 5. 5. 마이애미를 출발하여 바하마 낫소(Nassau)로 향하던 중이었다. 이륙 후 얼마 지나지 않아 3개의 엔진 중 하나가 유압(oil pressure)을 상실하였고, 운항승무원은 문제를 일으킨 엔진을 끄고 마이애미로 회항하였다. 얼마 후 나머지 엔진들도 작동을 멈추었고, 추력을 모두 상실한 항공기는 고도가 낮아지기 시작했다. 승무원은 여객들에게 항공기가 대서양에 불시착하게 된다는 것을 알렸다.

(2) 무동력으로 당분간 비행하던 중 다행히 운항승무원은 처음 문제를 일으켰던 엔진의 재가동에 성공하였고, 항공기는 1개의 엔진 추력만으로 무사히 마이애미 국제공항에 착륙하였다. 여객들은 신체상해를 입지는 않았지만, 자신들이 당한 정신적 고통에 대한 손해를 배상받기 위하여 항공사를 상대로 소를 제기하였다. 청구원인은 계약위반을 이유로 한 손해배상, 불법행위에 기한 손해배상, 바르샤바 협약에 기한 손해배상 등 3가지로 구성되어 있었다.

## Ⅱ. 참조 조문

### 1. 바르샤바 협약

> **제17조** 운송인은 여객의 사망 또는 부상 기타 신체 상해로 인한 손해에 대하여 그 손해의 원인이 된 사고가 항공기상 또는 승강을 위한 작업 중에 발생하였을 때에 한하여 책임을 진다.

### 2. 몬트리올 협약

> **제17조(여객의 사망 및 부상 - 수하물에 대한 손해)**
> 1. 운송인은 여객의 사망 또는 신체 상해로 인한 손해에 대하여 사망 또는 상해를 야기한 사고(accident)가 항공기상 또는 승강을 위한 작업 중에 발생하였을 때에 한하여 책임을 진다.

### 3. 상 법

> **제904조(운송인의 책임)** 운송인은 여객의 사망 또는 신체의 상해로 인한 손해에 관하여는 그 손해의 원인이 된 사고(事故)가 항공기상에서 또는 승강을 위한 작업 중에 발생한 경우에만 책임을 진다.

## Ⅲ. 판시사항

바르샤바 협약 제17조는 4가지 조건하에 상해를 입은 여객에 대한 항공운송인의 책임에 관하여 규정하고 있으나, 오로지 정신적 피해에 대한 배상은 허용되지 아니한다.

## Ⅳ. 해 설

### 1. 소송의 경과

#### 가. 제1심[1)]

(1) 플로리다 주법에 의하면, 신체상해를 수반하지 않는 정신적 고통에 대해서는 과실이 있다 하더라도 과실에 의한 계약위반을 이유로 배상받을 수 없다.[2)]

---

1) In re Eastern Airlines, Inc., Engine Failure, Miami International Airport on May 5, 1983, 629 F.Supp. 307 (S.D.Fla. 1986).

2) Crenshaw v. Sarasota County Public Hospital Board, 466 So.2d 427, 428 (Fla. 2d DCA 1985); Gellert v. Eastern Airlines, Inc., 370 So.2d 802 (Fla. 3d DCA 1979), cert. denied, 381 So.2d 766 (Fla. 1980); Forde v. Royal's, Inc., 537 F.Supp. 1173,

(2) 플로리다 주법에 의하면, 과실로 인하여 발생한 정신적 트라우마만을 이유로 한 청구는 허용되지 아니한다.[3]

(3) 항공사의 악의(malice)와 의도적이고 무모한(outrageous and willful misconduct) 행위로 인하여 원고들이 정신적 고통을 받았다는 점을 인정할 증거가 없다.

(4) 바르샤바 협약 제17조에 의하여 배상되는 손해는 오로지 '신체상해(bodily injury)'로 인한 것만이 인정되므로, '정신적 손해(mental damage)'는 위 협약에서는 배상의 대상이 되지 못한다.

### 나. 항소심 판결[4]

이 사건은 명백히 기내에서 발생하였으며 동력의 상실로 항공기가 불시착하게 된 것은 바르샤바 협약 제17조의 '사고(accident)'에 해당한다. 문제는 순수한 정신적 피해에 대한 배상이 인정되는지 여부인데, 이는 그동안 법원의 해석에서도 혼란이 계속되었고 수많은 논문들이 발표되었다. 프랑스 법에 의한 협약의 조문의 해석,[5] 판례,[6] 입법과정들을 검토한 결과, 순수한 정신적 피해도 바르샤바 협약하에서 배상될 수 있다.

### 다. 상고심

(1) 바르샤바 협약 제17조는 4가지 조건하에 상해를 입은 여객에 대한 항공운송인의 책임에 관하여 규정하고 있으나, 오로지 정신적 피해에 대한 배상은 허용되지 아니한다.

(2) 협약의 초안작성자가 순수한 정신적 손해를 고려하였다는 자료는

---

1175 (S.D.Fla. 1982).

3) Brown v. Cadillac Motor Car Division, 468 So.2d 903 (Fla. 1985); Champion v. Gray, 478 So.2d 17 (Fla. 1985).

4) Floyd v. Eastern Airlines, Inc., 872 F.2d 1462 (11th Cir. 1989).

5) Palagonia v. Trans World Airlines, Inc., 110 Misc.2d 478, 442 N.Y.S.2d 670, 673 (Sup.Ct. 1978) (While 'bodily injury' is undoubtedly a grammatically correct translation of lesion corporelle, it may rightly be argued that the meaning of that expression in French law and its equivalents in other civil laws are more correctly rendered by the expression 'personal injury').

6) Husserl v. Swiss Air Transport Co., 388 F.Supp. 1238 (S.D.N.Y. 1975).

찾을 수 없고, 체약국 사이에도 배상의 범위에 순수한 정신적 손해를 포함시킨다는 공통적 인식도 없었으며, 운송인 보호의 차원에서 이에 대한 언급을 피했다는 것이 초안작성자의 의도로 보아야 한다.

(3) 바르샤바 협약 제17조에서 사용된 'lesion corporelle'이라는 용어는 신체상해를 의미하므로, 오로지 정신적 피해에 대한 배상은 허용하지 않는다.

## 2. Booker v. BWIA West Indies Airways Ltd., 32 Avi 15, 134 (E.D.N.Y. 2007)[7)]

몬트리올 협약상 손해배상의 대상이 되는 신체상해(bodily injury)의 내용은 바르샤바 협약의 내용(wounding of a passenger or any other bodily injury)과 그 의미가 사실상 동일하다. 그러므로 몬트리올 협약이 시행된 이후에도 대상판결과 동일한 내용의 판례가 계속 나오고 있다. 이하에서는 Booker v. BWIA West Indies Airways Ltd. 사건을 살펴보기로 한다.

### 가. 사실관계

(1) Sheila Booker는 3살인 딸과 함께 2004. 12. 17. JFK 공항에서 이륙하여 가이아나(Guyana) 조지타운(Georgetown)으로 가는 BWIA West Indies Airways의 425항공편에 마지막 여객으로 탑승하였다. 항공기가 이륙준비를 하는 동안, Booker는 그녀의 의사에 반하여 수하물 중 2개의 물건을 포기할 것을 요구받았다. 당시 원고는 이미 2개의 수하물표를 받은 상태였다. 원고에게는 수하물에서 2개의 물건을 빼낼 시간도 없었고, 원고는 하기(下機)도 하지 않았다.

(2) 원고가 가이아나에 도착하였을 때 2개의 수하물을 찾지 못하였다. 원고는 수하물 분실신고서를 작성하고, 수하물 목록에는 '현금, 보석, 크리스마스 카드'를 기재하였다. 수하물에는 약도 포함되어 있었다. 4일 후에

---

7) Booker v. BWIA West Indies Airways Ltd., United States Court of Appeals, Second Circuit, Jan 13, 2009, 307 Fed. Appx. 491 (2d Cir. 2009)(항소 기각).

원고의 수하물이 가이아나에 도착하였고, 원고는 5,000달러의 현금, 6,400달러짜리 보석, 390달러짜리 크리스마스 카드가 분실된 것을 발견하였다. 원고는 2006. 4. 17. 항공사를 상대로 손해배상을 구하는 소를 제기하였다.

### 나. 판시사항

#### (1) 정신적 손해

원고는 수하물의 억류(seizure), 수하물의 연착, 수하물 가방에 들어 있던 물건의 분실 등으로 인하여 정신적 고통(emotional distress)을 받았으므로, 이에 대한 배상을 구한다고 주장한다. 그러나 몬트리올 협약에 의하면, 신체상해로 인하여 발생한 정신적 상해를 제외하고, 오로지 정신적 상해만으로는 위 협약상 손해배상이 되지 아니한다.

#### (2) 신체상해와 승강 작업 중

원고는 수하물을 수령한 후 그 안에 들어 있던 물건이 분실된 것을 확인하고, 천식이 발작하여 손발에 종창(swelling)이 생겨났으므로, 신체상해로 인한 손해배상을 구한다고 주장한다. 그러나 종창의 원인은 수하물의 억류가 아니라 내용물의 도난이고, 이는 승강 작업 중에 발생한 사건이 아니므로, 원고가 주장하는 손해는 몬트리올 협약상 배상의 대상이 되지 아니한다.

#### (3) 수하물 멸실에 대한 손해배상

원고는 수하물 가방에 들어 있던 물건이 피고의 직원에 의하여 도난당하였기 때문에 몬트리올 협약상 책임제한 규정이 적용되지 않는다고 주장한다. 그러나 항공사 직원이 수하물을 절취한 경우에는 근로관계의 범위에 포함되지 아니하므로, 운송인의 책임제한을 배제할 수 없다.[8) 따라서 피고의 원고에 대한 수하물 배상책임은 몬트리올 협약 제22조 제2항에 의하여 1,000SDR로 제한된다.

8) Brink's Ltd. v. South African Airways, 94 Civ. 1902, 1995 WL 225602 (S.D.N.Y. Apr. 17, 1995) (collecting cases), rev'd on other grounds, 93 F.3d 1022 (1996).

(4) 징벌적 손해배상

원고는 징벌적 손해배상도 구하나, 몬트리올 협약 제29조에 의하면 징벌적 손해배상은 허용되지 아니한다.[9)]

### 3. 손해배상의 책임이 인정되는 정신적 상해의 범위[10)]

(1) 여객이 신체상해에 동반되는 정신적 상해를 입은 경우에는 정신적 상해에 대하여 운송인은 손해배상 책임을 부담한다.[11)] 정신적 상해로 인하여 신체상해가 발생한 경우에도 운송인은 정신적 상해에 대하여 책임을 부담한다. 그러나 오로지 정신적 상해만 입은 경우에는 운송인은 책임을 부담하지 아니한다.[12)] 이러한 법리는 다수의 판결에서도 계속 확인되고 있다.[13)]

(2) 이를 도식화하면 다음과 같다.[14)]

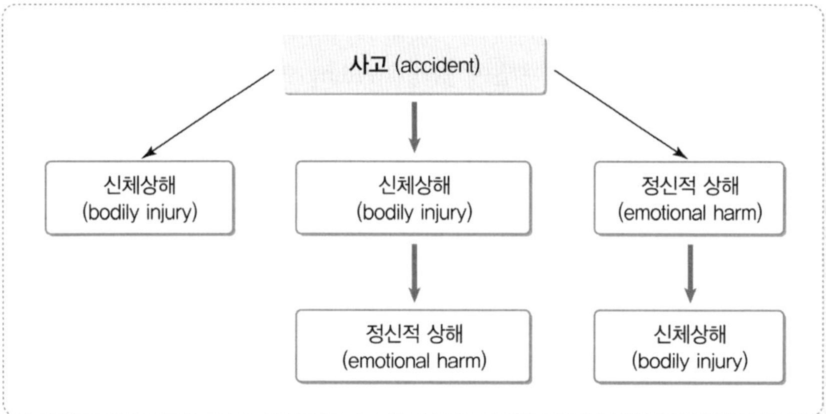


9) 미국에서는 2003. 11. 4. 몬트리올 협약이 발효되었다.
10) Jack v. Trans World Airlines, Inc., 854 F.Supp. 654 (N.D.Cal. 1994).
11) Ehrlich v. American Airlines, 360 F.3d 366, 376 (2d Cir. 2004); In re Air Crash at Little Rock, Arkansas, on June 1, 1999 (Lloyd v. American Airlines), 291 F.3d 503, 509 (8th Cir.) (Lloyd), cert. denied, 537 U.S. 974 (2002).
12) Bobian v. Czech Airlines, 2004 U.S. App. Lexis 5898 (3rd Cir. 2004); 부산지방법원 2011. 6. 9. 선고 2010가단20514 판결.

### 4. 서울지방법원 1997. 12. 26 선고 97가합29672 판결

#### 가. 사실관계

(1) 인도네시아 법에 의하여 설립된 인도네시아 법인인 피고 가루다 인도네시아 항공 주식회사 소속 항공기(GA 952편)는 1997. 3. 5. 인도네시아 덴파사를 출발, 인도네시아 자카르타 국제공항을 경유하여 다음날 10:05경 서울 김포국제공항에 도착하기로 예정되어 있었다. 원고들은 대한민국에서 피고로부터 서울 → 덴파사, 덴파사 → 서울의 왕복항공권을 구입하고 1997. 3. 5. 덴파사에서 위 항공기에 탑승하였다.

(2) 이 사건 항공기는 1997. 3. 5. 23:30경(현지시각) 자카르타 국제공항을 이륙하였으나, RH 바퀴 작동대(gear actuator rod)의 나사못이 닳아 위 작동대가 느슨해짐으로 인하여 바퀴를 넣는 동안 RH 몸체 바퀴문(body gear door)과 레드 바퀴문(red gear door)이 열렸다는 표시등이 들어오고, 착륙바퀴를 집어넣는 동안 RH 몸체 바퀴문이 계속 열리는 등 비정상적인 C/O 과정이 초래되자, 자카르타 국제공항으로 회항하여 다음날인 3. 6. 02:00경 위 공항에 착륙하였다.

(3) 위 항공기는 약 1시간 동안 정비를 한 다음 같은 날 03:00경 다시 이륙하였으나, 1시간 정도 비행하다가 다시 회항하여 같은 날 06:00경 자카르타 국제공항에 착륙하였다. 2차 회항 당시에는 위 항공기가 좌우로 몹시 흔들리고, 안내방송 없이 급강하하여 비행기 꼬리 부분이 거의 바다에 닿을 정도로 저공비행을 하기도 하였고, 원고들이 내릴 때 금속이 타는 듯한 냄새가 나기도 하였다. 승무원들은 여객들에게 설명하거나 여객

---

13) Lee v. American Airlines, 355 F.3d 386 (5th Cir. 2004); In re Air Crash at Little Rock, Arkansas, on June 1, 1999 (Lloyd v. American Airlines), 291 F.3d 503, 509 (8th Cir.) (Lloyd), cert. denied, 537 U.S. 974 (2002); Carey v. United Airlines, 255 F.2d 1044 (9th Cir. 2001); Terrafranca v. Virgin Atlantic Airways, 151 F.3d 108 (3rd Cir. 1998); In re Inflight Explosion on Trans World Airlines, Inc, 778 F.Supp. 625, 637 (E.D.N.Y. 1991).

14) Paul Stephen Dempsey, "Accidents & Injuries in Air Law: The Clash of the Titans", Annals of Air & Space Law, Vol. XXXIV, Institute of Air & Space Law, McGill University(2009. 10.), 30면.

들의 편의를 돌보지 아니하고, 비상구 근처의 의자에 구명복을 입고 앉아 있는 등 동요하는 표정과 행동을 보였다.

(4) 피고는 사고원인 등에 대한 아무런 설명 없이 원고들을 자카르타 국제공항 입국심사대에서 같은 날 11:30경까지 5시간 30분을 기다리게 하였고, 이에 원고들이 항의하자 공항 부근의 호텔로 이동시켰다. 원고들은 같은 날 24:00경 피고가 제공한 대체항공기를 이용하여 다음날인 같은 달 7. 06:30경 서울 김포국제공항에 도착함으로써 예정보다 약 20시간 30분 늦게 도착하였다.

(5) 원고들은 이 사건 항공기가 위와 같이 2번에 걸쳐 회항하는 동안 급강하 등 정상적으로 보이지 않는 비행을 하였고, 특히 승무원들이 이에 대해 설명을 하지 않고 자신들의 안전만을 도모하는 행동을 함으로써 더욱 추락 등 항공기사고에 대한 공포와 불안, 생명에 대한 위협을 느꼈으며, 일부 원고들은 항공기의 급강하로 인하여 복통·멀미 등 신체적인 이상을 느꼈다.

한편 이 사건 항공기가 위와 같이 늦게 도착함에 따라 대부분이 신혼여행객들인 원고들의 부모를 비롯한 가족들이 공항에 마중 나왔다가 그냥 돌아갔고, 지방거주자는 예매해 둔 국내선 비행기표, 기차표 등을 사용하지 못하게 되었다.

### 나. 당사자들의 주장 요지

(1) 원고들은 이 사건 항공기가 2회에 걸쳐 회항함으로써 원고들이 받은 불안·공포 등 정신적 충격과 연착에 대한 손해배상으로서 위자료를 청구한다.

(2) 피고는 원고들이 주장하는 바와 같은 공포·불안 등의 정신적 침해로 인한 손해는 위 협약 제17조에 정한 기타의 신체상해에 포함되지 아니하므로 위와 같은 손해는 개정된 바르샤바 협약 하에서 배상받을 수 있는 손해가 아니라고 다툰다.

### 다. 판 단

#### (1) 정신적 손해의 배상 가능성

본래 영미법상 'injury'라 함은 타인에 대한 법익 침해를 총칭하는 개념으로서 신체는 물론 인격, 재산, 권리, 명예 등에 가한 위법적인 손해를 특히 'personal injury'라고 한다. 이에 비하여 'bodily injury'는 신체조건에 가해진 손해를 의미하며 보통 전자보다 좁은 개념으로 파악된다.

그런데 협약상 bodily injury는 프랑스어 원문의 'lesion corporelle'를 영역(英譯)한 것으로서 프랑스법상 손해는 크게 인적 손해와 물적 손해로 구분되고, 통상 전자는 신체적 손해와 정신적 손해를 포함한 것으로 해석되고 있으며, 헤이그 의정서 제27조는 헤이그 의정서의 공식용어인 영어, 프랑스어, 스페인어 사이에 어의의 불일치가 있을 때에는 프랑스어본이 우선한다고 규정하고 있다.

헤이그 의정서와 1955. 9. 28. 헤이그에서 작성된 의정서에 의하여 개정된 1929. 10. 12. 바르샤바에서 서명한 국제항공운송에 대한 규칙의 통일에 관한 협약의 개정의정서(과테말라시 의정서)의 공식 영어본에서는 bodily injury 대신 personal injury로 표기하여 어의에 관한 논란을 입법적으로 해결하고 있는바, 이러한 점을 고려하면 바르샤바 협약상 bodily injury도 그 표현에 불구하고 personal injury의 개념으로 이해함이 상당하다.

따라서 정신적 충격·고통도 위 협약 제17조에 정한 신체상해에 포함된다고 봄이 상당하다.

#### (2) 피고의 손해배상 책임의 발생

(가) 위 인정사실에 의하면, 피고는 항공여객운송인으로서 자기 또는 사용인이 손해를 방지하기에 필요한 모든 조치를 취하였다는 사실 또는 그 조치를 취할 수 없었다는 사실을 증명하지 못하는 한 위 2차에 걸친 회항시의 공포·불안 등 정신적 충격과 연착 등으로 인하여 여객인 원고들이 입은 손해를 배상할 책임이 있다.

(나) 피고는 이 사건 항공기가 회항하고 늦게 도착함에 있어 피고는 항공기 점검, 정비, 운항상 필요한 모든 조치를 취하였다고 주장하나, 앞서 본 바와 같이 낡은 나사못으로 인한 바퀴작동불량을 미리 점검하여 정비하지 못하였음이 명백한 이상 위 주장은 이유 없다.

(3) 손해배상의 범위

원고들이 약 하루 늦게 도착함으로 인하여 직장에 출근하지 못하고 계획된 일정이 지연되거나 취소되는 등 업무에 지장이 생겨 경제적인 손실을 입었을 것임이 경험칙상 추인되나, 원고들은 이를 구체적인 금액으로 정하여 청구하고 있지는 않고 있다. 따라서 앞서 본 바와 같은 이 사건 항공기의 회항 경위 및 그 후 피고의 조치내용, 항공운송의 연착 정도, 원고들이 느낀 추락 등 항공기사고에 대한 공포·불안 등의 정신적 충격, 복통과 멀미 등의 신체적 이상 등의 사정에 더하여 이러한 연착으로 인한 손해를 함께 참작하면, 위자료는 600,000원으로 정함이 상당하다.

# [23] 승강(乘降)을 위한 작업 중

Day v. Trans World Airlines, Inc., 528 F.2d 31 (2d Cir. 1975)

## Ⅰ. 사실관계

1973. 8. 5. 그리스 아테네에 있는 Hellenikon 공항에서 2명의 팔레스타인 테러리스트들이 뉴욕행 TWA 항공편(Flight 881)에 탑승하기 위하여 출발용 Gate 앞에 대기 중이던 여객들을 공격하여 3명의 여객이 사망하고 40여 명이 상해를 입었다. 상해를 입은 여객과 사망한 여객의 상속인들은 TWA를 상대로 바르샤바 협약 제17조에 기한 손해배상 청구의 소를 제기하였다.

## Ⅱ. 참조 조문

### 1. 바르샤바 협약

**제17조** 운송인은 여객의 사망 또는 부상 기타 신체 상해로 인한 손해에 대하여 그 손해의 원인이 된 사고가 항공기상 또는 승강을 위한 작업 중에 발생하였을 때에 한하여 책임을 진다.

### 2. 몬트리올 협약

**제17조(여객의 사망 및 부상 - 수하물에 대한 손해)**

1. 운송인은 여객의 사망 또는 신체 상해로 인한 손해에 대하여 사망 또는 상해를 야기한 사고가 항공기상 또는 승강을 위한 작업 중에 발생하였을 때에 한하여 책임을 진다.

### 3. 상 법

**제904조(운송인의 책임)** 운송인은 여객의 사망 또는 신체의 상해로 인

> 한 손해에 관하여는 그 손해의 원인이 된 사고가 항공기상에서 또는 승강을 위한 작업 중에 발생한 경우에만 책임을 진다.

## Ⅲ. 판시사항

(1) 테러리스트에 의한 공격은 바르샤바 협약 제17조의 사고에 해당한다.[1] 그러므로 이 사건의 쟁점은 여객들이 입은 상해가 승강을 위한 작업 중에 발생한 것인지 여부이다.

(2) 공항터미널에서 테러리스트의 공격이 있을 때 여객들은 이미 항공권을 항공사에 양도하고, 11단계의 출국 절차 중 5단계인 출국사증 검사(passport control)를 마쳤다. 그 후 여객들은 항공기 탑승을 위하여 출발 게이트 앞에 도착했고, 그곳에서 탑승에 필수적인 보안검색을 위하여 항공사 직원들에 의해 줄을 서도록 통제되고 있었다.

(3) 승강 작업 중인지 여부는 사고 발생 당시 여객의 행위(activity), 누구의 지시를 받고 있었는지에 관한 통제(control), 사고가 발생한 장소(location)의 3가지 기준으로 판단하여야 한다. 이 사건에서는 테러 발생 당시 여객의 위치(공항터미널 안)는 중요한 쟁점이 아니며, 여객들이 어떤 행위를 하고 있었는지 여부가 더 중요하다. 출발 게이트 앞은 국제항공여객들을 위한 전용공간으로 여객들이 자유롭게 돌아다닐 수 없는 곳이고, 당시 여객들은 항공사 직원들로부터 보안검사를 위하여 줄을 서서 대기하도록 요청받았다.

(4) 따라서 여객들은 이 사건 사고 당시 바르샤바 협약상 탑승을 위한 작업 중에 있었다고 보아야 한다.

---

1) Husserl v. Swiss Air Transport Co., 351 F.Supp. 702 (S.D.N.Y. 1972), aff'd 485 F.2d 1240 (2d Cir. 1973, per curiam).

# Ⅳ. 해 설

## 1. 의 의

(1) 운송인은 손해의 원인이 된 사고가 항공기 상에서 또는 승강(乘降)을 위한 작업 중에 발생한 경우에만 책임을 진다. 항공기상(航空機上, on board the aircraft)의 개념은 명확하기 때문에 이에 관하여는 별다른 문제가 되지 않는다. 이와 달리 승강을 위한 작업 중(in the course of any of the operation of embarking or disembarking)의 의미에 관하여는 많은 사건에서 논쟁이 이루어졌다.

(2) 대상판결은 탑승 작업 중의 판단기준을 행위·통제·장소 등 3가지를 제시한 선례적인 판결로,[2] 승강 작업 중인지 여부가 쟁점이 된 수많은 후속판결에서 널리 인용되고 있다.[3] 또한 탑승 작업 중인지 여부에 관한 판단기준은 하기 중인지 여부에 관한 판단에도 사용되고 있다.[4]

## 2. 3가지 판단기준

### 가. 여객의 행위

판례는 여객이 항공기에 탑승하기 위해 통상 요구되는 수속 중에 있는 것은 탑승을 위한 작업 중으로 본다. 이에 따라 공항내 국제선 환승을 위하여 출국 게이트에 줄을 서다가 일어난 사고,[5] 휴대수하물 검사를 받기

---

2) Marotte v. Am. Airlines, Inc., 296 F.3d 1255, 1260 (11th Cir. 2002) 판결도 동일하게 3가지 판단기준을 제시하고 있다.

3) McCarthy v. Nw. Airlines, Inc., 56 F.3d 313 (1st Cir. 1995); Evangelinos v. Trans World Airlines, Inc., 550 F.2d 152 (3d Cir. 1977) (en banc); Maugnie v. Compagnie Nationale Air France, 549 F.2d 1256 (9th Cir.), cert. denied, 431 U.S. 974 (1977).

4) Martinez Hernandez v. Air France, 545 F.2d 279, 285 (1st Cir. 1976); Evangelinos v. Trans World Airlines, Inc., 550 F.2d 152 (3d Cir. 1977); Maugnie v. Compagnie Nationale Air France, 549 F.2d 1256 (9th Cir. 1977), cert. denied 431 U.S. 974 (1977); Rabinowitz v. Scandinavian Airlines, 741 F.Supp. 441, 445 (S.D.N.Y. 1990); Alleyn v. Port Auth. of N.Y., 58 F.Supp.2d 15, 20 n.10 (E.D.N.Y. 1999).

5) Walsh v. Luchtvaart, United States District Court Southern District of New York, Sep 14, 201109-civ-01803 (RKE) (S.D.N.Y. Sep. 14, 2011).

위해 줄을 서 있던 중에 일어난 사고[6]를 탑승 중의 사고로 보았다. 그러나 여객이 미리 도착하여 탑승권을 발급받았더라도, 보안검색을 받기 전이고 여객의 행동에 별다른 제약이 없는 상태라면 아직 탑승이 개시되었다고 보기는 어렵다.[7] 또한 체크 인 절차를 마치고 항공사 라운지에서 대기 중인 경우에도 탑승이 개시되었다고 보기 어렵다.[8]

## 나. 운송인의 통제 여부

### (1) 미국 판례의 경향

사고가 일어난 장소는 특히 공항시설 내에서 문제가 된다. 미국 판례는 공항시설 내에서 사고가 발생하더라도 그 장소가 여객이 자유롭게 돌아다니거나 다른 항공기 탑승 여객과 자유롭게 섞일 수 있는 장소는 승강 작업 중의 개념에서 제외하지만,[9] 운송인에 의하여 통제되는 장소로서 다른 항공기 탑승 여객과 자유롭게 섞일 수 없는 곳이라면 승강 작업 중이라고 인정하는 경향이 있다.[10]

### (2) Ugaz v. American Airlines, Inc., 576 F.Supp.2d 1354 (S.D.Fla. 2008)

#### (가) 사실관계

원고 Brigitte Espinoza Ugaz는 2006. 5. 26. 페루 리마에서 출발한 피고 American Airlines의 항공편을 타고 마이애미 국제공항에 도착하였다. 원고는 비행기에서 하기하여 방역구역(sterile area)으로 이동하였고, 다른 여객을 따라 위층에 있는 입국관리소(immigration)·세관(customs)으로 연결되는 에스컬레이터로 접근하였다. 원고가 에스컬레이터에 도착하였을 때, 그녀는 에스컬레이터가 작동하지 않는 것을 발견하였다. 그런데 원

---

6) Baker v. Lansdell Protective Agency, Inc., 590 F.Supp. 165 (S.D.N.Y. 1984); Dazo v. Globe Airport Security Services, 268 F.3d 671 (9th Cir. 2001). 모두 보안검색 중 휴대수하물이 분실된 경우이다.

7) Buonocore v. Trans World Airlines, Inc., 900 F.2d 8, 9-10 (2d Cir. 1990).

8) Beaudet v. British Airways, PLC, 853 F.Supp. 1062 (N.D.Ill. 1994).

9) Upton v. Iran National Airlines Corp., 450 F.Supp. 176 (S.D.N.Y. 1978).

10) Alleyn v. Port Authority of New York, 58 F.Supp.2d 15 (E.D.N.Y. 1999).

고 뒤에 있던 여객이 원고에게 에스컬레이터로 올라가라고 충고하자, 원고는 멈춰 있던 에스컬레이터로 올라가는 것을 선택하였다. 원고는 여행용 가방을 드는 과정에서 쓰러졌고 이로 인하여 상해를 입었다. 당시 방역구역에서 입국관리소·세관으로 가는 길에는 에스컬레이터 이외에도 계단과 모든 휴대 수하물을 편하게 옮길 수 있는 엘리베이터가 설치되어 있었다. 그런데 비행기 문 밖에 있던 피고 항공사 승무원들이 원고에게 세관으로 가려면 에스컬레이터를 이용하여야 한다고 말하였기 때문에 원고는 에스컬레이터 방향으로 이동한 것이었다. 한편 여객은 입국관리소·세관을 통과하지 않고서는 방역구역에서 공항 밖으로 나갈 수 없었다.

(나) 판시사항

몬트리올 협약 제17조 제1항에 의하면, 여객은 항공기상 또는 승강(乘降) 작업 중에 발생한 사고로 인하여 사망·상해를 입어야 한다. '승강 중'의 개념에 관한 선례적인 Day v. Trans World Airlines, Inc. 사건[11]에서 판시한 3가지 기준[행위기준(activity test)·통제기준(control test)·장소기준(location test)]을 이 사건에 적용하면, (i) 원고는 입국사무소와 세관으로 가기 위하여 이동하던 중 작동하지 아니하는 에스컬레이터를 걸어서 올라가다가 상해를 입은 점, (ii) 그녀는 출입문과 방역구역을 관리하는 항공사의 직원으로부터 그런 지시를 받고 이동한 것인 점, (iii) 이 사건이 발생한 곳은 비행기에서 하기하여 방역구역에 있는 에스컬레이터 시작 부분인 점 등을 인정할 수 있다. 따라서 이 사건 사고는 몬트리올 협약상 하강 중(in the operations of disembarking)에 발생한 것이라고 보아야 한다.[12]

### 다. 사고가 발생할 때 여객이 있던 장소

출발 2시간 전에 체크 인 카운터에서 상해를 입은 경우에는 탑승 중이

---

11) 528 F.2d 31, 33-34 (2d Cir. 1975). 위 판결의 판시를 하기 중에 적용한 판례로는 Alleyn v. Port Auth. of N.Y., 58 F.Supp.2d 15, 20 n. 10 (E.D.N.Y. 1999); Rabinowitz v. Scandinavian Airlines, 741 F.Supp. 441, 445 (S.D.N.Y. 1990); Bowe v. Worldwide Flight Servs., Inc., 979 So.2d 423 (Fla. Dist. Ct. App. 3d 2008).

12) '승강 중'에 해당하는지 여부는 공항사정과 항공기의 종류 등 구체적인 사정을 고려하고 미국의 판례에서 밝힌 3가지의 판단기준을 종합적으로 적용하여 판단해야 한다는 견해로는 최준선, 국제항공운송법론, 삼영사(1987), 178면.

라고 할 수 없다.[13] 운송인에 의하여 통제되지 않는 곳에서 무빙 워크로 이동하던 중 상해를 입은 경우에도 탑승 중이라고 할 수 없다.[14] 이와 달리, 여객이 항공기에서 내려 공항터미널 내의 자유로운 장소에 도달하기 전까지 사고가 공항에서 발생하였다면, 승강 작업 중 사고라고 할 수 있다. 항공기에서 내려 공항 건물로 걸어가던 중의 사고, 항공기에서 내려 항공사가 제공한 버스를 이용하여 공항 청사로 가던 중 버스에서 지상으로 추락한 사고는 승강 작업 중 사고에 해당한다.[15] 그러나 여객이 위탁수하물을 찾기 위해 수하물 인수장에 있을 때 발생한 사고는, 이미 여객이 항공운송 고유의 위험으로부터 떨어진 장소에서 일어난 사고이므로(수하물이 없는 여객은 이미 공항을 벗어난 상태였다), 이는 승강 작업 중에 발생한 사고로 볼 수 없다.[16] 여객이 항공기에 탑승하였다가 항공사로부터 초과예약을 이유로 하기를 요청받고 하기한 후 다음날 출발하는 다른 항공편을 제공받았음에도, 항공사에서 숙소를 제공하지 않고 공항터미널에 방치하는 바람에 공항터미널 건물 밖에서 머물다가 악천후로 심근경색이 발생한 경우에도 승강 작업 중이라고 할 수 없다.[17]

### 3. 공항시설법과 관계

#### 가. 항공기상에서 사고를 당한 경우

여객이 항공기에 탑승하여 하기할 때까지 사이에 항공기상에서 사고를 당한 경우에는 운송인이 책임을 부담하는 것에는 의문이 없다.

#### 나. 공항터미널에서 항공기 출입문까지 이동하거나 항공기 출입문에서 공항터미널까지 이동하다가 사고를 당한 경우

공항공사가 관리·지배하는 공항터미널에서 항공기 출입문까지 이동 중 또는 항공기 출입문에서 공항공사가 관리·지배하는 공항터미널까지 이동

13) Sweis v. Trans World Airlines, Inc., 681 F.Supp. 501 (N.D.Ill. 1988).
14) Kantonides v. KLM Royal Dutch Airlines, 802 F.Supp. 1203 (D.N.J. 1992).
15) Ricotta v. Iberia Lineas Aereas De Espana, 482 F.Supp. 497 (E.D.N.Y. 1979).
16) Martinez Hernandez v. Air France, 545 F.2d 279 (1st Cir. 1976).
17) Campbell v. Air Jamaica Ltd., 760 F.3d 1165 (11th Cir. 2014).

하다가 여객이 사고를 당한 경우에는 운송인과 공항공사 중 누가 손해배상 책임을 부담하는지 문제된다. 스텝카 또는 공항터미널과 항공기가 계류 중인 장소까지 이동하는 버스 등은 운송인이 관리·지배하므로, 운송인이 책임을 부담한다고 보아야 한다. 따라서 이 경우는 승강 작업 중이라고 평가할 수 있다.

### 다. 공항공사가 관리·지배하는 장소에서 사고가 발생한 경우

(1) 공항공사[18]가 관리·지배하는 장소, 예를 들면 여객터미널·화물터미널 등 여객시설 및 화물처리시설, 공항 이용객을 위한 주차시설 및 경비·보안시설, 공항 이용객에 대한 홍보시설 및 안내시설, 공항 이용객 편의시설 및 공항근무자 후생복지시설, 공항 이용객을 위한 업무·숙박·판매·위락·운동·전시 및 관람집회 시설, 도심공항터미널, 헬기장에 있는 여객시설, 화물처리시설 및 운항지원시설(공항시설법 제2조 제7호, 시행령 제3조 참조) 등에서 여객이 사고를 당한 경우에는 승강 작업 중으로 보아 운송인에게 책임을 부과할 수 있는지 문제된다.

(2) 위에서 언급한 장소는 운송인의 관리·지배 영역이 아니라 공항공사의 관리·지배 영역이고, 여객은 공항공사의 안전배려의무 위반(민법 제750조), 공작물의 설치·하자를 이유로 한 손해배상 청구(민법 제758조)가 가능하므로,[19] 운송인과 공동불법행위 책임을 물을 수 있다.[20] 그러나 테

---

18) 한국공항공사법 제9조 제1항 제2호는 공항시설법 제2조 제7호 및 제8호에 따른 공항시설 및 비행장시설의 관리·운영사업을 한국공항공사의 사업 중 하나로 규정하고 있다. 인천국제공항공사법 제10조 제1항 제2호는 인천국제공항의 관리·운영 및 유지·보수를 인천국제공항공사의 사업 중 하나로 규정하고 있다.

19) 이 사건 사고는, 교통부 서울지방항공관리국으로부터 김해국제공항 확장공사를 위한 설계용역을 의뢰받은 피고 회사가 사고 전날인 1988. 1. 22. 피고 한국공항공단(이하 '피고 공단') 부산지사 김해국제공항 영림현장 온실내 숙직실로부터 약 2m 정도 떨어진 곳에서 지질조사를 위한 굴착작업을 하던 중 땅에 박은 천공구에서 같은 날 11:40경부터 약 1, 2시간 동안 가스가 분출하다가 점점 줄어들면서 같은 날 17:00경 멈추자 위 천공구의 입구를 막지 않은 채 작업을 끝낸 바 있는데, 밤새 위 입구를 막지 않은 천공구로부터 지하 매립층에서 발생한 메탄가스가 분출되어 나와 당시의 일기상황에 의하여 위 온실 밖 집수정에 일부가 고인 후 하수구를 통하여 부엌 안으로 들어가 다시 숙직실 안으로 스며들어 연소범위 내의 농도를 형성하고 있다가 사고 당일인 같은 해 1.23. 05:30경 원고가 숙직실에서 담배를 피우기 위하여 라이타를 켜는 순간 그 라이타 불에 인화되어 순간적으로 폭발함으로써 발생하였을 것이라고 추인된다. 이 사건 사고 발생

러행위와 같이 공항공사의 귀책사유를 인정하기 어려운 경우에는, 운송인은 무과실책임을 부담하므로 미국 판례와 같이 사고가 발생한 장소기준으로 승강 작업 중인지 여부를 판단하여 운송인이 책임을 부담한다고 보는 것이 타당하다.

---

의 원인 및 과정이 위와 같다면, 이 사건 사고는 지질조사작업을 하는 과정에서 지하로부터 가스가 분출하였고 더구나 그 지역이 과거 매립지여서 인화성이 있는 메탄가스가 계속 분출될 가능성도 없지 아니하였으므로 그 분출된 가스가 인화성이나 폭발성은 없는지 그 성분을 확인하고, 나아가 근접한 곳에 숙직실이 딸린 온실이 있어 인화성이 있는 가스가 분출되어 확산될 경우 위 온실내 화기에 인화되어 폭발할 위험이 있음을 예견할 수 있으므로 작업을 마칠 때는 위 가스가 공기 중으로 계속 분출되는 일이 없도록 위 천공구의 입구를 단단히 막는 등의 안전조치를 취하여야 할 주의의무가 있음에도 불구하고 이를 게을리 한 피고 회사의 과실로 인하여 발생하였으므로, 피고 회사는 불법행위로 인한 손해배상책임을 부담한다. 위 지질조사작업은 교통부 서울지방항공관리국이 피고 회사에게 발주하였다는 것이어서 피고 공단이 그 작업의 내용과 그에 따른 안전관리문제를 확인·파악하여야 할 지위에 있다고 볼 수는 없으며, 또한 땅에 천공구를 박아 지질조사를 위한 굴착작업을 하는 것 자체에 공항 관련시설에 어떠한 위험을 가져올 수 있는 요소가 포함되어 있다고 보이지는 아니하므로 피고 공단이 위 굴착작업시 가스가 계속 분출하리라고 예견할 수 있었다는 등의 특별한 사정이 인정되지 아니하는 이상은 단지 피고 공단이 공항 관련시설의 관리·운영과 유지·보수 등의 업무를 맡고 있다거나 위 지질조사작업이 피고 공단이 관리하는 지역 내에서 이루어졌다는 것만으로 피고 공단에게 전문업체인 피고 회사가 시행하는 지질조사작업을 감독하고 필요한 안전조치를 강구하거나 피고 회사에 대하여 그러한 조치를 취할 것을 요구하여야 할 의무까지 있다고 할 수는 없고, 피고 공단의 안전관리규정은 안전사고의 발생을 가능한 한 억제할 목적으로 제정된 것에 불과하여 그 안전관리규정에 공사장 안전관리 등에 관한 조항이 있고 관내에서 안전사고가 발생하였다 하여 곧바로 불법행위책임의 요건이 되는 과실이 있다고 인정할 수도 없다. 대법원 1994. 6. 10. 선고 93다58813 판결.

20) 이러한 입장을 취하게 되면, Ugaz v. American Airlines, Inc., 576 F.Supp.2d 1354 (S.D.Fla. 2008) 사건의 경우에는 공항공사와 운송인이 공동으로 불법행위 책임을 부담하게 된다.

# [24] 사망한 공군조종사의 일실이익

**대법원 1994. 9. 30. 선고 93다29365 판결**

## Ⅰ. 사실관계

(1) 공군 3131부대의 팬텀기 후방석 전투기 조종사 L은 교통사고로 사망하였고, 대상 사안에서는 전투기 조종사의 일실이익(逸失利益)의 산정과 관련하여 L이 전역한 후 민간 항공사의 조종사로 취업하였을 때의 예상소득이 문제되었다.

(2) 공군의 경우 임관시 주특기가 비행조종으로 분류되는 자에게는 전역 및 다른 특기로 전환 시까지 비행수당이 정기적으로 지급되고 있고, L도 이 사고로 사망할 당시 공군 전투기 조종사로 일선에서 상시대기조종사로 근무하면서 비행수당으로 매월 407,000원을 지급받아 왔다.

## Ⅱ. 참조 조문

### 1. 민　법

**제390조(채무불이행과 손해배상)** 채무자가 채무의 내용에 좇은 이행을 하지 아니한 때에는 채권자는 손해배상을 청구할 수 있다. 그러나 채무자의 고의나 과실없이 이행할 수 없게 된 때에는 그러하지 아니하다.

**제393조(손해배상의 범위)** ① 채무불이행으로 인한 손해배상은 통상의 손해를 그 한도로 한다.

② 특별한 사정으로 인한 손해는 채무자가 그 사정을 알았거나 알 수 있었을 때에 한하여 배상의 책임이 있다.

**제394조(손해배상의 방법)** 다른 의사표시가 없으면 손해는 금전으로 배상한다.

**제396조(과실상계)** 채무불이행에 관하여 채권자에게 과실이 있는 때에는 법원은 손해배상의 책임 및 그 금액을 정함에 이를 참작하여야 한다.

**제750조(불법행위의 내용)** 고의 또는 과실로 인한 위법행위로 타인에게 손해를 가한 자는 그 손해를 배상할 책임이 있다.

**제751조(재산 이외의 손해의 배상)** ① 타인의 신체, 자유 또는 명예를 해하거나 기타 정신상 고통을 가한 자는 재산 이외의 손해에 대하여도 배상할 책임이 있다.

② 법원은 전항의 손해배상을 정기금채무로 지급할 것을 명할 수 있고 그 이행을 확보하기 위하여 상당한 담보의 제공을 명할 수 있다.

**제752조(생명침해로 인한 위자료)** 타인의 생명을 해한 자는 피해자의 직계존속, 직계비속 및 배우자에 대하여는 재산상의 손해없는 경우에도 손해배상의 책임이 있다.

## Ⅲ. 판시사항

(1) 불법행위로 인한 일실이익을 산정할 때 실제 향후의 예상소득에 관한 증명은 과거사실에 대한 증명에서의 증명도보다 이를 경감하여 피해자가 현실적으로 얻을 수 있을 구체적이고 확실한 소득의 증명이 아니라 합리성과 객관성을 잃지 않는 범위 내에서의 상당한 개연성이 있는 소득의 증명으로서 족하다.

(2) 교통사고로 사망한 공군 전투기 조종사의 일실이익을 산정함에 있어 피해자가 전역한 후 민간 항공사의 조종사로 취업하였을 때의 예상소득을 추정하면서, 1991년도 직종별임금실태조사보고서상의 직종분류의 기준이 된 경제기획원 발행의 개정 한국표준직업분류(1974년 제3차 개정판)에 의하면 분류번호 04번의 '항공기 및 선박고급승무원'의 직무내용에 피해자의 업무내용과는 판이한 선박 및 호버크래프트의 지휘 및 항해, 선상에서 기관실 활동의 지휘 및 감독, 해상활동 및 필수품 또는 기계 검사, 정박 중인 화물선의 복구 및 보수작업을 지휘하는 것이 포함되어 있다면, 법원이 1991년도 직종별임금실태조사보고서상 분류번호 04번의 '항공기

및 선박고급승무원'의 임금에 의하지 아니하고, 1990년도 직종별임금실태조사보고서상 분류번호 041번의 '항공기 조종사, 항공사(航空士) 및 비행기관사'의 임금을 기초로 하여 피해자의 일실이익을 산정한 것은 정당하다.

## Ⅳ. 해 설

### 1. 서울고등법원 1967. 10. 26. 선고 66나2084 판결

#### 가. 사실관계

(1) 육군 소위 K는 경남 사천 소재 육군 항공학교에 입교하여 항공조종 교육을 받고 있던 중 1965. 7. 20. 08:50경 최초의 상승 및 상승 선회 비행교육을 받기 위하여 위 학교 소속 교육비행기의 전방석에 탑승하고, 교관조종사 대위 A가 비행기의 후방석에 탑승하고 A의 조종으로 학교의 주 활주로를 이륙하였는데 이륙 약 10분만에 위 비행기는 고도 약 30m 지점에서 갑작스러운 상승으로 인한 좌측 익단 실속으로 말미암아 추락 전소되고 탑승한 위 두 사람은 모두 사망하였다.

(2) 원고들(K의 유가족)은 위 사고가 비행기를 조종하고 있던 A가 이륙 전 기체내부의 제반 주요부분에 대한 정비완전 여부를 점검하지 못하고 세밀한 검사와 주의를 다하지 못한 과실로 A의 조종간이 탈각됨으로써 발생한 것이라고 주장하면서, 피고 대한민국은 위 사고로 사망한 K와 그 부모인 원고들에 대하여 국가배상법의 정하는 바에 따라 위 사망으로 인한 손해를 배상할 책임이 있다고 주장한다.

#### 나. 판 단

(1) 위 사고 비행기의 비행 목적은 생도조종사인 K의 상승 및 상승선회의 실습을 위한 것으로서 K에게는 첫 비행실습이었고, 교관조종사인 A 대위는 비행학과 교관으로서 비행시간 2,316시간 25분의 노련한 조종사였다. 위 교육과정에서는 후방석에 탑승한 교관조종사가 직접 비행기를 조

종하여 이륙 상승 및 상승선회를 하면 후방 조종간과 동일하게 움직이는 전방 조종간의 움직임을 통하여 학생조종사는 실습교육을 받게 되어 있어, 사고 당시 사고비행기는 교관조종사인 A가 조종하였다.

(2) 이 사고는 이륙 후 10~15초 사이에 고도 약 30m에서 비행기가 갑작스럽게 상승함으로써 좌측 익단 실속(翼端 失速)을 일으켜 그대로 추락하여 발생하였는데, 일반적으로 익단 실속은 급격한 상승각도로 비행할 때 일어나는 현상이다. 이와 같은 유형의 사고는, (i) 교관조종사가 교관조종용 조종간에 조종봉을 삽입할 때 완전히 삽입하지 못하여 고착되지 않은 경우에 비행 도중 조종간이 탈각되어 조종간 제어가 되지 않아 급격한 상승각도로 상승하게 될 때(비행기가 상승할 때는 많은 부력을 얻고 있으므로 조종간이 뒤로 재껴지는데 이때 조종간을 앞쪽으로 밀어 적절히 제어하지 않으면 비행기의 상승각도가 커진다), (ii) 비행기 날개에 붙어 부력을 조정하는 플랩(flap)과 조종간을 연결하는 강철 줄이 끊어져서 조종간으로 플랩을 조작못하면 상승시 바람의 압력으로 플랩이 극도의 부력을 일으켜 급상승하게 될 때, (iii) 조종사가 고의 또는 과실로 조종간을 갑자기 당겨서 급상승하게 될 때 등 경우에 일어나게 된다.

(3) 사고 발생 후 사고조사단의 조사결과로는, 사고비행기의 정비불량은 없었으며 전시 플랩과 조종간을 연결하는 쇠줄은 규정대로 적시에 교체되었던 것으로 판명되었으나, 사고비행기가 전소되어 사고원인을 규명하지 못하였다. 다만 비행기의 추락을 목격한 사람의 전언에 의한 사고형태(익단 실속)에 비추어 위 비행학교의 역대 교관들의 의견에 의하면 조종간의 돌변탈각으로 인하여 발생한 사고가 아닌가 하고 사고원인을 추정하고 있다.

(4) 일반적으로 비행기 조종사는 이륙 전에 비행기의 중요한 계기 및 제반 기능에 대하여 점검을 한 후 시동하는 것이 관례이며, 조종간 탈각의 사고가 발생하면 유능하고 경험있는 조종사는 즉시 생도조종사의 조종간을 이용하든가 지시하는 등 긴급조치를 취하여 비행기를 안정시킬 수 있는 시간적 여유가 있으나, 노련한 조종사라도 때로는 돌발적인 사고에 당황하여 응분의 조치를 취하지 못하는 경우도 있으며, 최초의 비행을 하

는 자는 일반적으로 흥분되어 예기치 못하는 실수를 범하는 경우도 없지 않다.

(5) 그렇다면 본건 사고는 사고의 유형과 비행목적에 비추어 위 교관조종사가 조종봉을 잘못 삽입한 것이 조종간 돌변탈각의 원인이 되어 사고를 일으킨 것이 아닌가 하는 의심이 없지 않고, 또 그와 같은 경우가 본건 사고가 원인으로서 가장 개연성이 많다 하더라도 이는 어디까지나 추측에 지나지 않는다. 오히려 교관조종사의 조종간 탈각이 사고의 원인이었다면 2,000시간 이상의 비행경험을 가진 조종교관인 A가 의당 사후조치를 취할 수 있었을 것인데 자기 생명의 위험이 직결된 상황에서 그대로 추락된 것에 비추어 보면, 본건 사고는 교관조종사로서는 제어할 수 없는 어떤 요인에 기인한 사고일 개연성이 더 짙다고도 볼 수 있다(이와 같은 사고요인으로서 앞에서 본 플랩을 연결한 쇠줄이 원인불명으로 절단되었다든가, 극단적인 경우에는 최초의 비행으로 인한 생도조종사의 돌발적인 정신적 충격으로 인한 조종간의 조작등 여러 가지 경우를 생각할 수 있다).

(6) 결국 이 사건 사고가 A의 과실로 인한 조종간의 탈각으로 발생한 것이라는 원고들의 주장은 이를 인정할 수 있는 증거가 없음에 돌아간다. 따라서 A의 과실이 있음을 전제로 한 원고들의 청구는 나머지 점에 대한 판단을 할 필요 없이 이유 없다.

## 2. 불법행위에 기한 손해배상

### 가. 의 의

민법 제750조에서 불법행위 책임을 묻기 위해서는 가해자의 고의 또는 과실로 인한 위법행위로 타인에게 손해를 가하였다는 것을 피해자 측에서 증명하여야 한다.[1] 그런데 그 증명은 위 서울고등법원 판결에서 보는 바와 같이 상당히 어렵기 때문에, 여객운송계약에서 이를 관철하게 되면 피해자에게 가혹하다. 이에 따라 몬트리올 협약과 상법은 일정한 범위 내에서 무과실책임을 인정하여 이러한 어려움을 덜어주고 있다. 이하에서는

---

1) 오석락, 입증책임론(신판), 박영사(1996), 461면.

여객이 사망 또는 상해를 입은 경우 일실이익의 산정에 관하여 살펴보기로 한다.

### 나. 일실이익의 산정

#### (1) 의 의

소극적 손해로서 일실이익은 사고가 없었을 경우를 가정하여 피해자가 장래 얻을 수 있으리라고 예측되는 이익 또는 소득을 말한다.[2] 피해자의 장래수입 상실 손해액은 피해자의 노동능력이 가지는 재산적 가치를 정당하게 반영하도록 당해 사건에 현출된 구체적 사정을 기초로 객관적이고 합리적인 자료에 의하여 피해자의 수입금액을 확정하여 이를 기초로 산정하여야 한다.[3]

불법행위로 인한 피해자의 일실이익은 사고 당시 피해자가 상실한 소득을 기준으로 하여 산정할 수도 있고(차액설), 상실된 노동능력의 가치를 기준으로 평가할 수도 있으며(평가설), 이와 같은 일실이익의 산정은 당해 사건에 현출된 구체적 사정을 기초로 하여 합리적이고 객관성 있는 기대수익을 산정할 수 있으면 되고, 반드시 어느 한쪽만이 정당한 산정방법이라고 고집할 필요는 없다.[4] 실무상으로는 평가설에 의하여 일실이익을 산정하고 있다.

#### (2) 소득액 산정의 기준시

불법행위로 인하여 노동능력을 상실한 급여소득자의 일실이익은 원칙적으로 노동능력상실 당시의 임금수익을 기준으로 산정하지만, 장차 그 임금수익이 증가될 것을 상당한 정도로 확실하게 예측할 수 있는 객관적인 자료가 있을 때에는 장차 증가될 임금수익도 일실이익을 산정할 때 고려되어야 한다.[5] 이와 같이 장차 증가될 임금수익을 기준으로 산정된 일실이익 상당의 손해는 당해 불법행위에 의하여 사회관념상 통상 생기는

---

2) 손해배상소송실무(교통·산재)(제2판), 사법발전재단(2017), 107면.
3) 대법원 1997. 10. 24. 선고 96다33037 판결.
4) 대법원 1994. 4. 12. 선고 93다52372 판결.
5) 대법원 2007. 2. 8. 선고 2004다48829 판결.

것으로 인정되는 통상손해에 해당하므로 당연히 배상범위에 포함시켜야 하고, 피해자의 임금수익이 장차 증가될 것이라는 사정을 가해자가 알았거나 알 수 있었는지의 여부에 따라 그 배상범위가 달라지는 것은 아니다.[6]

### (3) 급여소득에 포함되는지 여부

불법행위로 인하여 사망하거나 신체상의 장해를 입은 급여소득자가 장래 얻을 수 있는 수입의 상실액은 상실되거나 감퇴된 노동능력에 관한 것이므로, 사용자에 의하여 근로의 대상으로 계속적 · 정기적으로 지급되는 금품이라면 그 명칭이나 그 지급 근거가 급여규정에 명시되어 있는지 여부에 상관없이 이에 포함된다.[7] 일실이익 산정 기초 임금에서 제외되는 것으로는 (i) 특수하고 우연한 사정으로 지급되는 급여, (ii) 은혜적 · 시혜적으로 지급되는 급여, (iii) 실비변상적 급여, (iv) 실제 근무시만 지급되는 급여 등이 있다.[8]

### (4) 외국인 근로자

일시적으로 국내에 체류한 후 장래 출국할 것이 예정되어 있는 외국인의 일실이익을 산정할 때에는 예상되는 국내에서의 취업가능기간 내지 체류가능기간 동안의 일실이익은 국내에서의 수입(실제 얻고 있던 수입 또는 통계소득)을 기초로 하고, 그 이후에는 외국인이 출국할 것으로 상정되는 국가(대개는 모국)에서 얻을 수 있는 수입을 기초로 하여 일실이익을 산정하고, 국내에서의 취업가능기간은 입국 목적과 경위, 사고 시점에서의 본인의 의사, 체류자격의 유무 및 내용, 체류기간, 체류기간 연장의 실적 내지 개연성, 취업의 현황 등의 사실적 내지 규범적 제요소를 고려하여 인정함이 상당하며, 이러한 법리는 비록 당해 외국인이 불법체류자라고 하더라도 당해 외국인의 취업활동 자체가 공서양속이나 사회질서에 반하는 것으로서 사법상 당연무효가 되지 않는 이상 마찬가지로 적용된다.[9]

---

6) 대법원 1989. 12. 26. 선고 88다카6761 전원합의체 판결.
7) 대법원 2012. 6. 14. 선고 2010다77293 판결.
8) 대법원 2007. 2. 8. 선고 2004다48829 판결.

### (5) 산정방법

피해자에 대한 사고 당시의 실제수입을 확정할 수 있는 객관적인 자료가 현출되어 있어 그에 기하여 합리적이고 객관성 있는 기대수입을 산정할 수 있다면, 사고 당시의 실제수입을 기초로 일실이익을 산정하여야 하고, 통계소득이 실제수입보다 높다고 하더라도 사고 당시에 실제로 얻고 있던 수입보다 높은 통계소득만큼 수입을 장차 얻을 수 있으리라는 특수사정(실제 수입보다 일반노동 임금이 훨씬 많은 경우에는 일반노동에 종사하리라는 개연성이 농후하다)이 인정되는 경우에 한하여 그러한 통계소득을 기준으로 일실이익을 산정하여야 하며,[10] 사고 당시에 실제로 얻고 있던 수입보다 높은 통계소득만큼 수입을 장차 얻을 수 있으리라는 특수한 사정이 없을 때에는 그러한 통계소득을 기준으로 쉽게 일실이익을 산정할 수는 없다.[11]

다만 신고된 소득액이 피해자의 직업·나이·경력 등에 비추어 현저히 저액이라고 판단되는 경우에는 신고소득액만을 피해자의 사고 당시 수입금액으로 삼을 수는 없으나, 그러한 경우 피해자에게 일용노임 이상의 소득금액을 기초로 한 일실수입을 인정하려면 사고 당시 피해자가 실제로 그러한 소득금액을 얻고 있었다거나 그러한 소득금액을 얻을 수 있었다는 상당한 개연성이 인정되어야 한다. 따라서 그러한 사정이 인정되지 않는 경우에까지 피해자가 주장하는 소득금액을 기초로 일실수입을 인정하여서는 아니 된다.[12]

한편 불법행위 당시 피해자가 일정한 직업에 종사하고 있었으나 그 직업의 소득을 기준으로 할 수 없는 경우에는 그 피해자가 가지고 있는 특정한 기능이나 자격 또는 학력에 따라 얻을 수 있을 것으로 상당한 개연성이 인정되는 통계소득을 기준으로 하여 산정할 수도 있으나,[13] 이와 같

9) 대법원 1998. 9. 18. 선고 98다25825 판결.
10) 대법원 2004. 10. 15. 선고 2003다39927 판결, 대법원 2006. 3. 9. 선고 2005다16904 판결.
11) 대법원 2007. 2. 8. 선고 2004다48829 판결.
12) 대법원 2016. 6. 28. 선고 2015다23024 판결.
13) 대법원 2001. 12. 11. 선고 2000다15258 판결, 대법원 2004. 2. 13. 선고 2003다60365

이 통계소득을 기준으로 일실이익을 산정하는 경우는 '그 직업의 소득을 기준으로 할 수 없는 경우'에 한정되고, 피해자에 대한 사고 당시의 실제 수입을 확정할 수 있는 객관적인 자료가 현출되어 있어 그에 기하여 합리적이고 객관성 있는 기대수입을 산정할 수 있다면, 사고 당시의 실제수입을 기초로 일실이익을 산정하여야 한다.[14] 통계소득을 적용하는 경우 원칙적으로 손해가 발생한 당시 소득을 기준으로 삼아 산정하여야 하지만, 그 후 사실심 변론종결시까지 사이에 일실이익의 기초가 되는 통계소득이 인상되었을 때에는 그 이후의 일실이익손해는 사실심 변론종결시에 가장 가까운 통계소득을 기준으로 삼아 산정하여야 한다.[15]

### (6) 일실퇴직금

일반적으로 정년이 보장되어 있는 급여소득자가 재직 중 불법행위로 인하여 사망함으로써 입은 퇴직금 손해는 사망하지 않았더라면 지급받을 수 있는 정년시까지의 총 근속기간에 대한 퇴직금 전액에서 사망으로 인하여 지급받게 된 그때까지의 근속기간에 해당하는 퇴직금 등을 공제하는 방법으로 산정하여야 한다.[16] 실무상 가장 보편적으로 취하고 있는 산정방식은 '[(예상 총퇴직금×사고 당시로의 현가율)－기근속 퇴직금]×노동능력상실률'이다.[17]

### (7) 소득세 등 세금의 비공제

생명이나 신체에 대한 불법행위로 인하여 가동능력의 전부 또는 일부를 상실함으로써 일실하는 이익액은 그 피해자가 그로 인하여 상실하게 된 가동능력에 대한 총평가액으로서 그 소득에 대하여 소득세 등 제세금액을 공제하지 아니한 금액이라고 보아야 한다.[18]

---

판결.

14) 대법원 2007. 2. 8. 선고 2004다48829 판결.

15) 대법원 2002. 9. 24. 선고 2002다30275 판결.

16) 대법원 2005. 3. 25. 선고 2005다4208 판결.

17) 대법원 2005. 3. 25. 선고 2005다4208 판결.

18) 대법원 1979. 2. 13. 선고 78다1491 전원합의체 판결, 대법원 1989. 1. 17. 선고 88다카122 판결.

### 다. 생계비의 공제

피해자가 불법행위로 사망한 경우에는 가동기간 동안 일실이익에서 생계비를 공제하여야 한다. 피해자가 상해를 입은 경우에는 생계비공제는 문제되지 않으나, 부상당한 피해자의 여명이 가동기간 내로 단축된 경우에는 그 단축된 여명 이후부터 가동연한까지의 기간은 생계비를 공제하여야 한다.[19] 생계비는 사람이 사회생활을 영위하는 데 필요한 비용을 가리키는 것으로 이는 수입의 다과에 따라 각기 소요액이 다른 것으로 보아야 하며, 구체적인 생계비 소요액은 결국 사실인정의 문제로서 증거에 의하여 인정되어야 하는 것이지, 수입의 다과에 불문하고 그 수입의 1/3 정도가 생계비로 소요된다고 하는 경험칙은 없다.[20] 그러나 실무에서는 대체로 수입의 1/3 정도로 생계비가 소요된다는 것을 다툼 없는 사실로 정리하여 처리하는 것이 일반적이다.[21]

### 라. 노동능력상실

#### (1) 노동능력상실률

노동능력상실률을 적용하는 방법에 의하여 일실이익을 산정할 경우 그 노동능력상실률은 단순한 의학적 신체기능장애율이 아니라 피해자의 연령, 교육 정도, 종전 직업의 성질과 직업경력, 기능 숙련 정도, 신체기능장애 정도 및 유사직종이나 다른 직종으로의 전업 가능성과 그 확률 기타 사회적 · 경제적 조건을 모두 참작하여 경험칙에 따라 정한 수익상실률로서 합리적이고 객관성이 있어야 하고, 노동능력상실률을 정하기 위한 보조자료의 하나인 의학적 신체기능장애율에 관한 감정인의 감정결과는 사실인정에 관하여 특별한 지식과 경험을 요하는 경우에 법관이 그 특별한 지식 · 경험을 이용하는 데 불과하며, 궁극적으로는 앞서 열거한 피해자의 조건과 경험칙에 비추어 규범적으로 결정할 수밖에 없다.[22]

---

19) 대법원 1984. 3. 27. 선고 83다카853 판결.
20) 대법원 1994. 4. 12. 선고 93다30648 판결.
21) 대법원 2009. 12. 24. 선고 2008다3527 판결; 손해배상소송실무(교통 · 산재)(제2판), 사법발전재단(2017), 167면.

(2) 수입의 감소 여부

타인의 불법행위로 인하여 상해를 입은 피해자에게 신체장애가 생긴 경우에 그 피해자는 그 신체장애 정도에 상응하는 가동능력을 상실했다고 봄이 경험칙에 합치되고, 피해자가 종전과 같은 직종에 종사하면서 종전과 다름없는 수입을 얻고 있다고 하더라도 당해 직장이 피해자의 잔존 가동능력의 정상적 한계에 알맞은 것이었다는 사정까지 나타나지 않는 한, 피해자의 신체훼손에도 불구하고 바로 피해자가 재산상 아무런 손해를 입지 않았다고 단정할 수는 없다.[23]

(3) 노동능력상실 정도의 평가 기준

실무에서는 맥브라이드(McBride)표를 원칙으로 하면서, 여기에 나오지 않는 항목에 대하여 국가배상법 시행령 별표상 기준을 예외로 적용하여 노동능력상실률을 결정하고 있다.[24] 대한의학회는 2016. 10.경 장애평가기준(KAMS) 개정판을 공표하였는데, 위 기준이 실무에서 타당성과 합리성을 검증받고, 법원이 규범적 효력을 부여할지에 관하여 향후 추이가 주목된다.

(4) 기왕증이 있는 경우

피해자가 기왕의 장해로 인하여 이미 노동능력의 일부를 잃고 있는 경우 당해 사고로 인한 노동능력 상실의 정도를 산정하기 위해서는, 기왕에 있던 장해와 당해 사건 사고로 인한 장해를 합하여 현재의 노동능력 상실의 정도를 알아내고 여기에서 기왕의 장해로 인한 노동능력 상실의 정도를 감하는 방법에 의한다.[25]

(5) 복합장해율

중복장애로 인한 총노동능력상실률을 산정할 때는 각 개별장해율을 적

22) 대법원 2013. 9. 13. 선고 2013다37722 판결.
23) 대법원 2002. 9. 4. 선고 2001다80778 판결.
24) 손해배상소송실무(교통 · 산재)(제2판), 사법발전재단(2017), 187면.
25) 대법원 2009. 2. 12. 선고 2008다73830 판결.

용한 뒤 장해율이 많은 쪽의 수치를 기준으로 하고 이를 공제한 잔존능력률에 나머지 장해율을 곱하여 산정된 장해율을 합산하는 방식에 의하여 피해자의 총노동능력상실률을 결정한다.[26] 즉 장해율이 30%, 20%라면, 총상실률은 44%[=30%+(100%−30%)×20%]가 된다.

### 마. 가동기간

#### (1) 기대여명

기대여명이란 현재의 나이에서 그 사람이 앞으로 몇 년 더 살겠느냐 하는 예측연수를 말한다. 가동기간을 정하기 위해서는 전제로 기대여명을 확정하여야 하고, 장래 필요한 개호비·치료비·보조구 등의 비용을 산정하는데도 기대여명의 확정은 필요하다. 한국인의 평균여명은 통계청이 정기적으로 조사·작성하여 발표하는 '한국인 간이생명표' 등에 의하여 인정한다. 평균여명은 손해발생시에 가장 가까운 때에 작성된 간이생명표에 의하여 확정하여야 한다.[27]

상해의 후유증이 평균여명에 어떠한 영향을 미쳐 얼마나 단축될 것인가는 후유증의 구체적 내용에 따라 의학적 입장에서 개별적으로 판단하여야 하는바, 신체감정촉탁에 의한 여명감정 결과는 의학적 판단에 속하는 것으로서 특별한 사정이 없는 한 그에 관한 감정인의 판단은 존중되어야 한다.[28]

#### (2) 가동개시연령

가동개시연령은 원칙적으로 성년이 되는 19세부터이다(민법 제4조). 그러나 미성년자라도 사고 당시 현실적으로 수입을 얻고 있었고, 그러한 수입을 계속 얻으리라는 사정이 인정되는 경우에는 사고 당시부터 수입상실을 인정한다.[29] 남자의 경우에는 사고 전에 이미 병역면제 처분을 받았다거나 사고 후 변론종결 전에 사고와 인과관계 없는 사유로 병역면제 처분

26) 대법원 1995. 1. 20. 선고 94다38731 판결.
27) 대법원 1984. 11. 27. 선고 84다카1349 판결.
28) 대법원 2002. 11. 26. 선고 2001다72678 판결.
29) 대법원 1970. 8. 18. 선고 70다999 판결.

을 받았다는 특별한 사정이 없는 한 병역복무기간은 가동기간에서 제외되어야 한다.[30)]

(3) 가동종료연령

정년이 정하여져 있는 경우에는 그 정년을 가동연한으로 인정한다. 일실이익의 기초가 되는 가동연한은 사실심이 우리나라 국민의 평균여명, 경제 수준, 고용 조건 등의 사회적 · 경제적 여건 외에, 연령별 근로자 인구 수, 취업률 또는 근로참가율 및 직종별 근로조건과 정년 제한 등 제반 사정을 조사하여 이로부터 경험법칙상 추정되는 가동연한을 도출하든가, 또는 당해 피해자의 연령 · 직업 · 경력 · 건강상태 등 구체적인 사정을 고려하여 그 가동연한을 인정할 수 있다.[31)]

대법원은 2019. 2. 21. 일반육체노동을 하는 사람 또는 육체노동을 주로 생계활동으로 하는 사람의 경험칙상 가동연한에 관하여, 대법원 1989. 12. 26. 선고 88다카16867 전원합의체 판결 이후 만 60세로 보아 왔으나, 경험적 사실들의 변화에 따라 이제는 특별한 사정이 없는 한 만 60세를 넘어 만 65세까지도 가동할 수 있다고 보는 것이 경험칙에 합당하다고 판시하였다.[32)]

한편 사고 당시 그 연령이 당해 직종에 관하여 일반적으로 인정되는 가동연한을 넘은 피해자에 대하여는 법원이 피해자 본인의 연령·경력·건강상태·가동여건 등 주관적 특수사정과 관련 분야의 인식, 그 연령에 대한 보험회사의 가동기간 인정기준 등 주변사정을 참작하여 그의 가동연한을 인정할 수 있다.[33)]

---

30) 대법원 2000. 4. 11. 선고 98다33161 판결.

31) 대법원 2001. 3. 9. 선고 2000다59920 판결.

32) 대법원 2019. 2. 21. 선고 2018다248909 전원합의체 판결.

33) 대법원 2014. 11. 13. 선고 2014다219415 판결; 이 사건 사고 당시 원고가 62세 4개월로서 그 평균여명이 약 13.59년 정도의 고령이었고 이 사건 사고 당시에 비닐하우스 재배를 하고 있었던 점, 원고가 거주하고 있는 지역 사람들의 상당수가 60세 이상 농업에 종사하고 있으며 1993년도 농업기본통계자료에 의하면 15세 이상의 전북지역 전체 농업종사인구 436,951명 중 60세 이상의 농업종사인구가 약 122,762명 정도로써 전체의 약 28.1% 정도에 이르고 있었던 점 등을 고려하면 원고가 적어도 65세가 될 때까지 농업에 종사할 수 있다고 봄이 상당하다(대법원 1997. 4. 22. 선고 97다3637 판결).

## 바. 현가액의 산정(중간이자의 공제)

### (1) 일시금배상과 정기금배상

민법 제751조 제2항은 법원은 위자료를 정기금채무로 지급할 것을 명할 수 있다고 규정하고 있다. 재산상 손해에 대해서도 당사자는 정기금으로 지급할 것을 청구할 수도 있고, 중간이자를 공제하고 현가를 산정하여 일시금으로 지급할 것을 청구할 수도 있으며, 이러한 경우 법원으로서도 그 판단에 따라 정기금 또는 일시금으로 지급을 명할 수 있다.[34] 여명 예측이 불확실한 경우에는 피해자가 확실히 생존하고 있으리라고 인정되는 기간 동안의 일실이익은 중간이자를 공제한 일시금으로, 그 기간 이후 가동연한까지의 일실이익은 생계비를 공제한 금액에서 중간이자를 공제한 일시금으로, 그 기간 이후 가동연한까지의 일실이익 중 생계비 상당의 손해는 피해자의 생존을 조건으로 매월 정기금으로 배상할 것을 명하여야 한다.[35]

### (2) 일시금배상과 중간이자의 공제

법원이 장래에 발생할 손해에 대하여 일시금으로 배상을 명할 때에는 중간이자를 공제하여야 한다. 중간이자를 공제하는 방법에는 이자를 단리(單利)로 계산하는 호프만(Hoffman) 방식과 이자를 복리(複利)로 계산하는 라이프니쯔(Leibnitz) 방식이 있다. 대법원은 두 가지 방식을 모두 허용하고 있는데,[36] 실무는 대부분 호프만 방식에 의한다. 호프만식 계산법에 의하여 중간이자를 공제하는 경우에 중간이자 공제기간이 414개월을 초과하여 월단위 수치표상 단리연금현가율이 240을 넘게 되는 경우, 이를 그대로 적용하여 현가를 산정하게 되면 현가로 받게 되는 금액의 이자가 매월 입게 되는 손해액보다 많게 되어 피해자가 과잉배상을 받게 되는 결과가 되므로, 이를 막기 위해서는 그 수치표상 단리연금현가율이 얼마인지를

---

34) 대법원 1992. 10. 27. 선고 91다39368 판결.
35) 대법원 2000. 7. 28. 선고 2000다11317 판결.
36) 대법원 1983. 6. 28. 선고 83다191 판결.

불문하고 모두 240을 적용하여야 한다.[37)]

### (3) 지연손해금의 기산점

불법행위로 인한 손해배상채권은 불법행위시에 발생하고 그 이행기가 도래하므로, 장래 발생할 소극적 · 적극적 손해의 경우에도 불법행위시가 현가산정의 기준시기가 되고, 이때부터 장래의 손해발생시점까지의 중간이자를 공제한 금액에 대하여 다시 불법행위시부터 지연손해금을 부가하여 지급을 명하는 것이 원칙이다. 다만 불법행위시 이후로 사실심의 변론종결일 이전의 어느 시점을 기준으로 하여 그 이후 발생할 일실이익손해를 그 시점으로부터 장래의 각 손해발생시점까지의 중간이자를 공제하는 방법으로 현가를 산정하되 지연손해금은 그 기준시점 이후로부터 구하는 것도 그것이 위와 같은 본래의 방법을 벗어나거나 이에 모순·저촉되는 것이 아닌 한 허용된다. 그러나 불법행위시 이후 사실심 변론종결일 이전의 어느 시점을 기준으로 하여 현가를 산정하면서도 지연손해금은 그 기준시점 이전부터 명하는 것은 위와 같은 방법에 비하여 중간이자를 덜 공제하였거나 지연손해금을 더 많이 인용한 결과가 되어(일종의 과잉배상이 된다) 허용될 수 없다.[38)]

### (4) 판결 확정 후 기대여명보다 일찍 사망하거나 더 생존하는 경우

불법행위로 인한 인신손해에 대한 손해배상청구소송에서 판결이 확정된 후 피해자가 그 판결에서 손해배상액 산정의 기초로 인정된 기대여명보다 일찍 사망한 경우, 그 판결이 재심의 소 등으로 취소되지 않는 한 그 판결에 기하여 지급받은 손해배상금 중 일부를 법률상 원인 없는 이득이라 하여 반환을 구하는 것은 그 판결의 기판력에 저촉되어 허용될 수 없다.[39)]

---

37) 대법원 1994. 11. 25. 선고 94다30065 판결.
38) 대법원 1994. 11. 25. 선고 94다30065 판결.
39) 대법원 2009. 11. 12. 선고 2009다56665 판결.

### 3. 대상사안의 검토

#### 가. 비행수당

공군의 경우 임관시 주특기가 비행조종으로 분류되는 자에게는 전역 및 타 특기로 전환 시까지 비행수당이 정기적으로 지급되고 있으며, L도 이 사고로 사망할 당시 공군 3131부대의 팬텀기 후방석 전투기 조종사로 일선에서 상시대기조종사로 근무하면서 비행수당으로 매월 407,000원을 지급받아 왔으므로 이 사건 사고가 없었더라면 이후에도 계속 팬텀기 후방석 전투기 조종사로 근무하리라고 보여지고, 따라서 L에 대한 위 비행수당의 지급원인이 계속하여 발생할 상당한 개연성이 있으므로, 비행수당을 일실이익에 포함시켜야 한다.

#### 나. 호봉의 승급

특별한 사정이 없는 한 장차 호봉 및 수당체계변동 등으로 증가될 임금수익에 대한 일실손해는 통상손해이다. 원심이 L과 같은 직급에 대하여 인상 조정된 봉급 및 각종 수당을 기준으로 하여 일실이익을 산정한 것은 정당하고, 이는 공무원보수규정에 최고호봉을 받고 근무성적이 양호한 자에 대하여 승급기간을 초과할 때마다 근속가봉을 지급할 수 있도록 되어 있는 경우에도 마찬가지이다.

#### 다. 향후의 예상소득

(1) 불법행위로 인한 일실이익을 산정할 때 실제 향후의 예상소득에 관한 증명은 과거사실에 대한 증명에서의 증명도보다 이를 경감하여 피해자가 현실적으로 얻을 수 있을 구체적이고 확실한 소득의 증명이 아니라 합리성과 객관성을 잃지 않는 범위 내에서의 상당한 개연성이 있는 소득의 증명으로서 족하다.[40)]

(2) 1991년도 직종별임금실태조사보고서상의 직종분류의 기준이 된 경

40) 대법원 1993. 3. 12. 선고 92다36175 판결.

제기획원 발행의 개정 한국표준직업분류(1974년 제3차 개정판)에 의하면 분류번호 04번의 '항공기 및 선박고급승무원'의 직무내용에 L의 업무내용과는 판이한 선박 및 호버크래프트의 지휘 및 항해, 선상에서 기관실 활동의 지휘 및 감독, 해상활동 및 필수품 또는 기계 검사, 정박 중인 화물선의 복구 및 보수작업을 지휘하는 것이 포함되어 있다. 사정이 이와 같다면 위 1991년도 직종별임금실태조사보고서상 분류번호 04번의 '항공기 및 선박고급승무원'의 임금에 의하지 아니하고 1990년도 직종별임금실태조사보고서상 분류번호 041번의 '항공기조종사, 항공사 및 비행기관사'의 임금을 기초로 하여 L의 일실이익을 산정한 것은 정당하다.[41]

41) B가 장차 한국항공대학교를 졸업하고 군복무를 마친 후 대학졸업자의 경력과 연령에 따른 월평균수입을 얻을 것이 상당한 정도로 확실시된다고 볼 수 없으므로, 피해자의 일실수입을 직종별임금실태조사보고서의 대학졸업자의 경력과 연령에 따른 월평균수입에 의하지 아니하고 농촌 일반노동임금에 의하여 산정한 것은 정당하다. 대법원 1992. 2. 11. 선고 91다12073 판결.

# [25] 항공기사고로 인한 위자료 산정의 특수성

대법원 2009. 12. 24. 선고 2008다3527 판결[1)]

## Ⅰ. 사실관계

(1) 피고는 대한민국에 영업소를 두고 있는 중국 법인으로서 보잉 767-200 기종 129편 항공기의 항공운송인이고, A와 그의 두 아들 B, C 등은 피고와 출발지를 중화인민공화국의 베이징, 도착지를 대한민국 부산으로 하는 항공운송계약을 체결하고 이 사건 항공기에 탑승한 자들이다.

(2) 이 사건 항공기는 2002. 4. 15. 08:40 중국 베이징을 출발하여 같은 날 11:23경 대한민국 김해공항에 착륙을 시도하였는데, 항공기의 꼬리부분에서 부는 바람(背風)의 강도가 커서 선회비행을 할 경우에는 선회비행의 원칙상 활주로가 육안으로 보이지 아니하면 즉시 선회비행을 중단하고 고도를 높여야 함에도 불구하고, 만연히 선회비행을 계속하다가 활주로 18R 시단으로부터 북쪽 4.6km지점인 김해공항 부근 돗대산 중턱(표고 204m)에 부딪혀 추락하였다.

(3) A의 어머니는 피고를 상대로 손해배상을 구하는 소를 제기하였다. 항소심[2)]은 A에 대한 위자료를 3억 원, B, C에 대한 위자료를 각 2억 원, 원고에 대한 위자료를 1억 원으로 정해야 한다는 원고의 주장에 대하여, A, B, C와 원고의 나이, 이 사건 사고의 경위 및 결과, 그 밖에 변론에 나타난 여러 사정을 참작하면 A, B, C의 위자료는 각 8,000만 원, 원고의 위자료는 2,000만 원으로 정함이 상당하다고 판시하였다.

1) 파기환송 후 사건인 서울고등법원 2010나6828 사건은 2010. 3. 29. 소 취하로 종료되었다.

2) 서울고등법원 2007. 12. 4. 선고 2006나112603 판결.

# Ⅱ. 참조 조문

## 1. 국제사법

**제25조(당사자 자치)** ① 계약은 당사자가 명시적 또는 묵시적으로 선택한 법에 의한다. 다만, 묵시적인 선택은 계약내용 그 밖에 모든 사정으로부터 합리적으로 인정할 수 있는 경우에 한한다.
② 당사자는 계약의 일부에 관하여도 준거법을 선택할 수 있다.
③ 당사자는 합의에 의하여 이 조 또는 제26조의 규정에 의한 준거법을 변경할 수 있다. 다만, 계약체결 후 이루어진 준거법의 변경은 계약의 방식의 유효성과 제3자의 권리에 영향을 미치지 아니한다.
④ 모든 요소가 오로지 한 국가와 관련이 있음에도 불구하고 당사자가 그 외의 다른 국가의 법을 선택한 경우에 관련된 국가의 강행규정은 그 적용이 배제되지 아니한다.
⑤ 준거법 선택에 관한 당사자의 합의의 성립 및 유효성에 관하여는 제29조의 규정을 준용한다.

**제32조(불법행위)** ① 불법행위는 그 행위가 행하여진 곳의 법에 의한다.
② 불법행위가 행하여진 당시 동일한 국가 안에 가해자와 피해자의 상거소가 있는 경우에는 제1항의 규정에 불구하고 그 국가의 법에 의한다.
③ 가해자와 피해자 간에 존재하는 법률관계가 불법행위에 의하여 침해되는 경우에는 제1항 및 제2항의 규정에 불구하고 그 법률관계의 준거법에 의한다.
④ 제1항 내지 제3항의 규정에 의하여 외국법이 적용되는 경우에 불법행위로 인한 손해배상청구권은 그 성질이 명백히 피해자의 적절한 배상을 위한 것이 아니거나 또는 그 범위가 본질적으로 피해자의 적절한 배상을 위하여 필요한 정도를 넘는 때에는 이를 인정하지 아니한다.

## 2. 민 법

**제751조(재산 이외의 손해의 배상)** ① 타인의 신체, 자유 또는 명예를

> 해하거나 기타 정신상 고통을 가한 자는 재산 이외의 손해에 대하여도 배상할 책임이 있다.
> ② 법원은 전항의 손해배상을 정기금채무로 지급할 것을 명할 수 있고 그 이행을 확보하기 위하여 상당한 담보의 제공을 명할 수 있다.
> **第752條(생명침해로 인한 위자료)** 타인의 생명을 해한 자는 피해자의 직계존속, 직계비속 및 배우자에 대하여는 재산상의 손해없는 경우에도 손해배상의 책임이 있다.
> **第762條(손해배상청구권에 있어서의 태아의 지위)** 태아는 손해배상의 청구권에 관하여는 이미 출생한 것으로 본다.

## Ⅲ. 판시사항

항공기사고의 위자료를 산정할 때 일반적인 위자료 참작 요소 외에 피해자의 극심한 공포와 고통, 결과의 처참성, 사고수습 및 손해배상의 지연, 가해자측의 과실 정도와 사고 후의 태도, 항공보험을 통한 위험의 분담, 사고발생에 대한 제재와 예방의 필요 등 항공기사고의 특수한 사정도 함께 참작하여 그 직권에 속하는 재량으로 위자료 액수를 정하여야 한다.

## Ⅳ. 해 설

### 1. 위자료 청구의 준거법

#### 가. 문제의 제기

이 사건은 국제운송계약을 체결한 여객이 사망하였고, 그 상속인이 대한민국 법원에 위자료를 청구한 사건이다. 이 사건 국제운송계약의 준거법은 개정 바르샤바 협약이고, 여객들이 운송인에 대하여 가지는 불법행위에 기한 손해배상 사건도 준거법은 개정 바르샤바 협약이 된다. 그런데 여객이 사망하였을 때 상속인이 불법행위에 기한 손해배상으로 고유의 위자료를 청구하는 경우 준거법이 문제된다.[3)]

---

3) 이에 관한 자세한 논의는 석광현, “국제항공운송사고로 인한 손해배상과 국제사법적 사

## 나. 제1심의 판단[4)]

(1) 이 사건은 한국 영토 내에서 발생한 사고에 관하여 항공여객운송계약상의 채무불이행 또는 불법행위로 인한 손해배상을 청구하는 사건이므로, 국제사법 제32조에 의하여 한국법이 적용된다.[5)] 또 한국은 헤이그 의정서에 가입했으므로 바르샤바 협약은 헤이그 의정서에 의하여 개정된 내용대로 국내법과 동일한 효력을 가지고, 국제항공운송에 관한 법률관계에 대하여는 일반법인 민법에 대한 특별법으로 우선 적용되는데, 중국도 바르샤바 협약에 미가입한 채 헤이그 의정서의 체약국이 되었고, 이 사건 항공운송계약은 헤이그 의정서가 적용되는 국제항공운송이므로 이 사건에는 개정 협약이 적용된다.

(2) 피고는 자신 및 그 고용인 또는 대리인들이 사고 발생을 방지하기에 필요한 모든 조치를 취했다거나 조치를 취할 수 없었다는 점에 관하여 주장·증명이 없으므로, 채무불이행으로 인하여 망인들과 원고가 입은 손해를 배상할 책임이 있다. 피고는 개정 협약(제22조 제1항)에 따른 책임제한(여객당 250,000 프랑스 골드 프랑)을 주장하나, 사고 경위에 비추어 기장 등의 행위는 '무모하게 그리고 손해가 아마 발생할 것이라는 인식으로 행하여진 것'이므로 책임제한규정을 원용할 권리가 없다(제25조).

## 다. 항소심[6)] 및 대법원의 판단

항소심도 한국법을 준거법으로 보았으나 개정 협약은 언급하지 않았다. 대법원도 준거법을 논의하지 않았지만, 항공기사고로 인한 불법행위의 경우 통상의 교통사고와 달리 위자료 산정에 있어 참작할 특수한 사정이 있음을 강조하고, 사실심 법원은 그 사정도 함께 참작하여 직권에 속하는 재량으로 위자료 액수를 정해야 하는데, 원심은 재량의 한계를 일탈했다

---

고의 빈곤", 법률신문 3816호(2010. 2. 8.) 참조.

4) 서울중앙지방법원 2006. 10. 27. 선고 2003가합13708 판결.

5) 제1심은 국제사법 제32조만을 언급한 것으로 보아, 청구원인을 불법행위에 기한 손해배상으로 인정한 것으로 보인다.

6) 서울고등법원 2007. 12. 4. 선고 2006나112603 판결.

는 이유로 원심판결 중 위자료에 관한 원고 패소부분을 파기했다. 이는 원고의 청구를 불법행위로 성질 결정하고 한국법을 준거법으로 본 것이다.

### 라. 청구원인 구별의 실익

국제사법상 청구원인은 준거법 결정시 중요한 의미를 가진다. 불법행위의 준거법은 국제사법 제32조에 의해, 계약의 준거법은 제25조에 의해 결정된다. 양자의 준거법이 다르면 청구권 경합 여부의 판단이 어렵다. 다만 어느 책임을 묻든 이는 개정 협약이 정한 조건 및 제한하에서만 허용되므로(개정 바르샤바 협약 제24조 제1항, 국제협약의 배타적 효력),[7] 준거법 결정의 실익은 제한적이다. 하지만 개정 협약이 손해배상책임의 모든 측면을 규율하는 것은 아니고, 여객의 사망 등으로 인한 손해배상 청구권자와 그 권리의 내용을 규율하지 않으므로, 준거법 결정은 실익이 있는데 이는 계약책임인가 불법행위책임인가에 따라 다르다.

### 마. 개정 협약의 적용 근거

(1) 협약의 적용범위를 정한 규정은 협약의 적용범위를 정함과 동시에 법정지 국제사법에 대한 특칙이므로, 그 한도 내에서는 협약이 국제사법에 우선한다. 국제항공운송계약이 개정 협약이 규율하는 국제항공운송계약에 해당되면, 국제사법의 연결원칙에 우선하여 개정 협약이 적용된다.

(2) 이 사건 국제항공운송계약에 개정 협약이 적용되는 것은 개정 협약의 적용요건(출발지국 중국과 도착지국 한국이 모두 개정 협약의 비준국임)이 구비되었기 때문이지, 불법행위(또는 계약)의 준거법이 한국법이기 때문이 아니다. 그런데 제1심은 준거법이 한국법이라고 본 뒤 이어서 개정 협약이 적용된다고 판단했는데, 이는 명백한 오류이다.

## 2. 손해배상 청구권자와 손해의 종류·범위의 준거법

국제사법(제32조)상 불법행위의 준거법은 불법행위의 요건과 효과를 규

---

7) 대법원 1986. 7. 22. 선고 82다카1372 판결.

율한다. 이에는 불법행위능력, 위법성, 인과관계, 귀책사유, 손해배상 청구권자, 청구권의 양도가능성과 상속가능성, 손해배상의 방법, 종류, 범위, 금액과 금지청구권 등이 포함된다.

### 가. 개정 협약의 규정

바르샤바 협약은 국제항공사고로 인한 손해배상의 모든 내용을 규율하지는 않는다. 협약 제21조, 제22조 제1항, 제25조과 제28조 제2항은 법정지법에 의하여야 할 사항을 명시하고 있다. 바르샤바 협약은 여객의 사망 또는 신체상해로 인한 손해에서 손해배상 청구권자와 손해배상의 종류, 범위 등을 규율하지 않는다. 이러한 문제는 몬트리올 협약하에서도 동일하게 제기된다.

### 나. 손해배상 청구권자, 손해배상의 종류·범위의 준거법

개정 협약상 여객의 사망 또는 신체상해를 이유로 불법행위에 기한 청구를 하는 경우, 손해배상의 청구권자, 손해배상의 종류·범위의 준거법이 문제된다.

#### (1) 법정지 국제사법설

법정지 국제사법을 적용하여, 협약이 없었더라면 적용되었을 준거법에 의한다는 견해이다. 법정지가 한국이면 불법행위의 연결원칙을 정한 국제사법(제32조)에 의한다.

(가) 1981. 9. 1. 대한항공 007편이 소련 공군이 발사한 미사일에 격추되어 동해상에 추락하였고, 이로 인하여 여객과 승무원 전원이 사망하였다. 사망한 여객의 어머니 Marjorie Zicherman와 여동생 Muriel Mahalek이 운송인을 상대로 위자료를 청구한 사건에서, 미국 연방대법원은 Zicherman v. Korean Airlines, 516 U.S. 217, 229 (1996) 판결에서 이 견해를 취하였다.[8] 위 사건에서 원고와 피고는 준거법을 미국법으로 하는

---

8) Dave Miller, "International Aviation Law Anarchy: Zicherman v. Korean Airlines Dismantles the Warsaw System", 20 Loy. L.A. Int'l & Comp. L. Rev. 165 (1997).

데 동의하였고, 대법원은 준거법을 '공해상 사망에 관한 법률(Death on the High Seas Act, 'DOHSA')'이라고 하였으나, DOSHA에서는 재산상 손해를 제외한 위자료 청구(nonpecuniary damages)는 허용되지 않았기 때문에,[9] 결과적으로는 원고들의 청구를 기각하였다.

(나) Bickel v. Korean Airlines, 83 F.3d 127 (6th Cir. 1996) 사건에서는, 바르샤바 협약에서 규정하지 아니한 사항에 대하여 적용할 준거법의 결정 법리에 관하여 설시한 후,[10] 미국법이 준거법이라고 판시하였다.

(2) 법정지 실질법설

이는 바르샤바 협약 제24조 제2항이 손해배상 청구권자와 그 권리의 내용을 묵시적으로 법정지법에 회부하였다고 본다.[11] 이는 법적용이 쉽고, 동일한 법정지에 제소된 사건에 동일한 실질법을 적용하는 장점이 있다.

(3) 제1심의 입장

제1심 판결은 한국법을 준거법으로 판단하였으므로, 결론적으로는 법정지 실질법설과 같다. 하지만 국제사법 제32조를 적용하여 불법행위지법으로서 한국법을 적용했으므로, 법정지 국제사법설을 취한 것으로도 볼 수 있다.

## 3. 위자료

### 가. 의 의

(1) 위자료(慰藉料)는 정신상 고통을 금전으로 위자하기 위하여 지급되는 금전을 말한다. 민법 제751조 제1항에서는 "타인의 신체, 자유 또는

---

9) Mobil Oil Corp. v. Higginbotham, 436 U.S. 618, 625~26 (1978); Dooley v. Korean Airlines Co., 524 U.S. 116, 118 (1998).

10) Because Article 24(2) of the Warsaw Convention requires courts to measure damages according to the internal law of a party to the Convention, we must provide a choice of law analysis to decide which nation's law to apply. (…) To answer the choice of law question presented by these cases, we apply a federal choice of law rule.

11) 몬트리올 협약이 적용되는 연착으로 인한 손해배상 사건에서 손해의 종류와 범위에 관하여 법정지인 대한민국법이 적용된다고 판시한 사례로는 서울중앙지방법원 2019. 10. 11. 선고 2018가단5222511 판결.

명예를 해하거나 기타 정신상 고통을 가한 자는 재산 이외의 손해에 대하여도 배상할 책임이 있다"고 규정하여 '정신상 고통', '재산 이외의 손해'라는 표현을 사용하고 있다.

(2) 피해자가 즉사한 경우라 하여도 피해자가 치명상을 받은 때와 사망과의 사이에는 이론상 시간적 간격이 인정될 수 있는 것이므로 피해자의 위자료 청구권은 당연히 상속의 대상이 되고,[12] 양도성도 인정된다.[13] 불법행위로 사람의 생명을 침해한 경우에 그 생명을 침해당한 피해자 본인의 정신적 고통에 대한 위자료청구와 그 피해자의 직계비속 등의 정신적 고통에 대한 위자료청구는 각각 별개의 소송물이다.[14] 사실상 혼인관계에 있는 배우자도 다른 배우자가 제3자의 불법행위로 인하여 상해를 입은 경우에는 자기가 받은 정신적 고통에 대한 위자료를 청구할 권리가 있다.[15] 태아도 손해배상청구권에 관하여는 이미 출생한 것으로 보는바, 부(父)가 교통사고로 상해를 입을 당시 태아가 출생하지 아니하였다고 하더라도 그 뒤에 출생한 이상 부친의 부상으로 인하여 입게 될 정신적 고통에 대한 위자료를 청구할 수 있다.[16]

### 나. 위자료의 기능[17]

#### (1) 전보기능

정신적 고통 등 비재산적 손해는 그 자체로 회복되기 어려운 성질의 것이어서 규범적 의미에서의 전보기능이 문제된다. 즉 비재산적 손해를 규범적으로 평가하여 결정된 금액을 배상하는 것이다.

#### (2) 예방기능

예방기능이라 함은 사전에 손해발생을 초래하는 불법행위를 예방하는 기능을 말한다. 종래의 해석론으로는 예방기능의 독자성이 인정되지 않았

---

12) 대법원 1969. 4. 15. 선고 69다268 판결.
13) 대법원 1976. 4. 13. 선고 75다396 판결.
14) 대법원 2008. 3. 27. 선고 2008다1576 판결.
15) 대법원 1969. 7. 22. 선고 69다684 판결.
16) 대법원 1993. 4. 27. 선고 93다4663 판결.
17) 이창현, "위자료의 현실화 방안", 저스티스 제158-1호(2017. 2.), 62~63면.

다. 즉 손해배상법은 이미 발생한 불법행위로 인하여 발생한 손해의 전보를 목적으로 하는 것이지, 장차 발생할 불법행위를 예방하는 것을 목적으로 삼지 않는다. 다만 예방기능은 전보기능에 부수하여 일정한 역할을 수행할 수 있다. 특히 침해법익의 우열과 가해자의 귀책사유의 정도에 따라 정신적 고통이 가감되고 이에 따라 위자료가 증감될 수 있다는 점에서 위자료의 경우에는 예방적 기능이 보다 강조된다.

(3) 제재기능

종래의 학설은 대체로 제재기능을 전면적으로 인정하여 징벌적 손해배상을 허용하는 정도에 이르지는 않았다. 대상판결에 의하면, 항공사측의 중대하고 전적인 과실로 대형 참사를 초래한 항공기사고에 대하여는 고액의 위자료를 부과함으로써 가해자를 제재하고 유사한 사고발생을 억제·예방할 필요가 있다고 한다.

### 다. 산정방법

(1) 불법행위로 입은 정신적 고통에 대한 위자료 액수에 관하여는 사실심 법원이 제반 사정을 참작하여 그 직권에 속하는 재량에 의하여 이를 확정할 수 있다.[18] 현재 실무례는 (i) 원고들 전체(家團)에 대한 금액을 기준으로 하여, 예를 들면 1억 원(사망 또는 노동능력 100% 상실시)에서 과실비율 상당금액을 공제한 금액에다 여러 가지 증감요소를 고려하여 적절히 증감한 뒤 신분관계에 따라 배분하거나, (ii) 청구인별로 기준금액을 정하여, 예를 들면 피해자 본인에 대하여 3,000만 원(사망 또는 노동능력 100% 상실시)을 기준으로 하여 과실상계 등 제반 증감요소를 고려한 뒤 신분관계에 따라 다른 원고들의 위자료를 일정한 비율로 정하는 방법이 있다. 노동능력의 일부 상실시에는 사망시 기준금액에서 노동능력상실률을 곱한 금액에다 위와 같은 원칙을 적용한다.

(2) 대법원이 2016. 10. 24. 발표한 '불법행위 유형별 적정한 위자료 산정방안'에 의하면, 교통사고(1억 원), 대형 재난사고(2억 원), 영리적 불

18) 대법원 2006. 5. 11. 선고 2003다8503 판결.

법행위(3억 원), 명예훼손(일반피해 5천만 원, 중대피해 1억 원)으로 나누어 기준금액을 달리 설정하고, 특별 가중사유가 존재하는 경우 기준금액을 2배 가중하도록 하였다. 따라서 위 방안에 의하면, 항공기 추락과 같은 대형 재난사고는 2억 원을 기본으로 하되, 특별 가중사유가 존재하는 경우에는 그 2배인 4억 원까지 인정할 수 있다.

(3) 불법행위의 피해자인 외국인이 일시체류자 또는 불법체류자로서 사고가 아니었더라면 곧 고국으로 돌아갈 것이 예정되어 있거나, 그러한 피해자의 유족들이 외국인으로서 외국에 거주하고 있는 경우, 그 사고로 인한 불법행위로 외국인인 피해자가 입은 정신적 고통에 대한 위자료를 산정하는 데에는 피해자 자신의 고국에서의 소득수준이나 그 나라의 경제수준을 위자료 산정의 한 기준으로 참작할 수는 있으나, 그 참작의 정도는 반드시 그러한 소득수준 또는 경제수준의 차이에 비례하여야 하는 것은 아니고, 당해 불법행위의 유형을 감안하여 합리성이 인정되는 범위 내에서 고려하면 족하다.[19)]

### 라. 항공기사고에서 위자료 산정의 특수성

#### (1) 의 의

불법행위로 입은 비재산적 손해에 대한 위자료 액수에 관하여는 사실심법원이 여러 사정을 참작하여 그 직권에 속하는 재량에 의하여 이를 확정할 수 있고, 법원이 그 위자료 액수 결정의 근거가 되는 제반 사정을 판결 이유 중에 빠짐없이 명시해야만 하는 것은 아니다.[20)] 그러나 이것이 위자료 액수를 법관이 마음대로 산정해도 된다는 것을 의미하지는 않는다. 위자료 액수의 산정에도 그 시대와 일반적인 법감정에 부합하여야 한다는 한계가 당연히 존재하고, 그 한계를 넘어 손해의 공평한 분담이라는 이념과 형평의 원칙에 현저히 반하는 액수의 위자료를 산정하는 것은 사실심법원이 갖는 재량의 한계를 일탈한 것이라고 보아야 한다.[21)]

---

19) 대법원 2001. 10. 26. 선고 99다68829 판결.
20) 대법원 2002. 11. 26. 선고 2002다43165 판결.
21) 대법원 2017. 5. 31. 선고 2017다202166 판결.

(2) 원심의 판단

이 사건 사고로 가족들 전원이 사망함으로써 망인들이 엄청난 충격을 받게 된 점, 대형참사를 수반한 항공기사고에 대하여는 항공안전을 담보하기 위해 다른 교통사고와는 달리 엄격한 책임을 물을 필요가 있는 점, 피고는 대형항공사로서 영국 로이드사에 보험가입이 되어 있어 이 사건 사고로 인한 경제적 손실이 크지 아니한 점, 다른 항공기사고의 경우 사망자에 대하여 1인당 9억 원 정도의 위자료가 지급된 전례가 있는 점[22) ] 등을 고려하여 A에 대한 위자료를 3억 원, B, C에 대한 위자료를 각 2억 원, 원고에 대한 위자료를 1억 원으로 정해야 한다는 원고의 주장에 대하여, 망인들과 원고의 나이, 이 사건 사고의 경위 및 결과, 그 밖에 변론에 나타난 여러 사정을 참작하면 망인들의 위자료는 각 8,000만 원, 원고의 위자료는 2,000만 원으로 정함이 상당하다고 판단하였다.

(3) 대법원의 판단

(가) 항공기사고에서 위자료 산정에 참작할 사유

항공기사고로 인한 불법행위의 경우에는 통상의 교통사고와 달리 위자료 산정에 있어 참작되어야 할 다음과 같은 특수한 사정이 있다.

(i) 항공기사고는 대개 여객 대부분이 사망하거나 치명적 손상을 입게 되는 대형참사로 이어지므로 그 추락·충돌 과정에서 여객은 극심한 공포와 고통을 느끼게 되고, 사고로 인하여 여객의 사체가 심각하게 훼손되거나 시신이 완전히 수습되지 않는 처참한 결과가 많이 발생한다.

(ii) 사고수습·원인규명·손해파악에 상당한 시간이 소요됨으로써 손해배상이 장기간 지연되는 경향이 있어 이에 따른 피해자측의 고통이 적지 아니하고, 항공사측의 사고수습의 방식이나 태도에 따라 그 고통이 더욱 가중될 수 있다.

---

22) 미국 법원이 1983년 사할린 상공에서 격추된 대한항공 KAL 007기 사건으로 인한 사망자에 대한 위자료로 1인당 9억 원 이상을 지급하도록 하였고, 1997년 발생한 괌 사고에서 위와 비슷한 수준의 위자료가 지급되었다. 서울고등법원 2007. 12. 4. 선고 2006나112603 판결.

(iii) 통상 항공기사고는 피해자측에게 아무런 과실 없이 발생하므로 가해자측의 과실 정도만이 그 위자료 산정에 영향을 주게 된다.

(iv) 항공사는 항공보험에 가입하여 항공기사고로 인한 거액의 손해배상 위험에 대비하고 있는데, 항공보험은 사고발생지, 피해자의 거주지를 구분하지 아니하고 동일한 사고에 대하여는 같은 기준으로 손해배상을 한다는 전제 아래 보험요율과 보험료를 정하고 재보험을 통하여 그 위험을 다시 분산시키고 있으며, 그 보험료는 항공운임에 포함되어 여객들에게 전가되고 있다. 항공보험 및 재보험제도는 동일한 항공기사고의 피해자들에 대하여는 항공사가 항공보험으로 담보하고자 예정한 손해배상의 범위와 액수를 감안하여 유사한 피해배상이 이루어질 수 있는 기능을 하고 있다고 볼 수도 있다.

(v) 항공사측의 중대하고 전적인 과실로 대형참사를 초래한 항공기사고에 대하여는 고액의 위자료를 부과함으로써 가해자를 제재하고 유사한 사고발생을 억제·예방할 필요도 있다.

(나) 사실심의 위자료 액수 산정

따라서 사실심 법원은 항공기사고의 위자료를 산정함에 있어 일반적인 위자료 참작 요소 외에 앞서 본 바와 같은 피해자의 극심한 공포와 고통, 결과의 처참성, 사고수습 및 손해배상의 지연, 가해자측의 과실 정도와 사고 후의 태도, 항공보험을 통한 위험의 분담, 사고발생에 대한 제재와 예방의 필요 등 변론에 나타난 항공기사고의 특수한 사정도 함께 참작하여 그 직권에 속하는 재량으로 위자료 액수를 정하여야 한다.

(다) 대상사안에 관한 판단

이 사건 사고는 항공기 승무원들의 중대하고 전적인 과실로 발생하였고 그 여객들에게는 아무런 과실이 없었던 점, 이 사건 사고 과정에서 발생한 항공기의 충돌·폭발·화재로 여객 대다수가 사망하고 사체가 대부분 심하게 손상되는 등 사고의 결과가 참혹하였고, 이에 따른 여객들의 공포와 고통 또한 극심하였을 것으로 보이는 점, 이 사건 사고로 인하여 A, B, C뿐 아니라 함께 탑승하였던 그 가족들 3명도 일시에 사망한 점, 피고는 항공보험을 통하여 항공기사고에 따른 손해배상의 위험을 충분히 담보해 둔 것으로 보이는 점, 그런데도 A, B, C와 원고의 손해는 장기간 전혀 전보되고 있지 아니한 점 등을 알 수 있는바, 이와 같은 항공기사고로서의 특수한 사정들과 앞서 본 법리에 비추어 보면, 원심은 위자료 산정에서 이 사건 변론에 나타난 항공기사고의 특수한 사정을 제대로 참작하지 아니함으로써 손해의 공평한 분담이라는 이념과 형평의 원칙에 현저히 반하여 그 재량의 한계를 일탈하였다.

# [26] 징벌적 손해배상의 허용 여부

Sobol v. Continental Airlines, 2006. U.S. Dist. LEXIS 71096
(S.D.N.Y. Sept. 26, 2006)

## Ⅰ. 사실관계

(1) 원고 Eran Sobol은 2004. 7. 28. 그와 처 Lora Sobal, 두 자녀를 위하여 4장의 1등석 왕복항공권을 Continental Airlines로부터 구입하였다. 출발 항공편은 2005. 2. 19. 뉴저지 뉴왁 공항 → 맥시코 마자틀란(Mazatlan)이고, 도착 항공편은 2005. 2. 26. 마자틀란 → 뉴저지였다.

(2) 원고 Lora Sobal이 2005. 2. 19. 5세의 Olivia, 22개월의 어린 자녀와 함께 뉴왁 공항에 도착하였을 때, 1등석이 초과판매되어 원고는 1등석에 탑승할 수가 없었다. 이에 원고는 가족과 다른 항공편으로 떨어져 여행하는 것을 피하기 위해, 부득이하게 2등석에 탑승하였다. 원고는 1등석과 2등석의 요금 차액인 34달러를 환불받았고, 항공사가 제안한 300달러의 여행 바우처와 나중에 탑승할 때 2등석에서 무료로 1등석으로 업그레이드할 수 있는 권리를 받았다.

(3) Eran은 두 자녀와 함께 1등석에 탑승하였는데, 비행하는 동안 승무원이 Lora가 1등석으로 오는 것을 금지하였기 때문에, Lora는 아이들을 돌볼 수 없었다. 또한 Eran은 최근에 받은 무릎 수술로 인하여 운항 중 통증을 느꼈고, 아이들이 말을 잘 듣지 않아 운항 중 아이들을 제대로 먹일 수 없었다. 이로 인하여 원고들은 정서적 트라우마와 스트레스를 받았다.

(4) 원고들이 2005. 2. 26. 마자틀란 → 뉴저지 도착편 비행기에 탑승할 때도, Eran과 Olivia는 1등석에 탑승하지 못하고 2등석에 탑승하게 되었다. 항공사는 원고들에게 요금 차액 47달러를 지급하였고, 2005. 3. 8. 가족별로 각 2,000 마일리지를 지급하였다.

(5) 원고들은 2005. 9. 14. 항공사를 상대로 정신상 손해(emotional distress)에 관한 위자료와 징벌적 손해배상(Punitive Damages, 懲罰的 損害賠償)을 구하는 소를 제기하였다.

## Ⅱ. 참조 조문

### 1. 몬트리올 협약

**제29조(청구의 기초)**
여객·수하물 및 화물의 운송에서, 손해에 관한 어떠한 소든지 이 협약·계약·불법행위 또는 기타 어떠한 사항에 근거하는지 여부를 불문하고, 소를 제기할 권리를 가지는 자와 그들 각각의 권리에 관한 문제를 침해함이 없이, 이 협약에 규정되어 있는 조건 및 책임한도에 따르는 경우에만 제기될 수 있다. 어떠한 소송에서도 징벌적 배상 또는 비보상적 배상은 회복되지 아니한다.

### 2. 민사소송법

**제217조의2** ① 법원은 손해배상에 관한 확정재판등이 대한민국의 법률 또는 대한민국이 체결한 국제조약의 기본질서에 현저히 반하는 결과를 초래할 경우에는 해당 확정재판등의 전부 또는 일부를 승인할 수 없다.

### 3. 민사집행법

**제26조(외국재판의 강제집행)** ① 외국법원의 확정판결 또는 이와 동일한 효력이 인정되는 재판(이하 "확정재판등"이라 한다)에 기초한 강제집행은 대한민국 법원에서 집행판결로 그 강제집행을 허가하여야 할 수 있다.
② 집행판결을 청구하는 소(訴)는 채무자의 보통재판적이 있는 곳의 지방법원이 관할하며, 보통재판적이 없는 때에는 민사소송법 제11조의 규정에 따라 채무자에 대한 소를 관할하는 법원이 관할한다.
**제27조(집행판결)** ① 집행판결은 재판의 옳고 그름을 조사하지 아니하

고 하여야 한다.

② 집행판결을 청구하는 소는 다음 각 호 가운데 어느 하나에 해당하면 각하하여야 한다.

1. 외국법원의 확정재판등이 확정된 것을 증명하지 아니한 때
2. 외국법원의 확정재판등이 민사소송법 제217조의 조건을 갖추지 아니한 때

## Ⅲ. 판시사항

바르샤바 협약에 의하면, 원고들이 주장하는 정신적 스트레스에 대한 손해배상은 허용되지 아니하므로, 원고들의 청구는 이유 없다. 또한 몬트리올 협약 제29조는 "징벌적 손해배상은 회복되지 아니한다"고 규정하고 있으므로, 징벌적 손해배상도 허용되지 아니한다.

## Ⅳ. 해 설

### 1. 미국의 징벌적 손해배상제도 개관[1)]

#### 가. 개 념

(1) 미국 불법행위 Restatement 제908조 제1항은 "징벌적 손해배상은 가해자의 현저한 불법행위(outrageous conduct)에 대해서 가해자를 처벌하고, 가해자와 장래에 가해자와 유사한 행위를 하는 타인을 억제하기 위한, 전보(compensatory) 또는 명목(nominal) 손해배상 이외의 가해자에 대한 손해배상이다"라고 규정하고 있다. 제2항은 "징벌적 손해배상은 타인의 권리에 대한 가해자의 악의적 동기(evil motive)나 가해자의 현저하게 태만한 부주의(reckless indifference)로 인한 현저한 불법행위에 대하여 배상하게 한다. 징벌적 손해배상액을 정할 때에는 사실의 판단자(the trier of

1) 이하의 논의는 고세일, "대륙법에서 징벌적 손해배상 논의 - 민법의 관점에서-", 민사재판의 제문제 제22권(2013), 80~89면; 이창현, "위자료의 현실화 방안", 저스티스 158-1호(2017. 2.), 59~89면을 주로 참조하였다.

fact)는 적합하게 가해자 행위의 특성, 가해자가 야기했거나 야기할 의도를 가진 피해자에 대한 손해의 성질·정도와 가해자의 재산상태를 고려할 수 있다"고 규정하고 있다.

(2) 징벌적 손해배상은 가해자의 악의나 가해행위 행태의 불법성에 주안점을 둔다. 따라서 징벌적 손해배상을 인정할 때는 고의에 가까운 가해자의 중과실 이상을 요구한다. 영어에서 악의성이나 주의의무의 크기에 따라 순서를 배열하면 다음과 같다. 징벌적 손해배상은 현저하게 태만한(reckless) 것부터 인정가능성을 생각할 수 있다.

고의적·악의적(intentional/malicious) > 의도적(wanton/willful) > 현저하게 태만한(reckless) > 중과실(gross negligence)

### 나. 기 능

미국의 징벌적 손해배상제도는 미국의 독특한 전통문화의 산물이다. 미국의 행정부가 사법(私法) 영역에 개입하지 않으려는 배경이 강하기 때문에, 법원이 이러한 영역에 대하여 판단하고 경우에 따라 제재를 가할 필요가 있다. 예를 들어 미국 행정부의 여러 기관(agency)은 사기(fraud)와 같은 경우를 제외하고, 사법영역에 대해서 조사를 하지 않는다. 그렇기 때문에 제재의 대상도 되지 않는다. 따라서 이러한 영역의 경우 미국에서는 대륙법계 국가의 과징금과 같은 행정처분이 존재하지 않는다. 이 경우 법원의 판단에 따른 징벌적 손해배상이 기능하는 것이다.

징벌적 손해배상은 피고(가해자)의 불법행위의 억제를 목적으로 한다. 그러한 목적을 위해서 고액의 징벌적 손해배상으로, 피고(가해자)가 불이행이나 준수하지 않음으로 이익을 얻을 수 없다는 점을 분명히 인식시켜야 한다고 한다. 형벌이 비효율적이고 고비용이 들기 때문에, 징벌적 손해배상이 이를 감안해야 하기 때문이다.

### 다. 요건과 인정영역

미국법상 대체적으로 징벌적 손해배상이 인정되기 위하여 객관적으로 '현저한 불법행위(outrageous conduct)'와 주관적으로 '악의(malice)'라는 요건을 충족하여야 한다.[2)]

미국법상 징벌적 손해배상이 인정되는 구체적인 불법행위로는 폭행(battery), 아동학대(child molestation), 환경불법행위(environmental harm), 신뢰의무의 위반(breach of fiduciary duty), 사기(fraudy), 음주운전이 있다. 영국법상 징벌적 손해배상의 인정여부에 관하여 적용되던 기준이 판례[3)]에 의하여 폐기됨에 따라 고의에 의한 불법행위에 대한 징벌적 손해배상의 인정가능성이 매우 높아졌다. 징벌적 손해배상은 기존에 인정되었던 악의적 기소(malicious prosecution), 불법구금(false imprisonment), 폭행·협박(assault & battery), 명예훼손(defamation), 불법침입(trespass to land), 사생활방해(private nuisance)뿐만 아니라 사기(deceit), 성차별, 인종차별의 경우에도 가능해졌다.[4)] 따라서 미국의 징벌적 손해배상의 인정역영은 대체로 우리 민법의 정신적 손해배상의 인정영역과 비슷하다.

### 라. 산정기준

연방대법원은 징벌적 손해배상의 합헌성을 평가할 때, (i) 피고의 행위의 비난가능성(reprehensibility)의 정도, (ii) 피고의 행위에서 기인하는 전보손해배상액과 징벌적 손해배상액 사이의 불균형이나 비율, (iii) 징벌적 손해배상과 비교 가능한 사안에서 피고를 징벌하기 위해서 주어진 민사나 형사제재 사이의 차이 등 3가지 요소를 제시하였다.[5)]

### 마. 인정 비율과 평균 손해배상액

미국 법무부 2005년 통계에 따르면, 원고 승소 사건 14,550건 중 13%

---

2) 이창현, 75면.
3) Kuddus v. Chief Constable of Leicestershire Constabulary, [2001] UKHL 29.
4) 이창현, 76면.
5) BMW of North American v. Gore, 517 U.S. 559 (1996).

에서 징벌적 손해배상을 청구하였으나, 약 5%에 해당하는 700건에서만 징벌적 손해배상을 인정하였다. 징벌적 손해배상의 평균액은 2005년도의 경우 64,000달러이고, 징벌적 손해배상을 인정한 사건 중 13%는 1백만 달러 이상을 인정하였다.[6] 경험적 연구에 따른 실증적 연구에서도 비슷하게 나타나는데, 표본으로 선정한 사안에서 원고가 승소한 4%의 경우에만 징벌적 손해배상이 인정되었다.[7]

## 2. 판결의 승인

### 가. 의 의

민사소송법 제217조 제1항 제3호는 외국법원의 확정판결 또는 이와 동일한 효력이 인정되는 재판(이하 '확정재판 등'이라 한다)의 승인이 대한민국의 선량한 풍속이나 그 밖의 사회질서에 어긋나지 아니할 것을 외국재판 승인요건의 하나로 규정하고 있다. 여기서 확정재판 등을 승인한 결과가 대한민국의 선량한 풍속이나 그 밖의 사회질서에 어긋나는지는 승인 여부를 판단하는 시점에서 확정재판 등의 승인이 우리나라의 국내법 질서가 보호하려는 기본적인 도덕적 신념과 사회질서에 미치는 영향을 확정재판 등이 다룬 사안과 우리나라와의 관련성의 정도에 비추어 판단하여야 한다.

### 나. 징벌적 손해배상을 명한 판결의 승인 불허

민사소송법 제217조의2 제1항은 "법원은 손해배상에 관한 확정재판 등이 대한민국의 법률 또는 대한민국이 체결한 국제조약의 기본질서에 현저히 반하는 결과를 초래할 경우에는 해당 확정재판 등의 전부 또는 일부를 승인할 수 없다"라고 규정하고 있는데, 이는 징벌적 손해배상과 같이 손해전보의 범위를 초과하는 배상액의 지급을 명한 외국법원의 확정재판 등

6) U.S. Department of Justice, Office of Justice Programs, Bureau of Justice Statistics, "Punitive Damage Awards in State Courts, 2005".

7) Theodore Eisenberg/Neil LaFountain/Brian Ostrom/David Rottman, "Juries, Judges, and Punitive Damages: An Empirical Study", 87 Cornell L. Rev. 743 (2002), 752면.

의 승인을 적정범위로 제한하기 위하여 마련된 규정이다. 따라서 외국법원의 확정재판 등이 당사자가 실제로 입은 손해를 전보하는 손해배상을 명하는 경우에는 민사소송법 제217조의2 제1항을 근거로 승인을 제한할 수 없다.[8)]

### 다. 서울고등법원 2018. 3. 23. 선고 2017나2057753 판결

#### (1) 사실관계

원고가 제3자와 체결한 독점계약에 피고가 불법적으로 간섭하여 제3자로 하여금 독점계약을 파기하도록 하였고, 배심원들은 피고가 불공정한 경쟁방법과 불공정한 기만행위를 하여 하와이 주 개정법 제480-2조 (a)항을 위반하였다고 판단하여, 3배 배상의 금전지급을 명한 하와이 주 연방법원 판결에 대해 원고가 승인을 구하였다.

#### (2) 당사자의 주장

피고는, 징벌적 손해배상은 불법행위를 범한 가해자에 대해 징벌을 가하고 장래 동종 유사한 행위의 억지를 주된 목적으로 하는 손해배상제도인데 이는 불법행위의 효과로서 손해의 전보만을 인정하는 우리나라의 민사법 체계에서 인정되지 아니하는 배상형태이므로, 이 사건 하와이 주 판결 중 원고들이 입은 손해 이상의 배상을 명하는 부분은 우리나라의 공서양속에 반하여 그 집행이 허용되지 않아야 한다고 주장하였다.

원고는, 우리나라에서도 다수 입법을 통해 실제 발생한 손해의 3배를 배상하도록 하는 징벌적 손해배상제도를 두고 있는바, 이 사건 하와이 주 판결에서 징벌적 손해배상을 명한 것이 우리나라의 공서양속에 반한다고 할 수 없으며, 하와이 주 개정법 제480-13조의 3배 배상규정은 피해자를 보호하기 위한 일종의 손해액 추정 규정으로 이 사건 하와이 주 판결에서는 원고들이 입은 손해의 3배를 원고들의 통상손해로 인정한 것이라고 주장하였다.

---

8) 대법원 2016. 1. 28. 선고 2015다207747 판결.

(3) 판시사항

하와이 주와 대한민국 사이에 금전지급판결과 관련하여 상호보증이 인정되고, 하와이 주 판결에서 지급을 명한 3배의 손해배상액은 징벌적 손해배상의 일종이다.

우리나라의 일부 개별 법률에서 징벌적 손해배상을 인정하는 규정을 두고 있다고 하더라도 이는 개별 법률이 규율하는 구체적인 위법행위의 유형들에 대하여 입법자가 징벌적 손해배상을 명할 필요가 있다는 판단하에 이를 특별히 인정한 것이고, 이로 인해 손해발생 전의 상태로의 회복에 목적이 있는 우리 손해배상 체계에서 위법행위의 유형에 불문하고 징벌적 손해배상을 인정한 것이라고 해석하기는 어렵다. 이 사건 하와이법원 판결이 인정한 유형의 불법행위로 인한 손해에 대해 우리나라에 3배 배상을 인정하는 개별 법령은 없다. 이에 대해 집행을 허가하는 것은 대한민국의 선량한 풍속이나 그 밖의 사회질서에 어긋난다.

## 3. 몬트리올 협약상 징벌적 손해배상의 불허

### 가. 바르샤바 협약 당시의 논의

(1) 부정설

항공운송인에게 확정적 고의 또는 미필적 고의(wilful misconduct)가 인정되는 경우에는 징벌적 손해배상을 인정하여야 한다는 주장도 있다. 그러나 항공운송인에게 미필적 고의가 있었는지 여부를 불문하고 바르샤바 협약이 적용되는 한 징벌적 손해배상의 청구를 인정할 수 없다는 부정설이 통설이다. 그 근거를 요약하면 다음과 같다.[9)]

(i) 바르샤바 협약의 본래 목표는 국제적으로 통일된 협약을 채택함으로써 항공운송인의 책임을 제한하는 동시에 항공운송인의 책임에 관한 규

9) Barbara J. Buono, "The Recoverability of Punitive Damages Under the Warsaw Convention in Cases of Wilful Misconduct: Is the Sky the Limit?", Fordham International Law Journal Volume 13, Issue 4(1989), Article 6; 김종복, 항공판례의 연구, 한국학술정보(2008), 57~58면.

정을 통일적으로 해석하기 위한 것이다. 징벌적 손해배상을 인정하려면 명문의 규정이 있어야 하는데, 미국 등 극히 일부 법역(法域)에서만 인정되는 징벌적 손해배상은 바르샤바 협약의 해석상 인정할 수 없다.

(ii) 바르샤바 협약 제17조도 모든 손해를 배상의 대상으로 규정하는 것이 아니라, 사고에 의하여 발생된 실제 손해(actual damage by an accident)를 배상할 것을 규정한 것이다.

(iii) 바르샤바 협약 제25조 제2항을 규정할 때, 입안자들은 영미법상 징벌적 손해배상을 협약에서도 인정하려는 의도였다고 볼 수 없고, 운송인에게 미필적 고의가 있는 경우에는 책임제한 원용권을 박탈하여 무한책임을 인정하려는 것뿐이다.

(iv) 징벌적 손해배상을 인정하면 운송인의 책임보험체계에 혼란이 야기되어 운송인은 보험에 가입하여야 한다는 협약의 원래 의도가 말살된다.

(v) 운송인에게 미필적 고의가 있는 경우 징벌적 손해배상이 인정된다면, 모든 청구인이 당연히 운송인의 미필적 고의를 주장함으로써 최소한의 소송비용으로 단기간에 손해배상 문제를 해결한다는 협약의 본래의 의도가 퇴색된다.

### (2) 판 례

In re Korean Airlines Disaster of September 1, 1983, MDL 565 Misc. No. 83-0345 (D.D.C. Aug. 3, 1989) 사건에서 배심원들은 운송인에게 5천만 달러의 징벌적 손해배상을 평결하였고, Aubrey E. Robinson 재판장은 이를 승인하였다.[10] 이와 같이 미국의 일부 법원에서는 징벌적 손해배상을 인정하는 사례가 있으나, 압도적 다수의 판례는 징벌적 손해배상을 부정하였다.[11]

---

10) 징벌적 손해배상을 인정한 판결로는, Farley v. Cessna Aircraft Co., No. 93-6948, 1995 U.S. Dist. LEXIS 5734 at *5 (E.D.Pa. Apr. 26, 1995); Shurr v. A.R. Siegler, 70 F.Supp.2d 900, 940 (E.D.Wisc. 1999).

11) Cappello v. Duncan Aircraft Sales, 79 F.3d 1465, 1474~75 (6th Cir. 1996); In re Air crash Disaster Near Peggy's Cove, MDL No. 1269 (E.D.Pa. Feb. 27, 2002); In re Aircraft Accident at Little Rock, 351 F.3d 874, 882 (8th Cir. 2003).

### 나. 몬트리올 협약 제29조 제2문

몬트리올 협약 제29조 제2문에서는 징벌적 손해배상을 인정하지 않는다는 것을 명시적으로 규정하였다. 이와 같이 징벌적 손해배상을 배제하는 명시적 규정을 둔 것은 제5관할권에 반대하는 의견에 대하여 완충제로서 두었다는 의견이 있다. 제5관할권이 인정되면 여객의 사상에 대해서는 배상액이 높은 미국에서 소가 제기될 가능성이 높아지므로, 미국에서 고액의 징벌적 손해배상에 대한 염려를 명문으로 불식시킬 필요가 있었다는 것이다.

### 다. 대상사안의 검토

대상사안에서 원고들이 청구한 징벌적 손해배상은 몬트리올 협약 제29조 제2문에 의하여 허용되지 아니한다.

# [27] 난기류(turbulence)로 인한 상해와 항공사 책임

**서울중앙지방법원 2017. 12. 19. 선고 2014가합42368 판결**[1)]

## Ⅰ. 사실관계

(1) 피고 A항공은 국내외에서 항공운송업을 영위하는 법인으로서 A330-323 기종(등록번호 HL8258) OZ231편 항공기(이하 '이 사건 항공기')의 항공운송인이고, 원고 A, B는 피고와 출발지를 미국 하와이 호놀룰루, 도착지를 대한민국 인천으로 하는 항공운송계약을 체결하고 이 사건 항공기에 탑승한 자들이다.

(2) 이 사건 항공기는 2012. 8. 21. 호놀룰루 국제공항을 이륙하여 같은 날 15:17경 일본 시마네현 마쓰에시 상공 약 40,000ft를 비행하던 중 난기류(亂氣流, turbulence)[2)]를 만나 2차례에 걸쳐 심하게 흔들리게 되었다(이하 '이 사건 사고').

(3) 원고 B는 화장실에 다녀오던 도중 항공기의 급격한 흔들림으로 인하여 공중으로 부양하였다가 바닥에 떨어지며 좌측 경골 골절상을 입었고, 원고 A가 바닥에 쓰러져 있던 원고 B를 돕기 위해 안전벨트를 풀었을 때 다시 항공기가 심하게 흔들리는 바람에 원고 A도 공중으로 부양하였다가 떨어지면서 좌석에 얼굴을 부딪쳐 치아파절, 아랫입술 관통열상 등의 상해를 입었다(이하 원고들이 입은 상해를 '이 사건 상해'라고 한다).

(4) 원고들은 2014. 8. 19. 피고를 상대로, 원고 A는 적극적 손해 27,298,168원 및 위자료 1억 원을, 원고 B는 적극적 손해 79,733,717원 및 위자료 1억 원을 구하는 소를 제기하였다.

---

1) 쌍방 항소 미제기로 2018. 1. 4. 확정되었다.

2) 난기류는 서로 다른 속도로 움직이는 공기층(layers of air)의 경계에서 발생하는 불규칙적이고 예상할 수 없는 움직임을 말한다. Ron Cowen, "Clearing the Air About Turbulence", Science News Online, June 27, 1998, at http://www.sciencenews.org/sn_arc98/6_27_98/bob1.htm.

# Ⅱ. 참조 조문

## 1. 몬트리올 협약

**제17조(여객의 사망 및 부상 - 수하물에 대한 손해)**

1. 운송인은 여객의 사망 또는 신체의 부상의 경우에 입은 손해에 대하여 사망 또는 부상을 야기한 사고가 항공기상에서 발생하였거나 또는 탑승과 하강의 과정에서 발생하였을 때에 한하여 책임을 진다.

**제20조(책임 면제)**

운송인이 손해배상을 청구하는 자 또는 그로부터 권한을 위임받은 자의 과실·기타 불법적인 작위 또는 부작위가 손해를 야기하였거나 또는 손해에 기여하였다는 것을 증명하였을 때에는 그러한 과실·불법적인 작위 또는 부작위가 손해를 야기하였거나 손해에 기여한 정도에 따라 청구자에 대하여 책임의 전부 또는 일부를 면제받는다. 여객의 사망 또는 부상을 이유로 하여 손해배상이 여객 이외의 자에 의하여 청구되었을 때, 운송인은 손해가 여객의 과실·불법적인 작위 또는 부작위에 기인하였거나 이에 기여하였음을 증명한 정도에 따라 책임의 전부 또는 일부를 면제받는다. 본 조는 제21조 제1항을 포함한 이 협약의 모든 배상책임규정에 적용된다.

**제21조(여객의 사망 또는 부상에 대한 배상)**

1. 운송인은 여객당 113,100SDR[3]을 초과하지 아니한 제17조 제1항의 손해에 대한 책임을 배제하거나 제한하지 못한다.
2. 여객당 113,100SDR을 초과하는 제17조 제1항의 손해에 대하여, 운송인이 다음을 증명하는 경우에는 책임을 지지 아니한다.
   가. 그러한 손해가 운송인·그의 고용인 또는 대리인의 과실·기타 불법적인 작위 또는 부작위에 기인하지 아니하였거나,
   나. 그러한 손해가 오직 제3자의 과실·기타 불법적인 작위 또는 부작위에 기인하였을 경우

3) 몬트리올 협약이 발효된 때에는 100,000SDR이었고, 2009. 12. 30.부터 2019. 12. 27.까지는 113,100SDR로 인상되었으며, 2019. 12. 28.부터 128,821SDR로 변경되었다.

## Ⅲ. 판시사항

지휘기장·항로기장·부기장 중 적어도 한 사람은 운항 중 기상레이더를 수시로 확인함으로써 기상상황의 변화에 적절히 대비하여야 할 주의의무가 있고, 피고가 자체적으로 마련한 FOM도 이를 지시하고 있다. 그럼에도 불구하고 운항승무원들은 기상레이더를 확인·사용하는 절차를 태만히 함으로써 기상레이더가 꺼진 채로 있었던 것을 인식하지 못하였고, 결국 항로상 적란운의 존재를 미리 발견하지 못하여 사고 바로 직전에야 안전벨트 착용표시등을 점등시킴에 따라, 원고들을 비롯한 여객들이 항공기의 급격한 흔들림에 대비할 수 없게 되었다. 따라서 이 사건 사고는 전적으로 피고의 운항승무원들의 과실에 기하여 발생한 것이고, 손해의 발생 또는 확대에 원고들이 기여한 바는 없으므로, 피고는 원고들과 체결한 항공운송계약의 운송인이자 운항승무원의 사용자로서, 원고들이 이 사건 사고로 입은 손해 전부를 배상할 책임이 있다.

## Ⅳ. 해 설

### 1. 당사자의 주장요지

#### 가. 원고들

운항승무원들이 과실로 기상레이더가 꺼진 사실을 확인하지 않았고, 결국 이 사건 항공기는 적란운을 발견하지 못하고 그대로 통과하다가 심한 난기류를 만났다. 이로 인하여 이 사건 항공기가 크게 흔들리면서 원고들은 이 사건 상해를 입게 되었다. 따라서 피고는 항공운송계약의 운송인이자 운항승무원들의 사용자로서 원고들이 입은 손해를 배상할 책임이 있다.

#### 나. 피 고

이 사건 사고는 예측할 수 없는 난기류를 만나 불가항력적으로 발생한 것으로서, 운항승무원들에게는 어떠한 과실도 없는 반면, 원고들에게는 안전벨트 착용표시등이 점등되었음에도 이를 무시하고 좌석을 이탈한 중대한 과실이 있으므로, 원고들의 청구에 응할 수 없다.

## 2. 손해배상책임의 발생

### 가. 인정사실

#### (1) 난기류의 종류 및 발생원인

난기류는 태풍과 같은 열대성 저기압에 의한 것, 적란운(積亂雲)에서 생기는 것, 앞선 비행기의 후미 부분에 생기는 후풍와류, 구름이 없는 맑은 하늘에 생기는 청천난류(晴天亂流, clear air turbulence) 등으로 구분된다. 일반적으로 열대성 저기압과 적란운은 기상위성이나 비행기에 장착된 기상레이더로 실시간으로 그 위치·규모·높이 등을 파악할 수 있고, 후풍와류의 경우 앞선 비행기와 시간 차이를 두고 비행하면 되므로, 위와 같은 원인으로 인한 난기류는 쉽게 예측 가능하여 이를 피해가거나 충분히 대비할 수 있다. 이와 달리 청천난류의 경우에는 기상레이더로는 발견이 불가능하기 때문에 청천난류가 자주 발생하는 높은 산맥 부근, 제트기류 주변을 피하거나 주의하여 비행함으로써 이에 대비하여야 한다.

#### (2) 사고발생지의 대기상황

이 사건 항공기의 이륙 전에 있었던 기상브리핑에서, 호놀룰루 국제공항 이륙 후 사고발생지 부근까지 기상상황은 양호하고 적란운 같은 비행을 방해할 수 있는 중요한 기상은 예보되지 않았으나, 일본 긴기지방 및 시코구섬 근처에서 이 사건 사고발생지 부근까지 42,000ft 높이의 적란운이 예보되었다. 사고 당일 09:00경 일본 서쪽의 모든 지역의 대기상황은 적란운이 발생하기 쉬운 불안정한 상태였고, 사고 발생 1시간 전부터 사고 발생시까지 사고지역 부근에는 항공기의 운항고도인 40,000ft를 넘는 높이를 가진 적란운이 급속도로 발생하였다. 사고가 발생한 상공은 제트기류로부터 멀리 떨어져 바람이 약한 지역이다.

#### (3) 사고발생지 주변을 비행하는 항공기들의 대처

조종실 음성기록장치의 기록에 의하면, 사고발생지 부근을 지나는 다른 항공기들은 사고 발생 30여분 전부터 도쿄 항공교통관제센터와 적란운을 회피하기 위한 교신을 하면서, "CB(Cumulonimbus, 적란운)", "Deciation (이탈)"이라는 용어를 자주 사용하였다.

#### (4) 기상레이더의 기능 및 작동 여부

항공기에 장착된 기상레이더는 공기 중의 강수·물방울을 탐지하고, 강수율에 따라 ND(Navigation Display)에 코드화된 에코로 전시하며, 운항승무원들은 기상레이더의 각도·범위 등을 적절히 조절함으로써 원거리에서 적란운과 같은 중요 기상상태를 탐지할 수 있다. 피고의 비행운영교범(FOM, Flight Operation Manual)은 기상레이더의 사용에 관하여, "기장과 부기장은 기상레이더를 사용하여 효과적으로 난류를 회피하기 위해 ND에 다른 범위를 선택하여야 한다. 기상레이더 안테나 각도를 에코와 폭풍을 감시할 수 있도록 조정하라"고 기술하고 있다. 비행장치 기록에 의하면, 항공기에 장착된 기상레이더는 호놀룰루 국제공항에서 이륙한 후 상승하면서 20,000ft 상공에서 꺼진 후 비행하는 내내 꺼진 상태로 있었고, 사고 직후 항공기의 흔들림이 가라앉을 때 다시 켜졌다. 한편 착륙 후 점검에서 기상레이더 계통에 아무런 결함이 없음이 확인되었다.

#### (5) 항공기사고 조사보고서

일본 교통안전위원회는 ICAO 부속서 13에 따라 이 사건 사고에 관한 조사를 진행한 후 2014. 7. 25. 그 결과를 발표하였는데, 사고의 원인을 다음과 같이 추정하였다.

> 이 사고에서 후방 통로에서 걷는 중이던 여객은 항공기의 심한 흔들림으로 인하여 심각한 부상을 입었고, 근처에 앉아 있던 다른 여객은 그 부상여객을 돕기 위하여 좌석 벨트를 풀었을 때, 그 순간 항공기는 다시 심하게

흔들려서 심각한 부상을 입었을 것으로 현저히 추정된다(highly probable). 초기 항공기의 심한 흔들림은 지휘기장과 항로기장이 기상레이더가 꺼져 있음을 인식하는데 실패하여, 항공기가 적란운을 통과하였거나 근처를 지나가게 된 것과, 강한 상승기류와 함께 바람의 방향과 속도가 복합적으로 심하게 변화하는 기류 요란을 조우하게 된 결과로 추정된다. 나중에 발생한 항공기의 흔들림은 지휘기장이 자동비행장치를 해제한 후 항공기를 안정시키기 위한 조종행위에 의하여 영향을 받았을 가능성이 있다. 지휘기장과 항로기장이 기상레이더가 꺼져 있는 것을 인식하는데 실패한 이유는 기상 상황들과 계기들에 대한 그들의 감시가 부족함에 기인하였을 것으로 추정된다.

## 나. 판 단

### (1) 적용 법규

이 사건 항공기의 출발지와 도착지 국가인 미국과 대한민국은 모두 몬트리올 협약 당사국이므로,[4] 이 사건에 관한 법률관계에 대하여는 몬트리올 협약이 가장 우선하여 적용된다.

### (2) 피고의 손해배상 책임

(가) 이 사건 사고 당시 사고발생지 부근의 적란운의 발생상황, 제트기류의 흐름 등과 같은 기상상황에 더하여, 운항승무원은 구름을 목격하고 사고 발생 직전에 안전벨트 착용표시등을 점등하였던 점에 비추어 볼 때, 이 사고는 적란운에서 발생하는 난기류로 인한 것으로 보인다.

(나) 지휘기장·항로기장·부기장 중 적어도 한 사람은 운항 중 기상레이더를 수시로 확인함으로써 기상상황의 변화에 적절히 대비하여야 할 주의의무가 있고, 피고가 자체적으로 마련한 FOM도 이를 지시하고 있다. 그럼에도 불구하고 운항승무원들은 기상레이더를 확인·사용하는 절차를 태만히 함으로써 기상레이더가 꺼진 채로 있었던 것을 인식하지 못하였고, 결국 항로상 적란운의 존재를 미리 발견하지 못하여 사고 바로 직전에야

4) 미국과 일본에서는 2003. 11. 4., 한국에서는 2007. 12. 29. 몬트리올 협약이 각 발효되었다.

안전벨트 착용표시등을 점등시킴에 따라, 원고들을 비롯한 여객들이 항공기의 급격한 흔들림에 대비할 수 없게 되었다.

(다) 이 사건 사고발생지 주변을 비행하던 다른 항공기들은 적란운의 존재를 인식하여 항공관제소와 회피비행에 관한 교신을 하는 등 대부분 적절한 대응을 하였던 것으로 보이고, 당시 이 사건 항공기 외에 난기류로 인한 문제를 겪은 항공기는 보고된 바 없다.

(라) B는 안전벨트 착용표시등이 꺼져 있는 상태에서 화장실에 다녀오다가 갑자기 난기류를 만나 공중으로 부양하였다가 바닥으로 떨어지면서 골절상을 입게 되었는데, 이는 통상적인 기내 활동 중에 사고를 당한 것이므로 주의의무 위반이 있었다고 할 수 없다(사고 당시 비행경험이 많은 객실승무원들조차 난기류를 전혀 예상하지 못하고, 서비스 카트를 이동시키며 음료 서비스를 제공하고 있었다).

(마) A가 1차 난기류에 의한 기체 흔들림 이후 안전벨트 착용표시등이 켜진 상태에서 좌석을 이탈한 사실은 인정되나, A는 객실 바닥에 쓰러져 몸을 가누지 못하고 있는 B를 구호하기 위한 목적에서 안전벨트를 풀었던 점, B는 사고 당시 만 77세의 고령으로서 이 사건 사고로 골절상을 입어 다른 이의 도움이 절실히 필요한 상태에 있었던 점, 원고들은 모녀관계로서 특별한 인적 관계에 있는 점 등의 사정을 고려하면, A의 행동은 사회통념상 용인될 수 있는 것으로 보이고, 이 사건 상해의 발생 또는 확대에 기여한 것으로 평가할 수는 없다.

(바) 따라서 이 사건 사고는 전적으로 피고의 운항승무원들의 과실에 기하여 발생한 것이고, 손해의 발생 또는 확대에 원고들이 기여한 바는 없으므로, 피고는 원고들과 체결한 항공운송계약의 운송인이자 운항승무원의 사용자로서, 원고들이 이 사건 사고로 입은 손해 전부를 배상할 책임이 있다.

### 3. 손해배상책임의 범위

피고는, A에게 기왕치료비 18,022,891원, 향후치료비 2,625,480원, 위자료 10,000,000원을, B에게 기왕치료비 7,415,760원, 기왕개호비 5,360,000

원, 위자료 10,000,000원 및 각 이에 대한 지연손해금을 지급할 의무가 있다.

## 4. 관련 판례

### 가. Quinn v. Canadian Airlines Intl, Ltd, [1994] 18 OR 3d 326[5)]

72세의 원고가 토론토에서 플로리다 St. Petersburg로 가던 중 난기류로 인하여 갑자기 안전벨트가 조여졌고 이로 인하여 척추 압박골절을 입었다고 주장하는 사안에서, 법원은 난기류는 예상 밖이거나 특이하다고 할 정도로 심한 것이라고 보기는 어렵고, 골절의 주된 원인은 원고의 척추뼈 상태 때문에 발생한 것이므로, 난기류는 바르샤바 협약 제17조에 규정된 사고에 해당하지 아니한다고 판시하였다.

### 나. Brunk v. British Airways PLC, 195 F.Supp.2d 130 (D.D.C. 2002)

46세의 Gayle Harper Brunk는 1998. 4. 19. British Airways의 223 항공편을 타고 런던 히드로 공항을 이륙하여 버지니아 덜레스 국제공항(Dulles International Airport)으로 비행 중이었다. 도중에 Brunk는 화장실에 갔고, 그곳에서 난기류로 항공기가 심하게 흔들리는 것을 느꼈다. 좌석으로 돌아오다가 강한 난기류로 항공기가 심하게 흔들리면서 Brunk는 바닥으로 넘어졌고, 이로 인하여 무릎에 고통을 느끼고 걷지 못하게 되었다. 당시 난기류로 인하여 여객들의 접이식 테이블에서 음식이 바닥에 떨어지기도 하였다. 진단 결과 Brunk의 인대가 끊어졌기 때문에 수술이 필요하였다.

법원은 Brunk의 몸이 공중에 뜬 후 바닥으로 떨어져 상해를 입은 것은, 항공기의 운용 중 예상할 수 있는 일상적이고 정상적인 사건이거나 그녀 내부의 반작용 때문이 아니라, 예상 밖의 특이한 사건인 '중간 정도부터 심한 정도의 난기류(moderate to severe turbulence)'[6)]로 인한 것이었

---

5) No. 35558/91U, 1994 Ont. C.J. LEXIS 1681 (Ont. Ct. May 30, 1994), aff'd 1997 Ont. C.A. LEXIS 267 (Apr. 30, 1997).

기 때문에 바르샤바 협약 제17조의 사고에 해당한다고 판시하였다.

6) FAA는 난기류를 light, moderate, severe, extreme 등 4등급으로 분류한다(Turbulence Reporting Criteria Table, FAA Manual, Tbl. 7-1-7). Magan v. Lufthansa German Airlines, 181 F.Supp.2d 396 (S.D.N.Y. 2002) 사건에서 법원은 난기류가 심한 등급과 극심한 등급인 경우(severe or extreme)에만 바르샤바 협약 제17조의 사고에 해당한다고 판시하였다. 그러나 연방지방법원은 대상사안에서 Magan 판결의 취지에 찬성하지 않고, 중간 등급의 난기류여도 바르샤바 협약상 사고에 해당한다고 판시하였다.

# [28] 기내에서 화상을 입은 여객에 대한 항공사 책임

서울남부지방법원 2018. 9. 21. 선고 2016가단234092 판결

## Ⅰ. 사실관계

(1) 피고 K항공은 항공운송업을 영위하는 회사이고, 원고(1960년생)는 2014. 8. 3. 출발지는 미국 뉴욕 JFK 공항, 도착지는 대한민국 인천국제공항인 피고의 KE082편 항공기(이하 '이 사건 항공기')에 탑승한 여객이다.

(2) 피고의 객실승무원은 2014. 8. 4. 이륙 후 약 6시간이 지나 기내식을 마친 원고에게 뜨거운 차를 제공하였는데, 승무원이 자신의 쟁반에 찻잔을 놓아 뜨거운 물을 담은 후 원고가 이를 받아 자신의 접이식 테이블에 내려둔 잠시 후, 물이 원고의 허벅지에 쏟아지는 사고(이하 '이 사건 사고')가 발생하였고, 이로 인하여 원고는 좌측 허벅지에 심재성 2도 화상을 입었다.

(3) 원고는 화상 및 반흔 치료를 위하여 2014. 8. 5.부터 2014. 10. 10.까지 응급의학과 및 화상외과에서 치료비 742,040원, 성형외과에서 치료비 66,000원을 지출하였다.

(4) 원고는 항공사를 상대로 이 사건 사고로 원고가 입은 손해배상을 구하는 소를 제기하였다.

## Ⅱ. 참조 조문

### 1. 몬트리올 협약

**제17조(여객의 사망 및 부상 - 수하물에 대한 손해)**

1. 운송인은 여객의 사망 또는 신체의 부상의 경우에 입은 손해에 대하여 사망 또는 부상을 야기한 사고가 항공기상에서 발생하였거나 또는 탑승과 하강의 과정에서 발생하였을 때에 한하여 책

임을 진다.

**제20조(책임 면제)**

운송인이 손해배상을 청구하는 자 또는 그로부터 권한을 위임받은 자의 과실·기타 불법적인 작위 또는 부작위가 손해를 야기하였거나 또는 손해에 기여하였다는 것을 증명하였을 때에는 그러한 과실·불법적인 작위 또는 부작위가 손해를 야기하였거나 손해에 기여한 정도에 따라 청구자에 대하여 책임의 전부 또는 일부를 면제받는다. 여객의 사망 또는 부상을 이유로 하여 손해배상이 여객 이외의 자에 의하여 청구되었을 때, 운송인은 손해가 여객의 과실·불법적인 작위 또는 부작위에 기인하였거나 이에 기여하였음을 증명한 정도에 따라 책임의 전부 또는 일부를 면제받는다. 본 조는 제21조 제1항을 포함한 이 협약의 모든 배상책임규정에 적용된다.

**제21조(여객의 사망 또는 부상에 대한 배상)**

1. 운송인은 여객당 113,100SDR을 초과하지 아니한 제17조 제1항의 손해에 대한 책임을 배제하거나 제한하지 못한다.
2. 여객당 113,100SDR을 초과하는 제17조 제1항의 손해에 대하여, 운송인이 다음을 증명하는 경우에는 책임을 지지 아니한다.
   가. 그러한 손해가 운송인·그의 고용인 또는 대리인의 과실·기타 불법적인 작위 또는 부작위에 기인하지 아니하였거나,
   나. 그러한 손해가 오직 제3자의 과실·기타 불법적인 작위 또는 부작위에 기인하였을 경우

## Ⅲ. 판시사항

(1) 몬트리올 협약 제17조의 '사고'란, '항공기의 운용과 관련하여 여객 외부에서 발생한 예측 불가능하거나 뜻밖의 사건'을 의미하고, 항공기가 통상적이고 정상적이며 예상된 운항을 하고 있었음에도 '여객의 개인적인 반응'으로 손해가 발생한 경우에는 운송인이 배상책임을 부담하지 아니한다.

(2) 몬트리올 협약 제20조에서 "운송인이 손해배상을 청구하는 자의 과실 등이 손해를 야기하였거나 또는 손해에 기여하였다는 것을 증명하였을 때 운송인의 책임이 전부 또는 일부 면제"되는 것으로 규정하여 책임

감면 사유인 '여객의 과실 등'에 관한 증명책임을 운송인에게 부담시킨 취지에 비추어 볼 때, '여객의 개인적인 반응으로 손해가 발생한 경우'란, 운송인에게 증명책임이 부담된 책임 감면 사유로서의 '여객의 과실 등'을 의미하는 것이 아니라 '여객의 체질, 건강, 신체 상태 등 그에게 본질적으로 내재한 위험'을 의미한다.

(3) 이 사건 사고의 발생 경위와 장시간의 항공운송이 지니는 특성상 기내식 및 음료의 서비스가 불가피한 점, 찻물이 쏟아지는 것은 운송인이나 여객 중 누구도 의도하지 않았던 가운데 이례적으로 뜻밖에 발생하였던 점 등을 종합하여 위 법리에 비추어 볼 때, 이 사건 사고는 항공기의 운용과 관련하여 여객이었던 원고의 외부에서 발생한 예측 불가능하거나 뜻밖의 사건으로 보는 것이 타당하므로, 몬트리올 협약 제17조에서 규정한 '사고'에 해당한다.

# Ⅳ. 해 설

## 1. 당사자들의 주장 요지

### 가. 원 고

피고는 몬트리올 협약 제17조 제1항, 제21조에 따라서 이 사건 사고로 인하여 원고가 입은 손해를 배상할 책임이 있다.

### 나. 피 고

이 사건 사고는 원고가 승무원으로부터 찻잔을 받아 자신의 테이블 위에 놓은 후 발생한 것으로, 외부적 요인에 기인한 것이 아니어서 몬트리올 협약 제17조 제1항에서 규정한 '사고'에 해당하지 않으므로, 피고는 원고의 손해를 배상할 책임이 없다. 설령 이에 해당한다고 하더라도, 이 사건 사고는 전적으로 원고의 잘못에 의해 발생한 것이므로 몬트리올 협약 제20조에 따라 피고 책임의 전부 또는 일부가 면책되어야 한다.

## 2. 이 사건 사고에 관한 법률관계에 적용되는 규범

출발지와 도착지가 모두 몬트리올 협약의 당사국인 국제항공운송에 관한 법률관계에 대하여는 몬트리올 협약이 민법이나 상법보다 우선적으로 적용되는바, 이 사건 항공기의 출발지와 도착지 국가인 미국과 대한민국은 모두 몬트리올 협약 당사국이므로, 이 사건 사고에 관한 법률관계에 대하여는 몬트리올 협약이 가장 우선하여 적용된다.

## 3. 손해배상책임의 발생

### 가. 몬트리올 협약 제17조의 사고의 개념

(1) 몬트리올 협약 제17조의 '사고'란, '항공기의 운용과 관련하여 여객 외부에서 발생한 예측 불가능하거나 뜻밖의 사건'을 의미하고, 항공기가 통상적이고 정상적이며 예상된 운항을 하고 있었음에도 '여객의 개인적인 반응'으로 손해가 발생한 경우에는 운송인이 배상책임을 부담하지 아니한다.

(2) 몬트리올 협약 제20조에서 "운송인이 손해배상을 청구하는 자의 과실 등이 손해를 야기하였거나 또는 손해에 기여하였다는 것을 증명하였을 때 운송인의 책임이 전부 또는 일부 면제"되는 것으로 규정하여 책임 감면 사유인 '여객의 과실 등'에 관한 증명책임을 운송인에게 부담시킨 취지에 비추어 볼 때, 앞서 기술한 '여객의 개인적인 반응으로 손해가 발생한 경우'란, 운송인에게 증명책임이 부담된 책임 감면 사유로서의 '여객의 과실 등'을 의미하는 것이 아니라 '여객의 체질, 건강, 신체 상태 등 그에게 본질적으로 내재한 위험'을 의미한다.

(3) 따라서 항공운송인은 자신의 귀책사유나 여객의 과실 유무와 무관하게 '항공기의 운용과 관련하여 여객 외부에서 발생한 예측 불가능하거나 뜻밖의 사건'이 일어나 여객에게 손해가 발생한 경우이기만 하면 원칙적으로 배상책임을 부담하며, 다만 '여객의 과실 등'이 손해를 야기하였거나 손해에 기여하였다는 것을 증명함으로써 위 협약 제20조에 따라 책임을 감면받을 수 있을 뿐이다.

### 나. 이 사건 사고가 몬트리올 협약 제17조의 '사고'에 해당되는지 여부

이 사건 사고의 발생 경위와 장시간의 항공운송이 지니는 특성상 기내식 및 음료의 서비스가 불가피한 점, 찻물이 쏟아지는 것은 운송인이나 여객 중 누구도 의도하지 않았던 가운데 이례적으로 뜻밖에 발생하였던 점 등을 종합하여 위 법리에 비추어 볼 때, 이 사건 사고는 항공기의 운용과 관련하여 여객이었던 원고의 외부에서 발생한 예측 불가능하거나 뜻밖의 사건으로 보는 것이 타당하므로, 몬트리올 협약 제17조에서 규정한 '사고'에 해당한다.

## 4. 손해배상 책임의 범위

### 가. 기왕치료비

원고는 위 화상 및 그 반흔의 치료를 위하여 응급의학과 및 화상외과에서 치료비 742,040원, 성형외과에서 치료비 66,000원을 지출하였으므로, 그 합계금 808,040원(=742,040원+66,000원)을 기왕치료비로 인정한다.

### 나. 향후치료비

원고는 이 사건 사고로 인하여 좌측 허벅지에 반흔(3×2cm)과 색소침착(2×1cm)이 남아 있고, 이를 치료하기 위한 성형술로 3,805,000원이 소요된다. 다만 원고가 이 사건 변론종결일까지 위 치료비를 지출했다는 자료가 없으므로, 이 사건 변론종결일에 이를 지출하는 것으로 보고 이 사건 사고일을 기준으로 현가 계산하여 3,215,220원[=3,805,000원×0.845(44개월 기준 호프만수치), 10원 미만 버림]을 향후치료비로 인정한다.

### 다. 일실수입

#### (1) 휴업손해

원고는 2014. 8. 4.부터 같은 해 10. 10.까지 67일간 통원치료를 받았으므로, 피고는 원고에게 위 기간의 휴업손해금 8,209,610원을 배상할 책임이 있다고 주장한다. 그러나 원고의 상해 부위 및 그 정도에 비추어 볼 때, 통원치료 기간 동안 원고가 일을 하지 못하였다고 보기 어렵고, 달리 이를 인정할 증거가 없으므로, 원고의 휴업손해 주장은 받아들이지 않는다.

(2) 추상장해(醜相障害)로 인한 노동능력 상실

(가) 원고의 주장

원고는 이 사건 사고로 남은 추상장해에 관하여 15%의 노동능력상실률을 주장하며 일실수입을 청구하고 있다.

(나) 추상장해의 법리

불법행위로 인한 후유장해로 말미암아 외모에 추상이 생긴 경우에 그 사실만으로는 바로 육체적인 활동기능에는 장해를 가져오지 않는다 하더라도, 추상의 부위 및 정도, 피해자의 성별·나이 등과 관련하여 그 추상이 장래의 취직·직종선택·승진·전직에의 가능성 등에 영향을 미칠 정도로 현저한 경우에는 그로 인한 노동능력상실이 없다 할 수는 없으므로, 그 경우에는 추상장해로 인하여 노동능력상실이 있다고 보는 것이 상당하다.[1)]

(다) 판 단

S의료원장에 대한 신체감정촉탁 결과에 의하면, 감정의(鑑定醫) J는 이 사건 사고로 인하여 원고에게 남은 반흔에 관하여 "성형외과적 치료를 추가로 하지 않는다면 추상장해가 예상되며 허벅지의 노출이 빈번할 수 있는 여성의 경우라는 점을 고려하여 추상장해 12급, 노동력 상실률 15%에 해당한다"는 의견을 밝혔다. 그러나 다음 사정들을 종합하면, 원고에게 이 사건 사고에 따른 추상장해로 인한 노동능력상실률을 인정하기에 부족하며, 달리 이를 인정할 증거가 없으므로, 원고의 일실수입 청구 부분은 받아들이지 않는다.

(i) 감정의 J와 달리, 성형외과 의사인 감정의 L은 원고의 반흔으로 추상장해가 예상되거나 노동능력의 감퇴가 예상되는지에 관하여 모두 "해

---

1) 대법원 2004. 10. 15. 선고 2003다39927 판결.

당사항 없다"는 의견을 밝혔다.[2)]

(ii) 추상장해에 대하여는 맥브라이드표에는 언급이 없고 국가배상법 시행령 별표 2에서 반흔 정도에 따라 구분하여, 팔 · 다리 노출면에 수장대의 추흔이 남은 자의 경우는 5%, 외모에 추상이 남은 자는 15%, 전신의 40% 이상에 추상이 남은 자는 50%, 외모에 현저한 추상이 남은 자는 60%의 노동능력상실률을 인정하고 있다. 그런데 국가배상법 시행령상 노동능력상실률 평가방법은 국가배상 사건에 관한 은혜적·정책적 고려가 반영된 것으로서 전반적으로 맥브라이드표보다 장해율이 높을 뿐만 아니라, 추상장해의 경우에도 다른 부위의 장해에 비하여 장해율을 너무 높게 인정하고 있어 이를 이 사건에서 그대로 적용하기는 곤란하다.

(iii) 더욱이 국가배상법 시행령에 의하더라도 '팔 · 다리 노출면에 수장대의 추흔이 남은 자의 경우는 5%'의 노동능력상실률로 평가될 뿐인데, 원고의 반흔은 허벅지의 상당한 윗부분에 위치하여 원고가 여성인 점을 감안하더라도 이 사건 변론종결일 기준 만 58세인 원고에게 위 반흔이 다리의 노출면에 있다고 보기는 어렵다. 또한 추상은 성형수술이나 치료로 어느 정도 극복될 수 있어 수술(치료) 종결 전후로 노동능력상실률이 달라질 수 있으므로, 치료가 종결된 후에도 외모에 추상이 남게 되는 경우에만 노동능력 상실을 인정할 수 있는데, 원고 스스로도 반흔의 치료를 위한 향후치료비를 청구하고 있을 뿐만 아니라, 원고의 치료가 종결되었다고 볼 만한 사정이 없다.

(iv) 원고의 반흔에 대하여 "추상장해 12급, 노동력 상실률 15%에 해당한다"는 감정의 J의 의견 역시 '성형외과적 치료를 추가로 하지 않는다면'이라는 단서를 붙인 의견이므로, 위 인정에 방해가 되지 않는다.

### 라. 위자료

이 사건 사고의 경위, 특히 이 사건 사고 발생에 있어 피고나 피고의

---

2) 동일한 사항에 관하여 상이한 여러 개의 감정 결과가 있을 때 감정방법 등이 논리와 경험칙에 반하거나 합리성이 없다는 등의 잘못이 없는 한, 그중 어느 감정 결과를 채택할 것인지는 원칙적으로 사실심 법원의 전권에 속한다. 대법원 2018. 10. 12. 선고 2016다243115 판결.

승무원의 귀책사유가 전혀 없는 점, 원고가 입은 상해의 부위 및 정도, 그 밖에 이 사건 변론에 나타난 여러 사정을 종합하여, 위자료 액수를 1,000,000원으로 정한다.

### 마. 피고의 책임감면 주장에 대한 판단

(1) 피고는 이 사건 사고는 원고가 승무원으로부터 찻잔을 건네받아 자신의 테이블 위에 올려둔 후 발생한 것으로 원고의 전적인 과실로 발생하였으므로, 몬트리올 협약 제20조에 따라 피고의 책임이 감면되어야 한다고 주장한다.

(2) 그러나 피고가 원고 승무원으로부터 찻잔을 건네받아 자신의 테이블 위에 올려둔 후 이 사건 사고가 발생하였다고 하더라도, 기체의 흔들림이나 앞좌석에 앉은 여객의 움직임 등 다른 원인으로 이 사건 사고가 발생하였을 가능성이 완전히 배제되지 않는 이상, 위와 같은 사정만으로 원고의 전적인 과실로 인하여 이 사건 사고가 발생하였다는 점이 적극적으로 증명되었다고 보기는 어렵다. 피고의 책임감면 주장은 받아들이지 않는다.[3)]

## 5. 결 론

따라서 피고는 원고에게 손해배상금 5,023,260원(=기왕 치료비 808,040원+향후 치료비 3,215,220원+위자료 1,000,000원) 및 이에 대하여 이 사건 사고일인 2014. 8. 4.부터 피고가 이행의무의 존부나 범위에 관하여 항쟁하는 것이 상당하다고 인정되는 제1심 판결 선고일인 2018. 6. 21.까지는 민법에 정해진 연 5%, 그 다음날부터 다 갚는 날까지는 소송촉진 등에 관한 특례법에 정해진 연 15%의 각 비율로 계산한 지연손해금을 지급할 의무가 있다.

---

3) 항공사 객실승무원이 여객에게 끓인 라면을 제공하는 과정에서 라면이 여객의 몸에 쏟아져 여객이 화상을 입은 사안에서, 여객의 과실을 인정하지 않고 항공사와 객실승무원의 공동책임을 인정한 사례로는 서울동부지방법원 2018. 1. 17. 선고 2015가합108145 판결; 항공사 승무원도 몬트리올 협약상 운송인의 책임제한에 관한 규정에 의하여 보호된다[Reed v. Wiser, 555 F.2d 1079, 1089~92 (2d Cir. 1977)].

## 6. 관련 판례

### 가. Diaz Lugo v. American Airlines, Inc., 686 F.Supp. 373 (D.P.R. 1988)

#### (1) 인정사실

Norma Figueroa는 1987. 1. 11. 산 후안(San Juan)에서 도미니카 공화국으로 가는 AA 항공편에 탑승하였다. 이륙 후 약 15분이 지난 다음, Figueroa는 객실승무원에게 커피를 주문하였다. 승무원이 커피를 가져왔을 때 Figueroa는 여행자 입국 신고서를 작성하고 있었다. 승무원은 커피를 접이식 테이블에 올려 놓았는데, Figueroa는 그것을 모르고 신고서를 작성하면서 다른 서류를 왼쪽 다리와 좌석 팔걸이에 두었다. Figueroa가 커피가 테이블에 놓인 것을 모르고 계속 서류를 작성하고 있자, 승무원은 Figueroa에게 크림과 설탕이 필요한지 물었다. Figueroa는 약간 고개를 움직여서 “예”라고 대답하였는데, 그 순간 커피가 그녀의 무릎에 쏟아져, 그녀는 골반과 엉덩이에 화상을 입었다.

#### (2) 판시사항

커피가 쏟아진 것은 원고의 외부에서 발생한, 예상 밖의 특이한 사건이므로, 바르샤바 협약 제17조상의 사고에 해당한다. 여객이 항공기에 탑승할 때, 그는 커피가 무릎에 쏟아진다는 것을 예상할 수 없다. 항공기의 통상적인 운용은 여객에게 커피를 쏟게 하지 않는다. Figueroa의 상해는 통상의 항공기 운용에 대한 그녀의 내부 반응으로 인하여 생긴 것이 아니다.

피고는 항공기가 기울어져서 커피가 쏟아졌고, 항공기가 기울어진 것은 사고가 아니라고 주장하지만, 원인의 연쇄작용 결과(product of a chain of causes)로 발생한 상해에서, 법원은 단지 여객이 일부 연결고리가 여객의 외부에서 발생한, 예상 밖의 특이한 것이라는 점을 증명할 것을 요구할 뿐이다.

### 나. Fishman v. Delta Air Lines, Inc., 132 F.3d 138 (2d Cir. 1998)

Michelle Fishman은 1993. 11. 9. 두 자녀와 함께 텔아비브 → 파리 → 뉴욕 델타 항공편에 탑승하였다. 항공기가 파리에 착륙하기 위하여 고도를 낮출 무렵 두 살된 Penina가 귀의 통증 때문에 울기 시작하였다. 승무원은 따뜻한 천이 들어 있는 컵을 귀에 대고 있으라고 제안하였다. Michelle이 컵을 Penina의 오른쪽 귀에 대는 순간, 컵에 들어 있던 뜨거운 물이 쏟아져 Penina는 목과 어깨에 화상을 입었다. Michelle은 승무원에게 응급처치를 하여 줄 것을 요청하였으나, 승무원은 이를 거절하였다. 법원은 승무원이 제공한 뜨거운 물이 상해의 원인이 되었고, 이는 외부에서 발생한, 예상 밖의 특이한 사실이므로, 바르샤바 협약상 사고에 해당한다고 판시하였다.

# [29] 항공 차트 발행사의 항공기사고에 대한 책임 유무

**서울중앙지방법원 2014. 1. 8. 선고 2012가합15423 판결[1)]**

## Ⅰ. 사실관계

### 가. 사고의 경위

(1) L을 포함한 한국인 4명은 주식회사 H투어와 2007. 6. 23.부터 6. 28.까지 4박 6일간 캄보디아 왕국[2)]의 시엠립(Siem Reap)과 시하누크빌(Sihanoukville)을 관광하는 내용의 기획여행계약을 체결하였다.

(2) 기획여행계약 체결시 여객에게 안내된 여행일정에는, 2007. 6. 23. 17:50 대한항공 KE687편으로 인천에서 출발하여 6. 23. 21:10 캄보디아 왕국의 시엠립에 도착한 후, 시엠립에서 2박을 하면서 관광을 하고, 6. 25. 캄보디아 항공사인 주식회사 프로그레스 멀티트레이드 코 엘티디(이하 'P 항공')가 운영하는 항공편인 U4-241편(PMT-241)으로 시하누크빌로 이동하여 시하누크빌에서 2박을 하면서 관광을 한 다음, 6. 27. U4-242(PMT-242)편으로 시엠립으로 이동하여, 같은 날 22:25 KE688편으로 시엠립에서 출발하여 6. 28. 05:40 대한민국에 도착하는 것으로 예정되어 있었다.

(3) A는 위 기획여행계약에 따라 L 등의 명의로, P 항공과 2007. 6.

---

1) 서울고등법원 2015. 12. 11. 선고 2014나14209 판결(항소기각). 다른 유족이 제기한 유사한 사건으로는 서울중앙지방법원 2013. 1. 17. 선고 2011가합37969 판결(제1심), 서울고등법원 2013. 11. 22. 선고 2013나14479 판결이 있는바, 대상사안과 결론은 모두 동일하였다.

2) 캄보디아에서는 1997. 3. 12. 1929년 바르샤바 협약과 1955년 헤이그 의정서가 발효되었고, 1999. 5. 28. 몬트리올 협약에 서명하였으나, 비준하지 아니한 상태이다. 그러므로 이 사건 사고 발생 당시, 한국과 캄보디아의 공통된 국제협약은 헤이그 의정서에 의하여 개정된 바르샤바 협약이다(대법원 1986. 7. 22. 선고 82다카1372 판결 참조). 서울중앙지방법원 2011. 1. 14. 선고 2007가합80850 판결(유족이 항공사를 상대로 손해배상을 구한 사건)에서는 당사자 사이의 합의가 있음을 전제로 위와 같은 결론에 도달하였다.

25. 10:00 시엠립에서 출발하여 같은 날 11:00 시하누크빌에 도착하는 항공편(U4-241, 이하 '이 사건 항공기') 및 6. 27. 11:30 시하누크빌에서 출발하여 6. 27. 12:30 시엠립에 도착하는 항공편(U4-242)에 관한 항공여객운송계약을 체결하였다.

(4) L 등은 위 항공여객운송계약에 따라 P 항공이 운항하는 시엠립과 시하누크빌 사이의 여객항공편인 항공기[캄보디아 왕국 등록표시 XU-U4A, 항공기 모델 Antonov An-24b] U4-241편에 탑승하여 2007. 6. 25. 03:01(국제표준시각, 캄보디아 왕국 시각 10:01)경 시엠립 앙코르 국제공항을 출발하여 시하누크빌 공항으로 향하였다. 위 항공기가 같은 날 03:50경(캄보디아 왕국 시각 10:50경) 프놈댐레이(Phnom Dam Rey) 산자락에 추락(이하 '이 사건 사고')하면서 L을 포함한 여객 18명 및 승무원 4명이 그 자리에서 모두 사망하였다.

### 나. 사고의 원인

캄보디아 정부는 사고원인을 조사한 후 사고조사보고서(이하 '보고서')를 작성하였는데, 주요내용은 다음과 같다.

(1) P 항공은 2007. 1.경부터 시엠립에서 시하누크빌까지의 항로(이하 '이 사건 노선')에서 항공편을 운항하여 오고 있었다. 사고 당시 승무원들은 위 항로에서 총 52회의 운항경력을 가지고 있었고, 사고 당시 항공기는 시엠립에서 시하누크빌로 직행하는 운항 경로가 허가되었으나, 시엠립과 시하누크빌의 대략 중간지점에서 직항 경로를 좌측으로 벗어나 시하누크빌 공항의 북동쪽으로 비행하였다. 이는 당시 시아누크빌 북부 지방에 구름을 동반한 비가 내리고 있었기 때문에 이를 회피하기 위하였던 것으로 추측(당시 조종사는 예정된 항로 이탈에 관해 관제센터에 사전 요청 및 사후 통보를 하지 않아 정확한 이유는 알 수 없다)되며, 추락 후 이 사건 항공기의 동체가 발견된 프놈댐레이 산의 고도는 대략 2,700ft라고 기재되어 있었다.

(2) 사고에 관한 분석결과로, (i) 당시 승무원은 시엠립과 시하누크빌까지의 운행경로를 인지하는데 도움을 받기 위해서 운항 중 GPS 장치를

사용하고 있었을 것으로 보인다. 두 지역 간 경로의 반 정도는 운항이 차질 없이 진행되었던 점으로 보아, 당시 GPS 장치에도 별다른 문제는 없었던 것으로 짐작된다. 다만 경로 이탈이 악천후를 피하기 위한 것이었음을 암시해주는 증거들로 볼 때 좌측으로의 경로 이탈은 운항승무원이 의도적으로 한 것으로 보인다. (ii) 당시 조종사는 그들의 정확한 위치를 인식하지 못하였던 것 같고, 시계비행에 의하여 강하하기로 결정한 것으로 보인다. (iii) 시하누크빌 공항은 접근관제시설을 갖추고 있지 못하였고, 따라서 항공교통관제탑은 이 사건 항공기의 정확한 위치를 알지 못하였다고 기재하였다.

(3) 이 사건 사고에 관한 결론으로, (i) 사고는 승무원들이 악천후 상태에서 자신의 정확한 위치와 지형을 알지 못한 채 허가된 항로를 이탈하여 산악지역으로 비행하였고, (ii) 부적절한 기상상태에서 시계비행에 의한 강하가 계속되었으며, (iii) 항공사의 관리가 미흡하였던 요인들이 결합하여 발생한 것이라고 기재하였다.

### 다. 주요 교신 내용

이 사건 항공기 조종사와 관제탑과의 사고 발생 직전의 교신 내용에 따르면, 항공기는 시엠립 공항에서 이륙 후 프놈펜 지역 관제센터와 교신하다가, 8,000ft로 하강을 허락받은 후인 03:30경부터 시하누크빌 관제탑과 교신하였는데, 그 주요 교신 내용은 다음과 같다.

03:47:48 조종사 : 더 낮은 고도를 요청합니다.
03:47:52 관제탑 : 현재 지나고 있는 고도를 보고하세요.
03:47:56 조종사 : 3,000ft 접근 중. 2,000ft로 하강을 요청합니다.
03:48:00 관제탑 : ground contact 확인 바람
03:48:03 조종사 : 알았습니다. 알았습니다. 비가.. 잠시 후에 뵙죠.. 이제 안 보입니다.
03:48:06 관제탑 : 하강하기에 너무 낮다고 생각하지 않습니까?
03:48:08 조종사 : 괜찮습니다. 600m. 괜찮습니다.

03:48:11 관제탑 : 조종사의 재량에 따라 2,000ft로 하강하세요.
03:48:15 조종사 : 조종사의 재량에 따라 2,000ft로 하강
이후 교신 두절

### 라. 피고의 지위

(1) 피고 J는 미국 델라웨어 주법에 따라 설립되어 미국 콜로라도 주에 본사를 둔 미국 회사로서, 항공 차트 및 항공 관련 제품 등을 제작·공급하는 회사인데, 피고의 항공차트 제작은 각국 정부가 자신의 권한과 책임 하에 접근절차를 수립하여 작성·공표한 차트에 제공된 정보를 조종사들이 이용하기에 용이한 그래픽 형태로 그대로 옮기는 방식에 의하여 이루어진다.

(2) 항공 차트의 종류에는 에스아이디 차트(SID Chart, Standard Instrument Departure Chart), 엔루트 차트(Enroute Chart), 에스티에이알 차트(STAR Chart, Standard Terminal Arrival Chart), 접근 차트(APP Chart, Instrument Approach Chart) 등이 있다.

(3) 일반적으로 항공기는 SID 차트를 보고 공항에서 이륙한 다음, Enroute 차트를 보고 항로를 따라 목적지 공항까지 비행하고, 착륙하고자 하는 경우 STAR 차트를 보고 비행 중인 항로에서 목적지 공항영역까지 접근을 하며, APP 차트를 이용하여 공항으로의 하강 및 활주로에 착륙하게 된다.

### 마. 시하누크빌 공항의 접근 차트

(1) 캄보디아 민간항공청은 2007. 2. 2. 시하누크빌 공항의 계기비행 접근 차트[Instrument Approach Chart RNAV[3)](GPS) of Sihanouk Ville Airport]를 신규로 발행하면서, 위 접근절차는 2007. 3. 15.부터 발효된다

---

3) 지역항법(aRrea NAVigation). 항행안전무선시설에서 발사하는 전파신호를 항공기 탑재 지역항법장비가 지속적으로 계산해내고, 이 과정에서 임의의 Way-point 또는 이미 저장된 Way-point를 찾아 각각의 Way-point들을 향하는 비행을 하는 방식을 말한다.

고 공표하였고, 피고는 캄보디아 정부가 발행한 위 차트에 근거하여 2007. 3. 9. 시하누크빌 공항의 RNAV(GPS) 접근 차트(이하 '이 사건 접근 차트')를 최초로 발행하였다.

(2) P 항공은 피고에게 매년 구독료를 내고 구독기간을 1년 단위로 갱신하면서 'JEPPVIEW PACIFIC BASIN'을 포함하여 피고가 발행한 일련의 항공 차트를 구독하여 왔고, 2007. 2. 9. 구독기간이 만료되자 2007. 3. 1. 피고에게 미화 2,863달러를 지급하고 구독기간을 갱신하였는데, 위 일련의 항공 차트는 아시아 지역의 모든 공항이 포함된 전체 태평양 해역에 대한 전자 'JEPPVIEW' 차트이다.

(3) 이 사건 접근 차트는 원래 전자적 형태의 차트로서 계기착륙 방식인 RNAV(GPS) 접근절차를 위하여 제작된 것이다. RNAV(GPS) 접근절차란, 항공기가 통과할 수 개의 접근점을 설정해 놓고 그 접근점들의 위치가 포함된 내비게이션 데이터 베이스를 입력한 공인된 GPS 수신기를 항공기에 장착하여, 조종사가 이를 이용해 항공기가 차트상에 설정된 항로 및 최저안전고도를 유지하면서[이 사건 접근 차트상으로는 최초 접근점(IAF, Initial Approach Fix, SV101, SV102, SV103)까지는 3,000ft, 중간 접근점(IF, Intermediate Fix, SV104)까지는 3,000ft, 최종 접근점(FAF, Final Approach Fix, SV105)에서는 1,600ft], 각 접근점을 순차로 통과하도록 조종함으로써 활주로에 착륙하는 절차를 뜻한다.

(4) 접근 차트에는 그 접근점들에 위도나 경도 등 정확한 위치를 확인할 수 있는 수치가 표기되어 있지 않으므로, 이를 이용하기 위해서는 원칙적으로 피고가 제공하는 Jeppesen 항법 내비게이션 데이터베이스(Navigation Database, 각 접근점들의 정확한 위치 정보가 담겨 있음)와 공인된 GPS 수신기 등이 있어야 하나, 당시 P 항공은 피고로부터 내비게이션 데이터베이스를 구입한 적이 없었고, 이 사건 항공기에는 공인된 GPS 수신기가 장착되어 있지 않았다.

(5) 최저안전고도(MSA, Minimum Safe Altitude)란, 기준점으로부터 반경 25해리 내에 존재하는 모든 장애물로부터 1,000ft 이상의 고도 차이를 확보하기 위하여 표기되는 것으로써, 표기된 고도로부터 1,000ft 아래에는

아무런 장애물이 존재하지 아니한다는 것을 의미한다. 이 사건 접근 차트 상에서는 RNAV(GPS) 접근절차를 위한 종착 구역 고도(TAA, Terminal Area Altitude, 해당 접근절차에 한하여 MSA를 대체함)가 정해짐에 따라 위 최저안전고도를 대체하여 표기되었다.

(6) 캄보디아 정부는 이 사건 사고 이후 2007. 7. 4. 03:00를 기준으로 시하누크빌 공항에 대한 RNAV(GPS) 접근절차 취소를 공표하였고, 이후 2009. 8. 9.경 새로이 발간된 시하누크빌 공항에 대한 접근 차트에 따르면, 시하누크빌 공항의 북동쪽 180°에서 270° 사이의 최저안전고도는 5,500ft로 기존의 3,000ft보다 상향 조정되었다.

### 바. 원고들의 청구원인

L 가족의 상속인들인 원고들은, 이 사건 항공기는 이 사건 사고 당시 시하누크빌 공항에 착륙하기 위하여 피고가 제작하여 판매한 접근 차트를 사용하였고, 접근 차트에는 최초 접근점인 SV101로부터 반경 25해리 내의 최저안전고도가 3,000ft로 표기되어 있었는데, 실제로 이 사건 사고 장소 주변은 3,000ft 이상의 산들이 늘어서 있는 산악지역이어서 최저안전고도가 5,000ft 이상으로 표기되었어야 했는바, 조종사는 접근 차트에 그와 같은 오류가 있음을 알지 못한 채 접근 차트에 의지하여, 최저안전고도가 인근에 있는 최고 높이 지형물보다 1,000ft 높게 설정되는 점을 감안하여 2,000ft까지는 장애물이 없다고 판단하고 착륙을 시도하다가 2,000ft 이상인 산에 부딪혀 이 사건 사고가 발생하였으므로, 결국 이 사건 사고는 피고가 제작한 차트상 오류 때문에 발생한 것이어서, 피고는 이 사건 사고로 인하여 원고들이 입은 손해를 배상할 책임이 있다고 주장한다.

## Ⅱ. 참조 조문

### 1. 국제사법

> **제2조(국제재판관할)** ① 법원은 당사자 또는 분쟁이 된 사안이 대한민국과 실질적 관련이 있는 경우에 국제재판관할권을 가진다. 이 경

우 법원은 실질적 관련의 유무를 판단함에 있어 국제재판관할 배분의 이념에 부합하는 합리적인 원칙에 따라야 한다.

② 법원은 국내법의 관할 규정을 참작하여 국제재판관할권의 유무를 판단하되, 제1항의 규정의 취지에 비추어 국제재판관할의 특수성을 충분히 고려하여야 한다.

**제32조(불법행위)** ① 불법행위는 그 행위가 행하여진 곳의 법에 의한다.

② 불법행위가 행하여진 당시 동일한 국가 안에 가해자와 피해자의 상거소가 있는 경우에는 제1항의 규정에 불구하고 그 국가의 법에 의한다.

③ 가해자와 피해자 간에 존재하는 법률관계가 불법행위에 의하여 침해되는 경우에는 제1항 및 제2항의 규정에 불구하고 그 법률관계의 준거법에 의한다.

④ 제1항 내지 제3항의 규정에 의하여 외국법이 적용되는 경우에 불법행위로 인한 손해배상청구권은 그 성질이 명백히 피해자의 적절한 배상을 위한 것이 아니거나 또는 그 범위가 본질적으로 피해자의 적절한 배상을 위하여 필요한 정도를 넘는 때에는 이를 인정하지 아니한다.

## 2. 민 법

**제750조(불법행위의 내용)** 고의 또는 과실로 인한 위법행위로 타인에게 손해를 가한 자는 그 손해를 배상할 책임이 있다.

**제751조(재산 이외의 손해의 배상)** ① 타인의 신체, 자유 또는 명예를 해하거나 기타 정신상고통을 가한 자는 재산 이외의 손해에 대하여도 배상할 책임이 있다.

② 법원은 전항의 손해배상을 정기금채무로 지급할 것을 명할 수 있고 그 이행을 확보하기 위하여 상당한 담보의 제공을 명할 수 있다.

**제752조(생명침해로 인한 위자료)** 타인의 생명을 해한 자는 피해자의 직계존속, 직계비속 및 배우자에 대하여는 재산상의 손해없는 경우에도 손해배상의 책임이 있다.

**제760조(공동불법행위자의 책임)** ① 수인이 공동의 불법행위로 타인에게 손해를 가한 때에는 연대하여 그 손해를 배상할 책임이 있다.

> ② 공동 아닌 수인의 행위 중 어느 자의 행위가 그 손해를 가한 것인지를 알 수 없는 때에도 전항과 같다.
> ③ 교사자나 방조자는 공동행위자로 본다.

## Ⅲ. 판시사항

이 사건 접근 차트가 이 사건 사고 당시 이 사건 항공기의 조종사에 의하여 사용되었음이 증명되지 않은 이상, 피고의 이 사건 접근 차트 제작 및 판매와 이 사건 사고와의 인과관계가 인정되지 아니한다.

## Ⅳ. 해 설

대상사안에서는 캄보디아 국내항공일정 중에 사고를 당한 여객의 유족들이 항공 차트 발행회사인 피고를 상대로 손해배상을 청구하였다. 이에 관하여는, 국제재판관할권, 준거법, 항공 차트 발행회사의 항공기사고에 대한 책임 여부가 쟁점이 되었다.

### 1. 국제재판관할권

#### 가. 의 의

당사자 간의 공평, 재판의 적정, 신속 및 경제를 기한다는 기본이념에 따라 국제재판관할을 결정하여야 하고, 구체적으로는 소송당사자들의 공평, 편의, 예측가능성과 같은 개인적인 이익뿐만 아니라 재판의 적정, 신속, 효율 및 판결의 실효성 등과 같은 법원 내지 국가의 이익도 함께 고려하여야 한다. 이러한 다양한 이익 중 어떠한 이익을 보호할 필요가 있을지 여부는 개별 사건에서 법정지와 당사자의 실질적 관련성 및 법정지와 분쟁이 된 사안과의 실질적 관련성을 객관적인 기준으로 삼아 합리적으로 판단하여야 한다. 한편 불법행위에 관한 소는 그 행위지의 법원에 제기할 수 있는바, 위 '행위지'에는 가해행위로 인한 직접적인 물리적 결과, 즉 사망 또는 상해, 물건의 파손 등이 일어난 곳뿐만 아니라 그러한 결과로 인한 법익의 침해, 즉 재산적 또는 정신적 손해가 발생한 곳도 포함한다.

### 나. 판 단

(1) 이 사건 사고로 인한 망인들의 사망은 비록 캄보디아에서 발생하였으나, 그로 인한 망인들 및 유족인 원고들의 손해는 결국 망인들의 일실수입의 상실(소극적 손해), 원고들이 지출한 장례비(적극적 손해), 망인들 및 원고들의 위자료(정신적 손해)인데, 망인들 및 원고들은 모두 대한민국의 국민들로서 이 사건 사고 당시 대한민국에 거주하면서 경제활동 등을 하고 있었다.

(2) 망인들의 일실수입, 장례비, 상속관계 등 손해액의 산정에 필요한 자료는 그 양도 많고 곳곳에 산재되어 있는 반면, 피고가 이 사건 소에 대한 방어를 위하여 수집하여야 할 자료는 자신이 제작하여 P 항공에 공급한 이 사건 접근차트와 이 사건 사고의 연관성에 대한 것으로 국한되고, 더군다나 이 사건 사고에 대한 조사는 캄보디아 정부 차원에서 이미 공식적으로 마친 상태이므로, 자료 수집의 편의성, 자료에 대한 접근성, 번역의 분량 등을 고려하면, 미국에서 재판하는 것보다 대한민국에서 재판하는 것이 재판의 적정성, 신속성 및 경제성의 이념에 부합한다.

(3) 원고들은 사망한 망인들의 유족들로서 인적 사고에서 입을 수 있는 최대치의 피해를 입었으므로 그 보호의 필요성이 매우 큰 반면, 대한민국 법원에 재판관할권을 인정할 경우 예상되는 피고의 불이익은 소송수행상 불편에 불과한데, 이는 원고들의 손해보다 보호가치가 크거나 그와 대등한 것으로 보기 어렵다. 또한 피고는 그 영업내용 및 범위에 비추어 자신이 항공 차트를 판매한 외국 항공사가 이를 이용하여 운항하다가 사고가 발생한 경우 그 사고발생지 또는 피해자들의 국적지에서 소가 제기될 가능성을 충분히 예견할 수 있는 입장에 있다.

(4) 원고들은 여행지에서 갑작스럽게 불의의 사고로 사망한 망인들의 유족으로서 개인일 따름이고, 피고는 세계 굴지의 항공기 제작·공급 업체인 미국 보잉사의 자회사로서 전 세계에 걸쳐 영업활동을 하고 있는 국제

적 기업이다. 이러한 지위의 차이를 고려하면 원고들이 피고의 본점 소재지인 미국 또는 사고발생지인 캄보디아에서 소를 제기하기 위하여는 과다한 비용과 노력이 소요되어 소 제기 자체가 사실상 곤란해질 수 있다. 반면 피고는 평소 영업내용 및 범위와 인력 및 재력 등에 비추어 외국 법원에서 소송을 수행하게 된다 해도 응소의 부담이 원고들만큼 과다하다고 볼 수 없어, 당사자간 공평의 측면에서 대한민국 법원에 재판관할권을 인정하는 것이 피고에게 부당하게 불리하지 않다.

(5) 이 사건 소에서 대한민국은 불법행위의 행위지로서 우리 민사소송법상 토지관할이 인정될 뿐만 아니라, 당사자간의 공평, 재판의 적정, 신속 및 경제 등을 함께 고려할 때 이 사건 소에서 다툼이 된 사안과 대한민국의 실질적 관련성이 인정되어 대한민국 법원이 이 사건 소에 대하여 재판관할권을 가진다.

## 2. 준거법

### 가. 의 의

원고들은 미국 델라웨어 주법에 따라 설립되어 콜로라도 주에 본사를 둔 피고를 상대로 피고가 작성한 이 사건 접근 차트상 최저안전고도의 오류로 인하여 이 사건 사고가 발생하였다고 주장하면서 손해배상을 구하는바, 이 사건에는 외국적 요소가 있어 국제사법에 따라 준거법을 정해야 한다.

### 나. 불법행위의 준거법

국제사법은 불법행위는 그 행위가 행해진 곳의 법에 의한다고 규정한다(제32조 제1항). 위 조항에서 말하는 불법행위가 행해진 곳에는 행동지 이외에 결과발생지로서 법익침해 당시 법익의 소재지도 포함된다.[4] 이 사건 사고로 인하여 침해되는 원고들의 법익 소재지는 대한민국임이 분명하고, 행동지와 결과발생지가 상이한 경우에 피해자인 원고들은 준거법을

4) 대법원 1983. 3. 22. 선고 82다카1533 전원합의체 판결.

선택할 수 있다.[5)]

원고들이 대한민국 법원에 이 사건 소를 제기하고 대한민국 법에 따라 주장을 하고 있는 점에 비추어 보면, 원고들은 대한민국법을 준거법으로 선택하려는 의사를 가지고 있다고 추인된다. 따라서 이 사건 사고로 인한 원고들과 피고 사이의 불법행위의 성립 및 효과, 피고의 손해배상책임의 발생 여부에 관하여는 대한민국법을 준거법으로 하여 판단한다.

### 3. 피고의 손해배상 책임의 존부

#### 가. 이 사건 접근 차트의 이용 여부

이 사건 항공기의 조종사가 사고 무렵 착륙을 하기 위해 이 사건 접근 차트를 이용하였는지 여부가 쟁점이 되었다. 법원은 아래와 같은 사실을 바탕으로, 조종사가 사고 무렵 착륙을 하기 위해 이 사건 접근 차트를 이용하였다고 볼 수 없다고 판시하였다.

##### (1) RNAV(GPS) 접근절차에 따른 착륙을 시도하였는지 여부

이 사건 접근 차트는 RNAV(GPS) 접근절차를 위하여 제작된 전자적 파일 형태의 차트로, 해당 접근점들에 위도나 경도 등 정확한 위치를 확인할 수 있는 수치가 표기되어 있지 않으므로, 이를 이용하기 위해서는 원칙적으로 피고가 제공하는 내비게이션 데이터베이스와 공인된 GPS 수신기(항공기의 계기판에 부착한 다음 인증을 부여하게 됨)가 있어야 한다.

P 항공은 피고로부터 내비게이션 데이터베이스를 구입한 적이 없고, 이 사건 항공기에는 공인된 GPS 수신기가 장착되어 있지 않아 위와 같은 원칙적인 방법에 의한 RNAV(GPS) 접근절차의 수행은 불가능하였다. 당시 조종사와 관제탑과 교신에 의하더라도 위와 같은 접근절차의 실행을 전제로 한 교신내용은 찾을 수 없고, 이 사건 항공기가 위 접근절차에 따른 최초 접근점을 향하여 비행하고 있었던 것도 아니다.

이 사건 사고 이후 대한민국 정부의 사고조사팀으로 캄보디아에 파견

---

5) 대법원 2012. 5. 24. 선고 2009다22549 판결.

되어 조사를 한 바 있던 B 또한 관련 사건 1심의 증인신문에서, 이 사건 항공기의 조종사가 RNAV(GPS) 접근절차를 실시할 의도였다면 고도를 8,000ft에서 3,000ft로 하강하기 이전에 이미 이러한 승인을 받았어야 했는데 그러하지 않았다고 진술한 점 등에 비추어 볼 때, 실제로도 항공기는 사고 직전에 이루어진 착륙절차에서 RNAV(GPS) 접근절차에 따른 착륙을 시도하였다고 볼 수 없다.

(2) 휴대용 GPS인 가민 GPSMAP 296의 사용여부

원고들은, 이 사건 항공기 조종사는 휴대용 GPS인 가민 GPSMAP 296(이하 '가민 GPS 296'이라 함)을 이용하여 RNAV(GPS) 접근절차를 수행할 수 있었고, 그에 따라 이 사건 접근차트에 최초 접근점의 최저안전고도로 표기된 3,000ft 이하로 하강하게 된 것이라고 주장하였다.

가민 GPS 296에는 피고가 제공하는 데이터베이스가 일부 입력되어 있고, 공항접근(approach) 기능을 사용하면 접근 차트상의 최초 접근점·중간 접근점·최종 접근점들이 연속하여 표시되는 사실은 인정된다. 그러나 (i) 이 사건 조사보고서에는 사고 당시 사용된 GPS가 가민 GPS 296이라는 점에 관하여 아무런 언급이 없었던 점, (ii) 가민 GPS 296에는 충돌방지 기능이 탑재되어 있어 지형 화면에 2,000ft 이상의 지상 장애물은 그 고점의 고도가 표시되며, 지상 장애물과의 근접 정도에 따라 항공기와 지상 장애물 사이의 고도 차이를 색깔로 표시하면서 현재 항공기의 고도와 속도에 비추어 120초 후 충돌 예상지점을 X자로 표시하고 고도 차이가 작을 때는 경고창이 나타나 이를 경고하게 되는 사실이 인정되는데, 그럼에도 항공기 기체의 이상으로 조종이 불가능하다는 등 특별한 사정이 보이지 않는 이 사건에서, 이 사건 항공기가 지상과 충돌하였다는 것은 이 사건 항공기 조종사가 가민 GPS 296 장치를 소지하지 않았음을 추인하게 하는 점, (iii) P 항공은 이 사건 사고 당시 이 사건 항공기 노선 이외에도 하노이, 부산, 인천 등의 국내외 노선에 8대의 항공기를 운항하고 있었는바, 이 사건 노선에는 2007. 1.부터 이 사건 항공기를 운항하였고, 이 사건 접근 차트는 그 이후인 2007. 3. 9.에 발행되었음에도 가민 GPS

296은 2007. 4.에야 구매된 점, (iv) 한편 P 항공사의 대표이던 드미트리 스테파노브는 이 사건 항공기의 조종사가 가민 GPS 296을 소지하여 운항하고 있었다는 취지의 진술서를 제출하였으나, 드미트리 스테파노브가 2012. 8. 9.경 작성하여 제출한 진술서에서는 가민 GPS 296에 대하여 아무런 진술을 하지 않았고, 오히려 이 사건 항공기 내에는 이 사건 접근 차트 외에 어떠한 GPS, FMS(Flight Management System, 비행관리시스템), 내비게이션 데이터베이스 장비도 장착되어 있지 않았다고 진술하였던 점 등에 비추어 보면, 이 사건 항공기 조종사가 이 사건 사고 당시 가민 GPS 296을 소지하여 운항하였다고 볼 수 없다.[6]

#### (3) 이 사건 접근 차트에 기재된 최저안전고도의 활용 여부

(가) 원고들의 주장

이 사건 항공기 조종사가 휴대용 GPS를 사용하여 시계비행을 함으로써 RNAV(GPS) 접근절차를 수행할 수 없었다고 하더라도 이 사건 접근 차트를 사용할 수 없거나 사용할 필요가 없는 것은 아니고, 휴대용 GPS를 통해 구현되거나 또는 종이로 인쇄된 이 사건 접근 차트에 기재된 최저안전고도는 충분히 활용할 수 있다.

이 사건 사고 직전 관제탑과의 교신 중에 관제탑에서 고도가 너무 낮지 않느냐고 질문하자 조종사가 크메르어로 "괜찮습니다. 600m"라고 답하였는데, 600m는 약 2,000ft에 해당하므로, 당시 조종사는 이 사건 접근 차트에 표기된 최저안전고도 3,000ft를 염두에 두고 그보다 1,000ft 아래

---

6) 관련 사건 항소심 판결에는 아래와 같은 내용이 추가되었다. "P 항공은 원고들과 공동으로 이 사건 소를 제기하였다가 소를 취하하였었는데 당시 드미트리 스테파노브가 그 대표자로 소를 제기하였다. 이러한 점에 비추어 보면 원고들은 드리미트 스테파노브로부터 이 사건 항공기에 관한 정보를 쉽게 취득할 수 있었던 것으로 보인다. 그럼에도 이 사건 항소심, 그것도 변론종결일로 고지하였던 변론종결일에서야 비로소 제출된 드미트리 스테파노브의 위 진술 내용은 그대로 믿기 어렵다. 이 사건 접근차트를 이용한 계기비행이나 시계비행이 가능한지는 이 사건 제1심에서부터 주요 쟁점이 되었고, 피고가 P 항공에게 이 사건 항공기에 장착된 GPS 수신기의 제조사, 모델 및 일련 번호 등을 특정하여 달라고 석명을 구하기도 하였는데 P 항공은 이에 대한 아무런 답변 없이 바로 소를 취하하였던 점, 드미트리 스테파노브는 제1심에서 제출된 진술서에서는 가민 GPS 296에 대하여 아무런 진술을 하지 않았고 오히려 이 사건 항공기 내에는 GPS가 없었다고 진술하였던 점 등에 비추어 보면 더욱 그러하다."

인 2,000ft까지는 하강하여도 문제가 없다고 생각하여 그리 대답한 것으로 추측되는 점에 비추어 볼 때, 결국 조종사가 당시 이 사건 접근 차트의 최저안전고도를 활용함으로써 최소한 2,000ft까지는 장애물이 없을 것이라고 판단하여 착륙을 시도하다가 이 사건 사고가 발생하였다.

(나) 판 단

(i) 이 사건 접근 차트는 RNAV(GPS) 접근절차를 위해서 제작된 것인데, 당시 이 사건 항공기로는 위 접근절차를 수행하는 것이 객관적으로 불가능하였고, 실제로도 위 접근절차에 따른 착륙절차를 시도한 바 없으므로, P 항공이 이 사건 사고 이전에 피고로부터 이 사건 접근 차트를 구입하였다거나 캄보디아 법령에서 운항 비행기에 항로에 관한 차트를 구비할 의무를 부과하였다는 사정만으로 사고 당시 조종사가 이 사건 접근 차트의 정보를 활용하여 이 사건 항공기를 운항하였을 것으로 보기는 어렵다.

(ii) 이 사건 사고 직전의 교신 내용에 의하면, 이 사건 항공기 조종사가 시하누크빌 관제탑에 2,000ft로 하강을 요청하였을 때에 관제탑은 "ground contact", 즉 '눈으로 아래 방향 및 정면으로 지상을 확인할 것'을 명령하였고, 이에 조종사는 "알았다"고 한 후 잠시 뒤에 "비로 인해 보이지 않는다"고 대답하였는데, 위 대화 내용에 비추어 볼 때 당시 조종사는 전적으로 육안으로 지상을 확인하면서 착륙을 시도하고 있었다고 판단된다. 따라서 바로 3초 후 조종사가 '하강하기에 너무 낮지 않느냐'는 관제탑의 질문에 "괜찮습니다. 600m"라고 대답한 것은 '현재 확보된 시야상 600m(약 2,000ft)까지는 하강하여도 장애물이 없어 괜찮을 것으로 보인다'는 의미로 대답한 것으로 판단될 뿐, 갑작스레 조종사와 관제탑이 이 사건 접근 차트상의 항공기 위치를 파악한 후 최저안전고도 3,000ft로부터 최저안전고도 설정 방법을 감안한 추론 결과인 2,000ft까지는 안전하리라고 판단하여 위와 같이 대답하였을 것이라고는 볼 수는 없다.

(iii) 전자 파일로 된 이 사건 접근 차트를 종이로 인쇄하거나 당초부터 종이로 판매되는 이 사건 접근 차트에는 그 접근점들에 위도나 경도가 표

시되지 않을 뿐만 아니라, 피고가 제공한 내비게이션 데이터베이스가 입력되지 않은 휴대용 GPS를 사용하면 항공기의 위치가 이 사건 접근차트상 어느 지점에 있는지조차 정확하게 파악할 수 없으므로, 여객의 안전을 책임지고 운행하는 조종사가 당시 시계비행을 하면서 이 사건 접근 차트로는 자신의 정확한 위치도 알 수 없는 상태에서 이 사건 접근 차트를 통해 최저안전고도에 관한 정보를 얻게 되었을 것으로 보기는 어렵다.

(iv) 이 사건 접근 차트상에 종착구역고도(TAA)가 3,000ft로 설정되어 있다는 것은 그 자체로 조종사에게 그 고도 이하로는 비행하지 아니할 의무를 부과한다고 보아야 할 뿐, 일반적인 조종사들이나 당시 이 사건 항공기의 조종사가 원고들 주장과 같은 방법으로 최저안전고도를 역으로 이해하여 1,000ft까지는 고도를 낮춰도 무방한 것으로 판단하게 될 것이라고 볼 수도 없다.

(v) 위와 같은 점들에 비추어 볼 때 원고들의 위와 같은 주장은 받아들일 수 없다.

### 나. 결 론

이 사건 접근 차트가 이 사건 사고 당시 이 사건 항공기의 조종사에 의하여 사용되었음이 증명되지 않은 이상, 피고의 이 사건 접근 차트 제작 및 판매와 이 사건 사고와의 인과관계가 인정되지 아니한다. 따라서 원고들의 이 사건 청구는, 이 사건 접근 차트의 제작에 관한 피고의 과실 여부 등 원고들의 나머지 주장에 관하여는 더 나아가 판단할 필요 없이 이유 없다.

# [30] 기상정보 제공자의 항공기사고에 대한 책임 유무

Srock v. United States, 462 F.Supp.2d 812 (E.D.Mich. 2006)

## Ⅰ. 사실관계

(1) Daniel Wood는 수상비행기 Seawind호(이하 '이 사건 비행기')를 시험용으로 제작하였고, 1999. 5. 수상비행기 전문가인 Paul Array는 시험비행과 검사를 거쳐 검사보고서와 시험용 아마추어 제작 항공기에 대한 특별감항인증서(Special Airworthiness Certificate for Experimental Amateur Built Aircraft)를 작성하여 주었다.

(2) Wood와 James Srock은 2000. 2. 5. 수상비행기 소유자들을 위하여 플로리다에서 매년 개최되는 'River Ranch Fly-In' 행사에 참석하기 위하여 이 사건 항공기를 타고 미시간에서 플로리다로 비행하였다.

(3) Wood와 Srock은 행사가 끝난 후 2000. 2. 11. 플로리다 Ocala를 이륙하여 미시간 Pontiac으로 돌아오려고 하였다. 조종사 Wood는 Gainesville에 있는 Flight Service Station(FSS)에 전화를 걸어, 비행 전 기상정보에 관하여 문의하였다. 담당자는 Wood에게, "오후 1:00경 테네시 지역은 기상이 악화될 것이므로, VFR(visual flight rules, 視界飛行方式) 조건하에서는 콜럼버스 서쪽을 거쳐 인디애나 남쪽으로 가는 것이 좋겠다"고 조언하였다. 대화 끝 무렵 Wood는 담당자에게 "만약 우리가 악천후를 만나게 되면, 비행기는 바닥에 추락할 것이다"라고 말하였다.

(4) Wood와 Srock은 담당자의 조언과는 달리 조지아 Douglas로 향하였는데, 이는 플로리다에서 폰티악으로 가는 거의 직진 항로에 해당하고, 테네시 동쪽을 통과하는 것이었다. 이 경로상에는 해발 6,000ft가 넘는 Great Smokey Mountains와 2,500ft가 넘는 Cumberland Mountains가 있었다.

(5) 운항 중 중간기착지인 조지아 Douglas에서 연료를 주입하고,

Wood는 조지아 Macon에 소재하는 Automated Flight Service Station(AFSS)에 전화를 걸어, 항로상의 표준기상정보(standard weather briefing)에 관하여 문의하였다. Gloria Day는 Wood에게 예상 비행고도 등에 관하여 질문하고 표준기상정보를 제공하려고 하였으나, Wood가 비행고도에 대하여 대답을 하지 않고 Day의 말을 계속 끊었기 때문에, 결국 조종사에 요청하는 기상정보만을 제공하는 단축기상정보(abbreviated briefing)를 제공할 수밖에 없었다.

(6) 이 사건 비행기는 2000. 2. 11. 버지니아에 있는 Cumberland Gap National Historic Forest에서 추락하여 Srock과 Wood 모두 사망하였다. 원고 Theresa Srock은 AFSS가 조종사 Wood에게 부주의하게 기상정보를 제공한 것이 비행기 추락의 원인이 되었거나 이 사고 발생에 기여과실이 되었다고 주장하면서, 미국 연방정부를 상대로 손해배상을 구하는 소를 제기하였다.

## Ⅱ. 참조 조문

### 1. 연방항공규칙

**14 C.F.R. § 91.155 [기본 VFR의 최소 기상조건]**

(a) 본 조의 (b)항, § 91.157을 제외하고, VFR 조건에서는 아래 표의 해당 고도와 비행공역등급에 기재된 비행 가시거리와 구름에서 이격거리(離隔距離)보다 짧은 곳에서는 항공기를 운항할 수 없다.

<table>
<tr><th colspan="2">비행공역</th><th>비행가시거리</th><th>구름에서 이격거리</th></tr>
<tr><td colspan="2">A등급</td><td>해당사항 없음</td><td>해당사항 없음</td></tr>
<tr><td colspan="2">B등급</td><td>3마일</td><td>구름 없음</td></tr>
<tr><td colspan="2">C등급</td><td>3마일</td><td>500ft 이하, 1,000ft 이상,<br>수평으로 2,000ft 이상</td></tr>
<tr><td colspan="2">D등급</td><td>3마일</td><td>上同</td></tr>
<tr><td rowspan="2">E등급</td><td>해발 1만ft 미만</td><td>3마일</td><td>上同</td></tr>
<tr><td>해발 1만ft 이상</td><td>5마일</td><td>1,000ft 이하, 1,000ft 이상,<br>수평으로 1마일 이상</td></tr>
</table>

## Ⅲ. 판시사항

기상정보제공과 무관하게, Wood와 Srock은 연방항공규칙(Federal Aviation Regulation) 14 C.F.R. § 91.155에 의하여, 해발 1만ft 미만의 E 등급 비행공역에서는 구름에서 500ft보다 높게, 1,000ft보다 아래, 수평으로 2,000ft 이상 떨어져서 비행하여야 한다는 것을 잘 알고 있었다. Srock은 구름을 가로질러 비행하는 것이 불법이라는 것을 알고 있었고 이로 인한 위험을 기꺼이 감수하였다. 또한 Wood의 수상비행기로 플로리다에서 미시간까지 비행하는 것이 위험(추락으로 인하여 사망에 이를 수도 있다는 것 포함)하다는 것을 잘 알고 있었다. 버지니아 주법(州法)에 의하면, 원고가 자발적으로 위험을 감수한 경우에는 비록 원고의 손해가 피고의 과실로 인한 것이라 하더라도 원고의 손해배상청구는 허용되지 아니한다.

## Ⅳ. 해 설

### 1. 준거법

원고와 피고는, 원고가 주장하는 피고의 과실이 조지아 주에서 발생하였으므로, 조지아 주법이 준거법이 된다고 주장하였다. 조지아 법원은 이 사건 비행기가 추락한 곳인 버지니아 주법을 적용할 것이므로, 이 사건에 관하여 적용할 준거법은 버지니아 주법이 된다.

### 2. FAA의 기상정보에 관한 주의의무

미 연방항공청(FAA)은 조종사의 기상정보제공 요청에 대하여, 정확하고 완전한 기상정보를 제공할 의무를 부담한다.[1] 이러한 의무는 조종사 이외에도 여객에게도 부담한다.[2] 연방불법행위법(Federal Tort Claims Act)

1) Pierce v. United States, 679 F.2d 617, 621 (6th Cir. 1982); Reminga v. United States, 631 F.2d 449, 452 (6th Cir. 1980); Gill v. United States, 429 F.2d 1072, 1075~77 (5th Cir. 1970); Ingham v. Eastern Air Lines, Inc., 373 F.2d 227, 238 (2d Cir. 1967).

에 의하면, 연방정부는 일반 대중에게도 주의의무위반에 대하여 책임을 부담한다.[3] 의무를 부담하는 기상정보에는 현재의 기상정보[4]와 일기예보[5]가 모두 포함된다.

## 3. 대상사안의 검토

### 가. 피고의 주의의무 위반 여부

(1) 연방항공규칙(Federal Aviation Regulation) 14 C.F.R. § 91.155에 의하여, 해발 1만ft 미만의 E등급 비행공역에서는 구름에서 500ft보다 높게, 1,000ft보다 아래, 수평으로 2,000ft 이상 떨어져서 비행하여야 한다. 조종사는 항공기와 여객의 안전에 대하여 무한책임을 부담하므로, FAA가 발령한 규칙을 반드시 준수하여야 한다는 것을 연방항공규칙은 명확하게 선언하고 있다.[6] 시계비행에서는 항공기의 안전한 운용에 관한 주된 책임은 조종사에게 있다.[7] VFR 조건하에서 조종사는 만약 구름 속 비행을 회피할 수 있는 상황이라면, 구름 속으로 비행해서는 안된다는 것에는 의문의 여지가 없다.[8]

(2) 항공기 운항 관련 전문가는 조종사의 의무와 책임을 감경할 수 없고,[9] 조종사가 미리 알아야 하는 정보를 제공할 의무도 없다.[10] 관제사의 경고의무도 조종사의 주된 책임과 의무를 감경할 수 없으므로, 조종사는 육안으로 적당한 정보를 수집할 수 있는 경우에는 위험에 대한 주의의무를 계속 이행하여야 한다.[11] 또한 관제사는 악천후에서 항공기의 이륙을

2) Freeman v. United States, 509 F.2d 626, 629 (6th Cir. 1975).
3) Indian Towing Co. v. United States, 350 U.S. 61 (1955).
4) Ingham v. Eastern Air Lines, 373 F.2d 227 (2d Cir. 1967).
5) Somlo v. United States, 274 F.Supp. 827 (N.D.Ill. 1967).
6) Capello v. Duncan Aircraft Sales of Florida, Inc., 79 F.3d 1465, 1469 (6th Cir. 1996).
7) Schuler v. United States, 868 F.2d 195, 198 (6th Cir. 1989).
8) Pierce v. United States, 718 F.2d 825, 829 (6th Cir. 1983).
9) Moorhead v. Mitsubishi Aircraft Int'l, Inc., 639 *826 F.Supp. 385, 395 (E.D.Tex. 1986).
10) Economou v. United States, No. C-3-85-694, 1992 WL 1258526, at *9 (S.D.Ohio. Aug. 26, 1992).
11) Schuler v. United States, 868 F.2d 195, 198 (6th Cir. 1989).

제한하거나 이륙을 연기하여야 한다는 조언을 할 의무도 없으므로, 기상 조건에서 항공기의 이륙을 결정하는 것은 조종사이다.[12] 항공기 운항 관련 전문가가 조종사에게 추가적인 기상정보를 제공할 의무는 조종사가 브리핑을 끝낼 때 종료된다.[13]

### 나. Srock의 위험 감수와 피고의 면책

(1) 버지니아 주법에 의하면, 피해자가 위험의 내용과 범위를 잘 알고 있으면서도 자발적으로 위험을 감수한 경우에는 비록 피해자의 손해가 피고의 과실로 인한 것이라 하더라도 피해자의 손해배상청구는 허용되지 않는다.[14]

(2) 이 사건에서 Srock은 이 사건 비행기가 시험용으로 제작된 아마추어용 수상비행기이고, 구름 속으로 비행하여서는 안된다는 사실을 잘 알면서도, 자발적으로 악천후 상태에서 구름 속으로 비행하는 것을 감수하였다. 또한 피고에게 과실이 인정된다 하더라도, 피고의 과실은 악천후 상태에서 구름 속을 의도적으로 비행한 Wood와 이를 자발적으로 감수한 행위보다 이 사건 사고 발생에 우월한 원인이 된 것은 아니므로, 원고의 청구는 FTCA에서는 허용되지 아니한다.

## 4. 대법원 2003. 1. 10. 선고 2000다57832 판결

(1) 국립공원인 지리산 계곡에서 야간의 돌발적인 집중호우에 의한 수량의 증가로 야영객이 사망한 사고에 대하여 유족들이 대한민국을 상대로 손해배상을 청구하였다. 법원은 다음과 같은 이유로 기상청 소속 공무원

---

12) Bauer v. United States, 289 F.Supp.2d 944, 952 (N.D.Ill. 2002), aff'd Spurgin-Dienst v. United States, 359 F.3d 451 (7th Cir. 2004).

13) Economou v. United States, No. C-3-85-694, 1992 WL 1258526, at *9 (S.D.Ohio. Aug. 26, 1992).

14) Arndt v. Russillo, 231 Va. 328, 343 S.E.2d 84, 86 (Va. 1986); Landes v. Arehart, 212 Va. 200, 183 S.E.2d 127, 129 (Va. 1971); Leslie v. Nitz, 212 Va. 480, 184 S.E.2d 755, 757 (Va. 1971); Berry v. Hamman, 203 Va. 596, 125 S.E.2d 851, 854 (Va. 1962); Hoban v. Grumman Corp., 717 F.Supp. 1129, 1137~38 (E.D.Va. 1989).

들의 과실을 인정하지 아니하였다.[15)]

(2) 지리산 지역의 무인자동기상관측시스템은 1998. 7. 31. 24:00경까지 이상 없이 작동하고 있다가 이 사건 사고 발생 무렵 낙뢰로 인하여 고장이 난 것으로 보이므로, 기상청 소속 직원이 위 기상관측시스템을 고장난 채 방치함으로써 이 사건 사고지점에서의 집중호우를 예보하지 못하게 되었다고 볼 수 없다.

(3) 기상청에서는 1998. 7. 31. 13:00경부터 11차례에 걸쳐 저기압 세력의 확장상황을 관측한 결과를 토대로 우리나라 남부지방의 일부 지역에 많은 양의 비가 내릴 가능성도 있음을 예보하고 재해대책본부 및 방송사 등에 통보하였다. 특히 같은 날 19:00를 기하여 전남 남해안·전남 서해안 지역에 호우주의보를, 같은 날 22:30을 기하여 전남 내륙·전북·대전·충남 지역에 호우주의보를, 같은 날 24:00를 기하여 전남 동부내륙지방에 호우경보를, 경남 서부내륙지방에 호우주의보를 각 발령하였다.

(4) 기상청이 현재 비치하고 있는 기상관측장비에 의한 관측 및 분석을 토대로 사고 지점 부근에서 보다 더 정확한 집중호우를 예상할 수 있음에도 이를 적시에 예보하지 않았다든가 법령에서 정한 예보 또는 통보의무를 제대로 행하지 않았다고 볼 만한 자료가 없으므로, 기상청 소속 공무원의 과실을 인정하지 않은 원심의 판단은 정당하다.[16)]

---

15) 공무원에게 부과된 직무상 의무의 내용이 단순히 공공일반의 이익을 위한 것이거나 행정기관 내부의 질서를 규율하기 위한 것이 아니고, 전적으로 또는 부수적으로 사회구성원 개인의 안전과 이익을 보호하기 위하여 설정된 것이라면 공무원이 그와 같은 직무상 의무를 위반함으로 인하여 피해자가 입은 손해에 대하여는 상당인과관계가 인정되는 범위 내에서 국가 또는 지방자치단체가 배상책임을 지는 것이고, 이 때 상당인과관계의 유무를 판단함에 있어서는 일반적인 결과 발생의 개연성은 물론 직무상의 의무를 부과하는 법령 기타 행동규범의 목적이나 가해행위의 태양 및 피해의 정도 등을 종합적으로 고려하여야 한다. 대법원 1997. 9. 9. 선고 97다12907 판결.

16) 2004. 3. 5. 내린 폭설이 충청지역에 100년 만의 최대 강설량이기는 하나, 당시 피고 한국도로공사는 고립구간의 교통정체를 미리 예견하여 적절한 대비책을 세움으로써 고립구간의 교통정체를 회피하거나, 적어도 고립시간을 상당히 줄이는 것이 충분히 가능하였던 것으로 보이므로, 이를 전혀 예측할 수 없는 천재지변이나 피할 수 없는 불가항력에 해당한다고 볼 수도 없다. 대전지방법원 2006. 4. 19. 선고 2004가합3493 판결.

제 4 장

# 연 착

[31] 연착(delay)의 개념
[32] 기체결함으로 인한 연착
[33] 항공기와 조류 충돌(bird strike)로 인한 연착
[34] 여객의 탑승지체와 항공사의 책임 유무
[35] 도착지 무단 변경으로 인한 손해배상
[36] 운항 취소로 인한 손해배상 책임

# [31] 연착(delay)의 개념

**부산지방법원 2018. 4. 11. 선고 2017가단107238 판결**

## Ⅰ. 사실관계

(1) 원고들은 피고로부터 부산 ↔ 코타키나발루 왕복항공권을 구입하여 코타키나발루에 갔다가, 2017. 8. 22. 00:30 피고의 항공기(이하 '이 사건 제1항공기')를 타고 코타키나발루를 출발하여 2017. 8. 22. 06:10 부산에 도착할 예정이었다. 그러나 위 출발 당일 출발시간이 2시간 30분 정도 연기되었다가 결국 결항되었다.

(2) 이후 원고들은 피고가 정해준 숙소에서 하룻밤을 보낸 뒤, 2017. 8. 23. 00:15 출발 예정인 대체항공기(이하 '이 사건 제2항공기')에 탑승하였으나, 위 항공기의 엔진 출력을 자동으로 제어하는 부품인 EEC(Electronic Engine Control)의 기능불량으로, 기내에서 1시간 30분 정도 대기하다 결국 위 항공기의 운항이 취소되었다.

(3) 원고들은 다시 피고가 정해준 숙소에서 하룻밤을 보낸 뒤, 2017. 8. 23. 13:30 대체항공기를 이용하여 코타키나발루를 출발하여 최초의 도착예정시각보다 37시간이 지난 2017. 8. 23. 19:10 부산에 도착하였다(위와 같은 운항지연을 이하 '이 사건 연착'이라 한다).

## Ⅱ. 참조 조문

### 1. 몬트리올 협약

**제19조(연착)**

운송인은 여객·수하물 또는 화물의 항공운송 중 연착으로 인한 손해에 대한 책임을 진다. 그럼에도 불구하고, 운송인은 본인 그의 고용인 또는 대리인이 손해를 피하기 위하여 합리적으로 요구되는

> 모든 조치를 다하였거나 또는 그러한 조치를 취할 수 없었다는 것을 증명한 경우에는 책임을 지지 아니한다.
>
> **제22조(연착·수하물 및 화물과 관련한 배상책임의 한도)**
>
> 1. 여객의 운송에 있어서 제19조에 규정되어 있는 연착에 기인한 손해가 발생한 경우, 운송인의 책임은 여객 1인당 4,694SDR[1]로 제한된다.

## Ⅲ. 판시사항

이 사건 연착은 몬트리올 협약 제19조에서 말하는 연착에 해당하므로, 특별한 사정이 없는 한 피고는 원고들에게 이 사건 연착으로 인한 손해를 배상할 의무가 있다. 이 사건 기체결함이 피고에게 합리적으로 요구되는 정비의무를 다하여도 피할 수 없는 것이라거나, 코타키나발루의 폭우와 같은 자연재해에 의한 것이라는 점에 관하여는 이를 인정할 증거가 없으므로, 피고의 항변은 이유 없다.

## Ⅳ. 해 설

### 1. 준거법

(1) 몬트리올 협약은 우리나라도 가입하여 2007. 12. 29. 국내에서 발효되었는데, 이는 '항공기에 의하여 유상으로 수행되는 여객·수하물 또는 화물의 모든 국제운송'을 원칙적인 적용대상으로 하고(제1조 제1호), 국제운송이라 함은 운송의 중단 또는 환적이 있는지 여부를 불문하고 당사자간 합의에 따라 출발지와 도착지가 두 개의 당사국의 영역 내에 있는 운송 또는 출발지와 도착지가 단일의 당사국 영역 내에 있는 운송으로서 합의된 예정 기항지가 타 국가의 영역 내에 존재하는 운송을 말한다(제1조 제2호). 몬트리올 협약의 적용대상이 되는 국제항공운송에 관해서는 위 협

1) 몬트리올 협약이 발효된 때에는 4,150SDR이었고, 2009. 12. 30.부터 2019. 12. 27.까지는 4,694SDR로 증액되었으며, 2019. 12. 28.부터 5,346SDR로 변경되었다.

약이 우리나라의 민법이나 상법보다 우선 적용된다.

(2) 피고의 원고들에 대한 항공운송구간은 '부산 → 코타키나발루 → 부산'으로서, 출발지와 도착지가 모두 몬트리올 협약의 당사국인 대한민국으로 예정기항지가 타 국가인 말레이시아이므로, 몬트리올 협약 제1조 제2호에 따라 이 사건 항공운송에 관하여는 위 협약이 적용된다.

## 2. 연 착

### 가. 연착의 개념

바르샤바 협약, 1999년 몬트리올 협약, 상법 항공운송편에서 여객·수하물·화물의 연착으로 인한 항공운송인의 손해배상책임은 인정하지만, 연착의 개념에 관한 명시적인 규정은 존재하지 않는다. 육상운송에 관하여는 1956년 국제물품운송협약(Convention on The Contract for The International Carriage of Goods by Road, done at Geneva on 19 May 1956) 제19조에 연착의 정의가 규정되어 있고,[2] 해상운송에 관하여는 국제해상물품운송조약(United Nations Convention on the Carriage of Goods by Sea, Hamburg, 30 March 1978) 제5조 제2항에 연착의 정의가 규정되어 있다.[3] 제반 사정을 고려하여 항공운송인은 '합리적인 시간(reasonable time)' 내에 운송을 이행할 의무가 있을 뿐이며, 연착이란 '합리적인 시간' 내에 운송을 완료하지 못하는 것이라고 설명하는 견해가 있다.[4] 한편 운송물의 연착이란 운송계약에서 합의한 약정일시 또는 통상 목적지에 도달

---

2) **CMR Article 19.** Delay in delivery shall be said to occur when the goods have not been delivered within the agreed time-limit or when, failing an agreed time-limit, the actual duration of the carriage having regard to the circumstances of the case, and in particular, in the case of partial loads, the time required for making up a complete load in the normal way, exceeds the time it would be reasonable to allow a diligent carrier.

3) **Hamburg Rules Article 5. 2.** Delay in delivery occurs when the goods have not been delivered at the port of discharge provided for in the contract of carriage by sea within the time expressly agreed upon or, in the absence of such agreement, within the time which it would be reasonable to require of a diligent carrier, having regard to the circumstances of the case.

4) 이강빈, "몬트리올 조약상 국제항공화물배상책임제도에 관한 고찰," 항공우주법학회지 제18권(2003), 45면.

하여 인도되어야 할 일시에 불합리하게 운송물이 인도되지 않은 것으로 해석하고 있다.[5] 연착의 개념을 함부르크 규칙을 참조하여 정의하면, 연착이란 여객·수하물·운송물이 항공운송계약에 명시된 도착 예정인 공항에 합의된 시간내에, 또는 이러한 합의가 없을 때에는 제반 사정을 고려하여 선의의 운송인에게 요구할 수 있는 합리적인 시간내에 도착 또는 인도되지 아니한 경우를 말한다.[6]

영국 판례[7]는 항공운송은 그 신속성 때문에 이용되고 있음을 강조하며, 5일 정도의 지연은 항공기 임차계약(charter operation)에서 합리적이라고 할 수 있지만, 16~19일 정도의 지연은 합리적이라고 볼 수 없다고 하면서, 런던 출발 나이지리아 도착행 화물이 12. 2.부터 12. 21.까지 운송의 지연으로 말미암아 송하인이 명시한 크리스마스 거래가 이루어지지 못하게 한 것은 부당하고 불합리한 연착이라고 판시하였다.

### 나. 운항 취소와 연착

(1) 운항 취소는 예정된 항공편이 전혀 운항되지 않는 것을 지칭하는 것으로, 아무리 운항출발시각이 연기되더라도 그 항공편[8]이 운항되었다면 이는 연착이지 운항 취소가 될 수 없다.[9] 이에 따르면, Sturgeon 사건[10]의 항공편은 비록 25시간이나 뒤늦게 출발하였지만 운항 취소가 아닌 연착일 뿐이다. 항공사가 대체항공기를 투입하여 항공편명이 변경된 경우에

5) 이강빈, "국제화물의 운송지연에 대한 항공운송인의 책임", 중재연구 제13권 제2호(2003), 378면.

6) 소재선·이창규, "항공운송인의 손해배상책임 원인에 관한 법적 고찰 -여객 손해배상책임을 중심으로-", 항공우주정책·법학회지 제28권 제2호(2013. 12), 23~24면.

7) Panalpina International Transport Ltd. v. Densil Underwear Ltd., [1981] 1 Lloyd's Rep. 187 (QBD).

8) 법원은 운항지연과 운항취소를 구분하는 기준으로 항공사의 당초 비행계획의 유지를 제시하고 있는데, 이를 운항실무에서 사용하는 비행계획서(Flight Plan) 그 자체라고 보기는 어렵다. 이창재, "운항지연에 따른 승객의 보상청구권 -EU 및 프랑스 판례를 중심으로-", 항공우주정책·법학회지 제30권 제2호(2015. 12.), 263~264면.

9) Christopher Sturgeon, Gabriel Sturgeon, Alana Sturgeon v. Condor Flugdienst GmbH (C-402/07).

10) Christopher Sturgeon, Gabriel Sturgeon, Alana Sturgeon v. Condor Flugdienst GmbH (C-402/07).

도 연착에 해당한다.[11)]

(2) 연착은 민법상 불완전이행에 해당하는 개념이므로, 채무자인 항공운송인은 예정된 도착시각보다 합리적인 이유 없이 늦게 도착한 경우 불완전이행으로 인한 책임을 부담하고, 운송인은 자신에게 과실이 없는 경우에도 불완전이행으로 인한 손해를 배상할 의무를 부담한다.[12)] 이에 비하여 운항 취소는 민법상 계약 해제에 해당한다. 어떠한 사정으로 항공운송의 이행이라는 채무를 이행할 수 없게 된 경우 당사자는 상대방에 대한 의사표시로서 운송계약을 해제할 수 있고, 이때 당사자는 원상회복의무와 인정되는 범위 내에서 손해배상책임도 부담한다.

(3) 채무자인 항공운송인이 채권자인 여객으로부터 일체의 반대급부 없이 운송계약을 지체하여 이행한 경우에는 연착에 해당하고, 기존의 운송계약을 해제하고 원상회복의무를 부담하면서 여객으로부터 새로운 반대급부를 수령하여 별도의 운송의무를 이행하는 경우에는 운항 취소에 해당한다. 이에 따르면, 항공편의 출발시각으로부터 24시간이 지난 후에 운항이 재개되어 예정된 도착시각보다 불합리하게 늦게 도착한 경우는 연착이고(다만 이때 편명의 동일성 여부는 불문한다), 출발지연으로 인하여 여객이 항공사에 환불을 요구함과 동시에 다른 항공편 또는 다른 항공사의 항공권을 새로 구입하는 경우는 운항 취소가 된다.

### 다. 연속적으로 수행하는 운송에서 연착

(1) 몬트리올 협약 제1조에 의하면, 2인 이상의 운송인이 연속적으로 수행하는 운송은 위 협약의 목적상 당사자가 단일의 취급을 한 때에는 단일의 계약형식 또는 일련의 계약형식으로 합의하였는지 여부를 불문하고 '단일한 불가분의 운송(one undivided carriage)'으로 간주된다고 규정하고 있다. 따라서 여객에게 연착으로 인하여 손해가 발생하였는지 여부를 판

---

11) International Air Transport Association and European Low Fares Airline Association v. Department for Transport, Case C-344/04, [2006] ECR I-403.

12) 이와 달리, 출발시각을 연착의 판단기준으로 보고, 연착을 민법상 이행지체라고 주장하는 견해로는 이창재, 264면. 그러나 연착 여부를 도착시각을 기준으로 판단하는 입장을 취한다면, 이행지체가 아닌 불완전이행이 된다.

단할 때는 연결편으로 구성된 전체 항공운송이 기준이 되어야 한다.[13]

(2) 하나 이상의 연결편으로 이루어지는 항공운송계약에서 연착을 판단하는 기준은 최종 목적지의 도착시각이 되어야 한다. 따라서 항공사가 운송계약 이행을 위해 하나 이상의 연결항공편을 제공한 경우 EC 항공여객보상 규정[Regulation(EC) No. 261/2004]에 따른 연착으로 인한 보상 여부의 결정에서 항공사에 의해 제공된 모든 항공편을 계약목적 달성을 위한 하나의 수단으로 고려하여야 한다.[14]

### 라. 도착시각의 판단 기준

도착시각의 판단 기준에 관하여는, (i) 항공기가 활주로에 착륙한 시각, (ii) 항공기가 주기장에 도착하여 파킹 브레이크를 작동하거나 항공기가 정지한 시각, (iii) 항공기의 문이 열린 시각, (iv) 당사자에 의해 합의된 시각 등의 견해 대립이 있다. EU 사법재판소는 "EC 항공여객보상 규정 제2조, 제5조, 제7조에서 의미하는 도착시각은 여객의 하기를 전제로 항공기에서 외부로 통하는 문이 적어도 1개 이상은 열린 시각을 의미한다"고 판시하였다.[15]

### 마. 대체항공편의 거절

항공기의 출발이 지연되어 항공사가 대체항공편을 제공하였음에도 불구하고, 여객이 예정된 일정 때문에 다른 항공사의 항공편에 탑승한 경우에는 운송인은 연착에 대한 책임을 면한다.[16] 여객은 일정을 지키기 위하여 다른 항공편을 선택한 것에 의하여 연착을 이행거절로 변경할 수 없기

---

13) Air France SA v. Folkerts, [2013] (C-11/11).

14) Gahan v. Emirates, [2017] EWCA Civ 1530. 이에 대한 평석은 이창재, "항공기 연착과 Regulation(EC) No. 261/2004의 적용기준", 항공우주정책·법학회지 제32권 제2호(2017. 12.), 3~31면.

15) Germanwings GmbH v. Ronny Henning, [2014] ECLI:EU:C:2014:2141, Case C-452/13. 이에 대한 평석은 서지민, "항공여객운송에서의 지연보상과 도착시각의 의미 -EU 사법재판소 2014. 9. 14. 판결(ECLI:EU:C:2014:2141)을 중심으로 -", 항공우주정책·법학회지 제33권 제2호(2018. 12.), 267~290면.

16) Oparaji v. Virgin Atlantic Airways, Ltd., No. 04-CV-1554 (FB), 2006 U.S. Dist. LEXIS 68636 (E.D.N.Y. Sept. 19, 2006).

때문이다.[17)]

### 바. 대상사안의 검토

이 사건에서 여객들은 도착예정시각보다 37시간 늦게 부산에 도착하였는바, 이는 몬트리올 협약 제19조에서 말하는 연착에 해당하므로, 특별한 사정이 없는 한 피고는 원고들에게 이 사건 연착으로 인한 손해를 배상할 의무가 있다.

## 3. 피고의 면책 항변

### 가. 피고의 주장

피고는, 다음과 같이 몬트리올 협약 제19조에 따라 운항지연에 의한 손해를 피하기 위해 합리적으로 요구되는 모든 조치를 다하였으므로, 위 협약에 따라 면책된다고 주장한다.

(1) 이 사건 제1항공기가 결항된 것은 위 항공기의 정비문제로 인한 운항지연과 이에 대해 여객들의 과도한 보상요구 때문이었다. 당시 위 항공기에 '좌측 바퀴다리 올림 감지기의 작동불량' 문제가 발생하였는데 이는 사소한 정비사항에 불과하고 피고가 이러한 사소한 부품의 기능 저하까지 사전에 모두 예방할 수는 없다.

(2) 이 사건 제2항공기의 운항이 취소된 것은 EEC의 기능불량 때문이었는데 이는 사전 징후 없이 갑자기 발생한 고장으로, 당시 코타키나발루에 내린 폭우로 인하여 전기회로에 습기가 침투하여 합선이 발생되었기 때문인 것으로 추정된다.

(3) 피고는 운항지연에 관해 사전에 문자 메시지로 안내하거나 탑승구에서 육성으로 필요한 안내를 해 주었고, 피고가 저비용항공사라는 점과 현지 물가수준 등을 고려하여 원고들에게 적정한 형태의 추가 숙박 및 식사를 제공하였다.

---

17) Paradis v. Gahana Airways Ltd., 348 F.Supp.2d 106 (S.D.N.Y. 2004).

### 나. 판 단

이 사건 연착이 이 사건 제1항공기에 발생한 '좌측 바퀴다리 올림 감지기의 작동불량' 또는 이 사건 제2항공기에 발생한 EEC의 기능불량에 따른 부품교체로 인하여 발생한 사실은 인정된다. 그러나 위와 같은 기체결함이 피고에게 합리적으로 요구되는 정비의무를 다하여도 피할 수 없는 것이라거나, 코타키나발루의 폭우와 같은 자연재해에 의한 것이라는 점에 관하여 이를 인정할 증거가 없다. 따라서 피고의 주장은 옳지 않다.

### 다. 부산지방법원 2011. 6. 9. 선고 2010가단20514 판결[18)]

#### (1) 인정사실

원고들은 2010. 1. 25. 03:35 피고 항공사의 KE116편으로 괌 아가나 공항을 출발하여 07:05 김해공항에 들어오는 것으로 예정되어 있었고, 이 사건 항공기는 출발 5분 만에 항공기 오른쪽 엔진 부분의 Bleed Air System[19)] 이상으로 아가나 국제공항으로 회항하게 되었으며, 항공기 정비를 마친 후 같은 항공기 편으로 다시 출발하여 2010. 1. 25. 13:43경 김해공항에 도착하여 예정시각보다 약 7시간 늦게 도착하였다.

#### (2) 판시사항

(i) 피고는 항공기 제작사가 제공하고 정부로부터 승인받은 정비지침에 따라 이 사건 항공기를 정기적으로 정비・관리하여 온 사실, (ii) 피고는 괌 아가나 공항으로 회항한 후 대체항공편을 투입하는 데 약 9시간 정도가 소요될 것으로 예상되어 이 사건 항공기를 정비하여 재운항하기로 하고 약 4시간 30분에 걸쳐 정비하여 재운항준비를 마친 점, (iii) 이 사건 항공기의 재탑승을 거부하는 여객들에게는 다른 항공사의 항공편을 제공하여 귀국할 수 있도록 조치하겠다는 내용의 안내를 한 점, (iv) 피고는

---

18) 김지훈, "여객 및 수하물의 연착으로 인한 항공운송인의 손해배상책임제도에 관한 연구", 항공우주정책·법학회지 제27권 제2호(2012. 12.), 107~142면.

19) 항공기의 운항 중 엔진 흡입구나 날개에 고온의 공기를 공급하여 엔진 및 기체의 결빙현상 등을 방지하는 장비.

여객들이 괌 아가나 공항에서 대기하는 동안 식사·음료·담요 등을 제공하였고, 수 차에 걸쳐 정비 진행 상황을 안내한 점 등을 종합하면, 이 사건 항공기에 대한 사전 정비과정, 이륙 후 이상 발생으로 인한 회항과정, 회항 후 정비 및 재출발 과정에서 피고는 연착으로 인한 손해를 피하기 위하여 합리적으로 요구되는 조치를 모두 이행하였다고 봄이 상당하다.

## 4. 손해배상 책임의 범위

### 가. 법원의 판단

이 사건 연착에 이르게 된 원인, 경위와 결과, 이에 따른 피고의 대응조치, 지연 안내 및 추가 숙식제공 등의 조치, 코타키나발루에서 부산까지의 운항거리 및 소요시간 그 밖에 원고의 연령 등 이 사건 변론과정에서 나타난 모든 사정을 참작하면, 피고가 지급하여야 할 위자료는 성년인 원고들에게는 각 900,000원, 미성년인 원고들에게는 각 500,000원으로 정함이 상당하다.

따라서 피고는 이 사건 연착에 따른 위자료로 성년인 원고들에게 90만원, 미성년자인 원고들에게 각 50만 원 및 위 각 금원에 대하여 이 사건 연착일인 2017. 8. 23.부터 피고가 그 이행의무의 존재나 범위에 관하여 항쟁함이 상당한 이 판결선고일인 2018. 4. 11.까지는 연 5%, 그 다음날부터 다 갚는 날까지는 소송촉진 등에 관한 특례법에 정한 연 15%의 각 비율에 의한 지연손해금을 지급할 의무가 있다.

### 나. 재산상 손해

여객 중 일부가 연착으로 숙박비, 렌터카비, 투어비를 환불받지 못한 경우, 이는 연착과 상당인과관계가 인정되는 손해에 해당하므로, 운송인은 이를 배상할 책임이 있다.[20]

---

20) 서울중앙지방법원 2019. 10. 11. 선고 2018가단5222511 판결.

### 다. 정신적 손해의 인정 여부[21)]

(1) 국제항공운송 연착에 따른 운송인의 여객에 대한 '연착으로 인한 손해'에 관한 책임을 규정한 몬트리올 협약 제19조는 "운송인은 여객·수하물 또는 화물의 항공운송 중 연착으로 인한 손해에 대한 책임을 진다" 고만 규정하고 있을 뿐, 연착으로 인한 손해의 내용·종류와 범위에 관하여 따로 규정하고 있지 않다.

(2) 이러한 연착으로 인한 손해의 내용·종류와 범위는 몬트리올 협약 제19조가 다루고 있지 않은 사항에 해당하고, 어떠한 손해가 몬트리올 협약 제19조의 연착으로 인한 손해에 해당하는지는 소가 제기된 법원의 판단에 따르도록 한 것으로 볼 수 있다. 그러므로 몬트리올 협약 제19조에서 정한 연착으로 인한 손해의 내용, 종류와 범위에 관하여는 법정지법에 의하여 판단하여야 한다.

(3) 법정지법에 의하면, 이 사건에서는 몬트리올 협약 제19조의 연착으로 인한 손해의 내용, 종류와 범위는 우리나라의 손해배상 법리에 따르게 되는데, 그 법리에 의하면 불법행위로 인한 손해에는 경제적·재산상 손해에 국한하지 않고 정신적 손해도 포함된다. 따라서 이 사건에서 연착으로 인한 손해에는 정신적 손해도 포함되고, 몬트리올 협약 제19조에 규정된 연착으로 인한 손해를 경제적·재산상 손해로 제한하여 해석할 이유는 없다. 이는 몬트리올 협약 제29조의 내용이나 취지를 고려하더라도 마찬가지이다.

### 라. 관련 판례

(1) Lee v. American Airlines, Inc., NO. 3:01-CV-1179-P (N.D.Tex. Jul. 2, 2002)

연착의 경우 여객이 느낀 단순한 불편함(inconvenience)으로 인한 손해는 연착으로 인한 배상범위에 포함되지 아니한다.

---

21) 서울중앙지방법원 2019. 10. 11. 선고 2018가단5222511 판결.

(2) Daniel v. Virgin Atlantic Airways Ltd., 59 F.Supp.2d 986 (N.D.Cal. 1998)

연착으로 인하여 여객이 불편함(inconvenience)으로 인하여 입은 손해는 재산상 손해가 될 수 있으므로 바르샤바 협약 제19조의 의하여 배상 가능하지만, 분노(anxiety), 좌절(frustration), 모욕감(humiliation), 정신적 고통(mental anguish)은 배상이 허용되지 아니한다.

(3) Harpalani v. Air India, Inc., 622 F.Supp. 69, 71 (N.D.Ill. 1985)

연착으로 인하여 원고가 겪은 불편함으로 인한 손해와 금전적 손해는 배상이 허용된다.[22)]

22) Vumbaca v. Terminal One Grp. Ass'n L.P., 859 F.Supp.2d 343, 367 (E.D.N.Y. 2012). 위 판결에서는 연착으로 인한 손해에는 재산상 손해만이 포함된다고 판시하였다.

# [32] 기체결함으로 인한 연착

서울중앙지방법원 2019. 10. 11. 선고 2018가단5222511 판결

## Ⅰ. 사실관계

(1) 원고들은 B라는 상호로 국내외 항공운송업을 영위하는 피고와, 피고 소속 C항공편(이하 '이 사건 항공편')으로 2018. 7. 14. 15:10 대구 국제공항을 출발하여 같은 날 17:40 일본 신치토세 공항에 도착하는 국제항공여객운송계약(이하 '이 사건 계약')을 체결하였다.

(2) 이 사건 항공편에 투입된 항공기(이하 '이 사건 항공기')는 2018. 7. 14. 15:10경 대구 국제공항을 출발하여 운항하다가 조종석 계기에 'ENG 2 EPR MODE FAULT' 메시지가 현출되었고, 이로 인해 엔진의 추력을 수동으로 조절해야 하는 상황이 발생하여 같은 날 17:00경 일본 나리타공항에 비상착륙하였다(이하 '이 사건 사고'). 점검 결과 야간작업을 통해 부품을 교환해야 하는 상황이 되어, 같은 날 18:25경 이 사건 항공편의 운항이 취소되었다.

(3) 원고들은 피고가 제공한 숙소에서 1박을 한 다음, 다음날인 2018. 7. 15. 10:30경 수리를 마친 이 사건 항공기로 일본 나리타공항을 출발하여 예정보다 약 19시간 늦은 같은 날 12:45경 일본 신치토세 공항에 도착하였다.

(4) 조사 결과 이 사건 항공기의 조종석 계기에 'ENG 2 EPR MODE FAULT' 메시지가 현출된 것은 엔진 관련 부품인 Relay Box에 발생한 결함 때문인 것으로 밝혀졌다.

## Ⅱ. 참조 조문

### 1. 몬트리올 협약

**제19조(연착)**

운송인은 여객·수하물 또는 화물의 항공운송 중 연착으로 인한 손해에 대한 책임을 진다. 그럼에도 불구하고, 운송인은 본인 그의 고용인 또는 대리인이 손해를 피하기 위하여 합리적으로 요구되는 모든 조치를 다하였거나 또는 그러한 조치를 취할 수 없었다는 것을 증명한 경우에는 책임을 지지 아니한다.

**제29조(청구의 기초)**

여객·수하물 및 화물의 운송에 있어서, 손해에 관한 어떠한 소이든지 이 협약·계약·불법행위 또는 기타 어떠한 사항에 근거하는지 여부를 불문하고, 소를 제기할 권리를 가지는 자와 그들 각각의 권리에 관한 문제를 침해함이 없이, 이 협약에 규정되어 있는 조건 및 책임한도에 따르는 경우에만 제기될 수 있다. 어떠한 소송에서도, 징벌적 배상 또는 비보상적 배상은 회복되지 아니한다.

## Ⅲ. 판시사항

(1) 연착으로 인한 손해의 내용, 종류와 범위는 몬트리올 협약 제19조가 다루고 있지 않은 사항에 해당하고, 어떠한 손해가 몬트리올 협약 제19조의 연착으로 인한 손해에 해당하는지는 소가 제기된 법원의 판단에 따르도록 한 것으로 볼 수 있다. 그러므로 몬트리올 협약 제19조에서 정한 연착으로 인한 손해의 내용, 종류와 범위에 관하여는 법정지법(法廷地法)에 의하여 판단하여야 한다. 법정지법에 의하면 이 사건에서는 몬트리올 협약 제19조의 연착으로 인한 손해의 내용·종류와 범위는 우리나라의 손해배상 법리에 따르게 되는데, 그 법리에 의하면 불법행위로 인한 손해에는 경제적·재산상 손해에 국한하지 않고 정신적 손해도 포함된다.

(2) Relay Box에 결함이 발생하면 조종석 계기의 관련 메시지 현출로

엔진의 추력을 수동으로 조절해야 하는 상황이 발생하여 안전운항을 위해 운고·시정에 따라 목적지 공항이 아닌 공항에 비상착륙하게 될 수도 있고, 피고의 관계사 항공기에서는 1년간 3건의 동일·유사 결함이 있었던 것으로 보이는 점 등을 고려하면, 이 사건 항공기의 감항증명 사실, 결함이 발생한 이 사건 항공기의 Relay Box의 국제 평균치 대비 사용시간, 이 사건 항공기나 피고 보유 항공기에서의 일정기간 내 동일·유사 결함 부존재 사실만으로는 이 사건 사고의 발생과 관련하여 피고가 연착으로 인한 손해를 피하기 위하여 합리적으로 요구되는 모든 조치를 다하였거나 그러한 조치를 취할 수 없었다고 선뜻 인정하기에 부족하고, 달리 이를 인정할 증거가 없다. 따라서 이 사건 사고 발생 이후 피고가 손해를 방지하기 위하여 취한 조치를 고려하더라도 피고의 면책 주장은 이유 없다.

## Ⅳ. 해 설

### 1. 적용 법규

#### 가. 몬트리올 협약

몬트리올 협약은 우리나라도 가입하여 2007. 12. 29. 발효되었다. 이는 '항공기에 의하여 유상으로 수행되는 여객·수하물 또는 화물의 모든 국제운송'을 원칙적인 적용대상으로 하고(제1조 제1호), 국제운송이란 운송의 중단 또는 환적이 있는지를 불문하고 당사자 간 합의에 따라 출발지와 도착지가 두 개의 당사국의 영역 내에 있는 운송 또는 출발지와 도착지가 단일의 당사국 영역 내에 있는 운송으로서 합의된 예정기항지가 타 국가의 영역 내에 존재하는 운송을 말한다(제1조 제2호). 따라서 출발지와 도착지가 모두 몬트리올 협약의 당사국인 국제항공운송에 관한 법률관계에 대하여는 몬트리올 협약이 민법이나 상법보다 우선적으로 적용된다.[1] 원고들이 피고와 체결한 이 사건 계약의 출발지인 대한민국과 도착지인 일본이 모두 몬트리올 협약의 당사국이므로, 몬트리올 협약이 민법이나 상

1) 대법원 2018. 3. 15. 선고 2017다240496 판결.

법보다 우선적으로 적용된다.

### 나. 손해배상의 종류와 범위의 준거법

#### (1) 몬트리올 협약의 규정

몬트리올 협약은 국제항공사고로 인한 손해배상의 모든 내용을 규율하지는 않는다. 협약 제22조 제6항, 제28조는 법정지법(法廷地法)에 의하여야 할 사항을 명시하고 있다. 몬트리올 협약은 여객의 사망 또는 신체상해로 인한 손해에서 손해배상 청구권자와 손해배상의 종류, 범위 등을 규율하지 않는다. 한편 국제사법(제32조)상 불법행위의 준거법은 불법행위의 요건과 효과를 규율하는데, 이에는 불법행위능력, 위법성, 인과관계, 귀책사유, 손해배상 청구권자, 청구권의 양도가능성과 상속가능성, 손해배상의 방법, 종류, 범위, 금액과 금지청구권 등이 포함된다.

#### (2) 손해배상 청구권자, 손해배상의 종류·범위의 준거법

몬트리올 협약상 여객의 사망 또는 신체상해를 이유로 불법행위에 기한 청구를 하는 경우, 손해배상의 청구권자, 손해배상의 종류·범위의 준거법이 문제된다.

(가) 법정지 국제사법설

법정지 국제사법을 적용하여, 협약이 없었더라면 적용되었을 준거법에 의한다는 견해이다. 법정지가 한국이면 불법행위의 연결원칙을 정한 국제사법(제32조)에 의한다. Zicherman v. Korean Airlines, 516 U.S. 217, 229(1996)과 Bickel v. Korean Airlines, 83 F.3d 127 (6th Cir. 1996) 판결에서 미 연방대법원이 취한 입장이다.

(나) 법정지 실질법설

이는 몬트리올 협약 제29조(바르샤바 협약 제24조 제2항)가 손해배상 청구권자와 그 권리의 내용을 묵시적으로 법정지법에 회부하였다고 본다. 이는 법적용이 쉽고, 동일한 법정지에 제소된 사건에 동일한 실질법을 적용하는 장점이 있다.

(다) 대상판결의 입장 : 법정지 실질법설

국제항공운송에서 연착에 따른 운송인의 여객에 대한 '연착으로 인한 손해'에 관한 책임을 규정한 몬트리올 협약 제19조는 "운송인은 여객·수하물 또는 화물의 항공운송 중 연착으로 인한 손해에 대한 책임을 진다"고만 규정하고 있을 뿐, 연착으로 인한 손해의 내용, 종류와 범위에 관하여 따로 규정하고 있지 않다. 이러한 연착으로 인한 손해의 내용, 종류와 범위는 몬트리올 협약 제19조가 다루고 있지 않은 사항에 해당하고, 어떠한 손해가 몬트리올 협약 제19조의 연착으로 인한 손해에 해당하는지는 소가 제기된 법원의 판단에 따르도록 한 것으로 볼 수 있다. 그러므로 몬트리올 협약 제19조에서 정한 연착으로 인한 손해의 내용, 종류와 범위에 관하여는 법정지법에 의하여 판단하여야 한다. 법정지법에 의하면 이 사건에서는 몬트리올 협약 제19조의 연착으로 인한 손해의 내용, 종류와 범위는 우리나라의 손해배상 법리에 따르게 된다.

## 2. 손해배상 책임의 발생

### 가. 재산상 손해

피고는 몬트리올 협약 제19조에 따라 이 사건 사고로 인한 연착으로 여객인 원고들에게 발생한 재산상 손해를 배상할 책임이 있다.

### 나. 정신적 손해

(1) 법정지법인 대한민국법

법정지법에 의하면 이 사건에서는 몬트리올 협약 제19조의 연착으로 인한 손해의 내용, 종류와 범위는 우리나라의 손해배상 법리에 따르게 되는데, 그 법리에 의하면 불법행위로 인한 손해에는 경제적·재산상 손해에 국한하지 않고 정신적 손해도 포함된다.[2] 따라서 이 사건에서 연착으로

2) 연착에서 몬트리올 협약과 EC 항공여객보상 규정은 양립 가능하고(Denise McDonagh v. Ryanair Ltd,, CJEU C-12/11, 2013. 1. 31.), 정신적 손해는 배상이 되지 아니한다고 판시한 사례로는 서울중앙지방법원 2019. 4. 26. 선고 2018나62791 판결.

인한 손해에는 정신적 손해도 포함되고, 몬트리올 협약 제19조에 규정된 연착으로 인한 손해를 경제적·재산상 손해로 제한하여 해석할 이유는 없다. 이는 몬트리올 협약 제29조의 내용이나 취지를 고려하더라도 마찬가지이다.

(2) 연착에 따른 정신적 손해에 대한 손해배상책임의 발생

위 인정사실에 의하면, 이 사건 사고로 원고들이 일본 나리타공항에 비상착륙하였다가 이 사건 항공편의 예정된 도착시간보다 약 19시간 연착되어 일본 신치토세 공항에 도착하였으므로, 이로 인해 원고들이 정신적 고통을 입었을 것임은 경험칙상 충분히 인정할 수 있다. 따라서 특별한 사정이 없는 한 피고는 몬트리올 협약 제19조에 따라 여객인 원고들에게 그 연착으로 인하여 발생한 정신적 손해를 배상할 책임이 있다.

### 3. 몬트리올 협약 제19조 후문에 의한 피고의 면책 여부

#### 가. 피고의 주장

피고는, 아래와 같이 연착으로 인한 원고들의 손해를 피하기 위해 합리적으로 요구되는 모든 조치를 다하였거나 그러한 조치를 취할 수 없었으므로, 몬트리올 협약 제19조 후문에 따라 면책된다고 주장한다.

(1) 이 사건 항공기의 엔진 관련 부품인 Relay Box에 발생한 결함은 이 사건 항공기 이륙 전에 방지할 수 있는 것이 아니었다. 즉 Relay Box의 경우 엔진의 추력을 종합적으로 제어하는 컴퓨터가 엔진 작동 중 항상 스스로 결함을 진단하여 이상이 발생하면 계기에 관련 메시지를 현출시키므로, 관련 메시지가 현출되지 않는 이상 결함이 발생한 것이 아니고, 이에 따라 별도의 사전 정기점검이 반드시 필요하지는 않다. 실제 'ENG 2 EPR MODE FAULT' 메시지가 현출된 때가 이 사건 항공기가 대구국제공항을 출발한 후 일정 시간이 흐른 뒤였다는 점은 Relay Box가 적어도 출발 전까지는 제대로 작동하고 있었음을 의미한다.

(2) Relay Box에 대한 정기점검은 정부나 제작사에서 강제하거나 권고하는 항목이 아니므로, 조종석 계기에 별도의 메시지가 현출되지 않는

상황임에도 정기적으로 점검을 실시할 의무가 피고에게 있지 않다.

(3) 피고 보유 항공기에 장착된 Relay Box는 사용시간(20,495.14시간)이 국제 평균치(345,455시간)에 비하여 매우 짧은 신부품이고, 이 사건에서 문제된 Relay Box 사용시간은 1,427.96시간에 불과하므로, 오랜 사용시간으로 인한 결함 등의 발생가능성 또한 극히 낮다.

(4) 이 사건 항공기의 Relay Box에 이 사건과 동일한 결함이 발생한 이력은 없었고, 피고가 보유한 모든 항공기의 Relay Box도 마찬가지이다.

(5) 피고는 식·음료 비용 보전, 호텔 숙박 및 식사 제공, 교통편 지원 및 실비보상 등과 같이 사후적으로 여객의 편의를 위한 가능한 모든 조치를 취하였다.

### 나. 판 단

(1) Relay Box에 결함이 발생하면 조종석 계기의 관련 메시지 현출로 엔진 추력을 수동으로 조절해야 하는 상황이 발생하여 안전운항을 위해 운고·시정에 따라 목적지 공항이 아닌 공항에 비상착륙하게 될 수도 있다. 또한 피고의 관계사 항공기에서는 1년간 3건의 동일·유사 결함이 있었다.

(2) 위와 같은 사정을 고려하면, 이 사건 항공기의 감항증명 사실, 결함이 발생한 이 사건 항공기의 Relay Box의 국제 평균치 대비 사용시간, 이 사건 항공기나 피고 보유 항공기에서의 일정기간 내 동일·유사 결함 부존재 사실만으로는 이 사건 사고의 발생과 관련하여 피고가 연착으로 인한 손해를 피하기 위하여 합리적으로 요구되는 모든 조치를 다하였거나 그러한 조치를 취할 수 없었다고 선뜻 인정하기에 부족하고, 달리 이를 인정할 증거가 없다.

(3) 따라서 이 사건 사고 발생 이후 피고가 손해를 방지하기 위하여 취한 조치를 고려하더라도 피고의 면책 주장은 이유 없다.

## 4. 손해배상 책임의 범위

### 가. 재산상 손해

원고들 중 일부가 이 사건 사고로 인한 연착으로 숙박비, 렌터카비, 투어비를 환불받지 못한 사실을 인정할 수 있다. 이는 이 사건 사고로 인한 연착과 상당인과관계가 인정되는 손해에 해당한다.

### 나. 위자료

이 사건 사고로 연착에 이르게 된 원인, 연착시간을 포함한 이 사건 항공편의 연착 경위와 결과, 연착 발생 이후 피고가 원고들의 숙소를 마련해 제공하는 등 피고의 대응조치 내용(식·음료 비용 보전, 식사·교통편 지원, 실비 보상 등 포함), 원고들의 연령, 연착으로 예상되는 일정의 차질, 이 사건 항공편의 운항거리, 소요시간과 운임 등 이 사건 변론에 나타난 제반 사정을 참작하면, 피고가 이 사건 항공편의 연착으로 발생한 원고들의 정신적 손해에 대하여 배상하여야 할 위자료는 각 400,000원으로 정함이 타당하다.

## 5. 대전지방법원 2009. 6. 26. 선고 2007가합3098 판결

### 가. 인정사실

(1) 피고는 'K항공'이라는 상호로 항공운송업을 영위하는 회사로, 원고들은 피고와 사이에 대한민국 서울을 출발지와 도착지로 하고, 말레이시아 코타키나발루를 예정기항지로 하는 여객운송계약(이하 '이 사건 여객운송계약')을 체결하였다.

(2) 원고들은 2007. 1. 22. 23:50경(말레이시아 현지 시간을 의미한다. 이하 같다)부터 코타키나발루를 출발하여 대한민국 서울에 도착할 예정인 피고 소속 8674편 항공기(이하 '이 사건 항공기')에 탑승을 시작하였고, 2007. 1. 23. 00:35경 이 사건 항공기는 이륙하였으나 엔진 이상으로 인하여 코타키나발루 국제공항으로 회항하여 같은 날 01:05경 우측 엔진만이 작동

된 상태로 착륙하였다(이하 '이 사건 사고').

(3) 이 사건 사고는 고압터빈 앞에 설치되어 있는 2단계 베인(Vane)[3]이 설계 취약점과 열응력에 의하여 떨어져 나가면서 터빈 로터(Turbine Rotor)[4]에 충격손상을 준 뒤, 고주파 피로가 진행되면서 터빈 로터 블레이드(Blade)가 파손됨에 따라 유발된 엔진 서지(Surge, 엔진의 불규칙한 움직임)로 인한 진동이 도관이나 엔진 오일 튜브 등 다른 부품들을 파손시키면서 발생하였다.

(4) 원고들은 2007. 1. 23. 15:35경 피고로부터 제공받은 대체항공기를 이용하여 코타키나발루 국제공항을 출발하여 계획보다 하루 늦게 인천국제공항에 도착하였다.

### 나. 본안전 항변

(1) 피고는, 개정 바르샤바 협약 제28조는 국제재판관할과 토지관할에 대하여 "손해에 관한 소는, 원고의 선택에 의하여 어느 1개의 체약국의 영역에서 운송인의 주소지, 운송인의 주된 영업소의 소재지 또는 운송인이 계약을 체결한 영업소 소재지의 법원 또는 도착지의 법원의 어느 쪽에 제기하여야 한다"고 규정하고 있는데, 원고들의 이 사건 소는 관할권 없는 법원에 소를 제기한 것으로 부적법하다고 항변한다.

(2) 원고들 중 26명이 피고의 대전지점에서 항공권을 발매한 사실은 당사자 사이에 다툼이 없으므로, 위 원고들이 개정 바르샤바 협약에서 정한 운송인이 계약을 체결한 영업소의 소재지 법원인 이 법원에 이 사건 소를 제기한 것은 적법하다.

위 원고 26명을 제외한 나머지 원고들에 관하여는, 민사소송법 제25조(관련재판적) 제1항은 "하나의 소로 여러 개의 청구를 하는 경우에는 제2조 내지 제24조의 규정에 따라 그 여러 개 가운데 하나의 청구에 대한 관할권이 있는 법원에 소를 제기할 수 있다"고 규정하고 있고, 같은 조 제2

3) 터빈의 바로 앞에 설치되는 장치로 팽창하는 공기가 터빈 블레이드를 향해 제대로 흘러갈 수 있도록 공기의 흐름을 안내하는 역할을 한다.

4) 터빈에 설치되어 있는 날개 모양의 장치로, 공기가 터빈 블레이드를 통과함으로써 회전력이 발생한다.

항은 "소송목적이 되는 권리나 의무가 여러 사람에게 공통되거나 사실상 또는 법률상 같은 원인으로 말미암아 그 여러 사람이 공동소송인으로서 당사자가 되는 경우에는 제1항의 규정을 준용한다"고 규정하여, 동일한 사실상·법률상의 원인에 기하여 수인이 공동소송인으로서 당사자가 되는 경우에는 그 중 1인에 관하여 관할권이 있으면 본래 관할권이 없는 나머지 당사자에 대하여도 관할권을 인정하고 있다.

(3) 이 사건 소는 이 사건 사고를 원인으로 한 손해배상청구라는 동일한 사실상·법률상 원인에 기하여 수인이 원고로 된 경우로, 개정 바르샤바 협약은 절차법인 민사소송법의 적용을 배제하고 있지 않을 뿐만 아니라, 청구의 견련성, 분쟁의 1회 해결 가능성, 피고의 응소가능성 등을 종합적으로 고려하여 볼 때, 위 원고 26명을 제외한 나머지 원고들에 대하여 관련재판적을 인정한다고 하여 피고에게 부당하게 응소를 강요한다고 보이지도 않는다. 따라서 개정 바르샤바 협약에 의하여 이 법원의 관할이 인정되는 위 원고 26명을 제외한 나머지 원고들에 대하여도 민사소송법 제25조에 기하여 이 법원의 관할이 인정되므로, 피고의 본안전 항변은 이유 없다.

### 다. 정신적 손해배상 청구에 대한 판단

(1) 원고들의 주장

(가) 원고들은 이 사건 사고 당시 극도의 불안감을 느꼈으므로, 피고는 상법 제148조 제1항[5]에 따라 원고들의 정신적 손해를 배상해야 한다.

(나) 원고들은 이 사건 사고로 인하여 당초의 계획보다 15시간이 지난 후 코타키나발루 국제공항을 재출발하여 계획보다 늦게 인천 국제공항에 도착하였으므로, 피고는 이로 인한 원고들의 정신적 손해를 배상해야 한다.

(다) 피고는 이 사건 사고와 같이 여객기가 정상적으로 출발하지 않을 경우에 대비하여 대체 항공기를 준비해 놓아야 함에도 불구하고 이러한

5) **상법 제148조(여객이 받은 손해의 배상책임)** ① 운송인은 자기 또는 사용인이 운송에 관한 주의를 해태하지 아니하였음을 증명하지 아니하면 여객이 운송으로 인하여 받은 손해를 배상할 책임을 면하지 못한다.
② 손해배상의 액을 정함에는 법원은 피해자와 그 가족의 정상을 참작하여야 한다.

조치를 취하지 않아 원고들이 원하지 않게 코타키나발루에 머물러야 했으므로, 피고는 이로 인한 원고들의 정신적 손해를 배상해야 한다.

(2) 상법 제148조 제1항에 근거한 정신적 손해배상청구에 관한 판단

이 사건 사고로 인한 손해배상청구에는 상법의 특별법으로서 개정 바르샤바 협약이 적용되는데, 개정 바르샤바 협약 제24조 제1항은 "제18조 및 제19조에 정하여진 경우에는, 책임에 관한 소는 명의의 여하를 불문하고 본 협약에 정하여진 조건 및 제한 하에서만 제기할 수 있다"고 규정하고 있고, 같은 조 제2항은 "전항의 규정은 제17조에 의하여 정하여진 경우에도 이를 적용한다"고 규정하고 있다. 개정 바르샤바 협약의 목적이 국제항공운송에서 발생하는 소송들에 대한 통일된 규율의 설정이라는 점 등에 있음을 고려하면, 개정 바르샤바 협약 제24조에 따라 원고들은 개정 바르샤바 협약에 근거하여 위 협약이 인정하는 범위 내에서 이 사건 사고로 인한 손해배상의 청구를 할 수 있고, 상법 제148조 제1항에 근거한 손해배상청구는 인정되지 않는다.

(3) 개정 바르샤바 협약에 근거한 정신적 손해배상 청구에 관한 판단

개정 바르샤바 협약 제17조는 "운송인은 여객의 사망 또는 부상 기타의 신체상해의 경우에 있어서의 손해에 대하여서는 그 손해의 원인이 된 사고가 항공기 상에서 발생하거나 또는 승강을 위한 작업 중에 발생하였을 때에는 책임을 진다"고 여객운송 중의 사고에 대한 운송인의 책임을 규정하고 있다. 그런데 위 규정은 여객운송 중의 사고에 대한 운송인의 손해배상책임을 여객의 사망 또는 신체상해(lesion coporelle, bodily injury)의 경우에서 손해에 대한 것으로 한정하고 있고, 여객운송 중의 사고로 인한 여객의 정신적 손해는 운송인의 손해배상책임 범위에서 배제하고 있으므로, 이 사건 여객운송계약의 운송인인 피고에 대하여 이 사건 사고로 인한 여객의 정신적 손해의 배상을 구하는 원고의 이 부분 청구는 이를 받아들일 수 없다.

## 라. 연착으로 인한 정신적 손해배상청구에 관한 판단

### (1) 연착으로 인한 정신적 손해의 발생

(가) 피고의 주장

국제항공운송에서 예정된 출발시간과 도착시간은 일반적 채무에서 확정적 변제기와는 달리 여객의 편의를 위하여 대강의 출발시간 내지 도착시간을 예정한 것에 불과하여 구체적인 사정에 따른 변경이 가능하며(피고의 국제운송약관 제11조 가.항 : 시간표 또는 기타 유인물 등에 표시되는 시간은 예정에 불과한 것으로서 보증되는 것이 아니며 운송계약의 일부를 구성하는 것도 아니다. 스케줄은 예고 없이 변경될 수 있으며 K항공은 항공편 접속에 대하여도 일체 책임을 부담하지 아니한다), 피고가 마련한 대체항공편이 당초의 예정된 운항시간을 도과하였어도, 그 도과된 시간이 당시의 상황을 고려할 때 합리적인 범위 내의 것이어서 개정 바르샤바 협약 제19조 소정의 연착에 해당한다고 볼 수 없다.

(나) 판 단

이 사건 항공기는 2007. 1. 23. 00:35경 코타키나발루 국제공항을 출발하였다가 엔진 고장으로 회항을 하였고, 원고들은 피고측에서 마련한 대체항공편을 이용하여 당초 예정보다 15시간이나 늦게 인천국제공항에 도착하였다. 피고의 주장과 같이 항공기의 운항 스케줄은 예정에 불과하며 확정적인 것이 아니라고 하더라도, 이는 항공기 운항 스케줄의 사전 변경가능성을 열어둔 것으로 보아야 하는데, 이 사건과 같이 항공기의 운항 스케줄이 사전에 변경된 것이 아니라 확정된 항공기의 운항 스케줄에 따라 이륙하였던 이 사건 항공기가 다시 코타키나발루 국제공항으로 회항함으로써 운항 스케줄이 당초 예정보다 15시간이나 늦어진 경우에는, 특별한 사정이 없는 한 개정 바르샤바 협약 제19조에 규정된 연착에 해당한다.

### (2) 피고가 손해의 방지에 필요한 모든 조치를 취하였는지 여부에 관한 판단

(가) 피고의 주장

개정 바르샤바 협약 제20조 제1항은 “운송인은 운송인 및 그의 사용인이 손해를 방지하기에 필요한 모든 조치를 취하였다는 사실 또는 그 조치를 취할 수 없었다는 사실을 증명한 때에는 책임을 지지 아니한다"고 규정하고 있는데, 이 사건 사고는 항공기 엔진 부품의 설계상 결함으로 인하여 발생한 불가항력적인 사건이고, 피고는 이 사건 사고 발생 후에도 원고들의 불편을 최소화하기 위한 최선의 조치를 취하였으므로 피고의 원고들에 대한 책임은 면제되어야 한다.

(나) 인정사실

피고는 이 사건 항공기에 대하여 이 사건 사고 발생 2개월 전인 2006. 10. 4.에는 15개월마다 엔진을 비롯한 중요부품을 정밀 점검하는 C check를, 이 사건 사고 발생 20일 전에는 400비행시간마다 실시하는 A check를 각각 실시하였으나 이 사건 항공기의 엔진에서 특별한 문제점을 발견하지 못하였고, 항공기 출발 전 검사를 통해서도 아무런 이상을 발견하지 못하였다.

이 사건 항공기에서는 이 사건 발생 이전에 기체구조, 조종계통 및 엔진 등의 결함이 없었고, 이 사건 사고의 발생원인과 같은 엔진 결함은 항공기 출발 전 검사를 통하여 이를 발견할 수 없으며, 이 사건 사고 이전에 이 사건 항공기와 동일한 엔진을 장착한 항공기 중 이 사건과 동일한 사고가 발생하였다는 보고가 이루어진 바 없다.

이 사건 사고 이후 항공기 엔진을 제작한 회사는 고압터빈 2단계 베인에 금속 재질 및 냉각효율의 문제라는 설계상 결함이 있다는 점을 인정하고, 이 사건 사고 이후인 2007. 5. 11.부터 고압터빈 2단계 베인의 재질을 변경하고 새롭게 설계한 제품을 생산하기 시작하였다.

이 사건 사고 발생 직후 이 사건 항공기의 기장은 비상시의 대응조치에 대하여 규정하고 있는 신속참조 매뉴얼과 운항승무원 운영 매뉴얼에 따라 이 사건 사고에 대처하였고, 코타키나발루 국제공항에는 2007. 1. 23. 아침까지 다른 항공기의 이·착륙 계획이 없었다.

피고의 코타키나발루 국제공항지점 지점장은 이 사건 항공기가 코타키나발루 국제공항으로 회항하고 있다는 보고를 받은 즉시 시내의 호텔 및 여객들을 호텔까지 이동시킬 차량을 수배하는 한편, 말레이시아 출입국관리소측에 여객들의 재입국 수속을 간이화할 것을 요청하였다. 그 결과 여객들은 신속하게 입국 수속 절차를 마친 뒤, 2007. 1. 23. 04:30경에는 시내에 위치한 5성급 호텔에 투숙할 수 있었다.

피고가 마련한 대체 항공기는 2007. 1. 23. 14:00경 코타키나발루 국제공항에 도착하였고, 피고와 말레이시아 출입국관리소와의 협의에 따라 대체항공편을 이용하여 다시 출국하는 과정에서도 여객들은 소지한 탑승권으로 출국 수속을 갈음할 수 있었다.

(다) 판 단

(i) 이 사건 사고는 설계상 결함으로 인한 것으로 전례가 없고, 피고가 정비·점검을 완벽하게 수행하였어도 방지할 수 없는 사고로서 피고의 실질적 통제를 벗어난 영역에서 발생한 것으로 보이는 점, (ii) 이 사건 사고 발생 후에도 피고는 말레이시아 출입국관리소와의 협의 및 신속한 호텔 섭외 등으로 여객들의 불편을 최소화하기 위해 최선의 노력을 다한 점, (iii) 코타키나발루 국제공항에 즉시 이 사건 항공기를 대체할 항공기가 없었던 관계로 인천국제공항에 있던 항공기가 대체항공편으로 투입되었는데, 당초 이 사건 항공기가 이륙하였던 시간으로부터 13시간 30분 정도밖에 경과하지 않은 14:00경 대체항공기가 코타키나발루 국제공항에 도착한 점(대체항공편에 투입할 항공기, 운항승무원의 수배, 이륙 및 운항준비에 소요되는 시간, 대한민국 및 말레이시아의 관할 관청에 운항을 신고하고 이에 대한 인·허가를 받는 데 소요되는 시간, 인천 국제공항에서 코타키나발루 국제공항까지 소요되는 5시간 30분의 운항 시간 등을 고려할 때에 이러한 피고의 대처 방식 및 내용은 신속하였을 뿐만 아니라 적절한 것으로 평가 가능하다) 등을 종합하면, 피고는 손해를 방지하기 위하여 필요한 모든 조치를 취한 것으로 판단된다. 그렇다면 피고는 운송인으로서 손해를 방지하기 위하여 필요한 모든 조치를 취하였으므로, 개정 바르샤바 협약 제20조에 따라 원고들에 대한 연착으로 인한 손해배상책임을 지지 않는다.

### 마. 사고 후 조치의무 불이행으로 인한 정신적 손해배상청구에 관한 판단

(1) 원고들은 피고가 코타키나발루 국제공항에 만약의 사고에 대비한 대체기를 마련해 놓지 않았고 이로 인해 원고들이 코타키나발루에서 15시간을 더 머물러야 했으므로, 피고는 이로 인한 원고들의 정신적 손해를 배상해야 할 의무가 있다고 주장한다.

(2) 대체기를 마련해 놓지 않은 것으로 인한 손해는 개정 바르샤바 협약에서 인정하고 있는 손해의 유형에 포함되지 않을 뿐만 아니라(나아가 이 사건 여객운송계약상 피고가 당해 공항에 만약의 사고에 대비한 대체기를 마련해 놓아야 할 의무가 있다는 점을 인정할 만한 아무런 증거도 없다), 이러한 경우에 원고들이 주장할 수 있는 개정 바르샤바 협약 제19조에 따른 연착으로 인한 손해배상청구 역시 앞서 본 바와 같은 이유로 이를 받아들일 수 없다.

## 6. Corina van der Lans v. KLM NV, C-257/14, CJEU 2015. 9. 17.

### 가. 사실관계

(1) 원고 Corina van der Lans는 피고 KML 항공사의 2009. 8. 13. 09:15에 에쿠아도르 Quito를 출발하여 네덜란드 암스테르담에 도착할 예정인 항공편의 항공권을 예약하였다. 그러나 항공기는 다음날 19:30에 출발하였고, 원고는 예정보다 29시간 늦게 암스테르담에 도착하였다.

(2) 항공기는 에쿠아도르 과야퀼(Guayaquil) 공항에서 출발하여, Quito와 네덜란드령 안티레스에 있는 Bonaire에 중간기착한 후 암스테르담에 도착할 예정이었다. 그런데 과야퀼 공항에서 항공기를 푸쉬 백(push back)을 하던 중, 엔진 한 개가 연료 공급 부족으로 작동하지 않는 것을 발견하였다.

(3) 검사 결과 두 개의 부품(engine fuel pump, hydro mechanical unit)에 결함이 있다는 것이 밝혀졌으나, 과야퀼에서 대체부품을 조달할

수 없었기 때문에, 항공사는 대체부품을 암스테르담에서 공수(空輸)하였고, 이로 인하여 (1)과 같은 연착이 발생하였다.

(4) 원고는 항공사를 상대로 연착으로 인한 보상금으로 600유로를 구하는 소를 제기하였다. 이에 대하여 피고는 EC 항공여객보상 규정[Regulation (EC) No 261/2004] 제5조 제3항[6]에 규정된 "운송인이 합리적으로 요구되는 모든 조치를 다하였음에도 불구하고 회피할 수 없는 특별한 사정이 있는 경우"에 해당하므로, 항공사는 면책되어야 한다고 주장하였다.

### 나. 판시사항

(1) 항공기에 대한 통상적인 유지·관리(maintenance of aircraft) 과정에서 발생한 경미한 기체결함(technical problem)이나 항공기에 대한 통상적인 유지·관리를 소홀히 하여 발생한 기체결함은 특별한 사정에 해당하지 않는다.[7] 그러나 통상적인 유지·관리에도 불구하고, 항공기제작사나 부품공급자에 의하여 발견된, 항공기 운항 안전에 영향을 줄 수 있는 숨은 제조상 결함(hidden manufacturing defect)은 특별한 사정에 해당할 수 있다. 이는 파업이나 테러로 인하여 항공기가 손상을 입은 경우에도 동일하다.[8]

(2) 항공기의 유지·관리 소홀로 인한 것도 아니고 정기 점검 과정에서 발견할 수 없는 기체결함이 예상할 수 없는 시기에 항공기를 운용하는 주요 절차(main proceedings)에서 발견된 경우에도 특별한 사정에 해당하지 않는다.

---

6) Article 5. 3. An operating air carrier shall not be obliged to pay compensation in accordance with Article 7, if it can prove that the cancellation is caused by extraordinary circumstances which could not have been avoided even if all reasonable measures had been taken.

7) Wallentin-Hermann v. Alitalia - Linee Aeree Italiane SpA, C-549/07, EU:C:2008:771, CJEU 2008. 12. 22. 이에 관한 논의는 김영주, "EC 항공여객보상규칙상 특별한 사정의 의미와 판단 기준", 항공우주정책·법학회지 제29권 제2호(2014. 12.) 참조.

8) Wallentin-Hermann v. Alitalia-Linee Aeree Italiane SpA, C-549/07, EU:C:2008:771, CJEU 2008. 12. 22.

# [33] 항공기와 조류 충돌(bird strike)로 인한 연착

서울동부지방법원 2018. 4. 11. 선고 2017나24580 판결

## Ⅰ. 사실관계

(1) 피고 K항공은 항공여객운송업 등을 영위하는 회사이고, 원고는 피고가 운항하는 제주 → 김포 노선의 항공권을 구입하여, 2016. 8. 18. 11:45경 제주에서 출발하는 김포행 항공기 KE1220편의 탑승이 예정되어 있던 여객이다.

(2) 이 사건 항공기는 2016. 8. 18. 10:00경 김포를 출발하여 제주로 운항하였는데, 아무런 문제없이 운항을 하던 중 같은 날 11:15경 제주공항에 착륙하는 과정에서 조류(鳥類)가 엔진에 빨려 들어가는 사고(이하 '이 사건 사고')를 당하였다.

(3) 피고는 2016. 8. 18. 13:02경 이 사건 항공편의 운항을 취소하고 대체편을 운항하기로 하였고, 이에 원고는 2016. 8. 18. 15:10 출발하는 대체편(KE1222편)에 탑승한 후 김포에 도착하였다.

## Ⅱ. 참조 조문

### 1. 상 법

**제907조(연착에 대한 책임)** ① 운송인은 여객의 연착으로 인한 손해에 대하여 책임을 진다. 다만, 운송인이 자신과 그 사용인 및 대리인이 손해를 방지하기 위하여 합리적으로 요구되는 모든 조치를 하였다는 것 또는 그 조치를 하는 것이 불가능하였다는 것을 증명한 경우에는 그 책임을 면한다.

② 제1항에 따른 운송인의 책임은 여객 1명당 4천 694 계산단위[1]의

1) 몬트리올 협약에서는 2019. 12. 28.부터 5,346SDR로 증액되었다.

금액을 한도로 한다. 다만, 여객과의 운송계약상 그 출발지, 도착지 및 중간 착륙지가 대한민국 영토 내에 있는 운송의 경우에는 여객 1명당 1천 계산단위의 금액을 한도로 한다.

③ 제2항은 운송인 또는 그 사용인이나 대리인의 고의로 또는 연착이 생길 염려가 있음을 인식하면서 무모하게 한 작위 또는 부작위에 의하여 손해가 발생한 것이 증명된 경우에는 적용하지 아니한다.

## 2. 공항시설법

**제31조(시설의 관리기준)** ① 공항시설 또는 비행장시설을 관리·운영하는 자는 시설의 보안관리 및 기능유지에 필요한 사항 등 국토교통부령으로 정하는 시설의 관리·운영 및 사용 등에 관한 기준(이하 "시설관리기준"이라 한다)에 따라 그 시설을 관리하여야 한다.

② 국토교통부장관은 대통령령으로 정하는 바에 따라 공항시설 또는 비행장시설이 시설관리기준에 맞게 관리되는지를 확인하기 위하여 필요한 검사를 하여야 한다. 다만, 제38조 제1항에 따른 공항으로서 제40조 제1항에 따른 공항의 안전운영체계에 대한 검사를 받는 공항은 이 조에 따른 검사를 하지 아니할 수 있다.

**제56조(금지행위)** ⑤ 항공기와 조류의 충돌을 예방하기 위하여 누구든지 항공기가 이륙·착륙하는 방향의 공항 또는 비행장 주변지역 등 국토교통부령으로 정하는 범위에서 공항 주변에 새들을 유인할 가능성이 있는 오물처리장 등 국토교통부령으로 정하는 환경을 만들거나 시설을 설치해서는 아니 된다.

## 3. 조류 및 야생동물 충돌위험감소에 관한 기준 [국토교통부 고시 제2017-601호]

**제1조(목적)** 이 기준은 「공항시설법」 제31조 및 제56조, 같은 법 시행규칙 제19조 및 제47조와 국제민간항공협약 부속서에 따라 비행장과 비행장 주변 등에서의 항공기와 조류 또는 야생동물의 충돌사고를 예방하기 위해 조류와 야생동물의 서식지 관리 등 충돌예방 활동에 대한 세부사항을 규정함을 목적으로 한다.

**제3조(용어의 정의)** 이 기준에서 사용하는 용어의 정의는 다음과 같다.

> 1. "조류충돌"이란 운항 중인 항공기가 조류(야생동물을 포함한다. 이하 같다)와 충돌하는 것을 말한다.
>
> **제17조(조류충돌 감소조치)** ① 항공교통관제사는 항공로상의 철새 이동 등 조류충돌 발생 가능성이 있을 경우 해당 항공기 조종사에게 조류충돌 관련 정보를 알려 주어야 하며, 또한 동 사항을 공항운영자에게도 알려주어 조류충돌 예방활동 강화 등 필요한 조치를 취할 수 있도록 하여야 한다.
>
> ② 항공기의 이·착륙 시에 항공교통관제사가 조류충돌을 인지하였을 때에는 동 조류충돌 발생 사실을 항공기 조종사에게 알려주어야 한다.
>
> ③ 관할 지방항공청장의 지시나 제13조와 제14조에 따라 항공사 등으로부터 조류충돌보고서를 접수한 공항운영자는 해당 공항의 상공이나 공항주변지역에서 조류(야생동물) 출현을 억제하기 위해 자체적으로 수립한 대책에 따라 항공기 운항에 잠재적 위험을 갖는 조류의 수를 감소시키기 위한 조치를 취하여야 한다.
>
> ④ 각 공항운영자는 항공관련업무에 종사하는 직원에 대해 조류충돌의 위험성에 관한 정보 전파 등 정기적인 홍보를 하여야 하며, 조류와 야생동물 퇴치 활동을 담당하는 자에 대한 직무교육도 실시하여 조류충돌의 사전예방에 노력하여야 한다.
>
> ⑤ 각 공항운영자는 조류충돌보고서와 여러 가지 모니터링 기법을 통해 얻어진 정보를 종합하여 해당 공항의 실정에 적합한 조류충돌 예방활동이 이루어질 수 있도록 하여야 한다.

## Ⅲ. 판시사항

이 사건 사고와 같이 예기치 못한 조류충돌[2]로 인하여 항공기 엔진에 결함이 발생한 것은 피고가 사전에 예방할 수 있는 것이 아니므로 그 방지 조치를 하는 것은 불가능하였고, 피고는 위 조류충돌 이후 원고를 비

---

2) 운항 중인 항공기가 조류(야생동물 포함)와 충돌하는 것을 말한다. US항공 1549편이 2009. 1. 15. 뉴욕 라과디아 공항을 이륙 상승하던 중 새가 엔진으로 빨려 들어가는 조류충돌 사고를 당하였다. 엔진 두 개의 추력이 모두 상실된 상태에서 조종사 Chesley Sullenberger의 정확한 판단과 조종 능력으로 허드슨강 위에 무사히 착수시켜 탑승자 155명 전원이 무사했고, 이를 허드슨강의 기적(Miracle on the Hudson)이라고 한다.

롯한 여객들의 손해를 방지하기 위하여 합리적으로 요구되는 모든 조치를 다하였으므로, 상법 제907조 제1항 단서에 따라 면책된다.

## Ⅳ. 해 설

### 1. 문제의 소재

(1) 대상사안에서 원고는 도착예정시간보다 3시간 25분 정도 늦게 도착지인 김포공항에 도착하였고, 법원은 상법 제907조 제1항의 연착에 해당한다고 판단하였다. 상법 제907조 제1항 단서에서는, 운송인이 자신과 그 사용인 및 대리인이 손해를 방지하기 위하여 합리적으로 요구되는 모든 조치를 다하였다는 것 또는 그 조치를 하는 것이 불가능하였다는 것을 증명한 경우에는 그 책임을 면한다고 규정하고 있다.

(2) 피고는, 이 사건 항공기는 제주공항에 착륙하는 과정에서 조류와 충돌하였고, 이로 인한 엔진 손상으로 결항되었는데, 피고가 위 조류충돌을 방지하는 것은 불가능하였고, 피고는 위 조류충돌 이후 원고를 비롯한 여객들의 손해를 방지하기 위하여 합리적으로 요구되는 모든 조치를 다하였으므로, 상법 제907조 제1항 단서에 따라 면책된다고 주장하였다.[3)]

### 2. 항공기 결함의 방지조치가 불가능하였는지 여부

#### 가. 인정사실

(1) 이 사건 항공기는 2016. 8. 18. 10:00경 김포를 출발하여 제주로 운항하였는데, 아무런 문제없이 운항을 하던 중 같은 날 11:15경 제주공항에 착륙하는 과정에서 조류가 엔진에 빨려 들어가는 사고를 당하였다.

(2) 피고는 이 사건 사고 후 이 사건 항공기 제작사 정비교범에 따라 엔진 등의 점검을 실시하였고, 그 결과 엔진 내부에서 엔진을 구동하는 날개(fan blade) 2개와 이를 고정하기 위한 고정장치(platform) 1개가 위

3) 일반적으로 채무불이행으로 인한 손해배상청구에서 그 불이행의 귀책사유에 관한 증명책임은 채무자에게 있다. 대법원 2010. 8. 19. 선고 2010다26745 판결.

조류충돌로 손상되었음을 확인하였다.

(3) 피고는 손상된 위 부품을 교환하지 않고서는 이 사건 항공기를 운항할 수 없다고 판단하고 이 사건 항공편을 결항시켰고, 김포에서 부품·검사장비·전문인원을 파견하여 이 사건 항공기를 수리하였다.

### 나. 판 단

(i) 비행기의 엔진은 구조상 공기 유입이 필요하므로, 엔진 구동을 위한 날개가 개방될 수밖에 없고, 이와 같은 위 날개 전면부를 폐쇄하는 등의 조치를 하는 것은 비행기의 안전과 기능에 문제를 초래할 것으로 보이는 점, (ii) 항공기는 관제탑의 지시에 따라 이착륙하여야 하고 이착륙과정에서 임의로 진로나 고도를 변경할 수 없으므로, 이착륙 중 갑작스러운 조류출동을 피하기 위하여 진로를 변경하는 것은 사실상 불가능한 점, (iii) 이와 같은 사정을 반영하여 구 항공법(공항시설법이 2017. 3. 30. 시행됨에 따라 폐지되었다) 제80조 제1항 및 구 항공법 시행규칙 제243조 제1항 제10호 등은 국토교통부장관이나 비행장 또는 항행안전시설을 관리하는 자에게 비행장 및 비행장 주변에서의 항공기 운항시 조류충돌을 예방하는 의무를 부과하고 있는 점 등을 더해보면, 이 사건 사고와 같이 예기치 못한 조류충돌로 인하여 항공기 엔진에 결함이 발생한 것은 피고가 사전에 예방할 수 있는 것이 아니므로 그 방지 조치를 하는 것은 불가능하였다고 봄이 상당하다.

## 3. 손해방지를 위하여 합리적으로 요구되는 모든 조치를 다하였는지 여부

### 가. 인정사실

(1) 이 사건 항공기 착륙 직후 피고는 매뉴얼에 따라 원인 확인 및 정비를 시도하였고, 본사에 정비 부품 등의 지원을 요청하는 등 문제 해결을 위한 노력을 하였다.

(2) 피고는 위와 같이 이 사건 항공기의 엔진을 조사하여야 하는 상황

임을 확인하고, 2016. 8. 18. 11:45경 출발이 지연된다는 취지로 안내방송을 하고 전광판에 이를 표시하였다. 피고는 위 조사 결과 손상된 엔진의 수리가 필요함을 확인하고, 2016. 8. 18. 12:45경 원고를 비롯한 여객들에게 이 사건 항공편의 운항 여부가 정해지지 않았다는 취지로 알리면서 전광판에 이를 표시하였다.

(3) 피고는 본사를 통하여 이 사건 항공편의 결항을 확정하고 같은 날 13:02경 원고를 비롯한 여객들에게 "이 사건 항공기의 엔진결함으로 이 사건 항공편이 결항되었으니, 같은 날 15:10 KE1222편 등을 통하여 출발한다"고 안내하고 전광판에 이 사건 항공편의 결항사실을 표시하였다.

(4) 피고는 위와 같은 안내와 더불어 원고를 비롯한 여객들에게 제주공항 4층 푸드코트에서 식사할 수 있는 식권 1장과 대한항공을 통하여 항공권을 구매할 경우 1회 10,000원을 할인해주는 할인권 3장을 교부하였다.

(5) 원고는 피고가 제공한 대체편인 KE1222편에 같은 날 15:10 탑승하여 제주를 떠나 김포에 도착하였다.

## 나. 판 단

(i) 원고를 비롯한 여객들은 이 사건 항공편의 출발시간으로부터 약 1시간 15분 경과 후 대체편이 제공된다는 통지를 받았는데, 통상 결함의 원인을 파악하고 그 수리 가능 여부 등을 판단하는 데 상당한 시간이 소요되므로, 이 사건 항공기를 조사한 후 이 사건 항공편의 결항을 확정하기 전까지 소요된 약 1시간 15분 정도가 위 판단에 필요한 상당한 시간을 초과하였다고 볼 수 없는 점, (ii) 피고가 위 결항 확정 후 약 2시간 뒤에 출발하는 대체편을 마련하는 등 이 사건 사고 직후 피고가 대체편의 확보를 위하여 신속하게 노력하였다고 보이고, 위 대체편 역시 피고가 당시 확보할 수 있는 것 중 가장 빠른 시간 내에 출발하는 항공편으로 보이는 점, (iii) 피고가 각 공항에 만약의 사고에 대비한 대체기를 마련해 놓아야 할 의무가 있다고 보기 어려운 점 등을 더해 보면, 피고는 이 사건 사고 당시 원고를 비롯한 여객들의 피해를 최소화하기 위하여 합리적으로 요구되는 최선의 조치 역시 모두 이행하였다고 판단된다.

### 4. 결 론

따라서 피고가 이 사건 사고와 관련하여 상법 제907조 제1항 단서에서 정한 면책사유를 증명하였다고 판단되므로, 이 점을 지적하는 피고의 항변은 이유 있고, 결국 원고의 손해배상 청구는 받아들일 수가 없다.

## 5. Pešková v. Travel Service A.S., ECLI:EU:C:2017:342, CJEU 2017. 5. 4.

### 가. 사실관계

원고는 2013. 8. 10. 불가리아 Burgas → 체코공화국 Ostrava 일정의 피고 Travel Service의 항공편을 예약하였다. 항공기는 Burgas를 출발하여 중간기착지인 불가리아 Brno로 가던 중 조류와 충돌하였고, 점검 결과 특별한 손상은 발견되지 않았다. 항공사 승무원이 이상 유무를 점검하였으나, 항공기 소유자 Sunwing은 승무원은 점검 권한이 없다는 이유로, 전문가를 체코 Slaný에서 Brno로 불러서 항공기를 다시 점검을 하게 하였다. 재점검 결과 엔진이나 항공기에 이상이 없었기 때문에 항공기는 운항을 재개하였고, 원고는 예정보다 5시간 20분 늦게 목적지에 도착하였다.

### 나. 판시사항

항공기가 조류와 충돌하는 것은 항공기의 운항과 본질적으로 연계된 것도 아니고, 항공운송인의 정상적인 활동 수행에 의한 것도 아니며, 운송인의 통제영역을 벗어난 것이다. 따라서 조류충돌은 EC 항공여객보상 규정[Regulation (EC) No 261/2004] 제5조 제3항에서 규정하고 있는 특별한 사정에 해당하므로, 운송인은 면책된다.

## 6. 서울중앙지방법원 2018. 5. 16. 선고 2017가소7326836 판결

### 가. 사실관계

원고는 피고와 사이에 2017. 10. 13. 23:30 말레이시아 항공편으로 쿠알라룸푸르에서 인천으로 출발하는 여객운송계약을 체결하였다. 그러나 피고 내부사정으로 위 비행기는 5시간 30분이 지연된 2017. 10. 14. 05:00에 출발하였다. 피고는 2017. 10. 13. 11:52경 문자와 이메일로 지연되는 내용을 발송하였고, 같은 날 15:36경 원고에게 대체항공기 제공 등을 위한 의도로 전화연락을 시도하였으나 연락이 되지 않았다. 원고는 비행기 출발이 지연된 것을 모르고 제 시간에 공항에 갔다가 그곳에서 5시간 30분 동안 기다리면서 많은 고생을 하였다.

## 나. 판시사항

(1) 피고는 원고의 불편을 최소화하기 위하여 앞서 본 바와 같이 운송약관에 의한 조치와 노력을 다하였으므로 그 책임이 없다고 다툰다.

(2) 그러나 이 사건과 같이 피고 내부 사정에 의하여 항공기가 지연되는 경우, 문자나 이메일 및 전화한 것만으로 그 책임을 다하였다고 볼 수 없다. 여객이 외국에서 문자·이메일·전화를 받는다는 보장이 없고(특히 영어를 모를 경우 영어로 문자나 이메일을 보내고 전화를 하여도 그 내용을 알 수 없다), 문자나 이메일, 전화를 받아야 할 의무도 없는 것이다.

(3) 그러므로 항공사는 비행기의 출발이 지연된 줄 모르고 오는 여객들을 위하여 원래의 탑승시간에 직원을 배치하여 그 내용을 안내하고, 그들을 출발시간까지 편안하게 기다릴 수 있는 장소를 제공하는 등의 노력을 다하여야 한다(특히 이 사건과 같이 꼬박 밤을 새우면서 기다려야 하는 경우는 더욱 이러한 노력이 필요하다).

(4) 그러나 피고는 원고에게 이러한 배려의무를 다하지 아니하였다. 따라서 이러한 배려의무를 다하지 아니하여 원고가 정신적 고통을 당하였음이 분명하므로, 피고는 원고에게 정신적 고통에 대한 손해를 배상할 의무가 있고, 기록에 나타난 제반 사정을 종합하면 손해배상액은 300,000원이 적당하다.

# [34] 여객의 탑승지체와 항공사의 책임 유무

서울남부지방법원 2015. 10. 16. 선고 2014나51294 판결

## Ⅰ. 사실관계

### 가. 원고 등의 항공권 구매 및 피고의 탑승수속 거절

(1) 원고 K와 그 일행인 원고의 딸 Y 및 N(원고 및 원고의 일행들을 이하 '원고 등'이라 한다)은 피고가 운행하는 2012. 11. 4.자 KE820 항공편 [2012. 11. 4. 18:40 중국 창사(長沙) 공항 출발, 같은 날 22:35 인천 공항 도착, 이하 '이 사건 항공편']의 항공권을 구매하였다.

(2) 원고의 일행들은 2012. 11. 4. 17:00경 창사공항에서 피고 항공편의 여객들을 위한 탑승수속 업무 등을 수행하는 피고의 직원 L에게, 원고가 교통사고로 인한 차량 정체로 창사공항에 늦게 도착할 수 있으니 이 사건 항공편의 탑승수속을 최대한 늦추어 줄 것을 요청하였고, 이어서 원고가 L과 직접 통화하여 탑승수속 카운터에서 자신을 기다려 줄 것을 요청하였다. L은 원고에게 탑승수속 마감시간이 18:00임을 알리고 18:10까지 탑승수속 카운터로 올 것을 요청하였고, 원고는 이에 동의하는 취지로 답하였다.

(3) L은 같은 날 18:10까지 원고가 탑승수속 카운터에 도착하지 않자 탑승수속을 마감하고 출국장으로 들어갔고, 원고는 18:12경 탑승수속 카운터에 도착하였다. L은 다른 직원의 연락을 받고 18:15경 탑승수속 카운터로 가서 원고 등에게 탑승수속이 마감되었음을 알리고 이 사건 항공편 탑승수속 요청을 거절하였다.

(4) 피고의 국제여객운송약관은, 피고의 항공편을 이용하는 여객은 피고가 지정한 시간 내에 좌석 배정 및 수하물 수속을 마쳐야 하고, 정해진 시간 내에 여객이 탑승수속 카운터 또는 탑승구에 도착하지 못할 경우 피

고는 예약을 취소할 수 있으며, 탑승수속 마감시간 및 탑승 마감시간을 준수하지 않아 발생한 여객의 손해 또는 비용에 대하여는 피고가 책임을 지지 아니하는 것으로 규정하고 있고, 피고의 인터넷 홈페이지 및 피고가 전자항공권 확인증과 함께 여객에게 이메일로 발송하는 안내문에는 국제선의 경우 탑승수속 마감시간이 항공편 출발 40분 전이라고 기재되어 있다.

### 나. 원고 등의 대체항공편 탑승

(1) 피고는 주식회사 아시아나항공 등 다른 항공사와 항공권 양도양수 협정을 체결하여 갑작스럽게 항공 스케쥴이 변경되는 등의 경우 여객들이 기존 항공권으로 같은 구간을 운행하는 다른 항공사의 항공편을 이용하도록 하고 있으나, 원고 등이 구매한 이 사건 항공편의 항공권은 위와 같은 항공권 양도가 허용되지 않는 조건(Non-ends)으로 발행되었다.

(2) L은 원고 등에게 그 다음 날인 2012. 11. 5. 18:40 출발하는 피고의 인천국제공항행 항공편을 이용하도록 안내하였는데, 원고 등이 일정상 이유로 다른 대체항공편 확인을 요구하자, 인천국제공항행 항공편 중 가장 빨리 출발하는 아시아나항공의 OZ 322편(2012. 11. 5. 00:10 중국 창사 공항 출발, 이하 '이 사건 대체항공편') 이용을 권유하였고, 원고 등은 이에 응하였다.

(3) 통상적으로 항공편을 이용하는 경우 사전에 전자항공권을 구매한 후 공항에 도착하여 좌석을 배정받고 탑승권을 교부받아 항공편에 탑승하게 되는데, 아시아나항공 항공편의 항공권을 중국 창사에서 구매하는 경우 아시아나항공 창사공항지점에서는 탑승권 발행이 가능할 뿐 전자항공권 발행이 불가능하였고, 창사 시내에 위치한 아시아나항공 여객지점에서만 전자항공권을 발행할 수 있었다. L은 원고 등에게 위와 같은 사정 및 창사공항에서 신용카드로 아시아나항공 항공편의 항공권 구매 대금 결제가 불가능함을 알리고, 자신이 원고 등을 대신하여 아시아나항공에 대금을 지불하여 항공권을 구매하고 원고로부터 항공권 구매 대금을 송금받는 방법을 제안하였다.

(4) L은 아시아나항공에 이 사건 대체항공편에 여분의 좌석이 있는지

문의하여 비즈니스석만 남아 있다는 답을 받아 이를 원고에게 알려주었는데, 원고는 가격이 비싸다는 이유로 비즈니스석 항공편의 구매를 거절하였다. 아시아나항공은 이 사건 대체항공편의 이코노미석 여객 3명을 비즈니스석으로 재배정한 후 L에게 이러한 사실을 전달하였다. L은 원고 등으로부터 이 사건 대체항공편의 이코노미석 항공권 구매에 관한 동의를 받아, 2012. 11. 4. 21:30경 아시아나항공에 이 사건 대체항공편의 이코노미석 항공권 대금 5,700중국위안(=1,900중국위안×3)을 현금으로 지불하였으며, 아시아나항공은 원고 등을 위와 같이 남게 된 이코노미석에 배정하였다.

(5) L은 22:45경 원고 등을 아시아나항공의 탑승수속 카운터로 안내하였고, 원고는 23:00경 남편을 통하여 L의 계좌로 900,000원을 송금하였다.

(6) 아시아나항공은 원고 등에게 이 사건 대체항공편의 탑승권 3장 및 각 1,900중국위안이 지불되었다고 기재된 MCO[1] 3장을 각 발행하여 주었고, 원고 등은 이 사건 대체항공편에 탑승하여 2012. 11. 5. 오전경 인천공항에 도착하였다.

### 다. 원고의 민원 제기 및 피고의 대응

(1) 원고는 2012. 11. 6.부터 L에게 "원고가 교통사고로 인한 차량 정체로 이 사건 항공편을 이용하지 못하였다는 점에 관한 확인서를 발급하여 주고 이 사건 항공편의 항공권 구매 비용 환불 시 위약금을 면제하여 달라"는 취지의 이메일을 발송하였다. 피고는 L을 통하여 원고에게 "원고가 이 사건 항공편을 이용하지 못한 것에 대하여 피고의 귀책사유가 없으므로 위약금 면제가 불가능하다"는 취지로 답하였다.

(2) 원고는 2012. 11. 하순경 피고에 대하여 "L이 이 사건 대체항공편의 항공권을 구매한 과정을 확인하여 주고, 원고가 불가피한 사정으로 이 사건 항공편을 이용하지 못하였으므로 이 사건 항공편의 항공권 구매 비용을 보상하여 달라"는 취지로 민원을 제기하였다. 피고는 "원칙적으로 피

---

1) Miscellaneous Charges Order, 항공운송인 또는 그 대리인에 의하여 발행되는 증표로서, 항공권의 구입 및 항공여행과 관련된 서비스 이용시 사용할 수 있다.

고의 보상책임이 발생하지 않지만, 기상 악화·천재지변으로 인하여 항공기 정상 운항에 문제가 생기는 경우에 적용하는 지침을 준용하여 운임·유류할증료·중국공항세를 포함한 794,600원을 환불하겠다"는 취지로 답하였는데, 원고는 이에 응하지 않고 이 사건 항공편의 항공권 구매 비용 전액의 환불을 요청하면서 지속적으로 피고에 대하여 민원을 제기하였다.

(3) 원고는 2012. 11. 하순경 아시아나항공에 대하여도 "L이 이 사건 대체항공편의 항공권을 구매한 과정을 확인하여 주고, 그 구매 비용에 대한 현금영수증을 발급하여 달라"는 취지로 민원을 제기하였다. 아시아나항공은 "L이 현금으로 5,700중국위안을 지불하고 이 사건 대체항공편의 항공권을 구매하였고, 창사 공항에서 전달받은 영수증을 원고에게 우편으로 발송하였으며, 해외에서 현금을 사용하는 경우 국세청 현금영수증 처리가 되지 않는다"는 취지로 답하였다.

(4) 아시아나항공은 2012. 12. 7. 원고에게 원고 등이 탑승한 이 사건 대체항공편에 대한 종이 항공권을 발송하였다.

## Ⅱ. 참조 조문

### 1. 민 법

**제390조(채무불이행과 손해배상)** 채무자가 채무의 내용에 좇은 이행을 하지 아니한 때에는 채권자는 손해배상을 청구할 수 있다. 그러나 채무자의 고의나 과실없이 이행할 수 없게 된 때에는 그러하지 아니하다.

**제391조(이행보조자의 고의, 과실)** 채무자의 법정대리인이 채무자를 위하여 이행하거나 채무자가 타인을 사용하여 이행하는 경우에는 법정대리인 또는 피용자의 고의나 과실은 채무자의 고의나 과실로 본다.

**제400조(채권자지체)** 채권자가 이행을 받을 수 없거나 받지 아니한 때에는 이행의 제공있는 때로부터 지체책임이 있다.

**제401조(채권자지체와 채무자의 책임)** 채권자지체 중에는 채무자는 고의 또는 중대한 과실이 없으면 불이행으로 인한 모든 책임이 없다.

> **제750조(불법행위의 내용)** 고의 또는 과실로 인한 위법행위로 타인에게 손해를 가한 자는 그 손해를 배상할 책임이 있다.
>
> **제756조(사용자의 배상책임)** ① 타인을 사용하여 어느 사무에 종사하게 한 자는 피용자가 그 사무집행에 관하여 제3자에게 가한 손해를 배상할 책임이 있다. 그러나 사용자가 피용자의 선임 및 그 사무감독에 상당한 주의를 한 때 또는 상당한 주의를 하여도 손해가 있을 경우에는 그러하지 아니하다.
>
> ② 사용자에 갈음하여 그 사무를 감독하는 자도 전항의 책임이 있다.
>
> ③ 전2항의 경우에 사용자 또는 감독자는 피용자에 대하여 구상권을 행사할 수 있다.

## Ⅲ. 판시사항

원고는 중국 창사공항으로 이동하는 중 발생한 교통사고로 인한 차량 정체로 탑승수속 마감시간을 준수하지 못하였다고 주장하는바, 이는 항공운송인인 피고와 아무런 관련이 없는 원고의 사유에 불과한 점 등을 참작하면, 원고가 시각장애인이라거나 피고의 직원이 원고의 이 사건 항공편 탑승수속 요청을 거절하였다는 사정만으로는 직원의 위와 같은 행위가 소비자기본법 및 항공법을 위반한 것이라거나 원고에 대한 채무불이행 또는 불법행위가 성립한다고 볼 수 없다.

## Ⅳ. 해 설

### 1. 원고의 청구원인

#### 가. 이 사건 항공편 탑승수속 거절로 인한 채무불이행 및 불법행위

원고는 예측 불가능한 교통사고가 발생하여 차량이 정체되는 바람에 피고의 직원 L이 요구한 시간보다 불과 2분 늦게 창사 공항에 도착하였는데, L은 위와 같은 사정을 고려하지 아니하고 부당하게 원고 등의 이 사건 항공편 탑승수속 요청을 거절하여 원고 등과의 항공권 구매 계약에 따른 고객보호의무를 위반하였고, 소비자기본법 제4조, 제19조, 구 항공법 제119조의 2, 제121조를 각 위반하였으며, 시각장애 6급의 장애인인 원고를 교통약자로 보호하지 않아 교통약자의 이동편의 증진법 제5조를 위반하였다.

### 나. 이 사건 대체항공편의 항공권 구매와 관련한 불법행위

피고의 직원 L은 항공권 양도양수 협정에 따라 아시아나항공 항공편의 항공권을 제공할 수 있음에도 원고 등으로 하여금 이 사건 대체항공편의 항공권을 구매하도록 하였고, 위 구매시 정상적인 회계처리가 가능한 신용카드 결제를 거부하고 사적으로 아시아나항공으로부터 이 사건 대체항공편의 항공권을 구매하여 부당하게 원고로부터 900,000원을 지급받았다. 원고 등은 편법으로 이 사건 대체항공편에 탑승하게 된 것으로 추정되며, 이로 인하여 원고 등은 L이나 아시아나항공으로부터 이 사건 대체항공편에 대한 탑승권과 전자항공권 및 그 구매 비용에 대한 영수증을 발급받지 못하였다.

### 다. 민원 제기 과정에서의 불법행위

원고는 피고로부터 이 사건 항공편의 항공권 구매 비용 전액 또는 이 사건 대체항공편의 항공권 구매 비용으로 지출한 900,000원을 환불받아야 하는데, 피고가 원고의 민원에 대하여 구체적 환불내역과 환불 방법에 관한 안내를 하지 않고 채무이행을 하고자 하는 어떠한 노력도 하지 않음에 따라 원고가 지속적으로 민원을 제기하게 되었다.

### 라. 피고에 대한 손해배상 청구

원고는 위와 같은 피고 또는 피고의 직원 L의 채무불이행 및 불법행위를 원인으로 피고에 대하여 이 사건 대체항공편의 항공권 구입비용 900,000원, 창사공항에서의 식사비 50,000원, 창사 버스터미널에서 창사공항까지의 택시비(2배)와 국제통화료 및 피고 본사 방문 교통비 50,000원을 합산한 1,000,000원의 손해배상금 및 원고가 입은 정신적 손해에 대한 위자료 5,000,000원, 합계 6,000,000원 및 이에 대한 지연손해금의 지급을 구한다.

## 2. 채권자지체

국제여객운송계약은 절대적 정기채무이므로, 채권자인 여객은 여객운송계약에 규정된 바와 같이 탑승수속 마감 전까지 반드시 탑승수속 카운터에 도착할 의무가 있다. 채권자지체 중에는 채무자는 고의 또는 중대한 과실이 없으면 불이행으로 인한 모든 책임이 없다(민법 제401조). 그러므로 항공운송인이 여객운송에 필요한 모든 준비를 갖추고 이륙 준비를 완료하였으나, 운송인의 귀책사유 없이 여객이 탑승수속 카운터에 늦게 도착한 경우에는, 채권자지체로 인하여 여객운송급부의 수령불능상태가 되므로 운송인은 모든 책임을 면한다.

## 3. 대상사안의 검토

### 가. 항공편 탑승수속 거절

(i) 피고의 직원 L은 이 사건 항공편의 탑승수속 마감시간이 출발시간으로부터 40분 전인 18:00임에도 불구하고 원고를 위하여 탑승수속 마감시간을 18:10까지 늦추어 준 점, (ii) 원고는 이 사건 항공편의 탑승수속이 마감된 후인 18:12경 탑승수속 카운터에 도착하였고, L은 항공기의 지연 및 이로 인한 다른 여객들의 손해 등을 고려하여 원고 등의 이 사건 항공편 탑승수속 요청을 거절한 점, (iii) 원고는 창사 공항으로 이동하는 중 발생한 교통사고로 인한 차량 정체로 탑승수속 마감시간을 준수하지 못하였다고 주장하고 있는데, 이는 피고와 아무런 관련이 없는 원고측의 사유에 불과한 점[2] 등을 참작하면, 원고가 시각장애인이라거나 L이 원고 등의 이 사건 항공편 탑승수속 요청을 거절하였다는 사정만으로는 L의 위와 같은 행위가 소비자기본법, 구 항공법을 위반한 것이라거나 원고에 대

---

2) 일반적으로 채무불이행으로 인한 손해배상청구에서 그 불이행의 귀책사유에 관한 증명책임은 채무자에게 있다. 대법원 2010. 8. 19. 선고 2010다26745 판결.

한 채무불이행 또는 불법행위가 성립한다고 볼 수 없다.

### 나. 대체항공편의 항공권 구매

(i) 원고 등이 구매한 이 사건 항공편의 항공권은 다른 항공사와의 양도가 허용되지 않는 것이어서 원고 등이 이 사건 대체항공편을 이용하려면 항공권을 별도로 구매하는 것이 불가피하였던 점, (ii) 피고의 직원 L은 원고 등의 동의를 얻어 이 사건 대체항공편의 항공권을 현금으로 구매하고 원고로부터 900,000원을 지급받은 점, (iii) L이 원고 대신 지불한 이 사건 대체항공편의 항공권 대금 5,700중국위안은 국내통화로 1,028,052원으로서 원고가 L에게 지급한 900,000원을 초과하는데, 신용카드 결제가 가능하였다면 L이 위와 같은 손해를 감수하고 현금으로 이 사건 대체항공편의 항공권 대금을 지불할 이유가 없는 점, (iv) 원고 등이 아시아나항공으로부터 이 사건 대체항공편의 탑승권과 5,700중국위안에 대한 MCO만 발급받았을 뿐 전자항공권 및 그 구매 비용에 대한 영수증을 발급받지 못하였다는 사정은 피고가 아닌 아시아나항공과 관련된 사유에 해당하는 점, (v) 원고 등이 편법으로 이 사건 대체항공편에 탑승하게 되었음을 인정할 아무런 증거가 없고, 원고 등은 정상적으로 이 사건 대체항공편을 이용하여 인천국제공항에 도착한 점 등을 참작하면, L이 원고 등을 대신하여 이 사건 대체항공편을 구매한 것이 원고에 대한 불법행위라고 할 수 없고, 원고에게 어떠한 손해가 발생하였다고 볼 수도 없다.

### 다. 민원 제기 과정

원고 등이 이 사건 항공편에 탑승하지 못하고 이 사건 대체항공편에 탑승하게 된 경위와 피고의 국제여객운송약관의 내용 등 제반 사정에 비추어 보면, 피고가 원고에게 이 사건 항공편의 항공권 구매 비용 전액 또는 이 사건 대체항공편의 항공권 구매 비용으로 지출한 900,000원을 지급할 의무가 있다고 볼 수 없다. 피고가 원고의 환불 요청 등에 응하지 아니하여 원고가 지속적으로 민원을 제기하게 되었다는 사정만으로는 원고에 대한 불법행위가 성립한다고 볼 수 없다.

# [35] 도착지 무단 변경으로 인한 손해배상

**서울중앙지방법원 2018. 9. 17. 선고 2018가합530405 판결**

## Ⅰ. 사실관계

(1) 원고는 2015. 2. 3. 피고 유나이티드 에어라인스 인크(United Airlines Inc.)가 운영하는 홈페이지를 통하여 피고와 489,400원(=항공요금 356,000원+세금 101,400원+취급 수수료 32,000원)에 아래와 같은 내용의 항공운송계약을 체결하였다(이하 '이 사건 항공운송계약').

| 순번 | 편명 | 출발 | 도착 |
|---|---|---|---|
| 제1항공편 | UA892편 | 2015. 2. 15. 18:10 인천 | 11:30 샌프란시스코 |
| 제2항공편 | UA1474편 | 2015. 2. 15. 13:00 샌프란시스코 | 18:34 휴스턴 |
| 제3항공편 | UA1447편 | 2015. 2. 15. 22:55 휴스턴 | 23:51 오스틴 |
| 제4항공편 | UA6235편 | 2015. 2. 16. 07:55 오스틴 | 10:09 샌프란시스코 |
| 제5항공편 | UA893편 | 2015. 2. 16. 10:55 샌프란시스코 | 2015. 2. 17. 16:15 인천 |

(2) 원고는 제1항공편을 탑승하여 2015. 2. 15. 18:09 인천에서 출발하였으나, 샌프란시스코에 예정 도착시간보다 37분 늦은 같은 날 12:07에 도착하여 제2항공편에 탑승하지 못하게 되었다.

(3) 이에 피고는 원고에게 대체항공편으로 2015. 2. 15. 15:50 샌프란시스코에서 출발하고, 같은 날 21:28 오스틴에 도착하는 UA6347편(이하 '이 사건 대체항공편')을 이용하는 방법을 제안하였고, 원고는 대체항공편을 탑승하여 2015. 2. 15. 16:03 샌프란시스코에서 출발하여 같은 날 21:30 오스틴에 도착하였다. 이로 인하여 원고는 제2, 3항공편은 이용하지 못했고, 제2항공편의 도착지인 휴스턴에 가지 못했다.

(4) 이후 원고는 예정된 대로 제4항공편을 탑승하여 2015. 2. 16. 07:50 오스틴에서 출발하여 같은 날 10:04 샌프란시스코에 도착하였고, 제5항공편을 탑승하여 같은 날 10:58 샌프란시스코에서 출발하여 2015. 2. 17. 15:42 인천에 도착하였다.

## Ⅱ. 참조 조문

### 1. 민 법

**第390條(채무불이행과 손해배상)** 채무자가 채무의 내용에 좇은 이행을 하지 아니한 때에는 채권자는 손해배상을 청구할 수 있다. 그러나 채무자의 고의나 과실없이 이행할 수 없게 된 때에는 그러하지 아니하다.

**第391條(이행보조자의 고의, 과실)** 채무자의 법정대리인이 채무자를 위하여 이행하거나 채무자가 타인을 사용하여 이행하는 경우에는 법정대리인 또는 피용자의 고의나 과실은 채무자의 고의나 과실로 본다.

**第393條(손해배상의 범위)** ① 채무불이행으로 인한 손해배상은 통상의 손해를 그 한도로 한다.

② 특별한 사정으로 인한 손해는 채무자가 그 사정을 알았거나 알 수 있었을 때에 한하여 배상의 책임이 있다.

**第750條(불법행위의 내용)** 고의 또는 과실로 인한 위법행위로 타인에게 손해를 가한 자는 그 손해를 배상할 책임이 있다.

**第756條(사용자의 배상책임)** ① 타인을 사용하여 어느 사무에 종사하게 한 자는 피용자가 그 사무집행에 관하여 제3자에게 가한 손해를 배상할 책임이 있다. 그러나 사용자가 피용자의 선임 및 그 사무감독에 상당한 주의를 한 때 또는 상당한 주의를 하여도 손해가 있을 경우에는 그러하지 아니하다.

② 사용자에 갈음하여 그 사무를 감독하는 자도 전항의 책임이 있다.

③ 전2항의 경우에 사용자 또는 감독자는 피용자에 대하여 구상권을 행사할 수 있다.

## Ⅲ. 판시사항

이 사건 항공운송계약의 목적지는 '휴스턴'이라고 볼 수 있고, 피고는 원고를 휴스턴까지 운송하지 못하였으므로, 원고에게 항공운송계약 채무불이행에 따른 손해를 배상할 의무가 있다.

## Ⅳ. 해 설

### 1. 문제의 소재

대상사안에서는 왕복항공운송계약의 목적지가 휴스턴인지 여부가 문제되었다. 만약 목적지가 휴스턴이라면, 운송인이 원고를 오스틴으로 운송한 것은 채무불이행(불완전이행)에 해당한다.

다음으로 원고가 주장하는 손해 중 휴스턴에서 연봉계약을 체결하여 얻었을 수 있었던 이익 상당액이 문제되었다. 민법 제393조 제1항의 통상손해는 특별한 사정이 없는 한 그 종류의 채무불이행이 있으면 사회일반의 거래관념 또는 사회일반의 경험칙에 비추어 통상 발생하는 것으로 생각되는 범위의 손해를 말하고, 제2항의 특별한 사정으로 인한 손해는 당사자들의 개별적·구체적 사정에 따른 손해를 말하는바,[1] 원고 주장의 연봉계약 관련 손해는 특별손해에 해당하므로, 피고에게 예견가능성이 있는지 여부가 문제된다.

### 2. 당사자 주장의 요지

#### 가. 원 고

(1) 원고는 2015. 2.경 피고와 '인천(출발지) ↔ 휴스턴(목적지)' 구간의 왕복항공운송계약을 체결하였고, 이에 따라 원고가 인천에서 출발하여 샌프란시스코를 경유하여 휴스턴에 도착한 후 다시 휴스턴에서 오스틴, 샌프란시스코를 순차로 경유하여 인천으로 돌아오는 여정을 확약받았다.

---

1) 대법원 2014. 2. 27. 선고 2013다66904 판결.

그런데도 2015. 2. 15. 제1항공편의 연착으로 인하여 경유지인 샌프란시스코에서 휴스턴으로 가는 제2항공편을 타지 못해 목적지인 휴스턴에 가지 못하였고, 그 과정에서 피고 직원들로부터 인종·성차별적 모욕 등을 받았다.

(2) 피고는 원고에게 이 사건 항공운송계약의 채무불이행에 따른 손해배상 또는 사용자책임에 따른 불법행위 손해배상으로 좌석 초과판매로 인한 보상금 약 1천만 원의 10배에 해당하는 1억 원 또는 피고가 이 사건 항공운송계약을 제대로 이행하였다면 원고가 휴스턴에서 연봉계약을 체결하여 얻었을 수 있었던 이익인 1억 원,[2] 위자료 6억 원, 합계 7억 원 및 이에 대한 지연손해금을 지급할 의무가 있다.

### 나. 피 고

피고는 2015. 2.경 원고와 '인천(출발지) ↔ 휴스턴(목적지)' 구간의 왕복항공운송계약을 체결한 것이 아니라, '인천(출발지) ↔ 오스틴(목적지)' 구간의 왕복항공운송계약을 체결하였다. 제1항공편이 연착함에 따라 원고가 제2, 3항공편을 이용하지 못하였으나, 원고에게 대체항공편을 제공하여 최종적으로 원고를 오스틴에 제2, 3 항공편을 이용하는 것보다 빠르게 운송하여 이 사건 항공운송계약에 따른 채무를 모두 이행하였다. 운송 및 대체항공편 마련 과정에서 피고 직원들이 원고에게 모욕 등 불법행위를 저지른 사실이 없으므로, 원고의 주장은 이유 없다.

---

2) 이는 특별사정으로 인한 손해에 해당하는바, 특별한 사정으로 인한 손해는 채무자가 그 사정을 알았거나 알 수 있었을 때에 한하여 배상의 책임이 있다(민법 제393조 제2항). 여행자가 해외 여행계약에 따라 여행하는 도중 여행업자의 고의 또는 과실로 상해를 입은 경우 계약상 여행업자의 여행자에 대한 국내로의 귀환운송의무가 예정되어 있고, 여행자가 입은 상해의 내용과 정도, 치료행위의 필요성과 치료기간은 물론 해외의 의료기술수준이나 의료제도, 치료과정에서 발생할 수 있는 언어적 장애 및 의료비용의 문제 등에 비추어 현지에서 당초 예정한 여행기간 내에 치료를 완료하기 어렵거나, 계속적·전문적 치료가 요구되어 사회통념상 여행자가 국내로 귀환할 필요성이 있었다고 인정된다면, 이로 인하여 발생하는 귀환운송비 등 추가적인 비용은 여행업자의 고의 또는 과실로 인하여 발생한 통상손해의 범위에 포함되고, 이 손해가 특별한 사정으로 인한 손해라고 하더라도 예견가능성이 있었다고 보아야 한다(대법원 2019. 4. 3. 선고 2018다286550 판결).

### 3. 채무불이행 성립 여부

(1) 원고가 2015. 1. 31. 피고 운영의 홈페이지를 통하여 '인천(출발지) ↔ 휴스턴(목적지)' 구간의 왕복항공편으로 제1 내지 5 항공편을 예약하자, 피고는 같은 날 원고에게 목적지가 '휴스턴'으로 기재된 '인천(출발지) ↔ 휴스턴(목적지)' 구간의 왕복항공편이 예약되었다는 내용의 예약확인메일을 발송하였다.

(2) 피고는 위 2015. 1. 31.로부터 3일이 지난 2015. 2. 3. 원고에게 목적지 기재 없이 제1 내지 5항공편이 결제되었고, 이에 대한 전자항공권이 발행되었다는 내용의 여정확정메일을 발송하였다. 원고가 2015. 1. 31. '인천(출발지) ↔ 휴스턴(목적지)' 구간의 왕복항공편을 예약한 뒤 2015. 2. 3. 결제되기까지 여정을 변경하였다고 볼만한 자료가 없으므로, 2015. 2. 3. 결제가 완료되었다는 왕복항공편은 목적지가 '휴스턴'인 '인천(출발지) ↔ 휴스턴(목적지)' 구간의 것이다.

(3) 피고가 2015. 2. 14. 원고에게 목적지가 '오스틴'으로 기재된 '인천(출발지) ↔ 오스틴(목적지)' 구간의 왕복항공권에 대한 온라인 사전 체크인 메일을 발송하였으나, 원고가 위 여정확정메일을 받은 2015. 2. 3. 이후부터 2015. 2. 14.까지 목적지를 '휴스턴'에서 '오스틴'으로 변경하였다고 볼만한 자료가 없어 피고의 전산상 오류 또는 알 수 없는 원인으로 인하여 목적지가 '휴스턴'에서 '오스틴'으로 변경되었다.

(4) 원고로서는 구체적인 여정인 제1~5항공편의 출발 날짜·시간 등을 변경하지 않은 채 항공편의 목적지만을 '휴스턴'에서 '오스틴'으로 변경할 이유가 없다.

(5) 피고는 2015. 2. 14. 원고에게 목적지가 '오스틴'으로 기재된 왕복항공권에 대한 온라인 사전 체크인 메일을 발송하였고, 2015. 2. 15. 인천공항에서 원고에게 오스틴까지 가는 제1~3항공편의 탑승권을 함께 발급해주었으며, 탑승권과 함께 발급해준 수하물표에 목적지가 '오스틴'으로 기재되어 있었는데도, 원고가 즉시 항의하지 않았으므로, 이 사건 항공운송계약의 목적지는 '오스틴'이었다고 주장한다. 그러나 이에 대하여 원고

는 비행기 출발 하루 전에 발송되는 온라인 사전 체크인 메일을 확인하지 못하였고, 제1~3 항공편이 모두 같은 날인 2015. 2. 15. 출발하는 항공편이라 함께 발급해주는 것으로 알았으며, 수하물은 미국 공항보안정책에 따라 첫 경유지인 샌프란시스코에서 수하물을 찾아 미국의 입국심사를 받은 뒤 항공보안검사를 거쳐 새로운 수하물표를 받아 부치게 되어 있어 인천에서 발급해 준 수하물표 기재 내용에 개의치 않았다고 주장하는 바, 이러한 원고의 주장은 나름의 합리적인 이유가 있다.

(6) 위와 같은 사정들에 비추어 보면, 이 사건 항공운송계약의 목적지는 '휴스턴'이라고 볼 수 있고, 앞서 본 바와 같이 피고는 원고를 휴스턴까지 운송하지 못하였으므로, 원고에게 이 사건 항공운송계약 채무불이행에 따른 손해를 배상할 의무가 있다.

## 4. 불법행위 인정 여부

원고가 제출한 증거들만으로는 피고 직원들이 이 사건 당시 원고를 인종·성차별적으로 모욕하는 등 불법행위를 하였다고 인정하기 부족하고, 달리 이를 인정할 증거가 없다. 따라서 원고의 이 부분 주장은 이유 없다.

## 5. 손해배상의 범위

### 가. 재산상 손해

#### (1) 원고의 주장

원고는 피고의 이 사건 항공운송계약 채무불이행에 따른 손해배상 액수로 좌석 초과판매에 대한 보상금 약 1천만 원의 10배에 해당하는 금액인 1억 원 또는 피고가 이 사건 항공운송계약을 제대로 이행하였다면 원고가 휴스턴에서 연봉계약을 체결하여 얻을 수 있었던 이익인 1억 원을 주장한다.

#### (2) 판 단

계약에서 정한 채무불이행으로 인한 손해액을 정함에 있어 일반적으로 채무불이행이 없었더라면 존재하였을 재산상태와 그 채무불이행이 이루어진 후의 재산상태의 차액을 손해액으로 보는데, 원고가 제출한 증거들만으로 피고의 채무불이행으로 인하여 원고가 입은 손해가 1억 원에 이른다거나, 좌석 초과판매에 대한 보상금이 약 1천만 원에 이른다거나, 원고가 이 사건 당시 휴스턴에서 연봉계약을 체결하기로 하였다고 인정하기 부족하고, 달리 이를 인정할 증거가 없다. 따라서 특별손해에 해당하는 연봉상실액 상당의 손해에 관하여, 피고에게 예견가능성이 있었는지 여부는 더 나아가 살펴볼 필요가 없다.

(3) 법원의 인정금액

법원은 민사소송법 제202조의2 규정에 따라 손해가 발생한 사실은 인정되나 구체적인 손해 액수를 증명하는 것이 사안의 성질상 매우 곤란한 경우에는 변론 전체의 취지와 증거조사 결과에 의하여 인정되는 모든 사정을 종합하여 상당하다고 인정되는 금액을 손해배상 액수로 정할 수 있다.[3] 이 사건 항공운송계약에 따라 여행목적지에 도착하지 못함에 따른 손해의 발생 사실은 인정되나 이 사건 변론에 현출된 모든 자료에 의하여도 그 손해액을 정확히 산정하기 매우 곤란한 때에 해당하고, 앞서 본 바와 같은 사정들에다가 손해의 공평·타당한 분담을 지도원리로 하는 손해배상제도의 이상과 기능 등을 참작하면, 이 부분 손해액을 3,000,000원으로 인정하는 것이 타당하다.

## 나. 위자료

(1) 일반적으로 계약상 채무불이행으로 인하여 재산적 손해가 발생한 경우 그로 인하여 계약 당사자가 받은 정신적인 고통은 재산적 손해에 대한 배상이 이루어짐으로써 회복된다고 보아야 하므로, 재산적 손해의 배상만으로는 회복될 수 없는 정신적 고통을 입었다는 특별한 사정이 있고, 상대방이 이와 같은 사정을 알았거나 알 수 있었을 경우에 한하여 정신적 고통에 대한 위자료를 인정할 수 있다.[4]

---

3) 대법원 2007. 11. 29. 선고 2006다3561 판결.

(2) 원고가 이 사건 당시 목적지가 갑자기 변경됨에 따라 느꼈을 당혹감이 충분히 짐작되나, 그와 같은 당혹감은 피고로 하여금 원고에게 위 3,000,000원을 배상하도록 함으로써 어느 정도 회복되었다고 판단되고, 별도로 정신적 위자료를 인정할 특별한 사정이 없다. 따라서 원고의 이 부분 주장은 받아들이지 않는다.

## 6. 결 론

(1) 따라서 피고는 원고에게 이 사건 항공운송계약 채무불이행에 따른 손해배상으로 3,000,000원 및 이에 대하여 이 사건 소장부본이 피고에게 송달된 다음날인 2017. 3. 30.부터[5] 피고가 이 사건 이행의무의 존재 여부나 범위에 관하여 항쟁하는 것이 타당하다고 인정되는 이 판결 선고일인 2018. 9. 17.까지는 민법이 정한 연 5%의, 그 다음날부터 다 갚는 날까지는 소송촉진 등에 관한 특례법이 정한 연 15%의 각 비율로 계산한 지연손해금을 지급할 의무가 있다.

(2) 이 사건의 주된 쟁점인 이 사건 항공운송계약의 목적지를 '휴스턴'으로 판단한 점 등을 고려하여, 소송비용을 각자 부담하기로 한다.[6]

---

4) 대법원 2004. 11. 12. 선고 2002다53865 판결.

5) 원고는 이 사건 항공운송계약 채무가 불이행된 2015. 2. 15.부터의 지연손해금 지급을 구하나, 채무불이행에 따른 손해배상채무는 이행의 기한이 없는 채무로서 이행청구를 받은 때부터 지체책임이 있는데, 피고가 이 사건 소장부본 송달 이전에 원고로부터 이행청구를 받아 이행지체 상태에 있었다고 볼만한 자료가 없으므로, 위에서 인정한 범위를 넘는 원고의 주장은 이유 없다.

6) **민사소송법 제98조(소송비용부담의 원칙)** 소송비용은 패소한 당사자가 부담한다.
**제99조(원칙에 대한 예외)** 법원은 사정에 따라 승소한 당사자로 하여금 그 권리를 늘리거나 지키는 데 필요하지 아니한 행위로 말미암은 소송비용 또는 상대방의 권리를 늘리거나 지키는 데 필요한 행위로 말미암은 소송비용의 전부나 일부를 부담하게 할 수 있다.
**제100조(원칙에 대한 예외)** 당사자가 적당한 시기에 공격이나 방어의 방법을 제출하지 아니하였거나, 기일이나 기간의 준수를 게을리 하였거나, 그 밖에 당사자가 책임져야 할 사유로 소송이 지연된 때에는 법원은 지연됨으로 말미암은 소송비용의 전부나 일부를 승소한 당사자에게 부담하게 할 수 있다.
**제101조(일부패소의 경우)** 일부패소의 경우에 당사자들이 부담할 소송비용은 법원이 정한다. 다만, 사정에 따라 한 쪽 당사자에게 소송비용의 전부를 부담하게 할 수 있다.

# [36] 운항 취소로 인한 손해배상 책임

서울중앙지방법원 2019. 1. 30. 선고 2018가단5044186 판결

## Ⅰ. 사실관계

(1) 원고들은 A라는 상호로 항공운송업을 영위하는 피고와 2017. 12. 23. 11:30 대한민국 인천국제공항을 출발하여 같은 날 14:00 일본 오키나와국제공항에 도착하는 피고의 B편 항공기(이하 '이 사건 항공기')를 이용하기로 하는 내용의 항공여객운송계약(이하 '이 사건 계약')을 체결하였다.

(2) 원고들은 이 사건 계약에 따라 이 사건 항공기에 탑승하고자 2017. 12. 23. 11:30 이전에 인천국제공항에 도착하였는데, 2017. 12. 23. 인천국제공항에는 안개가 짙게 끼어서 저시정 경보가 두 차례나 발령되었고, 이로 인해 피고 소속 항공기뿐 아니라 다른 항공사 소속 항공기들도 대부분 제 시간에 정상 운행되지 않고 있었다.

(3) 이 사건 항공기의 직전 연결편인 C편도 2017. 12. 23. 10:20 인천국제공항에 도착할 예정이었으나, 인천국제공항에 낀 안개로 착륙하지 못하고 11:10경 김포공항으로 회항하여 여객들을 내린 후, 13:55경 다시 인천국제공항으로 출발하였다가 15:37경 다시 김포공항으로 회항한 후, 17:50경 다시 김포공항을 출발하여 19:43경 인천국제공항에 도착(RAMP IN)하였다.

(4) 이 사건 항공기의 연결편이 인천국제공항에 도착하면서, 이 사건 항공기의 출발 예정 시각이 11:30에서 20:20으로 변경되었고, 원고들을 포함한 오키나와행 여객들의 수화물이 이 사건 항공기에 탑재되었으나 수하물이 다시 내려지고, 피고는 22:00 내지 22:30경 원고들에게 '대체편 제공 없는 결항'(이하 '이 사건 결항')을 통보하였다.

(5) 피고는 보상비 10만 원, 주거지와 인천국제공항 사이의 교통비 실비 지급, B편 전액환불이라는 내용이 적힌 결항확인서를 발급해 주었다.

원고들은 보상금 10만 원의 수령 등을 거부하고 이 사건 소를 제기하였다.

## Ⅱ. 참조 조문

### 1. 몬트리올 협약

**제19조(연착)**

운송인은 여객·수하물 또는 화물의 항공운송 중 연착으로 인한 손해에 대한 책임을 진다. 그럼에도 불구하고, 운송인은 본인 그의 고용인 또는 대리인이 손해를 피하기 위하여 합리적으로 요구되는 모든 조치를 다하였거나 또는 그러한 조치를 취할 수 없었다는 것을 증명한 경우에는 책임을 지지 아니한다.

### 2. 상 법

**제907조(연착에 대한 책임)** ① 운송인은 여객의 연착으로 인한 손해에 대하여 책임을 진다. 다만, 운송인이 자신과 그 사용인 및 대리인이 손해를 방지하기 위하여 합리적으로 요구되는 모든 조치를 하였다는 것 또는 그 조치를 하는 것이 불가능하였다는 것을 증명한 경우에는 그 책임을 면한다.

### 3. 항공사업법

**제61조(항공교통이용자 보호 등)** ① 항공교통사업자는 영업개시 30일 전까지 국토교통부령으로 정하는 바에 따라 항공교통이용자를 다음 각 호의 어느 하나에 해당하는 피해로부터 보호하기 위한 피해구제 절차 및 처리계획(이하 "피해구제계획"이라 한다)을 수립하고 이를 이행하여야 한다. 다만, 제12조 제1항 각 호의 어느 하나에 해당하는 사유로 인한 피해에 대하여 항공교통사업자가 불가항력적 피해임을 증명하는 경우에는 그러하지 아니하다.

1. 항공교통사업자의 운송 불이행 및 지연
2. 위탁수화물의 분실·파손
3. 항공권 초과 판매

4. 취소 항공권의 대금환급 지연
5. 탑승위치, 항공편 등 관련 정보 미제공으로 인한 탑승 불가
6. 그 밖에 항공교통이용자를 보호하기 위하여 국토교통부령으로 정하는 사항

② 피해구제계획에는 다음 각 호의 사항이 포함되어야 한다.

1. 피해구제 접수처의 설치 및 운영에 관한 사항
2. 피해구제 업무를 담당할 부서 및 담당자의 역할과 임무
3. 피해구제 처리 절차
4. 피해구제 신청자에 대하여 처리결과를 안내할 수 있는 정보제공의 방법
5. 그 밖에 국토교통부령으로 정하는 항공교통이용자 피해구제에 관한 사항

③ 항공교통사업자는 항공교통이용자의 피해구제 신청을 신속·공정하게 처리하여야 하며, 그 신청을 접수한 날부터 14일 이내에 결과를 통지하여야 한다.

④ 제3항에도 불구하고 신청인의 피해조사를 위한 번역이 필요한 경우 등 특별한 사유가 있는 경우에는 항공교통사업자는 항공교통이용자의 피해구제 신청을 접수한 날부터 60일 이내에 결과를 통지하여야 한다. 이 경우 항공교통사업자는 통지서에 그 사유를 구체적으로 밝혀야 한다.

⑤ 제3항 및 제4항에 따른 처리기한 내에 피해구제 신청의 처리가 곤란하거나 항공교통이용자의 요청이 있을 경우에는 그 피해구제 신청서를 「소비자기본법」에 따른 한국소비자원에 이송하여야 한다.

⑥ 항공교통사업자는 항공교통이용자의 피해구제 신청현황, 피해구제 처리결과 등 항공교통이용자 피해구제에 관한 사항을 국토교통부령으로 정하는 바에 따라 국토교통부장관에게 정기적으로 보고하여야 한다.

⑦ 국토교통부장관은 관계 중앙행정기관의 장, 「소비자기본법」 제33조에 따른 한국소비자원의 장에게 항공교통이용자의 피해구제 신청현황, 피해구제 처리결과 등 항공교통이용자 피해구제에 관한 자료의 제공을 요청할 수 있다. 이 경우 자료의 제공을 요청받은 자는 특별한 사유가 없으면 이에 따라야 한다.

⑧ 국토교통부장관은 항공교통이용자의 피해를 예방하고 피해구제가 신속·공정하게 이루어질 수 있도록 다음 각 호의 어느 하나에 해당하는 사항에 대하여 항공교통이용자 보호기준을 고시할 수 있다.

1. 제1항 각 호에 해당하는 사항
2. 항공권 취소·환불 및 변경과 관련하여 소비자 피해가 발생하는 사항
3. 항공권 예약·구매·취소·환불·변경 및 탑승과 관련된 정보제공에 관한 사항

⑨ 국토교통부장관은 제8항에 따라 항공교통이용자 보호기준을 고시하는 경우 관계 행정기관의 장과 미리 협의하여야 하며, 항공교통사업자, 「소비자기본법」 제29조에 따라 등록한 소비자단체, 항공 관련 전문가 및 그 밖의 이해관계인 등의 의견을 들을 수 있다.

⑩ 항공교통사업자, 항공운송총대리점업자 및 「관광진흥법」 제4조에 따라 여행업 등록을 한 자(이하 "여행업자"라 한다)는 제8항에 따른 항공교통이용자 보호기준을 준수하여야 한다.

⑪ 국토교통부장관은 「교통약자의 이동편의 증진법」 제2조 제1호에 해당하는 교통약자를 보호하고 이동권을 보장하기 위하여 다음 각 호의 어느 하나에 해당하는 사항에 대하여 교통약자의 항공교통이용 편의기준을 국토교통부령으로 정할 수 있다.

1. 항공교통사업자가 교통약자를 위하여 제공하여야 하는 정보 및 정보제공방법에 관한 사항
2. 항공교통사업자가 교통약자의 공항이용 및 항공기 탑승·하기(下機)를 위하여 제공하여야 하는 서비스에 관한 사항
3. 항공운송사업자가 교통약자를 위하여 항공기 내에서 제공하여야 하는 서비스에 관한 사항
4. 항공교통사업자가 교통약자 관련 서비스를 제공하기 위하여 실시하여야 하는 종사자 훈련·교육에 관한 사항
5. 교통약자 관련 서비스에 대하여 접수된 불만처리에 관한 사항

⑫ 항공교통사업자는 제11항에 따른 교통약자의 항공교통이용 편의기준을 준수하여야 한다.

## Ⅲ. 판시사항

(1) 이 사건 결항 조치는 운항취소 내지 운송불이행에 해당할 뿐 문언 해석의 한계상 몬트리올 협약 제19조의 '연착'에 해당한다고 볼 수 없고, 그 밖에 몬트리올 협약에서는 항공기의 '결항'에 대하여 규율하고 있지 않으므로, 이 사건의 경우 몬트리올 협약을 적용할 수 없다. 다만 국제항공운송의 경우 몬트리올 협약 등이 다루고 있지 아니한 사항에 대하여는 국내법이 적용된다.

(2) 항공사업법 제61조 제1항은 "항공교통사업자는 영업개시 30일 전까지 국토교통부령으로 정하는 바에 따라 항공교통이용자를 다음 각 호의 어느 하나에 해당하는 피해로부터 보호하기 위한 피해구제 절차 및 처리계획을 수립하고 이를 이행하여야 한다. 다만, 제12조 제1항 각 호의 어느 하나에 해당하는 사유로 인한 피해에 대하여 항공교통사업자가 불가항력적 피해임을 증명하는 경우에는 그러하지 아니하다"고 규정하고 있는바, 이는 항공교통이용자 보호를 위하여 항공교통사업자인 피고에게 부과된 피해구제계획의 수립 및 이행에 관한 규정으로, 위 규정이 이 사건 손해배상청구의 직접적 근거가 된다고 할 수 없다.

## Ⅳ. 해 설

### 1. 당사자의 주장

#### 가. 원고들

피고의 위와 같은 운행취소 내지 운송불이행은 몬트리올 협약 제19조, 상법 제907조 제1항, 항공사업법 제61조 제1항에 따른 불법행위에 해당하거나 원고들과 체결한 항공운송계약을 불이행한 것이므로, 피고는 원고들이 입은 재산상 손해와 위자료를 배상할 의무가 있다.

### 나. 피 고

이 사건 항공기의 직전 연결편이 악성 안개로 인한 기상 상태로 촉발된 공항 혼잡으로 인천국제공항에 연착하였고, 이로 인하여 전체적인 운항계획에 차질이 생기고 승무원의 법정 최장 근무시간이 초과되어 부득이 이 사건 항공기의 운행취소를 결정할 수밖에 없었다. 피고는 그 과정에서 원고들을 비롯한 여객들의 손해를 방지하기 위하여 합리적으로 요구되는 모든 조치를 다하였으므로, 불법행위책임 내지 채무불이행책임이 없다.

## 2. 이 사건에 적용되는 법규

### 가. 몬트리올 협약의 적용 여부

(1) 우리나라가 가입한 국제조약은 일반적으로 민법이나 상법 또는 국제사법보다 우선적으로 적용되는바, 몬트리올 협약은 우리나라도 가입하여 2007. 12. 29. 국내에서 발효되었는데, 이는 '항공기에 의하여 유상으로 수행되는 여객·수하물 또는 화물의 모든 국제운송'을 원칙적 적용대상으로 하고(제1조 제1호), 여기에서 말하는 국제운송이라 함은 "운송의 중단 또는 환적이 있는지 여부를 불문하고 당사자간 합의에 따라 출발지와 도착지가 두 개의 당사국의 영역 내에 있는 운송 또는 출발지와 도착지가 단일의 당사국 영역내에 있는 운송으로서 합의된 예정 기항지가 타 국가의 영역 내에 존재하는 운송을 말한다"고 규정되어 있으며(제1조 제2호), 국제항공운송계약에 몬트리올 협약이 적용되려면 출발지와 도착지가 모두 협약 당사국이어야 한다.[1)]

(2) 이 사건 항공운송계약의 출발지인 대한민국과 도착지인 일본은 모두 몬트리올 협약의 당사국이나, 몬트리올 협약 제19조는 "운송인은 여객·수화물 또는 화물의 항공운송 중 연착으로 인한 손해에 대한 책임을 진다. 그럼에도 불구하고 운송인은 본인·그의 고용인 또는 대리인이 손해를 피하기 위하여 합리적으로 요구되는 모든 조치를 다하였거나 또는 그

---

1) 대법원 2016. 3. 24. 선고 2013다81514 판결.

러한 조치를 취할 수 없었다는 것을 증명한 경우에는 책임을 지지 아니한다"고 규정하고 있는바, 앞서 본 피고의 이 사건 결항 조치는 운항 취소 내지 운송불이행에 해당할 뿐, 문언해석의 한계상 몬트리올 협약 제19조의 '연착'에 해당한다고 볼 수 없고, 그 밖에 몬트리올 협약에서는 항공기의 '결항'에 대하여 규율하고 있지 않으므로, 이 사건의 경우 몬트리올 협약을 적용할 수 없다.

(3) 다만 국제항공운송의 경우 몬트리올 협약 등이 다루고 있지 아니한 사항에 대하여는 법정지의 국제사법에 따라 국내법이 적용된다.

### 나. 상법 제907조 제1항 적용 여부

항공여객운송에 관한 상법 제6편 제907조 제1항은 "운송인은 여객의 연착으로 인한 손해에 대하여 책임을 진다. 다만, 운송인이 자신과 그 사용인 및 대리인이 손해를 방지하기 위하여 합리적으로 요구되는 모든 조치를 다하였다는 것 또는 그 조치를 하는 것이 불가능하였다는 것을 증명한 경우에는 그 책임을 면한다"고 규정하고 있는바, 앞서 본 피고의 이 사건 결항 조치는 운항 취소 내지 운송불이행에 해당할 뿐, 상법 제907조 제1항의 '연착'에 해당한다고 해석할 수 없으므로, 이 사건의 경우 상법 제907조 제1항을 적용할 수 없다.

### 다. 항공사업법 제61조 제1항 적용 여부

항공사업법 제61조 제1항은 "항공교통사업자는 영업개시 30일 전까지 국토교통부령으로 정하는 바에 따라 항공교통이용자를 다음 각 호의 어느 하나에 해당하는 피해로부터 보호하기 위한 피해구제 절차 및 처리계획을 수립하고 이를 이행하여야 한다. 다만, 제12조 제1항 각 호의 어느 하나에 해당하는 사유로 인한 피해에 대하여 항공교통사업자가 불가항력적 피해임을 증명하는 경우에는 그러하지 아니하다"고 규정하고 있는바, 이는 항공교통이용자 보호를 위하여 항공교통사업자인 피고에게 부과된 피해구제계획의 수립 및 이행에 관한 규정으로, 위 규정이 이 사건 손해배상청구의 직접적 근거가 된다고 할 수 없다.

### 라. 소 결

따라서 피고가 이 사건 결항 조치와 같은 운행취소 내지 운송불이행에 대하여 몬트리올 협약 제19조, 상법 제907조 제1항, 항공사업법 제61조 제1항에 따라 불법행위책임을 진다는 원고들의 주장은 이유 없다.

## 3. 채무불이행책임의 성립 여부

### 가. 채무불이행의 성립

앞서 본 바와 같이 피고가 원고들과 체결한 이 사건 항공운송계약에 따라 원고들을 목적지인 오키나와까지 운송할 의무가 있음에도 대체항공편의 제공 없이 운행취소(결항)를 결정한 것은 항공운송계약에 따른 의무를 이행하지 못한 것으로, 특별한 사정이 없는 한 피고는 채무불이행으로 인하여 원고들이 입은 손해를 배상할 책임이 있다.

### 나. 피고의 면책주장에 대한 판단

#### (1) 피고의 면책주장[2)]

이 사건에서 피고는 이 사건 항공기의 결항과 관련하여 여객의 손해를 피하기 위하여 합리적으로 요구되는 모든 조치를 다하여 아무런 귀책사유가 없다고 주장한다.

#### (2) 기상악화

이 사건 결항이 발생한 2017. 12. 23. 인천국제공항에는 안개가 짙게 끼어서 저시정 경보가 두 차례나 발령되었고, 이로 인해 피고 소속 항공기뿐 아니라 다른 항공사 소속 항공기들도 정상적으로 운행되지 않고 지연과 결항이 반복되었다. 이 사건 항공기의 직전 연결편인 C편이 인천국제공항에 낀 안개로 제 때 착륙하지 못하고 김포공항으로 회항하여 여객들을 내린 후, 19:43경에서야 인천국제공항에 도착(RAMP IN)하였는데, 이

---

2) 일반적으로 채무불이행으로 인한 손해배상청구에서 그 불이행의 귀책사유에 관한 증명책임은 채무자에게 있다. 대법원 2008. 4. 10. 선고 2007다83755 판결.

는 기상 악화와 그에 따른 공항 혼잡으로 인한 것으로, 이에 피고의 귀책 사유가 있다고 보기는 어렵다.

(3) 합리적으로 요구되는 모든 조치의 이행 여부

아래와 같은 사정에 비추어 보면, 기상 악화와 공항 혼잡으로 인한 운항 장애가 어느 정도 해소되어 원고들이 19:43경 인천국제공항에 도착한 이 사건 항공기를 이용하여 오키나와로 출발하는 과정에서 피고가 여객의 손해를 방지하기 위하여 합리적으로 요구되는 모든 조치를 다하였다고 볼 수 없다.

(가) 피고는 법정 근무시간 문제로 승무원을 확보할 수 없어서 부득이 이 사건 결항을 할 수밖에 없었다고 주장한다. 그러나 승무원의 법정 근무시간 초과는 기상악화, 안전운항을 위한 예견하지 못한 정비, 천재지변, 항공기 접속 관계, 테러 및 전염병 등의 발생 등, 공항시설 장애 등에 준하는 사유로 보기는 어렵고, 피고의 관리 및 책임영역내에 있는 운영적 요소 내지 내부사정에 해당한다고 볼 수 있다. 피고는 휴무 상태인 승무원을 호출하거나, 당일 피고 소속 항공편(D, E)이 결항되었으므로 위 결항된 항공편의 승무원을 투입하는 방법 등을 고려해 볼 수 있었을 것이다.

(나) 피고가 원고들에게 법정 근무시간 초과로 승무원을 확보할 수 없어서 결항할 수밖에 없다고 미리 말한 적이 없는 사실, 이 사건 항공기의 출발예정 시각이 11:30에서 20:20으로 변경되었고 원고들을 포함한 오키나와행 여객들의 수하물이 이 사건 항공기에 탑재되었음에도 이 사건 항공기가 이륙하지 않아 원고들이 피고에게 항의하자, 피고는 당시 승무원 1명을 확보하기 위하여 노력 중이고, 곧 승무원이 도착하면 바로 오키나와행 이 사건 항공기는 이륙할 수 있다고 원고들을 포함한 여객들에게 안내한 사실을 인정할 수 있는데, 이에 비추어 보면 이 사건 항공기의 운행에 필요한 승무원의 확보가 애초부터 불가능했던 상황으로 보이지 않는다.

(다) 기상 악화와 공항 혼잡으로 인한 운항 장애가 해소되어 항공기와 승무원의 재배치를 통하여 운항 계획을 수정하는 과정에서 한정된 항공기와 승무원을 어느 노선의 운항에 투입할 것인지(바꾸어 말하자면 어느 노선

의 운항을 취소할 것인지)를 결정함에 있어서 많은 고려 사항이 있겠으나, 출발예정 시각보다 지연된 시간이 긴 항공편부터 운항을 결정하는 것이 장시간 대기로 인한 여객의 피해를 최소화할 수 있다는 관점에서 중요한 고려 요소가 될 수 있다. 이 사건에서 피고는 원고들에게 '대체편 제공없는 결항'을 통보하고, 이 사건 항공기를 다낭행 F편으로 운행한 사실은 당사자 사이에 다툼이 없는데, 오키나와행 항공편은 2017. 12. 23. 11:30 출발 예정이었고, 다낭행 F편은 2017. 12. 23. 18:20 출발 예정이었던 점에서, 피고가 이 사건 항공기를 오키나와행이 아닌 다낭행으로 운행하기로 결정한 것이 여객의 손해를 방지하기 위하여 합리적인 조치였다고 보기 어렵다.

(라) 만약 피고의 주장대로 승무원의 법정 근무시간이 초과되어 이 사건 항공기의 운행을 취소할 수밖에 없었다면, 피고는 이를 미리 파악할 수 있었으므로 애초부터 원고들에게 이 사실을 고지하여 피해를 최소화했어야 함에도, 오히려 오키나와행 이 사건 항공기의 승무원이 모두 확보될 수 있고, 곧 이륙할 수 있다는 말을 반복적으로 함으로써 원고들을 장시간 인천국제공항에 대기하게 하였고, 이로써 원고들은 당일 다른 대체항공편을 이용하여 오키나와로 출국하는 것도 가능하지 않게 되었다. 그리고 피고는 다른 항공사의 대체편을 제공하기 위한 노력을 다하지 않고 결항을 통보하였다.

(마) 이 사건 결항일에 이 사건 항공기와 출발지와 목적지가 동일한 G 소속 H/I/J/K(공동운항)편은 21:29, L 소속 M편은 22:06, N 소속 P편은 22:33 인천국제공항을 출발하여 오키나와에 도착한 사실을 알 수 있다.

### 4. 손해배상의 범위

#### 가. 재산상 손해

(1) 상법 제907조 제1항은 항공운송인은 여객의 연착으로 인한 손해에 대해 책임이 있음을, 제2항은 그에 따른 항공운송인의 책임의 한도를 규정하고 있다. 그러나 이 사건 결항을 두고 '연착'이라고 할 수 없으므로

이 사건에 위 조항을 적용할 수는 없다.

(2) 소비자분쟁해결기준은 분쟁당사자 사이에 분쟁해결방법에 관한 별도의 의사표시가 없는 경우에 한하여 분쟁해결을 위한 합의 또는 권고의 기준이 될 뿐 구속력이 있다고 보기는 어렵다.

(3) 결국 우리 민법상 손해배상의 일반 원칙에 따라야 한다. 일부 원고들이 이 사건 결항으로 인해 숙박비, 렌트카 예약비용, 항공권 출력수수료, 여행자보험료, 포켓 와이파이 비용을 환불받지 못하거나 불필요하게 지출한 사실을 인정할 수 있는 바 이는 이 사건 결항과 상당인과관계가 인정되는 통상손해에 해당한다. 그러나 그 외 나머지 손해는 이 사건 결항과 상당인과관계를 인정하기 어렵거나, 특별손해로서 피고가 그 특별손해가 발생하리라는 사실을 알았거나 알 수 있었다는 점에 관하여 인정할 증거가 없으므로 이 부분 원고들의 주장은 이유 없다.

### 나. 위자료

피고의 이 사건 결항 조치로 원고들의 여행 일정이 취소됨으로써 원고들에게 정신적 손해를 주었음은 경험칙상 명백하므로, 피고는 원고들에게 정신적 손해를 금전으로 나마 배상할 의무가 있다. 원래 출발예정 시각인 11:30으로부터 약 10시간 후인 21:30경에서야 대체항공편 제공도 없이 이 사건 항공기의 운항을 취소한 점, 그로 인해 대부분의 원고들은 해외일정 전부를 취소할 수밖에 없게 된 점 등 이 사건 결항에 이르게 된 원인, 경위와 결과, 이에 따른 피고의 대응조치, 그 밖의 원고들의 연령 등 이 사건 변론과정에서 나타난 모든 사정을 참작하면, 피고가 지급하여야 할 위자료는 성년인 원고들에게는 각 600,000원, 미성년인 원고들에게는 각 400,000원으로 정함이 상당하다.

## 5. 서울지방법원 1998. 1. 16. 선고 96가단271417 판결

### 가. 인정사실

(1) 원고들은 연세대학교 행정대학원 고위정책과정 제26기에 재학 중

인 자들로, 1996. 10. 19.부터 다음날인 10. 20. 양일간 연세대학교 행정대학원과 제주대학교 행정대학원이 제주도에서 공동으로 주최하는 합숙세미나에 참석하기 위하여, 피고로부터 피고가 운항하는 1996. 10. 19. 10:40 출발예정인 서울발 제주행 KE213편 에어버스 300기 HL728편(이하 '이 사건 여객기')과 다음날인 10. 20. 20:00 출발예정인 제주발 서울행 KE242편 왕복 국내여객항공권을 70,400원에 각 매입한 후, 1996. 10. 19. 이 사건 여객기에 탑승하기 위하여 원고들을 포함하여 탑승예정여객 261명과 함께 같은 날 10:20경 탑승절차를 밟고 있었다. 피고의 정비본부는 같은 날 10:20경 이 사건 여객기의 레프트 랜딩 기어 브레이크(left landing gear brake)에 이상이 있어 안전운항을 위한 추가점검이 필요하다는 이유로 종합통제실에 이 사건 여객기의 운항 취소를 요구하였고 중앙통제실은 운항스케줄 통제규정에 따라 여객기의 운항을 취소하고 대체기를 투입하기로 결정하였다. 탑승 가능 인원이 292석인 이 사건 여객기 대신에 탑승 가능 인원이 109석인 호커 HL7212로 대체한 후, 일단 이 사건 여객기에 탑승할 예정인 여객 중 일부인 109명을 위 대체기에 탑승하여 먼저 출발시키고 나머지 여객은 같은 날 12:30에 출발예정인 KE217편을 탑승 가능 인원이 275명인 보잉 747기 HL7456에서 탑승 가능 인원이 374명인 보잉 747기 HL7463로 변경하여 출발시키려고 하였으나, 원고들을 비롯한 여객들이 분승을 거절하였다. 피고는 위 호커기에 위 KE213편에 탑승할 예정인 여객 중 일부와 KE217편에 탑승할 예정인 여객을 합하여 여객 48명을 탑승시켜 출발시킨 다음, 원고들을 비롯한 위 KE213편에 탑승할 예정인 여객 중 일부와 위 KE217편에 탑승할 예정인 나머지 여객을 합하여 여객 374명을 위 KE217편기에 탑승시켜 출발시킴으로써, 원고들은 같은 날 12:59경에 김포국제공항을 출발하여 목적지인 제주국제공항에 예정시각보다 2시간 25분이 지연된 상태에서 도착하였고, 이로 인하여 위 세미나 일정 중 1996. 10. 19.자 행사 일부가 변경되고 취소되었다.

(2) 이 사건 여객기는 1978년도에 도입된 여객기로 위 사고 하루 전인 1996. 10. 18. 08:13경 김포국제공항을 출발하여 같은 날 09:15경 제주국제공항에 도착한 후 유도로상에서 좌측 브레이크에 잠김 현상이 나타나는

이상이 생기자 피고는 위 여객기를 김포국제공항으로 옮겨 에어버스 300 기종 전문정비팀으로 하여금 이를 점검하고 수리하게 하였다. 전문정비팀이 위 여객기 제작사의 정비지침에 따라 수리한 후 위 여객기의 좌측 브레이크시스템이 정상으로 작동하는 것을 확인한 다음, 피고는 같은 날 오후 위 여객기를 KE129편으로 서울발 부산행 항공기로 투입하였으나, 위 여객기가 김해국제공항에 도착한 이후 유도로상에서 다시 좌측 브레이크의 잠김현상이 나타나자 피고는 위 여객기를 다시 김포국제공항으로 옮겨 위 전문정비팀으로 하여금 이를 점검하고 수리하게 하였다. 이에 위 전문정비팀은 위 여객기에 나타난 이상을 일단 수리하였으나 전날에도 수리를 하고 이상이 없다고 판단하여 운항하였음에도 불구하고 계속 좌측 브레이크의 잠김 현상이 나타난 점에 비추어 보아 위 사고일 당일 여객을 태우기 전에 최종적으로 활주로상에서 실험을 한 후 이상이 없다고 판단되는 경우에만 위 여객기를 정시운항에 투입하기로 결정한 다음, 위 사고 당일 09:56경부터 10:19경까지 사이에 위 여객기를 활주로상에서 고속주행하면서 브레이크시스템의 이상 여부를 점검하여 보았으나 역시 브레이크시스템에 이상이 발견되어 앞서 본 바와 같이 같은 날 10:20경 종합통제실에 위 여객기의 운항 취소를 요구하였다.

(3) 한편 피고는 이 사건 여객기가 브레이크 시스템의 이상으로 인하여 전날부터 계속 정비 중에 있음을 알면서도, 위 사고 당일 위 여객기가 정상적으로 운항할 수 있음을 전제로 대체기도 마련하지 않은 상태에서 예정된 시각에 위 여객기가 출발하는 것처럼 원고들을 비롯한 여객의 탑승절차를 밟고 있었다.

(4) 그 후 위 정비지침에 따라 위 여객기의 이상을 조사하던 위 전문정비팀은 10. 26.에 이르러 최종적으로 위 이상의 원인이 소모성 부품도 아니고, 점검 주기가 있는 부품도 아니며, 일정기간 사용 후 교체하여야 하는 교체대상 부품도 아니어서, 위 정비지침에 정비 대상으로 되어 있지 아니한 브레이스 어셈블리(brace assembly)라는 부품에 장시간의 사용으로 인하여 육안으로 확인할 수 없는 약 1~2mm 정도의 금속 변형이 일어나서 브레이크 시스템에 이상이 발생한 것을 발견하고 위와 같은 고장 원인

을 위 여객기의 제작사에 통보하였다.

### 나. 손해배상책임의 유무에 관한 판단

(1) 대량으로 안전하고 신속하게 여객을 운송하여야 하는 항공운송업을 경영하는 피고로서는, 부득이한 사정이 없는 한 예정된 시각에 여객기를 운항함으로써 다른 교통수단에 비하여 비교적 고액의 운임을 지불한 여객들로 하여금 예정된 시각에 도착지에 도달하게 하여줄 의무가 있다.

(2) 위 인정 사실에 의하면, 비록 이 사건 여객기에 위 여객기의 제작사에서도 예견하지 못한 부품의 이상으로 인하여 브레이크 시스템에 고장이 발생하였고 위와 같은 고장을 단기간 내에 전문정비팀이 발견하지 못하고 따라서 완전하게 수리되지 않은 위 여객기를 운항에 투입하지 아니하고 취소한 점에 대하여는 피고에게 어떠한 잘못이 있다고는 보이지 아니한다.

(3) 한편 앞서 본 바와 같은 의무가 있는 피고로서는 전날부터 브레이크 시스템에 이상이 있어 계속 점검수리 중에 있던 위 여객기에 대하여 전문정비팀으로부터 고장이 완전히 수리되어 운항에 투입할 수 있다는 통보도 받지 못한 상태에 있었으므로, 위 사고 당일 위 여객기가 정상적으로 운항할 수 없는 만약의 경우도 예상하여 위 여객기에 탑승할 예정인 여객을 모두 탑승시킬 수 있는 대체기를 예비적으로 준비하고 사전에 예정 여객에게 이를 고지하는 등 되도록 운항지연을 방지하고 부득이 운항이 지연되어도 그 지연시간을 줄이려는 노력을 기울일 의무가 있다.

(4) 그럼에도 불구하고 만연히 위 여객기가 정상적으로 운항할 수 있음을 전제로 대체기도 마련하지 않은 상태에서 예정된 시각에 위 여객기가 출발할 수 있는 것처럼 원고들을 비롯한 여객의 탑승절차를 밟고 있다가 뒤늦게 위 여객기의 운항 취소를 통보받고는 그때 비로소 탑승가능인원이 위 여객기의 탑승 예정 인원에 훨씬 못 미치는 대체기를 준비하는 등 피고의 운항일정 관리상 미필적 고의 또는 중과실로 인하여, 일정에 따라 예정된 시각에 제주도에 도착하여야 하는 원고들로 하여금 예정된 시각보다 2시간 25분이나 늦게 도착하여 예정되어 있던 일정의 일부가 변

경되고 취소되게 함으로써 원고들에게 정신적 손해를 주었음은 경험칙상 명백하므로, 피고는 불법행위자로서 원고들에게 원고들이 입은 정신적 손해를 금전으로나마 배상할 의무가 있다.

### 다. 손해배상의 범위

(1) 피고가 원고들에 대하여 배상하여야 할 손해배상의 범위에 관하여 살펴보건대, 원고들의 연령, 직업, 사회적 지위, 이 사건 사고에 이르게 된 원인, 경위, 결과, 서울에서 제주도까지의 운항거리 및 소요시간, 편도 운항요금의 액수, 지연된 시간 등 이 사건 변론 과정에 나타난 모든 사정을 참작하면, 피고는 원고들에게 위자료로 각 100,000원을 지급함이 상당하다.

(2) 이에 대하여 피고는 원고들에 대한 위 사고로 인한 손해의 범위는, 원고들과 피고 사이의 운송계약에 적용되는 국내여객운송약관 및 재정경제원에서 고시한 소비자피해보상규정에 따라 원고 1인당 운임의 20%에 해당하는 7,040원씩으로 제한되어야 한다고 항변한다. 이에 대하여 원고들은 위 운송약관 및 소비자피해보상규정은 운항 취소 및 지연 등의 경우에 항공권의 환불 범위만을 규정하고 있을 뿐 불법행위에 기한 손해배상의 경우 그 손해배상금의 범위까지 규율하고 있는 것이 아닐 뿐만 아니라, 설령 이를 규율하고 있다 하더라도 항공운송인의 고의 또는 중과실의 경우에까지 그 손해배상의 범위를 제한하는 것은 약관의 규제에 관한 법률에 따라 신의성실의 원칙에 반하여 공정을 잃은 조항으로 무효라고 다툰다.

(3) 원고들과 피고 사이의 이 사건 국내여객운송계약에 적용되는 약관인 국내여객운송약관에 의하면, 항공사는 법령, 정부기관의 명령 또는 요구, 기재의 고장, 악천후, 쟁의, 소요, 동란, 전쟁, 천재지변 및 기타 불가항력적인 상황으로 인하여 예고 없이 운항시간을 변경하거나, 항공편을 취소할 수 있고(위 약관 제8조 제1항), 항공사는 위 사유 발생시 위 운송약관 제23조 제3항에 의거하여 여객의 미탑승 구간의 적용 운임 또는 요금을 환불하는 이외에는 여하한 손해에 대하여 책임을 지지 아니하되, 단

항공사의 고의·과실로 인한 운송의 불이행 및 지연의 경우 항공사는 관련 약관규정 및 법규에서 정한 기준에 의거 배상을 행하며(위 약관 제8조 제2항), 항공사의 사정으로 인하여 항공편의 취소·연기 또는 지연되는 경우 또는 위 운송약관 제8조의 사유가 발생한 경우에는 일부도 사용하지 아니한 항공권에 대하여는 지불한 운임 및 요금 전액을 환불하고, 항공권에 명시된 목적지로 운송 도중 어느 지점에서 취소되는 경우는 당해 취소지점과 목적지 간에 취소 당일 유효한 운임 및 요금을 환불하되, 단 위 운송약관 제8조 제1항 이외의 사유로 인하여 고객이 입은 손해에 대하여는 소비자피해보상규정(재정경제원 고시 제1996-3호)이 정하는 바에 따라 배상하여야 한다(위 약관 제23조 제3항)고 규정하고 있다.

(4) 소비자피해보상규정에 의하면, 국내여객항공을 이용하는 경우 사업자가 기상상태·공항사정·항공기 접속관계·안전운항을 위한 예견하지 못한 정비 등 불가항력적 사유로 인한 경우를 제외하고 고의 또는 과실로 인하여 운송을 불이행한 경우 4시간 이내에 대체편이 제공된 때에는 운임의 20%를 배상한다(소비자피해보상규정 별표 II 품목별보상기준 11. 운송업)고 규정되어 있다.

(5) 그런데 위 각 규정을 종합하여 보면, 위 국내여객운송약관 및 재정경제원에서 고시한 소비자피해보상규정은 원칙적으로 원고들과 피고 사이에 체결된 운송계약에 한하여 적용될 뿐 원고들이 구하는 불법행위에 기한 손해배상책임에도 이를 적용하여야 한다고 볼 수 없다. 설령 위 운송약관 및 소비자피해보상규정이 불법행위에 기한 손해배상책임에도 적용될 여지가 있다고 하더라도, 앞서 본 바와 같이 미필적 고의 또는 중과실에 기한 불법행위책임의 손해배상범위를 위 소비자피해보상규정의 책임범위 한도 내로 제한한 위 운송약관 제8조 제2항 단서 및 제23조 제3항 단서 규정은 고객인 원고들에 대하여 부당하게 불리한 조항 또는 상당한 이유 없이 사업자의 손해배상범위를 제한하는 조항으로 '약관의 규제에 관한 법률'에 의하여 무효이므로, 위 규정이 유효함을 전제로 한 피고의 위 책임 제한 항변은 이유 없다.

## 제 5 장

# 수 하 물

# [37] 수하물 분실과 운송인의 중과실

부산지방법원 1990. 1. 19. 선고 89나6164 판결

## Ⅰ. 사실관계

(1) 원고들은 1987. 7. 29. 프랑크푸르트에서 서울여행사(Seoul Travel Service)를 통하여 출발지를 베를린, 합의된 중간기착지를 프랑크푸르트, 도착지를 대한민국 서울로 하는 피고 K항공 발행의 항공권을 구입하여 피고와 항공운송계약을 체결할 때, 베를린에서 프랑크푸르트까지는 미국의 팬암항공사 소속 항공기를 이용하고, 프랑크푸르트에서 서울까지는 피고 소속 항공기를 이용하기로 약정하였다.

(2) 원고들은 1987. 8. 3. 위 항공권으로 베를린에서 위 팬암항공사의 항공기에 탑승하여 같은 날 프랑크푸르트공항에 기착한 후, 피고 보유의 항공기(KE 906호)로 탑승하게 되었다. 때마침 위 항공기내에 폭발물이 장치되어 있다는 이유로 피고 직원들은 기내의 여객을 전원 대피시키고 모든 화물을 밖으로 옮겨내어 폭발물장치 여부를 조사 확인한 후 별일이 없자 다시 여객을 탑승시키고 화물을 탑재하게 되었다.

(3) 원고들은 위와 같은 과정에서 피고 직원들의 화물관리소홀로 인하여 원고들이 피고에게 위탁한 수하물인 이 사건 물건이 들어 있는 가방 1개가 분실된 사실을 피고 직원에게 신고하였다. 피고 직원은 당시 위 항공기의 연착만을 염두에 둔 나머지 원고들에게 분실된 이 사건 물건을 서울에 도착하여 다시 찾아보고 없으면 배상하여 준다고 말하고 그대로 출발하였다.

# Ⅱ. 참조 조문

## 1. 개정 바르샤바 협약

**第22조**

1. 여객 운송에 있어서는 각 여객에 대한 운송인의 책임은, 25만 프랑의 액을 한도로 한다. 소송이 계속된 법원에 속하는 국가의 법률에 따라 손해 배상을 정기 지급의 방법으로 할 것을 정할 수 있을 때에는 정기 지급금의 원본은 25만 프랑을 초과하여서는 아니된다. 다만, 여객은 운송인과의 특약에 의하여 보다 고액의 책임 한도를 정할 수 있다.
2. (a) 탁송 수하물 및 하물(荷物)의 운송에서는 운송인의 책임은 1킬로그람 당 250프랑 액을 한도로 한다. 다만, 하송인이 운송인에게 소하물을 교부함에 있어서 도착지에서의 인도시의 이자를 특히 신고하고 또한 필요로 하는 증료금을 지급한 경우에는 그러하지 아니하다. 이 경우에는 운송인은 신고된 가액이 도착지에서의 여객이나 또는 하송인의 실제 이자를 초과하는 것을 증명하지 아니하는 한 신고된 가액을 한도로 하는 액을 지급하여야 한다.
   (b) 탁송된 수하물이나 하물의 부분 또는 그 속에 포함된 물품의 멸실, 손괴 또는 연착의 경우에는, 운송인의 책임 한도액을 결정함에 있어서 고려될 중량은 관계 소하물의 전량(全量)으로 된다. 그러나 탁송된 수하물이나 하물의 부분 또는 그 속에 포함된 물품의 멸실, 손괴 또는 연착이 동일 항공 운송장에 포함된 기타 소하물의 가치에 영향을 미치는 때에는 이러한 소하물이나 소하물들의 전량을 책임 한도액을 결정함에 있어서 고려된다.
3. 여객이 보관하는 물품에 관하여서는, 운송인의 책임은 여객 1인에 대하여 5,000프랑의 액을 한도로 한다.

**第25조**

第22조의 규정은 운송인, 그의 고용인 또는 대리인의 가해할 의사로써 또는 부주의하게 또는 손해가 아마 발생할 것이라는 인식으로써 행하여진 작위나 부작위로부터 손해가 발생하였다고 증명되는 한 적용되지 아니한다. 다만, 이러한 고용인이나 대리인의 작위나 부작위의 경우에 있어서 그는 그의 직무 범위 내에서 행동하였음을 증명한 때에도 또한 같다.

## 2. 몬트리올 협약

**제22조(연착·수하물 및 화물과 관련한 배상책임의 한도)**

1. 여객의 운송에 있어서 제19조에 규정되어 있는 연착에 기인한 손해가 발생한 경우, 운송인의 책임은 여객 1인당 4,150SDR[1]로 제한된다.
2. 수하물의 운송에 있어서 수하물의 파괴·분실·손상 또는 연착이 발생한 경우 운송인의 책임은 여객 1인당 1,000SDR[2]로 제한된다. 단, 여객이 위탁수하물을 운송인에게 인도할 때에 도착지에서 인도시 이익에 관한 특별신고를 하였거나 필요에 따라 추가 요금을 지급한 경우에는 그러하지 아니한다. 이러한 경우, 운송인은 신고가액이 도착지에 있어서 인도시 여객의 실질이익을 초과한다는 것을 증명하지 아니하는 한 신고가액을 한도로 하는 금액을 지급할 책임을 진다.
3. 화물의 운송에 있어서 화물의 파괴·분실·손상 또는 연착이 발생한 경우 운송인의 책임은 1킬로그램당 17SDR[3]로 제한된다. 단, 송하인이 화물을 운송인에게 인도할 때에 도착지에서 인도시 이익에 관한 특별신고를 하였거나 필요에 따라 추가 요금을 지급한 경우에는 그러하지 아니하다. 이러한 경우, 운송인은 신고가액이 도착지에 있어서 인도시 송하인의 실질이익을 초과한다는 것을 증명하지 아니하는 한 신고가액을 한도로 하는 금액을 지급할 책임을 진다.

---

1) 몬트리올 협약이 발효된 때부터 2009. 12. 29.까지는 4,150SDR, 2009. 12. 30.부터 2019. 12. 27.까지는 4,694SDR, 2019. 12. 28.부터 5,346SDR로 변경되었다.

2) 몬트리올 협약이 발효된 때부터 2009. 12. 29.까지는 1,000SDR, 2009. 12. 30.부터 2019. 12. 27.까지는 1,131SDR, 2019. 12. 28.부터 1,288SDR로 변경되었다.

3) 몬트리올 협약이 발효된 때부터 2009. 12. 29.까지는 17SDR, 2009. 12. 30.부터 2019. 12. 27.까지는 19SDR, 2019. 12. 28.부터 22SDR로 변경되었다.

4. 화물의 일부 또는 화물에 포함된 물건의 파괴·분실·손상 또는 지연의 경우, 운송인의 책임한도를 결정함에 있어서 고려하여야 할 중량은 관련 화물의 총 중량이다. 그럼에도 불구하고 화물의 일부 또는 화물에 포함된 물건의 파괴·분실·손상 또는 지연이 동일한 항공운송장 또는 화물수령증에 기재하거나 또는 이러한 증권이 발행되지 아니하였을 때에는 제4조 제2항에 언급된 다른 수단에 의하여 보존되고 있는 동일한 기록에 기재되어 있는 기타 화물의 가액에 영향을 미칠 때에는 운송인의 책임한도를 결정함에 있어 그러한 화물의 총 중량도 고려되어야 한다.
5. 손해가 운송인·그의 고용인 또는 대리인이 손해를 야기할 의도를 가지거나 또는 무모하게 손해가 야기될 것을 인지하고 행한 작위 또는 부작위로부터 발생되었다는 것이 증명되었을 때에는 본 조 제1항 및 제2항에 전술한 규정은 적용되지 아니한다. 단, 고용인 또는 대리인이 작위 또는 부작위를 행한 경우에는 그가 자기의 고용업무의 범위내에서 행하였다는 것이 증명되어야 한다.
6. 제21조 및 본 조에 규정된 책임제한은 자국법에 따라 법원이 원고가 부담하는 소송비용 및 소송과 관련된 기타 비용에 이자를 포함한 금액의 전부 또는 일부를 재정하는 것을 방해하지 아니한다. 전기 규정은 소송비용 및 소송과 관련된 기타 비용을 제외한, 재정된 손해액이 손해를 야기한 사건의 발생일로부터 6월의 기간내에 또는 소송의 개시가 상기 기간 이후일 경우에는 소송 개시 전에 운송인이 원고에게 서면으로 제시한 액수를 초과하지 아니한 때에는 적용되지 아니한다.

## 3. 상 법

**제908조(수하물의 멸실·훼손에 대한 책임)** ① 운송인은 위탁수하물의 멸실 또는 훼손으로 인한 손해에 대하여는 그 손해의 원인이 된 사실이 항공기상에서 또는 위탁수하물이 운송인의 관리하에 있는 기간 중에 발생한 경우에만 책임을 진다. 다만, 그 손해가 위탁수하물의 고유한 결함, 특수한 성질 또는 숨은 하자로 인하여 발생한 경우에는 그 범위에서 책임을 지지 아니한다.

② 운송인은 휴대수하물의 멸실 또는 훼손으로 인한 손해에 대하여는 그 손해가 자신 또는 그 사용인이나 대리인의 고의 또는 과실에 의하여 발생한 경우에만 책임을 진다.

**제909조(수하물의 연착에 대한 책임)** 운송인은 수하물의 연착으로 인한 손해에 대하여 책임을 진다. 다만, 운송인이 자신과 그 사용인 및 대리인이 손해를 방지하기 위하여 합리적으로 요구되는 모든 조치를 하였다는 것 또는 그 조치를 하는 것이 불가능하였다는 것을 증명한 경우에는 그 책임을 면한다.

**제910조(수하물에 대한 책임한도액)** ① 제908조와 제909조에 따른 운송인의 손해배상책임은 여객 1명당 1천131 계산단위의 금액을 한도로 한다. 다만, 여객이 운송인에게 위탁수하물을 인도할 때에 도착지에서 인도받을 때의 예정가액을 미리 신고한 경우에는 운송인은 신고가액이 위탁수하물을 도착지에서 인도할 때의 실제가액을 초과한다는 것을 증명하지 아니하는 한 신고 가액을 한도로 책임을 진다.

② 제1항은 운송인 또는 그 사용인이나 대리인의 고의로 또는 수하물의 멸실, 훼손 또는 연착이 생길 염려가 있음을 인식하면서 무모하게 한 작위 또는 부작위에 의하여 손해가 발생한 것이 증명된 경우에는 적용하지 아니한다.

**제911조(위탁수하물의 일부 멸실·훼손 등에 관한 통지)** ① 여객이 위탁수하물의 일부 멸실 또는 훼손을 발견하였을 때에는 위탁수하물을 수령한 후 지체 없이 그 개요에 관하여 운송인에게 서면 또는 전자문서로 통지를 발송하여야 한다. 다만, 그 멸실 또는 훼손이 즉시 발견할 수 없는 것일 경우에는 위탁수하물을 수령한 날부터 7일 이내에 그 통지를 발송하여야 한다.

② 위탁수하물이 연착된 경우 여객은 위탁수하물을 처분할 수 있는 날부터 21일 이내에 이의를 제기하여야 한다.

③ 위탁수하물이 일부 멸실, 훼손 또는 연착된 경우에는 제916조 제3항부터 제6항까지를 준용한다.

**제912조(휴대수하물의 무임운송의무)** 운송인은 휴대수하물에 대하여는 다른 약정이 없으면 별도로 운임을 청구하지 못한다.

**제922조(수하물표)** 운송인은 여객에게 개개의 위탁수하물마다 수하물표를 교부하여야 한다.

## Ⅲ. 판시사항

(1) 항공운송회사 직원들의 중대한 과실로 위탁수하물이 분실된 경우에는 운송인의 책임을 제한한 개정 바르샤바 협약 제22조 제2항 (a)[헤이그 의정서 제11조 2(a)]의 규정이 적용되지 아니한다.

(2) 항공사 직원들이 항공기내에 폭발물이 장치되어 있을지도 모른다는 이유로 기내의 여객을 전원 대피시키고 모든 화물을 밖으로 옮겨내어 폭발물 장치 여부를 조사·확인한 후 다시 여객을 탑승시키고 화물을 탑재하면서, 여객으로부터 수하물 중 일부가 분실되었다는 신고를 받고서도 위 항공기의 내부와 기체 밖 주변을 철저하게 수색하지 아니한 채 항공기의 연착을 모면하기 위한 데 급급한 나머지 그대로 출발하여 버렸다면, 위 수하물의 분실로 인한 손해는 위 회사 직원들의 중과실로 인한 것으로 보아야 한다.

## Ⅳ. 해 설

### 1. 수하물 운송

#### 가. 의 의

##### (1) 육상운송에서 수하물

여객의 수하물이 운송되는 경우, 그것이 특별히 운송인에게 탁송되지 않는 한, 운송인은 보관의 책임을 지지 않는다(상법 제150조). 또한 탁송수하물에도 별도의 물건운송계약이 체결되는 것은 아니므로, 이 경우에 물건운송에 관한 규정은 적용되지 않는다. 그러나 여객운임 중에는 수하물 운송의 대가가 포함되어 있다고 보아야 하고, 여객운송계약에 부수하여 수하물에 관한 물건운송계약이 성립하고 있는 것과 마찬가지이기 때문에, 상법 제149조 제1항은 탁송운송물의 운송에 관한 책임의 측면에서는 여객운송인을 물건운송인과 동일하게 취급하고 있다.[4)]

4) 주석 상법(제4판), 한국사법행정학회(2013), 제149조, 332면.

(2) 항공운송

운송인은 휴대수하물에 대하여는 다른 약정이 없으면 별도로 운임을 청구하지 못하지만(상법 제912조), 일반적으로 운송인은 휴대수하물과 위탁수하물의 크기와 무게를 제한하고, 이를 초과하는 수하물은 휴대나 수령을 거부하거나 추가요금을 부과한다.

## 나. 수하물의 종류

(1) 휴대수하물과 위탁수하물

여객이 체크인 할 때 항공사에 위탁하는 짐은 위탁수하물(registered baggage)이고, 여객이 직접 휴대하는 짐은 휴대수하물이다. 운송인은 여객에게 개개의 위탁수하물마다 수하물표를 교부하여야 한다(상법 제922조). 여객이 탑승하면서 소지한 휴대수하물을 안전상 또는 여객의 편의를 위하여 항공사 직원이 별도로 보관하여 줄 경우, 위탁수하물로 취급할 것인지 여부는 나라마다 다르다.[5)]

(2) Hexter v. Air France, 563 F.Supp. 932 (S.D.N.Y. 1982)

위 사건에서는 여객이 탑승하면서 소지한 휴대수하물을 안전상 또는 여객의 편의를 위하여 항공사 직원이 별도로 보관하여 준 경우 이를 위탁수하물로 인정하여, 항공사가 수하물표를 교부하지 않았다는 이유로 운송인의 책임제한항변을 배척하고, 실제 손해 전부를 배상하도록 판결하였다.

(3) 대법원 2006. 10. 13. 선고 2005다3724 판결

여객은 2002. 3. 12.경 이탈리아에서 수입한 장식용 가구들의 금장식 막대(23kg)에 하자가 있어 그 교환 또는 보상 문제를 협의하기 위하여 밀라노로 가기 위해, 2002. 4. 10.경 인천발 파리행 에어프랑스 267편을 탑승하면서 물품을 위탁수하물로 밀라노까지 운송위탁하려고 하였으나 항공사 직원이 귀중품이기 때문에 받아 주지 않자 이를 휴대한 채 탑승하려고

5) 박원화, 항공사법, 한국학술정보(2012), 77면.

하였다. 그러나 위 물품은 위험한 물건으로서 기내 반입 제한 물품에 해당한다는 이유로 국제선 공항검색대에서 제지를 당하는 바람에, 원고는 항공사 직원에게 위 물품을 맡겼으며 직원은 임시영수증을 발급하여 주었다. 여객은 중간기착지인 파리 샤를 드골 국제공항에서 물품을 수령하라는 통지를 받지 못하였고, 최종 목적지인 밀라노에서 물품을 찾지 못하였다. 이에 여객은 2002. 4. 14. 귀국하여 에어프랑스를 상대로 물품 분실신고를 하였으나, 결국 찾지 못하여 소를 제기하였다. 법원은 헤이그 의정서상 수하물 1kg당 약 17SDR이라는 배상 상한을 적용하여, 물품 구입 대금이 2,100만 원인 물품을 23kg의 무게로 계산한 후 피고 항공사는 원고에게 64만 원을 지급하라고 판결하였다.

### 다. 운송인의 책임

#### (1) 휴대수하물

운송인은 휴대수하물의 멸실 또는 훼손으로 인한 손해에 대하여는 그 손해가 자신 또는 그 사용인이나 대리인의 고의 또는 과실에 의하여 발생한 경우에만 책임을 진다(상법 제908조 제2항).

#### (2) 위탁수하물

운송인은 위탁수하물의 멸실 또는 훼손으로 인한 손해에 대하여는 그 손해의 원인이 된 사실이 항공기상에서 또는 위탁수하물이 운송인의 관리하에 있는 기간 중에 발생한 경우에만 책임을 진다. 다만 그 손해가 위탁수하물의 고유한 결함, 특수한 성질 또는 숨은 하자로 인하여 발생한 경우에는 그 범위에서 책임을 지지 아니한다(상법 제908조 제1항).

## 2. 대상사안의 검토

### 가. 운송인의 주의의무

이 사건에서 운송인인 피고 직원으로서는 원고들에게 발행·교부한 수하물표를 대조하여 위 항공기의 기내 및 기체 밖의 주변을 철저히 수색하여 분실수하물을 발견하여야 할 주의의무가 있다. 그럼에도 이를 게을리한 채 당시 위 항공기의 연착만을 염두에 둔 나머지 원고들에게 분실된 이 사건 물건은 서울에 도착하여 다시 찾아보고 없으면 배상하여 준다고 말하고 그대로 출발한 중대한 과실로 인하여 그 무렵 이 사건 물건이 분실됨으로써 원고 C에게 합계 1,374,000원, 원고 T에게 합계 8,429,600원 상당의 손해가 발생하였다.

### 나. 적용규범

원고들과 피고 사이의 항공운송계약의 도착지국인 대한민국은 국무회의의 의결과 국회의 비준을 거쳐 1967. 10. 11.자로 헤이그 의정서를 조약 제259호로 공포하였고, 위 항공운송계약의 출발지국인 독일은 바르샤바 협약에 가입하고 헤이그 의정서에 비준하였다. 피고는 교통부장관으로부터 국제여객운송약관을 인가받아 이를 국제항공여객운송계약에 적용하고 있고, 위 약관의 주요내용은 이를 여객들에게 발행하는 항공권의 이면에 기재하여 여객들에게 고지하고 있는데, 피고 발행의 모든 국제운송항공권 이면에 기재되어 있는 위 약관의 주요내용 중에는 '수하물 배상책임한도 고지'라는 제목하에, 여객이 출발지국 이외의 국가 내에 최종도착지 또는 도중체류지를 둔 여행을 하는 경우에는 출발지국 또는 도착지국내의 국내선 전구간을 포함한 전체 여행에 대하여 바르샤바 협약이나 헤이그 의정서가 적용될 수 있다는 취지가 포함되어 있다.

### 다. 가액 미신고에 따른 면책 여부

(1) 피고의 주장

피고는 원고들이 이 사건 물건을 수하물로서 운송인인 피고에게 위탁할 당시 인도시의 가액을 신고하고 이에 따른 초과요금을 지급한 사실이 없으므로, 위 운송약관 및 헤이그 의정서 제11조 2(a)에 따라 피고가 배상하여야 할 손해액은 원고들이 자인하는 이 사건 물건의 총중량인 36.74 kg에 kg당 미화 20달러를 곱한 미화 734달러로 제한된다고 주장한다.

(2) 원고의 주장

이에 대하여 원고들은, 이 사건과 같이 운송인인 피고 회사 직원들의 중대한 과실로 인하여 위탁수하물인 이 사건 물건이 분실된 경우에는 헤이그 의정서 제13조에 의하여 운송인의 유한책임원칙을 규정한 위 제11조 2(a) 규정의 적용이 배제되므로 피고는 앞서 인정된 손해액 전부를 배상하여야 한다고 주장한다.

(3) 판 단

헤이그 의정서 제13조는 "The limits of liability specified in Article 22 shall not apply if it is proved that the damage resulted from an act or omission of the carrier, his servant or agents, done with intent to cause damage or recklessly and with knowledge that damage would probable result"라는 규정하고 있는바, 여기서 말하는 'recklessly and with knowledge that damage would probably result' 라는 것은 개정 전 바르샤바 협약 제25조 제1항에 규정된 'by such default on his part as, in accordance with the law of the court seised of the case, is considered to be equivalent to wilful misconduct', 즉 우리나라의 경우에는 중과실에 해당하는 개념을 구체적으로 풀어쓴 것으로 해석되는 점에 비추어 볼 때, 항공사 직원들의 중대한 과실로 위탁수하물이 분실된 경우에는 운송인의 책임을 제한한 헤이그 의정서 제11조 2(a)의 규정이 적용되지 아니한다.

항공사 직원들이 항공 기내에 폭발물이 장치되어 있을지도 모른다는 이유로 기내의 여객을 전원 대피시키고 모든 화물을 밖으로 옮겨내어 폭발물 장치 여부를 조사·확인한 후 다시 여객을 탑승시키고 화물을 탑재하면서 여객으로부터 수하물 중 일부가 분실되었다는 신고를 받고서도 위 항공기의 내부와 기체 밖 주변을 철저하게 수색하지 아니한 채 항공기의 연착을 모면하기 위한 데 급급한 나머지 그대로 출발하여 버렸다면 위 수하물의 분실로 인한 손해는 직원들의 중과실로 인한 것으로 보아야 한다.

헤이그 의정서 제13조에 의하면 운송인, 그의 고용인 또는 대리인의 가해할 의사로써 또는 부주의하게 또는 손해가 아마 발생할 것이라는 인식으로써 행하여진 작위나 부작위로부터 위탁수하물이 분실된 경우에는 운송인의 유한책임을 규정한 위 제11조 2(a)규정의 적용이 배제된다고 규정하고 있는바, 여기서 말하는 '부주의하게 또는 손해가 아마 발생할 것이라는 인식'이라는 것은 개정 전 바르샤바 협약 제25조 제 1항에 규정된 '소가 계속된 법원이 속하는 국가의 법률에 의하면 고의에 상당하다고 인정되는 과실', 즉 우리나라의 경우에는 중과실에 해당하는 개념을 구체적으로 풀어쓴 것으로 해석되는 점에 비추어 볼 때, 이 사건과 같이 운송인인 피고 회사 직원들의 중대한 과실로 인하여 위탁수하물이 분실된 경우에는 위 운송인의 책임을 제한한 헤이그 의정서 제11조 2(a)규정의 적용이 배제된다 할 것이니 피고의 위 주장은 이유 없다.

# [38] 수하물표 발급과 운송인의 책임제한

대법원 2006. 10. 13. 선고 2005다3724 판결

## Ⅰ. 사실관계

(1) 피고는 '에어프랑스'라는 상호로 항공운송업을 영위하는 회사이고, 원고는 2002. 4. 10.경 피고와 사이에, 피고 소속 항공편을 이용하여 대한민국에서 출발, 프랑스 파리를 중간 기착지로 하고 이탈리아 밀라노를 최종 도착지로 하는 항공여객운송계약(이하 '이 사건 계약')을 체결하였다.

(2) 이 사건 계약에 따라 원고에게 발급된 항공권 이면에는 '알림'란에 "여객의 최종 목적지 또는 도중 착륙지가 출발국 이외의 타국 내의 일개 지점일 경우, 동 여객은 여객의 사망 또는 상해 및 수하물의 분실 또는 손상에 대한 운송인의 책임을 통상적으로 제한하는 와르소(바르샤바의 영어식 발음 표기) 협약을 적용받을 수 있습니다. 본 항공권에 수록된 국제선 여객에 대한 책임제한에 관한 고지 및 수하물 배상책임제한 고지를 참조하시기 바랍니다"라고 기재되어 있고, '수하물 배상책임 한도'란에 "사전에 보다 높은 가격이 신고되고 그에 대한 추가요금이 지불되지 않는 한, 수하물의 분실, 지연 또는 손상에 대한 책임한도액은 아래와 같이 제한됩니다. 대부분의 국제선 여행시, 위탁 수하물의 경우는 파운드당 미화 약 9.07불(kg당 미화 20불), 비위탁 수하물의 경우는 여객 1인당 미화 400불입니다"라고 기재되어 있다.

(3) 원고는 2002. 4. 10.경 이 사건 계약에 따라 인천 영종도 국제선 공항에서 파리를 도착지로 하는 AF 267편 비행기(이하 '이 사건 비행기')에 대한 탑승수속을 하였는데, 당시 원고는 이탈리아 가구업자로부터 2002. 3. 12.경 수입한 장식장 가구들의 금장식 막대(무게 23kg, 이하 '이 사건 물건')에 하자가 있어 그 교환 또는 보상 문제를 협의하기 위해 밀라노로 가려던 중이었다. 원고는 이 사건 물건을 위탁수하물로 하여 밀라노까지 운

송위탁을 하려고 하였으나, 피고의 탑승수속 담당 직원은 이 사건 물건이 귀중품이라는 이유로 일반적인 위탁수하물로 받아주지 않자, 이를 휴대한 채 이 사건 비행기에 탑승하려고 하였다.

(4) 그러나 이 사건 물건이 위험한 물건으로서 기내 반입 제한 물품에 해당한다는 이유로 다시 위 국제선 공항검색대에서 이를 휴대하고 탑승하는 것이 제지됨에 따라, 원고는 이 사건 물건을 이 사건 비행기의 피고 직원에게 맡겼으며(이하 '이 사건 운송위탁'), 원고는 피고 직원으로부터 임시영수증을 발급받은 채 이 사건 비행기에 탑승하게 되었다. 위 탑승 당시 피고 직원들은 원고에게 중간 기착지인 파리 샤를 드골 국제공항에서 이 사건 물건을 수령하라는 통지를 하지 않았다.

(5) 원고는 이 사건 비행기를 타고 중간 기착지인 드골 공항에 도착하였다가, 위 공항에서 피고의 다른 비행기로 갈아타고 최종 도착지인 밀라노로 가게 되었는데, 피고는 이 사건 비행기 내에서 원고에게 이 사건 물건의 수령을 고지한 바가 없고, 드골 공항에서도 그 안내방송을 통하여 원고에게 이 사건 물건을 찾아갈 것을 고지하지도 않았다. 원고는 드골 공항에서 이 사건 비행기의 승무원 등 피고 직원으로부터 이 사건 물건을 수령하지 않은 채 밀라노에 도착하게 되었는데, 그곳에 운송된 피고의 수하물 가운데 이 사건 물건이 발견되지 않자 피고를 상대로 항의하였으나, 4박 5일의 여행 일정 동안 피고로부터 이 사건 물건을 전달받지 못하였다. 원고는 2002. 4. 14. 대한민국에 귀국하여 피고를 상대로 이 사건 물건에 대한 분실신고를 하였으나, 피고는 결국 이 사건 물건의 소재를 찾지 못하여 원고에게 이를 반환하지 못하였다.[1)]

1) 서울고등법원 2004. 12. 3. 선고 2004나4920 판결.

# Ⅱ. 참조 조문

## 1. 개정 바르샤바 협약

### 제22조

1. 여객 운송에 있어서는 각 여객에 대한 운송인의 책임은, 25만 프랑의 액을 한도로 한다. 소송이 계속된 법원에 속하는 국가의 법률에 따라 손해 배상을 정기 지급의 방법으로 할 것을 정할 수 있을 때에는 정기 지급금의 원본은 25만 프랑을 초과하여서는 아니된다. 다만 여객은 운송인과의 특약에 의하여 보다 고액의 책임 한도를 정할 수 있다.
2. (a) 탁송 수하물 및 하물에 운송에 있어서는 운송인의 책임은 1킬로그람 당 250프랑 액을 한도로 한다. 다만 하송인이 운송인에게 소하물을 교부함에 있어서 도착지에서의 인도시의 이자를 특히 신고하고 또한 필요로 하는 증료금을 지급한 경우에는 그러하지 아니하다. 이 경우에는 운송인은 신고된 가액이 도착지에서의 여객이나 또는 하송인의 실제 이자를 초과하는 것을 증명하지 아니하는 한 신고된 가액을 한도로 하는 액을 지급하여야 한다.
   (b) 탁송된 수하물이나 하물(荷物)의 부분 또는 그 속에 포함된 물품의 멸실, 손괴 또는 연착의 경우에는, 운송인의 책임 한도액을 결정함에 있어서 고려될 중량은 관계 소하물의 전량(全量)으로 된다. 그러나 탁송된 수하물이나 하물의 부분 또는 그 속에 포함된 물품의 멸실, 손괴 또는 연착이 동일 항공 운송장에 포함된 기타 소하물의 가치에 영향을 미치는 때에는 이러한 소하물이나 소하물들의 전량을 책임 한도액을 결정함에 있어서 고려된다.
3. 여객이 보관하는 물품에 관하여서는, 운송인의 책임은 여객 1인에 대하여 5,000프랑의 액을 한도로 한다.

### 제25조

제22조의 규정은 운송인, 그의 고용인 또는 대리인의 가해할 의사로써 또는 부주의하게 또는 손해가 아마 발생할 것이라는 인식으로

> 써 행하여진 작위나 부작위로부터 손해가 발생하였다고 증명되는 한 적용되지 아니한다. 다만, 이러한 고용인이나 대리인의 작위나 부작위의 경우에 있어서 그는 그의 직무 범위 내에서 행동하였음을 증명한 때에도 또한 같다.

## Ⅲ. 판시사항

개정 바르샤바 협약 제4조의 수하물표(baggage check)는 여객항공권(passenger ticket)과 분리된 문서일 수도 있으나, 협약 제4조 제1항의 요건을 충족시키기 위하여 여객항공권과 결합 및 통합하는 것이 간편하다는 이유로 통상 개정 바르샤바 협약 제3조 및 제4조가 요구하는 모든 내용들이 담긴 결합된 문서인 '여객항공권 및 수하물표(Passenger Ticket and Baggage Check)'가 발급되고 있다. 만약 여객이 이처럼 개정 바르샤바 협약 제3조 및 제4조가 요구하는 모든 내용들이 담긴 결합된 문서로서 여객항공권 및 수하물표를 발급받았다면, 항공운송인이 별도의 수하물표를 교부하지 아니하고 수하물을 맡았더라도 개정 바르샤바 협약 제22조 제2항에 따른 책임제한규정을 원용할 권리를 상실하지 아니한다.

## Ⅳ. 해 설

### 1. 손해배상책임의 발생[2)]

#### 가. 적용규범

이 사건 운송위탁은 출발지가 대한민국 인천이고 중간 기착지가 프랑스 파리, 최종 도착지가 이탈리아 밀라노인 이 사건 계약의 이행 과정에서 이루어진 것이다.[3)] 비록 원고가 피고로부터 정식으로 이 사건 물건에 대하여 수하물표 등을 발급받지 않았다고 하더라도, 비행기 탑승 전에 피

2) 서울고등법원 2004. 12. 3. 선고 2004나4920 판결.

3) 이탈리아에서는 1933. 5. 15. 바르샤바 협약이 발효되었고, 1963. 8. 2. 헤이그 의정서가 발효되었으며, 대한민국에서는 1967. 10. 11. 헤이그 의정서가 발효되었다.

고의 직원에게 이 사건 물건을 맡겨 운송하도록 하고 임시영수증을 받았으며,[4] 이 사건 계약의 계약조건의 일부로 바르샤바 협약의 적용 및 수하물 배상책임에 관하여 규정한 이상, 원고와 피고 사이에 이 사건 물건에 대한 위탁계약이 성립하였다고 볼 수 있으므로, 이 사건 계약 및 이 사건 위탁계약은 개정 바르샤바 협약이 적용되는 국제운송의 한 유형인 '출발지 및 도착지가 2개의 체약국의 영역 내에 있는 운송'에 해당한다.

### 나. 피고의 손해배상책임

개정 바르샤바 협약 제18조 제1항은 "운송인은 탁송 수하물 또는 화물이 파괴, 망실 또는 손괴된 경우에 있어서의 손해에 대하여는 그 손해의 원인이 된 사고가 항공운송 중에 발생한 것인 때에는 책임을 진다"고 규정하고, 제2항은 "전항에 있어서 항공운송 중이란 화물이 비행장 또는 항공기상에서 또는 비행장 외에 착륙한 경우에는 장소의 여하를 불문하고 운송인의 관리하에 있는 기간을 말한다"고 규정하고 있다. 그렇다면 피고는 특별한 사정이 없는 한 원고에게 이 사건 물건의 분실로 인한 손해를 배상할 책임이 있다.

## 2. 손해배상의 범위에 관한 당사자의 주장

### 가. 원고의 주장

피고가 이 사건 물건을 분실함으로 인하여 원고가 입은 재산상 손해로서 합계 172,971,400원[① 원고가 이 사건 물건이 부착된 장식장 가구들의 수입에 지출한 비용, 즉 위 가구들의 매수대금 20,937,735원, 관세 3,475,650원, 통관비용 2,396,615원, 그 수입과 관련한 여행 및 사업 경비 5,880,000원, ② 피고의 배상 지연으로 원고가 더 지출하게 된 비용, 즉 원고가 위 가구 수입을 위해 차용한 4,000만 원에 대한 2002. 5. 1.부터 2003. 6. 30.까지 연 25%로 계산한 이자 1,166만 원, 경매비용 500만 원, 위 가구들의 물품 보관료 365만 원(2002. 4. 10.~2003. 5. 30.), 운송비 및 인건비 170만 원, 원고의 법인 설립비용 500만 원, 법인 청산에 따른 원고의 주식 4000주 손실분 2,000만

---

4) 아래에서 보는 바와 같이 대법원은 '여객항공권 및 수하물표'가 발행된 것으로 인정하였다.

원, ③ 이 사건 물건의 하자를 이유로 하여 이탈리아 가구업자로부터 배상받을 수 있었던 가구대금의 150% 상당액 49,271,400원, ④ 위 가구들에 대하여 선주문 받아 판매하기로 한 금액과 수입 비용 사이의 차액 4,400만 원] 및 이에 대한 지연손해금을 배상할 책임이 있다.

### 나. 피고의 주장

원고와 사이에 이 사건 물건에 대하여 수하물 위탁계약이 체결되었다고 하더라도 이 사건 물건의 분실로 인한 피고의 책임은 이 사건 계약에 적용되는 개정 바르샤바 협약 제22조 제2항에 따라 화물 1kg당 250프랑 또는 이를 기초로 대략 환산한 미국 돈 20달러를 한도로 제한되어야 한다.

## 3. 수하물표 발행과 책임제한

### 가. 피고의 책임제한 주장에 대한 원고의 재항변

원고의 손해배상청구에 대하여, 피고는 개정 바르샤바 협약 제22조 제2항에 따른 책임제한을 주장하였다. 이에 대하여 원고는, 피고가 수하물표를 교부하지 아니하고 수하물을 맡았으므로 개정 바르샤바 협약 제4조에 따라 피고는 개정 바르샤바 협약 제22조 제2항에 따른 책임제한규정을 원용할 권리를 가지지 아니한다고 재항변하였다.

### 나. 여객항공권 및 수하물표

개정 바르샤바 협약 제4조의 수하물표(baggage check)란 여객항공권(passenger ticket)과 분리된 문서일 수도 있으나, 협약 제4조 제1항의 요건을 충족시키기 위하여는 여객항공권과 결합 및 통합하는 것이 간편하다는 이유로 통상 개정 바르샤바 협약 제3조 및 제4조가 요구하는 모든 내용들이 담긴 결합된 문서인 '여객항공권 및 수하물표(Passenger Ticket and Baggage Check)'가 발급되고 있다.

원심이 적법하게 원고에게 발급되었다고 인정한 항공권 양식에 해당하는 을 제3호증의 1 내지 12 역시 그와 동일한 형태의 결합된 문서 중 일부인 사실을 알아볼 수 있는바, 만약 이처럼 원고가 개정 바르샤바 협약

제3조 및 제4조가 요구하는 모든 내용들이 담긴 결합된 문서로서의 여객항공권 및 수하물표를 발급받았다면 피고는 책임제한 조항을 원용할 권리를 가진다.

### 4. 운송인의 책임제한 배제사유의 존부

#### 가. 운송인의 책임제한 배제사유

개정 바르샤바 협약 제22조 제2항 a호 전문에서는 "탁송 수하물 및 화물의 운송에 있어서 운송인의 책임은 1kg당 250프랑의 금액을 한도로 하고, 다만 여객 또는 송하인이 운송인에게 탁송 수하물 및 화물을 인도할 당시 도착지에서의 이익을 특히 신고하고 또한 필요로 하는 추가요금을 지급한 경우에는 그러하지 아니하다"라고 규정하고 있고, 제25조 전단에서는 "제22조의 책임제한규정은 운송인, 그의 사용인 또는 대리인이 손해를 가할 의사로써 또는 손해가 생길 개연성이 있음을 인식하면서도 무모하게 한(done with intent to cause damage or recklessly and with knowledge that damage would probably result) 작위 또는 부작위로부터 손해가 발생하였다고 증명된 경우에는 적용되지 아니한다"라고 규정하고 있다.

제25조에 규정된 '손해가 생길 개연성이 있음을 인식하면서도 무모하게 한 작위 또는 부작위'라 함은 자신의 행동이 손해를 발생시킬 개연성이 있다는 것을 알면서도 그 결과를 무모하게 무시하면서 하는 의도적인 행위를 말하는 것으로서, 그에 대한 증명책임은 책임제한조항의 적용배제를 구하는 자에게 있고 그에 대한 증명은 정황증거로써도 가능하지만, 손해 발생의 개연성에 대한 인식이 없는 한 아무리 과실이 무겁더라도 무모한 행위로 평가될 수는 없다.[5)]

#### 나. 대상사안의 검토

이 사건의 경우에는 앞에서 본 바와 같이 이 사건 물건의 휴대가 공항

---

5) 대법원 2004. 7. 22. 선고 2001다58269 판결.

검색대에서 제지되어 이 사건 비행기의 피고 직원에게 그 운송이 맡겨졌고, 이 사건 비행기의 탑승 당시 피고 직원들이 중간 기착지에서 이 사건 물건을 수령하라는 별도의 통지를 하지 않았으며, 피고가 이 사건 비행기의 기내에서나 도착 후 비행기에서 내릴 때 또는 중간 기착지 공항에서 안내방송 등을 통하여 원고에게 이 사건 물건의 수령 등에 대한 고지를 하지 않았고, 결국 그로 인하여 원고가 위 중간 기착지 공항에서 이 사건 물건을 찾지 못하였고 이 사건 물건은 분실되었지만 그러한 사실만으로는 피고 또는 그의 고용인 또는 대리인이 고의 또는 그 손해가 생길 염려가 있음을 인식하면서 무모하게 한 작위나 부작위가 있었다고 보기에 부족하고, 달리 이를 인정할 증거가 없다. 따라서 개정 바르샤바 협약 제25조에 따라 책임제한 조항의 적용이 배제된다는 원고의 주장을 배척한 조치는 정당하다.

### 5. 특별손해

원고가 주장하는 손해는 이 사건 물건이 위 장식장 가구의 중요 부분으로서 위 물건의 분실로 인하여 위 장식장 가구 전체의 가치가 상실되었고, 이탈리아 가구업자로부터 위 물건의 하자에 대한 배상을 받을 수 있었으며, 대한민국에서 위 장식장 가구의 판매로 수익을 얻을 수 있었다는 전제하에 구하는 것으로서 항공비 등 그 여행경비를 포함하여 모두 특별한 사정으로 인한 손해이다.

특별한 사정으로 인한 손해는 피고가 그러한 사정을 알았거나 알 수 있었을 때에 한하여 배상의 책임을 지는 것인데(민법 제393조 제2항), 원고가 제출한 증거들만으로 피고가 그러한 사정을 알았거나 알 수 있었다고 보기 어렵고, 달리 이를 인정할 증거가 없으므로, 피고에게 위 손해들에 대한 배상의 책임이 있다고 볼 수 없고, 또한 이 사건 물건 자체의 분실로 인한 손해에 관하여도 이 사건 물건의 시가에 관한 증거는 믿을 수 없으며, 달리 이 사건 물건의 시가를 인정할 증거도 없다.

## 6. 결 론

이 사건 계약조건상의 책임제한 금액인 '1kg당 미화 약 20불'은 개정 바르샤바 협약상의 책임제한금액을 여객들이 이해하기 쉽도록 세계적으로 가장 널리 통용되는 화폐인 미국 돈으로 대략 환산해 놓은 것일 뿐이고, 규정 전체의 취지는 개정 바르샤바 협약에 따른 배상을 의미하는 것으로 보이므로 이하에서는 개정 바르샤바 협약의 규정에 따라 배상액을 산정한다.

개정 바르샤바 협약은 원래 각국이 프랑을 자국의 화폐로 환산하는 방법을 국내법으로 정할 것을 기대하였으나, 우리나라는 금본위프랑을 원화로 환산하는 법률을 제정한 바 없고, 이에 대한 관습법도 성립되어 있지 않으며, 한편 금본위프랑은 과거 세계 여러 나라가 금본위제를 채용하고 있을 당시에는 각국 통화의 통일된 환산기준으로서 그 기능을 수행하여 왔으나 그 후 대부분의 국가가 금본위제도를 폐지하기에 이르렀고, 위 금본위프랑 자체도 이미 폐화되어 버렸으며 그 환산단위에 관한 국제적 합의도 없다.

그러나 개정 바르샤바 협약은 국내법과 같은 효력을 가지고 있으므로 그 적용을 거부할 수는 없고, 다만 위 금본위프랑을 국내통화로 환산하는 계산단위에 관한 입법조항이 결여된 상태이므로 조리에 따라(민법 제1조 참조) 오늘날에 있어서 이를 우리나라의 화폐로 환산하기 위한 가장 합리적이고도 통일된 방식을 찾아야 한다. 우리나라가 1955년에 가입한 국제통화기금의 특별인출권(Special Drawing Rights, SDR)은, 국제통화기금이 1968. 5. 31. 협약 제1차 개정(1969. 7. 28. 발효)을 통하여 창설한 것(당시 미국 국내법에 의한 금의 공정가격을 기초로 하여 15 금본위프랑에 해당하는 순금 0.888671g의 가치를 1SDR로 한 것이다)으로서, SDR은 그 창설 당시 고정되어 있던 금가치에 의하여 산출된 수치이기 때문에 적어도 금의 최종 공정가격에 의한 환산 방법과 같이 1978년까지는 금본위프랑으로의 환산이 가능하며, 그 안정적 기능을 대신하기에 가장 적합하고 그 수치의 변동이 적으며, 교환율이 국제통화기금에 의하여 각국에 공시되고 있는 점, 또한 헤이그 의정서의 개정을 위한 몬트리올 추가의정서도 손해배상책임에 관하여 금본위프랑 대신 SDR을 채택하고 있을 뿐만 아니라, 우리나라의 경우에도 최근 상법 제747조, 제789조의2에서 선박소유자 및 해상운송인의 손해배상책임을 SDR에 의하여 제한하고 있는바, 위와 같이 국제적으로나 국내적으로 SDR을 배상단위로 도입하고 있는 것이 일반화되고 있는 실정에 비추어 이 방법이 가장 합리적인 환산 방법이다.

따라서, 250금본위프랑을 SDR로 환산하여 보면, 1SDR은 15금본위프랑이므로 250금본위프랑은 16.66(250프랑/15)SDR이 되고, 한편 개정 바르샤바 협약 제22조 제5항에 의하면, 금본위프랑을 금 이외의 각국 통화로 환산함에 있어 소송의 경우에는 판결시의 이러한 통화의 금가치에 따라야 한다고 규정하고 있으므로, 피고가 배상할 손해액을 SDR에 의하여 원화로 환산하는 시점은 그 판단의 실체가 형성되는 당심 변론종결 당시를 기준으로 정함이 상당한바, 당심 변론종결일 무렵인 2004. 11. 3.경의 1SDR의 원화 환산액은 1,672.29원이므로 피고가 원고에게 배상하여야 할 금액은 640,788원(23㎏×16.66SDR×1,672.29원, 계산의 편의상 원 미만 버림)이다.

# [39] 수하물 훼손에 대한 위자료 청구의 허용 여부

Seshadri v. British Airways PLC et al, No. 3:2014cv00833, Document 18 (S.D.Cal. 2014)

## Ⅰ. 사실관계

(1) 인도 전통 음악가인 원고 Kartik Seshadri는 공연할 때 35년간 지녀온 특별한 sitar(인도전통악기)를 사용한다. 그 악기는 유명한 음악가인 원고의 스타일과 연주의 특성 표현에 적합하도록 원고를 위하여 특별히 제작된 수제품이다. 원고가 여행할 때는 특별한 보호장치가 설치된 보관함을 사용하는데, 모양·재질·디자인을 보면 누구나 손상되기 쉬운 악기를 보관하기 위한 것임을 알 수 있다.

(2) 원고는 2013. 7. 29. 피고로부터 미국에서 인도로 갔다가 다시 미국으로 돌아오는 왕복항공권을 구입하였다. 원고가 구매한 복편은 2013. 9. 15. 뉴델리를 출발하여 샌디에고에 도착할 예정이었다. 원고는 2013. 9. 15. 뉴델리 공항에 도착하여 체크인 카운터에 있는 피고 직원에게, 특별한 취급이 요구되는 손상되기 쉬운 악기를 운반한다고 설명하였다. 피고 직원은 시타의 정교한 성질을 알고 있었으므로, 손상 주의(fragile tag) 태그를 보관함에 붙인 후 처리하였다.

(3) 원고가 2013. 9. 15. 샌디에고에 도착하였을 때 시타가 아직 도착하지 않은 것을 알고 스트레스를 받았다. 원고의 시타는 그 다음날 샌디에고에 도착하였다. 원고가 샌디에고 공항에서 시타를 수령하여 집으로 가져간 후 외부에 있는 포장용 가방(canvas bag)이 심하게 젖어 있는 것을 발견하였다. 원고가 포장용 가방을 열었을 때, 보관함 전체에 물방울이 맺혀 있었고, 시타는 얼어 있거나 축축하게 젖어 있었다.

(4) 이와 같이 시타가 전혀 복구할 수 없을 정도로 손상된 것을 발견

하고 원고는 패닉 상태에 이를 정도로 심한 정신적 고통을 받았다. 원고는 9. 17. 피고 직원에게 전화를 하였고, 피고 직원은 물건이 기밀(氣密) 되지 않은 화물운반 상자에 장치된 경우에는 심한 응결이나 응축 현상이 발생한다고 설명하였다.

(5) 원고는 2014. 3. 6. 피고를 상대로 몬트리올 협약 제17조, 제22조에 기한 재산상 손해, 정신적 손해에 대한 배상과 징벌적 손해배상을 구하는 소를 제기하였다.

## Ⅱ. 참조 조문

### 1. 몬트리올 협약

**제17조(여객의 사망 및 부상 - 수하물에 대한 손해)**

2. 운송인은 위탁수하물의 파괴·분실 또는 손상으로 인한 손해에 대하여 파괴·분실 또는 손상을 야기한 사실(event)이 항공기상에서 발생하였거나 또는 위탁수하물이 운송인의 관리하에 있는 기간 중 발생한 경우에 한하여 책임을 진다.

**제22조(연착·수하물 및 화물과 관련한 배상책임의 한도)**

2. 수하물의 운송에 있어서 수하물의 파괴·분실·손상 또는 연착이 발생한 경우 운송인의 책임은 여객 1인당 1,131SDR로 제한된다. 단, 여객이 위탁수하물을 운송인에게 인도할 때에 도착지에서 인도시 이익에 관한 특별신고를 하였거나 필요에 따라 추가요금을 지급한 경우에는 그러하지 아니한다. 이러한 경우 운송인은 신고가액이 도착지에 있어서 인도시 여객의 실질이익을 초과한다는 것을 증명하지 아니하는 한 신고가액을 한도로 하는 금액을 지급할 책임을 진다.

5. 손해가 운송인·그의 고용인 또는 대리인이 손해를 야기할 의도를 가지거나 또는 무모하게 손해가 야기될 것을 인지하고 행한 작위 또는 부작위로부터 발생되었다는 것이 증명되었을 때에는 본 조 제1항 및 제2항에 전술한 규정은 적용되지 아니한다. 단, 고용인 또는 대리인이 작위 또는 부작위를 행한 경우에는 그가

자기의 고용업무의 범위내에서 행하였다는 것이 증명되어야 한다.

## 2. 상 법

**제899조(비계약적 청구에 대한 적용 등)** ① 이 장의 운송인의 책임에 관한 규정은 운송인의 불법행위로 인한 손해배상의 책임에도 적용한다.

② 여객, 수하물 또는 운송물에 관한 손해배상청구가 운송인의 사용인이나 대리인에 대하여 제기된 경우에 그 손해가 그 사용인이나 대리인의 직무집행에 관하여 생겼을 때에는 그 사용인이나 대리인은 운송인이 주장할 수 있는 항변과 책임제한을 원용할 수 있다.

③ 제2항에도 불구하고 여객 또는 수하물의 손해가 운송인의 사용인이나 대리인의 고의로 인하여 발생하였거나 또는 여객의 사망·상해·연착(수하물의 경우 멸실·훼손·연착)이 생길 염려가 있음을 인식하면서 무모하게 한 작위 또는 부작위로 인하여 발생하였을 때에는 그 사용인이나 대리인은 운송인이 주장할 수 있는 항변과 책임제한을 원용할 수 없다.

④ 제2항의 경우에 운송인과 그 사용인이나 대리인의 여객, 수하물 또는 운송물에 대한 책임제한금액의 총액은 각각 제905조·제907조·제910조 및 제915조에 따른 한도를 초과하지 못한다.

# Ⅲ. 판시사항

수하물의 훼손으로 인한 경우 정신적 손해는 몬트리올 협약상 인정되지 아니한다. 수하물의 운송에서 수하물의 훼손 또는 연착이 발생한 경우 운송인의 책임은 여객 1인당 1,131SDR로 제한된다.

## Ⅳ. 해 설

### 1. 수하물의 멸실·훼손·연착

수하물이 멸실·훼손·연착된 경우 운송인은 멸실·훼손·연착을 야기한 사실(event)이 항공기상에서 발생하였거나 또는 위탁수하물이 운송인의 관리하에 있는 기간 중 발생한 경우에 한하여 책임을 진다(몬트리올 협약 제17조 제2항). 운송인의 관리하에 있는 기간은 여객이 위탁수하물을 운송인에게 위탁하는 때로부터 공항에 도착하여 수하물을 수령하는 순간까지로 보아야 한다.

바르샤바 협약 제19조에 따라 운송인은 수하물의 항공운송에서 연착으로 인하여 발생하는 손해(damage occasioned by delay in the carriage by air of luggage)에 대하여 책임을 지며, 이때 연착으로 인하여 발생하는 손해는 개정 바르샤바 협약 제18조 제2항의 항공운송 중에 발생하는 손해만을 뜻하는 것이 아니고 수하물의 경우 그 탑재 자체가 늦어져 발생하는 손해도 포함한다.[1)]

### 2. 운송인의 책임제한

#### 가. 유한책임

수하물이 멸실·훼손 또는 연착된 경우 운송인의 책임은 여객 1인당 1,131SDR로 제한된다. 이 사건에서 원고가 시타의 훼손과 연착을 증명하더라도 운송인의 배상책임은 1,131SDR로 제한된다.

#### 나. 특별신고를 한 경우

(1) 의 의

여객이 위탁수하물을 운송인에게 인도할 때에 도착지에서 인도시 이익에 관한 특별신고를 하였거나 필요에 따라 추가요금을 지급한 경우에는,

---

1) 대법원 2002. 10. 22. 선고 2002다32523 판결.

운송인은 신고가액이 도착지에서 인도시 여객의 실질이익을 초과한다는 것을 증명하지 아니하는 한 신고가액을 한도로 하는 금액을 지급할 책임을 진다(몬트리올 협약 제22조 제2항).

(2) 증명책임

위 배상책임제한 규정에 따르면, 원칙적으로 운송인의 손해배상책임이 제한되나, 여객이 위탁수하물을 운송인에게 인도할 때, (i) 목적지에서 인도시의 이익에 관한 특별신고를 하고, (ii) 필요에 따른 추가요금을 지급한 경우에 한하여 운송인의 손해배상책임이 제한되지 않는데, 위 두 가지 요건에 대한 증명책임은 책임제한 규정의 적용배제(재항변사유)를 주장하는 여객에게 있다.

(3) 인도시의 이익에 관한 특별신고

인도시의 이익에 관한 특별신고는 고가물에 대한 운송인의 손해배상책임을 규정하는 상법 제136조[2]와 같은 취지로서, (i) 목적지에서 인도시의 이익은 목적지에서 위탁수하물이 인도됨으로써 발생되는 이익을 의미하는 것이므로, 특별한 사정이 없으면 위탁수하물의 실제 교환가치를 의미하는 것으로 보아야 하고, (ii) 특별신고는 여객과 운송인의 이익 균형을 유지하는 데 중요한 역할을 하고, 이러한 신고의 목적은 운송인의 책임 한계를 증가시키기 위한 것이므로, 특별신고의 방법은 여객이 운송인에게 위탁수하물의 실제 가치를 명확히 신고하고 이에 관하여 운송인이 작성한 확인서·영수증 등을 소지하여야 한다.

(4) 필요에 따른 추가요금 지급

필요에 따른 추가요금 지급에 관하여 보면, 추가요금은 운송인이 추가적인 위험에 대비해 보험적용을 받기 위해 사용할 수 있는 일종의 할증료 성격을 지녔는데, 이는 '필요한 경우'에 지급되는 것으로, 운송인이 특별신고에 따라 여객에게 추가 비용이 더 발생한다고 밝히고 그 비용을 요청한 경우에 한하여 여객이 이를 지급한 경우에 이 요건이 충족된 것

2) 송하인이 운송을 위탁할 때 고가물임을 명시하여야 운송인에게 손해배상책임이 있다.

으로 본다.

## 3. 책임제한의 배제

### 가. 의 의

수하물의 손해가 운송인의 사용인이나 대리인의 고의로 인하여 발생하였거나 또는 멸실·훼손·연착이 생길 염려가 있음을 인식하면서 무모하게 한 작위 또는 부작위로 인하여 발생하였을 때에는 그 사용인이나 대리인은 운송인이 주장할 수 있는 항변과 책임제한을 원용할 수 없다. 단 고용인 또는 대리인이 작위 또는 부작위를 행한 경우에는 그가 자기의 고용업무의 범위내에서 행하였다는 것이 증명되어야 한다(몬트리올 협약 제22조 제5항, 상법 제899조 제3항).

### 나. 사고가 생길 염려가 있음을 인식하면서 무모하게 한 작위 또는 부작위

(1) 견해의 대립

손해가 발생할 개연성이 있음을 인식하면서도 무모하게 한 작위 또는 부작위(이하 '무모한 행위')의 의미에 관하여는, (i) 미필적 고의로 보는 견해,[3] (ii) 중과실보다는 고의에 가까운 개념으로 보는 견해,[4] (iii) 고의에 가까운, 손해발생의 개연성에 대한 인식 있는 중과실을 의미한다는 견해,[5] (iv) 손해의 발생을 인식하고 한 행위뿐만 아니라 중대한 과실로 손해가 발생하지 않을 것을 믿거나 또는 중대한 과실로 손해발생 가능성에 대한 인식이 미치지 못하고 행한 모든 행위로 보는 견해[6] 등이 제시되고 있다.

---

3) 최준선, 보험·해상·항공운송법(제11판), 삼영사(2018), 568면; 주석 상법, 해상법(제2판), 한국사법행정학회(2015), 206면.

4) 손주찬, 상법(하)(2002), 739면; 송상현·김현, 해상법원론(1999), 142면; 채이식, 상법강의(하)(2003), 669면.

5) 이상민, "개정된 바르샤바 협약 제25조에 정한 책임제한 배제사유의 의미", 대법원판례해설 제57호(2006), 589면.

6) 이기수·최병규·김인현, 보험·해상법(2003), 399면.

### (2) 판 례

대법원에서는 개정 바르샤바 협약 제25조에 관한 해석기준을 제시한 바 없다가, 대법원 2004. 7. 22. 선고 2001다58269 판결에서 "개정 바르샤바 협약 제25조에 규정된 '손해가 생길 개연성이 있음을 인식하면서도 무모하게 한 작위 또는 부작위'라 함은 자신의 행동이 손해를 발생시킬 개연성이 있다는 것을 알면서도 그 결과를 무모하게 무시하면서 하는 의도적인 행위를 말하는 것으로서, 그에 대한 증명책임은 책임제한조항의 적용배제를 구하는 자에게 있고 그에 대한 증명은 정황증거로써도 가능하나, 손해발생의 개연성에 대한 인식이 없는 한 아무리 과실이 무겁더라도 무모한 행위로 평가될 수는 없다"고 판시하여, 처음으로 그 해석기준을 제시하였다.

### (3) 검 토

(가) 무모한 행위는 (i) 자신의 행동이 손해를 발생시킬 개연성이 있다는 것을 알아야 하고(손해발생의 인식), (ii) 그 결과를 무모하게 무시하면서 의도적으로 하는 행위이어야 한다(결과의 무모한 무시 및 의도적 행위). 즉 대법원은 '손해발생의 인식'을 기본조건으로 하고, 여기에 결과를 무모하게 무시하면서 '의도적으로 하는 행위'를 '무모한 행위'로 파악하고 있다. 이는 결과에 대한 의도가 없는 '인식 있는 과실'과 구분되고, 손해발생의 인식이 없는 중과실과도 구분된다.

(나) 항공·철도사고조사위원회 운영규정(국토교통부 훈령 제31호, 전부개정 2018. 11. 13.) [별표 5] 항공·철도사고등 조사기록의 보호(제34조 관련) 4. 이익형량심사의 수행 및 기록에서는 "이익형량심사를 수행할 시 관할기관은 다음과 같은 요소를 고려하여야 한다. I) 해당 기록이, 국내법과 규정에 따라 중과실(gross negligence), 미필적 고의(willful misconduct), 범의(犯意)에 의한 행동으로 간주되는 작위 또는 부작위에 의해 항공·철도사고등이 야기되었다는 것을 합리적으로 보여 주는지 여부"라고 규정하여, 'willful misconduct'를 미필적 고의(未必的 故意)로 번역하고 있다.

(다) 강학상 미필적 고의에 관하여는 인식설, 의사설, 용인설, 감수설 등의 견해 대립이 있는바,[7] 판례[8]는 "고의의 일종인 미필적 고의는 중대한 과실과는 달리 범죄사실의 발생 가능성에 대한 인식이 있고 나아가 범죄사실이 발생할 위험을 용인(容認)하는 내심의 의사가 있어야 한다"고 해석하고 있다(용인설).

(라) 이러한 점을 종합적으로 고려하면, 무모한 행위는 형법상 '미필적 고의에 의한 행위'와 동일한 개념으로 보는 것이 타당하다.

### 다. 증명책임

여객이 원고가 되어 운송인(피고)에 대하여 손해배상을 청구하면, 운송인은 항변사유(抗辯事由)로 책임제한을 주장한다. 이에 대하여 원고는 운송인의 책임제한 배제사유를 재항변사유(再抗辯事由)로 주장하는 것이므로, 책임제한 배제사유는 재항변사유를 주장하는 원고(청구권자)에게 있다.[9] 만약 여객이 이를 증명하면 운송인의 책임은 1,131SDR로 제한되지 아니한다.[10] 그러나 이 사건에서는 운송인이 시타를 기밀된 화물상자에 장치하지 아니한 것만으로는 운송인의 고의나 무모한 행위가 인정되기는 어렵다.

## 4. 대상사안의 검토

대상사안에서 위탁수하물이 훼손·연착되었으므로, 원고의 손해배상의 범위는 1,131SDR로 한정된다. 그러나 이와 별도로 정신상 손해나 징벌적 손해배상은 인정되지 아니한다.[11]

---

7) 주석 형법(제2판), 한국사법행정학회(2011), 제13조, 231~233면.
8) 대법원 2017. 1. 12. 선고 2016도15470 판결.
9) 대법원 2004. 7. 22. 선고 2001다58269 판결.
10) Molefe v. KLM Royal Dutch Airlines, 602 F.Supp.2d 485, 488 (S.D.N.Y. 2009).
11) Miller v. Continental Airlines, 260 F.Supp.2d 931 (N.D.Cal. 2003).

# 제 6 장

# 항공물건운송계약

# [40] 운송물 인도 완료와 화물의 무단반출

대법원 2004. 7. 22. 선고 2001다67164 판결[1)]

## Ⅰ. 사실관계

### 가. 수입신용장의 개설

우리나라 회사인 주식회사 금양기전(이하 '금양')은 1997년 초경 일본 법인인 이케가미 츠신키 코 엘티디 회사(Ikegami Tsushinki Co., Ltd. 이하 '이케가미')와 사이에 방송용 기자재를 수입하는 계약을 체결하였다. 금양은 1997. 3. 29. 물품대금의 지급을 위하여 원고 중소기업은행에게 화환신용장의 개설을 의뢰하였고, 원고는 이에 응하여 같은 날 이케가미를 수익자로 하여 신용장 금액 188,013,700엔(￥)으로 된 취소불능 화환신용장을 개설하였다.

### 나. 항공운송계약의 체결 및 항공화물운송장의 발행

(1) 수출자인 이케가미는 일본의 항공화물운송주선회사인 피고 판신전기철도 주식회사(이하 '판신')에게 이 사건 화물을 일본 도쿄에서 한국의 김포국제공항까지 항공운송하여 줄 것을 의뢰하는 내용의 항공화물운송계약을 체결하였다. 이케가미는 판신에게 1997. 7. 29. 방송용 기자재 992kg(이하 '제1차 화물')을, 7. 31. 방송용 기자재 2,290kg(이하 '제2차 화물')을 인도하고, 각 인도 당일 판신으로부터 각 송하인용(제3원본) 하우스 항공화물운송장(House Air Waybill)을 교부받음과 동시에, 운송인용(제1원본) 및 수하인용(제2원본) 하우스 항공화물운송장에 서명하여 판신에게 교부하였다. 그 중 수하인용은 이 사건 화물과 함께 판신의 국내대리점인 피고 주식회사 동방항공해운(이하 '동방')에 송부되었다. 위 제1차 화물에

1) 서울고등법원 2001. 9. 7. 선고 2001나460 판결(항소심), 서울지방법원 2000. 11. 17. 선고 98가합64252 판결(제1심).

대한 하우스 항공화물운송장은 모두 송하인은 '이케가미', 수하인은 '원고', 통지처는 '판신'으로 발행되었다.

(2) 판신은 제1차 화물은 노스웨스트 카고 회사(Northwest Cargo, 이하 '노스웨스트')에게, 제2차 화물은 닛폰 카고 에어라인 회사(Nippon Cargo Airlines, 이하 '닛폰')에게 다른 화물들과 혼재하여 각 항공운송을 의뢰하면서, 이들 회사로부터 판신이 송하인의 지위에서 송하인용 마스터 항공화물운송장(Master Air Waybill)을 각 교부받았다.

(3) 이 사건 제1차 화물은 노스웨스트에 의해 항공운송되어 1997. 7. 30., 이 사건 제2차 화물은 닛폰에 의해 항공운송되어 1997. 8. 1. 각 김포공항에 입항되었다.

### 다. 입항절차 (적하목록의 작성)

(1) 당시 관세법(1997. 12. 13. 법률 제5419호로 개정되기 전의 것, 이하 같다) 제45조 및 보세화물입출항 하선·하기 및 적재에 관한 고시(1997. 5. 13. 관세청 고시 제97-18호)에 의하면, 외국무역기가 국내의 개항에 입항한 때, 그 기장(선박회사 또는 항공회사 포함)은 관세청장이 정하는 적하목록 등을 첨부하여 지체없이 세관장에게 입항신고를 하여야 하고, 다만 신속한 입항 및 통관절차의 이행을 위하여 필요한 경우에는 그 항공기가 소속된 항공사 또는 그 업무를 대행하는 자가 당해 항공기가 도착하기 전에 미리 사전 입항신고를 할 수 있도록 되어 있다.

(2) 위 고시에 따라 작성되는 혼재화물적하목록(混載貨物積荷目錄)에는 적하목록관리번호, 항공사명, 국내화물운송주선업자명, 마스터 항공화물운송장 번호, 하우스 항공화물운송장 번호, 송하인 및 수하인 등이 기재되고, 이때 수하인란에는 하우스 항공화물운송장의 수취인 및 소유자 또는 정당하게 배서된 항공화물운송장의 소지자를 기재하도록 되어 있으나, 세관에서는 수입물품에 대한 관세를 납부하는 자가 실수입자(實輸入者)인 것이 보통이므로 관세행정의 편의상 위 수하인을 실수입자로 해석하고 있다.

따라서 위 혼재화물적하목록의 수하인란에 신용장이 요구하는 하우스 항공화물운송장상 수하인인 은행을 기재할 경우 화주가 불분명하다는 등의 이유로 관리대상화물로 지정될 가능성이 있는 등 통관에 어려움이 있어, 결국 수하인을 실수입자로 정정하여야 하기 때문에 불필요한 시간이 소요되어, 보통 국내 운송주선인이나 운송대리인 등은 위 적하목록의 수하인란에 실수입자를 기재하고 있는데, 보세장치장을 경영하면서 보세화물을 보관하는 보세창고업자들도 이러한 사정을 잘 알고 있었다.

(3) 이러한 사정하에서 판신과 사이에 국내운송취급 대리점계약을 체결하여, 판신을 대리하여 수하인에게 화물을 인도하는 역할을 담당하고 있던 피고 동방은, 이 사건 제1, 2차 화물이 입항하기 전에, 김포세관장에게 위 각 화물에 대한 혼재화물적하목록을 작성하여 제출하면서, 수하인란에 원고 은행을 기재하지 아니하고, 실수입자인 금양을 기재하였다.

### 라. 보세장치장의 배정과 화물입고

(1) 일단 입항하여 기내에서 반출된 수입화물은 통관절차를 마치기 전까지 일시적으로 보세구역의 보세장치장에 보관되게 되는데, 관세법 제66조, 보세화물 관리에 관한 고시(1997. 1. 1. 관세청고시 제96-85호)에 의하면, 보세화물의 장치장소 결정을 위한 화물의 분류작업은 항공사에 의하여 이루어지는데, 원칙적으로 세관에서 관리대상화물로 선별하여 세관장이 지정하는 장소로 배정되는 이외에는 화주가 정하여 항공사에 요청하는 장소에 장치하며, 화주가 지정권을 행사하지 아니하는 경우에는 항공사가 선량한 관리자로서 장치장소를 결정하도록 되어 있다.

(2) 동방은 이 사건 화물이 도착할 무렵 하우스 항공화물운송장의 통지처인 금양에게 화물의 도착사실을 통지하고, 위 통지를 받은 금양은 항공화물을 장치할 보세창고로 김포세관장에게, 제1차 화물에 대하여는 사단법인 관우회(이하 '관우회') 운영의 김포세관 구내장치장을, 제2차 화물에 대하여는 원고 보조참가인 한국산업단지공단 운영의 반월보세장치장을 각 지정하여 신고하였고, 아울러 반월보세장치장까지 제2차 화물을 보세운송할 보세운송업자로 성진운수 주식회사(이하 '성진')를 지정하여 사전보세운송신고도 마쳐두었다.

(3) 이에 따라 이 사건 제1차 화물은 김포공항에 입항한 당일인 1997.

7. 30. 위 김포구내 보세장치장에 반입되었고, 이 사건 제2차 화물은 입항 당일 한국항공 주식회사의 현도장에 입고되었다가, 1997. 8. 2. 성진의 보세운송을 거쳐 위 반월보세장치장에 반입되었다.

### 마. 화물의 통관절차

수입화물이 반출되기 위하여는 관세법규에 따른 통관절차를 거쳐야 하고, 통관에 필요한 서류로는 세관용 수입승인서, 송품장, 가격신고서, 항공화물운송장, 포장명세서, 원산지증명서[2] 등이 있는데, 그중 수입승인서와 항공화물운송장의 의미와 내용에 관하여는 다음과 같은 변천과정이 있었다.

#### (1) 1989. 2. 15. 통관절차 간소화제도 실시 이전

1989. 2. 15. 통관절차 간소화제도 실시 이전에는 항공화물운송장 원본에 수하인으로 표시된 은행의 스탬프가 찍혀 있어야 통관이 가능하였고, 수입면장(현재의 수입신고필증)을 제시하여야만 실수입자가 보세창고에서 화물을 인도받아 갈 수 있었다.

#### (2) 1989. 2. 15. 통관절차간소화 제도 실시 이후 1996. 12. 30. 대외무역법 개정 이전까지(전면적 수입승인서제도 실시 기간)

관세청은 1989. 2. 15. 통관절차의 간소화를 위해 항공화물운송장 사본(수하인용 여부에 관계없음, 이때 사본은 단순한 사본을 의미하는 것으로 부본

---

2) 아시아·태평양 무역협정 원산지 확인 기준 등에 관한 규칙 제8조 제3항의 문언, 체계, 제정 경위, '아시아·태평양 경제사회위원회의 개발도상회원국 간 무역협정에 관한 1차 협정(방콕협정)에 대한 개정으로서 아시아·태평양 무역협정'(이하 '아태무역협정')과 그 부속서를 비롯한 관련 법령의 직접운송에 관한 규정들의 취지와 목적 등을 모두 종합할 때, 위 조항은 아태무역협정 부속서에서 정한 직접운송 규정을 원활히 실시·집행하기 위하여 관세당국에 제출할 증명서류에 관하여 일반적으로 신빙성을 높게 보는 대표적인 증빙서류들을 정하고 있는 것으로서, 이를 제출하기 어려운 사정이 있는 경우에는 다른 신빙성 있는 자료로 대체할 수 있다. 따라서 제1호의 '수출참가국에서 발행된 통과 선하증권'을 발급받기 어려운 사정이 있는 경우에는 같은 항 제4호에 따라 다른 신빙성 있는 증명서류를 제출하여 직접운송 간주 요건의 충족을 증명할 수 있고, 단지 위 '통과 선하증권'이 제출되지 않았다는 형식적인 이유만으로 아태무역협정의 직접운송의 요건을 충족하지 못한다고 단정하여 협정세율 적용을 부인할 수는 없다. 대법원 2019. 1. 17. 선고 2016두45813 판결.

이나 인증된 사본을 의미하는 것은 아니다)만으로 통관이 가능하도록 통관 규정을 개정하였고, 다만 항공화물운송장 원본에 수하인으로 표시된 은행은 통관을 위하여 필요한 서류인 '세관용 수입승인서'의 발급을 제한함으로써 수입화물에 대한 권리를 확보할 수 있었다. 따라서 이때에는 실수입자는 항공화물운송장 사본과 함께 은행으로부터 발급받은 '세관용 수입승인서'를 가지고 통관절차를 마치고 난 다음 수입신고필증(과거의 수입면장)을 제시하여야만 보세창고로부터 화물을 인도받아 갈 수 있었다.

(3) 1996. 12. 30. 대외무역법 개정 이후

항공화물운송장의 사본만으로 화물의 통관이 가능하도록 하고 있는 위 통관 규정은 그대로 둔 채, 1996. 12. 30. 대외무역법의 개정으로 수입승인품목이 대폭 축소되어 사실상 종전의 세관용 수입승인서제도는 폐지됨으로써, 항공화물운송장 사본만으로도 통관이 가능하게 되어, 수하인인 은행으로서는 실수입자의 화물반출을 통제할 수 있는 유력한 수단을 상실하게 되었다.

이 사건 운송 당시는 위에서 본 수입승인서제도가 사실상 폐지된 이후로서, 당시 수입통관사무처리에 관한 고시(1997. 5. 23. 관세청 고시 제97-22호) 제2-1-7조에 의하면, 세관에서의 통관절차를 마치는 데에는 수입승인서(수입승인 대상 품목에 한함), 송품장, 가격신고서, 포장명세서, 항공화물운송장의 부본 또는 사본 등이 필요하다.

### 바. 화물의 반출

(1) 화물출고절차

이 사건 운송 당시의 보세화물관리에 관한 고시(1997. 1. 1. 관세청 고시 제96-85호) 제11조에 의하면, 보세창고업자는 수입신고수리를 받은 물품을 출고하는 경우, 화주로부터 통관사실을 증명하는 수입신고필증만을 제출받아 미리 운송인 또는 운송주선인이 작성·제출한 적하목록과 반출자의 동일성을 확인하고 반출하도록 되어 있다.

(2) 무단반출사고를 방지하기 위한 제반 조치

그러나 적하목록의 수하인란과 수입신고필증의 수입자란에는 항공화물운송장의 수하인(은행)이 아닌 실수입자가 기재되는 것이 보통이므로, 실수입자인 화주가 수하인으로부터 수하인용 항공화물운송장 원본을 교부 또는 배서받지 아니한 채 화물을 무단반출하는 사고가 빈번하게 발생하게 되었다.

이러한 무단반출 사고를 방지하기 위하여, 전국은행연합회에서는 국내 항공사나 복합운송주선협회에게 은행이 발급하는 수입화물인도승낙서(Letter of Guarantee)를 수령하지 않고서는 실수입자에게 수하인용 항공화물운송장 원본을 교부하지 말도록 요청하는 취지의 협조공문을 보내고, 그러한 요청을 받은 한국복합운송주선협회는 세관이나 보세장치장 설영인(設營人)들에게 수하인용 항공화물운송장 원본 또는 국내 운송주선업체가 발생한 화물인도지시서(Delivery Order, D/O)와 상환하지 않고는 실수입자에게 화물을 반출하지 못하도록 강력히 요청하였다.

이러한 노력의 결과 김포세관 관할 보세장치장에서는 1997. 6. 2.부터 수입신고필증과 수하인용 항공화물운송장 원본을 제출받고 화물을 인도하다가, 같은 해 7. 1.부터는 수하인용 항공화물운송장 원본 또는 그 대신에 운송주선업체가 발행하는 화물인도지시서(승낙)서를 제출받고 화물을 인도해 주고 있으며, 서울세관 관할 영업용 보세장치장 설영인 협회와 한국복합운송주선업협회는 1997. 4. 30. 운송주선업자의 인도지시에 따라 화물을 반출하기로 하는 약정을 체결하였다.

### 사. 화물 무단반출 사고의 발생 및 원고의 신용장대금 지급

(1) 그러나 위와 같은 제반 조치에도 불구하고, 동방이 이 사건 각 화물에 대한 수하인용 하우스 항공화물운송장 원본을 소지한 채 화물인도지시서도 발행하지 아니한 상태에서, 제1차 화물은 1997. 7. 31. 관우회가 수입신고필증 원본, 하우스 항공화물운송장 사본 및 이 사건 운송과는 무관한 화인국제운송 주식회사 명의의 화물인도지시서(위조의 의심이 있음)만을 교부받고, 제2차 화물은 1997. 8. 8. 원고 보조참가인이 수입신고필증

만을 교부받고, 금양에게 이를 각 반출하여 주고 말았다.

(2) 원고는 1997. 9. 1. 이 사건 화환신용장 개설은행의 지위에서, 수출자인 이케가미로부터 이 사건 화환신용장(송하인용 하우스 항공화물운송장 등 요구서류 첨부)을 매입한 매입은행에게 2차에 걸쳐 합계 128,265,900엔(￥) 상당을 지급하였으나, 신용장 개설의뢰인인 금양이 사실상 도산하여 아직까지 이를 상환받지 못하고 있다.

### 아. 원고의 피고들에 대한 손해배상 청구원인

(1) 채무불이행책임

판신은 이 사건 항공화물운송계약상의 운송인으로서, 동방은 그 국내 운송 취급인으로서, 수하인인 원고에게 이 사건 각 화물을 인도하여야 할 채무가 있는데도 이를 이행하지 못하였으니, 그로 인하여 원고가 입은 위 손해를 연대하여 배상할 의무가 있다.

(2) 불법행위책임

판신은, 그 이행보조자 또는 피용자인 동방이나 보세창고업자인 원고 보조참가인 및 관우회가 화물의 인도에 관하여 주의의무를 위반함으로써 이 사건 무단반출 사고가 발생하였으므로, 그들의 사용자로서 위 손해를 배상할 책임이 있다.

동방은, 그 자신의 주의의무 위반 또는 자신의 이행보조자(또는 피용자)인 원고 보조참가인 및 관우회의 주의의무 위반으로 인하여 이 사건 무단반출 사고가 발생하였으므로, 직접 불법행위자 또는 원고 보조참가인 및 관우회의 사용자로서, 판신과 공동하여 위 손해를 배상할 책임이 있다.

## Ⅱ. 참조 조문

### 1. 개정 바르샤바 협약

> **제18조**
> (1) 운송인은 탁송수화물 또는 화물의 파괴, 멸실 또는 손상된 경우의

손해에 대하여서는 그 손해의 원인이 된 사고가 항공운송 중에 발생하였을 경우에는 이에 책임을 진다.
(2) 전항에 있어서 항공운송 중이란 수화물 또는 화물이 공항 또는 항공기 내에서 또는 공항 이외에 착륙한 경우에는 장소의 여하를 불문하고 운송인의 관리하에 있는 기간을 말한다.
(3) 항공운송의 기간에는 공항 이외에서 행하는 육상운송, 해상운송 또는 하천운송의 기간을 포함하지 아니한다. 다만 이러한 운송이 항공운송계약의 이행에 있어서 적재, 인도 또는 환적을 위하여 행하여진 경우에는, 손해는 반증이 없는 한 모든 항공운송 중의 사고로부터 발생하는 것으로 추정된다.

## 2. 상 법

**제913조(운송물의 멸실·훼손에 대한 책임)** ① 운송인은 운송물의 멸실 또는 훼손으로 인한 손해에 대하여 그 손해가 항공운송 중(운송인이 운송물을 관리하고 있는 기간을 포함한다. 이하 이 조에서 같다)에 발생한 경우에만 책임을 진다. 다만, 운송인이 운송물의 멸실 또는 훼손이 다음 각 호의 사유로 인하여 발생하였음을 증명하였을 경우에는 그 책임을 면한다.

1. 운송물의 고유한 결함, 특수한 성질 또는 숨은 하자
2. 운송인 또는 그 사용인이나 대리인 외의 자가 수행한 운송물의 부적절한 포장 또는 불완전한 기호 표시
3. 전쟁, 폭동, 내란 또는 무력충돌
4. 운송물의 출입국, 검역 또는 통관과 관련된 공공기관의 행위
5. 불가항력

② 제1항에 따른 항공운송 중에는 공항 외부에서 한 육상, 해상 운송 또는 내륙 수로운송은 포함되지 아니한다. 다만, 그러한 운송이 운송계약을 이행하면서 운송물의 적재(積載), 인도 또는 환적(換積)할 목적으로 이루어졌을 경우에는 항공운송 중인 것으로 추정한다.
③ 운송인이 송하인과의 합의에 따라 항공운송하기로 예정된 운송의 전부 또는 일부를 송하인의 동의 없이 다른 운송수단에 의한 운송으로 대체하였을 경우에는 그 다른 운송수단에 의한 운송은 항공운송으로 본다.

### 3. 민 법

> **제756조(사용자의 배상책임)** ① 타인을 사용하여 어느 사무에 종사하게 한 자는 피용자가 그 사무집행에 관하여 제3자에게 가한 손해를 배상할 책임이 있다. 그러나 사용자가 피용자의 선임 및 그 사무감독에 상당한 주의를 한 때 또는 상당한 주의를 하여도 손해가 있을 경우에는 그러하지 아니하다.
> ② 사용자에 갈음하여 그 사무를 감독하는 자도 전항의 책임이 있다.
> ③ 전2항의 경우에 사용자 또는 감독자는 피용자에 대하여 구상권을 행사할 수 있다.

## Ⅲ. 판시사항

(1) 국제항공운송에 관한 법률관계에 대하여는 일반법인 민법이나 상법에 대한 특별법으로서 개정 바르샤바 협약이 우선 적용되는데, 항공화물이 공항을 벗어나 보세장치장에 반입됨으로써 항공운송은 종료된 것이므로, 보세창고업자들이 화물을 항공화물운송장 원본이나 운송주선업체가 발행하는 화물인도지시서를 받지 아니하고 인도함으로써 수하인이 입게 된 손해는 항공운송 중에 발생한 손해라고 볼 수 없고, 결국 손해배상책임에 관하여는 위 협약이 적용되지 아니한다.

(2) 영업용 보세창고업자는 공항에 도착한 항공화물이 수하인에게 인도되기 전까지 운송인을 위하여 화물을 보관하는 자로서 운송인 및 그 국내대리점인 운송취급인에 대하여 통관이 끝날 때까지 화물을 보관하고, 적법한 화물의 수령인에게 화물을 인도하는 등 운송인의 의무이행을 보조하는 지위에 있다. 우리의 항공화물인도절차에 비추어 보면 통상의 경우 그와 같은 항공화물이 입고될 영업용 보세창고의 지정에 운송인 및 운송취급인은 관여하지 아니하고, 세관 또는 실수입업자에 의하여 보세창고가 지정되며 각 영업용 보세창고는 독립적인 사업자로서 지위에서 자신의 책임과 판단에 따라 화물을 보관하고 인도하는 업무를 수행할 뿐 일반적으로는 운송인 및 운송취급인으로부터 지휘·감독을 받아 그와 같은 화물의

보관 및 인도 업무를 수행하는 것으로 볼 수 없으므로, 특별한 사정이 없는 한 우리의 항공화물인도절차상 운송인 및 그 국내대리점인 운송취급인은 영업용 보세창고업자에 대하여 민법상 사용자 지위에 있다고는 볼 수 없다.

## Ⅳ. 해 설

### 1. 항공화물의 수입경로[3)]

(1) 실제 무역에 있어 항공편으로 화물을 수입하는 가장 전형적인 과정은 다음과 같다.

① 실수입자가 국내은행과 신용장개설계약을 하여 신용장을 발급받아 이를 외국의 수출자에게 교부한다.

② 수출자는 국외의 항공화물운송주선인(Forwarder, Consolidator)과 신용장 개설은행을 수하인(Consignee)으로 한 항공화물운송계약을 체결하고 이에 따라 발행된 항공화물운송장(House Air Waybill, HAWB, 송하인용 제3원본)을 이용하여 신용장을 nego하여 수출대금을 회수한다.

③ 항공운송주선업자는 집하한 다른 화물과 혼재하여 자기 이름으로 항공사(Carrier)와 다시 운송계약을 체결하고 항공화물운송장(Master Air Waybill, MAWB)을 발행한다.

④ 화물 도착 후 항공사는 MAWB 수하인용 제2원본과 이에 첨부된 봉투 속에 든 혼재화물에 관한 수통의 HAWB 제2원본이 든 봉투를 항공운송주선업자의 국내대리점(Break Bulk Agent)인 운송취급인에게 교부하는 한편, 화물은 원칙적으로 실수입자가 (위 국내대리점을 통하여) 지정하는 보세창고에 입고시킨다.

⑤ 국내운송취급인은 위 봉투를 개봉하여 혼재되었던 화물별로 HAWB 수하인용 원본들을 분류한 후 각 운송장상의 통지처(Notify Party, 통상 실수입자)에게 화물의 도착사실을 고지한다.

---

3) 이홍권, "항공화물운송장의 면책증권성과 화물의 인도시기", 21세기 한국상사법학의 과제와 전망(심당 송상현 선생 화갑기념논문집) 박영사(2002), 533~534면.

⑥ 실수입자는 운송장에 수하인으로 표시된 신용장 개설은행의 화물인도승낙서(Letter of Guarantee: L/G)를 받아 이를 국내운송취급인에게 제출하고 HAWB 수하인용 원본을 교부받는다.

⑦ 이를 이용하여 통관절차를 마친 후 통관서류와 HAWB 수하인용원본[또는 이에 갈음하는 국내운송취급인의 화물인도지시서(Delivery Order: D/O)]을 창고업자에게 제시하고 화물을 인도받는다.

(2) 소송으로 비화되는 수입화물 불법반출과 관련된 대부분의 사고는 주로 앞서 본 ⑥, ⑦ 단계에서 실수입자가 수입대금결제를 하지 못하여 화물운송장상 수하인인 은행이 신용장대금을 상환받지 못한 상태에서 그의 승낙 없이 국내운송취급인으로부터 운송장(HAWB) 수하인용 원본을 교부받아 이것을 이용하거나, 또는 운송장원본 없이도 은행의 화물인도승낙서에 해당하는 배서확인 또는 수입승인서 등 통관용 서류를 위조하여 이를 제시하고 보세창고업자로부터 화물을 인도받는 방법으로 발생하게 된다.

(3) 이러한 사고가 빈발하는 원인은 은행이 운송장상으로만 수하인으로 되어 있지 실제로는 수입자금을 실수입자에게 대출하고 그 담보로 운송 중인 화물을 확보한 것에 불과하여 그 대여금회수 외에 화물의 실체에는 별로 관심이 없는 반면, 실수입자는 운송장상으로는 수입화물의 통지처에 불과하지만 실제로 운송주선인이나 창고업자 등과 계속적 거래관계를 맺고 운임과 창고료를 지불하는 주체라는 현실, 그리고 각 거래주체의 화물운송장의 기능과 법적 성질에 대한 이해부족 및 통관이라는 행정절차를 화물인도 여부의 판단기준으로 파악한 잘못된 실무상의 인식과 관행의 결과이기도 하다.

## 2. 운송인의 수하인에 대한 화물인도 의무

### 가. 운송인의 화물도착 통지

몬트리올 협약에 의하면, 운송인은 별도의 약정이 없는 한 화물이 도착하자마자 수하인에게 통지할 의무가 있다(제13조 제2항). 항공화물운송장상 약관에 화물이 도착한 경우 운송인은 수하인 또는 항공화물운송장에 지정된 자에게 통지하도록 규정되어 있다면, 이는 개정 바르샤바 협약 제13조 제2항의 '달리 합의된 경우'에 해당하므로, 국내운송주선대리인이 항공화물운송장상의 통지처에게만 화물의 도착사실을 통지하고 수하인에게 하지 않았다고 하더라도 개정 바르샤바 협약상 통지의무는 모두 이행된 것이다.[4)]

### 나. 운송인의 수하인에 대한 화물인도

#### (1) 화물인도의 시기

항공화물이 공항에 도착하여 보세창고에 입고되고, 그 후 통관절차를 거쳐 화물이 반출되는 과정에서 항공화물운송계약에 따른 화물의 인도가 언제 있었다고 볼 것인지에 관하여는 두 가지 견해가 있다.

(가) 첫째는 만약 화물의 보세창고에 입고될 때 항공운송인으로서는 화물의 인도가 끝났다고 해석하고 일단 화물이 공항을 떠나면 모든 위험이 수하인에게 이전되었다고 보는 견해이다.[5)] 만약 화물의 인도가 보세창고에 인도될 때 완료되었다고 보지 아니하면, 공항에서 보세창고까지 화물을 운반하는 과정에서의 사고에 대하여 운송인이 책임을 진다는 것은 부당한 점, 보세창고업자가 운송인의 이행보조자로 해석되는 결과 운송인의 부담이 줄지 아니하고 보세창고업자에게도 누가 계약의 당사자이며 어떤 경우에는 화물을 반출할 것인지에 관한 부당한 부담을 지운다는 점, 운송 주선인인 보세창고업자의 영세한 자력에 비추어 피해자보호에도 문제가 있는 점 등을 그 근거로 들고 있다.

(나) 둘째는 보세창고업자로부터 수하인이 화물을 현실적으로 인도받을 때 화물의 인도가 이루어졌다고 보는 견해이다.[6)] 항공화물운송에서는 송

---

4) 대법원 2004. 7. 9. 선고 2002다16729 판결.

5) 김갑유, "국제항공화물운송의 법률관계", 국제거래법연구 제2집(1993), 74~75면; 서동희, "국제항공화물인도와 관련된 법률문제", 한국해법학회지 제22권 제1호(2000. 4.), 263~265면.

6) 유남석, "항공운송취급인의 수하인에 대한 불법행위책임", 대법원판례해설 제27호(1997), 176~178면.

하인이 운송주선인에게 운송을 의뢰하면서 제1차 점유매개관계가, 운송주선인이 스스로 송하인의 지위에서 항공운송인에게 운송을 의뢰하면서 제2차 점유매개관계가, 국내 도착화물이 공항에 도착되면서 즉시 보세창고에 입고된 때 항공운송인과 보세창고업자 사이에 제3차 점유매개관계가 각 성립한 것으로 보아야 한다고 한다. 따라서 특별한 약정이 없다면 보세창고업자는 항공운송인이나 그가 지시하는 자에게 화물을 인도할 의무가 있고, 항공운송인은 운송주선인과 사이의 운송계약에 따라 운송주선인의 국내대리점이나 그가 지시하는 자에게 화물을 인도할 의무가 있으며, 운송주선인의 국내대리점은 수하인이나 그가 지시하는 자에게 화물을 인도할 의무가 있다고 한다.

(다) 판례는, "항공운송인 또는 항공운송주선인이 공항에 도착한 수입항공화물을 통관을 위하여 세관이 지정한 보세창고업자에게 인도하는 것만으로 항공화물이 항공운송인이나 항공운송주선인의 지배를 떠나 수하인에게 인도된 것으로 볼 수는 없다"[7]고 하여, 두 번째 견해를 취하고 있다.

(2) 운송의무의 완료

운송인은 항공기로부터 하역한 화물을 수하인에게 인도하여야 하는데, 이 의무는 수하인의 화물인도청구권에 상응하는 것으로 수하인의 협력이 필요하다. 화물 인도는 항공화물운송계약의 목적이며 이로써 운송인의 운송의무가 완료된다. 수입화물을 운송한 운송인이 그 운송을 자신이 지정한 보세창고에 반입한 후 그 반출에 필요한 서류를 화주에게 교부하였다면 운송인은 이로써 그 운송물에 대한 인도를 완료한 것으로 보아야 한다.[8] 항공화물이 통관을 위하여 보세창고에 입고된 경우에는 운송인과 보세창고업자 사이에 항공화물에 관하여 묵시적 임치계약이 성립하고, 따라서 보세창고업자는 운송인과의 임치계약에 따라 운송인 또는 그가 지정하는 자에게 화물을 인도할 의무가 있고, 한편 운송인은 항공화물운송장상의 수하인이나 그가 지정하는 자에게 화물을 인도할 의무가 있으므로, 보

7) 대법원 1996. 9. 6. 선고 94다46404 판결.
8) 대법원 1986. 7. 22. 선고 82다카1372 판결.

세창고업자로서는 운송인의 이행보조자로서 항공운송의 정당한 수령인인 수하인 또는 수하인이 지정하는 자에게 화물을 인도할 의무를 부담한다.[9] 그러나 항공운송인 또는 항공운송주선인이 공항에 도착한 수입 항공화물을 통관을 위하여 세관이 지정한 보세창고업자에게 인도하는 것만으로 항공화물이 항공운송인이나 항공운송주선인의 지배를 떠나 수하인에게 인도된 것으로 볼 수는 없다.[10]

### 다. 수하인의 화물인수 거절시 운송인의 처분권

수하인은 송하인에 대한 계약상 의무에도 불구하고 화물을 인수하지 않을 권리가 있는데(몬트리올 협약 제12조 제4항), 수하인이 채무액의 지급을 거절하거나 운송조건의 이행을 거절하는 경우 이러한 권리의 행사에 해당된다. 여기서 수하인에 의한 화물의 인수거절은 송하인 또는 수하인으로부터 그 권리를 취득한 제3자의 상호관계나 송하인에 대한 수하인의 관계에 영향을 미치지 않는다(제15조 제1항).

### 라. 수하인의 화물인도청구권

별도의 규정이 있는 경우를 제외하고 수하인은 운송계약의 수익자이므로, 화물이 목적지에 도착시에 운송인에 대한 채무액을 지급하고, 또한 운송조건을 따랐을 때에는 화물의 인도를 받을 권리가 있다(몬트리올 협약 제13조 제1항).

### 마. 송하인의 화물처분 지시에 따를 운송인의 의무

송하인은 운송계약으로부터 발생하는 자신의 모든 채무를 이행할 것을 조건으로 출발공항 또는 도착공항에서 화물을 회수하거나 운송 도중 착륙할 때에 화물을 유치하거나 당초에 지정한 수하인 이외의 자에 대하여 도착지 또는 운송 도중에 화물의 인도를 요구하거나 또는 출발공항에 화물의 반송을 청구하는 것에 의하여 화물을 처분할 수 있는 권리를 가진다.

---

9) 대법원 2004. 1. 27. 선고 2000다63639 판결.
10) 대법원 2004. 7. 9. 선고 2002다16729 판결, 대법원 1996. 9. 6. 선고 94다46404 판결.

그러나 송하인은 운송인 또는 다른 송하인들을 해하고자 하는 방법으로 그 처분권을 행사해서는 안되며 처분권의 행사에 의하여 생긴 비용을 부담해야 한다(몬트리올 협약 제12조 제1항).

운송인은 송하인의 지시에 따를 수 없을 때에는 즉시 그 뜻을 송하인에게 통지하여야 한다. 또한 운송인은 송하인에게 교부한 항공화물운송장 또는 화물수령증의 제시를 요구하지 아니하고 화물의 처분에 관한 송하인의 지시에 따랐을 때에는 이로 인하여 항공화물운송장 또는 화물수령증의 정당한 소지인에게 입힐 수 있는 손해에 대하여 책임을 진다. 다만 송하인에 대한 운송인의 구상권을 침해하는 것은 아니다(몬트리올 협약 제12조 제2항, 제3항).

### 3. 영업용 보세창고업자의 지위[11)]

#### 가. 화물인도청구권과 보세창고[12)]

관세행정법상 법률관계에서 보면 수입화물의 보세장치장 입고 및 반출 절차에 비추어 볼 때, 통관절차에서의 업무주체는 수입자이고, 보세창고업자는 지정장치장의 화물관리인으로서 통관이 종료되기 전까지 화물을 보관할 의무를 지면서, 통관의 종료로 인하여 화물반출이 가능한 지의 여부는 수입신고필증 등에 의하도록 되어 있다.

이러한 관세행정상 화물의 반출에 대한 통제는 관세징수 또는 수입화물관리의 효율성 등 관세행정을 위한 것으로 사업상 임치관계와는 전혀 별개로 존재하게 되며, 수입자가 통관을 위하여 보세창고업자와 별개의 창고계약을 맺은 경우에도 보세창고업자와 운송인과의 점유매개관계에 하등 영향을 미치지 않는다. 이 경우 보세창고업자는 운송인 및 수입자와 중첩적인 점유매매 관계가 성립하게 되는데, 수입자는 자신이 화물에 대한 점유를 가지지 아니한 상태에서 통관과정에서의 보관을 의뢰한 것이므로 화물의 반환(인도)과 관련하여서는 운송인의 권리가 우선하게 된다.

---

11) 대법원 2004. 7. 9. 선고 2002다16729 판결.
12) 서울고등법원 2001. 9. 7. 선고 2001나460 판결.

결국 운송계약에 기한 사법적 법률관계에서 볼 때, 수입자는 운송인의 인도지시에 근거하여 보세창고업자에 대하여 화물의 인도를 구하게 되며, 운송인의 인도지시는 운송계약상 화물인도청구권을 가지는 수하인의 지시에 따르게 되는 것이다.

### 나. 영업용 보세창고업자의 법적 지위

(1) 영업용 보세창고업자는 공항에 도착한 항공화물이 수하인에게 인도되기 전까지 운송인을 위하여 화물을 보관하는 자로서 운송인 및 그 국내대리점인 운송취급인에 대하여 통관이 끝날 때까지 화물을 보관하고, 적법한 화물의 수령인에게 화물을 인도하는 등 운송인의 의무이행을 보조하는 지위에 있다.

(2) 항공화물인도절차에 비추어 통상의 경우 그와 같은 항공화물이 입고될 영업용 보세창고의 지정에 운송인 및 운송취급인은 관여하지 아니하고, 세관 또는 실수입자에 의하여 보세창고가 지정되어 각 영업용 보세창고는 독립적인 사업자로서의 지위에서 자신의 책임과 판단에 따라 화물을 보관하고 인도하는 업무를 수행한다. 영업용 보세창고업자는 일반적으로 운송인 및 운송취급인으로부터 지휘·감독을 받아 그와 같은 화물의 보관 및 인도 업무를 수행하는 것으로 볼 수 없으므로, 특별한 사정이 없는 한 우리의 항공화물인도절차상 운송인 및 그 국내대리점인 운송취급인은 영업용 보세창고업자에 대하여 민법상 사용자 지위에 있다고는 볼 수 없다.[13)]

---

13) 일반적으로 보세창고업자는 운송인과의 임치계약(任置契約)에 따라 운송인 또는 그가 지정하는 자에게 화물을 인도할 의무가 있고, 한편 운송인은 수하인이나 그가 지정하는 자에게 화물을 인도할 의무가 있으므로, 보세창고업자가 화물을 보관하고 이를 인도하는 것은 수하인에 대한 관계에서는 운송인의 이행보조자 또는 피용자의 지위에서 하는 것이고, 따라서 보세창고업자가 화물을 수하인의 지시 없이 수하인이 아닌 사람에게 인도함으로써 수하인의 인도청구권을 침해한 경우에는 운송인은 보세창고업자의 사용자로서 불법행위책임을 져야 한다(대법원 2001. 1. 16. 선고 99다67192 판결). 그러나 대법원 판례상으로는 사용자책임을 부정하는 것이 다수이다. 대법원 1997. 9. 9. 선고 96다20093 판결은 운송인과 중간운송업자 사이에 지휘·감독관계가 존재하는 것으로 볼 수 없고, 운송인이 중간운송업자를 통하여 보세창고업자를 간접적으로 지휘·감독하였다고 할 수 없는 경우, 운송인의 의뢰로 운송물을 보관하던 중 멸실시킨 보세창고업자가 운송물의 인도업무에 관하여 운송인의 이행보조자라고는 할 수 있으나 운송인의 지시·감

(3) 화물의 반출에 대한 관세행정법상 통제는 화물의 인도에 관한 사법상 법률관계와는 별개로 통관 또는 관세행정의 편의를 위한 것에 불과하므로, 보세창고업자는 관세법령에 의한 화물의 반출이 가능하더라도 여전히 운송인과의 임치관계(任置關係)에 의하여 운송인의 지시에 따라 화물을 인도할 의무를 부담한다.

### 다. 창고업자의 주의의무[14)]

보세창고업자가 화물을 보관 중 실수입업자로부터 수하인용 항공화물운송장 또는 화물인도지시서 등을 받지 아니하고 수입통관절차를 마친 후 세관으로부터 교부받은 수입신고필증만을 받고 화물을 반출하여 준 사안에서, 서울고등법원은 아래와 같은 이유를 들어 위와 같은 행위는 수하인의 화물인도청구권을 침해한 것으로서 수하인에 대하여 불법행위를 구성한다고 판시하였다.

(1) 수하인이 항공화물운송장의 원본을 갖고 있다고 하더라도 항공화물운송장은 유가증권이 아니어서 그 소지만으로는 화물에 대한 현실적인 지배를 취득하였다고 볼 수 없고, 수입화물은 어차피 통관을 위하여 보세구역에 장치되어야 하는 것인데 통관을 마치기까지는 화물이 일시 세관이 지정한 보세창고에 입고되도록 강제된다 하여도, 이는 관세행정의 편의를 위한 것으로 적어도 운송인이나 운송주선인들은 이러한 사정을 잘 알면서 운송에 관여하는 것이어서, 항공운송인 또는 항공운송주선인이 공항에 도착한 수입항공화물을 통관을 위하여 세관이 지정한 보세창고업자에게 인

---

독을 받은 피용자적인 지위에 있다고는 볼 수 없다는 이유로, 직접 불법행위를 저지른 보세창고업자에 대하여 운송인이 사용자로서 지위를 갖는 것으로 인정하여 운송인에게 사용자책임을 인정한 원심판결을 파기하였고, 대법원 2000. 3. 10. 선고 99다55052 판결도 태국 항만당국이 운영하는 컨테이너 야드에 화물이 보관되어 있다가 화물이 손상되는 사고가 발생한 사안에서 방콕항의 컨테이너 야드는 태국 항만당국이 운영하는 컨테이너 야드로서, 태국 항만당국은 운송인 등으로부터 화물의 보관을 위탁받아 보관하기는 하나 그 보관에 관하여 위탁자의 직접적인 지휘·감독을 받지는 아니하고 독립하여 보관 업무를 수행하고 있고, 운송인을 위하여 운송계약의 이행을 보조하거나 대행하고 있더라도 운송인으로부터 직접 지휘·감독을 받지 않고 독립하여 영업활동을 수행하고 있을 뿐이라면 그러한 자를 운송인의 피용자라고 할 수는 없으므로, 운송인은 그러한 자의 불법행위에 대하여 사용자로서의 손해배상책임을 지지 아니한다고 판시하였다.

14) 서울고등법원 2000. 10. 10. 선고 2000나6409 판결.

도하는 것만으로 그 화물이 항공운송인이나 항공운송주선인의 지배를 떠나 수하인에게 인도된 것으로는 볼 수 없다.

(2) 보세창고업자가 화물을 보관하고 있는 동안에는 그 화물은 항공운송인이나 항공운송주선인의 지배하에 있으므로, 적어도 사법상으로는 항공운송인이나 항공운송주선인이 세관의 지정에 의하여 묵시적으로 보세창고업자에게 화물의 보관을 의뢰하여 항공운송인이나 항공운송주선인과 보세창고업자 사이에 임치계약(任置契約)이 성립한다고 보아야 한다.

(3) 송하인이 운송주선인에게 화물의 운송을 의뢰하여 인도하였고, 운송주선인이 항공운송인에게 운송을 의뢰하여 인도하였으며, 항공운송인이 운송하여 국내에 도착된 운송물이 세관의 지정에 의하여 보세창고에 입고되었다면, 그 점유매개관계에 따라 보세창고업자는 항공운송인이나 항공운송주선인 또는 그들이 지시하는 자에게 화물을 인도할 의무가 있다.

(4) 화물을 보관 및 반출하기에 앞서 세관으로부터 건네 받은 보세운송신고필증과 수입상으로부터 교부받은 수입신고필증 등 화물과 관련된 각종서류 상에 화물에 관하여 항공화물운송장이 발행된 사실이 기재되어 있고, 항공화물보세창고업자로서 그 보관업무에 종사하는 자로서는 국제거래에서 통상적으로 사용되는 신용장거래방식의 경우 항공화물운송장상 수하인이 실수입자와는 다를 수 있다는 점을 알았거나 충분히 알 수 있었다고 봄이 상당하다.

(5) 화물의 반출 당시 실제 통관절차에서 그 종류를 가리지 않고 항공화물운송장의 사본만으로 통관이 가능하며 보세창고업자는 통관사실만 증명하는 수입승인필증만을 받고 실수입자에게 화물을 인도하여 수하인의 권리를 침해하는 사례가 많다는 점을 보세창고업자가 익히 알고 있었을 것으로 보인다.

(6) 따라서 보세창고업자로서는 그 임치인 또는 화물의 점유자인 운송인 또는 국내운송취급인의 지시를 받아 화물을 인도하든가, 아니면 화물의 반출을 요구하는 실수입자가 항공화물운송장상 수하인 또는 그 지시인인지 여부를 확인하고 화물을 반출하여야 할 주의의무가 있다.

### 4. 화물이 무단 반출된 경우[15)]

(1) 국제항공운송에서의 수하인은, 개정 바르샤바 협약 제13조 제1항, 제2항에 의하여 운송인이나 운송주선인에 대하여 반대의 특약이 있는 경우를 제외하고 화물 도착의 통지를 받고, 수하인용 항공운송장의 교부 및 화물의 인도를 청구할 권리를 가지므로, 운송인 등이 수하인의 지시 없이 제3자에게 수하인용 항공화물운송장을 교부하고 화물을 인도한 경우, 이는 수하인의 화물인도청구권을 침해한 것으로서 수하인에 대하여 불법행위를 구성한다.[16)]

(2) 운송주선인의 국내 대리점인 운송취급인이 수하인용 항공화물운송장 등 운송서류를 수하인이나 통지처가 아닌 제3자(실수입업자)에게 임의 교부한 경우, 수하인에게 그 운송장 등을 교부하고 수입 물품을 인도할 의무가 있는 운송취급인으로서는 제3자에게 통관에 필요한 운송장 등을 교부하면 제3자가 이를 이용하여 수입 물품에 대한 통관절차를 마치고 수하인의 승낙 없이 이를 보세창고에서 반출하여 감으로써 수하인이 갖고 있는 수입 물품의 인도청구권을 침해하는 결과가 발생할 수 있음을 인식할 수 있었고 만약 그 결과의 발생을 인식하지 못하였다면 그와 같이 인식하지 못하게 된 점에 대하여 운송취급인으로서의 주의의무를 결여한 과실이 있으며, 제3자가 운송취급인으로부터 교부받은 운송장 등을 이용하여 통관절차를 마치고 수입 물품을 반출하여 간 이상, 그 운송장 등의 교부로써 운송취급인이 제3자에게 수입 물품을 인도한 법적 효력이 발생하였는지 여부와는 상관없이 그와 같은 운송취급인의 과실행위는 수하인의 수입 물품에 대한 인도청구권을 침해한 불법행위가 된다.[17)]

(3) 개정 바르샤바 협약은 제18조 제1항에 따라 손해의 원인이 된 사고가 항공운송 중에 발생한 경우에 적용되고, 제18조 제2항에 따르면 항

---

15) 자세한 논의는 채동헌, “국제항공화물운송에 있어 화물의 불법반출과 그 책임”, 인권과 정의 제296호(2001), 26~49면.

16) 대법원 1999. 7. 13. 선고 99다8711 판결.

17) 대법원 1996. 9. 6. 선고 94다46404 판결.

공운송 중이란 수하물 또는 화물이 비행장 또는 항공기 상에서 운송인의 관리하에 있는 기간을 말한다고 규정하고 있는바, 항공화물이 공항을 벗어나 보세장치장에 반입됨으로써 항공운송은 종료된 것이므로, 보세창고업자들이 화물을 항공화물운송장 원본이나 운송주선업체가 발행하는 화물인도지시서를 받지 아니하고 인도함으로써 수하인이 입게 된 손해는 항공운송 중에 발생한 손해라고 볼 수 없고, 결국 손해배상책임에 관하여는 위 협약이 적용되지 아니한다.[18]

## 5. 대상사안의 검토

### 가. 피고 판신에 대한 청구에 관하여

#### (1) 원심의 판단

이 사건 화물이 운송계약상 수하인인 원고에게 인도되지 아니하고 금양에게 인도됨으로써 운송주선인인 판신은 원고에 대하여 채무불이행책임을 져야 하지만, 이 사건에서는 당시의 관세법과 보세화물관리에 관한 고시에 따라 실수입자인 금양이 보세창고업자들을 선임하였고, 이 사건 화물이 보세창고에 입고된 지 불과 1일 또는 1주일만에 출고되어 피고들로서는 화물의 행방을 파악하기도 어려웠으며, 피고들이 화물인도지시서를 발행한 사실도 없고 수하인용 항공화물운송장도 피고 동방이 보관하고 있어 피고들로서는 보세창고업자들이 정상적인 절차를 거치지 아니하고 화물을 수하인이 아닌 사람에게 함부로 인도하리라는 것을 미리 예견할 수 있었다고 보기 어려우므로, 피고 판신이나 그 대리인인 동방이 보세창고업자들을 선임하고 감독함에 있어 과실이 없고 또 그 선임 및 사무감독에 상당한 주의를 하였다고 인정되며, 한편 위에서 본 것처럼 판신의 대리인인 동방이 화물 도착의 통지와 적하목록의 작성 등 운송취급인으로서의 의무를 이행함에 있어 주의의무를 다하지 아니한 과실이 있다고 볼 수도 없으므로, 판신도 원고에 대하여 채무불이행 또는 불법행위책임을 지지 아니한다.

---

18) 대법원 2004. 7. 22. 선고 2001다67164 판결.

### (2) 개정 바르샤바 협약의 적용 여부

국제항공운송에 관한 법률관계에 대하여는 일반법인 민법이나 상법에 대한 특별법으로서 개정 바르샤바 협약이 우선 적용되는데, 위 협약은 제18조 제1항에 따라 손해의 원인이 된 사고가 항공운송 중에 발생한 경우에 적용되고, 제18조 제2항에 따르면 항공운송 중이란 수하물 또는 화물이 비행장 또는 항공기 상에서 운송인의 관리하에 있는 기간을 말한다고 규정하고 있다.

이 사건 화물이 김포공항을 벗어나 보세장치장에 반입됨으로써 항공운송은 종료된 것이므로, 보세창고업자들이 이 사건 화물을 항공화물운송장 원본이나 운송주선업체가 발행하는 화물인도지시서를 받지 아니하고 인도함으로써 수하인이 입게 된 손해는 항공운송 중에 발생한 손해라고 볼 수 없고, 결국 이 사건 손해배상책임에 관하여는 개정 바르샤바 협약이 적용되지 아니한다.

따라서 보세창고업자인 사단법인 관우회와 원고 보조참가인이 개정 바르샤바 협약 제20조 제1항의 사용인임을 전제로 그들의 화물 무단 반출로 인하여 수하인이 입은 손해에 대하여 판신이 개정 바르샤바 협약에 따른 손해배상책임을 져야 한다는 상고이유는 더 나아가 살펴볼 필요 없이 받아들일 수 없다.

### (3) 피고들이 영업용 보세창고업자에 대하여 민법상 사용자지위에 있는지 여부

영업용 보세창고업자는 공항에 도착한 항공화물이 수하인에게 인도되기 전까지 운송인을 위하여 화물을 보관하는 자로서 운송인 및 그 국내대리점인 운송취급인에 대하여 통관이 끝날 때까지 화물을 보관하고, 적법한 화물의 수령인에게 화물을 인도하는 등 운송인의 의무이행을 보조하는 지위에 있다. 우리의 항공화물인도절차에 비추어 보면 통상의 경우 그와 같은 항공화물이 입고될 영업용 보세창고의 지정에 운송인 및 운송취급인은 관여하지 아니하고, 세관 또는 실수입업자에 의하여 보세창고가 지정되며 각 영업용 보세창고는 독립적인 사업자로서의 지위에서 자신의 책임과 판단에 따라 화물을 보관하고 인도하는 업무를 수행할 뿐 일반적으로는 운송인 및 운송취급인으로부터 지휘·감독을 받아 그와 같은 화물의 보관 및 인도 업무를 수행하는 것으로 볼 수 없으므로, 특별한 사정이 없는 한 우리의 항공화물인도절차상 운송인 및 그 국내대리점인 운송취급인은 영업용 보세창고업자에 대하여 민법상 사용자의 지위에 있다고 볼 수 없다.

### 나. 피고 동방에 대한 청구에 관하여

(1) 동방은 판신의 국내대리점인 운송취급인으로서 판신의 이행보조자에 불과할 뿐 원고에 대하여 운송계약상 채무불이행책임을 부담하지 아니한다.

(2) 개정 바르샤바 협약 제13조 제2항에 따라 운송인은 반대의 특약이 있는 경우를 제외하고 화물이 도착한 때에는 그 뜻을 수하인에게 통지하여야 하는데, 이 사건 항공화물운송장 약관 제28조에 운송인은 화물이 도착한 경우 '수하인 또는 항공화물운송장에 지정된 사람'에게 통지하도록 규정되어 있으므로, 동방이 약관에 따라 항공화물운송장의 통지처인 금양에게 화물 도착 사실을 통지한 이상, 개정 바르샤바 협약에 따른 통지의무를 이행한 것이고, 이와 별도로 수하인인 원고에게도 화물의 도착을 통지하여야 할 의무가 있다고 볼 수 없다.

(3) 혼재화물적하목록의 수하인란에 혼재항공화물운송장상의 수하인을 기재하도록 한 관세청의 고시에 위반하여 수입항공화물에 관한 국내운송주선대리인이 위 적하목록의 수하인란에 실수입자를 기재하였다고 하더라도, 관세행정의 편의와 화물의 신속한 입·출고를 위하여 위 적하목록의 수하인란에 실수입자가 기재되는 것이 보편적이고 보세창고업자도 이러한 현실을 잘 알고 있는 점 등에 비추어, 국내운송대리인이 화물의 무단반출을 용이하게 하였다고 보기 어렵다.[19)]

---

19) 대법원 2004. 7. 9. 선고 2002다16729 판결; 운송인인 리트라 인터그레이티드 카고 피티이 엘티디의 국내대리점인 피고는 이 사건 수하인용 항공운송장 원본 및 보세장치장 제출용 화물인도승낙서를 원고 한미은행의 지시에 따르지 않고 동인무역에게 교부하면서 이로 인하여 원고에게 손해가 발생할 것이라고 충분히 인식하거나 인식할 수 있었음에도 불구하고 위험을 피하기 위한 별다른 조치를 취하지 아니한 채 무모하게 동인무역

이러한 점에 비추어 보면, 관세행정의 편의와 화물의 신속한 입출고를 위하여 적하목록의 수하인을 항공화물운송장의 수하인이 아닌 실수입자로 기재하는 것이 보편화되어 있고 보세창고업자들도 이러한 사정을 잘 알고 있으므로, 동방이 이 사건 적하목록의 수하인을 원고로 기재하지 아니하고 금양으로 기재한 것만으로 운송주선인의 대리인으로서 주의의무를 위배하여 이 사건 화물의 무단 반출을 쉽게 한 잘못이 있다고 볼 수도 없다.

(4) 특별한 사정이 없는 한 항공화물인도절차상 운송인 및 그 국내대리점인 운송취급인은 영업용 보세창고업자에 대하여 민법상 사용자의 지위에 있다고 볼 수 없는 점 등에 비추어 보면 사용자책임이 인정될 여지도 없으므로, 원고에 대하여 불법행위책임을 부담하지 아니한다.

---

에게 위 서류들을 교부한 것이므로, 피고 한진의 이러한 행위는 개정 바르샤바 협약 제25조 소정의 '운송인, 그의 고용인이나 대리인이 가해할 의사로써 또는 부주의하게 또는 그 손해가 발생할 것이라는 인식을 갖고서 행한(done with intent to cause damage or recklessly and with knowledge that damage would probably result) 작위나 부작위'에 해당한다고 볼 것이어서, 위 협약 제22조의 책임제한 규정은 적용되지 아니한다(대법원 2001. 1. 16. 선고 99다67192 판결).

# [41] 항공운송 중의 개념과 히말라야 약관

서울지방법원 1996. 11. 28. 선고 96가합5709 판결

## Ⅰ. 사실관계

(1) 원고 LG화재해상보험 주식회사는 해상보험업 등에 종사하는 회사이고, 피고는 항공화물의 취급 및 보관업·보세운송업 등을 영위하는 회사이다.

(2) 주식회사 엘지반도체(이하 '엘지반도체')는 1994. 12.경 일본에 소재하는 히타치 일렉트로닉스 엔지니어링사(Hitachi Elec tronics Engineering Co., Ltd., 이하 '히타치')로부터 기억회로 테스트 시스템 HA 5060H 및 기억회로 핸들러 시스템 EA-1320HS(Memory IC Test System HA 5060H, Memory IC Handler System EA-1320HS) 총 10세트 14상자분(이하 '이 사건 화물'이라 한다)을 F.O.B. 조건으로 일화 367,470,000￥에 수입하기로 하는 계약을 체결하였다.

(3) 히타치와 항공운송주선계약을 체결한 킨테츄 월드 익스프레스사(Kintetsu World Express Inc.)는 1995. 2. 28.경 B 항공사와 사이에 이 사건 화물을 일본의 동경공항에서 한국의 김포공항까지 항공운송하기로 하는 내용의 항공운송계약을 체결하였다.

(4) 이 사건 화물은 1995. 3. 1. B의 항공기에 적재, 김포공항으로 운송된 후 하역되어 그 곳 주기장(駐機場, Ramp)에 장치되었다. B와 사이에 1987. 9. 7. 항공화물조업계약을 체결하고 항공화물의 보관 및 입·출고절차를 대행하여 온 피고의 피용자 A는 1995. 3. 2. 위 화물의 실수하인이자 소유자인 엘지반도체로부터 위 화물 인도를 요청받고 위 화물의 출고 및 보세운송을 위하여 지게차로 이 사건 화물 중 화물용 수레(Dolly)의 널판(Pallet)에 실려 있던 기억회로 핸들러 시스템 본체 기계 1대(화물중량 893kg)가 포장되어 있던 2번 상자(이하 '2번 화물')를 들어 올리는 작업을

하다가 화물의 무게중심을 제대로 잡지 못한 잘못으로 위 2번 화물이 수레의 널판에서 땅바닥으로 떨어지도록 하였고, 이로 인하여 위 2번 화물은 파손되었다.

(5) 엘지반도체는 1994. 12. 28. 원고와 사이에 위 화물의 항공운송상 위험을 담보하기 위하여 위 화물에 관하여 피보험자를 엘지반도체로, 보험금액을 16,793,978,960원으로, 운송구간인 일본의 공항에서 김포공항까지의 전위험담보조건으로 하는 내용의 적하보험계약을 체결하였다.

(6) 원고는 1995. 8. 9. 적하보험계약에 따라 이 사건 화물의 소유자인 엘지반도체가 입은 위 2번 화물의 수리비 및 부품구입비 등 손해액으로 96,201,065원의 보험금을 엘지반도체에게 지급하고, 엘지반도체가 피고에 대하여 가지는 손해배상채권을 대위행사하게 되었다.

## Ⅱ. 참조 조문

### 1. 개정 바르샤바 협약

**제18조**

(1) 운송인은 탁송수화물 또는 화물의 파괴, 멸실 또는 손상된 경우의 손해에 대하여서는 그 손해의 원인이 된 사고가 항공운송 중에 발생하였을 경우에는 이에 책임을 진다.

(2) 전항에 있어서 항공운송 중이란 수화물 또는 화물이 공항 또는 항공기 내에서 또는 공항 이외에 착륙한 경우에는 장소의 여하를 불문하고 운송인의 관리하에 있는 기간을 말한다.

(3) 항공운송의 기간에는 공항 이외에서 행하는 육상운송, 해상운송 또는 하천운송의 기간을 포함하지 아니한다. 다만 이러한 운송이 항공운송계약의 이행에 있어서 적재, 인도 또는 환적을 위하여 행하여진 경우에는, 손해는 반증이 없는 한 모든 항공운송 중의 사고로부터 발생하는 것으로 추정된다.

**제25조의2**

1. 이 협약과 관련된 손해로 인하여 운송인의 고용인 또는 대리인을 상대로 소가 제기된 경우, 그들이 고용범위내에서 행동하였

음이 증명된다면 이 협약하에서 운송인 자신이 주장할 수 있는 책임의 조건 및 한도를 원용할 권리를 가진다.

2. 이러한 경우, 운송인·그의 사용인 및 대리인으로부터 회수가능한 금액의 총액은 전기의 한도액를 초과하여서는 아니 된다.
3. 본 조 제1항 및 제2항의 규정은 사용인 또는 대리인이 가해할 의사로써 또는 부주의하게 또는 손해가 아마 발생할 것이라는 인식으로써 행하여진 작위나 부작위로부터 손해가 발생하였다고 증명되는 한, 적용되지 아니한다.

## 2. 몬트리올 협약

**제30조(고용인·대리인 - 청구의 총액)**

1. 이 협약과 관련된 손해로 인하여 운송인의 고용인 또는 대리인을 상대로 소가 제기된 경우, 그들이 고용범위내에서 행동하였음이 증명된다면 이 협약하에서 운송인 자신이 주장할 수 있는 책임의 조건 및 한도를 원용할 권리를 가진다.
2. 그러한 경우, 운송인·그의 고용인 및 대리인으로부터 회수가능한 금액의 총액은 전술한 한도를 초과하지 아니한다.
3. 화물운송의 경우를 제외하고는 본 조 제1항 및 제2항의 규정은 고용인 또는 대리인이 손해를 야기할 의도로 무모하게, 또는 손해가 발생할 것을 알고 행한 작위 또는 부작위에 기인한 손해임이 증명된 경우에는 적용되지 아니한다.

## 3. 상 법

**제899조(비계약적 청구에 대한 적용 등)** ① 이 장의 운송인의 책임에 관한 규정은 운송인의 불법행위로 인한 손해배상의 책임에도 적용한다.

② 여객, 수하물 또는 운송물에 관한 손해배상청구가 운송인의 사용인이나 대리인에 대하여 제기된 경우에 그 손해가 그 사용인이나 대리인의 직무집행에 관하여 생겼을 때에는 그 사용인이나 대리인은 운송인이 주장할 수 있는 항변과 책임제한을 원용할 수 있다.

③ 제2항에도 불구하고 여객 또는 수하물의 손해가 운송인의 사용인

이나 대리인의 고의로 인하여 발생하였거나 또는 여객의 사망·상해·연착(수하물의 경우 멸실·훼손·연착)이 생길 염려가 있음을 인식하면서 무모하게 한 작위 또는 부작위로 인하여 발생하였을 때에는 그 사용인이나 대리인은 운송인이 주장할 수 있는 항변과 책임제한을 원용할 수 없다.

④ 제2항의 경우에 운송인과 그 사용인이나 대리인의 여객, 수하물 또는 운송물에 대한 책임제한금액의 총액은 각각 제905조·제907조·제910조 및 제915조에 따른 한도를 초과하지 못한다.

## Ⅲ. 판시사항

(1) 항공운송인이 운송물을 송하인으로부터 인도받아 항공운송한 후 수하인에게 인도하기 전까지, 즉 항공운송인이 운송물을 점유·관리하고 있는 동안은 그 운송물은 개정 바르샤바 협약 소정의 '항공운송 중'에 있는 운송물이라고 봄이 상당하다.

(2) 항공운송인의 이행보조자인 보세창고업자가 업무수행 중 항공운송된 화물이 손상된 경우, 그 보세창고업자는 그로 인한 손해배상을 함에 있어서 개정 바르샤바 협약 제25조의2 제1항 소정의 운송인이 원용할 수 있는 책임한도액을 원용할 수 있다.

## Ⅳ. 해 설

### 1. 문제의 소재

#### 가. 당사자의 주장

(1) 원고는, A의 사용자인 피고는 엘지반도체의 손해배상채권을 대위행사하게 된 원고에게 A의 위와 같은 불법행위로 인하여 2번 화물에 관하여 발생한 손해배상으로서 96,201,065원을 지급할 의무가 있다고 주장하였다.

(2) 이에 대하여 피고는, 이 사건 화물운송은 개정 바르샤바 협약이 적

용되고, 위 협약상 항공운송 중에 발생한 것이므로, 항공운송인 B의 이행보조자인 피고가 원고에게 배상하여야 할 손해액은 위 협약에 따라 화물 1kg당 250프랑[프랑스 금 프랑(French Gold Franc), 이하 'FGF']으로 제한되어야 한다고 주장하였다.

### 나. 대상사안의 쟁점

(1) 이 사건에서는 (i) 국제항공물건운송계약의 적용규범, (ii) 이 사건 사고가 개정 바르샤바 협약상 항공운송 중에 발생한 것인지 여부, (iii) 운송인의 이행보조자는 운송인의 책임제한 항변을 원용할 수 있는지 여부 등이 쟁점이 되었다.

(2) 먼저 이 사건 화물의 출발지인 일본에서는 1953. 8. 18. 바르샤바 협약이 발효되었고, 1967. 11. 8. 헤이그 의정서가 발효되었으며, 도착지인 대한민국에서는 1967. 10. 11. 헤이그 의정서가 발효되었다. 따라서 대법원 판례[1)]에 의하면, 출발지와 도착지 모두 헤이그 의정서 체약국이므로, 이 사건 국제항공화물운송에 적용되는 규범은 개정 바르샤바 협약이 된다.

(3) 선하증권상 약관 내용을 해상운송인에게 적용되는 면책권이나 책임제한권 등의 이익을 운송인의 피용자나 선박대리점, 터미널 운영자 기타 운송물 취급자에게 확장하여 적용하도록 하는 선하증권의 조항을 히말라야 약관(Himalaya Clause)이라고 한다. 이 사건에서 피고가 항공운송인의 이행보조자로서 운송인의 책임제한 항변을 원용할 수 있다고 주장하였으므로, 개정 바르샤바 협약상 히말라야 약관과 동일한 내용을 규정하고 있는 조항의 효력이 문제된다.

## 2. 항공운송 중

### 가. 의 의

개정 바르샤바 협약은 제18조 제1항에 따라 손해의 원인이 된 사고가 '항공운송 중'에 발생한 경우에 적용되고, 제18조 제2항에 따르면 항공운

1) 대법원 1986. 7. 22. 선고 82다카1372 판결.

송 중이란 수하물 또는 화물이 비행장 또는 항공기 상에서 운송인의 관리하에 있는 기간을 말한다고 규정하고 있다.

### 나. Victoria Sales Corp. v. Emery Air Freight, Inc., 917 F.2d 705 (1990)

이 사건의 화물은 네덜란드 스키폴 공항에서 미국 JFK 공항까지 항공운송 된 후 JFK 공항으로부터 1/4마일 떨어진 공항 외부의 피고 운송인의 창고로 운반되었는데, 그곳에서 화물이 분실되었고 이에 관한 손해배상 청구 소송에서 피고 운송인이 바르샤바 협약상 책임제한액을 주장할 수 있는지 여부가 문제되었다. 다수의견은 협약에 규정된 '그러한 운송'이 실질적인 공중운송만을 의미하는 것은 아니지만, 항공 이외 다른 수단에 의한 운송에 바르샤바 협약이 적용되기 위해서는 그러한 운송이 최소한 '공항의 경계 내'에서 이루어져야 한다며 그 범위를 대단히 좁게 해석하였다. 즉 항공화물의 적재·인도·환적을 위하여 육상·해상·내륙수로 운송이 사용될 수 있지만, 이는 어디까지나 공항이라는 경계 이내라는 제한하에서만 유효하다고 판단하였다. 결과적으로 대상사안은 바르샤바 협약의 적용을 받지 못하게 되었고, 운송인은 책임제한규정을 원용할 수 없었다.

### 다. 대법원 2014. 11. 27. 선고 2012다14562 판결

화물이 VC가 중국 칭다오에 있는 업체로부터 수입하기 위하여 운송되는 것이었는데, 인천공항을 통관한 후 VC에 배달되는 육상운송구간에서 그 내용물 일부를 도난당한 사안에서, 원심은 손해가 육상운송구간에서 발생하였으므로 몬트리올 협약이 적용되지 않는다고 판단하였고, 대법원은 항공운송장 이면약관의 내용을 계약의 내용으로 보아 항공운송계약의 성립을 긍정하면서 몬트리올 협약의 적용은 부정하였다. 그런데 몬트리올 협약 제18조는 항공운송은 화물이 운송인의 관리하에 있는 기간도 포함되고(제3항), 항공운송의 기간에는 공항 외부에서 행한 육상·해상운송·내륙수로운송은 포함되지 아니하지만 그러한 운송이 항공운송계약을 이행함에 있어서 화물의 적재, 인도 또는 환적을 목적으로 하여 행하여졌을 때에는 반증이 없는 한 어떠한 손해도 항공운송 중에 발생한 사고의 결과라고 추정된다(제4항)고 규정하고 있다. 만약 육상운송이 항공운송의 계약 이행시 화물의 적재·인도·환적을 목적으로 하여 행하여진 것이라면, 항공운송 중에 발생한 사고의 결과라고 추정될 수 있고, 이 경우 몬트리올 협약이 적용된다.

### 라. 대법원 2004. 7. 22. 선고 2001다67164 판결

화물이 김포공항을 벗어나 보세장치장에 반입됨으로써 항공운송은 종료된 것이므로, 보세창고업자들이 화물을 항공화물운송장 원본이나 운송주선업체가 발행하는 화물인도지시서를 받지 아니하고 인도함으로써 수하인이 입게 된 손해는 항공운송 중에 발생한 손해라고 볼 수 없다.

### 마. 법원의 판단

(1) 이 사건에서 화물은 김포공항으로 운송된 후 하역되어 그곳 주기장(Ramp)에 장치되었다. A는 1995. 3. 2. 위 화물의 실수하인이자 소유자인 엘지반도체로부터 위 화물 인도를 요청받고 위 화물의 출고 및 보세운송을 위하여 지게차로 이 사건 화물 중 화물용 수레(Dolly)의 널판(Pallet)에 실려 있던 2번 화물를 들어 올리는 작업을 하다가 화물의 무게중심을 제대로 잡지 못한 잘못으로 위 2번 화물이 수레의 널판에서 땅바닥으로 떨어지도록 하였고, 이로 인하여 위 2번 화물은 파손되었다.

(2) 항공운송인이 운송물을 송하인으로부터 인도받아 항공운송한 후 수하인에게 인도하기 전까지, 즉 항공운송인이 운송물을 점유·관리하고 있는 동안은 위 운송물은 개정 바르샤바 협약 소정의 '항공운송 중'에 있는 운송물이라고 봄이 상당하다.

(3) 비록 위 사고 당시 2번 화물을 B와 조업계약을 체결한 피고가 점유·관리하였고, 피고가 B와 사이에 피고의 피용자의 조업 제공과 관련하여 제3자에게 손해를 끼쳤을 경우에는 피고가 손해배상책임을 부담하고 B는 책임을 지지 아니하기로 약정하였어도, 이는 피고와 B 사이에서만 효력이 있을 뿐이다. 이 사건 화물의 실수하인인 엘지반도체 등 제3자에 대

한 관계에서는 B가 위 화물을 수하인에게 인도할 때까지 항공운송인으로서 점유·관리하면서 항공운송계약상 모든 책임을 지고, 피고는 B의 채무의 이행보조자로서 그 피용인 또는 대리인으로서 행위하는 것에 불과하므로, 위 2번 화물의 손상은 B의 관리하에 발생한 것이어서 항공운송 중에 발생한 손상이다.

#### 바. 검 토

이 사건은 김포공항 내 주기장에서 항공운송인 B의 이행보조자인 피고의 피용자 A가 2번 화물을 출고 및 보세운송을 위하여 지게차로 올리다가 발생한 것이므로, Victoria Sales Corp. v. Emery Air Freight, Inc. 판결과 대법원 2004. 7. 22. 선고 2001다67164 판결의 취지에 의하더라도 항공운송 중의 사고로 인정할 수 있다.

### 3. 이행보조자의 운송인 면책항변 원용 : 히말라야 약관(Himalaya Clause)[2)]

#### 가. 의 의

항공운송인의 사용인이나 대리인의 행위로 인하여 발생한 손해에 대하여 운송인이 책임을 지는 경우에는 항공운송인은 책임제한을 주장할 수 있다. 그런데 피해자가 사용인이나 대리인을 상대로 손해배상을 청구하는 경우, 만약 사용인이나 대리인이 책임제한을 주장할 수 없다면, 경제적 약자인 사용인이나 대리인은 운송인보다 더 큰 책임을 부담하게 되고, 그것이 직무수행 중에 생긴 것이라면 책임을 이행한 사용인이나 대리인은 운송인에게 구상권을 행사하게 되어, 결과적으로 운송인의 책임을 제한하는 것은 아무런 의미가 없게 된다.

해상운송인에게 적용되는 면책권이나 책임제한권 등의 이익을 운송인의 피용자나 선박대리점, 터미널 운영자 기타 운송물 취급자에게 확장하여 적용하도록 하는 선하증권의 조항을 의미하는 히말라야 약관(Himalaya

---

2) 김윤종, “서렌더 선하증권의 효력범위와 독립계약자의 히말라야 약관의 원용 여부”, 대법원판례해설 제109호(2017), 241~245면.

Clause)[3]은 항공운송에도 적용된다. 즉 해상운송에서는 육상운송에 비하여 그 손해발생의 위험이나 규모가 크고 대체로 운송기간이 길며, 선박의 발착이 불규칙할 뿐만 아니라 하역작업이 복잡하기 때문에, 운임과의 관계에서 운송인 책임을 제한 또는 면제하는 면책약관이 발전하였다. 이와 같이 해상운송에서 유래한 면책약관이 항공운송에도 적용되었고, 개정 바르샤바 협약 제25조의2, 몬트리올 협약 제30조, 상법 제899조 제2항, 제4항에서도 히말라야 약관과 동일한 취지의 규정을 두게 되었다.

### 나. 법적 성질

우리나라에서는 히말라야 약관의 법리적 근거를 민법상 제3자를 위한 계약에서 찾고 있고, 다만 기본 계약의 당사자가 제3자에게 소극적인 항변권을 부여하므로 직접 이행을 요구하는 것은 아니라는 점에서 적극적인 청구권을 부여하는 제3자를 위한 계약과 차이가 있다. 제3자의 권리는 낙약자에 대하여 수익의 의사표시를 함으로써 발생하는데 히말라야 약관의 경우 운송인의 사용의사에 의하여 운송인의 의무 일부를 이행하는 자만이 수익자가 될 수 있으므로, 운송인의 사용의사에 응할 때에 히말라야 약관의 적용을 받는 이들의 수익의 의사표시가 묵시적으로 내재되어 있다고 본다.[4]

### 다. 적용 범위

히말라야 약관의 내용에 합의하는 당사자는 운송계약의 당사자들이고, 터미널 운영자, 하역업자 등은 항공운송인과 고용관계에 있지 않으면서 운송인의 보조자 역할을 하기 때문에 위 약관의 유효성, 독립계약자 등

---

3) Adler v. Dickson (The Himalaya), [1955] 1 Q.B. 158 (Q.B. 1954). 여객선 Himalaya호의 승객 아들러의 부인이 배에서 부두로 추락하여 상해를 입은 사건에서, 승선표에 기재된 운송인의 면책조항 때문에 원고가 면책조항이 없는 선장과 갑판장을 상대로 손해배상을 청구한 사건이다. 법원은 선장과 갑판장에게 손해배상을 명하는 판결을 선고하였고, 위 판결 이후 히말라야 약관을 두게 되었다.

4) 양석완, "계약운송인과 실제운송인에 따른 책임기간의 시기와 히말라야 약관의 유효 요건 -대법원 2009. 8. 20. 선고 2007다82530 판결 평석", 상사판례연구 제27집 제3권 (2014), 141~147면.

수익자의 범위·면책 등의 범위가 문제된다.

### (1) 미국의 판례

미국 판례상 책임제한을 원용할 수 있는 수익자에는 항공사의 근로자,[5] 보안회사,[6] 청소용역업체[7] 등이 포함된다.

### (2) 대법원 2016. 9. 28. 선고 2016다213237 판결

운송물에 대한 손해배상청구가 '운송인의 이행보조자, 대리인 또는 하위계약자(any servant, agent or Sub-contractor of the Carrier)'에 대하여 제기된 경우에 그들이 운송인이 주장할 수 있는 책임제한 등의 항변을 원용할 수 있고, 이와 같이 보호받는 하위계약자(Sub-contractor)에 '선박소유자 및 용선자, 운송인 아닌 선복제공자, 하역업자, 터미널 운영업자 및 분류업자, 그들을 위한 이행보조자와 대리인 및 누구든지 운송의 이행을 보조하는 사람이 포함된다'는 취지의 이른바 '히말라야 약관(Himalaya Clause)'이 선하증권의 이면에 기재되어 있는 경우에, 손해가 고의 또는 운송물의 멸실·훼손·연착이 생길 염려가 있음을 인식하면서 무모하게 한 작위 또는 부작위로 인하여 생긴 것에 해당하지 않는다면, 하위계약자인 하역업자도 선하증권에 기재된 운송과 관련하여 운송인이 선하증권 약관 조항에 따라 주장할 수 있는 책임제한을 원용할 수 있다. 그리고 여기에서 말하는 '누구든지 운송의 이행을 보조하는 사람'에는 위 약관에서 운송인과 직접적인 계약관계가 있을 것을 요구하는 등의 특별한 사정이 없는 한, 운송인과 직접적인 계약관계 없이 운송인의 선하증권에 따른 업무범위 및 책임영역에 해당하는 작업의 일부를 대행한 하역업자도 포함된다.

### (3) 대법원 2007. 4. 27. 선고 2007다4943 판결

선하증권 뒷면에 "운송물에 대한 손해배상 청구가 운송인 이외의 운송

---

5) Reed v. Wiser, 555 F.2d 1079, 1089~92 (2d Cir. 1977); Kabbani v. Int'l Total Servs., 805 F.Supp. 1033, 1039~40 (D.D.C. 1992).

6) In re Air Disaster at Lockerbie, Scotland on Dec. 21, 1988, 776 F.Supp. 710, 712~14 (E.D.N.Y. 1991).

7) Croucher v. Worldwide Flight Servs., 111 F.Supp.2d 501, 504~06 (D.N.J. 2000).

관련자(anyone participating in the performance of the Carriage other than the Carrier)에 대하여 제기된 경우, 그 운송관련자들은 운송인이 주장할 수 있는 책임제한 등의 항변을 원용할 수 있고, 이와 같이 보호받는 운송관련자들에 하수급인(Sub-contractors), 하역인부, 터미널 운영업자(terminals), 검수업자, 운송과 관련된 육상·해상·항공 운송인 및 직간접적인 하청업자가 포함되며, 여기에 열거된 자들에 한정되지 아니한다"는 취지의 히말라야 약관이 기재되어 있다면, 그 손해가 고의 또는 운송물의 멸실·훼손·연착이 생길 염려가 있음을 인식하면서 무모하게 한 작위 또는 부작위로 인하여 생긴 것인 때에 해당하지 않는 한, 독립계약자[8]인 터미널 운영업자도 위 약관조항에 따라 운송인이 주장할 수 있는 책임제한을 원용할 수 있다.

(4) Norfolk Southern Railway Co. v. Kirby, 543 U.S. 14 (2004)

미국 연방대법원은 복합운송에 관한 사안에서 화주와 계약운송인, 실제운송인이 있고 하우스 선하증권과 마스터 선하증권이 모두 발행된 경우에 실제운송인과 재운송계약을 체결한 육상운송인으로 하여금 두 가지 선하증권의 히말라야 약관상 책임제한을 모두 원용할 수 있다는 판시를 한 바 있다.

연방대법원은 제1선하증권상 히말라야 약관 원용과 관련하여, (i) 히말라야 약관이 그 적용을 넓게 확장하여 "누구든지 이 사건 운송계약을 이행하기 위하여 필요한 용역을 제공하는 사용인, 대리인, 독립계약자를 포함하여 그 밖에 사람"까지 책임제한을 주장할 수 있도록 되어 있고, (ii) 화주와 ICC 사이에 복합운송계약을 체결하면서 (육상운송을 포함하여) 여러 운송수단이 필요하다는 것을 충분히 예견할 수 있다는 점에 근거하여 육상운송인으로서 해상운송인인 Hamburg Sub로부터 재운송계약을 체결

8) 독립계약자(independent contractor)란 사용인(servant) 또는 대리인(agent)과 대립되는 개념으로 채무자 또는 사용자의 지시나 감독을 받지 않고 주어진 일을 자기의 판단에 의하여 처리·완성하는 사람을 의미한다. 김진권, "해상운송계약에서 독립계약자의 권리에 관한 연구 -히말라야 약관을 중심으로-", 해사법연구 제19권 제2호(2007), 233~234면.

한 피고(Norfolk Railway)는 계약운송인(ICC)과 직접적인 계약관계가 없다 하더라도 해당 선하증권상 히말라야 약관에 기재된 '의도된 수익자(intended beneficiary)'에 해당한다고 판단하였다.

또한 제2선하증권상의 히말라야 약관 원용과 관련하여서는, 운송주선인 ICC가 계약운송인으로 Hamburg Sub와 운송계약을 체결하였다 하더라도 책임제한의 목적이라는 제한된 범위에서는 화주의 대리인으로서 계약을 체결한 것이므로, 피고는 화주에 대하여 제2선하증권상 히말라야 약관도 원용할 수 있다고 판단하였다.

(5) 영국의 '1999년 제3자의 권리에 대한 계약법'

영국에서는 영미법상 엄격한 직접계약관계의 법리를 완화하기 위하여 '1999년 제3자의 권리에 대한 계약법[Contracts(Rights of Third Parties) Act 1999]'을 제정하여 일정한 요건을 갖추면 당사자가 아닌 자가 계약상의 권리를 행사할 수 있도록 규정하고 있다. 영국에서도 새로운 계약법의 제정으로 법에서 정한 요건을 충족하는 경우에는 미국 연방대법원의 Kirby Case에서 판시한 논리에 따른 수익자 확대에 상응할 만큼 히말라야 약관의 수익자 범위를 넓힐 수 있게 되었다.

### 라. 국제협약과 상법의 규정

(1) 개정 바르샤바 협약 제25조의2, 몬트리올 협약 제30조, 상법 제899조 제2항, 제4항에서는 운송인의 사용인 또는 대리인도 운송인의 책임감면 주장을 원용할 수 있도록 규정하여, 히말라야 약관을 법정화하였다. 그런데 위 규정의 모범이 된 헤이그-비스비 규칙 제4조의2 제2항은, 사용인의 범위에 대하여 'a servant or agent of the carrier(such servant or agent not being an independent contractor)'라고 규정하여 운송인의 지휘·감독을 받지 않는 독립계약자(independent contractor)를 제외하고 있고, 우리나라의 상법 조항도 이에 따른 것이므로 위 조항에서 말하는 사용인이나 대리인에는 운송인과 지휘·감독관계 없이 스스로 독립된 기업으로 영업활동을 하는 사업주체는 포함되지 않는다.[9] 따라서 위와 같은 독

립계약자가 운송인이 주장할 수 있는 항변과 책임제한의 이익을 받기 위하여는 별도로 계약에 의한 히말라야 조항이 필요하게 된다.[10)]

(2) 히말라야 약관은 운송인의 항변이나 책임제한을 원용할 수 있는 운송관련자의 범위나 책임제한의 한도 등에 관하여 그 구체적인 내용을 달리 하는 경우가 있으나, 해상운송의 위험이나 특수성과 관련하여 선하증권의 뒷면에 일반적으로 기재되어 국제적으로 통용되고 있을 뿐만 아니라, 간접적으로는 운송의뢰인이 부담할 운임과도 관련이 있는 점에 비추어 볼 때, 약관의 규제에 관한 법률 제6조 제1항에서 정하는 '신의성실의 원칙에 반하여 공정을 잃은 조항'이라거나 같은 법 제6조 제2항의 각 호에 해당하는 조항이라고 할 수 없다.[11)]

## 4. 대상사안의 검토

### 가. 피고의 책임제한 원용

피고는 운송인 B와 체결한 항공화물조업계약에 따라 운송인 B의 지시를 받아 항공화물의 보관 및 입·출고절차를 대행하는 업무에 종사하는 B의 사용인 또는 대리인이다. 피고의 피용자인 A는 B의 채무의 이행보조자

---

9) 상법 제798조 제2항에서 정한 운송인의 '사용인 또는 대리인'이란 고용계약 또는 위임계약 등에 따라 운송인의 지휘·감독을 받아 그 업무를 수행하는 자를 말하고 그러한 지휘·감독과 관계없이 스스로의 판단에 따라 자기 고유의 사업을 영위하는 독립적인 계약자는 포함되지 아니하므로, 그러한 독립적인 계약자는 상법 제814조의 항변을 원용할 수 없다(대법원 2007. 4. 27. 선고 2007다4943 판결).; 상법 제798조 제2항 소정의 '사용인 또는 대리인'이란 고용계약 또는 위임계약 등에 따라 운송인의 지휘감독을 받아 그 업무를 수행하는 자를 말하고 그러한 지휘감독 관계없이 스스로의 판단에 따라 자기 고유의 사업을 영위하는 독립적인 계약자는 포함되지 아니한다. 원심이 피고 대호창고는 독립적인 계약자로서 상법 제798조 제2항의 사용인이나 대리인에 해당하지 아니하므로 상법 제814조에 기한 항변을 원용할 수 없다고 판단한 것은 위 법리에 따른 것으로서 정당하다(대법원 2004. 2. 13. 선고 2001다75318 판결).

10) 상법 제798조 제2항은 '운송인이 주장할 수 있는 책임제한'을 원용할 수 있는 자를 '운송인의 사용인 또는 대리인'으로 제한하고 있어 운송인의 사용인 또는 대리인 이외의 운송관련자에 대하여는 적용되지 아니하므로, 당사자 사이에서 운송인의 사용인 또는 대리인 이외의 운송관련자의 경우에도 운송인이 주장할 수 있는 책임제한을 원용할 수 있다고 약정하더라도 이를 가리켜 상법 제798조의 규정에 반하여 운송인의 의무 또는 책임을 경감하는 특약이라고는 할 수 없고, 따라서 상법 제799조 제1항에 따라 효력이 없다고 할 수 없다. 대법원 2007. 4. 27. 선고 2007다4943 판결.

11) 대법원 2007. 4. 27. 선고 2007다4943 판결.

로서 2번 화물의 반출·인도업무를 담당한 피고의 업무를 수행하기 위하여 위 2번 화물의 출고 및 보세운송을 위한 작업을 하다가 위와 같은 사고를 일으켰으니, 피고는 그로 인한 손해배상을 함에 있어서 원고에게 개정 바르샤바 협약 제25조의2 제1항 소정의 운송인이 원용할 수 있는 책임한도액을 원용할 수 있다.

### 나. 손해배상의 범위

2번 화물의 중량이 893kg인 사실은 앞서 인정한 바와 같으므로, 결국 피고는 개정 바르샤바 협약에 따른 책임한도액인 223,250FGF(=893×250)를 원화로 환산한 금원을 원고에게 배상할 의무가 있다.

### 다. 원고의 재항변에 대한 판단

(1) 원고는 피고가 배상할 손해액으로 FGF를 국내 금의 시가로 환산하는 방법에 의하지 아니하고 위와 같이 SDR에 의하여 환산하는 경우에는 그 책임한도액이 미화 17,860$(실제로는 21,482$이다)에 불과하여 이는 실제 손해액인 96,201,065원보다 현저히 낮은 금액이 될 뿐만 아니라, B가 이 사건 화물에 대하여 송하인으로부터 지급받은 운임과 비교하여 볼 때에 실질적으로 운송인 및 피고의 배상책임을 면제하는 것과 다름없는 것이 되어 무효라고 재항변한다.

(2) 이 사건 화물의 총중량은 12,370kg으로서 그 운임은 13,265,539원인바, 피고가 2번 화물에 대하여 배상할 손해액과 위 화물의 실제 손해액 및 2번 화물의 중량에 따른 운임비율인 957,649원(=13,265,539/12,370×893)을 비교하여 볼 때, 피고가 배상하여야 할 손해액이 실질적으로 운송인 및 피고의 배상책임을 면제하는 것과 다름없어서 무효라고 볼 수 없고, 더욱이 피고가 배상할 위 손해액은 국내법과 동일한 효력이 있는 개정 바르샤바 협약을 기초로 하여 정당하게 산출된 금액이므로 그 무효를 다투는 원고의 재항변은 어느 모로 보나 이유 없다.

# [42] 항공물건운송계약에서 특별신고와 화물의 중량

서울중앙지방법원 2013. 9. 27. 선고 2013나16779 판결

## Ⅰ. 사실관계

(1) 원고 미노언 주식회사는 아이티(Haiti)에 있는 국제연합(UN) 아이티 안정화 임무단(United Nations Stabilization Mission in Haiti, 이하 'MINUSTAH')에 파병된 국군 파견부대에 광파(光波) 거리측정기 2세트를 공급하기 위하여, 2011. 9. 27. 피고 주식회사 DHL코리아와 서울에서 아이티의 포르토프랭스에 있는 MINUSTAH의 로그베이스까지 광파거리측정기 2세트를 운송할 것을 내용으로 하는 항공운송계약을 체결하였다.

(2) 원고가 의뢰한 화물은 4개의 상자에 포장되어 있었는데, 그중 2개의 상자에 주장비(主裝備)가 들어 있었고, 나머지 2개의 상자에 부속장비(付屬裝備)인 삼각대 등이 들어 있었다. 피고는 이 사건 운송계약 체결 당일 원고 회사의 사무실에서 위 화물을 인수한 후 원고에게 항공운송장(Air Waybill)을 발행해 주었다. 이 운송장에는 송하인은 '원고 회사', 수하인은 '파병부대의 남○○ 대위'라고 기재되었으며, 화물 정보란에는 '포장 4개, 무게 50kg', 화물 명세란에는 'TS09 Power-1 (Leica/Swiss) 2세트, Prism Pole & Support 2세트, CPT101. Wooden Tripod 2세트'라고 각 기재되어 있었고, 세관신고를 위한 가격을 표시란인 'Declared Value for Customs'에 'USD 39,786.13'으로 기재되어 있었다.

(3) 피고는 위 화물의 용적을 83.5kg으로 측정하여 이를 기준으로 기본운임 1,118,900원에 부피 초과로 인한 추가요금 30,000원, 유류할증료 268,536원을 포함하여 총 운송료로 1,417,436원을 청구하였다. 이 화물은 2011. 9. 28. 인천국제공항에서 피고의 항공기에 기적(機積)되었고, 다음날인 9. 29. 경유지인 미국 플로리다의 마이애미 공항에 도착한 후, 같은 날 목적지인 아이티의 포르토프랭스 공항에 다시 운송되었다. 그러나 위

화물 4상자 중 주장비가 들어 있는 상자 1개가 도착하지 않았는데, 위 화물의 무게는 12.7kg, 용적은 22.2kg이었다. 한편 피고는 위 화물의 소재를 발견할 수 없게 되자 나머지 화물인 상자 3개만을 수하인에게 배송하였다.

## Ⅱ. 참조 조문

### 1. 몬트리올 협약

**제22조(연착·수하물 및 화물과 관련한 배상책임의 한도)**

3. 화물의 운송에 있어서 화물의 파괴·분실·손상 또는 연착이 발생한 경우 운송인의 책임은 1킬로그램당 19SDR로 제한된다. 단, 송하인이 화물을 운송인에게 인도할 때에 도착지에서 인도시 이익에 관한 특별신고를 하였거나 필요에 따라 추가 요금을 지급한 경우에는 그러하지 아니하다. 이러한 경우, 운송인은 신고가액이 도착지에 있어서 인도시 송하인의 실질이익을 초과한다는 것을 증명하지 아니하는 한 신고가액을 한도로 하는 금액을 지급할 책임을 진다.
4. 화물의 일부 또는 화물에 포함된 물건의 파괴·분실·손상 또는 연착의 경우, 운송인의 책임한도를 결정함에 있어서 고려하여야 할 중량은 관련 화물의 총 중량이다. 그럼에도 불구하고 화물의 일부 또는 화물에 포함된 물건의 파괴·분실·손상 또는 연착이 동일한 항공운송장 또는 화물수령증에 기재하거나 또는 이러한 증권이 발행되지 아니하였을 때에는 제4조 제2항에 언급된 다른 수단에 의하여 보존되고 있는 동일한 기록에 기재되어 있는 기타 화물의 가액에 영향을 미칠 때에는 운송인의 책임한도를 결정함에 있어 그러한 화물의 총 중량도 고려되어야 한다.
5. 손해가 운송인·그의 고용인 또는 대리인이 손해를 야기할 의도를 가지거나 또는 무모하게 손해가 야기될 것을 인지하고 행한 작위 또는 부작위로부터 발생되었다는 것이 증명되었을 때에는 본 조 제1항 및 제2항에 전술한 규정은 적용되지 아니한

다. 단, 고용인 또는 대리인이 작위 또는 부작위를 행한 경우에는 그가 자기의 고용업무의 범위내에서 행하였다는 것이 증명되어야 한다.

6. 제21조 및 본 조에 규정된 책임제한은 자국법에 따라 법원이 원고가 부담하는 소송비용 및 소송과 관련된 기타 비용에 이자를 포함한 금액의 전부 또는 일부를 재정하는 것을 방해하지 아니한다. 전기 규정은 소송비용 및 소송과 관련된 기타 비용을 제외한, 재정된 손해액이 손해를 야기한 사건의 발생일로부터 6월의 기간내에 또는 소송의 개시가 상기 기간 이후일 경우에는 소송 개시 전에 운송인이 원고에게 서면으로 제시한 액수를 초과하지 아니한 때에는 적용되지 아니한다.

## 2. 상 법

**제903조(계약조항의 무효)** 이 장의 규정에 반하여 운송인의 책임을 감면하거나 책임한도액을 낮게 정하는 특약은 효력이 없다.

**제915조(운송물에 대한 책임한도액)** ① 제913조와 제914조에 따른 운송인의 손해배상책임은 손해가 발생한 해당 운송물의 1킬로그램당 19계산단위의 금액을 한도로 하되, 송하인과의 운송계약상 그 출발지, 도착지 및 중간 착륙지가 대한민국 영토 내에 있는 운송의 경우에는 손해가 발생한 해당 운송물의 1킬로그램당 15계산단위의 금액을 한도로 한다. 다만, 송하인이 운송물을 운송인에게 인도할 때에 도착지에서 인도받을 때의 예정가액을 미리 신고한 경우에는 운송인은 신고 가액이 도착지에서 인도할 때의 실제가액을 초과한다는 것을 증명하지 아니하는 한 신고 가액을 한도로 책임을 진다.

② 제1항의 항공운송인의 책임한도를 결정할 때 고려하여야 할 중량은 해당 손해가 발생된 운송물의 중량을 말한다. 다만, 운송물의 일부 또는 운송물에 포함된 물건의 멸실, 훼손 또는 연착이 동일한 항공화물운송장(제924조에 따라 항공화물운송장의 교부에 대체되는 경우를 포함한다) 또는 화물수령증에 적힌 다른 운송물의 가치에 영향을 미칠 때에는 운송인의 책임한도를 결정할 때 그 다른 운송물의 중량도 고려하여야 한다.

> **제916조(운송물의 일부 멸실·훼손 등에 관한 통지)** ① 수하인은 운송물의 일부 멸실 또는 훼손을 발견하면 운송물을 수령한 후 지체 없이 그 개요에 관하여 운송인에게 서면 또는 전자문서로 통지를 발송하여야 한다. 다만, 그 멸실 또는 훼손이 즉시 발견할 수 없는 것일 경우에는 수령일부터 14일 이내에 그 통지를 발송하여야 한다.
> ② 운송물이 연착된 경우 수하인은 운송물을 처분할 수 있는 날부터 21일 이내에 이의를 제기하여야 한다.
> ③ 제1항의 통지가 없는 경우에는 운송물이 멸실 또는 훼손 없이 수하인에게 인도된 것으로 추정한다.
> ④ 운송물에 멸실 또는 훼손이 발생하였거나 그런 것으로 의심되는 경우에는 운송인과 수하인은 서로 운송물의 검사를 위하여 필요한 편의를 제공하여야 한다.
> ⑤ 제1항과 제2항의 기간 내에 통지나 이의제기가 없을 경우에는 수하인은 운송인에 대하여 제소할 수 없다. 다만, 운송인 또는 그 사용인이나 대리인이 악의인 경우에는 그러하지 아니하다.
> ⑥ 제1항부터 제5항까지의 규정에 반하여 수하인에게 불리한 당사자 사이의 특약은 효력이 없다.

## Ⅲ. 판시사항

(1) 몬트리올 협약 제22조 제3항에 따르면, 원칙적으로 운송인의 손해배상책임이 제한되나, 송하인이 포장화물을 운송인에게 인도할 때에, (i) 목적지에서 인도 시의 이익에 관한 특별한 신고를 하고(has made a special declaration of interest in delivery at destination), (ii) 필요에 따른 추가요금을 지급한 경우(has paid a supplementary sum if the case so requires)에 한하여 운송인의 손해배상책임이 제한되지 않는데, 위 두 가지 요건에 대한 증명책임은 책임제한 규정의 적용배제를 주장하는 송하인에게 있다.

(2) 몬트리올 협약 제26조에 의하면 운송인의 책임을 경감시키려는 어떠한 조항도 무효이므로, 추가운임을 받아 피고가 이를 보험에 가입하는

데 필요한 보험료로 사용하는 것은 별론으로 하더라도, 추가운임 요구 방식이 아닌 보험가입 권유 방식으로 화물 운송 과정 중의 위험을 분산하려는 취지의 피고 약관은 피고의 책임을 경감시키려는 범위에서 무효이다.

## Ⅳ. 해 설

대상사안에서는 운송인인 피고가 화물의 분실로 인한 손해배상책임을 부담한다는 점에 관하여는 다툼이 없고, 손해배상책임의 범위가 문제되었다. 다만 대상판결은 몬트리올 협약이 적용된다고 보았으나, 대법원[1]은 이 사건 운송계약은 도착지인 아이티가 몬트리올 협약 체약국이 아니어서 몬트리올 협약이 적용되지 않는다고 보았다. 이하에서는 대상판결과 같이 이 사건 운송계약이 몬트리올 협약의 적용대상임을 전제로 논의를 진행하기로 한다.

### 1. 손해배상책임의 범위에 관한 당사자의 주장

#### 가. 원 고

원고는 피고에게 실제 화물가치를 신고하고 추가요금 지급을 약정한 이상 몬트리올 협약의 책임제한 규정이 적용되지 아니하므로, 분실된 이 사건 화물이 광파거리측정기의 주장비인 관계로 광파거리측정기 1세트의 납품가격인 23,440,000원과 위 화물 분실로 광파거리측정기 1대를 새로 구매하여 납품하게 되면서 납품지연으로 부담한 지체상금 2,953,440원의 합계인 26,393,440원을 배상받아야 한다.

#### 나. 피 고

이 사건 운송계약의 약관 제6조에 따라 배상책임이 미화 555달러(=22.2kg×1kg당 책임한도액 미화 25달러)로 제한되거나 몬트리올 협약에 따라 377.4SDR(=22.2kg×1kg당 책임한도액 17SDR[2])로 제한되어야 한다.

---

1) 대법원 2016. 3. 24. 선고 2013다81514 판결. 이에 대한 해설은 [1] 몬트리올 협약의 적용요건 참조.

## 2. 책임제한 규정 적용 여부

### 가. 몬트리올 협약 제22조 제3항

몬트리올 협약 제22조 제3항은 "화물의 운송에 있어서 화물의 파괴·분실·손상 또는 지연이 발생한 경우 운송인의 책임은 1kg당 19SDR로 제한된다. 단, 송하인이 화물을 운송인에게 인도할 때에, 도착지에서 인도시 이익에 관한 특별신고를 하고, 필요에 따라 추가 요금을 지급한 경우에는 그러하지 아니하다. 이 경우 운송인은 신고가액이 도착지에 있어서 인도시 송하인의 실질이익을 초과한다는 것을 증명하지 아니하는 한 신고가액을 한도로 하는 금액을 지급할 책임을 진다"라고 규정하고 있다.

### 나. 요건사실과 증명책임

위 배상책임제한 규정에 따르면, 원칙적으로 운송인의 손해배상책임이 제한되나, 송하인이 포장화물을 운송인에게 인도할 때에, (i) 목적지에서 인도 시의 이익에 관한 특별한 신고를 하고(has made a special declaration of interest in delivery at destination), (ii) 필요에 따른 추가요금을 지급한 경우(has paid a supplementary sum if the case so requires)에 한하여 운송인의 손해배상책임이 제한되지 않는데, 위 두 가지 요건에 대한 증명책임은 책임제한 규정의 적용배제를 주장하는 송하인에게 있다.

### 다. 인도시의 이익에 관한 특별신고

(1) 이는 고가물에 대한 운송인의 손해배상책임을 규정하는 상법 제136조[3]와 같은 취지로서, (i) 목적지에서 인도시의 이익은 목적지에서 화물이 인도됨으로써 발생되는 이익을 의미하는 것이므로, 특별한 사정이 없으면 화물의 실제 교환가치(가격)를 의미하는 것으로 보아야 하고, (ii) 특별한 신고는 송하인과 운송인의 이익 균형을 유지하는 데 중요한 역할

---

2) 2009. 12. 30.부터 2019. 12. 27.까지는 19SDR, 2019. 12. 28.부터는 22SDR로 변경되었다.

3) 송하인이 운송을 위탁할 때 고가물임을 명시하여야 운송인에게 손해배상책임이 있다.

을 하고, 이러한 신고의 목적은 운송인의 책임 한계를 증가시키기 위한 것이므로, 특별한 신고의 방법은 송하인이 운송인에게 화물의 실제 가치를 명확히 신고하고 이에 관하여 운송장(Waybill)에 마련된 지정된 칸에 명시적으로 기재되어 있어야 한다.

(2) 참고로 해상운송의 경우, 상법 제794조부터 제796조까지의 규정에 따른 운송인의 손해배상의 책임은 상법 제797조 제1항 및 제2항의 규정에 의하여 제한할 수 있다. 다만 송하인이 운송인에게 운송물을 인도할 때에 그 종류와 가액을 고지하고 선하증권이나 그 밖에 운송계약을 증명하는 문서에 이를 기재한 경우에는 상법 제797조 제3항 본문이 적용되어 원칙적으로 그 책임을 제한할 수 없다. 그런데 수출업자가 수입업자에게 거래 상품의 명세를 기재하여 보내는 상업송장은 상법 제797조 제3항 본문의 '그 밖에 운송계약을 증명하는 문서'에 해당하지 아니한다.[4)]

### 라. 필요에 따른 추가요금 지급

추가요금은 운송인이 추가적인 위험에 대비해 보험적용을 받기 위해 사용할 수 있는 일종의 할증료 성격을 지녔는데, 이는 '필요한 경우(if the case so requires)'에 지급되는 것으로, 운송인이 특별한 신고에 따라 송하인에게 추가 비용이 더 발생한다고 밝히고 그 비용을 요청한 경우에 한하여 송하인이 이를 지급한 경우에 이 요건이 충족된 것으로 본다.

### 마. 소 결

따라서 송하인이 운송인에게 몬트리올 협약상의 책임제한 범위를 넘는 배상을 요구하기 위해서는, (i) 송하인이 운송장의 지정된 칸에 문서의 형식을 통해 이익의 특별한 신고(special declaration of interest)를 하고, (ii) 운송인의 추가운임 지급 요구가 있었을 경우 이를 지급하였음을 증명하여야 한다.

---

4) 대법원 2015. 5. 28. 선고 2014다88215 판결. 이에 대한 평석은 최세련, "운송주선인과 운송인의 지위 확정 문제와 책임제한배제사유로서의 운송물 가액기재", 상사판례연구 제29집 제3권(2016. 9.), 133~165면.

### 바. 대상사안의 검토

#### (1) 이익의 특별한 신고

(i) 이 사건 Shipment Waybill(이 사건 운송장)의 “Declared Value for Customs”란에 “USD 39,786.13”으로 위 화물 4상자(이하 ‘이 사건 각 화물’)의 실제 가격이 기재되어 있고, 이 사건 운송장과 함께 화물에 부착된 “COMMERCIAL INVOICE”(상업송장)에도 이 사건 각 화물의 실제 가격이 “US $ 39,786.13”라고 명시적으로 기재되어 있는 점, (ii) 그런데 이 사건 운송장의 “Declared Value for Customs”란에 “USD 39,786.13” 이라는 기재는 세관 신고를 위한 것이기는 하나, 이 사건 운송장의 “Full description of contents”(운송물의 상세 내역) 칸에 “Attached invoice and packing list 6SET”라고 기재되어 있어 운송물에 대한 자세한 내역은 첨부된 Invoice(송장) 등에 표시한다고 되어 있고, 다시 “COMMERCIAL INVOICE”(상업송장)에는 이 사건 각 화물의 내용물은 ‘TS09 Power-1 (Leica/Swiss) 2세트, Prism Pole & Support 2세트, CPT101. Wooden Tripod 2세트’이고, 그 총 가액은 “US $ 39,786.13(1세트당 US $ 19,893.07)”라고 실제 가격이 명시되어 있는 점, (iii) 피고 회사 양식의 Shipment Waybill(항공화물 운송장)에는 이와 별도로 ‘이익의 특별한 신고’를 기재하기 위하여 마련된 칸이 없는 것으로 보이는 점, (iv) 피고 회사의 물품 수거 직원도 이 사건 각 화물이 고가의 물품인 것을 확인하였던 점 등에 비추어 보면, 원고가 피고에게 이 사건 각 화물을 인도할 때 위 화물에 대한 ‘이익의 특별한 신고’가 있었다고 봄이 타당하다.

#### (2) 추가요금의 지급

(i) 원고의 주장에 의하면 원고가 추가운임을 지급하였다는 것이고, (ii) 피고의 주장에 의하면, 피고는 수출업자가 종가(從價) 운임을 지불하는 것보다 종량(從量) 운임을 지불하고 화물에 대한 적하보험에 가입하는 것이 더 경제적이기 때문에 피고의 운송약관에 종가운임 관련 규정을 두지 않아, 원고에게 중량에 기초한 통상의 운임을 요구하면서 보험가입을 권유

하였을 뿐이므로, 원고가 추가운임을 지급한 사실은 없다는 것이다.

그런데 송하인이 실제 손해를 배상받기 위해 지급해야 하는 추가운임은 운송인이 추가비용이 더 발생한다고 밝히고 이를 요청한 경우에 한하여 지급의무가 있고, 운송인이 추가요금을 요구하지 않은 경우에는 실제 가격의 명시(이익의 특별한 신고)만으로 실제 손해를 배상받을 수 있으므로, 위 어느 경우에 해당하더라도 원고는 추가요금 부분에 관한 요건을 충족시킨 것으로 볼 수 있다.

(3) 소 결

원고는 몬트리올 협약 제22조 제3항의 규정에 따른 배상책임제한 규정의 적용배제 요건을 모두 갖추었으므로, 피고는 원고에게 이 사건 화물 분실로 발생한 실제 손해를 배상하여야 한다.

## 3. 보험미가입으로 인한 책임제한 주장에 대한 판단

### 가. 피고의 주장

피고는, 원고가 운송사고에 대하여 손해 전부를 보상받으려 했다면 피고의 운송약관에 따라 피고의 보험가입 권유에 따라 보험료를 제공하거나 스스로 보험에 가입하였어야 했는데 원고가 이에 응하지 않았으므로 손해배상책임이 제한된다는 취지로 주장한다.

### 나. 판 단

바르샤바 협약과 달리 몬트리올 협약은 항공산업의 발전으로 항공운송산업을 보호할 필요성이 감소함에 따라 항공운송산업의 소비자인 고객을 위한 책임원리가 도입되어 항공운송인의 손해배상책임을 한층 강화하였고 (유한·과실책임주의에서 무한·무과실책임주의로 운송인의 책임구조 변화), 운송인의 이익보호에서 고객의 이익보호로 전환하였다.

몬트리올 협약 제26조에 의하면 운송인의 책임을 경감시키려는 어떠한 조항도 무효이므로, 추가운임을 받아 피고가 이를 보험에 가입하는데 필요한 보험료로 사용하는 것은 별론으로 하더라도, 추가운임 요구 방식이 아닌 보험가입 권유 방식으로 화물 운송 과정 중의 위험을 분산하려는 취지의 피고 약관은 피고의 책임을 경감시키려는 범위에서 무효이다.

## 4. 책임한도를 결정할 때 고려해야 할 중량

### 가. 의 의

화물의 일부 또는 화물에 포함된 물건의 멸실·훼손·연착의 경우 운송인의 책임한도를 결정할 때 고려되어야 할 중량은 관련 화물의 총 중량이지만, 화물의 일부 또는 화물에 포함된 물건의 멸실·훼손·연착이 동일한 항공운송장 또는 화물수령증에 기재되어 있는 다른 화물의 가액에 영향을 미칠 때에는 운송인의 책임한도를 결정할 때 그러한 화물의 총중량도 고려되어야 한다(몬트리올 협약 제24조 제4항).

### 나. 주장비가 분실된 경우

광파거리측정기의 작동에 절대적으로 필요한 주장비인 이 사건 화물이 분실됨으로써 나머지 부장비만으로는 어떠한 사용도 할 수 없게 되었으므로, 이미 배송된 수하물 중 주장비가 분실된 광파거리측정기 중 부장비도 피고의 손해배상책임 범위에 포함된다.

## 5. 대상사안에서 손해배상의 범위

### 가. 인정사실

(1) 원고가 피고에게 화물을 인도할 때 이익에 관한 특별신고를 함에 있어 광파거리측정기 1세트당 US 19,893.07달러로 신고하였다.

(2) 원고는 2011. 8. 29.경 광파거리측정기 1세트당 부가가치세 포함하여 21,560,000원에 총 2세트를 구입한 후 8. 31. 대한민국 육군 제7135부대에 위 기계 1세트당 23,440,000원에 총 2세트를 2011. 9. 30.까지 납품하되, 그때까지 납품하지 아니할 경우 지체상금률을 0.15%로 계산하여 지체상금을 지급하기로 하는 내용의 매매계약을 체결하였다.

(3) 원고는 이 사건 화물의 분실 사고로 광파거리측정기 1세트를 다시

구입하여 2011. 12. 23. 아이티에 있는 위 부대에 이를 납품함으로써 84일의 지연에 따른 지체상금 2,953,440원을 지급하였다.

### 나. 판 단

위 인정사실에 의하면, 원고는 이 사건 화물의 분실 사고로 광파거리측정기 1세트를 구매하는데 든 것으로 추정되는 21,560,000원과 그 납품지연으로 지급한 지체상금 2,953,440원 상당의 손해를 입었다고 보인다. 그런데 몬트리올 협약 제22조 제3항은 운송인에게 배상책임제한 규정이 적용되지 않는다고 하더라도, 운송인은 신고가액을 한도로 하는 금액을 지급할 책임을 부담한다고 규정하고 있으므로, 피고는 특별한 사정이 없으면 원고에게 위 손해금 합계 24,513,440원(=21,560,000원+2,953,440원) 중에서 광파거리측정기 1세트의 신고가액인 US 19,893.07달러의 변론종결일 매매기준율인 1,113.50(원/달러)으로 환산한 22,150,933원(19,893.07×1,113.50, 원 미만 버림)을 한도로 하는 배상책임을 부담한다.

# [43] 운송물이 외국 세관의 행위로 폐기된 경우 운송인의 면책

대법원 2019. 10. 17. 선고 2019다14998 판결[1)]

## Ⅰ. 사실관계

(1) 원고는 휴대전화 수리 및 휴대전화부품 도소매업에 종사하는 사람이고, 피고는 해외국제운송업에 종사하는 사람이다. 원고는 2013. 6. 4. 피고에게 휴대전화 액정(이하 '이 사건 화물')을 중국 광동성 선전시로 운송(통관 업무 포함)할 것을 의뢰하였다(이하 '이 사건 운송계약').

(2) 피고는 2013. 6. 8. 세관 통관업무 대행 및 운송 업체인 A 회사에 이 사건 휴대전화 액정의 운송을 의뢰하고, A는 2013. 6. 9. 중국 청도행 항공편으로 이 사건 화물을 발송하였다. 그런데 중국 청도세관(青島海關)은 이 사건 화물이 중고물품으로 보인다며 사용용도를 알고자 통관을 보류하고 A에 관련 자료를 요구하였으나 자료가 제출되지 아니함에 따라, 2013. 12.경 중국측 통관업체에 통보하고 이 사건 화물을 폐기하였다.

(3) 원고는 2014. 7. 28. 피고를 상대로 상법 제135조에 근거하여 운송물의 멸실로 인한 손해배상을 구하는 소를 수원지방법원 안산지원에 제기하였다.

## Ⅱ. 참조 조문

### 1. 몬트리올 협약

**제18조(화물에 대한 손해)**

1. 운송인은 화물의 파괴·분실 또는 손상으로 인한 손해에 대하여 손해를 야기한 사고가 항공운송 중에 발생하였을 경우에 한하여

1) 이에 대한 평석은 이필복, "육상운송인, 해상운송인, 항공운송인의 손해배상책임", 해양한국 제554호(2019. 11.), 140~145면.

책임을 진다.

2. 그러나 운송인은 화물의 파괴·분실 또는 손상이 다음 중 하나 이상의 사유에 기인하여 발생하였다는 것이 증명되었을 때에는 책임을 지지 아니한다.
   가. 화물의 고유한 결함·성질 또는 화물의 불완전
   나. 운송인·그의 고용인 또는 대리인 이외의 자가 수행한 화물의 결함이 있는 포장
   다. 전쟁 또는 무력분쟁행위
   라. 화물의 입출국 또는 통과와 관련하여 행한 공공기관의 행위
3. 본 조 제1항의 의미상 항공운송은 화물이 운송인의 관리하에 있는 기간도 포함된다.
4. 항공운송의 기간에는 공항 외부에서 행한 육상·해상운송 또는 내륙수로운송은 포함되지 아니한다. 그러나 그러한 운송이 항공운송계약을 이행함에 있어서, 화물의 적재·인도 또는 환적을 목적으로 하여 행하여졌을 때에는 반증이 없는 한 어떠한 손해도 항공운송 중에 발생한 사고의 결과라고 추정된다. 운송인이 송하인의 동의없이 당사자간 합의에 따라 항공운송으로 행할 것이 예정되어 있었던 운송의 전부 또는 일부를 다른 운송수단의 형태에 의한 운송으로 대체하였을 때에는 다른 운송수단의 형태에 의한 운송은 항공운송의 기간 내에 있는 것으로 간주된다.

## 2. 상 법

**제913조(운송물의 멸실·훼손에 대한 책임)** ① 운송인은 운송물의 멸실 또는 훼손으로 인한 손해에 대하여 그 손해가 항공운송 중(운송인이 운송물을 관리하고 있는 기간을 포함한다. 이하 이 조에서 같다)에 발생한 경우에만 책임을 진다. 다만, 운송인이 운송물의 멸실 또는 훼손이 다음 각 호의 사유로 인하여 발생하였음을 증명하였을 경우에는 그 책임을 면한다.

1. 운송물의 고유한 결함, 특수한 성질 또는 숨은 하자
2. 운송인 또는 그 사용인이나 대리인 외의 자가 수행한 운송물의 부적절한 포장 또는 불완전한 기호 표시

> 3. 전쟁, 폭동, 내란 또는 무력충돌
> 4. 운송물의 출입국, 검역 또는 통관과 관련된 공공기관의 행위
> 5. 불가항력
>
> ② 제1항에 따른 항공운송 중에는 공항 외부에서 한 육상, 해상 운송 또는 내륙 수로운송은 포함되지 아니한다. 다만, 그러한 운송이 운송계약을 이행하면서 운송물의 적재(積載), 인도 또는 환적(換積)할 목적으로 이루어졌을 경우에는 항공운송 중인 것으로 추정한다.
>
> ③ 운송인이 송하인과의 합의에 따라 항공운송하기로 예정된 운송의 전부 또는 일부를 송하인의 동의 없이 다른 운송수단에 의한 운송으로 대체하였을 경우에는 그 다른 운송수단에 의한 운송은 항공운송으로 본다.

## Ⅲ. 판시사항

(1) 항공운송에서 운송인은 운송물의 멸실 또는 훼손으로 인한 손해에 대하여 그 손해가 항공운송 중(운송인이 운송물을 관리하고 있는 기간을 포함함)에 발생한 경우 책임을 진다. 다만 운송물의 멸실 또는 훼손이 운송물의 출입국, 검역 또는 통관과 관련한 공공기관의 행위로 발생하였음을 증명하는 경우에는 그 책임을 면한다(상법 제913조 제1항 제4호).

(2) 원심판결 이유에 의하더라도 이 사건 화물은 중국 청도세관에 의하여 통관 보류 후 폐기된 것으로 항공운송인의 운송물 멸실·훼손 책임에 대한 면책사유에 해당한다고 볼 여지가 있고, 면책사유에 해당한다면 피고는 이 사건 화물이 폐기된 데 따른 손해배상책임을 면하게 된다. 기록에 의하면 피고는 원심에 이르러 '이 사건 운송물이 폐기처분된 것은 국가행위 즉, 공공기관의 행위로서 운송인에게 책임을 물을 수 없는 사유'라고 주장하였다. 다만 피고는 상법 제796조 제5호에서 규정하는 해상운송인의 면책사유를 그 예시로 들고 있으나, 이러한 피고의 주장에는 항공운송인인 피고에게 면책사유가 있다는 취지가 포함되어 있다고 보아야 하므로, 상법 제913조 제1항 제4호에 따른 면책사유의 존부를 살펴보아야 한다.

## Ⅳ. 해 설

### 1. 의 의

(1) 몬트리올 협약 제18조 제1항은 화물의 파괴·분실·손상으로 인한 손해에 대하여 그 손해가 항공운송 중(운송인이 운송물을 관리하고 있는 기간을 포함함)에 발생한 경우[2] 무과실책임주의를 채택하고, 연착에 관하여는 과실책임주의를 채택하고 있다.[3] 다만 무과실책임주의를 완화하기 위하여 제18조 제2항에서는 운송인의 면책사유 4가지를 규정하고 있다.

(2) 몬트리올 협약 제18조 제2항 라.호는 '화물의 입출국 또는 통과와 관련하여 행한 공공기관의 행위로 인한 화물의 파괴·분실 또는 손상'에 대하여, 상법 제913조 제1항 단서 제4호는 '운송물의 출입국, 검역 또는 통관과 관련된 공공기관의 행위로 인한 운송물의 멸실 또는 훼손'에 대하여 항공운송인의 책임을 면책하도록 규정하고 있다. 대상사안에서는 이러한 규정에 따라 항공운송인의 책임이 면책될 수 있다는 점을 최초로 판시하였다. 그런데 제1심과 항소심에서는 이러한 쟁점에 대하여 대법원과 다른 입장을 취하였는바, 아래에서는 이에 관하여 살펴보기로 한다.

### 2. 재판의 경과

#### 가. 제1심[4]

(1) 피고는 원고로부터 이 사건 화물의 해외운송을 의뢰받은 운송인으

---

2) 바르샤바 협약 제18조 제1항은 "운송인은 위탁수하물 또는 화물의 파괴, 망실 또는 손괴된 경우의 손해에 대하여서는 그 손해의 원인이 된 사고가 항공운송 중에(during the carriage) 발생한 것인 때에는 책임을 진다"고 규정하고 있으나, 이는 항공운송 중에 발생된 위탁수하물 또는 화물의 파괴 등으로 인한 운송인의 손해배상책임에 관하여 정한 것으로, 송하인과 수하인의 화물에 관한 권리를 규정한 바르샤바 협약 제12조, 제13조와는 별개의 규정이므로, 송하인의 화물처분권이나 수하인의 화물인도청구권에 관해서는 손해의 원인이 된 사고가 항공운송 중에 발생하였는지 여부와 상관 없이 바르샤바 협약 제12조, 제13조가 적용된다. 대법원 2006. 4. 28. 선고 2005다30184 판결.

3) 이는 상법이 운송물의 멸실·훼손에 대하여는 무과실책임주의를(제913조 제1항), 운송물의 연착에 대하여는 과실책임주의를 채택한 것과 같다(제914조).

4) 수원지방법원 안산지원 2018. 7. 11. 선고 2014가단23850 판결.

로서 상법 제135조에 따라 자기 또는 운송주선인이나 사용인, 그 밖에 운송을 위하여 사용한 자가 운송물의 수령, 인도, 보관 및 운송에 관하여 주의를 게을리하지 아니하였음을 증명하지 아니하면 운송물의 멸실, 훼손 또는 연착으로 인한 손해를 배상할 책임이 있다.

(2) 피고는 이 사건 화물이 폐기되기 전에 원고에게 중국 청도세관의 통관에 필요한 서류 제출 요구를 전달하였다고 주장하나, 피고가 제출한 모든 증거에 의하더라도 이를 인정하기 부족하고, 달리 피고나 피고가 운송을 위하여 사용한 자가 운송에 관하여 주의를 게을리하지 않았다고 볼 증거가 없다. 따라서 피고는 원고에게 상법 제135조에 따라 손해 배상책임을 부담한다.

(3) 피고는 이 사건 화물이 상법 제136조 소정의 고가물(高價物)[5]에 해당한다고 주장하면서, 원고가 피고에게 운송을 위탁할 때에 그 종류와 가액을 명시하지 않았으므로 자신이 면책된다고 주장하였다. 법원은 이 사건 화물이 고가물이라고 보기 어렵다는 이유로 피고의 주장을 배척하였다.

### 나. 항소심[6]

항소심은 제1심 판결의 이유를 인용하고, 아래와 같이 피고의 추가주장을 모두 배척한 후 피고의 항소를 기각하였다.

(1) 피고는, 이 사건 운송계약은 실질적으로 밀수품 운송계약으로서 민법 제103조의 반사회적 법률행위에 해당하여 무효라고 주장하였다. 법원은 원고가 중국내 정식수입절차를 취하지 않은 채 편법으로 물품을 중국으로 운송하기 위해 견본 형식으로 분할하여 특송하는 방법을 취하였다는 사정만으로는 운송계약이 사회질서에 반하는 법률행위라고 할 수 없다고 판시하였다.

---

5) 상법 제136조는 고가물의 예로 화폐와 유가증권을 들고 있지만, 보석이나 귀금속·골동품 등이 이에 포함된다. 일반적으로 고가물이란 무게나 부피 등에 비해 그 가치가 월등히 높은 물건을 의미하는데 오늘에 와서는 반도체나 고가의 약품·기계도 고가물이 될 수 있다. 화폐는 국내외의 통화를 의미하며, 유가증권은 협의의 유가증권뿐 아니라 증거증권이나 자격증권도 포함된다. 주석 상법(제4판), 한국사법행정학회(2013), 제136조, 284면.

6) 수원지방법원 2019. 5. 16. 선고 2018나8610 판결.

(2) 피고는, 이 사건 화물의 망실은 중국 청도세관의 폐기처분에 따른 것으로서 피고로서는 불가항력에 준하는 사항에 해당하여 그 책임이 없다고 주장하였다. 법원은, 중국 청도세관은 이 사건 휴대전화 액정의 사용용도를 알고자 통관을 보류한 후 관련 자료의 제출을 요구하였을 뿐이고, 그로부터 이 사건 휴대전화 액정이 폐기되기까지 약 6개월 가량의 시간이 있었음에도 피고가 원고에게 그러한 사정을 전혀 알리지 않음으로써 원고가 중국 내 정식수입절차를 취한다거나 그 밖의 적절한 대책을 강구할 수 있는 기회 자체를 갖지 못하게 하였는바, 이를 두고 불가항력에 준하는 사항으로서 피고의 책임이 면제된다거나 피고가 운송에 관하여 주의를 게을리하지 아니하였다고 할 수 없다는 이유로, 피고의 주장을 배척하였다.

(3) 피고는, 원고가 이 사건 휴대전화 액정이 중국 세관에 압수되어 폐기될 위험을 감수하고 피고에게 운송을 의뢰한 것이어서 그 위험이 현실화되었다고 하여 피고에게 그 책임을 물을 수 없다고 주장하였다. 법원은 이 사건 운송계약에서 이 사건 휴대전화 액정이 중국 세관에 압수되어 폐기될 위험을 원고 스스로 감수하였다고 볼 증거도 없다고 판단하여 피고의 주장을 배척하였다.

## 3. 대상사안의 검토

### 가. 적용규범

(1) 피고는 항소심 판결에 불복하여 대법원에 상고하였다. 대법원은, 원심판단에는 항공운송물의 멸실·훼손에 대한 운송인의 책임에 관한 법리를 오해하거나 필요한 심리를 다하지 않고 판단을 누락하여 판결에 영향을 미친 위법이 있다고 판단하여 항소심 판결을 파기 및 환송하였다.

(2) 대법원은 제1심과 항소심에서 이 사건 운송계약에 대하여 육상운송에 관한 상법 상행위편(제2편)의 규정이 적용된다고 전제하던 것과는 달리, 항공운송에 관한 상법 항공운송편(제6편)의 규정이 적용될 여지가 크다는 것을 전제로 판단하였다.

(3) 그러나 이 사건 국제물건운송계약의 출발지는 대한민국, 도착지는

중국이고 양국 모두 몬트리올 협약의 체약국이므로,[7] 위 운송계약에 관한 적용규범은 대한민국 상법이 아니라 몬트리올 협약이라고 보아야 한다.

(4) 상법 제913조 제1항 단서는 몬트리올 협약 제18조를 따라 규정한 것인데, 면책사유에 '불가항력'을 추가한 것에 차이점이 있다. 몬트리올 협약 제18조와 상법 제913조는 무과실책임으로 인한 운송인의 과중한 부담을 다소 완화시키려는 목적이 있다. 다른 한편 그 이외의 면책사유를 약관으로 추가할 수 없도록 하여 송하인을 보호하는 측면이 있다.[8]

### 나. 통관기관의 폐기

(1) 관세법[9]

세관공무원은 관세범 조사에 의하여 발견한 물품이 범죄의 사실을 증명하기에 충분하거나 또는 몰수하여야 하는 것으로 인정되는 때에는 이를 압수할 수 있다(관세법 제303조). 관세법상의 조사를 위한 압수·수색에 법관의 영장이 필요하다(관세법 제296조). 관세청장이나 세관장은 압수물품 중 (i) 사람의 생명이나 재산을 해칠 우려가 있는 것, (ii) 부패하거나 변질된 것, (iii) 유효기간이 지난 것, (iv) 상품가치가 없어진 것의 어느 하나에 해당하는 것은 피의자나 관계인에게 통고한 후 폐기할 수 있다. 다만 통고할 여유가 없을 때에는 폐기한 후 즉시 통고하여야 한다(관세법 제

7) 중국에서는 2005. 7. 31. 몬트리올 협약이 발효되었고, 대한민국에서는 2007. 12. 29. 발효되었다.

8) 송옥렬, 상법강의(제9판), 홍문사(2019), 451면.

9) 세관검열의 합헌성에 관하여는 박용상, "헌법상 사전검열금지의 원칙", 헌법논총 제21집(2010), 75~250면 참조; 일본의 경우에는 세관검열이 문제된 사건에서 이를 합헌으로 보는 최고재판소의 판결이 있다(最高裁判所 1984. 12. 12. 判決, 民集 38권 12호 1308면). 위 사건에서는 '풍속을 해칠 서적'을 수입금제품으로 규정한 관세정률법 규정에 근거하여 여성누드 사진을 게재한 서적과 남녀의 성교행위가 촬영되어 있고 성기·음모 등 육체의 특정 부분이 명료하게 표현된 영화필름, 잡지, 카탈로그, 서적 등을 수입금제품으로 통지처분한 세관장의 조치가 문제되었다. 재판소는 세관검사는 헌법이 금지하고 있는 검열에 해당하지 않고, 건전한 성적 풍속을 유지 확보하기 위해서 외설표현물이 함부로 국외로부터 유입되는 것을 저지하는 것은 공공의 복지에 합치하며, 일본 국내에서 건전한 성적 풍속이 침해됨을 실효적으로 방지하려면 단순한 소지 목적인지 아닌지를 구별할 필요없이 그 유입을 일반적으로 세관에서 저지하는 것도 어쩔 수 없다는 이유로 외설적인 서적, 도화 등의 수입규제는 일본 헌법 제21조 제1항의 규정에 위반되지 않는다고 판시하였다.

304조 제1항). 관세법 제282조에서는 물품의 몰수에 관하여 규정하고 있다. 관세법 제282조 제2항에서 정한 몰수는 형법총칙의 몰수에 대한 특별규정으로서 필요적 몰수에 관한 규정이고, 같은 조항이 같은 법 제269조 제2항 및 제3항, 제274조 제1항 제1호의 경우에는 범인이 소유 또는 점유하는 그 물품을 몰수한다고 규정한 이상 범인이 점유하는 물품은 누구의 소유에 속함을 불구하고 소유자가 선의였든가 악의였든가를 가리지 않고 그 사실에 관하여 재판을 받는 범인에 대한 관계에서 이를 몰수하여야 한다.[10]

(2) 지식재산권 침해물품의 규제[11]

현행법은 관세법 제235조 제1항에서 지식재산권을 침해하는 물품의 수출입을 금지하는 선언적 규정을 두면서, 구제절차 및 그 제재에 대해서는 관세법과 '불공정무역행위 조사 및 산업피해구제에 관한 법률'에서 규율하고 있다. 관세법에서는 침해물품에 대한 통관보류를 그 내용으로 하는 국경조치에 관한 사항을 규정하는 반면, 불공정무역행위 조사 및 산업피해구제에 관한 법률은 지식재산권 침해물품을 수출입하는 행위, 수입물품의 국내판매행위, 수출용품제조행위 등에 대한 포괄적인 제재조치를 그 내용으로 한다.

(3) 국경조치에 의한 폐기

한·미 자유무역협정문의 규정 중 국경조치와 관련하여 특별요건을 두고 있는 협정 제18.10.23조는 각 당사국의 세관이 침해물품을 폐기하는 것을 원칙으로 하되, 불폐기는 예외적인 경우에 한하도록 규정하여 간이절차에 의한 폐기가 가능하도록 하였다. 이 제도에 따라 양국의 세관은 폐기청구권의 존부에 대한 법원의 확정 없이도 바로 폐기할 수 있게 되었다. 여기에서 말하는 예외적인 경우라 함은 침해의 심각성, 구제조치의 비교형량 및 제3자의 이해 등을 참작하여 정하여야 한다.

10) 대법원 2004. 3. 26. 선고 2003도8014 판결.

11) 김용진, "한·미, 한·EU FTA와 지식재산권 집행법제의 정비 -지식재산권 침해물품의 폐기제도를 중심으로-", 법조 제58권 제3호(2009), 214면.

### 다. 통관기관의 폐기와 운송인의 면책

(1) 화물이 운송인의 관리하에 있는 기간을 포함하여 항공운송 중이라고 볼 수 있으므로(몬트리올 협약 제18조 제3항, 상법 제913조 제1항), 이 사건 물건의 중국 청도세관에서의 통관절차도 운송인 A가 수행하는 항공운송의 연장선에 있다고 보아야 한다.

(2) 운송인이 운송하던 물품이 통관기관에 의하여 폐기된 경우, 이는 운송인의 지배영역에서 이루어진 것이 아니고, 귀책사유는 송하인에게 있다고 보아야 하므로, 운송인은 운송물의 멸실에 대한 책임을 면한다. 운송인은 운송물의 멸실이 통관기관의 폐기로 인하여 발생하였다는 것에 대한 증명책임을 부담한다. 이러한 면책은 확정적인 반면 이를 인정받지 못하는 경우에는 운송물의 멸실 또는 훼손으로 인한 손해에 대하여 무과실책임을 부담하게 된다는 점에서, 항공운송인은 이러한 면책사유를 증명하는데 상당한 노력을 기울이게 될 것이다.[12)]

### 라. 대상판결의 의의

대상판결은 이 사건 운송계약이 항공운송에 해당하고, 통관기관의 폐기에 의하여 운송물이 파괴된 경우에는 운송인은 책임을 면한다는 것을 최초로 확인하였다는 점에 의의가 있다.

---

12) 이필복, 145면.

# [44] 운송종료 후 사고

대법원 2003. 1. 10. 선고 2000다31045 판결

## Ⅰ. 사실관계

(1) 주식회사 대동은행(이하 '대동은행')은 외국환업무를 취급하는 은행이고, 피고 주식회사 효성(이하 '피고 효성')은 종합무역상사이며, 피고 주식회사 일양익스프레스(이하 '피고 일양')는 'DHL'이라는 상호를 사용하여 국제상업서류 송배달업을 하는 회사이다.

(2) 대동은행은 1995. 5. 25. 피고 효성과 사이에 신용장 방식 또는 무신용장 방식에 의한 화환어음 또는 그 선적서류의 매입과 추심 등에 관하여 다음과 같은 내용이 포함된 수출거래약정을 체결하면서 위 수출거래약정에 따른 위 피고의 환매채무액은 대동은행이 개설은행 등에 청구하는 원화금액에 상당한 외화금액으로 하기로 약정(이하 '이 사건 약정')하였다.

(가) 피고 효성은 수출환어음 또는 선적서류의 매입에 따라 부담하는 채무와 이에 부수하는 이자, 할인료, 수수료, 우편료, 전신료, 지연손해금 기타 비용 등을 부담하고(제6조 제1항), 이를 담보하기 위하여 수출화물(선적서류에 표시된 화물을 말한다) 및 선적서류를 대동은행에게 양도한다(제4조 제2항).

(나) 대동은행이 수출환어음 또는 선적서류를 매입한 후 그 수출환어음 또는 선적서류대금이 그 지급의무자에 의한 지급, 인수, 채무의 확인이 대동은행의 관련 규정이 정하는 기간 내에 이루어지지 아니하거나 ……기타 여하한 이유로 거절된 경우 위 피고는 대동은행으로부터 별도의 통지 등이 없이 그 수출환어음 또는 선적서류에 관하여 그 어음 또는 서류상 기재된 금액에 대하여 환매채무를 지고 대동은행이 정하는 기간 내에 이를 변제하며(제13조 제1항 제3호), 이와 관련하여 발생하는 부도이자, 수

수료, 비용 등은 위 피고가 부담하고 대동은행의 청구에 따라 관련 규정 이 정하는 기간 내에 변제하여야 한다(같은 조 제2항 제3호).

(다) 대동은행이 매입한 수출환어음, 선적서류 및 수출화물의 반환이 불가능하다고 인정되는 상당한 사유가 있는 경우에는 그 반환의무가 없는 것으로 하고, 이로 인하여 발생하는 비용 및 손해는 대동은행의 고의 또는 중대한 과실이 없는 한 위 피고가 부담한다(제16조 제3, 4항).

(라) 수출환어음 또는 선적서류의 송달방법은 신용장 또는 수출계약서상 등의 조건에 따르고, 다만 부득이하다고 인정되는 경우 대동은행이 이를 선택할 수 있으며, 이로 인하여 생기는 손해는 대동은행의 고의 또는 중대한 과실이 없는 한 위 피고가 부담한다(제7조).

(3) 피고 효성은 중국의 A회사에게 이 사건 물건을 수출하기로 하고, A는 중국은행 닝보 개발지역 지점 산하 분지점에 신용장 개설을 의뢰하였으며, 위 분지점은 1995. 7. 26. 서류는 중국 닝보 샤오깡 315803 소재 개설은행의 분지점으로 항공우편(air mail)편으로 제시하여야 한다는 내용의 취소불능신용장을 개설하였으며, 1995. 8. 1. 중국은행 서울지점을 통하여 개설사실을 피고 효성에게 통지하였다.

(4) 피고 효성은 위 수출화물을 선적하고 서류를 갖추어, 1995. 8. 30. 대동은행에 매입을 의뢰하였고, 대동은행은 이를 매입하고 대금을 지급하였다.

(5) 대동은행은 피고 효성의 직원인 K로부터 위 매입 당일 이 사건 환어음 등을 빨리 송달하여 달라는 부탁을 받고, 1992. 8. 상업서류 운송계약(이하 '이 사건 포괄운송계약')을 맺어둔 피고 일양에게 1995. 8. 31. 이 사건 환어음을 중국 샤오깡 소재 중국은행의 분지점으로 DHL을 이용하여 특사송달하여 줄 것을 의뢰하면서, 이 사건 환어음 등을 위 피고가 지정하는 방식대로 위 피고 소정의 DHL 비닐봉투에 넣은 후 이를 위 피고에게 인도하였다(이하 '이 사건 운송계약').

(6) 피고 일양은 같은 날 위 운송물을 항공편으로 보내 1995. 9. 4.경 중국 닝보소재 DHL업자인 시노트랜스 컴퍼니 리미티드(Sinotrans Co.

Ltd., 이하 '시노트랜스') 닝보사무소에 도착하였는데, 시노트랜스는 위 항공운송장상 수취인으로 기재되어 있는 중국은행 분지점이 그 곳으로부터 거리가 다소 떨어진 샤오깡에 위치하여 있는 관계로 이를 중국은행 자체의 송달망을 이용하여 간접적인 방법으로 송달하기 위하여 9. 5. 이를 일단 중국은행 닝보지점으로 송달하였다. A의 직원 C가 위 DHL 항공운송장 사본을 가지고 시노트랜스 닝보사무소에 와서 그 운송물의 인도를 요구하자, 위 사무소 직원은 같은 날 피고 효성 중경지점 직원에게 문의하여 본 후 항공운송장상 수하인으로 기재된 위 중국은행 분지점의 승낙을 받지 아니한 채 이를 다시 위 중국은행 닝보지점으로부터 회수하여 C에게 인도하였으며, A측은 이 사건 환어음 등을 소지하게 된 것을 기화로 그 무렵 이를 이용하여 이 사건 물품에 대한 선하증권 등 선적서류를 이용하여 이를 통관하여 간 후 그 물품대금을 지급하지 아니하고 있다.

(7) 대동은행과 피고 일양 사이의 상업서류 송달업 운송약관(이하 '이 사건 포괄운송약관')에는, 위 피고는 자신 또는 그 사용인의 과실로 인한 경우가 아닌 한 수탁물의 멸실·훼손 등으로 인한 손해를 배상하지 아니하고(제7조 제2항), 자신 또는 그 사용인의 과실로 인하여 발생한 수탁물의 멸실·훼손 등에 대한 배상책임을 지는 경우라도 수탁물의 신고가액 또는 실제가액이 신고가액 이하일 경우에는 실제가액을 한도로 그 손해를 배상하며, 송하인의 수탁의뢰시 그 수탁물가액의 신고가 없는 한 수탁물 매 건당 미화 100달러를 초과하지 아니하는 범위 내에서 당해 수탁물의 복원에 필요한 실제비용만을 배상할 책임을 지는 것으로 규정하고 있었다(제9조).

## Ⅱ. 참조 조문

### 1. 개정 바르샤바 협약

**제18조**

(1) 운송인은 탁송수화물 또는 화물의 파괴, 멸실 또는 손상된 경우의 손해에 대하여서는 그 손해의 원인이 된 사고가 항공운송 중에 발생하였을 경우에는 이에 책임을 진다.

(2) 전항에 있어서 항공운송 중이란 수화물 또는 화물이 공항 또는 항공기 내에서 또는 공항 이외에 착륙한 경우에는 장소의 여하를 불문하고 운송인의 관리하에 있는 기간을 말한다.
(3) 항공운송의 기간에는 공항 이외에서 행하는 육상운송, 해상운송 또는 하천운송의 기간을 포함하지 아니한다. 다만 이러한 운송이 항공운송계약의 이행에 있어서 적재, 인도 또는 환적을 위하여 행하여진 경우에는, 손해는 반증이 없는 한 모든 항공운송 중의 사고로부터 발생하는 것으로 추정된다.

## 2. 약관의 규제에 관한 법률(이하 '약관규제법')

**제7조(면책조항의 금지)** 계약 당사자의 책임에 관하여 정하고 있는 약관의 내용 중 다음 각 호의 어느 하나에 해당하는 내용을 정하고 있는 조항은 무효로 한다.
1. 사업자, 이행보조자 또는 피고용자의 고의 또는 중대한 과실로 인한 법률상의 책임을 배제하는 조항
2. 상당한 이유 없이 사업자의 손해배상 범위를 제한하거나 사업자가 부담하여야 할 위험을 고객에게 떠넘기는 조항
3. 상당한 이유 없이 사업자의 담보책임을 배제 또는 제한하거나 그 담보책임에 따르는 고객의 권리행사의 요건을 가중하는 조항
4. 상당한 이유 없이 계약목적물에 관하여 견본이 제시되거나 품질·성능 등에 관한 표시가 있는 경우 그 보장된 내용에 대한 책임을 배제 또는 제한하는 조항

# Ⅲ. 판시사항

(1) 항공운송을 포함한 운송계약을 체결한 운송업자가 항공운송을 종료한 후 운송물을 인도하는 과정에서 손해를 발생케 한 경우, 그 손해의 발생은 항공운송이 종료된 후에 발생된 것이어서 개정 바르샤바 협약상 책임제한조항이 적용될 여지가 없으므로 상업서류 송달업 운송약관의 정함에 따라야 한다.

(2) 상업서류 송달업 운송약관이 사업자의 귀책사유로 인한 손해와 관련하여 송달의뢰시 수탁물 가액에 관한 별도의 신고가 없었던 경우에 관한 손해배상액의 제한을 규정하고 있는바, 제반 사정에 의할 때 이와 같은 책임제한규정이 약관규제법 제7조 제2호 소정의 상당한 이유 없이 사업자의 손해배상 범위를 제한하거나 사업자가 부담하여야 할 위험을 고객에게 이전시키는 조항에 해당한다고 볼 수 없다.

(3) 수출업자로부터 신용장 등을 매입한 은행이 운송업자를 통하여 개설은행에 관련 서류를 보내면서 고가물로 신고하지 아니하고 보험에 들지 아니하였다고 하여 매입은행에 고의 또는 중과실이 있다고 하기 어렵다.

## Ⅳ. 해 설

### 1. 적용규범

#### 가. 항공운송 종료 후

바르샤바 협약 제18조 제1항에 의하면, 운송인은 손해의 원인이 된 사고가 항공운송 중에 발생한 경우에 책임을 지고, 제18조 제2항에 의하면 항공운송 중이란 수하물 또는 화물이 비행장 또는 항공기 상에서 운송인의 관리하에 있는 기간을 말한다고 규정하고 있다. 항공운송을 포함한 운송계약을 체결한 운송업자가 항공운송을 종료한 후 운송물을 인도하는 과정에서 손해를 발생케 한 경우, 그 손해의 발생은 항공운송이 종료된 후에 발생된 것이어서 바르샤바 협약상 책임제한조항이 적용될 여지가 없다.[1] 다만 법리상 위 규정을 근거로 바르샤바 협약의 항공운송장 등에 관한 규정이 항공운송 중에만 적용된다고 할 수는 없다.[2]

#### 나. 대상사안의 검토

이 사건 손해의 발생은 항공운송이 종료된 후에 발생된 것이어서 개정

---

1) 대법원 2003. 1. 10. 선고 2000다31045 판결.
2) 서울고등법원 2005. 5. 13. 선고 2004나73865 판결.

바르샤바 협약상 책임제한조항이 적용될 여지가 없으므로, 이 사건에서의 피고 일양의 책임은 약관의 정함에 따라야 한다.

## 2. 약관의 무효 여부

### 가. 약관의 규제에 관한 법률 제7조의 취지

계약 당사자의 책임에 관하여 정하고 있는 약관의 내용 중 (i) 사업자, 이행보조자 또는 피고용자의 고의 또는 중대한 과실로 인한 법률상의 책임을 배제하는 조항, (ii) 상당한 이유 없이 사업자의 손해배상 범위를 제한하거나 사업자가 부담하여야 할 위험을 고객에게 떠넘기는 조항, (iii) 상당한 이유 없이 사업자의 담보책임을 배제 또는 제한하거나 그 담보책임에 따르는 고객의 권리행사의 요건을 가중하는 조항, (iv) 상당한 이유 없이 계약목적물에 관하여 견본이 제시되거나 품질·성능 등에 관한 표시가 있는 경우 그 보장된 내용에 대한 책임을 배제 또는 제한하는 조항의 어느 하나에 해당하는 내용을 정하고 있는 조항은 무효로 한다.

그러나 (i) 국제적으로 통용되는 운송업, (ii) 국제적으로 통용되는 금융업 및 보험업, (iii) 「무역보험법」에 따른 무역보험의 경우에는 제7조는 적용되지 아니한다(약관규제법 제15조, 시행령 제3조).

### 나. 관련 판례

(1) 한국전력공사의 전기공급규정 제51조 제3호, 제49조 제1항 제3호는, 한국전력공사의 전기설비에 고장이 발생하거나 발생할 우려가 있는 때에 한국전력공사는 전기의 공급을 중지하거나 그 사용을 제한할 수 있고, 이 경우 한국전력공사는 수용가가 받는 손해에 대하여 배상책임을 지지 않는다고 규정하고 있는바, 이는 면책약관의 성질을 가지는 것으로서 피고의 고의 또는 중대한 과실로 인한 경우까지 적용된다고 보는 경우에는 약관규제법 제7조 제1호에 위반되어 무효이나, 그 외의 경우에 한하여 피고의 면책을 정한 규정이라고 해석하는 한도에서는 유효하다.[3)]

---

3) 대법원 2003. 8. 22. 선고 2001다46747 판결.

(2) 운전자연령 26세 이상 한정운전 특별약관은 이로 인하여 보험자의 담보범위가 축소되어 보험계약자에게 불리한 것은 분명하나 보험계약자에게도 위 특별약관을 보험계약에 편입시킴으로써 보험료가 할인되어 그 할인된 만큼의 보험료를 납부하지 아니함으로써 얻는 이익이 있고, 위 특별약관을 보험계약에 편입시킬 것인지 여부는 전적으로 보험계약자의 의사에 달려 있으므로, 약관규제법 제7조 제2호에 해당하여 무효라고 볼 수 없다.[4)]

(3) 보험약관 중 초과전보조항의 취지는 피보험자가 입은 손해에 대하여 보상한도액을 상한으로 하여 보험금을 지급하되 다른 보험계약에 의하여 전보되는 금액을 공제한다는 것이어서 다른 보험자와 사이의 부담 부분의 조정에 관한 것일 뿐 피보험자의 보험이익을 감소시키는 것이 아니고 피보험자에게 다른 보험계약의 체결의무를 부과하는 것도 아니므로, 그 조항이 약관규제법 제7조 제2호 소정의 '상당한 이유 없이 사업자(보험회사)의 손해배상 범위를 제한하거나 사업자가 부담하여야 할 위험을 고객에게 이전시키는 조항'에 해당되지 않는다.[5)]

(4) 대인배상에 관한 보험회사의 면책사유의 하나로 '피해자가 배상책임 있는 피보험자의 피용자로서 근로기준법에 의한 재해보상을 받을 수 있는 사람인 경우'를 들고 있는 자동차종합보험보통약관의 규정의 의미는, 사용자와 근로자의 노사관계에서 발생한 업무상 재해로 인한 손해에 대하여는 노사관계를 규율하는 근로기준법에서 사용자의 각종 보상책임을 규정하는 한편 이러한 보상책임을 담보하기 위하여 산업재해보상보험법으로 산업재해보상보험제도를 설정하고 있으므로, 위 면책조항은 노사관계에서 발생하는 재해보상에 대하여는 궁극적으로 산업재해보상보험에 의하여 전보받도록 하고 제3자에 대한 배상책임을 전보하는 것을 목적으로 한 자동차보험의 대인배상 범위에서는 이를 제외한 취지라고 보는 것이 타당하며, 위와 같은 면책조항이 상법 제659조에서 정한 보험자의 면책사유보다 보험계약자 또는 피보험자에게 불이익하게 면책사유를 변경함으로써 같은

4) 대법원 1998. 6. 23. 선고 98다14191 판결.

5) 대법원 2002. 5. 17. 선고 2000다30127 판결.

법 제663조에 위반된다고 볼 수 없으며, 약관규제법 제7조 제2호에서 정한 '상당한 이유 없이 사업자(보험회사)의 손해배상 범위를 제한하거나 사업자가 부담하여야 할 위험을 고객에게 이전시키는 조항'에도 해당되지 아니하므로 이를 무효라고 할 수 없다.[6)]

(5) "암 진단의 확정 및 그와 같이 확진이 된 암을 직접적인 원인으로 한 사망을 보험사고의 하나로 하는 보험계약에서 보험약관상 피보험자가 보험계약일 이전에 암 진단이 확정되어 있는 경우에는 보험계약을 무효로 한다"는 약관규정이 약관규제법 제7조 제2호가 규정하고 있는 상당한 이유 없이 사업자의 손해배상범위를 제한하거나 사업자가 부담하여야 할 위험을 고객에게 이전시키는 조항으로서 무효라고 볼 수 없다.[7)]

### 다. 이 사건 약관 제9조 제2항의 효력

(1) 약관 제9조 제2항은 사업자의 귀책사유로 인한 손해와 관련하여 송달의뢰시 수탁물 가액에 관한 별도의 신고가 없었던 경우에 관한 손해배상액의 제한을 규정하고 있다. 이 사건 계약체결 경위, 그로 인하여 피고 일양이 얻은 수입금액, 이 사건과 같은 특사배달업의 거래계의 관행 등을 종합하면, 이와 같은 책임제한규정이 약관규제법 제7조 제2호 소정의 상당한 이유 없이 사업자의 손해배상 범위를 제한하거나 사업자가 부담하여야 할 위험을 고객에게 이전시키는 조항에 해당한다고 볼 수 없다.

(2) 다만 제7조 제1호에서 "사업자, 이행보조자 또는 피고용자의 고의 또는 중대한 과실로 인한 법률상의 책임을 배제하는 조항"을 무효로 규정하고 있으므로, 위 약관규정은 사업자측의 고의 또는 중과실로 인한 손해발생이 있는 경우에도 적용되는 것으로 해석하게 되면 무효가 될 수 있다.[8)]

---

6) 대법원 2000. 9. 29. 선고 2000다19021 판결.
7) 대법원 1998. 8. 21. 선고 97다50091 판결.
8) 국제적으로 통용되는 운송업에 해당하면, 약관의 규제에 관한 법률 제7조는 적용되지 아니한다.

## 3. 고가물 미신고와 보험 미가입

### 가. 상법 제136조[9)]

#### (1) 의 의

화폐, 유가증권 기타의 고가물(高價物)[10)]에 대하여는 송하인이 운송을 위탁할 때에 그 종류와 가액을 명시한 경우에 한하여 운송인이 손해를 배상할 책임이 있다(상법 제136조). 이 규정을 둔 취지는 고가물은 멸실의 위험이 클 뿐만 아니라, 손해가 발생하면 배상액이 거액에 달하기 때문에 미리 그 뜻이 명시되어 있으면 그에 상당하는 주의를 다하여 손해의 발생을 방지할 수 있고 보험 등에 의하여 위험의 분산을 꾀할 수 있으며, 또 그 명시가 있는 경우에는 특별히 비싼 운임을 청구할 것이나, 반대로 운송물에 고가물의 명시가 없는 경우에는 보통의 운임을 청구할 것이다. 따라서 운송물에 고가물의 명시가 없는 경우에 운송인에게 고가물로서 손해배상책임을 요구한다면 이것은 운송인에게 너무 가혹하게 되므로 운송인을 보호하기 위하여 둔 규정이다.

#### (2) 고가물의 개념

고가물이라 함은 그 용적이나 수량에 비하여 가격이 현저하게 높은 물건을 말하는 것으로서, 화폐, 유가증권 외에, 예를 들면 보석, 귀금속, 예술품, 골동품 등이 이에 속한다. 판례 중에는, 견직물은 오늘날 사회·경제 및 거래상태로 보아 상법 제136조 소정의 고가물이라 볼 수 없다고 한 것이 있다.[11)] 구체적으로 어떤 물건이 고가물인가는 각 시대에서의 사회적 관념에 따라 평가할 수밖에 없다.

---

9) 장덕조, “고가물에 대한 운송인의 책임”, 상법판례백선, 법문사(2012), 119~120면.

10) 결혼식장에서 선물로 교환된 물건이라고 하여서 반드시 가격을 밝힐 수 없다고도 할 수 없고 부로바시계 1개 시가 64,000원 상당, 옥토시계 1개 시가 25,000원 상당, 백금부착 3푼짜리 다이아반지 1개 시가 150,000원 상당, 백금부착 1푼짜리 다이아 목걸이 1개 시가 70,000원 상당은 상법 제153조 소정의 고가물에 해당한다. 대법원 1977. 2. 8. 선고 75다1732 판결.

11) 대법원 1967. 10. 23. 선고 67다1919 판결.

(3) 명시의 요건

고가물의 명시는 송하인이 운송인에 대하여 하여야 한다. 명시의 방법은 고가물임을 명시하는 방법에는 그 제한이 없으므로 운송장에 기재하여 하거나 구두에 의하여 하거나 불문한다. 다만 명시하여야 할 사항은 운송물의 종류와 가액 두 가지 모두이다. 운송물의 종류는 운송인이 고가물인가의 여부를 식별할 수 있을 정도의 종별을 의미한다.

(4) 명시하지 않은 경우의 효과

운송인은 고가물의 명시가 없는 경우에는 손해배상책임을 지지 아니한다. 따라서 고가물의 명시가 없는 경우에는 보통물로서의 손해배상책임도 지지 아니한다. 송하인이 고가물의 명시를 하지 않은 경우에는 대개 운송물의 보통물로서의 가액이라는 것을 정할 수 없고, 또한 고가물의 명시를 촉진하기 위해서이다. 이 경우 보통물로서 보아 주의가 다해졌는가 아닌가를 논하는 것은 무의미하다. 보통물로서의 주의를 다한 것으로는 고가물의 멸실·훼손의 손해를 방지할 수 없고, 고가물로서 주의할 기회가 부여되었다면 손해 그 자체가 생기기 않았다고 운송인이 주장하고 있는 경우에 보통물로서의 주의를 논하여 책임을 인정할 수는 없다. 어디까지나 고가물로서 배상요구가 행해진 이상 고가물로서 주의할 기회가 부여되었는가 아닌가가 문제되는 것이다.

### 나. 대상사안의 검토

대동은행이 피고 일양을 통하여 이 사건 관련 서류를 보내면서 고가물로 신고하지 아니하고 보험에 들지 아니하였다고 하여 이를 들어 대동은행에 고의 또는 중과실이 있다고 하기 어렵다. 또한 매입은행이 신용장 등 관련 서류를 개설은행에 보내면서 위와 같은 조치를 취하여야 할 신의칙상 의무가 있다고 하기도 어렵다.

# [45] 제소기간과 면책특약의 효력

대법원 2004. 7. 22. 선고 2001다58269 판결

## Ⅰ. 사실관계

(1) 홍콩법인인 원고가 1995. 9.경부터 1996. 5.경까지 사이에 S귀금속 주식회사(이하 '수입회사')에게 신용장 결제방식으로 금괴 등을 수출하기로 하는 매매계약을 체결하였다. 이에 따라 H은행(이하 '피고 은행')은 수입회사의 의뢰를 받아 신용장통일규칙이 적용되는 조건하에 Hongkong and Shanghai Banking Corporation Limited 홍콩지점(이하 '홍콩은행')을 통지은행으로 하여 원고를 수익자로 하는 취소불능의 자유매입신용장을 발행하였다.

(2) 원고는 1995. 10. 16.경부터 1996. 5. 27.경까지 사이에 운송주선인을 통하여 피고 캐세이퍼시픽(이하 '피고 항공')에게 홍콩에서 김포공항까지의 운송을 의뢰한 다음, 그 대금을 지급받기 위하여 신용장과 그에 대한 항공화물운송장 등 선적서류를 홍콩은행에 제시하였다. 홍콩은행은 수령한 선적서류를 피고 은행에 송부하면서 홍콩은행이 서류를 매입하지 아니하였으나 신용장통일규칙이 적용되는 신용장의 승인 및 지급을 위하여 서류를 송부하는 것이니, 미지급 또는 미인수의 경우에는 신용장통일규칙 제14조 d항에 따라 통지하여 줄 것을 명시적으로 요구하였다.

(3) 피고 항공이 원고로부터 화물에 대한 운송을 의뢰받아 이를 홍콩공항으로부터 김포국제공항까지 운송한 다음 K운송이 경영하는 보세장치장에 입고하여 두었다. 수입회사의 대표이사가 피고 은행을 비롯한 신용장 개설은행에 신용장대금을 결제하지 아니한 채 신용장 개설은행 명의의 수입화물인도승낙서와 세관용 수입승인서를 위조한 다음 그 중 위조된 수입화물인도승낙서를 피고 항공에 제출하여 피고 항공으로부터 수하인용 항공화물운송장의 원본을 교부받고, 이어 세관에 위조된 수입승인서와 항

공화물운송장 원본을 함께 제출하여 수입면장을 받은 후 위 보세장치장에 그 수입면장을 제출하여 물건을 반출함으로써, 원고에게 그 가액 상당의 손해가 발생하였다.

## Ⅱ. 참조 조문

### 1. 개정 바르샤바 협약

> **第29조**
> 1. 손해에 관한 권리는 도착지에의 도착일, 항공기가 도착하여야 할 일자 또는 운송의 중지일로부터 기산하여 2년 내에 소가 제기되지 아니한 경우에는 소멸된다.
> 2. 위 기간의 계산방법은 소송이 계속된 국가의 법률에 의하여 결정된다.

## Ⅲ. 판시사항

(1) 개정 바르샤바 협약 제29조 제1항은 “손해에 관한 권리는 도착지에의 도착일, 항공기가 도착하여야 할 일자 또는 운송의 중지일로부터 기산하여 2년 내에 소가 제기되지 아니한 경우에는 소멸된다”고 규정하고, 같은 조 제2항은 “위 기간의 계산방법은 소송이 계속된 국가의 법률에 의하여 결정된다”라고 규정하는바, 손해가 운송인의 고의 또는 중과실에 의하여 발생하였다고 하여 그 적용이 배제된다고 볼 수 없고, 또한 여기서 정하는 기간은 제소기간으로서 재판 외의 권리행사로 보전되는 기간이라거나 중지 또는 정지가 허용되는 성질의 것이라고 볼 수도 없다.

(2) 운송계약상 채무불이행책임과 불법행위로 인한 손해배상책임은 병존하고, 운송계약상 면책특약은 일반적으로 이를 불법행위책임에도 적용하기로 하는 명시적 또는 묵시적 합의가 없는 한 당연히 불법행위책임에 적용되지 않는다.

## Ⅳ. 해 설

### 1. 개정 바르샤바 협약상 제소기간

#### 가. 제소기간의 법적 성질

이 사건 각 항공화물운송장의 이면약관 및 그 부속약관에 의하여 확대 적용되는 개정 바르샤바 협약 제29조 제1항은 "손해에 관한 권리는 도착지에의 도착일, 항공기가 도착하여야 할 일자 또는 운송의 중지일로부터 기산하여 2년 내에 소송이 제기되지 아니한 경우에는 소멸된다"고 규정하고 있는데, 위 기간은 제소기간으로서 민법상 제척기간(除斥期間)에 해당하므로, 재판 외의 권리행사로 보전되는 기간이라거나 중지 또는 정지가 허용되는 성질의 것이라고 볼 수도 없다.

#### 나. 손해가 운송인의 고의 또는 중과실로 발생한 경우

운송으로 인한 손해가 운송인의 고의 또는 중과실에 의하여 발생하였다고 하여 제소기간의 적용이 배제된다고 볼 수 없다.

#### 다. 청구취지 확장의 경우

(1) 원고는 당초 화물의 도착일로부터 기산하여 2년이 경과되기 이전에 이 사건 소를 제기하였으나 그 후 그 부분 청구를 제외하는 것으로 청구취지를 감축하였다가 2년이 경과한 이후에 그 부분의 청구를 추가함으로써 다시 청구를 확장하였다.

(2) 수량적으로 가분인 동일 청구권에 기한 청구금액의 감축은 소의 일부 취하로 해석되는바,[1] 소 취하서 또는 소 일부취하서가 상대방이 본안에 관한 준비서면을 제출하거나 변론준비기일에서 진술하거나 변론을 한 뒤에 법원에 제출된 경우에는 민사소송법 제266조 제2항에 의하여 상대방의 동의를 받아야 효력을 가진다.[2] 소취하에 대한 피고의 동의 및 동

---

1) 대법원 1993. 9. 14. 선고 93누9460 판결, 대법원 2004. 7. 9. 선고 2003다46758 판결.
2) 대법원 2005. 7. 14. 선고 2005다19477 판결.

의의 거절은 반드시 명시적으로 하여야 하는 것은 아니며 묵시적으로 하여도 무방하다.[3)]

(3) 이와 같이 청구취지의 일부 감축은 그 감축된 부분에 대한 소의 취하이므로, 일단 유효하게 소 취하의 효력이 발생하였다면 소제기의 효력은 소급적으로 상실된 것이고 따라서 위 제소기간의 준수 여부는 위 청구취지 확장시를 기준으로 판단하여야 한다. 따라서 청구취지 확장시 도착일로부터 2년이 경과한 경우에는 제소기간을 도과한 것이어서 부적법하다.

## 2. 청구권경합과 면책특약의 효력

### 가. 면책특약의 효력

운송계약상 채무불이행책임과 불법행위로 인한 손해배상책임은 병존하고(청구권경합), 운송계약상 면책특약은 일반적으로 이를 불법행위책임에도 적용하기로 하는 명시적 또는 묵시적 합의가 없는 한 당연히 불법행위책임에 적용되지 않는다.[4)]

### 나. 대상사안의 검토

이 사건 항공화물운송장의 이면약관에 항공화물운송장의 발행일로부터 120일 이내에 화물의 미인도 또는 분실 등의 사실을 항공운송인에게 서면으로 통지하도록 규정되어 있다. 위 약관 규정은 운송계약상 채무불이행을 원인으로 한 청구에만 적용되고 불법행위를 원인으로 한 청구에 당연히 적용되는 것은 아니다. 그러므로 피고 항공은 위 약관 규정을 들어 불법행위에 기한 손해배상 책임을 면할 수 없다.

---

3) 대법원 1993. 9. 14. 선고 93누9460 판결.
4) 대법원 1987. 6. 9. 선고 87다34 판결, 대법원 1999. 7. 13. 선고 99다8711 판결.

## 3. 준점유자에 대한 변제

### 가. 채권의 준점유자에 대한 변제

민법 제470조에 정하여진 채권의 준점유자(準占有者)라 함은, 변제자 입장에서 볼 때 일반의 거래관념상 채권을 행사할 정당한 권한을 가진 것으로 믿을 만한 외관을 가지는 사람을 말하므로, 준점유자가 스스로 채권자라고 하여 채권을 행사하는 경우뿐만 아니라 채권자의 대리인이라고 하면서 채권을 행사하는 때에도 채권의 준점유자에 해당한다.[5] 채무자가 채권의 준점유자에 대한 변제를 가리기 위해서는, 먼저 그 변제를 받은 자가 변제를 수령할 권한이 없는 자임이 전제가 되어야 하고, 만약 변제수령의 권한이 인정되면 채권의 준점유자에 대한 변제의 법리를 적용할 필요 없이 그에 대한 변제는 유효하다.[6]

### 나. 대상사안의 검토

피고 항공이 조금만 주의를 기울였으면 수입회사가 제시한 수입화물인도승낙서가 위조된 것이라는 사실을 알 수 있었다. 따라서 피고 항공의 인도행위가 채권의 준점유자에 대한 변제로서 정당하다는 피고 항공의 항변은 이유 없다.

---

5) 대법원 2004. 4. 23. 선고 2004다5389 판결; 국가가 하천 편입 당시의 진정한 소유자가 토지에 대한 손실보상금청구권자임을 전제로 보상절차를 진행하였으나, 진정한 소유자 또는 진정한 소유자로부터 손실보상금청구권을 승계한 것과 같은 외관을 가진 자 등과 같이 하천 편입 당시의 진정한 소유자가 손실보상대상자임을 전제로 하여 손실보상금청구권이 자신에게 귀속되는 것과 같은 외관을 가진 자에게 손실보상금을 지급한 경우에는, 이로 인한 법률관계를 일반 민사상 채권을 사실상 행사하는 자에 대하여 변제한 경우와 달리 볼 이유가 없으므로, 국가의 손실보상금 지급에 과실이 없다면 국가는 민법 제470조에 따라 채무를 면한다(대법원 2016. 8. 24. 선고 2014두46966 판결).; 효력규정인 강행법규에 위반되는 계약을 체결한 자가 그 약정의 효력이 부인된다는 사실을 알지 못한 탓에 그 약정에 따라 변제수령권을 갖는 것처럼 외관을 갖게 된 자에게 변제한 경우에는, 특별한 사정이 없는 한 그 변제자가 채권의 준점유자에게 변제수령권이 있는 것으로 오해한 것은 법률적인 검토를 제대로 하지 않은 과실에 기인한 것이다(대법원 2004. 6. 11. 선고 2003다1601 판결).

6) 대법원 2012. 6. 14. 선고 2010다29034 판결.

## 4. 무모한 행위인지 여부

### 가. 의 의

바르샤바 협약 제22조 제2항 a호 전문에서는 "탁송 수하물 및 화물의 운송에 있어서 운송인의 책임은 1kg당 250프랑의 금액을 한도로 하고, 다만 승객 또는 송하인이 운송인에게 탁송 수하물 및 화물을 인도할 당시 도착지에서의 이익을 특히 신고하고 또한 필요로 하는 추가요금을 지급한 경우에는 그러하지 아니하다"고 규정하고 있고, 제25조 전단에서는 "제22조의 책임제한규정은 운송인, 그의 사용인 또는 대리인이 손해를 가할 의사로써 또는 손해가 생길 개연성이 있음을 인식하면서도 무모하게 한(done with intent to cause damage or recklessly and with knowledge that damage would probably result) 작위 또는 부작위로부터 손해가 발생하였다고 증명된 경우에는 적용되지 아니한다"고 규정하고 있다.

제25조에 규정된 '손해가 생길 개연성이 있음을 인식하면서도 무모하게 한 작위 또는 부작위(이하 '무모한 행위')'라 함은 자신의 행동이 손해를 발생시킬 개연성이 있다는 것을 알면서도 그 결과를 무모하게 무시하면서 하는 의도적인 행위를 말하는 것으로서, 그에 대한 증명책임은 책임제한 조항의 적용배제를 구하는 자에게 있고 그에 대한 증명은 정황증거로써도 가능하나, 손해발생의 개연성에 대한 인식이 없는 한 아무리 과실이 무겁더라도 무모한 행위로 평가될 수는 없다.

### 나. 원심의 판단

피고 항공의 입장에서 수입화물인도승낙서의 진정성립을 확인하는 업무는 수하인 은행의 의사를 확인하는 간단한 작업으로 손쉽게 처리될 수 있는 업무임에도 제출된 수입화물인도승낙서의 진정성립 여부를 확인하는 절차를 전혀 거치지 않아 수입화물인도승낙서가 위조된 사실을 알지 못한 채 만연히 수입회사에게 수하인용 항공화물운송장 원본을 교부하여 화물이 반출되도록 하였고, 이는 피고 항공이 수하인 은행의 화물인도에 관한 의사를 확인하지 않을 경우 화물의 정당한 수령권자의 권리를 침해할 수도 있다는 점을 인식하면서도 무모하게 한 행위에 해당하므로, 바르샤바 협약 제25조에 따라 책임제한조항의 적용이 배제된다.

### 다. 검 토

무모한 행위의 판정에 관한 위 법리에 비추어 볼 때, 원심이 인정한 바와 같은 사유만으로는 피고 항공 또는 그 업무담당자의 무모한 행위가 있었다고 보기는 어렵다. 우선 피고 항공의 업무담당자는 수입화물인도승낙서가 위조된 사실을 알지 못하였고, 피고 항공은 그전에도 계속적으로 수입회사의 업무를 처리하였는데 이 사건 화물과 관련하여 수령한 수입화물인도승낙서는 그 이전에 수령한 수입화물인도승낙서와 그 날인 인영, 문서형식과 내용이 거의 동일하였던 점, 세관 역시 수입회사가 위조한 수입승인서를 수령할 당시 날인된 인영이 위조된 것임을 알지 못하였고 위 통관절차를 대행한 관세사 역시 수입화물인도승낙서 및 수입승인서의 위조사실을 알지 못하였던 점, 이와 같이 위조된 수입화물인도승낙서를 이용하여 운송인을 기망하는 형태의 불법행위가 그 이전에 빈발하였다는 사정도 없고, 반면 운송인이 실수입업자인 통지처가 아닌 수하인 은행에게 수하인용 항공화물운송장을 교부하는 일은 실무상 거의 없으며, 그 당시 통관실무상 운송인이 실수입업자에게 수하인용 항공화물운송장을 교부하더라도 여전히 신용장 개설은행들은 통관에 필수적인 서류인 세관용 수입승인서의 발급을 통하여 수입화물에 대한 통제권을 행사하고 있었던 점 등을 고려할 때, 피고 항공의 업무담당자들에게 손해발생의 개연성에 대한 인식이 있었다고 볼 수는 없다. 그럼에도 불구하고, 피고 항공의 책임제한 항변을 배척한 원심의 판단에는 바르샤바 협약 제25조의 해석에 관한 법리를 오해하고 심리를 다하지 아니한 위법이 있다.

## 5. 과실상계

### 가. 의 의

불법행위에서 과실상계는 공평 내지 신의칙의 견지에서 손해배상액을 정함에 있어 피해자의 과실을 참작하는 것으로서, 그 적용에서는 가해자와 피해자의 과실의 정도, 위법행위의 발생 및 손해의 확대에 관하여 어느 정도의 원인이 되어 있는가 등의 제반 사정을 고려하여 배상액의 범위를 정하는 것이며, 불법행위에서의 가해자의 과실이 의무위반의 강력한 과실임에 반하여 과실상계에 있어서 과실이란 사회통념상, 신의성실의 원칙상, 공동생활상 요구되는 약한 부주의까지를 가리키는 것이다.

### 나. 원심의 판단

원심은, 원고가 피고 항공에 화물의 운송을 의뢰한 다음 수입회사에게 관련 항공화물운송장, 상업송장, 포장명세서 등을 팩스로 송부하여 주었는데, 수입회사는 이를 통하여 수입화물인도승낙서와 세관용 수입승인서를 위조하는 데에 필요한 제반 정보를 취득하였고, 또한 수입회사는 1995. 10.경부터 수입화물인도승낙서 등을 위조하여 원고가 운송의뢰한 화물을 불법반출하고 있었는데, 원고는 수입회사와의 약정에 따라 관련 기적서류의 송부를 상당기간 지연시킴으로써 수입회사의 불법반출을 용이하게 한 반면, 신용장 개설은행의 화물에 대한 통제를 곤란케 하였고, 원고의 이와 같은 과실이 손해의 발생과 확대의 한 원인이 되었으므로 손해액의 산정시 위와 같은 원고의 과실을 20% 참작함이 상당하다고 판단하였다.

### 다. 검 토

(1) 원고가 피고 항공에 화물의 운송을 의뢰하면서 수입회사에게 관련 항공화물운송장, 상업송장, 포장명세서 등을 팩스로 송부하여 주었으나, 원고는 수입회사 이외의 다른 모든 거래처에도 그와 같은 편의를 제공해 준 사실이 인정되고, 달리 그와 같은 송부행위가 수출입 거래에 있어 이

례적이라고 볼 만한 사정은 전혀 없다.

(2) 이 사건 당시는 통관 및 반출을 위하여는 수하인의 수입승인서 및 수입화물인도승낙서(또는 항공화물운송장 원본)가 요구되던 시절이어서 항공화물운송장의 팩스 사본 자체는 큰 의미가 있는 문서가 아니었다. 오히려 수출업자로서는 수입업자가 화물의 이동상황을 파악하여 결제자금을 준비하고 화물이 도착하면 적시에 통관하여 인도받을 수 있도록 협력할 의무가 있다고 볼 여지도 있다. 설사 수입업자가 수령한 사본을 부정한 목적으로 이용하였다고 하더라도 원고의 위와 같은 서류의 송부행위를 과실상계의 사유로 삼을 수는 없다.

(3) 수출회사인 원고로서는 신용장의 유효기간 내에서는 임의로 그 권리에 대한 행사 여부 및 시기를 결정할 수 있고 그 기간을 도과한 경우 스스로 지급거절될 위험을 부담할 뿐이다. 통상 신용장 거래에서 수하인 은행은 기적서류를 송부받기 이전에는 화물을 통제할 필요가 거의 없으므로 기적서류의 도착지연으로 수하인 은행이 화물에 대한 필요한 통제를 하지 못하였다고 볼 수도 없다.

(4) 일부 화물은 항공화물운송장의 발행 후 7일 만에, 나머지는 2일 만에 모두 반출되는 등 단기간 내에 반출되었음을 감안할 때 설사 원심 판시와 같이 기적서류의 송부를 상당 기간 지연시켰다 할지라도 그 점이 이 사건 손해의 발생과 확대의 원인이 되었다고 보기도 어렵다.

(5) 그럼에도 원고의 손해액을 정함에 있어 위와 같은 사유를 참작한 원심의 판단에는 과실상계에 대한 법리오해의 위법이 있다.

## 6. 대법원 1999. 7. 13. 선고 99다8711 판결

### 가. 인정사실

미국의 퍼시픽 익스프레스사(Pacific Express Inc.)의 국내 대리점으로서 운송취급인인 피고 D는 화물이 김포공항에 도착하자 수하인용 항공화물운송장을 수하인인 원고 K은행에게 교부하지 아니하고 원고의 지시 없이 통지처인 A에게 교부하였으며, A는 기존에 가지고 있던 업자용 수입승인서(Import License, I/L)를 통관에 필요한 세관용 수입승인서로 변조하여, 이를 피고 D로부터 교부받은 수하인용 항공화물운송장과 함께 세관에 제출하여 통관절차를 마치고, 세관으로부터 받은 수입면장을 가지고 보세창고에서 수입화물 모두를 반출하였다.

### 나. 수하인의 지위

국제항공운송에서의 수하인은 바르샤바 협약 제13조 제1항, 제2항에 의하여, 운송인이나 운송주선인에 대하여 반대의 특약이 있는 경우를 제외하고 화물도착의 통지를 받고, 수하인용 항공운송장의 교부 및 화물의 인도를 청구할 권리를 가진다. 운송인 등이 수하인의 지시 없이 제3자에게 수하인용 항공화물운송장을 교부하고 화물을 인도한 경우, 이는 수하인의 화물인도청구권을 침해한 것으로서 수하인에 대하여 불법행위를 구성한다. 통지처는 수하인을 대신하여 화물도착의 통지를 받을 권한이 있을 뿐 항공화물운송장의 교부나 화물의 인도를 받을 권한은 없으므로 위에서 말하는 제3자가 통지처라고 하더라도 마찬가지이다. 위 인정사실에 의하면, 피고 D는 고의 또는 중대한 과실에 의한 불법행위로 원고의 위 각 화물에 대한 인도청구권을 침해하였으므로 원고에게 그로 인한 손해를 배상할 의무가 있다.

### 다. 상당인과관계

(1) 일반적으로 보세창고업자는 운송인과의 임치계약(任置契約)에 따라 운송인 또는 그가 지정하는 자에게 화물을 인도할 의무가 있고, 한편 운송인은 수하인이나 그가 지정하는 자에게 화물을 인도할 의무가 있으므로, 보세창고업자가 화물을 보관하고 이를 인도하는 것은 수하인에 대한 관계에서는 운송인의 이행보조자 또는 피용자의 지위에서 하는 것이다. 따라서 보세창고업자가 화물을 수하인의 지시 없이 수하인이 아닌 사람에게 인도함으로써 수하인의 인도청구권을 침해한 경우에는 운송인은 보세창고업자의 사용자로서 불법행위책임을 져야 한다.

(2) 비록 수입화물에 대한 통관절차상 제출하도록 되어 있는 항공화물

운송장은 사본이라도 무방하고 항공화물운송장의 사본은 A가 피고 D에게서뿐만 아니라 다른 곳에서도 쉽게 입수할 수 있다고 하더라도 항공화물운송장은 통관절차에서 반드시 필요한 서류이고, A가 위 서류를 통관절차에 사용할 것임을 알고 있는 피고 D가 자신의 의무에 위반하여 A에게 이를 교부하였고, 실제 A가 피고 D로부터 교부받은 항공화물운송장 원본을 사용하여 통관절차를 밟아 수입면장을 교부받고 위 수입면장으로 화물을 반출하였다면 피고 D의 항공화물운송장 교부행위와 화물반출로 인한 멸실에 따른 손해와는 상당인과관계가 있다.

(3) 이 사건 항공화물이 무단 반출될 당시의 수입화물에 대한 통관절차상 제출하도록 되어 있는 항공화물운송장은 사본이라도 무방하고 항공화물운송장의 사본은 A가 다른 경로로 이미 입수하고 있었다고 하더라도, A가 실제 피고 H항공으로부터 교부받은 수하인용 항공화물운송장 원본을 사용하여 통관절차를 밟아 수입면장을 교부받고 이어 그 수입면장으로 화물을 무단 반출하였다면 피고 H항공의 항공화물운송장 교부행위와 화물반출로 인한 원고의 손해 사이에 상당인과관계가 있다.

### 라. 면책특약이 불법행위책임에 적용되는지 여부

운송계약상의 채무불이행책임이나 불법행위로 인한 손해배상책임은 병존하고, 운송계약상의 면책특약은 일반적으로 이를 불법행위책임에도 적용하기로 하는 명시적 또는 묵시적 합의가 없는 한 당연히 불법행위책임에 적용되지 않는다.

이 사건 항공화물운송장의 이면약관에 항공화물운송장의 발행일로부터 120일 이내에 화물의 미인도 또는 분실 등의 사실을 항공운송인에게 서면으로 통지하도록 규정하고 있더라도 위와 같은 약관규정은 운송계약상 채무불이행을 원인으로 한 청구에만 적용되고, 불법행위를 원인으로 한 청구에 당연히 적용되는 것은 아니므로 피고 D는 위 약관규정을 들어 책임을 면할 수는 없다.

### 마. 원고의 과실 유무

A는 원고로부터 교부받은 업자용 수입승인서를 통관에 필요한 세관용 수입승인서로 변조하여 통관절차를 마쳤다. 외국환은행인 원고는 해당 화물의 수입을 승인하였다는 사실의 확인을 위하여 수입업자의 신용장개설 신청시 수입승인서를 반드시 교부하여야 하므로, 원고가 업자용 수입승인서를 A에게 교부한 것이 피고 D의 배상책임액을 정함에 있어서 참작하여야 할 어떠한 과실이 될 수 없다. 따라서 원심이 수입승인서에 대한 관리를 잘못한 원고의 과실을 참작하여야 한다는 피고 D의 주장을 배척한 것은 정당하다.

# [46] 복합운송계약

**대법원 2014. 11. 27. 선고 2012다14562 판결**[1)]

## Ⅰ. 사실관계

(1) 원고 아메리칸 홈 어슈어런스 캄파니는 2009. 4. 30. 비크조이엘리 주식회사(이하 'VC'라 한다)와 사이에 VC가 중국 칭다오에 있는 제모피아 쥬얼리 주식회사로부터 수입하는 미화 139,217.50달러 상당의 귀금속 3,347개, 중량 11.5kg에 관하여 "협회항공약관(전위험담보) 및 가액이 운송인에게 통보되고 가액에 상응한 요금이 지급되어야 하며(Full value declared to Carrier and Valuation Charge Paid), 국내운송 전과정 중 경호원이 동행되어야 함(It is warranted that the subject matter insured be accompanied by Guard during whole course of transit within domestic area)"을 보험조건으로 하여 적하보험계약을 체결하였다.

(2) VC는 피고 페더럴 익스프레스 코포레이션과 사이에, 이 사건 화물을 중국 칭다오 소재 제모피아 공장에서 서울 용산 소재 VC 사무실까지 육상 및 항공운송(이하 '이 사건 운송')하여 줄 것을 의뢰하는 운송계약을 체결하였다.

(3) VC는 이 사건 화물을 수령한 직후 누군가 운송 과정에서 이 사건 화물이 들어 있던 철제상자와 종이상자를 훼손하고 화물 중 귀금속 780개 미화 27,148달러 상당을 절취한 사실을 발견하고 원고에게 보험금 지급을 청구하였다. 이에 따라 원고는 보험조건 부합 여부에 관하여 심사한 결과, 이 사건 보험조건 및 그 위반시의 효과를 VC에 제대로 설명하지 아니하

1) 이에 대한 평석은 이정원, "항공화물운송인의 책임제한의 지역적 범위에 대한 고찰 -대법원 2014. 11. 27. 선고 2012다14562 판결의 평석을 중심으로-", 선진상사법률연구 제80호(2017), 247~274면; 이창재, "항공연계 복합운송의 현황과 손해배상책임 -대법원 2014. 11. 27. 선고 2012다14562 판결을 중심으로-", 항공우주정책·법학회지 제31권 제1호(2016. 6.), 3~36면.

였음을 이유로 그 보험조건을 적하보험계약의 내용으로 삼지 않기로 하고, 2009. 6. 9. VC에 보험금으로 미화 29,862.80달러(위 부족분 상당 가액에 부가가치세를 포함한 가액)를 지급하였다.

(4) 이 사건 운송계약 당시 작성되어 송하인에게 교부된 항공화물운송장의 뒷면에 계약조건(Conditions of Contract)이 기재되어 있는데, 위 계약조건에 피고의 책임제한(Limitation of Liability)과 관련하여 "바르샤바협약 등의 국제조약이나 법률 등이 적용되지 않을 경우, 송하인이 고가의 신고를 하고 소정의 추가 요금을 지불하지 않는다면, 피고의 책임은 위 항공화물운송장에 의하여 운송물당 미화 100달러 또는 1파운드당 미화 9.07달러(kg당 미화 20달러) 중 더 큰 금액으로 제한된다"는 취지의 규정이 있다.

(5) 이 사건 항공화물운송장의 수하물정보란에 '포장 1개, 무게 11.5kg, 화물명세 쥬얼리 18K Gold, 가액 미화 139,217.50달러'라는 기재가 있으나, 운송료를 지급하기로 한 VC는 피고에게 고가(高價) 화물에 대한 요금이 아닌 일반요금만을 운송료로 지급하였다.

(6) 이 사건 화물은 VC가 중국 칭다오에 있는 업체로부터 수입하기 위하여 운송되는 것이었는데, 인천공항을 통관한 후 VC에 배달되는 육상운송구간에서 그 내용물 일부를 도난당하였다.

## Ⅱ. 참조 조문

### 1. 몬트리올 협약

**제18조(화물에 대한 손해)**

1. 운송인은 화물의 파괴, 분실 또는 손상으로 인한 손해에 대하여 손해를 야기한 사고가 항공운송 중에 발생하였을 경우에 한하여 책임을 진다.
3. 본 조 제1항의 의미상 항공운송은 화물이 운송인의 관리하에 있는 기간도 포함된다.
4. 항공운송의 기간에는 공항 외부에서 행한 육상, 해상운송 또는

내륙수로운송은 포함되지 아니한다. 그러나 그러한 운송이 항공운송계약을 이행함에 있어서, 화물의 적재, 인도 또는 환적을 목적으로 하여 행하여졌을 때에는 반증이 없는 한 어떠한 손해도 항공운송 중에 발생한 사고의 결과라고 추정된다.

**제22조(연착, 수하물 및 화물과 관련한 배상책임의 한도)**

3. 화물의 운송에 있어서 화물의 파괴, 분실, 손상 또는 연착이 발생한 경우 운송인의 책임은 1kg당 17SDR로 제한된다. 단, 송하인이 화물을 운송인에게 인도할 때에 도착지에서 인도시 이익에 관한 특별신고를 하고 필요에 따라 추가요금을 지급한 경우에는 그러하지 아니하다.

**제29조(청구의 기초)**

여객, 수하물 및 화물의 운송에서 손해에 관한 어떠한 소송이든지 이 협약, 계약, 불법행위 또는 기타 어떠한 사항에 근거하는지 여부를 불문하고, 소를 제기할 권리를 가지는 자와 그들 각각의 권리에 관한 문제를 침해함이 없이, 이 협약에 규정되어 있는 조건 및 책임한도에 따르는 경우에만 제기될 수 있다. 어떠한 소송에 있어서도 징벌적 배상 또는 비보상적 배상은 회복되지 아니한다.

**제38조(복합운송)**

1. 운송이 항공과 다른 운송형식에 의하여 부분적으로 행하여지는 복합운송의 경우에는 이 협약의 규정들은, 제18조 제4항을 조건으로 하여 항공운송에 대하여만 적용된다.

## 2. 상 법

**제54조(상사법정이율)** 상행위로 인한 채무의 법정이율은 연 6푼으로 한다.

**제146조(운송인의 책임소멸)** ① 운송인의 책임은 수하인 또는 화물상환증 소지인이 유보없이 운송물을 수령하고 운임 기타의 비용을 지급한 때에는 소멸한다. 그러나 운송물에 즉시 발견할 수 없는 훼손 또는 일부 멸실이 있는 경우에 운송물을 수령한 날로부터 2주간내에 운송인에게 그 통지를 발송한 때에는 그러하지 아니하다.

② 전항의 규정은 운송인 또는 그 사용인이 악의인 경우에는 적용하

지 아니한다.

**제682조(제3자에 대한 보험대위)** ① 손해가 제3자의 행위로 인하여 발생한 경우에 보험금을 지급한 보험자는 그 지급한 금액의 한도에서 그 제3자에 대한 보험계약자 또는 피보험자의 권리를 취득한다. 다만, 보험자가 보상할 보험금의 일부를 지급한 경우에는 피보험자의 권리를 침해하지 아니하는 범위에서 그 권리를 행사할 수 있다.

② 보험계약자나 피보험자의 제1항에 따른 권리가 그와 생계를 같이 하는 가족에 대한 것인 경우 보험자는 그 권리를 취득하지 못한다. 다만, 손해가 그 가족의 고의로 인하여 발생한 경우에는 그러하지 아니하다.

**제816조(복합운송인의 책임)** ① 운송인이 인수한 운송에 해상 외의 운송구간이 포함된 경우 운송인은 손해가 발생한 운송구간에 적용될 법에 따라 책임을 진다.

② 어느 운송구간에서 손해가 발생하였는지 불분명한 경우 또는 손해의 발생이 성질상 특정한 지역으로 한정되지 아니하는 경우에는 운송인은 운송거리가 가장 긴 구간에 적용되는 법에 따라 책임을 진다. 다만, 운송거리가 같거나 가장 긴 구간을 정할 수 없는 경우에는 운임이 가장 비싼 구간에 적용되는 법에 따라 책임을 진다.

## Ⅲ. 판시사항

(1) 상법 제682조에서 정한 제3자에 대한 보험자대위가 인정되기 위하여는 보험자가 피보험자에게 보험금을 지급할 책임이 있는 경우이어야 한다. 보험자가 보험약관에 정하여져 있는 중요한 내용에 해당하는 면책약관에 대한 설명의무를 위반하여 약관의 규제에 관한 법률 제3조 제4항에 따라 해당 면책약관을 계약의 내용으로 주장하지 못하고 보험금을 지급하게 되었더라도, 이는 보험자가 피보험자에게 보험금을 지급할 책임이 있는 경우에 해당하므로 보험자는 보험자대위를 할 수 있다.

(2) 운송계약 당시 작성하여 송하인에게 교부한 항공화물운송장에 기재된 운송인의 책임제한에 관한 계약조건은 약관으로서 항공운송과 육상

운송이 결합된 위 운송계약의 내용을 이루므로, 적용 범위를 제한하는 특별한 규정이 없는 한 위 책임제한 규정이 육상운송구간을 포함한 운송계약 전반에 적용된다.

(3) 상법 제54조의 상사법정이율이 적용되는 '상행위로 인한 채무'에는 상행위로 인하여 직접 생긴 채무뿐만 아니라 그와 동일성이 있는 채무 또는 그 변형으로 인정되는 채무도 포함된다.

## Ⅳ. 해 설

### 1. 복합운송

#### 가. 의 의

(1) 복합운송(multimodal carriage of goods)이란 운송물을 육상운송, 해상운송, 항공운송 중 적어도 두 가지 이상의 서로 다른 운송수단을 결합하여 운송을 수행하는 것을 말한다. 물류정책기본법은 물류의 범위를 기존에 재화의 운송·보관·하역 등을 중심으로 하는 물적 유통에 한정하였던 것을 재화의 조달·생산·소비 및 회수·폐기에 이르기까지의 전 과정을 포괄하는 것으로 확장하고(제2조 제1항 제1호), 구 화물유통촉진법상 복합운송주선인을 국제물류주선업자로 본다고 규정하고 있다(부칙 제7조 제1항). 위 법 시행규칙에 의하면 국제물류주선업자는 자기의 이름으로 선하증권과 항공화물운송장을 발행할 수 있으므로(제5조 제2항 제2호 참조), 국제물류주선업자가 자기 명의로 운송계약을 체결하고 운송을 인수하는 경우에는 복합운송인의 지위를 취득하여 해당 운송계약에 따른 권리·의무의 주체가 된다. 이처럼 당사자 사이에 복합운송뿐만 아니라 항만 양·적하, 보관 및 이동, 나아가 물류정보의 활용 등 일체의 물류 관련 활동을 포함하는 내용의 종합물류운영에 관한 계약을 체결한 경우에 가장 핵심이 되는 요소는 복합운송으로 보아야 한다.[2)]

(2) 1980년 '국제연합무역개발회의(UNCTAD)'의 주도로 만들어진 UN

---

2) 대법원 2019. 7. 10. 선고 2019다213009 판결.

국제복합물건운송협약(Convention on International Multimodal Transport of Goods)은 아직 비준국 수가 12개국에 미치지 못하여 효력이 발생되지 않고 있다.[3] 한편 1996년부터 UNCITRAL과 CMI(Comite Maritime International, 만국해법회)는 국제해상물품운송에 관한 규칙의 통일을 마련하기 위하여 작업반을 구성하여 2008년 UNCITRAL 총회에서 '전 해상구간 또는 일부 해상구간의 물품운송에 관한 UN 협약(UN Convention on the contract of international carriage of goods wholly or partly sea)'을 성안하였다.

(3) 한편 바르샤바 협약 제31조는 복합운송에서 항공운송에 관한 협약 규정은 항공운송구간에 대해서만 적용한다는 점을 명시하였다. 또한 몬트리올 협약 제38조도 내용이 동일하다.

### 나. 복합운송의 특징[4]

#### (1) 운송계약의 단일

운송에 대한 모든 책임이 복합운송인에게 집중되기 때문에 송하인은 복합운송인을 상대로 계약을 체결하면 되고, 복합운송인이 그 운송의무를 이행하기 위하여 각 구간운송인과 체결하는 하수급운송계약은 복합운송계약과는 무관하기 때문에 송하인은 이에 관여할 필요가 없다.

#### (2) 복합운송인에 의한 전체 운송의 인수

복합운송인이 전책임을 인수한다는 것은 반드시 복합운송인에 의하여 전체 운송이 실행되어야 한다는 것을 의미하는 것은 아니다. 오히려 운송의 어느 한 구간도 복합운송인 자신에 의하여 이행되지 않는 경우가 허다

---

3) Article 1.1. International multimodal transport means the carriage of goods by at least two different modes of transport on the basis of a multimodal transport contract from a place in one country at which the goods are taken in charge by the multimodal transport operator to a place designated for delivery situated in a different country.

4) 김용철, "복합운송에서 생긴 손해의 발생구간이 불분명한 경우, 운송인의 손해배상책임에 대하여 상법 제146조 제1항이 적용되는지 여부", 대법원판례해설 제81호(2010), 361~362면.

하다. 따라서 누가 사실상 운송을 실행하느냐에 관계없이 복합운송인이 전체 운송에 대한 책임을 떠맡는 것이 복합운송에서는 중요하다.

(3) 운송수단의 다양성

각각 다른 법규의 규제를 받는 여러 운송수단에 의하여 운송되어야 한다.

(4) 단일화된 운임

복합운송은 운송의 대가로 각 구간마다 분할된 것이 아닌, 전 운송구간의 단일화된 운임을 설정한다.

(5) 복합운송증권발행의 필요성

복합운송이 되려면 복합운송인이 화주에 대하여 전 운송구간을 담당하는 유가증권으로서 복합운송증권(Multimodal Transport B/L, FIATA[5] 표준양식으로 발행되는 FBL가 이에 해당한다)이 발행되어야 한다. 복합운송증권은 1인의 운송인이 이종의 운송수단에 의하여 전구간의 운송을 인수하고 발행한 것으로서 1인의 운송인이 전구간의 운송에 대하여 책임을 지므로, 일부의 구간에 대하여만 운송인이 책임을 지고 기타 구간에 대하여는 송하인의 대리인이나 운송주선인에 불과한 내용의 증권은 복합운송증권이라 할 수 없다.

### 다. 사고발생구간의 확정

(1) 복합운송 과정에서 운송물의 멸실·훼손 등으로 인하여 손해가 발생한 경우에 운송인에게 어느 운송수단에 적용되는 법에 따라 책임을 물을 것인지가 문제된다. 복합운송인의 책임에 관하여 상법은 손해가 발생한 운송구간에 적용될 법에 따라 책임을 지도록 규정한다(상법 제816조 제1항). 그리고 어느 운송구간에서 손해가 발생하였는지 불분명한 경우 또는 손해의 발생이 성질상 특정한 지역으로 한정되지 아니하는 경우에는 운송

---

5) International Federation of Freight Forwarder Association으로 국제운송주선인협회로 번역된다.

인은 운송거리가 가장 긴 구간에 적용되는 법에 따라 책임을 지되, 운송거리가 같거나 가장 긴 구간을 정할 수 없는 경우에는 운임이 가장 비싼 구간에 적용되는 법에 따라 책임을 진다고 규정한다(제2항).[6)]

(2) 따라서 손해가 발생한 운송구간이 불분명하거나 그 성질상 특정한 지역으로 한정할 수 없는 경우, 해상운송구간이 가장 길다면 해상운송에 관한 규정을 적용하여야 한다.[7)] 피고 S 주식회사가 속한 H컨소시엄은 주로 완도항과 녹동항을 통하여 호남권과 수도권 일부 지역에 물량을 운송하였는데, 각 항구에서 가장 가까운 물류센터를 제외하고는 육상운송 거리가 해상운송 거리를 초과하므로, H컨소시엄에 대하여는 육상운송구간에 적용되는 법에 따라 판단하여야 한다.[8)]

### 라. 대상사안에서 사고발생구간

(1) VC는 피고와 사이에, 이 사건 화물을 중국 칭다오 소재 제모피아 공장에서 서울 용산 소재 VC 사무실까지 운송하여 줄 것을 의뢰하는 운송계약을 체결하였는바, 위 운송계약은 몬트리올 협약이 피고의 약관이나 민법 및 상법에 우선하여 적용되는 국제항공운송계약에 해당한다. 이 사건 운송은 항공과 육상 운송이 결합된 복합운송이므로, 위 협약 제18조 제4항 및 제38조 제1항에 따라 항공운송계약을 이행함에 있어, 화물의 적재·인도·환적을 목적으로 하여 행하여졌을 때에는 반증이 없는 한 어떠한 손해도 항공운송 중에 발생한 사고의 결과라고 추정된다.

(2) 피고가 VC로부터 이 사건 화물을 인도받을 당시 종이상자 양쪽 끝에 피피밴드가 둘러져 있었는데 피피밴드의 재질 및 강도에 비추어 이를 절단하는 등 훼손하지 않고서는 종이상자와 철제상자로 이중 포장된 위 화물 안의 보석을 가져가는 것은 불가능해 보이는 점, 이 사건 화물의

---

6) 손해가 발생한 운송구간이 불분명한 경우 학설상으로는 (i) 최후 구간에서 손해가 발생한 것으로 추정하는 견해, (ii) 최장 구간에서 손해가 발생한 것으로 추정하는 견해, (iii) 증명책임 분배에 의하여 형식적으로 해결하려는 견해 등으로 나누어진다. 김용철, 365~366면.

7) 대법원 2019. 7. 10. 선고 2019다213009 판결.

8) 대법원 2019. 7. 10. 선고 2019다213009 판결.

출발지나 도착지에서 세관 검사 당시 종이상자의 개방은 없었고, 인천공항 통관 당시에 찍힌 영상에 의하면 종이상자에 여전히 피피밴드가 둘러져 있었던 점 등에 비추어 보면, 이 사건 도난사고가 인천공항 통관 후 수하인에게 배달되는 육상운송구간에서 발생하였다고 보아야 하므로, 몬트리올 협약 제18조 제4항에 의한 항공운송 중에 발생한 사고라는 추정이 깨어졌다.[9)]

(3) 해상운송의 경우에는 상법 제814조에서 운송인의 송하인 또는 수하인에 대한 채무는 운송인이 수하인에게 운송물을 인도한 날 등으로부터 1년 내에 재판상 청구가 없으면 소멸하도록 하고 이를 당사자의 합의에 의하여 연장할 수 있으나 단축할 수는 없도록 규정하고 있는 반면에, 육상운송의 경우에는 상법 제147조, 제121조에 따라 운송인의 책임은 수하인이 운송물을 수령한 날로부터 1년을 경과하면 소멸시효가 완성하고 이는 당사자의 합의에 의하여 연장하거나 단축할 수 있는 점, 복합운송의 손해발생구간이 육상운송구간임이 명백한 경우에도 해상운송에 관한 규정을 적용하면 복합운송인이 그 구간에 대하여 하수급운송인으로 하여금 운송하게 한 경우에 하수급운송인과 복합운송인 사이에는 육상운송에 관한 법률이 적용되는 것과 균형이 맞지 않게 되는 점 등을 고려하면, 복합운송에서 손해발생구간이 육상운송구간임이 명백한 경우에는 복합운송증권에서 정하고 있는 9개월의 제소기간은 강행법규에 저촉되지 아니하는 것으로서 유효하다.[10)]

## 2. 육상운송구간에서 손해가 발생한 경우 몬트리올 협약의 적용 여부

### 가. 문제의 소재

대상사안에서 원심은 손해가 육상운송구간에서 발생하였으므로 몬트리올 협약이 적용되지 않는다고 판단하였고, 대법원은 항공운송장 이면약관의 내용을 계약의 내용으로 보아 항공운송계약의 성립을 긍정하면서 몬트

---

9) 항공운송 중 멸실이 불분명한 경우 항공보험상 청구를 기각한 사례로는 서울남부지방법원 2018. 7. 10. 선고 2016가단261308 판결.

10) 대법원 2009. 8. 20. 선고 2008다58978 판결.

리올 협약의 적용은 부정하였다. 그런데 몬트리올 협약 제18조는 항공운송은 화물이 운송인의 관리하에 있는 기간도 포함되고(제3항), 항공운송의 기간에는 공항 외부에서 행한 육상, 해상운송 또는 내륙수로운송은 포함되지 아니하지만 그러한 운송이 항공운송계약을 이행함에 있어서 화물의 적재, 인도 또는 환적을 목적으로 하여 행하여졌을 때에는 반증이 없는 한 어떠한 손해도 항공운송 중에 발생한 사고의 결과라고 추정된다(제4항)고 규정하고 있다. 만약 육상운송이 항공운송의 계약 이행시 화물의 적재·인도·환적을 목적으로 하여 행하여진 것이라면, 항공운송 중에 발생한 사고의 결과라고 추정될 수 있고, 이 경우 몬트리올 협약이 적용된다.

### 나. Victoria Sales Corp. v. Emery Air Freight, Inc., 917 F.2d 705 (1990)

이 사건의 화물은 네덜란드 스키폴 공항에서 미국 JFK 공항까지 항공운송 된 후 JFK공항으로부터 1/4마일 떨어진 공항 외부의 피고 운송인의 창고로 운반되었는데, 그곳에서 화물이 분실되었고 이에 관한 손해배상 청구 소송에서 피고 운송인이 바르샤바 협약상 책임제한액을 주장할 수 있을지 여부가 문제되었다. 다수의견은 협약에 규정된 '그러한 운송'이 실질적인 공중운송만을 의미하는 것은 아니지만, 항공 이외 다른 수단에 의한 운송에 바르샤바 협약이 적용되기 위해서는 그러한 운송이 최소한 '공항의 경계 내'에서 이루어져야 한다며 그 범위를 대단히 좁게 해석하였다. 즉 항공화물의 적재·인도·환적을 위하여 육상·해상·내륙수로 운송이 사용될 수 있지만, 이는 어디까지나 공항이라는 경계 이내라는 제한하에서만 유효하다고 판단하였다. 결과적으로 대상사안은 바르샤바 협약의 적용을 받지 못하게 되었고, 운송인은 책임제한규정을 원용할 수 없었다.

### 다. 몬트리올 협약이 적용된다는 견해[11)]

몬트리올 협약 제18조 제4항은 항공연계 복합운송의 가능성을 선언한 조항으로 해석될 수 있다. 이때 항공운송계약의 이행을 위한 육상·해상·

11) 이창재, 20~23면.

내륙수로 운송은 항공운송계약이라는 주된 계약에 부속하는 하수(下受) 운송으로서 종된 계약이라고 보아야 한다. 따라서 그와 같은 육상·해상·내륙수로 운송기간도 당연히 항공운송인의 관리가능 기간인 항공운송 기간 내에 포함되어야 한다. 대상사안에서도 아래와 같은 점을 감안하면 몬트리올 협약이 적용되어야 한다.

(1) 본 사안에서 화주와 피고 항공운송인 간에는 하나의 항공운송계약이 체결되었다. 따라서 피고 항공운송인의 관리하에 있는 기간 동안 발생한 화물손해는 비록 손해의 발생이 육상운송구간이었다고 하더라도 여전히 계약당사자인 항공운송인이 간접점유를 유지하던 기간 중에 발생한 손해였으므로, 항공운송계약의 이행기간 중에 발생한 손해로 보아야 한다.[12)]

(2) 협약 제18조의 해석상 '항공운송인의 관리하에 있는 기간'에는 공항의 경계 여부를 묻지 않고 화물의 적재·인도 또는 환적을 목적으로 이종의 운송수단을 항공운송계약의 이행을 위하여 사용한 기간도 포함되는 것으로 해석하여야 한다.

(3) 항공연계 복합운송에서 손해발생의 원인이 명확히 규정되지 않은 경우 이를 항공운송구간에서 발생한 손해로 추정하는 협약 제18조 제4항에 대해, 손해가 항공운송이 아닌 육상운송 구간에서 발생하였다는 사실만으로 항공운송규범이 적용되지 않는다고 해석하는 것은 다소 성급한 측면이 있다. 이때에는 구체적인 계약체결 정황을 파악하여 항공운송 규범의 적용여부가 판단되어야 할 것이다. 예를 들면 화주가 한 명의 항공운송인과 하나의 항공운송계약을 체결하였고, 그러한 계약의 이행과정에서 육상운송 중 발생한 손해에 대해서는 제18조 제4항의 규정에도 불구하고 항공운송 규범이 적용되어야 할 것이다.

(4) 따라서 대상사안에서 화주는 피고 운송인과 하나의 항공운송계약을 체결하여 항공운송장을 작성하였으며, 인천공항에 도착된 화물은 인도(delivery)를 목적으로 서울 용산에 위치한 최종 목적지까지 육상운송되었

12) 항공운송인이 운송물을 송하인으로부터 인도받아 항공운송한 후 수하인에게 인도하기 전까지, 즉 항공운송인이 운송물을 점유·관리하고 있는 동안은 위 운송물은 개정 바르샤바 협약 소정의 '항공운송 중'에 있는 운송물이라고 봄이 상당하다. 서울지방법원 1996. 11. 28. 선고 96가합5709 판결.

다. 이는 전체적인 항공운송계약의 이행과정 중에서 발생한 손해라고 보아야 할 것이다. 대법원이 하급심과 달리 본 사안에 항공운송계약에 사용된 항공운송장의 이면약관에 따라 피고운송인의 손해배상책임이 규율되어야 한다고 판단한 점은 이러한 측면에서 부분적으로 타당한 것으로 보인다. 다만 손해가 발생한 육상운송구간이 여전히 항공운송계약의 이행과정임을 감안한다면, 본 사안은 운송장 이면약관에 우선하여 몬트리올 협약이 적용되어야 할 사안이었다.

### 라. 검 토

대법원은 육상운송구간에서 손해가 발생한 것이 명백한 경우에는 항공운송계약의 이행과정 중이라 하더라도 몬트리올 협약의 적용대상이 아니라고 판단하였다.[13] 이는 Victoria Sales Corp. v. Emery Air Freight, Inc. 판결의 판시내용과 그 취지가 동일하다.

## 3. 대법원 2009. 8. 20. 선고 2007다87016 판결[14]

상법 제146조 제1항은 "운송인의 책임은 수하인 또는 화물상환증 소지인이 유보없이 운송물을 수령하고 운임 기타의 비용을 지급한 때에는 소멸한다. 그러나 운송물에 즉시 발견할 수 없는 훼손 또는 일부 멸실이 있는 경우에 운송물을 수령한 날로부터 2주간내에 운송인에게 그 통지를 발송한 때에는 그러하지 아니하다"라고 규정하고 있다. 위 판결에서는 복합운송에서 생긴 손해의 발생구간이 불분명한 경우, 운송인의 손해배상책임에 대하여 상법 제146조 제1항이 적용되는지 여부가 문제되었다.

### 가. 인정사실

(1) 원고는 미국 캔자스 전력청(KBPU)과 변압기(Power Transformer) 2

---

13) 화물이 김포공항을 벗어나 보세장치장에 반입됨으로써 항공운송은 종료되었다고 판시한 사례로는 대법원 2004. 7. 22. 선고 2001다67164 판결.

14) 이에 대한 평석은 김용철, "복합운송에서 생긴 손해의 발생구간이 불분명한 경우, 운송인의 손해배상책임에 대하여 상법 제146조 제1항이 적용되는지 여부", 대법원판례해설 제81호(2010), 356~378면.

대를 제조·수출하는 계약을 체결하고, 2004. 3. 29.부터 2004. 4. 3.까지 수입자 지정 검사관 Richard D. Benett의 참여하에 위 변압기에 대하여 절연 저항 테스트(Insulation Resistance Test) 등을 포함한 품질검사를 실시하였는데, 외관상 손상이나 기능상 하자가 발견되지 않아 합격 판정을 받았다.

(2) 원고는 2004. 4. 9. 피고와 위 변압기 2대를 원고 본사인 인천에서 미국 캔자스시티까지(인천에서 마산항까지는 육상으로, 마산항에서 미국 휴스턴항까지는 해상으로, 휴스턴항에서 캔자스시티까지는 육상으로) 운송하기로 하는 해상운송계약을 체결하였다. 원고는 2004. 4. 10. 위 변압기 2대의 운송상 위험을 담보하기 위하여 보험회사(원고의 승계참가인, 이하 '보험회사')와 해상운송, 육상운송 구간 전부를 부보하는 해상적하보험계약을 체결하였다.

(3) 피고는 2004. 4. 10.경 원고 인천 본사에서 위 변압기 2대를 인도받아, 2004. 4. 14. 마산항에 이르기까지 육상운송하였고, Rickmerce Shanghai호에 선적하여 2004. 5. 12.경 휴스턴항까지 해상운송하였으며, 휴스턴항에서 2004. 5. 21. 최종목적지인 미국 캔자스시티 소재 전력청에 이르러 캔자스 전력청의 John Holmgren이 인수하기까지 Lonestar Transportaion, Inc.를 통해 육상운송하였다. 캔자스 전력청은 인수한 당일인 2004. 5. 21. 위 변압기에 대하여 중심 지반 절연(core ground insulation)에 관한 설치전 검사를 실시하였는데, 변압기 중 1대가 작동할 수 있는 상태가 아님이 발견되었다.

(4) 위 변압기에 설치된 충격 기록기에 의하면, 2004. 4. 11. 8:40경 이 사건 목적물의 세로(Y)축 방향으로 2.55G의 충격이 가해진 것으로 위 충격 기록기에 기록되어 있다[변압기의 경우 충격의 허용 기준은 X축은 1G, Y축은 2G, Z축은 3G(G는 중력 가속도이고, Y축은 차량 등 운송수단의 진행 방향과 일치하는 축으로, Y축의 허용 기준은 차량의 과속·급정거 사례가 발생되었는지를 확인하기 위한 것임)이며, 기준치 이상의 충격이 가해질 경우 외형상 손상이 나타나지 않더라도 내부 권선 변형, 각종 연결 부위 손상 등으로 운전시 제 기능 유지에 심각한 영향을 미칠 수 있다].

(5) 2004. 7. 23. TM Claims Service의 Scott Cramor와 SGS Marine Services(이하 'SGS'), Engineering Design & Testing Corporation, 캔자스 전력청이 함께 참여한 검사 결과, SGS는 2004. 7. 28. 위 검사 결과를 토대로, (i) 이 사건 목적물의 외관상 손상은 운송 중에 발생한 것이 분명하고, (ii) 변압기 내부의 트랜스포머 코일(internal transformer coils)이 짧아지는 손상이 발생한 것은 운송과정 중에 일어난 것으로 가정하는 것이 합리적이라고 TM Claims Service에게 보고하였다.

(6) 새한 해상보험 손해사정 주식회사의 해상보험 손해사정인은 2004. 7. 30. 원고 소속 기술자의 출장보고서에서 "절연저항 불량(육안으로 확인하기 어려운 상황이나 단판절연물의 폭이 좁아지고 한쪽으로 편심되어 있는 상태임), 베이스 및 연결 후렌지 변형 발생, 패널 외함 일부 변형, 뚜껑 위 안전가이드 레일좌 변형 발생, gas & water in monitor 상단부 찌그러짐 등의 손상이 발견되었고, SGS의 보고서에서 이러한 손상은 운송 중 충격으로 손상이 발생한 것으로 보고 있음을 전제로, 운송 전 이 사건 목적물에 대하여 기능테스트를 거쳐 화물의 손상이 없음이 확인되었고, 충격기록기상 운송 중 충격이 있었던 점 등을 이유로 이 사건 목적물에 대한 보험 보상이 되어야 한다"고 보험회사에 보고하였다.

(7) 스코트 크레이머는 이 사건 목적물에 대한 조사 결과에 대하여 2004. 8. 4. (i) 로컬 컨트롤 패널(local control panel)의 끝부분에 위치한 서지 프로텍션 커넥션 튜브(sergi protection connection tube)에 충격에 의한 손상이 있고, (ii) 이 사건 목적물은 중심 지반 절연 테스트(core ground insulation test)를 통과하지 못했으며, (iii) 내부 변압기 중심층에서 비정상적인 구부러짐이 발견되었으며, 절연 테스트 실패의 원인은 변압기 중심을 해체하면 드러날 것이라고 에스지에스에 통보하였다.

(8) 원고는 이 사건 목적물을 다시 국내로 반입한 다음, 2005. 1. 20. 이 사건 목적물에 대한 수리를 완료하였는데, 2005. 5. 20. 그 수리 결과 보고서에서 이 사건 목적물은 운송 중 취급 부주의 및 충격으로 인하여 변압기 부품 손상 및 내부 철심 변형으로 코어(core) 절연 저항값 불량이 발생한 것으로 판단하였다. 원고가 목적물에 대한 수리비 및 운송비 등으로

지출한 금액은 274,435,004원이며, 보험회사는 2005. 7. 18.경 원고와의 위 보험계약에 기하여 원고에게 보험금으로 257,172,947원을 지급하였다.

### 나. 상법 제146조 제1항의 적용 여부

복합운송의 경우에는 일반적으로 해상운송을 주로 하여 육상운송이나 항공운송이 결합되어 운송이 이루어지고 있는데, 만일 복합운송에서 발생한 운송인의 손해배상책임에 대하여, 손해발생구간이 명확히 육상운송구간임이 밝혀진 경우에는 별론으로 하더라도 적어도 그 손해발생구간이 어느 구간인지 불분명한 경우에도 불구하고 상법 제146조 제1항이 적용된다고 하면, 실질적으로 손해발생이 해상운송구간에서 발생되었을 가능성이 있음에도 강행규정인 상법 제804조 제1항, 제2항의 적용이 배제되어 수하인으로서는 운송인에게 귀책이 있는 사유로 하자가 발생한 것을 증명하여 운송물이 멸실 또는 훼손 없이 수하인에게 인도되었다는 추정을 번복할 수 있는 기회를 박탈당하고 운송인의 책임을 추궁할 수 없게 되어 불합리하므로, 손해발생구간이 불분명한 경우에는 상법 제146조 제1항은 적용이 되지 않는 것으로 해석하여야 한다.

## 4. 보험자대위

### 가. 제3자에 대한 보험자대위

상법 제682조에서 정한 제3자에 대한 보험자대위가 인정되기 위하여는 보험자가 피보험자에게 보험금을 지급할 책임이 있는 경우이어야 한다.[15] 보험자가 보험약관에 정하여져 있는 중요한 내용에 해당하는 면책약관에 대한 설명의무를 위반함으로 인하여 약관의 규제에 관한 법률 제3조 제4항에 따라 해당 면책약관을 계약의 내용으로 주장하지 못하고 보험금을 지급하게 되었더라도, 이는 보험자가 피보험자에게 보험금을 지급할 책임이 있는 경우에 해당하므로 보험자는 보험자대위를 할 수 있다.

---

15) 대법원 2009. 10. 15. 선고 2009다48602 판결.

### 나. 대상사안의 검토

(1) VC는 이 사건 화물을 수령한 직후 누군가 운송 과정에서 이 사건 화물이 들어 있던 철제상자와 종이상자를 훼손하고 화물 중 귀금속 780개 미화 27,148달러 상당을 절취한 사실을 발견하고 원고에게 보험금 지급을 청구하였다. 이에 따라 원고는 보험조건 부합 여부에 관하여 심사한 결과, 이 사건 보험조건 및 그 위반 시의 효과를 VC에 제대로 설명하지 아니하였음을 이유로 그 보험조건을 적하보험계약의 내용으로 삼지 않기로 하고, 2009. 6. 9. VC에 보험금으로 미화 29,862.80달러를 지급하였다.

(2) 원고는 면책약관에 대한 설명의무를 위반하여 해당 면책약관을 계약의 내용으로 주장할 수 없게 됨으로써 피보험자인 VC에 보험금을 지급할 책임이 있었던 것이므로, 적법하게 보험자대위를 할 수 있다.

## 5. 약관상 책임제한 규정이 운송계약 전반에 적용되는지 여부

(1) 이 사건 항공화물운송장 뒷면에 기재된 책임제한에 관한 계약조건은 약관으로서 항공운송과 육상운송이 결합된 이 사건 운송계약의 내용을 이룬다. 그 적용 범위를 제한하는 특별한 규정이 없는 한, 위 책임제한 규정은 육상운송구간을 포함한 이 사건 운송계약 전반에 적용된다.

(2) 따라서 비록 이 사건 도난사고가 육상운송구간에서 발생하였다고 하더라도 이 사건 화물에 대하여 고가물로 신고되고 또한 소정의 추가요금이 지불되지 않았다면 피고의 책임은 위 계약조건에 정해진 범위내로 제한된다.

## 6. 상사법정이율의 적용범위

(1) 상법 제54조의 상사법정이율이 적용되는 '상행위로 인한 채무'에는 상행위로 인하여 직접 생긴 채무뿐만 아니라 그와 동일성이 있는 채무 또는 그 변형으로 인정되는 채무도 포함된다.

(2) 이 사건 운송계약은 상인인 피고가 영업으로 하는 상행위에 해당

하고, 원고는 VC의 피고에 대한 운송계약상의 채무불이행을 원인으로 한 손해배상청구권을 대위행사하고 있으므로, 그 지연손해금은 민사법정이율이 아닌 상법 제54조가 정한 연 6%의 상사법정이율을 적용하여 산정하여야 한다.

# [47] 운송물이 훼손·연착된 경우 서면에 의한 이의제기

서울지방법원 1998. 7. 7. 선고 98나7048 판결

## Ⅰ. 사실관계

(1) 주식회사 D 인터내셔날은 1996. 3.경 호주에 있는 사슴 수출업체인 디어링크 피티와이 리미티드(Deerlink Pty Ltd. 이하 '디어링크')로부터 사슴 659마리를 수입하기로 하고, 그 무렵 원고 H화재해상보험과 보험가액을 120,674,400원, 273,672,300원, 120,674,400원으로 한 3건의 사슴에 관한 항공적하보험계약을 체결하였다.

(2) 디어링크는 피고 Q항공이 운행하는 항공기를 통하여 사슴을 국내로 운송하기 위하여 피고와 항공화물운송계약을 체결하고, 디어링크를 송하인, D를 수하인, 피고를 운송인으로 한 항공화물운송장을 발행하고 운송을 위하여 사슴을 피고에게 인도하였다.

(3) 사슴은 모두 건강에 별다른 이상이 없는 상태에서 디어링크로부터 피고에게 인도되어, 피고에 의하여 1996. 4. 1. 시드니 공항을 출발, 4. 2. 김포공항에 도착하였다. 그중 38마리가 검역장에 도착하기 이전에 이미 폐사하였고, 6마리는 검역을 마친 직후 또는 국내운송 중에 폐사하였다. 사슴의 폐사 원인은 대부분 항공운송 도중의 스트레스로 인한 급성 수송열이고, 일부는 장염이다.

(4) 원고는 D로부터 폐사한 사슴에 관한 보험금의 지급을 청구받고, 1996. 8. 6. 항공적하보험계약에 따라 피보험자인 D에게 운송 중 또는 늦어도 검역장에 도착하기 이전에 폐사한 사슴 38마리의 시가상당액 28,930,452원을 보험금으로 지급하였다.

(5) 원고는, 피고가 항공운송계약에 따른 채무의 내용에 좇은 이행을 하지 아니하였거나 자신 또는 그 피용자의 고의·과실로 인한 위법행위로 말미암아 사슴이 폐사하게 되었으므로, 피고는 폐사한 사슴에 관하여 D에

게 보험금을 지급함으로써 상법 제682조 소정의 보험자대위의 규정에 따라 D의 피고에 대한 손해배상청구권을 대위취득한 원고에게 그 보험금의 범위내에서 손해를 배상할 의무가 있다고 주장하였다.

## Ⅱ. 참조 조문

### 1. 개정 바르샤바 협약

**第26조**

(1) 수하인이 이의 없이 수화물 및 화물을 수령한 경우에는, 이것은 반증이 없는 한 수화물 및 화물이 양호한 상태로 또한 운송서류에 따라 인도되었다는 추정적인 증거가 된다.

(2) 훼손이 있는 경우에는, 수하인은 훼손을 발견한 후 즉시, 늦어도 수화물에 있어서는 그 수령일로부터 3일 이내에, 화물에 있어서는 그 수령일로부터 7일 이내에 운송인에게 이의를 제기하여야 한다. 연착의 경우에는 이의는 수하인이 수화물이나 화물을 처분할 수 있는 날로부터 14일 이내에 이를 제기하여야 한다.

(3) 모든 이의는 운송서류에 유보를 기재함으로써 또는 전기의 기간 내에 별개의 서면을 발송함으로써 제기되어야 한다.

(4) 소정의 기간 내에 이의를 제기하지 아니한 경우에는, 운송인에 대한 소는 운송인에게 사기가 있는 경우를 제외하고는 수리되지 아니한다.

### 2. 몬트리올 협약

**제31조(이의제기의 시한)**

1. 위탁수하물 또는 화물을 인도받을 권리를 가지고 있는 자가 이의를 제기하지 아니하고 이를 수령하였다는 것은 반증이 없는 한 위탁수하물 또는 화물이 양호한 상태로 또한 운송서류 또는 제3조 제2항 및 제4조 제2항에 언급된 기타 수단으로 보존된 기록에 따라 인도되었다는 명백한 증거가 된다.
2. 훼손의 경우, 인도받을 권리를 가지는 자는 훼손을 발견한 즉시

또한 늦어도 위탁수하물의 경우에는 수령일로부터 7일 이내에 그리고 화물의 경우에는 수령일로부터 14일 이내에 운송인에게 이의를 제기하여야 한다. 연착의 경우, 이의는 인도받을 권리를 가지는 자가 수하물 또는 화물을 처분할 수 있는 날로부터 21일 이내에 제기되어야 한다.

3. 개개의 이의는 서면으로 작성되어야 하며, 전술한 기한내에 발송하여야 한다.
4. 전술한 기한내에 이의가 제기되지 아니한 때에는 운송인에 대하여 제소할 수 없다. 단, 운송인측의 사기인 경우에는 그러하지 아니하다.

## 3. 상 법

**제916조(운송물의 일부 멸실·훼손 등에 관한 통지)** ① 수하인은 운송물의 일부 멸실 또는 훼손을 발견하면 운송물을 수령한 후 지체 없이 그 개요에 관하여 운송인에게 서면 또는 전자문서로 통지를 발송하여야 한다. 다만, 그 멸실 또는 훼손이 즉시 발견할 수 없는 것일 경우에는 수령일부터 14일 이내에 그 통지를 발송하여야 한다.

② 운송물이 연착된 경우 수하인은 운송물을 처분할 수 있는 날부터 21일 이내에 이의를 제기하여야 한다.

③ 제1항의 통지가 없는 경우에는 운송물이 멸실 또는 훼손 없이 수하인에게 인도된 것으로 추정한다.

④ 운송물에 멸실 또는 훼손이 발생하였거나 그런 것으로 의심되는 경우에는 운송인과 수하인은 서로 운송물의 검사를 위하여 필요한 편의를 제공하여야 한다.

⑤ 제1항과 제2항의 기간 내에 통지나 이의제기가 없을 경우에는 수하인은 운송인에 대하여 제소할 수 없다. 다만, 운송인 또는 그 사용인이나 대리인이 악의인 경우에는 그러하지 아니하다.

⑥ 제1항부터 제5항까지의 규정에 반하여 수하인에게 불리한 당사자 사이의 특약은 효력이 없다.

## Ⅲ. 판시사항

(1) 바르샤바 협약이 훼손의 경우에만 이의진술 절차를 두고 있고 파괴나 분실의 경우에 대하여 따로 이의진술 절차를 두지 않고 있는 것은, 파괴의 경우에는 물건의 인도 단계에서 당사자들이 물건의 파괴 사실을 비교적 쉽게 인식할 수 있고, 분실의 경우에는 물건을 인도할 수조차 없어 굳이 단기간의 이의기간을 두지 않더라도 당사자간의 법률관계를 확정하기가 용이한 반면, 훼손의 경우에는 수하인이 물건을 인도받은 후 상당한 시일이 경과하여 그 책임을 다투게 되면 책임소재를 가리기가 결코 용이하지 않고 당사자간의 법률관계도 매우 불안정해져 국제상사거래의 안정성과 신속성을 해치게 되므로, 이를 고려하여 이의자가 단기간 내에 이의를 제기하지 않으면 더 이상 다툴 수 없도록 권리를 제한한 것이라고 해석된다.

(2) 1포장단위 내에 있는 물건이 일부 멸실된 경우, 특별한 사정이 없는 한 운송인이 1포장단위 내의 물건의 일부가 훼손되었는지 여부를 명확하게 인식하고 화물을 수하인측에게 인도한다고 볼 수는 없으므로 이는 훼손으로 처리함이 타당하다.

(3) 포장단위가 여러 개 있고 그중 1개가 멸실 또는 파괴된 경우에도, 화물운송계약이 운송장에 기재되어 있는 화물단위를 기준으로 체결되고 전체적으로는 이를 기준으로 화물이 인도되는 점에 비추어, 이 역시 인도 당시에 운송인이 화물의 손상 사실을 인식할 수 없는 경우가 많을 것으로 보이므로 훼손으로 처리하는 것이 타당하다.

## Ⅳ. 해 설

### 1. 문제의 소재

#### 가. 적용규범

대상사안은 호주에서 대한민국으로 물건을 운송하는 국제항공물건운송이고, 호주에서는 1935. 10. 30.에 바르샤바 협약이 발효되었고, 1963. 8. 1. 헤이그 의정서가 발효되었으며, 대한민국에서는 1967. 10. 11. 헤이그 의정서가 발효되었으므로, 이 사건 운송에 공통적으로 적용되는 규범은 개정 바르샤바 협약이다.[1)]

### 나. 이의제기 기간

개정 바르샤바 협약 제26조에 의하면, 훼손이 있는 경우에는 수하인은 훼손을 발견한 후 즉시, 화물에 있어서는 그 수령일로부터 7일 이내에, 연착의 경우에는 수하인이 화물을 처분할 수 있는 날로부터 14일 이내에 운송인에게 이의를 제기하여야 하고(제2항), 모든 이의는 운송서류에 유보를 기재함으로써 또는 전기의 기간 내에 별개의 서면을 발송함으로써 제기되어야 하며(제3항), 소정의 기간 내에 이의를 제기하지 아니한 경우에는, 운송인에 대한 소는 운송인에게 사기가 있는 경우를 제외하고는 수리되지 아니한다(제4항).

이와 같이 화물이 훼손되거나 연착된 경우에는 서면에 의한 이의제기 기간을 두고 있으나, 화물이 멸실된 경우에는 서면에 의한 이의제기기간에 관한 규정은 존재하지 않는다. 다만 항공운송인이 제정한 운송약관에는 멸실의 경우 120일의 이의제기기간을 두고 있다.[2)]

### 다. 당사자의 주장

원고의 소 제기에 대하여, 피고는 D가 이 사건에 적용되는 바르샤바 협약 소정의 이의기간을 준수하지 아니하여 소권을 상실하였으므로 D의 권리를 대위취득하였음을 전제로 한 원고의 이 사건 소는 부적법하다고

---

1) 개정 바르샤바 협약 제1조 제2항에서 사용하고 있는 용어인 '체약국'이란 개념은 바르샤바 협약과 헤이그 의정서에 모두 가입한 국가는 물론, 대한민국과 같이 바르샤바 협약에는 가입하지 않고 있다가 헤이그 의정서에 가입함으로써 바르샤바 협약에 가입한 효력이 발생한 국가와 바르샤바 협약에는 가입하였으나 헤이그 의정서에는 아직 가입하지 아니한 국가를 모두 포함하는 것으로 보아야 한다. 대법원 1986. 7. 22. 선고 82다카1372 판결.

2) 대법원 2018. 3. 15. 선고 2017다240496 판결, 대법원 1999. 7. 13. 선고 99다8711 판결.

주장하였다. 이에 대하여 원고는 이 사건은 바르샤바 협약 소정의 이의기간을 지킬 필요가 없는 사안이라고 주장하였다. 개정 바르샤바 협약 제26조에 관하여는 대법원 1986. 7. 22. 선고 82다카1372 판결에서 자세히 설시하였으므로, 먼저 이에 관하여 살펴보기로 한다.

## 2. 훼손·연착시 서면에 의한 이의제기

### 가. 취 지[3)]

(1) 개정 바르샤바 협약 제26조 제1항의 규정은 채무불이행을 원인으로 한 손해배상청구의 소에서 하수인이 화물손괴가 있었음을 주장하는 경우 채무의 본지에 따른 이행을 하였다는 점에 관한 증명책임을 부담하는 운송인이 그 화물을 하송인(荷送人)으로부터 인도받은 상태대로 하수인(荷受人)에게 인도하였음을 증명하기가 곤란한 경우가 많음을 감안하여 하수인이 이의없이 화물을 수취한 사실 자체가 채무의 본지에 따른 이행에 대한 일응의 증거(prima facie evidence)가 됨을 규정한 것이다.

(2) 또한 개정 바르샤바 협약 제26조 제2~4항은 화물손괴에 대한 책임에 관한 소 제기의 전제요건으로서 운송인에게 사기가 없는 한 운송인이 선의이든 악의이든 하수인이 운송인에게 일정한 기간내에 적극적인 의사표시로서 서면에 의한 이의를 제기할 것을 요구하고 있는 것으로 해석된다.

### 나. 이의의 방식

(1) 모든 이의는 운송증권에 유보를 기재함으로써 또는 이의 제기기간내에 별개의 서면을 발송함으로써 진술되어야 한다(發信主義). 바르샤바 협약 제2장에서 운송증권으로 여객항공표, 수하물표, 항공운송장만을 들고 있고, 제26조 제3항이 이의의 방법으로 운송증권에 유보 이외에도 별개의 서면 발송을 규정하고 있음에 비추어 보면, 운송증권은 여객항공표와 수하물표 및 항공운송장만을 지칭하는 것으로 보아야 한다. 따라서 운송인

3) 대법원 1986. 7. 22. 선고 82다카1372 판결.

의 직원이 화물의 일부에 이상이 있음을 확인하고 그 확인서를 작성하여 창고측에 교부한 것만으로는 하수인이 운송증권에 이의의 유보를 기재하였다거나 별개의 서면에 의하여 적극적인 이의의 의사표시를 한 것으로 볼 수 없다.[4)]

(2) 한편 몬트리올 협약 제31조 제3항은 “개개의 이의는 서면으로 작성되어야 하며, 전술한 기한내에 발송하여야 한다”라고 규정하여, 바르샤바 협약과는 달리 운송증권에 유보를 기재하는 방식은 삭제되었다. 상법 제916조 제1항은 서면 또는 전자문서로 통지를 발송하도록 규정하고 있다. 이러한 점을 감안하면 몬트리올 협약상 서면에는 이메일 등 전자문서도 포함되는 것으로 보아야 한다.

(3) 운송인과 운송계약을 체결한 A는 화물을 수령한 날로부터 14일 이내인 2015. 7. 15. 운송인측에 “이 사건 화물 중 일부 수량에 불량품이 발견되었는데 그 원인 파악을 위해 운송 과정에서 섭씨 15도에서 25도 사이의 온도 유지 조건이 잘 지켜졌는지 확인을 부탁한다”는 취지의 이메일을 보냈다. 위 이메일은 내용상 협약이 정하는 이의제기로 볼 수 있고, A는 화물을 수령한 날로부터 14일 이내에 손상에 대해 이의를 제기하고 적법하게 소를 제기했다고 봄이 상당하다.[5)]

### 다. 운송인측에 사기가 없는 경우[6)]

(1) 화물이 김포공항 화물터미널 주식회사 창고에 반입될 당시 운송인 회사 직원이 화물의 일부에 이상이 있음을 확인하고 그 확인서를 작성하여 창고측에 교부한 경우, 운송인이 화물의 손괴 사실을 알게 되었다 하더라도 그 점만으로 곧 운송인에게 사기가 있었다고 단정할 자료로 삼을 수도 없다.

(2) H가 1980. 1. 7. 운송인으로부터 보세창고에 보관되어 있는 화물 인수에 필요한 서류를 교부받은 것이라면 화물은 같은 날 H에게 인도된

4) 대법원 1986. 7. 22. 선고 82다카1372 판결.
5) 서울중앙지방법원 2018. 9. 5. 선고 2017가합543381 판결(확정).
6) 대법원 1986. 7. 22. 선고 82다카1372 판결.

것으로 보아야 한다. H가 그때로부터 24일이나 지난 1980. 1. 31.에 이르러서야 비로소 클레임 청구를 함으로써 서면에 의한 이의를 발송한 것이라면, H는 바르샤바 협약 제26조가 규정하고 있는 소송요건을 갖추지 못하여 그 소권을 상실하였다. 따라서 H를 대위하여 화물의 손괴로 인한 손해의 배상을 구하는 원고들의 소는 부적법하다.

### 라. 현행 상법하에서 검토

현행 상법 제916조 제5항에서는 "제1항과 제2항의 기간 내에 통지나 이의제기가 없을 경우에는 수하인은 운송인에 대하여 제소할 수 없다. 다만, 운송인 또는 그 사용인이나 대리인이 악의인 경우에는 그러하지 아니하다"고 규정하여, 바르샤바 협약과 몬트리올 협약과는 달리, 운송인측의 사기뿐만 아니라 악의(惡意)인 경우에도 서면에 의한 이의 제기 요건이 적용되지 않도록 하였다. 그러므로 화물이 김포공항 화물터미널 주식회사 창고에 반입될 당시 운송인 회사 직원이 화물의 일부에 이상이 있음을 확인하고 그 확인서를 작성하여 창고측에 교부한 경우에는 운송인측이 악의라고 인정되므로, 현행 상법하에서는 소정의 기간내에 통지나 이의제기가 없더라도 수하인은 운송인을 상대로 제소할 수 있다.

## 3. 운송물의 멸실과 훼손

### 가. 의 의

개정된 바르샤바 협약은 화물이 파괴(destruction), 분실(loss)(상법에서는 파괴와 분실을 포함하는 개념인 '멸실'이라는 용어를 사용한다)에 관하여는 위와 같은 이의제기기간에 관한 규정을 두고 있지 아니하므로, 훼손이 아닌 멸실의 경우에는 소 제기의 전제요건으로서 이의제기기간 내에 서면에 의한 이의진술을 할 필요가 없다. 항공운송인이 제정한 운송약관에는 멸실의 경우 120일의 이의제기기간을 두고 있다.[7] 따라서 화물이 훼손된 것

7) 대법원 2018. 3. 15. 선고 2017다240496 판결, 대법원 1999. 7. 13. 선고 99다8711 판결.

인지, 아니면 멸실된 것인지 여부를 판단하는 것은 매우 중요하다.

### 나. 파괴, 분실, 훼손

파괴(破壞)란 물리적인 파괴뿐만 아니라 성질변경 등으로 인하여 물건을 원래의 용도에 사용할 수 없게 된 경우, 즉 물건이 부패되거나 동물이 죽어 더 이상 사용할 수 없게 된 경우를 포함한다. 분실(紛失)이란 화물이 수하인에게 인도되지 못한 것을 말하는 것으로서, 도난·유실·제3자에의 인도 등으로 인한 점유회수 불능의 경우를 의미한다. 훼손(毁損)란 물건의 물리적 하자나 물건의 고유의 성질변경으로 인하여 경제적 가치나 사용가치가 하락한 경우를 말한다.

따라서 파괴와 분실은 물건의 경제적 사용가치가 전부 상실된 경우로서, 파괴는 물건의 존재와 점유는 남아 있지만, 분실은 점유 자체를 상실한 경우이고, 훼손은 사용가치가 일부 상실되어 아직 경제적 가치가 남아 있는 경우라고 해석된다.

### 다. 판 례

(1) 경주용 그레이 하운드가 살아있는 상태에서 기적되었으나 도착지에서 사망한 것으로 밝혀진 경우에는 물건이 파괴(destruction)된 것으로 본다.[8] 멸실은 물건을 분실하여 찾을 수 없거나 물건의 소재는 알고 있으나 현실적으로 점유의 회복이 불가능한 경우도 포함된다.[9] 이와 달리 컴퓨터 웨이퍼 자체는 손상되지 않았지만, 웨이퍼가 들어 있는 컨테이너가 오염되어 웨이퍼를 회수할 수 없는 경우에는 훼손된 것으로 본다.[10]

(2) 화물의 일부 또는 화물에 포함된 물건의 파괴·분실·손상 또는 지연의 경우 운송인의 책임한도를 결정함에 있어 고려되어야 할 중량은 관련 화물의 총 중량이지만, 화물의 일부 또는 화물에 포함된 물건의 파괴·분실·손상 또는 지연이 동일한 항공운송장 또는 화물수령증에 기재되어

8) Dalton v. Delta, 570 F.2d 1244, 1247 (5th Cir. 1978).
9) Hatzlachh v. Tradewinds, 738 F.Supp. 714 (S.D.N.Y. 1990).
10) Fujitsu v. Federal Express, 247 F.3d 423, 435 (2d Cir. 2001).

있는 다른 화물의 가액에 영향을 미칠 때에는 운송인의 책임한도를 결정함에 있어 그러한 화물의 총중량도 고려되어야 한다고 하는 점(몬트리올협약 제24조 제4항) 등에 비추어, 광파거리측정기의 작동에 절대적으로 필요한 주장비인 화물이 분실됨으로써 나머지 부장비만으로는 어떠한 사용도 할 수 없게 되었으므로, 이미 배송된 수하물 중 주장비가 분실된 광파거리측정기 중 부장비도 운송인의 손해배상책임 범위에 포함된다.[11]

## 4. 대상사안의 검토

### 가. 멸실에 대한 서면이의제기 절차규정이 없는 이유

바르샤바 협약이 훼손의 경우에만 이의진술 절차를 두고 있고 파괴나 분실의 경우에 대하여 따로 이의진술 절차를 두지 않고 있는 것은, 파괴의 경우에는 물건의 인도 단계에서 당사자들이 물건의 파괴 사실을 비교적 쉽게 인식할 수 있고, 분실의 경우에는 물건을 인도할 수조차 없어 굳이 단기간의 이의기간을 두지 않더라도 당사자간의 법률관계를 확정하기가 용이한 반면, 훼손의 경우에는 수하인이 물건을 인도받은 후 상당한 시일이 경과하여 그 책임을 다투게 되면 책임소재를 가리기가 결코 용이하지 않고 당사자간의 법률관계도 매우 불안정해져 국제상사거래의 안정성과 신속성을 해치게 되므로 이를 고려하여 이의자가 단기간 내에 이의를 제기하지 않으면 더 이상 다툴 수 없도록 권리를 제한한 것이라고 해석된다.

### 나. 일부 멸실

(1) 화물의 일부만이 분실되거나 파괴된 경우, 즉 일부 분실(the loss of part of a cargo)이나 일부 파괴의 경우 훼손에 해당하는지 여부가 문제된다. 이와 같이 해석상 어려움이 따르는 화물의 일부 멸실을 훼손(damage)으로 볼 것인지에 관하여, 영국에서는 1979년 항공·육상운송법(Carriage by Air and Road Act 1979)[12]에서 "훼손은 수하물 또는 화물의

---

11) 서울중앙지방법원 2013. 9. 27. 선고 2013나16779 판결.

일부 멸실을 포함한다"라는 규정을 두어 입법적으로 해결하였다.

(2) 1포장단위 내에 있는 물건이 일부 멸실된 경우, 특별한 사정이 없는 한 운송인이 1포장단위 내의 물건의 일부가 손상되었는지 여부를 명확하게 인식하고 화물을 수하인측에게 인도한다고 볼 수는 없으므로, 이는 훼손으로 처리함이 타당하다.

(3) 포장단위가 여러 개 있고 그중 1개가 멸실 또는 파괴된 경우에도, 화물운송계약이 운송장에 기재되어 있는 화물단위를 기준으로 체결되고 전체적으로는 이를 기준으로 화물이 인도되는 점에 비추어, 역시 인도 당시에 운송인이 화물의 손상 사실을 인식할 수 없는 경우가 많을 것으로 보이므로 훼손으로 처리하는 것이 타당하다.

### 다. 운송대상 사슴 일부가 폐사한 경우

(1) 송하인인 디어링크가 발행한 항공화물운송장은 모두 6장인 반면, 운송대상 사슴 659마리는 미리 36개의 화물상자(pen)에 적재된 채로 송하인측으로부터 피고에게 인도되어 그 상태대로 운송되었다. 각 화물상자에 들어 있는 사슴 중 일부인 38마리(항공화물운송장에 기재된 화물단위의 전부 또는 1개의 화물상자에 들어 있는 사슴들 전부가 아님)가 검역장에 도착하기 이전에 이미 폐사하였다.

(2) 피고 항공기가 김포공항에 도착한 후 검역관(수의사)이 검역장에서 검사를 실시할 때까지는 약 2시간 가량이 소요되어 사슴 38마리가 항공운송 중에 폐사하였는지 아니면 그 이후 검역장에 도착하기 이전에 폐사한 것인지 정확히 알 수는 없다.

(3) 통상 항공기로 화물이 운송되는 경우 도착지에서 먼저 검역관(수의

---

12) Modification of article 26(2) of carriage by air convention

(1) In the [1961 c. 27.] Carriage by Air Act 1961, after section 4 there shall be inserted the following section－

4A Notice of partial loss

(1) In Article 26(2) the references to damage shall be construed as including loss of part of the baggage or cargo in question and the reference to the receipt of baggage or cargo shall, in relation to loss of part of it, be construed as receipt of the remainder of it.

사)이 검사를 실시하여 하역을 허가하면, 이를 화물청사내 계류장을 거쳐 김포공항 내 국립동물검역소 소속 검역계류장으로 옮긴 다음, 국립동물검역소에서 검역을 실시하여 별다른 이상이 없으면 동물검역증명서를 발급하여 수하인에게 직접 교부 또는 통지하고, 이와 같은 일련의 검사 및 검역절차에 운송인측은 입회하지 않는 것이 통례이다.

(4) 국립동물검역소는 1996. 4. 16. 검역 당시까지 살아 있던 사슴 621마리에 대한 검역증명서를 발급하였는데, 여기에 폐사된 38마리에 대하여 기내 폐사 19마리, 검역 중 폐사 19마리라고 특정되어 기재되어 있다. 국립동물검역소 서울지소장은 수하인 D로부터 사슴폐사 확인을 요청받고 4. 19. D에게 검역중 사슴 38마리가 폐사되었음을 통지하였다. D는 사슴들에 대한 모든 검역을 마칠 무렵 이를 인도받았다.

(5) 사슴들이 운송 중에 폐사하였는지, 아니면 운송 후 검역장에 도착하기 이전에 폐사하였는지 여부도 확실하지 않고 통상 운송인측이 검역과정에 개입하지도 않는 점에 비추어 보면, 운송인인 피고로서는 수하인측에서 이의를 제기하기 이전에 사슴의 일부가 폐사된 사실을 알기는 어려웠다고 보인다. 따라서 사슴 38마리가 폐사한 것은 1개의 포장단위를 기준으로 하거나 항공화물운송장의 화물단위를 기준으로 하거나, 어느 경우든지 물건의 일부 파괴로서 개정된 바르사바 협약 제18조 제1항 소정의 훼손(damage)에 해당한다.

## 라. 소 제기의 적법 여부

따라서 1996. 4. 16. 국립동물검역소로부터 검역증명서를 발급받고, 4. 19. 서울지소장으로부터 사슴폐사 사실을 확인받은 것으로 보아 그 무렵을 전후하여 나머지 사슴들을 인도받았을 것으로 보이는 D는 최소한 그 때부터 14일 내에 피고에게 서면으로 이의를 제기하여야만 비로소 소를 제기할 수 있다.

D가 사슴 인수일로부터 14일 내에 피고에게 서면으로 이의를 제기하였다고 볼 아무런 자료가 없으므로, 위와 같은 사정 아래에서는 비록 D의 피고에 대한 손해배상청구의 원인이 무엇이든지 간에 D는 물론 D를 대위

하는 원고로서도 개정 바르샤바 협약 제26조 제2항이 규정하는 소송요건을 갖추지 못하여 바르샤바 협약 제26조 제4항에 의하여 소권을 상실하였다.

### 마. 결 론

따라서 원고의 이 사건 소는 부적법하다.[13)]

## 5. 대법원 2002. 10. 22. 선고 2002다32523 판결

### 가. 운송물이 탑재 지연으로 연착된 경우

개정 바르샤바 협약 제19조에 따라 운송인은 수하물 또는 화물의 항공운송에의 연착으로 인하여 발생하는 손해에 대하여 책임을 진다. 다만 운송인이 자신과 그 사용인 및 대리인이 손해를 방지하기 위하여 합리적으로 요구되는 모든 조치를 하였다는 것 또는 그 조치를 하는 것이 불가능하였다는 것을 증명한 경우에는 그 책임을 면한다.[14)] 이 때 연착으로 인하여 발생하는 손해는 개정 바르샤바 협약 제18조 제2항의 항공운송 중에 발생하는 손해만을 뜻하는 것이 아니고 수하물 또는 화물의 경우 그 탑재 자체가 늦어져 발생하는 손해도 포함한다.

### 나. 운송물이 연착된 경우 서면에 의한 이의제기

(1) 개정 바르샤바 협약 제26조에 따르면, 화물이 연착한 경우 하수인

---

13) 제1심도 원고의 소 제기가 부적법하다는 이유로 소 각하 판결을 선고하였다. 서울지방법원 1998. 1. 7. 선고 96가단277149 판결.

14) 상법 제798조 제2항은 "운송물에 관한 손해배상청구가 운송인의 사용인 또는 대리인에 대하여 제기된 경우에 그 손해가 그 사용인 또는 대리인의 직무집행에 관하여 생긴 것인 때에는 그 사용인 또는 대리인은 운송인이 주장할 수 있는 항변과 책임제한을 원용할 수 있다. 다만, 그 손해가 그 사용인 또는 대리인의 고의 또는 운송물의 멸실·훼손 또는 연착이 생길 염려가 있음을 인식하면서 무모하게 한 작위 또는 부작위로 인하여 생긴 것인 때에는 그러하지 아니하다"고 규정하고 있는바, 여기서 '사용인 또는 대리인'이란 고용계약 또는 위임계약 등에 따라 운송인의 지휘감독을 받아 그 업무를 수행하는 자를 말하고, 그러한 지휘감독 관계없이 스스로의 판단에 따라 자기 고유의 사업을 영위하는 독립적인 계약자는 포함되지 아니한다. 대법원 2012. 12. 27. 선고 2011다103564 판결.

은 화물을 처분할 수 있는 날로부터 21일 이내에 운송증권에 유보를 기재하거나 별개의 서면을 발송하여 운송인에게 이의를 진술하여야 하고 그 기간 안에 이의를 진술하지 아니한 때에는 운송인에 대한 소는 수리되지 아니한다.

(2) 수출화물의 적체로 원고 A항역과 A항공 주식회사 사이의 화물에 대한 운송계약 체결이 늦어짐에 따라, 원고가 1차로 발행한 항공운송장의 운송일정보다는 5일, 다시 발행한 항공운송장의 운송일정보다는 1일 늦게 이 사건 화물이 운송되었다. 피고 M이 이 사건 화물이 수하인에게 인도된 뒤 4개월 정도 지나서야 원고에게 이 사건 화물의 연착으로 인한 손해배상을 청구하는 서면 통지를 하였다. 이에 대하여 법원이 이 사건 화물의 연착으로 인한 원고의 손해배상책임이 소멸하였다고 판단하고, 손해의 범위 등에 관하여 더 나아가 판단하지 아니한 채 바로 피고의 반소를 각하한 것은 옳다.

# [48] 운송주선인의 지위

**대법원 2007. 8. 23. 선고 2005다65449 판결**

## Ⅰ. 사실관계

### 가. 당사자의 지위

원고 D화재해상보험은 자동차보험, 화재보험, 해상보험업을 영위하는 회사이고, 피고 C국제운송은 해상운송 주선업, 국제운송 주선업, 복합운송 주선업, 무역업 등을 목적으로 하는 회사이다.

### 나. 수입대행운송 및 통관업무 대행계약과 보험계약

(1) 주식회사 Y는 영국에 있는 Dage Pricision Industries Limited.(이하 'DPI')로 부터 방사선 검사정비(Dage-xrs-Xl6500 X-ray Inspection System, 이하 '이 사건 화물')를 수입하기로 하고, 2003. 5. 22.경 피고와 사이에 이 사건 화물의 '수입대행 및 통관업무 대행계약'(이하 '이 사건 대행')을 체결하였다.

(2) 이 사건 대행계약의 내용은 피고가 이 사건 화물의 항공운송을 위하여 상호 대리인(counter partner) 관계에 있는 영국의 Air Sea Worldwide (UK) Limitetd(이하 'ASW')에게 이 사건 화물의 영국내에서의 운송·수출통관·선적을 의뢰하고, 대한민국내에서의 통관절차를 대행하며, Y에게 이 사건 화물을 인도할 때까지 육상운송을 하는 것이다. 대금 지급에 관하여는 Y가 피고에게 대금을 선급하고, 피고가 Y에게 이 사건 화물을 인도한 후 위와 같이 지급받은 대금에서 항공운임·육상운임·관세를 포함한 제반 세금 등의 비용을 계산하여 정산하기로 하였다. 그러나 피고와 Y 사이에 이 사건 대행계약 당시 계약서를 작성하지는 않았다.

(3) Y는 2003. 5. 27. 이 사건 화물의 항공운송 중에 발생할 수 있는

위험을 담보하기 위하여 원고와 사이에 보험금을 보험목적물의 F.O.B. 송장가격인 미화 125,000달러에 10%를 가산한 금액인 165,783,750원으로 한 해상적하보험계약을 체결하였다.

### 다. 이 사건 화물의 운송 및 인도

(1) 피고는 이 사건 대행계약에 따라 ASW에게 이 사건 화물의 영국내에서의 운송을 의뢰하였다. ASW는 2003. 6. 19.경 DPI사로부터 이 사건 화물을 수령하여 런던 히드로(Heathrow) 공항까지 운송하고, 같은 날 이 사건 화물을 아시아나항공 OZ522편에 선적한 다음, B은행을 수하인으로 하는 항공화물운송장(House AWB, 이하 '하우스 항공화물운송장')을 발행하였다. ASW는 아시아나항공에게 이 사건 화물을 영국 히드로 공항에서 인천국제공항까지 운송하도록 의뢰하면서, 아시아나항공으로부터 송하인을 ASW로, 수하인을 피고로 한 항공화물운송장(Master AWB, 이하 '마스터 항공화물운송장')을 발행받았다.

(2) 이 사건 화물은 2003. 6. 20. 15:30경 인천국제공항에 도착하여 같은 날 19:43경 아시아나항공의 창고로 운반되었다. 그 후 세관담당자 J와 관세사 사무소 직원인 S는 2003. 6. 21. 14:00경부터 15:00경까지 사이에 이 사건 화물을 검사하였다. 트럭 운전사 K는 2003. 6. 21. 14:00경부터 15:00경까지 사이에 이 사건 화물을 검사하였다. K는 2003. 6. 21. 17:00경 아시아나항공의 직원을 포함한 4명이 있는 가운데 이 사건 화물을 아시아나항공의 창고에서 트럭의 적재상자로 옮겨 실었고, 위 트럭을 인천국제공항 주차장에 주차해 놓았다가, 다음날인 2003. 6. 22. 09:30경 위 트럭에 다른 화물을 추가 적재한 다음 인천국제공항을 출발하여, 2003. 6. 23. 08:30경 Y에게 이 사건 화물을 인도하였다.

### 라. 이 사건 화물의 손상

(1) Y는 이 사건 화물을 인도받은 직후 이를 확인하였다. 이 사건 화물은 원래 진공포장된 상태로 목재상자에 담겨지고, 목재상자 안에서 움직이지 못하도록 볼트와 너트로 잘 조여져 있어야 하며, 포장명세서가 목

재상자 밑에 붙어 있어야 한다. 그런데 Y가 이 사건 화물을 인도받았을 때 위 목재상자는 윗부분이 일부 부서지고 오른쪽 윗부분에 큰 구멍이 나 있었으며, 위와 같이 구멍이 난 부분을 가리는데 사용된 마분지가 목재상자에 나사못을 이용하여 고정되어 있었고, 마분지를 가리기 위하여 그 위에 포장명세서가 붙여져 있었다. 또한 비닐시트 안에 있던 이 사건 화물은 tr 엑스레이 튜브 16kV, xl-6500 캐비닛, xl-6500메인 컨트롤러, xl-6500튜브 컨트롤러, 진공펌프, 정밀 x-y-z위치 시스템 부분이 심하게 손상되어 있었다.

(2) 원고는 2003. 6. 23.이 사건 화물이 손상된 원인을 찾기 위하여 이 사건 화물에 대하여 감정을 실시하였다. 위 감정 결과의 내용은 다음과 같다.

(i) ASW는 이 사건 화물이 흔들리지 않도록 충격 지시계(tilt indicator)를 부착한 다음 목재상자에 이 사건 화물을 적절히 장치하였다.

(ii) 이 사건 화물이 2003. 6. 20. 인천국제공항에 도착한 다음 수입화물점검을 받을 때에도 이상이 발견되지 않았다.

(iii) 이 사건 화물이 아시아나항공의 창고에 입고된 후 세관담당자 J와 관세사 사무소 직원인 S는 2003. 6. 21. 14:00경부터 15:00경까지 사이에 이 사건 화물을 검사하였는데, 당시 이 사건 화물에 충격 지시계가 부착되어 있지 않았고, 목재상자의 옆 부분이 이 사건 화물의 측면에서 10㎝ 정도 떨어져 있었으며, 목재상자의 윗부분이 경미하게 손상되어 있었다. 그러나 J와 S는 목재상자에 마분지가 붙어 있고, 포장명세서가 제자리에 부착되어 있지 않다는 점에 대하여는 인식하지 못하였다.

(iv) 트럭 운전사 K는 2003. 6. 21. 17:00경 아시아나항공의 직원 등이 있는 가운데 이 사건 화물을 적재하였다. 당시 K는 위 목재상자에 마분지와 포장명세서가 부착되어 있는 것을 보였다. 위 마분지와 위 목재상자에 부착된 너트는 대한민국에서 유통되고 있는 것이다.

(v) 위와 같은 조사결과 이 사건 화물은 인천국제공항에서 아시아나항공의 창고에 입고되기까지 사이에 손상된 것으로 판단되었다.

(3) 이 사건 화물은 방사선 발생장치에 전원을 연결한 상태에서 X-ray

스위치를 켜면 방사선이 발생하기 때문에 X-ray의 누출을 차단할 수 있도록 모든 외관 부위를 두꺼운 납 판벽으로 완전히 차폐한 장치로서, 위와 같은 손상으로 인하여 검사를 위하여 스위치를 켜는 것이 어려울 정도가 되어 수리가 사실상 불가능할 뿐만 아니라, 수리 후 사용하더라도 방사선 누출로 인해 인체에 치명적인 위험을 야기할 수 있다.

(4) 이 사건 화물의 상업송장상 금액은 미화 125,000달러이고, 이 사건 화물이 Y에게 인도된 2000. 6. 23. 당시의 원/달러 기준환율은 1,190.60원이다. 이 사건 화물의 수입신고일자인 2003. 6. 20. 당시 이 사건 화물의 운임보험료포함가격(C.I.F.)은 157,711,411원이다. 한편 이 사건 화물이 위와 같이 훼손된 후 그 잔존가치는 6,000,000원인데, 이 사건 화물을 수리할 경우 그 수리비는 1억 7,510만 원이 소요될 것으로 추정된다.

### 마. 운임의 지급형태

(1) 피고는 2003. 6. 18.경 Y로부터 이 사건 대행계약과 관련한 비용으로 31,400,000원을 선급받고, Y에게 이 사건 화물을 인도한 다음 위 선급금에서 항공운임 및 관세 등 제반 세금으로 사용된 31,246,000원을 공제한 나머지 금원을 Y에게 반환하였다.

(2) 피고가 이 사건 대행계약을 이행하여 얻게 되는 이득은, 피고가 Y에게 항공운임등으로 청구한 액수와 실제로 아시아나항공에 항공운임으로서 지급한 액수의 차액이다. ASW가 항공사로부터 항공운임을 할인받기 때문에 피고는 ASW에게 항공운임으로서 Y에 청구한 액수보다 적은 액수를 지급하면 되고, ASW는 영국에서 아시아나항공에 지급한 항공운임 등을 피고로부터 1개월 단위로 결제받는다.

(3) 피고가 Y에게 2003. 6. 21.자로 발행한 세금계산서에 의하면, 육상운임에 대하여는 10%의 부가가치세가 포함된 반면, 항공운임 등에 관하여는 부가가치세법 제11조 제1항 제2호에 따라 국외에서 제공하는 용역으로 취급하여 영의 세율을 적용하였다.

### 바. 보험금의 지급

원고는 2003. 8. 13. Y에게 이 사건 화물에 대한 보험금으로 159,783,750원(=보험금 165,783,750원-이 사건 화물의 잔존가치 6,000,000원)을 지급하였다.

## Ⅱ. 참조 조문

### 1. 상 법

> **제114조(의의)** 자기의 명의로 물건운송의 주선을 영업으로 하는 자를 운송주선인이라 한다.
>
> **제115조(손해배상책임)** 운송주선인은 자기나 그 사용인이 운송물의 수령, 인도, 보관, 운송인이나 다른 운송주선인의 선택 기타 운송에 관하여 주의를 해태하지 아니하였음을 증명하지 아니하면 운송물의 멸실, 훼손 또는 연착으로 인한 손해를 배상할 책임을 면하지 못한다.

## Ⅲ. 판시사항

운송주선업자가 운송의뢰인으로부터 운송 관련 업무를 의뢰받았다고 하더라도 운송을 의뢰받은 것인지, 운송주선만을 의뢰받은 것인지 여부가 명확하지 않은 경우에는 당사자의 의사를 탐구하여 운송인의 지위를 취득하였는지 여부를 확정하여야 하지만, 당사자의 의사가 명확하지 않은 경우에는 계약체결 당시의 상황, 하우스 항공화물운송장의 발행자 명의, 운임의 지급형태, 운송을 의뢰받은 회사가 실제로 수행한 업무 등 여러 가지 사정을 종합적으로 고려하여 논리와 경험칙에 따라 운송주선업자가 운송의뢰인으로부터 실제로 운송책임을 인수하였다고 볼 수 있는지 여부를 판단하여야 한다.

# Ⅳ. 해 설

## 1. 운송주선인

### 가. 의 의

물품운송계약은 당사자의 일방이 물품을 한 장소로부터 다른 장소로 이동하기로 하고 상대방이 이에 대하여 일정한 보수를 지급할 것을 약속함으로써 성립하는 계약으로서, 운송계약에 따른 권리·의무를 부담하는 운송인이 누구인지는 운송의뢰인에 대한 관계에서 운송을 인수한 자가 누구인지에 따라 확정된다.[1)]

운송주선인(運送周旋人, freight forwarder)이란 '자기의 명의로 물건운송의 주선을 영업으로 하는 자'이다(상법 제114조). 운송거리가 육해공 3면에 걸쳐 길어지고 운송수단도 다양할 뿐만 아니라 공간적 이동이 필요한 화물도 복잡 다양화, 대형 다량화됨에 따라 운송주선인은 대리상·중개업·위탁매매업·창고업 등을 겸하여 상품거래와 관련된 여러 가지 편익을 도모하는 업무를 겸하는 방향으로 발전하고 있다.[2)] 실무에서는 운송주선인의 역할이 확장됨에 따라 통관절차, 운송물의 검수·보관·부보·운송물의 수령·인도 등 부수업무 이외에도 운송수단까지 갖추어 거기에 알맞은 운송영업까지 겸하여 수행하고 있는 경우도 상당하므로, 상법에서 정하는 전통적인 운송주선인의 개념으로는 더 이상 다양한 복합운송주선인의 업무를 파악하기 어렵게 되었다.

### 나. 운송주선인의 분류

운송주선인의 특성을 기준으로 하는 분류로는 명칭에 다소간의 차이가 있을 수 있으나, (i) 운송주선인이 순수한 운송주선인으로서 기능하는 경우, (ii) 송하인 또는 운송인을 대리하는 보조자의 지위를 갖는 경우, (iii)

---

1) 대법원 2017. 6. 8. 선고 2016다13109 판결.

2) 김윤종, "서렌더 선하증권의 효력범위와 독립계약자의 히말라야 약관의 원용 여부", 대법원판례해설 제109호(2017), 235면.

운송주선인이 운송의 책임을 인수하여 계약운송인이 되는 경우로 나누어 볼 수 있다. 운송인은 자기의 이름으로 주선행위를 하는 것을 영업으로 하지만, 운송인의 대리인이 되기도 하고 실제로 위탁자의 이름으로 운송계약을 체결하는 일이 많은데, 이와 같은 경우에도 운송주선인임에는 변함이 없다.[3)]

### 다. 법률관계

운송주선의 경우에는 (i) 위탁자와 운송주선인 사이의 운송주선계약이 성립하고, (ii) 운송주선인과 운송인 사이에 운송계약이 존재하기 때문에, 원칙적으로 운송주선 위탁자와 운송인 사이에는 아무런 법률관계가 존재하지 아니한다.

송하인이 항공운송주선인(Forwarder)에게 운송을 의뢰하는 경우에는 그 운송주선인이 항공운송인의 지위에 서서 송하인용 혼재항공화물운송장(House Air Waybill)을 작성·교부하게 되며, 그 혼재화물이 항공사에 인도될 때 그 운송주선인은 송하인의 지위에 서서 항공사로부터 항공화물운송장(Master Air Waybill)을 작성·교부받게 된다.[4)]

이와 같이 실제운송인과의 운송계약에서 계약당사자는 수출업자 등 화주가 아니라 운송주선인이기 때문에, 운송주선인이 운송을 실행하는 실제운송인과의 관계에서 송하인이 되고, 운임을 지급할 의무를 부담하는 자도 운송주선인이 된다. 이와 달리 운송주선인이 운송인의 대리인이 되거나, 위탁자의 이름으로 운송계약을 체결하는 경우에는 위탁자와 운송인 사이에 운송계약 체결과 관련된 법률관계가 존재하게 된다.

### 라. 운송주선인의 지위

(1) 운송주선인의 지위에 관하여는 몬트리올 협약상 아무런 규정이 없으므로 그 법적 지위는 각국의 국내법에 따라야 한다. 운송주선인이 계약운송인이나 실제운송인으로서의 지위를 가지는지 여부에 대한 판단은 운

---

3) 대법원 1987. 10. 13. 선고 85다카1080 판결.
4) 대법원 1995. 6. 13. 선고 92다19293 판결.

송계약과 그 이행과정에서의 역할을 보고 판단하여야 하지만, 가장 중요한 기준은 운송주선인이 자기 명의의 운송장을 발행하였는가 하는 점이고, 단지 송하인의 대리인으로서 계약의 체결을 도운 경우는 운송인의 지위가 인정되지 아니한다.[5)]

(2) 상법 제115조에 의하면, 운송주선인은 자기나 그 사용인이 운송물의 수령, 인도, 보관, 운송인이나 다른 운송주선인의 선택, 기타 운송에 관하여 주의를 해태하지 아니하였음을 증명하지 아니하면 운송물의 멸실, 훼손 또는 연착으로 인한 손해를 배상할 책임을 면하지 못한다. 한편 민법 제391조에 정하고 있는 '이행보조자'로서 피용자는 채무자의 의사 관여 아래 그 채무의 이행행위에 속하는 활동을 하는 사람이면 충분하고 반드시 채무자의 지시 또는 감독을 받는 관계에 있어야 하는 것은 아니다. 따라서 그가 채무자에 대하여 종속적 지위에 있는지, 독립적 지위에 있는지는 상관없다.[6)]

(3) 운송주선인은 위탁자를 위하여 물건운송계약을 체결할 것 등의 위탁을 인수하는 것을 본래적인 영업 목적으로 하나, 이러한 운송주선인이 다른 사람의 운송목적의 실현에 도움을 주는 부수적 업무를 담당할 수도 있어서 상품의 통관절차, 운송물의 검수, 보관, 부보, 운송물의 수령인도 등의 업무를 담당하고 있는 것이 상례이다.[7)]

---

5) 임태혁, "국제항공운송에서 운송계약의 당사자 및 운송물에 대한 소유권의 이전", 국제규범의 현황과 전망(2009년 국제규범연구반 연구보고 및 국제회의 참가보고) (上), 법원행정처(2016), 38면.

6) 대법원 2018. 12. 13. 선고 2015다246186 판결. U 주식회사는 복합화물운송주선사업 등을 영위하는 회사로 V 보험회사와 화물배상책임보험계약을 체결하였고, 그 후 W 주식회사 등과 운송주선계약을 체결하여 수입화물에 대한 해상운송, 보세창고 보관, 통관 작업 진행, 국내 배송을 위임받았는데, 위 화물이 인천항에 도착한 후 A 회사와 거래하던 X 주식회사 운영의 보세창고에 입고되었다가 원인 불명의 화재로 모두 전소되자, U 회사가 V 회사를 상대로 책임보험금의 지급을 구한 사안에서, U 회사는 위 화물의 운송과정에서 운송인의 선택과 운송계약 체결뿐만 아니라 인천항 보세창고 보관, 통관절차 진행, 국내 배송(또는 그 운송계약 체결)까지 위임받았고, 위임받은 사무를 선량한 관리자의 주의로써 이행할 의무가 있으며, X 회사의 위 화물에 대한 보관은 U 회사의 의사 관여 아래 이루어진 U 회사의 채무 이행행위에 속하는 행위이므로, X 회사를 U 회사의 이행보조자라고 봄이 타당하다.

7) 대법원 2018. 12. 13. 선고 2015다246186 판결.

## 2. 운송주선인과 운송인과의 구분

### 가. 판단기준

운송주선인인지 여부는 위탁자로부터 운송주선의 위탁을 받았는지 그 실질에 따라 판단하여야 한다. 다만 운송주선인이 개입권(介入權, 상법 제116조)을 행사하는 경우에는 운송인과 운송주선인의 지위를 겸유하게 되고, 확정운임약정을 한 경우에는 그 지위가 운송인으로 변경된다.

운송주선업자가 운송의뢰인으로부터 운송관련 업무를 의뢰받았다고 하더라도 운송을 의뢰받은 것인지, 운송주선만을 의뢰받은 것인지 여부가 명확하지 않은 경우에는 당사자의 의사를 탐구하여 운송인의 지위를 취득하였는지 여부를 확정하여야 하지만,[8] 당사자의 의사가 명확하지 않은 경우에는 계약체결 당시의 상황, 하우스 항공화물운송장의 발행자 명의, 운임의 지급형태, 운송을 의뢰받은 회사가 실제로 수행한 업무 등 여러 가지 사정을 종합적으로 고려하여 논리와 경험칙에 따라 운송주선업자가 운송의뢰인으로부터 실제로 운송책임을 인수하였다고 볼 수 있는지 여부를 판단하여야 한다.[9]

### 나. 대상사안에서 피고의 지위

#### (1) 인정사실

이 사건에서 실제운송인인 아시아나항공과 항공운송계약을 체결한 것

---

8) 상법 제814조 제1항은 운송인의 송하인 등에 대한 채권·채무는 그 청구원인의 여하에 불구하고 운송인이 수하인에게 운송물을 인도한 날 또는 인도할 날부터 1년 이내에 재판상 청구가 없으면 소멸하고 다만 위 기간은 당사자의 합의에 의하여 연장할 수 있다고 규정하고 있는 반면, 상법 제121조는 운송주선인의 책임은 수하인이 운송물을 수령한 날(운송물이 전부 멸실한 경우에는 그 운송물을 인도할 날)로부터 1년을 경과하면 소멸시효가 완성한다고 규정하고 있다. 이와 같이 해상운송에 있어 운송인과 운송주선인은 그 책임의 범위와 손해배상책임의 부담 기간 등에서 차이가 있으므로, 해상운송인과 운송주선인의 구별은 권리·의무의 대상과 범위를 정하는 데 있어 매우 중요한 문제이다. 대법원 2012. 12. 27. 선고 2011다103564 판결.

9) 대법원 2007. 4. 27. 선고 2007다4943 판결, 대법원 2015. 5. 28. 선고 2014다88215 판결[이에 대한 평석은 최세련, "운송주선인과 운송인의 지위 확정 문제와 책임제한 배제사유로서의 운송물 가액기재", 상사판례연구 제29집 제3권(2016. 9.), 133~165면].

은 ASW로서 그가 하우스 항공화물운송장을 발행하였다. 피고는 이 사건 화물의 운송 전에 수입회사인 Y로부터 대금을 선급받았다가 이 사건 화물이 Y에게 인도된 다음 제반 비용을 계산하여 대금을 정산하였다. 이 사건 사고 이후에 작성된 수입대행운송 및 통관업무 대행계약서에 의하면, 이 사건 화물이 보세창고 출고 후 Y에게 인도되기까지 운송 도중에 발생한 수입물건의 도난·분실·훼손·침수·기타 사유로 인한 손해에 대하여서만 피고가 책임을 지기로 규정되어 있다.[10)]

(2) 검 토

위와 같은 점을 종합적으로 고려해 볼 때, 이 사건 화물이 출발지인 런던 공항에서 아시아나항공기에 선적되어 도착지인 인천국제공항의 보세창고에서 출고될 때까지의 항공운송 구간에 대하여, 피고는 Y를 위하여 ASW와 사이에 운송계약을 체결한 운송주선인에 불과하다.

(3) 부가가치세법상 영세율

원심[11)]은 피고가 Y에게 국내 육상운임에 대하여는 10%의 부가가치세를 포함하여 청구한 반면 항공운임 등에 관하여는 국외에서 제공하는 용역으로 취급하여 영의 세율을 적용한 점을 피고를 운송주선인으로 판단하는 근거 중 하나로 들었다.

그러나 부가가치세법상 우리나라 거주자 또는 내국법인이 국외에서 제공하는 용역 및 선박 또는 항공기의 외국항행용역에 대하여는 영의 세율을 적용한다고 규정하고 있으므로, 피고를 운송인으로 보건, 운송주선인으로 보건 어차피 이 사건 항공운송구간에 대하여는 영세율이 적용되어야 한다. 따라서 원심이 피고를 운송주선인으로 판단하는 근거 중 하나로서 피고가 항공운임에 관하여 영세율을 적용한 점을 든 것은 적절하지 아니하다.

---

10) 제1심(서울서부지방법원 2004. 12. 1. 선고 2003가합9421 판결)에서 피고 소송대리인이 위 조항은 피고의 책임구간 또는 시기를 보세창고 출고 이후로 한정하는 특약이 아니라고 진술한 것은 계약의 해석에 관한 진술로서 민사소송법 제288조가 규정하고 있는 자백의 대상이 아니다.

11) 서울고등법원 2005. 10. 12. 선고 2005나2365 판결.

## 3. 서울남부지방법원 2014. 12. 18. 선고 2014나53672 판결

### 가. 인정사실

(1) 원고는 전기, 전자계측기 제조업 등을 영위하는 법인이고, 피고는 복합화물운송 주선업을 영위하는 법인이다. 원고는 수출회사로부터 물건을 수입하기 위하여 피고에게 운송주선을 의뢰하였다. 피고가 부피를 알아야 정확한 요금이 산출된다고 하여 원고는 2013. 6. 20. 피고에게 '부피 591㎝×242.6㎝×305㎝, 3,400㎏'[12]로 기재하여 견적 요청 이메일을 발송하였다.

(2) 이에 피고는 원고에게 2013. 6. 24. 총 운송료를 20,405,247원(부가가치세 별도)으로 계산한 항공운송견적서를, 2013. 7. 9. 총 운송료를 12,381,919원(부가가치세 별도)으로 계산한 해상운송견적서를 각 발송하였는바, 위 각 견적서는 중량 3,400㎏을 기준으로 계산한 것이었다.

(3) 원고는 2013. 7. 10. 피고에게 이 사건 물건의 항공운송주선을 의뢰하였다. 한편 수출회사의 운송주선인인 B유한회사는 이 사건 물건의 총중량(Gross weight)은 3,206㎏, 부피중량(Volume weight)은 6,710㎏으로 각 계산한 뒤, 그중 큰 부피중량을 운임중량(Chargeable weight)으로 하여 2013. 7. 23. 운송장을 발행하였다.

(4) 이후 이 사건 물건에 대한 운송이 완료되자 피고는 2013. 8. 3. 원고에게 이 사건 화물에 대한 운송료로서 39,908,440원을 청구하였고, 원고는 8. 6. 위 금액을 피고에게 지급하였다.

### 나. 운송주선인의 통지의무위반에 따른 손해배상책임

(1) 피고는 운송주선인으로서 상법 제123조, 제104조에 따라 그 운송계약의 구체적 내용을 원고에게 통지할 의무가 있다. 그런데 다음과 같은 사정을 감안하면 이 사건에서 피고는 원고에게 특히 운임에 관한 사항을

---

12) 이 사건 물건의 실제 부피는 40,200,000㎤(=610㎝×220㎝×300㎝)이고, IATA Rule 3.9.4.에 의해 부피중량은 6,710㎏(=40,200,000㎤/6,000)이다.

명확하게 통지할 의무가 있다.

(2) 부피를 알아야 정확한 요금이 산출된다고 하여 원고는 피고에게 부피를 기재하여 견적 요청메일을 발송하였다. 원고로서는 피고가 국제항공운송협회(IATA) 요금 규정 등에 따라 원고가 제공한 이 사건 물건에 대한 정보(부피, 총 중량)를 토대로 제대로 견적금액을 산출하였다고 신뢰하였을 것으로 보인다. 즉 피고는 부피중량과 총 중량 중 큰 것으로 운임중량으로 정하여 견적금액을 산출하여야 하는데, 규정과는 달리 부피중량을 산출하지 않은 채 만연히 총 중량을 중량으로 기재하여 견적서를 보냈다. 위 견적서에는 'Weight(㎏) 3400'만 기재되어 있어서 위 중량 자체가 운임중량을 의미하는 것으로 여겨질 수 있다.

(3) 원고가 총 중량과 부피중량 중 큰 것이 운임중량이 된다는 사실을 알았더라도 나아가 부피를 토대로 부피중량을 산출하는 방법 등 IATA의 요금 규정을 숙지하여, 이 사건 물건의 경우 부피중량으로 운임중량이 결정될 것이라는 점을 알고 있었다고 보기는 어렵다. 이 사건 물건의 총 중량과 부피는 원고가 애초에 알려준 것보다 오히려 적으므로, 이후 운임중량이 명시된 항공화물운송장을 받았더라도 원고로서는 더 많은 요금이 부과될 것을 예측하지 못할 가능성이 크다. 피고가 원고에게 보낸 견적서보다 실제 운송료가 약 2배 더 많아졌다.

(4) 피고는 2013. 7. 23. 원고에게 항공화물 운송장을 파일로 보내면서 "(운송장을) 확인해 보시고 혹시 정정되어야 하는 부분 있는지 확인 부탁드립니다"는 내용의 이메일을 보냈고, 이메일에 첨부된 운송장에는 총 중량 이외에 운임중량(Chargeable Weight)이 '6710'으로 기재되어 있었으나, 운송료 등 부분은 '합의된 대로(AS AGREED)'라고만 기재되어 있어서 원고로서는 합의된 금액이 곧 견적금액에 상응한 금액으로 여길 수 있었다.

(5) 또한 이메일의 내용에 포함된 이 사건 물건의 항공스케줄에는 이 사건 물건의 중량이 3200으로 표시되어 있었다. 피고의 위 견적서에서 위험물의 경우에는 그 견적금액에 적용되지 않는다고 밝히긴 하였으나, 위 견적서의 견적금액과 실제 운송료간 현격한 차이가 발생한 이유는 이 사건 물건이 위험물이어서가 아니라, 피고가 규정에 따라 운임중량을 산출

하지 않았기 때문이다. 실제로 원고는 종전에도 피고에게 운송주선을 의뢰하였으며 총 중량의 약 2배로 운임중량이 정해진 경우도 있었으나, 이 사건과 같이 견적금액과 실제 운송료의 차이가 약 2배에 이른 경우는 없었다.

(6) 피고 주장과 같이 견적서는 단지 kg당 단가 등을 제시하는 것에 불과하고 운임중량을 산출하여 위 단가를 곱하여 예상운송료를 계산하는 것이 온전히 원고의 몫이라면, 피고로서는 원고에게 정확한 견적을 위해 부피 정보를 요청할 이유도, 위 견적서에 중량표시를 할 이유도 없을 것으로 보이며, 운송조건에도 그와 같은 내용(운임중량의 산출은 하지 않았다든지, 운임중량의 산출은 원고의 몫이라든지 등)을 명기했을 것이다.

(7) 피고는 운임중량이 명시된 항공화물운송장을 원고에게 보내 주기는 하였으나 구체적인 운임을 명확히 원고에게 통지하지 아니하였을 뿐 아니라, 피고가 제시한 견적서에 기재된 중량은 부피중량을 고려하지 않은 채 총 중량을 기재한 것에 불과하다는 점 등을 원고에게 고지한 적도 없는 것으로 보이므로, 피고는 운송주선인의 통지의무를 성실히 이행하지 아니한 것으로 판단된다. 그렇다면 피고는 이로 인하여 원고에게 발생한 손해를 배상할 책임이 있다.

### 다. 손해배상의 범위

(1) 채무불이행으로 인한 손해배상청구소송에서 재산적 손해의 발생사실은 인정되나 구체적인 손해의 액수를 증명하는 것이 사안의 성질상 곤란한 경우, 법원은 증거조사 결과와 변론 전체의 취지에 의하여 밝혀진 당사자들 사이의 관계, 채무불이행과 그로 인한 재산적 손해가 발생하게 된 경위, 손해의 성격, 손해가 발생한 이후의 여러 정황 등 관련된 모든 간접사실들을 종합하여 손해의 액수를 판단할 수 있다.

(2) (i) 원고가 23,000,000원까지는 항공운송료를 부담할 생각이 있었던 것으로 보이는 점, (ii) 원고가 실제 운송료를 알았을 경우 해상운송의 방법을 택하거나 아예 수입을 포기하였을 것으로 보이는 점 등을 감안할 때, 16,908,440원(=원고가 지급한 운송료 39,908,440원 − 원고의 예상 운송

료 23,000,000원)은 원고가 전혀 의도하지 않았던 운송비용으로서 피고의 통지의무위반으로 인한 원고의 손해액으로 봄이 상당하다.

(3) 다만 원고가 무역업에 종사하는 법인인 점, 원고가 피고로부터 교부받은 견적서가 중량 3,400kg을 조건으로 하여 계산된 것이었으나, 이후 교부받은 운송장에 운임중량이 6,710kg으로 기재되어 있었던 점 등을 감안하면, 원고에게도 과실이 있다고 봄이 상당하므로, 원고의 과실을 40% 참작한다.

(4) 따라서 피고는 원고에게 10,145,064원(=16,908,440원×60%)과 이에 대하여 운송료 지급일인 2013. 8. 6.부터 제1심 판결선고일인 2014. 8. 12.까지는 민법이 정한 연 5%, 그 다음날부터 다 갚는 날까지는 소송촉진 등에 관한 특례법이 정한 연 20%[13]의 각 비율로 계산한 지연손해금을 지급할 의무가 있다.

13) 소송촉진 등에 관한 특례법 제3조 제1항 본문의 법정이율에 관한 규정에 의하면, 2003. 6. 1.부터 2015. 9. 30.까지는 연 20%, 2015. 10. 1.부터 2019. 5. 31.까지는 연 15%, 2019. 6. 1. 이후에는 연 12%이다.

# [49] 생동물(livestock) 운송계약

**서울서부지방법원 2018. 4. 26. 선고 2017가단213756 판결**

## Ⅰ. 사실관계

(1) 원고는 한국마사회법에 따라 설립된 법인으로서 선수용 승용마를 새로 도입하기 위하여 해외에서 마명(馬名)이 '위니 월드 캄비오'인 선수용 승용마 1두(이하 '캄비오')를 10만 유로(원화 126,472,000원 상당)에 구입하였다. 캄비오는 2016. 7. 14. 네덜란드 암스테르담 공항에서 항공기에 기적(機積)되어 2016. 7. 15. 인천공항에 도착하였고, 공항 하역 후 2016. 7. 15.부터 7. 25.까지 영종도 검역소에서 수입검역이 진행되었으며, 2016. 7. 25. 15:40경 원고 법인에 도착하였다.

(2) 원고는 위와 같은 말 운송 과정에서의 사망 위험 등을 담보하기 위하여, 2016. 6. 22. 피고와 사이에 보험구간을 네덜란드 암스테르담에서 인천까지, 가입금액(보험 한도)을 10만 유로로 하는 적하보험계약인 이 사건 계약을 체결하고 보험료 1,389,310원을 지급하였다. 이 사건 보험증권에는 다음과 같이 기재되어 있다.

Conditions

- INSTITUTE AIR CARGO CLAUSE (ALL RISKS)
- COVERING THE RISKS OF MORTALITY

LIVESTOCK CLAUSE (B)

This insurance covers all risks of death and/or mortality from any cause arising (except resulting from being in a parturient condition), including destruction in the interests of humanity when suffering from fractured limbs; risks of jettison and washing overboard. Theft,

General Average, and Special Charges (including maintenance through vessel putting into a port of refuge or distress).

Risk to commence from time and at the place of purchase and/or elsewhere until finally shipped, limited to 10 days prior to shipment or held covered, including all loading, transit and shipping and discharging risks, whilst in quarantine, limited to 30 days and continuing without interruption until safety delivered to consignees at final destination as stated in policy (includes risk of mortality for 7 days after arrival at destination).

Animals to be in good state of health at commencement of risk. With liberty to be shipped on deck but exercised only under control. Risks of injury from any cause whatever, inoculation and its after effects, prohibition of import or export, failure to pass tests, or slaughter by authorities through infectious diseases are absolutely excluded.

Claims subject to confirmation by a responsible Official, giving particulars and apparent cause of death.

This Clause is subject otherwise to the Terms, Limitations and Conditions of the Policy to which it is attached.

(3) 캄비오는 원고 법인에 도착한 지 9일째 되는 날인 2016. 8. 2. 18:30경 갑자기 고열 및 통증 등의 증상이 나타나 말 보건원에 내원하였다. 진통제 및 수액 투여 등의 응급처치 및 초음파·복수검사 등의 조치가 취해졌으나 증상이 호전되지 않자 탐색적 개복술이 실시되었는데, 그 결과 좌대결장변위 및 장파열로 인해 사료괴 등이 복강에 노출되어 있는 등 복막염 소견이 확인되었고, 예후가 불량하다는 판단하에 수술 중이던 2016. 8. 3. 00:35경 회생 가능성이 없다고 판단되어 안락사 조치되었다.

(4) 부검 결과 좌대결장의 충·출혈 및 괴사, 맹장부의 천공, 사료괴가 섞인 검붉은 색의 복수 등이 발견되었는데, 부검을 실시한 수의사는 “장내 축적된 분변, 대결장 변위 등이 장시간 작용하여 맹장 천공, 섬유소성

다발성 장막염 등을 유발하였고 이로 인하여 복막염에 의한 쇼크가 발생하였다"고 보고, 폐사 원인을 '장파열에 기인한 복막염에 의한 쇼크사'로 판단하였다. 그리고 그 원인은 "수송시 장시간 체류 및 검역 마사 및 신규 마방 입사 등의 환경 변화, 최근의 고온다습한 환경 등에 기인하여 소화불량 등이 발생하였기 때문인 것으로 보인다"는 소견을 제시하였다.

## Ⅱ. 참조 조문

### 1. 상 법

> **제638조의3(보험약관의 교부·설명 의무)** ① 보험자는 보험계약을 체결할 때에 보험계약자에게 보험약관을 교부하고 그 약관의 중요한 내용을 설명하여야 한다.
> ② 보험자가 제1항을 위반한 경우 보험계약자는 보험계약이 성립한 날부터 3개월 이내에 그 계약을 취소할 수 있다.

## Ⅲ. 판시사항

상법 제638조의3에서 보험자의 약관설명의무를 규정한 것은 보험계약이 성립되는 경우에 각 당사자를 구속하게 될 내용을 미리 알고 보험계약의 청약을 하도록 함으로써 보험계약자의 이익을 보호하자는 데 입법취지가 있다. 보험약관이 계약당사자에 대하여 구속력을 갖는 것은 보험계약 당사자 사이에 그것을 계약 내용에 포함시키기로 합의하였기 때문이라는 점 등을 종합하여 보면, 보험계약자나 그 대리인이 약관의 내용을 충분히 잘 알고 있는 경우에는 그 약관이 바로 계약 내용이 되어 당사자에 대하여 구속력을 가지므로, 보험자로서는 보험계약자 또는 그 대리인에게 약관의 내용을 따로 설명할 필요가 없다.

## Ⅳ. 해 설

### 1. 당사자의 주장

(1) 원고는, 해외에서 승용마를 구입하여 오면서 운송과정에서 사망위험 등을 담보하기 위하여 보험자인 피고와 사이에 가입금액을 10만 유로로 하는 적하보험계약(이하 '이 사건 계약')을 체결하였는데, 승용마가 원고에 도착 후 사망하였으므로 보험금 10만 유로의 지급을 구한다고 주장한다.

(2) 피고는, 위 보험계약은 도착 후 7일 이내의 사망까지만 담보하는 계약인데 승용마가 원고에 도착하고 나서 7일이 경과한 이후에 사망하였으므로 보험금 지급 대상이 아니라고 다툰다.

### 2. 도착 후 7일이 도과한 이후의 사망과 보험금 지급의무의 존부

(1) 보험증권에는 "Conditions: INSTITUTE AIR CARGO CLAUSE (ALL RISKS), COVERING THE RISKS OF MORTALITY"로 기재되어 있다. 'INSTITUTE AIR CARGO CLAUSE(ALL RISKS)'는 런던보험자협회(International Underwriting Association)가 작성한 '협회항공화물약관'을 의미하고[이 약관에 의하면 생동물(生動物)이 수하인에게 도착시 즉시 보험책임이 종료된다], 'COVERING THE RISKS OF MORTALITY'는 생동물약관 (B) [Livestock (B), 이하 '생동물약관']를 의미한다.

(2) 원고가 신청한 이 사건 보험청약서의 보험조건 항목에는 '부가조건 1'로 'MORTALITY'라고 기재되어 있고, 이 사건 보험증권에는 위와 같이 생동물 약관을 의미하는 'COVERING THE RISKS OF MORTALITY'가 명시되어 있다. 당사자 사이에서 보험약관을 계약내용에 포함시킨 보험계약서가 작성된 경우에는 계약자가 그 보험약관의 내용을 알지 못하는 경우에도 그 약관의 구속력을 배제할 수 없는 것이 원칙이므로,[1] 생동물약관은 이 사건 보험계약의 내용에 편입되었다.

---

1) 대법원 1985. 11. 26. 선고 84다카2543 판결.

(3) 그런데 생동물약관의 내용 중 관련 부분을 발췌하면 “This insurance covers all risks of death and/or mortality from any cause arising .... inoculations risk of cause mortality for 7 days after arrival at destination”라고 규정되어 있다.

(4) 위와 같이 이 사건 계약의 내용이 된 생동물약관에 ‘도착지 도착 후 7일까지의 risk of mortality’를 담보하는 것으로 되어 있는데, 이 사건에서 캄비오는 도착 후 7일을 도과한 이후에 사망하였다. 캄비오가 2016. 7. 25. 원고에게 도착하였으므로, 2016. 7. 26. 00:00부터 기산하여 7일이 되는 시점은 8. 1. 24:00이다. 캄비오는 그 이후인 8. 2. 18:30경부터 고열 등 이상 증세를 보였고, 치료 도중 8. 3. 00:35경 안락사 조치로 사망하였다. 따라서 피고에게 보험금 지급채무가 있다고 볼 수 없다.

## 3. 약관 설명의무 위반 여부

### 가. 원고의 주장 요지

(1) 보험자는 보험계약을 체결할 때 보험계약자에게 보험약관을 교부하고 그 약관의 중요한 내용을 설명하여야 하고(상법 제638조의3 제1항), 보험자가 이러한 보험약관의 교부·설명의무를 이행하지 않을 경우 약관의 규제에 관한 법률 제3조 제4항에 의해 보험자는 설명하지 않은 약관을 계약의 내용으로 주장할 수 없는데, 피고는 이 사건 계약 당시 생동물약관에 의한 보험기간의 종기가 목적지 도착 후 7일로 제한된다는 점에 관하여 설명하지 아니하였으므로 보험기간의 종기가 목적지 도착 후 7일로 제한된다는 점을 원고에게 주장할 수 없다.

(2) 피고가 교부한 보험 상품설명서에 “이 상품설명서는 보험업법, 동법 시행령 및 감독규정 그리고 영국 해상보험법에 의거하여 작성된 것입니다”라는 문언이 있고, 이 사건 보험증권에 기재된 ‘INSTITUTE AIR CARGO CLAUSE(ALL RISKS)’는 런던보험자협회(International Underwriting Association)가 작성한 ‘협회항공화물약관’을 의미하므로, 피고의 책임 범위에 관한 사항인 ‘보험기간’에 대하여는 영국의 법령과 관습 등이 적용되는데,

국제적으로 통용되는 생동물약관상 보험기간 종기는 '목적지 도착 후 30일'이므로 이에 따라 피고는 보험금 지급책임이 있다.

### 나. 약관 설명의무가 면제되는 경우

(1) 보험자는 보험계약을 체결할 때 보험계약자 또는 피보험자에게 보험약관에 기재되어 있는 보험계약의 중요한 내용에 대하여 구체적이고 상세한 명시·설명의무를 진다. 따라서 거래상 일반적이고 공통된 것이어서 보험계약자가 별도로 설명하지 않아도 충분히 예상할 수 있는 사항이거나 이미 법령에 규정되어 있는 것을 되풀이하거나 부연하는 정도에 불과한 사항이 아니라면, 보험자가 이러한 보험약관의 명시·설명의무에 위반하여 보험계약을 체결한 때에는 그 약관의 내용을 보험계약의 내용으로 주장할 수 없다.[2)]

(2) 상법 제638조의3에서 보험자의 약관 설명의무를 규정한 것은 보험계약이 성립되는 경우에 각 당사자를 구속하게 될 내용을 미리 알고 보험계약의 청약을 하도록 함으로써 보험계약자의 이익을 보호하자는 데 입법취지가 있다. 보험약관이 계약당사자에 대하여 구속력을 갖는 것은 보험계약 당사자 사이에 그것을 계약 내용에 포함시키기로 합의하였기 때문이라는 점 등을 종합하여 보면, 보험계약자나 그 대리인이 약관의 내용을 충분히 잘 알고 있는 경우에는 그 약관이 바로 계약 내용이 되어 당사자에 대하여 구속력을 가지므로, 보험자로서는 보험계약자 또는 그 대리인에게 약관의 내용을 따로 설명할 필요가 없다.[3)]

(3) 전문적으로 말을 취급하는 원고는 그동안 계속 말을 수입하여 오면서 해외 운송과정에서의 위험을 담보하기 위하여 적하보험에 가입하여 왔다. 2009. 12. 이후부터 2016. 6. 이 사건 보험에 가입하기 전까지 가입한 보험이 27건에 이르고, 원고는 그동안 위와 같이 여러 차례 보험에 가입하면서 그때마다 여러 보험회사에 '적하보험 요율 견적 협조요청서'를

---

2) 대법원 2019. 1. 17. 선고 2016다277200 판결.
3) 대법원 2005. 8. 25. 선고 2004다18903 판결, 대법원 1998. 4. 14. 선고 97다39308 판결.

보내는 방식으로 여러 회사에 보험료 견적을 요청함에 있어 그 견적 요청서에 필수보험조건으로 '항공화물 조항(Institute Air Cargo Clause), 생동물 사망 조항(Livestock Clause), 최종 목적지 도착 후 7일까지 유효조건'으로 하여 보험료 견적을 요청하여 왔다.

(4) 이에 의하면 원고는 생동물약관(Livestock Clause)에서 최종 목적지 도착 후 7일까지의 위험을 담보한다는 것을 익히 알고 있었다. 따라서 보험자인 피고로서는 이를 다시 설명할 필요가 없으므로, 원고의 위 설명의무 위반 주장은 받아들일 수 없다.

## 4. 보험사고(mortality인 장파열)가 7일 이내에 발생하였는지 여부

### 가. 원고의 주장 요지

원고는 다시, 설령 이 사건 보험계약의 보험기간을 '목적지 도착 후 7일'로 본다고 하더라도 다음과 같이 이 사건 보험사고(mortality인 장파열)는 보험기간인 7일 이내에 발생하였다고 주장한다.

(1) 생동물약관에서 'This insurance covers all risks of death and/or mortality arising from any cause~'(이 보험은 ~에서 유래하는 모든 종류의 사망 및/또는 치명적 위험을 담보한다)라고 규정하여 'death'와 'mortality'를 구분하고 있고, 그 뒤에서 'including risk of mortality for 7 days after arrival at destination'라고 규정하고 있다. 'mortality'의 사전적 의미는 '치명적인', '대단히 심각한'으로서 '죽음', '사망' 그 자체를 가리키는 'death'와는 구별되므로, 생동물약관에서 규정한 'risk of mortality'는 목적지 도착 후 7일의 기간 동안 '(사망을 피할 수 없는 상태에 놓일) 치명적인 위험' 또는 '죽음에 임박한 상태'와 같은 의미로 해석하여야 한다.

(2) 앞서 본 바와 같이 캄비오는 원고 법인에 도착한지 7일이 도과한 이후인 2016. 8. 2. 18:30경 갑자기 이상 증상을 보여 치료 중 개복술을 실시한 결과 좌대결장변위 및 장파열로 인해 사료괴 등이 복강에 노출되어 있는 등 복막염 소견이 확인되었고, 안락사 조치 후 부검한 결과 '장내 축적된 분변, 대결장 변위 등이 장시간 작용하여 맹장천공, 섬유소성 다발

성 장막염 등을 유발하였고 이로 인하여 복막염에 의한 쇼크가 발생'한 것으로 판단되었으며, 폐사원인은 '장파열에 기인한 복막염에 의한 쇼크사'로 진단되었다.

(3) 장파열이 발생하게 되면 사료괴 등이 복강에 노출되어 복막염의 발생 및 그로 인한 사망을 피할 수 없게 되므로 '장파열이 일어난 때'에 '사망을 피할 수 없는 상태에 놓일 치명적인 위험'이 발생하였거나 '죽음에 임박한 상태'에 이르렀다고 보는 것이 타당하다. 비록 캄비오가 사망한 시점은 8. 3. 00:35경이라고 하더라도 캄비오에 대한 보험사고(사망에 이르게 되는 치명적 위험 mortality인 장파열)는 2016. 8. 1. 24:00(보험기간 종기인 도착 후 7일의 시점) 이전에 이미 발생되었던 것으로 추정되고, 이에 장파열 증상이 2016. 8. 1. 24:00 이전에 있었음을 의료기록 감정을 통하여 증명할 것이니 그 경우 피고에게 보험금 지급책임이 있다.

### 나. 판 단

(1) 원·피고는 국내 보험약관이 아닌 영국의 생동물약관을 전제로 보험계약을 체결하였다.

(i) mortality는 사전적 의미로도 '사망'의 의미로 쓰이는 경우가 있다(두산백과사전에는 mortality가 '운송 중인 동물의 자연적인 사망, 즉 자연사'를 의미하는 것으로 되어 있고, 영어사전에도 mortality가 사망을 의미하는 것으로 되어 있다).

(ii) 보험연수원 책자에서도 'mortality of animals'를 '동물의 자연사'라고 규정하고 있으며, 또 다른 해상보험 관련 책자에서도 "자연사 또는 병사 위험(mortality risk)을 담보하고자 하는 경우는 Livestock Clause(B)를 첨부하여 인수한다"고 기재되어 있다(김정수, 해상보험론, 제326면).

(iii) 이재복 저 책자에는 "동물의 자연사(mortality of animals): 동물의 사망이 부담위험으로 인한 사망인지 자연적 사망인지를 엄밀하게 구별하기는 쉽지 않으므로 영국에서는 '이 보험은 원인 여하를 불문하고 일체의 사망 또는 자연사를 보상한다(This insurance covers all risks of death and/or mortality from any cause arising)'는 특별약관인 생동물약관

(Livestock Clause)을 사용하고 있다"고 되어 있다.

(iv) 앞서 본 바와 같이 생동물약관은 "This insurance covers all risks of death and/or mortality from any cause arising ... including risk of mortality for 7 days after arrival at destination"라고 규정하고 있는바, 이에 관한 영국의 법률사무소(클라이드 앤 코)의 자문의뢰 회신은 "mortality는 비외인적(非外因的) 또는 자연적인 원인으로 인한 사망(a death from non-violent or natural causes)을 의미한다. 때때로 mortality는 모든 종류의 사망을 의미하기도 하지만, 생동물약관에서는 mortality가 death와 함께 사용되었으므로 약관 작성자가 death와 mortality의 의미를 구별하는 것을 의도하였다고 해석된다. 이러한 맥락에서 mortality는 비외인적 또는 자연적인 원인에 의한 사망을 의미하는 것으로 판단된다. 종합적으로, 생동물약관에서 death 뿐만 아니라 mortality도 포함된 것은 어떠한 원인으로든 간의 death 및/또는 mortality의 모든 위험(all risk of death and/or mortality from any cause arising)이 비외인적·자연적 또는 외인적·비자연적이든지 간에 모든 종류의 우연한 사망을 포함하기 위하여 사용된 것이며, 여기에는 안락사, 투하 및 유실에 의한 사망도 포함되고, 출산 중 사망만이 제외된다는 의미를 확실히 하기 위함이라는 것이 우리의 의견이다"라고 되어 있다.

(v) 영국 판결의 판시 내용에서도 mortality는 생동물의 자연적인 사망을 의미하는 것으로 보인다.

(2) 이러한 점에 비추어 보면, 생동물약관에서 규정한 'death'는 외인적·비자연적 사망을, 'mortality'는 비외인적·자연적 사망('치명적인 위험'을 의미하는 것이 아니라)을 의미하는 것으로 봄이 상당하다. 생동물약관에서는 "This insurance covers all risks of death and/or mortality from any cause arising"이라고 하여 death와 mortality를 모두 보험사고로 담보하되, 사고사(death)의 경우에는 운송의 종료와 동시에 담보가 종료되지만, 사고사와 달리 자연사(mortality)의 경우에는 운송 중 발병한 질병 등으로 인하여 목적지 도착 후에 사망할 수도 있으므로, 이러한 자연사 위험을 도착 후 7일까지 확장해서 담보하기 위하여 뒤에 "including risk of

mortality for 7 days after arrival at destination”을 둔 것으로 해석된다.

(3) 결국 생동물약관에서 정한 including risk of mortality for 7 days after arrival at destination은 도착 후 7일 이내에 사망(비외인적 사망)한 경우를 가리키는 것이므로, 도착 후 7일이 도과한 이후에 사망한 이 사건의 경우 피고에게 보험금 지급채무가 있다고 볼 수 없다.

제 7 장

# 항공화물운송장

# [50] 항공화물운송장(AWB)이 증거가 되는 화물의 수취

대법원 1995. 6. 13. 선고 92다19293 판결

## Ⅰ. 사실관계

(1) 항공운송주선인인 피고 주식회사 E항공화물의 직원(업무과장)인 피고 W는 수출업자인 주식회사 J로부터 J 회사 구내에 설치한 보세창고에 장치하여 수출통관절차를 마치고 수출면장이 발부된 이 사건 화물의 운송주선을 의뢰받았다.

(2) W는 J가 제시하는 수출면장과 상업송장·포장명세서 등의 서류를 확인한 다음 화물을 현실인도(現實引渡)를 받지 않고 그 창고에 그대로 둔 채 송하인용 항공화물운송장을 작성·서명하였다. 그 후 W는 화물이 항공기에 적재되거나 공항의 보세구역으로 옮겨져 적재의 준비가 마쳐지기 전이었음에도 불구하고 거기에 'on board'라고 기재하여 이를 J에 교부하였다.

(3) 수출자는 이 항공화물운송장을 이용하여 대금지급을 받았으나 화물이 항공기에 적재되기 전에 수출업자의 부도와 근로자들에 의한 저지로 말미암아 화물이 발송되지 못하였다. 이에 신용장 대금을 지급하고 항공운송장을 소지하게 된 신용장 개설은행인 원고 중소기업은행은, 피고 W가 위와 같이 허위 내용이 기재된 항공화물운송장에 서명하여 송하인에게 교부한 점에서 불법행위를 구성한다고 주장하면서, 피고 E, W를 상대로 손해배상을 구하는 소를 제기하였다.

# Ⅱ. 참조 조문

## 1. 개정 바르샤바 협약

**제5조**

(1) 화물의 모든 운송인은 송하인에 대하여 “항공화물운송장”이라는 서류를 작성하여 이의 교부를 청구할 권리를 갖는다. 모든 송하인은 운송인에 대하여 그 서류의 수령을 청구할 권리를 갖는다.

(2) 이러한 서류의 부존재, 불비, 또는 멸실은 운송계약의 존재 또는 효력에 영향을 미치는 것이 아니며, 운송계약은 이 경우에도 제9조의 규정에 따르는 것을 조건으로 이 협약의 규정에 적용을 받는다.

**제6조**

(1) 항공화물운송장은 송하인이 원본 3통을 작성하여 이를 화물과 함께 교부하여야 한다.

(2) 제1의 원본에는 “운송인용”(for the carrier)이라고 기재하고 송하인이 이에 서명하여야 한다. 제2의 원본에는 “송하인용”(for the consignee)이라고 기재하고 송하인 및 운송인이 이에 서명한 후 이를 화물과 함께 송부하여야 한다. 제3의 원본에는 운송인이 서명하여야 하며, 이는 화물을 인수한 후에 송하인에게 교부하여야 한다.

(3) 운송인은 화물을 인수한 때에 서명하여야 한다.

(4) 운송인의 서명은 타인(打印)으로써 이에 대체할 수 있다. 송하인의 서명은 인쇄 또는 타인으로써 이에 대체할 수 있다.

(5) 운송인은 송하인의 청구에 따라 항공화물운송장을 작성한 경우에는, 반증이 없는 한 송하인에 대신하여 이를 작성한 것으로 본다.

**제11조**

(1) 항공화물운송장은 계약의 체결, 화물의 수령 및 운송의 조건에 관한 추정적인 증거가 된다.

(2) 화물의 중량, 크기와 포장 및 포장의 개수에 관한 항공화물운송장의 기재는 그 기재된 사실에 대한 추정적인 증거가 된다. 화물의 수량, 용적 및 상태에 관한 기재는 운송인이 송하인의 입회하에 화물을 점검하고 그 뜻을 항공화물운송장에 기재한 경우 또는 화

물의 외관상태에 관한 기재의 경우를 제외하고는, 운송인에 대하여 불리한 증거를 구성하는 것은 아니다.

## 2. 몬트리올 협약

**제4조(화물)**

1. 화물 운송의 경우, 항공운송장이 교부된다.
2. 운송에 관한 기록을 보존하는 다른 수단도 항공운송장의 교부를 대체할 수 있다. 그러한 수단이 사용되는 경우, 운송인은 송하인의 요청에 따라 송하인에게 운송을 증명하고 그러한 수단에 의하여 보존되는 기록에 포함된 정보를 수록한 화물수령증을 교부한다.

**제5조(항공운송장 또는 화물수령증의 기재사항)**

항공운송장 또는 화물수령증에는 다음의 사항을 기재한다.

가. 출발지 및 도착지의 표시

나. 출발지 및 도착지가 단일의 당사국 영역내에 존재하고 하나 또는 그 이상의 예정 기항지가 타 국가의 영역내에 존재하는 경우에는 그러한 예정 기항지의 최소한 한 곳의 표시

다. 화물의 중량 표시

**제6조(화물의 성질에 관련된 서류)**

세관·경찰 및 유사한 공공기관의 절차를 이행하기 위하여 필요한 경우, 송하인은 화물의 성질을 명시한 서류를 교부할 것을 요구받을 수 있다. 이 규정은 운송인에게 어떠한 의무·구속 또는 그에 따른 책임을 부과하지 아니한다.

**제7조(항공운송장의 서식)**

1. 항공운송장은 송하인에 의하여 원본 3통이 작성된다.
2. 제1의 원본에는 "운송인용"이라고 기재하고 송하인이 서명한다. 제2의 원본에는 "수하인용"이라고 기재하고 송하인 및 운송인이 서명한다. 제3의 원본에는 운송인이 서명하고, 화물을 접수받은 후 송하인에게 인도한다.
3. 운송인 및 송하인의 서명은 인쇄 또는 날인하여도 무방하다.
4. 송하인의 청구에 따라 운송인이 항공운송장을 작성하였을 경우,

반증이 없는 한 운송인은 송하인을 대신하여 항공운송장을 작성한 것으로 간주된다.

**제8조(복수화물을 위한 증권)**

1개 이상의 화물이 있는 경우,

가. 화물의 운송인은 송하인에게 개별적인 항공운송장을 작성하여 줄 것을 청구할 권리를 갖는다.

나. 송하인은 제4조 제2항에 언급된 다른 수단이 사용되는 경우에는 운송인에게 개별적인 화물수령증의 교부를 청구할 권리를 갖는다.

**제9조(증권상 요건의 불이행)**

제4조 내지 제8조의 규정에 따르지 아니하는 경우에도 운송계약의 존재 및 유효성에는 영향을 미치지 아니하며, 책임의 한도에 관한 규정을 포함한 이 협약의 규정이 적용된다.

**제10조(증권의 기재사항에 대한 책임)**

1. 송하인은 본인 또는 대리인이 화물에 관련하여 항공운송장에 기재한 사항, 본인 또는 대리인이 화물수령증에의 기재를 위하여 운송인에게 제공한 사항, 또는 제4조 제2항에 언급된 다른 수단에 의하여 보존되는 기록에의 기재를 위하여 운송인에게 제공한 사항의 정확성에 대하여 책임진다. 이는 송하인을 대신하여 행동하는 자가 운송인의 대리인인 경우에도 적용된다.
2. 송하인은 본인 또는 대리인이 제공한 기재사항의 불비·부정확 또는 불완전으로 인하여 운송인이나 운송인이 책임을 부담하는 자가 당한 모든 손해에 대하여 운송인에게 보상한다.
3. 본 조 제1항 및 제2항의 규정을 조건으로, 운송인은 본인 또는 대리인이 화물수령증 또는 제4조 제2항에 언급된 다른 수단에 의하여 보존되는 기록에 기재한 사항의 불비·부정확 또는 불완전으로 인하여 송하인이나 송하인이 책임을 부담하는 자가 당한 모든 손해에 대하여 송하인에게 보상한다.

**제11조(증권의 증거력)**

1. 항공운송장 또는 화물수령증은 반증이 없는 한, 그러한 증권에 언급된 계약의 체결, 화물의 인수 및 운송의 조건에 관한 증거가 된다.

2. 화물의 개수를 포함한, 화물의 중량·크기 및 포장에 관한 항공운송장 및 화물수령증의 기재사항은 반증이 없는 한, 기재된 사실에 대한 증거가 된다. 화물의 수량·부피 및 상태는 운송인이 송하인의 입회하에 점검하고, 그러한 사실을 항공운송장이나 화물수령증에 기재한 경우 또는 화물의 외양에 관한 기재의 경우를 제외하고는 운송인에게 불리한 증거를 구성하지 아니한다.

## 3. 상 법

**제923조(항공화물운송장의 발행)** ① 송하인은 운송인의 청구를 받아 다음 각 호의 사항을 적은 항공화물운송장 3부를 작성하여 운송인에게 교부하여야 한다.

1. 송하인의 성명 또는 상호
2. 수하인의 성명 또는 상호
3. 출발지와 도착지
4. 운송물의 종류, 중량, 포장의 종별·개수와 기호
5. 출발일시
6. 운송할 항공편
7. 발행지와 발행연월일
8. 운송인의 성명 또는 상호

② 운송인이 송하인의 청구에 따라 항공화물운송장을 작성한 경우에는 송하인을 대신하여 작성한 것으로 추정한다.

③ 제1항의 항공화물운송장 중 제1원본에는 "운송인용"이라고 적고 송하인이 기명날인 또는 서명하여야 하고, 제2원본에는 "수하인용"이라고 적고 송하인과 운송인이 기명날인 또는 서명하여야 하며, 제3원본에는 "송하인용"이라고 적고 운송인이 기명날인 또는 서명하여야 한다.

④ 제3항의 서명은 인쇄 또는 그 밖의 다른 적절한 방법으로 할 수 있다.

⑤ 운송인은 송하인으로부터 운송물을 수령한 후 송하인에게 항공화물운송장 제3원본을 교부하여야 한다.

**제924조(항공화물운송장의 대체)** ① 운송인은 제923조 제1항 각 호의

> 정보를 전산정보처리조직에 의하여 전자적 형태로 저장하거나 그 밖의 다른 방식으로 보존함으로써 항공화물운송장의 교부에 대체할 수 있다.
> ② 제1항의 경우 운송인은 송하인의 청구에 따라 송하인에게 제923조 제1항 각 호의 정보를 적은 화물수령증을 교부하여야 한다.

## Ⅲ. 판시사항

(1) 항공화물운송장(Air Waybill)이 증거가 되는 '화물의 수취'라 함은 화물에 대한 점유가 현실적으로 송하인으로부터 항공운송인 또는 항공운송주선인에게 이전되는 것, 즉 현실인도만을 가리키는 것으로 보아야 하고 점유개정이나 반환청구권의 양도 등에 의한 인도방식은 포함되지 않는 것으로 해석하는 것이 타당하다.

(2) 항공운송인 또는 항공운송주선인이 항공화물운송장에 기재하는 'on board'는 항공기에 화물이 적재되는 것을 의미하나, 항공운송에서는 해상운송과 비교되지 않을 정도로 신속·간편한 적재와 운송이 가능한 점에 비추어, 현실적인 적재 전이더라도 화물이 공항에 설치된 보세창고 등에 입고되어 언제든지 항공운송인의 운항계획에 따라 항공기에 적재될 수 있는 준비를 마친 상태도 이에 포함되는 것으로 해석하는 것이 타당하다.

(3) 은행이 각 항공화물운송장이 여러 가지 사항에 있어서 신용장의 문언 및 조건과 일치하지 않고 있는 사실을 알았음에도 불구하고 단지 수출업자로부터 그 불일치 사항에 관한 각서를 제출받는 데 그치거나 일부 불일치 사항에 관하여는 이를 아예 간과하여 문제삼지도 아니한 채 수출업자로부터 하환어음서류를 매입하였다면, 이러한 은행의 과실은 허위의 항공화물운송장을 교부한 항공운송주선인의 손해배상책임의 액을 정함에 있어서 충분히 참작(감액 또는 경우에 따라 책임면제)되어야 할 사유이다.

# Ⅳ. 해 설

## 1. 항공화물운송장(Air Waybill)

### 가. 의 의

운송인이 화물운송을 인수하는 경우에는 보통 운송계약서 대신 운송증권이 발행되는데, 육상운송의 경우에는 유통이 불가능하여 증거증권에 불과한 운송장과 유가증권인 화물상환증(Waybill)이, 해상운송의 경우에는 유통이 불가능한 해상화물운송장(Sea Waybill)과 유가증권인 선하증권(Bills of Lading)이, 항공운송의 경우에는 항공화물운송장(Air Waybill 또는 Air Consignment Note)이, 복합운송의 경우에는 복합운송증권(Multimodal Transport Document)이 각 발행된다.[1)]

### 나. 항공화물운송장의 법적 성질

#### (1) 증거증권성

항공화물운송장은 다른 모든 운송증권과 마찬가지로 기본적으로는 송하인과 운송인간에 화물운송계약이 성립되어 유효하게 존재한다는 것을 증명하는 증거증권(證據證券)이며, 동시에 화물의 수취증으로서의 기능과 역할도 한다. 그러나 이 운송장은 재산권을 표창하는 것이 아니며 양도성 또는 유통성을 가지고 있지 않으므로 유가증권이 아니다. 이 점에서 유통성을 가지고 유가증권인 선하증권과 대비된다. 따라서 이 운송장 이외의 다른 문서에 의하여 운송계약의 성립과 내용을 증명하여도 무방하다. 항공화물운송장은 반증이 없는 한 계약의 체결, 화물의 인수 및 운송의 조건에 관한 증거(prima facie evidence)가 된다.[2)]

운송장에 표시된 관련 당사자로는 운송인, 송하인, 수하인 등이 있고

---

1) 항공화물운송장에 관한 참고자료는 양석완, "항공화물운송장의 법적 지위", 경영법률 제19집 제1호(2008), 383~418면; 유중원, "항공화물운송장(Airwaybill)에 관한 실무적인 고찰", 인권과 정의 제262호(1998), 9~31면; 이홍권, "항공화물운송장의 면책증권성과 화물의 인도시기", 21세기 한국상사법학의 과제와 전망(심당 송상현 선생 화갑기념논문집), 박영사(2002), 532~550면.

2) 대법원 2018. 3. 15. 선고 2017다240496 판결.

각 당사자에게 발행된 3통의 원본은 각각 증거력을 갖는다. 이 운송장의 증거력에 의하여 운송장에 기재된 운송인은 실제 운송을 담당하였는지 여부를 불문하고 운송계약을 체결한 운송인으로 추정되고, 또한 이 운송장은 운송을 위하여 화물을 인수하였다는 추정적 증거가 되기 때문에 일단 운송장이 발행·교부된 후에는 운송인이 화물을 실제 수취하지 않았음에 대한 증명책임도 전적으로 운송인에게 있다.

(2) 면책증권성

항공화물운송장은 면책증권(免責證券)이다. 따라서 항공운송인은 증권의 정당한 소지인에게 화물을 인도하면 악의·중과실이 없는 한 그 책임을 면한다. 즉 증권의 소지자에게 권리자로서의 자격을 갖는 것으로 인정하는 것이다. 이는 증권의 소지자측에서 보면 자격증권이지만 운송인측에서 보면 면책증권인 것이다. 이러한 면책증권은 원래 채무자측의 선의의 변제를 보호하기 위하여 인정되는 것이지 재산권을 표창한 증권으로서의 유통을 목적으로 한 것이 아니므로 유가증권이 아니다. 면책증권은 권리의 행사에는 원칙적으로 증권의 소지가 필요하지만 권리의 발생이나 이전 등에는 증권의 소지를 요하지 않는다.

(3) 요식증권인지 여부

항공화물운송계약의 경우 원래 낙성계약이므로 운송장의 작성은 계약성립의 요건이 아니다. 운송장이 기본적으로 유가증권이 아니고 증거증권인 이상 요식증권(要式證券)이 아니다. 따라서 이 운송장에 기재하여야 할 것으로 몬트리올 협약, 상법에 규정되어 있는 사항을 누락한 경우에도 운송장 자체가 무효가 되는 것이 아니다(몬트리올 협약 제9조 참조).

(4) 처분증권인지 여부

선하증권은 운송계약에 따라 화물인도청구권을 행사할 수 있는 채권적 효력과 증권을 인도함으로써 운송 중인 화물에 관하여 점유를 이전하는 것과 동일한 효력을 인정하는 물권적 효력이 인정된다. 처분증권(處分證券)이라 함은 물권적 효력이 인정되는 증권을 말한다. 항공화물운송장의 경우 유가증권도 아니고 위와 같은 물권적 효력도 인정되지 않으므로 처분증권이 아니다.

(5) 유통증권인지 여부

항공화물운송장은 유통증권(流通證券, negotiable instrument)이 아니다. 이 운송장에 화물상환증이나 선하증권처럼 양도가능성, 즉 유통성을 부여할 것인지 여부에 관하여는 1929년에 바르샤바 협약 초안을 만들 당시부터 논의되어 온 것이다. 선하증권은 보통 항해일수 자체가 일주일에서 몇 달씩 소요되므로 그 과정에서 운송 중인 화물에 관하여 양도의 필요성이 절실한 경우가 있지만, 항공화물운송장은 항공운송의 신속성에 비추어 항공운송의 기간이 극히 짧아 그 필요성이 별로 없다. 수하인이 운송인에 대하여 갖는 화물인도청구권을 제3자에게 양도하기 위하여는 민법상 지명채권의 양도방법에 따라 지명채권 양도의 효력에 의해서만 양도할 수 있다.

(6) 항공화물운송장과 선하증권의 비교[3)]

| 종류 | 항공화물운송장 | 선하증권 |
|---|---|---|
| 성 질 | 비유가증권, 증거증권 | 유가증권, 처분증권 |
| 유통성 | 비유통성 | 유통성 |
| 발행방법 | 기명식 | 지시식 또는 무기명식 |
| 발행시기 | 창고에서 수취하고 발행 | 선적 후 발행 |
| 작성자 | 송하인 | 운송인 |

## 다. 항공화물운송장의 기능

항공화물운송장은 (i) 송하인과 운송인간에 운송장에 기재된 내용대로 항공운송계약이 체결되었다는 것을 증명하는 운송계약서로 기능이 있다. (ii) 운송인이 송하인으로부터 운송위탁 화물을 수령하였다는 화물수취증으로서 기능이 있다. (iii) 운송인의 화물운송에 따른 운임 또는 요금의 청구를 나타내는 요금계산서로서 기능이 있다. (iv) 송하인이 운송장에 보험

3) 유중원, 11면.

금액 및 보험가액을 기재한 화주보험에 부보하여야 할 경우에 보험부보 증명서의 역할을 한다. 이때 운송장의 원본 3(송하인용)이 보험가입의 증거서류가 된다. (v) 세관 통관시 세관신고서의 역할을 한다. (vi) 운송인이 항공화물을 수취, 취급, 중계배달 등을 할 경우 업무처리지침서의 역할을 한다. (vii) 운송인이 운송장의 소지인에게 화물을 인도하면 면책되는 기능이 있다.

### 라. 항공화물운송장의 작성

항공화물운송장은 몬트리올 협약에 의해 발행되는 항공운송증권으로서, 항공운송인과 송하인과의 운송계약의 체결 및 항공운송인에 의한 화물의 수취사실과 운송의 조건에 관한 증거가 되는 서류인데, 운송인용·수하인용·송하인용 등 3통의 원본으로 작성되고 그중 송하인용 원본은 항공운송인이 화물을 항공기에 적재하기에 앞서 서명하여야 하며, 화물을 인수한 후에 송하인에게 교부하도록 되어 있다(몬트리올 협약 제7조 제2항). 한편 송하인이 항공운송주선인(Forwarder)에게 운송을 의뢰하는 경우에는 그 운송주선인이 항공운송인의 지위에 서서 송하인용의 혼재항공화물운송장(House Air Waybill, HAWB)을 작성·교부하게 되며, 그 혼재화물이 항공사에 인도될 때 그 운송주선인은 송하인의 지위에 서서 항공사로부터 항공화물운송장(Master Air Waybill, MAWB)을 작성·교부받게 되는 것이다.

## 2. 화물의 수취

### 가. 현실의 인도

항공운송인 또는 항공운송주선인에 의한 화물의 수취라 함은 화물에 대한 점유가 현실적으로 송하인으로부터 항공운송인 또는 항공운송주선인에게 이전되는 것, 즉 현실인도(민법 제188조)만을 가리키는 것으로 보아야 하고, 점유개정(민법 제189조)이나 반환청구권의 양도(민법 제190조) 등에 의한 인도방식은 포함되지 않는다.

### 나. 'on board'의 의미

항공운송인 또는 항공운송주선인이 항공화물운송장에 기재하는 'on board'는 항공기에 화물이 적재되는 것을 의미한다. 다만 항공운송에서는 해상운송과 비교되지 않을 정도로 신속·간편한 적재와 운송이 가능한 점에 비추어, 현실적인 적재 전이더라도 화물이 공항에 설치된 보세창고 등에 입고되어 언제든지 항공운송인의 운항계획에 따라 항공기에 적재될 수 있는 준비를 마친 상태도 이에 포함된다.

### 다. 원심의 판단[4)]

(1) 우리나라 항공화물운송업계에서는 수출물품을 보세구역에 장치한 후 수출면장을 교부받은 수출업자가 항공운송주선인에게 항공운송을 의뢰하면서 항공화물운송장의 발급을 요구하면, 항공운송주선인은 수출면장의 발급 여부와 물품이 보세구역에 장치되어 있는지 여부를 확인한 다음 그 상태에서 물품을 인수하여 'on board'라고 기재한 항공화물운송장을 수출업자에게 작성·교부하는 것이 관례이다.

(2) 위 관례에 따라 항공운송주선인인 피고 E의 직원 W가 수출업자인 J의 보세창고에 장치된 상태로 수출통관절차가 끝나고 화주의 요구나 항공사의 운항계획에 따라 비행기에 적재될 준비가 완료된 상태에서 화물을 인수한 후, 그와 같은 의미로 'on board'라고 기재한 항공화물운송장을 J에게 작성·교부한 행위는 위와 같은 관례에 따른 것이므로 아무런 잘못이 없다.

(3) 원고 은행이 위 문구를 믿고 이 사건 하환어음을 매입함으로써 손해를 입게 되었다 하더라도 피고 W의 위 행위가 고의 또는 과실에 기인한 불법행위를 구성한다고 할 수 없다.

### 라. 검 토

(1) 기록상 원심의 위와 같은 사실인정에 부합하는 증거로는 증인 Y의

---

4) 서울고등법원 1992. 4. 22. 선고 91나35139 판결.

증언, 한국항공화물협회의 제1심에 대한 회보 및 한국항공법학회의 제1심에 대한 회보 등이 있다.

증인 Y는 이 사건 거래 당시 피고 회사의 대표이사로 있었고 제1심 이래 피고 회사를 위하여 보조참가까지 하고 있는 자인 점에 비추어 그 증언의 객관성과 신빙성이 희박하다.

한국항공화물협회도 피고 회사가 소속된 단체인 것으로 보여 그 객관성이 의심스러울 뿐 아니라 위 회보서에 기재된 다른 회보사항 중에 객관적 진실에 어긋나는 부분이 있는 점에 비추어 위 회보사항의 신빙성마저 의심스럽다.

한국항공법학회의 회보내용은 운송주선업자가 송하인으로부터 화물을 현실인도받은 후의 시점에서 실제의 항공기 적재 전에 'on board' 기재를 하는 관례가 있다는 취지이지 현실인도도 받지 않은 상태에서 그러한 기재를 한다는 취지가 아니어서 원심인정과 같은 관례의 존재를 인정하기에 부족한 내용이다.

(2) 설령 항공운송주선업계의 일각에서 그와 같은 방식으로 업무를 처리하면서 화물의 현실인수도 없이 항공화물운송장에 'on board' 기재를 하여 주는 사례가 있다고 하더라도, 그러한 업무처리가 정당화되기 위하여는 그러한 행위의 정당성이 항공화물운송장거래에 관계되는 모든 당사자 사이에서 명시적 또는 묵시적으로 승인되고 있다는 점이 인정되어야 할 터인데, 이러한 점을 인정할 만한 자료를 기록상 찾아보기도 어렵다.

(3) 그렇다면 피고 W의 위와 같은 행위는 고의 또는 과실에 의하여 허위의 내용이 기재된 항공화물운송장에 서명을 하여 송하인에게 교부한 점에서 이미 불법행위를 구성한다고 하지 않을 수 없다. 원심이 위와 같은 사실인정과 판단을 한 것은 채증법칙에 위반하여 사실을 오인하였거나 항공화물운송장의 작성에 관한 항공운송주선인의 불법행위 성립에 관한 법리를 오해하여 판결에 영향을 미친 위법을 저지른 데 해당한다.

### 3. 원고의 과실

(1) 신용장에 기초하여 작성된 하환어음서류를 매입하는 원고 은행으

로서는 당해 각 서류가 문면상 신용장의 문언 및 조건과 일치하는지의 여부를 상당한 주의를 기울여 점검하여야 할 주의의무가 있다(이 사건에 적용되는 1983년 개정 신용장통일규칙 제15조 전문). 이러한 신용장과 서류 사이의 문면상 일치 여부의 점검에 관한 주의의무를 게을리하지 아니한 이상, 그 서류의 정확성·진정성·위조 등의 하자 및 상품의 수량·품질·실존 여부 그리고 송하인·운송인 기타 모든 관계자의 성실성·신용상태 등에 관하여는 아무런 의무나 책임을 부담하지 아니한다(신용장통일규칙 제17조).

(2) 이 사건과 같이 화물이 송하인으로부터 운송주선인에게 현실인도가 되지도 않은 상태에서 마치 항공기에 적재가 된 양 'on board' 기재까지 마쳐진 항공화물운송장이 작성되었고, 그 후 화물의 항공기 적재가 J의 부도와 근로자들에 의한 저지로 말미암아 방해되어 화물이 발송되지 못하고 말았다 하더라도, 그 서류의 기재 내용이 신용장의 문언과 조건에 일치하는 것으로 인정될 수 있는 한, 원고 은행으로서는 하환어음서류의 매입에 소요된 신용장금액을 수입국의 신용장 개설은행으로부터 상환받을 수 있어 손해를 입지 않을 수 있었다.

(3) 기록에 의하면, 원고 은행은 이 사건의 각 항공화물운송장이 여러 가지 사항에서 신용장의 문언 및 조건과 일치하지 않고 있는 사실을 알았음에도 불구하고 단지 J로부터 그 불일치사항에 관한 각서를 제출받는 데 그치거나 일부 불일치사항에 관하여는 이를 아예 간과하여 문제삼지도 아니한 채 J로부터 하환어음서류를 매입한 사실이 엿보이는바, 이러한 원고 은행의 과실은 피고들의 손해배상책임의 액을 정함에 있어서 충분히 참작(감액 또는 경우에 따라 책임면제)되어야 할 사유이다.

## 4. 대법원 2019. 1. 31. 선고 2016두50488 판결

### 가. 사실관계

(1) 원고는 가방, 신발 등을 수입하여 판매하는 업체로서, 2011. 8. 5.부터 2013. 5. 3.까지 중화인민공화국(이하 '중국')에서 생산된 가방 등을 중국에서 홍콩특별행정구(이하 '홍콩')를 경유하여 수입신고번호 11076-

11-600635U 외 154건으로 수입하면서, 아시아·태평양 무역협정(이하 'APTA')에 따른 협정관세율을 적용하여 수입신고를 마쳤다(위와 같이 수입신고된 물품을 이하 '이 사건 물품'이라 한다).

(2) 그런데 이 사건 물품에 대하여 피고 서울세관장이 사후심사를 실시한 결과, 이 사건 물품이 APTA 참가국인 중국에서 APTA 비참가국인 홍콩을 경유하여 운송된 것임에도, 원고가 구 관세법(2014. 1. 1. 법률 제12159호로 개정되기 전의 것, 이하 '구 관세법') 제229조 제3항 및 아시아·태평양 무역협정 원산지 확인 기준 등에 관한 규칙(이하 '이 사건 규칙') 제8조의 규정에 따라 '수출참가국에서 발행된 통과선하증권'을 제출하지 아니한 사실이 확인되었다.

(3) 이에 피고는 이 사건 물품에 대하여 APTA 협정관세율이 적용될 수 없다고 보아 원고에게 '수출참가국에서 발행된 통과선하증권' 미제출 및 '경유국에서 관세당국의 통제하에 보세구역에 장치된 것임을 증명하는 보충 서류' 미제출로 APTA 협정세율 적용 중국산 수입물품의 직접운송원칙을 위반하였음을 통지하고, 2013. 7. 31. 관세 69,931,890원, 부가가치세 6,993,190원, 가산세 15,361,220원을, 2013. 9. 5. 관세 434,501,810원, 부가가치세 43,454,630원, 가산세 73,426,320원을 각각 경정·고지하였다(이하 위 각 부과처분을 합하여 '당초 처분'이라 한다).

(4) 원고는 당초 처분에 불복하여 2013. 10. 29. 조세심판원에 심판청구를 제기하였으나, 2014. 10. 29. '당초 처분 중 가산세는 적용하지 않는 것으로 하여 세액을 경정하고, 나머지 심판청구는 기각한다'는 취지의 결정을 받았다(위 결정 취지에 따라 취소된 가산세 부분을 제외한 나머지 당초 처분을 이하 '이 사건 처분'이라 한다).

### 나. 원심[5]의 판단

(1) '통과선하증권(through Bill of Lading)'이란 운송물이 목적지까지 운송되는 동안 여러 명의 운송인이 개입하여 같은 종류 또는 2종 이상의

---

5) 서울고등법원 2016. 8. 17. 선고 2015누71237 판결.

운송수단을 교대로 사용하여 운송되는 경우 한 명의 운송인이 전운송구간에 대하여 발행하는 선하증권을 의미한다. 통과선하증권에는 자기의 운송담당구간에 대하여만 책임을 진다는 책임한도약관이나 분할책임약관이 있어 실제로 각 운송인은 그 담당운송구간에 대하여 생긴 손해만 책임을 지는 경우도 있으나, 통과선하증권의 발행인은 그 담당운송구간을 제외한 나머지 구간에 대해서 적어도 송하인의 운송대리인으로서의 지위를 유지하고 있고 통과선하증권은 발행시점에 이미 수출자, 수입자, 운송경로, 운송수단 등이 특정되어 있으므로, 수출참가국에서 통과선하증권이 발행되는 경우 제3경유국에서의 추가가공이나 원산지세탁이 방지되는 효과가 있고 통과선하증권은 이를 간접적으로 확인해 주는 서류이다. 이 사건 운영절차 제9조 및 이 사건 규칙 제8조 제3항은 통과선하증권의 위와 같은 기능을 고려하여 원산지의 진정성이나 직접운송의 원칙 충족 여부 등을 신속·정확하게 확인하기 위해 그 절차적 요건 중 하나로 '수출참가국에서 발행된 통과선하증권'의 제출을 규정한 것이다.

(2) 상법상 선하증권은 해상운송인만이 발행하고, 육상물건운송인은 화물상환증(상법 제128조), 항공물건운송인은 항공화물운송장(airway bill, 상법 제923, 924조)을 발행한다. 통과선하증권에 관하여는 하나의 해상운송인이 운송의 전구간에 걸쳐 계약을 체결하면서 민사상 책임을 지도록 발행한 좁은 의미의 선하증권만을 의미한다고 볼 여지도 있다. 그러나 APTA 참가국에 라오스와 같이 수출참가국에서 발행된 통과선하증권의 존재를 상정하기 어려운 나라가 포함되어 있는 점, APTA 부속서 Ⅱ에 첨부된 원산지 증명서 작성요령에 운송수단 및 경로의 작성례로 "비행기로, 방콕 경유 라오스부터 인도까지"라고 기재되어 있어 이 사건 운영절차에서 요구하기로 정한 통과선하증권이 해상운송인이 발급한 운송서류로만 한정된다고 볼 수 없는 점, 이 사건 운영절차에서 '통과선하증권'의 '선하증권'에 사용된 영문 표현인 "Bill of Lading"은 해상운송인이 발행하는 선하증권 뿐만 아니라, 화물상환증이나 항공화물운송장을 포함한 일반적인 운송증권의 의미로도 사용되는 점, 통과선하증권이 제3경유국에서의 추가가공이나 원산지세탁의 방지를 담보하는 가장 효과적이고 간명한 서류로

서 규정된 점, 통과선하증권의 개념을 해석하는 데에 있어서는 과세관청이 불가능한 요건을 강요하여 협정세율에 대한 부당한 배제가 없도록 해야 할 것인 점 등을 종합하여 보면, 이 사건 규칙 제8조 제3항 제1호에 정한 '수출참가국에서 발행된 통과선하증권'은 좁은 의미에서 나아가 수출참가국에서 한 명의 운송인이 운송물의 수령지에서 인도지까지 자신의 운송구간을 제외한 나머지 구간을 포함하여 전체 운송구간에 대하여 발행하는 단일의 운송증서도 포함된다고 해석하여야 한다.

(3) 이에 따르면 '복합운송증권'은 운송물의 수령지에서 인도지까지 운송을 최소한 두 가지 이상의 다른 종류의 운송 수단 등을 결합하여 운송할 것을 약속한 복합운송계약에 의하여 발행되는바, 복합운송인이 전구간의 운송에 대하여 발행한다는 점에서 통과선하증권과 차이가 없고, 전구간의 운송에 대하여 단일계약이 체결되며, 복합운송인이 송하인에 대하여 단일책임을 부담하므로 책임한도약관이나 분할책임약관이 있는 경우의 통과선하증권보다 추가가공이나 원산지세탁 방지를 더 강하게 담보한다는 점에서 복합운송증권도 이 사건 규칙 제8조 제3항 제1호에 정한 '수출참가국에서 발행된 통과선하증권'의 범위에 포함된다.

(4) 이 사건 규칙 제8조 제3항 제1호에 정한 '수출참가국에서 발행된 통과선하증권'의 의미가 위와 같이 해석되고 복합운송증권도 여기에 해당된다고 보는 점에다가, 항공화물운송장은 원칙적으로 송하인이 작성하여 항공운송인에게 교부하여야 하고 송하인의 청구가 있는 때에는 항공물건운송인이 작성하나 실제로는 항공운송인이 물건운송을 인수하면서 운송계약 또는 운송물의 수령과 인도에 대한 증거로 발행하는 운송증서이고, 항공화물운송에서는 화물상환증이나 선하증권과 같은 유가증권이 발행되지 않는 점, 항공화물운송장에는 출발지와 도착지, 운송물의 종류, 중량, 포장의 종별·개수와 기호 등의 사항이 기재되는 점(상법 제923조 제1항), 항공화물운송장은 송하인의 처분청구권의 행사에 있어서는 제시증권의 효력을 가지는 점(상법 제917조 제3항), 항공화물운송장의 운송증서에 적힌 대로 운송계약이 체결되었고, 운송인이 그 기재 내용대로 운송물을 수령한 것으로 추정되는 점(상법 제929조) 등을 종합하여 보면, 항공화물운송에서는

수출참가국이 발행지인 항공화물운송장도 이 사건 규칙 제8조 제3항 제1호에 정한 '수출참가국에서 발행된 통과선하증권'에 해당된다고 봄이 타당하다.

(5) 따라서 복합운송증권 및 항공화물운송장이 이 사건 규칙 제8조 제3항 제1호에 정한 넓은 의미의 '수출참가국이 발행한 통과선하증권'에 직접 해당하는 서류라고 해석되는 이상, 위 조항 각 호가 규정 서류에 직접 해당되지 않더라도 규정 서류와 기능이 유사한 서류들에 의하여 대체될 수 있음을 정한 예시적 규정이라고는 볼 수 없다.

(6) 원고가 제출한 중국 발행의 칭단은 화물을 중국에서 홍콩으로 차량을 이용하여 내륙운송할 때 운송인의 신청에 따라 중국세관에서 발급하는 차량적재 화물목록으로서 중국에서 홍콩까지의 육상운송 내력만을 나타낼 뿐이고 홍콩 내에서 소비 또는 교역이 이루어지지 않았음을 담보하지 못하며, 운송인이 전체 운송구간에 대하여 발행하는 운송증서가 아니므로 이 사건 규칙 제8조 제3항 제1호에 정한 '수출참가국에서 발행된 통과선하증권'에는 해당하지 아니한다.

### 다. 대법원의 판단

아시아·태평양 무역협정 원산지 확인 기준 등에 관한 규칙 제8조 제3항의 문언, 체계, 제정 경위, '아시아·태평양 경제사회위원회의 개발도상회원국 간 무역협정에 관한 1차 협정(방콕협정)에 대한 개정으로서 아시아·태평양 무역협정'(이하 '아태무역협정')과 그 부속서를 비롯한 관련 법령의 직접운송에 관한 규정들의 취지와 목적 등을 종합하면, 위 조항은 아태무역협정 부속서에서 정한 직접운송 규정을 원활하게 실시·집행하기 위하여 관세당국에 제출할 증명서류에 관하여 일반적으로 신빙성이 있다고 볼 수 있는 증빙서류들을 정한 것으로서, 이를 제출하는 것이 불가능하거나 어려운 사정이 있는 경우에는 다른 신빙성 있는 자료로 대체할 수 있다고 보아야 한다. 따라서 제1호의 '수출참가국에서 발행된 통과선하증권'을 발급받을 수 없거나 어려운 사정이 있는 경우에는 같은 항 제4호에 따라 다른 신빙성 있는 증명서류를 제출하여 직접운송 간주 요건을 충족하였음을 증명할 수 있고, 단지 위 '통과선하증권'이 제출되지 않았다는 이유만으로 아태무역협정의 직접운송 요건을 충족하지 못한다고 단정하여 협정세율 적용을 부인할 수는 없다.

# [51] 항공운송계약과 항공화물운송장 이면약관의 관계

대법원 2018. 3. 15. 선고 2017다240496 판결

## Ⅰ. 사실관계

(1) 원고 KB손해보험은 엘지전자 주식회사(이하 'LG')와 사이에 피보험자를 LG, 보험기간을 2015. 4. 1.부터 2016. 4. 1.까지로 하고 LG가 운송계약을 체결하여 운송하는 모든 제품에 관하여 멸실 등 보험사고가 발생한 경우 그 손해를 피보험이익으로 하는 해상적하보험계약(이하 '이 사건 보험계약')을 체결하였다.

(2) LG는 파라과이 소재 셀렉스 에스.알.엘(이하 '셀렉스')과 스마트폰 2,500대를 판매하는 계약(이하 '이 사건 수출계약')을 운임 및 보험료 포함(Carriage and Insurance Paid, CIP) 조건으로 체결하였다.

(3) LG는 2015. 1. 1. 피고 BNS로지스틱과 LG가 지정하는 화물의 운송을 피고가 위탁받아 운송하기로 하는 항공화물 운송계약(이하 '이 사건 운송계약')을 체결하고, 2015. 4. 17. 피고에게 이 사건 수출계약에 따른 스마트폰 2,500대(이하 '이 사건 스마트폰')의 운송을 위탁하였다. 이 사건 운송계약 제5조 일부의 내용은 다음과 같다.

**제5조(손해배상 등)**

2. 피고는 화물의 도난, 분실, 파손, 지연 등으로 인한 손해를 포함하여 운송업무의 수행과 관련하여 발생하는 LG와 제3자의 인적, 물적 피해 등 모든 손해를 배상하여야 한다. 손해배상액은 LG가 합리적인 방법으로 산정하여 피고에게 서면통보하고 피고는 통보일로부터 15일 이내에 전액 현금으로 LG에게 지급하여야 한다.
3. 피고는 상법 기타 관련 법령에 의한 책임의 제한 혹은 감면을 주장하지 아니하며, 스스로 알고 있는지 여부를 불문하고, 상법 기타 관련 법규에

의하여 부여되는 모든 책임의 제한 혹은 감면의 이익을 포기한다. 특히 상법 제136조는 본 계약에 적용되지 아니한다.

(4) 피고는 2015. 4. 18. 이 사건 스마트폰을 아시아나 항공기에 선적하면서 송하인을 LG, 수하인을 셀렉스로 하여 항공화물운송장(Air Waybill)을 발행하였다. 이 사건 항공화물운송장 이면약관(Conditions of Contract on Reverse Side of the Air Waybill) 제10조(이하 '이 사건 약관 조항')의 내용은 다음과 같다.

2. 1. 운송은, 다른 협약에서 정한 국제운송이 아닌 경우 바르샤바 협약이나 몬트리올 협약이 정하고 있는 책임에 관한 규정을 적용받는다.
10. 1. 화물이 멸실, 손상, 지연된 경우 인도받을 권리를 가지는 자에 의해 운송인에게 서면 이의가 되어야 한다. 이러한 이의는 반드시 다음과 같이 이루어져야 한다.
10. 1. 3. 화물이 인도되지 않은 경우 항공화물운송장이 발행된 날로부터 120일 이내에 또는 항공운송장이 발행되지 않는 경우에는 운송인이 운송을 위해 화물을 인수한 날로부터 120일 이내에
10. 3. 서면이의가 10조 1항에서 규정된 기한 내에 이루어지지 않는 경우, 운송인을 상대로 소를 제기할 수 없다.

(5) 이 사건 스마트폰은 2015. 4. 18. 아시아나 항공기로 인천국제공항을 출발하여 다음 날인 19일 미국 마이애미 공항에 도착한 후 아시아나항공 창고를 거쳐 피고의 관리하에 있는 창고에 입고되었다. 2015. 4. 20. 출고되어 트럭에 싣고 이동하던 중 트럭기사가 이 사건 스마트폰이 적재된 트럭을 아비앙카 에어측의 창고의 주차장에 세워두고 자리를 비운 사이, 2015. 4. 20. 15:50경부터 17:20경 사이에 이 사건 스마트폰을 도난당하였다(이하 '이 사건 도난사고'). 이 사건 스마트폰 중 300대는 미국 경찰로부터 회수되어 LG에 반송되었고, 나머지 2,200대는 회수되지 못하였다.

(6) LG는 2015. 4. 23. 피고에게 "피고는 LG가 셀렉스로 수출하는 이 사건 스마트폰의 운송의뢰를 받아 이를 운송하던 중 2015. 4. 20. 이 사건 도난사고를 당하였다. 도난당한 화물은 회수가능성이 없는 것으로 보이고, 피고는 이 사건 도난사고에 대하여 계약불이행에 따른 손해배상책임이 있다. 이에 화물 상업송장 금액에 해당하는 손해배상을 청구한다"는 내용의 서면(Claim letter)을 보냈고, 피고는 이를 수령하였다.

(7) LG는 셀렉스에게 이 사건 스마트폰에 관한 대금지급청구를 하지 아니하고, 2015. 5. 12.경 이 사건 수출계약에 따라 셀렉스에 다시 동일한 사양으로 대체품 스마트폰 2,500대를 공급하였다. 원고는 이 사건 보험계약에 따라 LG에게, 2015. 9. 3. 도난된 2,200대분에 대해서 해당 스마트폰 가액 상당 금액 미화 515,086달러에서 10%의 희망이익을 가산한 돈을, 2016. 2. 25. 도난 후에 회수된 300대분에 대하여는 해당 스마트폰 가액에서 정상품 대비 29.81%가 감가상각된 것으로 평가하여 그 감가액수의 보험금 미화 20,938.25달러에서 10%의 희망이익을 가산한 돈을 지급하여 보험금으로 총 합계 536,024.45달러를 지급하였다.

## Ⅱ. 참조 조문

### 1. 몬트리올 협약

**제11조(증권의 증거력)**

1. 항공운송장 또는 화물수령증은 반증이 없는 한, 그러한 증권에 언급된 계약의 체결, 화물의 인수 및 운송의 조건에 관한 증거가 된다.
2. 화물의 개수를 포함한, 화물의 중량·크기 및 포장에 관한 항공운송장 및 화물수령증의 기재사항은 반증이 없는 한, 기재된 사실에 대한 증거가 된다. 화물의 수량·부피 및 상태는 운송인이 송하인의 입회하에 점검하고, 그러한 사실을 항공운송장이나 화물수령증에 기재한 경우 또는 화물의 외양에 관한 기재의 경우를 제외하고는 운송인에게 불리한 증거를 구성하지 아니한다.

**제12조(화물의 처분권)**

1. 송하인은 운송계약에 따른 모든 채무를 이행할 책임을 조건으로, 출발공항 또는 도착공항에서 화물을 회수하거나, 운송 도중 착륙할 때에 화물을 유치하거나, 최초 지정한 수하인 이외의 자에 대하여 도착지에서 또는 운송 도중에 화물을 인도할 것을 요청하거나 또는 출발공항으로 화물을 반송할 것을 청구함으로써 화물을 처분할 권리를 보유한다. 송하인은 운송인 또는 다른 송하인을 해하는 방식으로 이러한 처분권을 행사해서는 아니되며, 이러한 처분권의 행사에 의하여 발생한 어떠한 비용도 변제하여야 한다.
2. 송하인의 지시를 이행하지 못할 경우, 운송인은 즉시 이를 송하인에게 통보하여야 한다.
3. 운송인은 송하인에게 교부한 항공운송장 또는 화물수령증의 제시를 요구하지 아니하고 화물의 처분에 관한 송하인의 지시에 따른 경우, 이로 인하여 항공운송장 또는 화물수령증의 정당한 소지인에게 발생된 어떠한 손해에 대하여도 책임을 진다. 단, 송하인에 대한 운송인의 구상권은 침해받지 아니한다.
4. 송하인에게 부여된 권리는 수하인의 권리가 제13조에 따라 발생할 때 소멸한다. 그럼에도 불구하고 수하인이 화물의 수취를 거절하거나 또는 수하인을 알 수 없는 때에는 송하인은 처분권을 회복한다.

**제13조(화물의 인도)**

1. 송하인이 제12조에 따른 권리를 행사하는 경우를 제외하고, 수하인은 화물이 도착지에 도착하였을 때 운송인에게 정당한 비용을 지급하고 운송의 조건을 충족하면 화물의 인도를 요구할 권리를 가진다.
2. 별도의 합의가 없는 한, 운송인은 화물이 도착한 때 수하인에게 통지를 할 의무가 있다.
3. 운송인이 화물의 분실을 인정하거나 또는 화물이 도착되었어야 할 날로부터 7일이 경과하여도 도착되지 아니하였을 때에는 수하인은 운송인에 대하여 계약으로부터 발생된 권리를 행사할 권리를 가진다.

## 2. 민 법

> **제188조(동산물권양도의 효력, 간이인도)** ① 동산에 관한 물권의 양도는 그 동산을 인도하여야 효력이 생긴다.
>
> ② 양수인이 이미 그 동산을 점유한 때에는 당사자의 의사표시만으로 그 효력이 생긴다.

## 3. 상 법

> **제693조(해상보험자의 책임)** 해상보험계약의 보험자는 해상사업에 관한 사고로 인하여 생길 손해를 보상할 책임이 있다.
>
> **제698조(희망이익보험의 보험가액)** 적하의 도착으로 인하여 얻을 이익 또는 보수의 보험에 있어서는 계약으로 보험가액을 정하지 아니한 때에는 보험금액을 보험가액으로 한 것으로 추정한다.
>
> **제918조(운송물의 인도)** ① 운송물이 도착지에 도착한 때에는 수하인은 운송인에게 운송물의 인도를 청구할 수 있다. 다만, 송하인이 제917조 제1항에 따라 처분청구권을 행사한 경우에는 그러하지 아니하다.
>
> ② 운송물이 도착지에 도착하면 다른 약정이 없는 한 운송인은 지체 없이 수하인에게 통지하여야 한다.

# Ⅲ. 판시사항

(1) 운임 및 보험료 포함(CIP) 조건으로 매수인을 수하인으로 하여 항공화물운송인에게 운송물을 위탁하는 방법으로 물품을 인도하기로 하는 수출입매매계약이 체결된 경우, 특별한 사정이 없는 한 물품이 도착지에 도착함으로써 매수인이 운송인에 대하여 물품의 인도청구권을 취득하였을 때에 매도인으로부터 매수인에게 물품의 인도가 이루어지고 그 소유권이 매수인에게 이전된다. 이 경우 매도인으로서는 운송계약의 대상인 수출물품이 목적지에 손상 없이 도착하여 상대방에게 무사히 인도되는 것에 관하여 기대이익(expected profit)을 포함하여 경제적 이익이 없다고 할 수

없으므로, 매도인과 보험회사 사이에 체결한 보험계약의 피보험이익이 매도인에게 없다고 볼 수 없다.

(2) 화물의 출발지와 도착지가 모두 몬트리올 협약 당사국이므로 위 국제항공운송에 관한 법률관계에는 몬트리올 협약이 민법이나 상법보다 우선적으로 적용되는데, 몬트리올 협약 제11조, 제12조 제1항, 제4항, 제13조의 체계와 내용을 종합하면, 항공화물운송에서 운송인이 화물을 분실하거나 화물이 도착하지 아니하였을 때에 수하인은 운송인에 대하여 운송계약으로부터 발생한 권리를 행사할 권한이 있고 송하인에게 부여된 권리는 수하인의 권리가 발생한 때에 소멸한다. 위 이면약관 조항에서 화물이 멸실·손상·지연된 경우에 운송인에게 일정한 기간내에 서면으로 이의를 제기할 수 있는 '인도받을 권리를 가지는 자'는 운송 도중 송하인 LG가 몬트리올 협약 제12조 제1항에서 정한 처분권을 행사하지 아니하는 한 수하인인 셀렉스를 의미하고, 다만 위 이면약관 조항은 운송계약 조항의 내용에 배치되는 한도 내에서는 효력이 없으므로, LG가 운송계약 조항에 따라 손해배상을 청구하는 서면을 피고에게 보낸 이상, 피고는 이면약관 조항에서 정한 부제소특약을 주장할 수 없다.

## Ⅳ. 해 설

### 1. 송하인 LG의 피보험이익

#### 가. 항공화물운송에 의하여 수출입매매가 이루어진 경우 소유권이전 시기

(1) 몬트리올 협약 제13조 제1항에 의하면 항공화물운송에서 화물이 도착지에 도착하기 전에 송하인이 운송인에게 화물의 처분에 관한 지시를 하지 않은 이상 수하인은 화물이 도착지에 도착한 때에는 운송인에 대하여 확정적으로 화물의 인도청구권을 취득한다.

(2) 본선인도조건(F.O.B.) 또는 운임·보험료포함조건(C.I.F.)으로 매수인을 수하인으로 하여 항공화물운송인에게 운송을 위탁하는 방법으로 물품

을 인도하기로 하는 수출입매매계약이 체결된 경우, 특별한 사정이 없는 한 물품이 도착지에 도착함으로써 매수인이 운송인에 대하여 물품의 인도청구권을 취득하였을 때 민법 제190조의 규정에 의하여 매도인으로부터 매수인에게 물품의 인도가 이루어진 것으로 되어 그 소유권은 매수인에게 이전된다. 이 경우 매수인이 수입할 물품을 미리 제3자에게 양도함에 따라 매도인에 대하여 위 제3자를 수하인으로 하여 운송을 위탁할 것을 요구하고 매도인이 이에 응하였다면, 물품이 국내에 도착하였을 때 당사자들의 의사에 따라 매도인으로부터 매수인, 매수인으로부터 제3자에게 순차로 물품에 대한 소유권이전이 이루어진다.[1)]

(3) 대상사안과 같이, 운임 및 보험료 포함 조건으로 매수인을 수하인으로 하여 항공화물운송인에게 운송물을 위탁하는 방법으로 물품을 인도하기로 하는 수출입매매계약이 체결된 경우, 특별한 사정이 없는 한 물품이 도착지에 도착함으로써 매수인이 운송인에 대하여 물품의 인도청구권을 취득하였을 때에 매도인으로부터 매수인에게 물품의 인도가 이루어지고 그 소유권이 매수인에게 이전된다.

### 나. 피보험이익

(1) 의 의

(가) 18C 중반 영국에서는 유명인사의 생명을 대상으로 보험에 가입하는 도박보험이 성행함에 따라 1774년 생명보험법이 제정되었다. 1774년 제정된 영국 생명보험법(Life Assurance Act 1774) 제1조에 의하면, 생명보험 또는 상해보험의 경우 보험계약이 적법·유효하려면 보험계약자가 보험계약 체결 당시에 보험의 목적이 된 생명 또는 신체에 관하여 피보험이익[2)]을 가져야 한다.

피보험이익의 개념에 관하여는, (i) 보험사고가 발생하면 피보험자에게 재산적 손실을 일으키는 관계가 있기 때문에 사고가 발생하지 아니하는

1) 대법원 1998. 11. 10. 선고 98도2526 판결.
2) 대한민국 상법 제668조에서는 손해보험에 관하여 '보험계약의 목적'이라는 용어를 사용하고 있다.

동안 피보험자가 가지는 경제적 이익을 피보험이익이라고 보는 이익설, (ii) 피보험자가 보험의 목적에 대하여 보험사고가 발생하면 손해를 입게 되는 경우 피보험자와 보험 목적과의 관계를 피보험이익이라고 보는 관계설[3)]이 제시되고 있다.[4)]

(나) 손해보험에서 보험의 목적물과 위험의 종류만이 정해져 있고 피보험자와 피보험이익이 명확하지 않은 경우에, 그 보험계약이 보험계약자 자신을 위한 것인지 아니면 타인을 위한 것인지는 보험계약서 및 당사자가 보험계약의 내용으로 삼은 약관의 내용, 당사자가 보험계약을 체결하게 된 경위와 그 과정, 보험회사의 실무처리 관행 등 제반 사정을 참작하여 결정하여야 한다.[5)]

(다) 동산 양도담보 설정자는 담보목적물인 동산의 소유권을 채권자에게 이전해 주지만 이는 채권자의 우선변제권을 확보해 주기 위한 목적에 따른 것으로, 양도담보 설정자는 여전히 그 물건에 대한 사용·수익권을 가지고 변제기에 이르러서는 채무 전액을 변제하고 소유권을 되돌려 받을 수 있으므로, 그 물건에 대한 보험사고가 발생하는 경우에는 그 물건에 대한 사용·수익 등의 권능을 상실하게 될 뿐 아니라 양도담보권자에 대하여는 그 물건으로써 담보되는 채무를 면하지 못하고 나아가 채무를 변제하더라도 그 물건의 소유권을 회복하지 못하는 경제적인 손해를 고스란히 입게 된다. 따라서 양도담보 설정자에게 그 목적물에 관하여 체결한 화재보험계약의 피보험이익이 없다고 할 수 없다.[6)]

(라) 두 개의 책임보험계약이 보험의 목적, 즉 피보험이익과 보험사고의 내용 및 범위가 전부 공통되지는 않으나 상당 부분 중복되고, 발생한 사고가 그 중복되는 피보험이익에 관련된 보험사고에 해당된다면, 이와 같은 두 개의 책임보험계약에 가입한 것은 피보험자, 피보험이익과 보험사고 및 보험기간이 중복되는 범위 내에서 상법 제725조의2에 정한 중복보험에 해당하고,[7)] 이 경우 각 보험자는 상법 제672조 제1항 규정에 따라

3) Lucena v. Craufurd, [1806] 2 Bos & PNR 269 at 302, 127 ER 630 at 643.

4) 김철호, 생명보험과 피보험이익, 고려대 법학박사학위논문(2011), 11~16면.

5) 대법원 2014. 5. 29. 선고 2014다202691 판결.

6) 대법원 2009. 11. 26. 선고 2006다37106 판결.

각자의 보험금액의 비율에 따른 보상책임을 연대하여 부담한다.[8)]

(마) 보험계약자가 상당한 기간 동안에 발생한 불특정 다수인의 사망 또는 상해에 관하여 정액의 보험금을 지급받기로 하는 보험계약에서, 보험계약자가 그들의 사망 또는 상해와 관련하여 금전적인 책임을 부담할 수 있는 지위에 있고, 보험계약을 체결한 의도가 그러한 법적 책임을 부보하기 위한 것인 때에는 보험계약자에게 1774년 제정된 영국 생명보험법(Life Assurance Act 1774) 제1조에 따른 피보험이익을 인정할 수 있다.[9)]

(2) 원심의 판단[10)]

이 사건 운임 및 보험료 포함 조건은 수출입매매계약 당사자 사이에서 비용이나 위험부담의 원칙을 정한 것에 불과하고, 보험계약은 피보험이익이 있는 한 보험자와 보험계약자의 의사합치에 의하여 자유롭게 체결될 수 있다. 이 사건 스마트폰이 운송되는 도중 도난 등으로 인하여 LG가 입게 될 손해가 이 사건 보험계약의 피보험이익이고, 매도인으로서 피보험자인 LG에게는 희망이익을 포함하여 경제적 이익이 있으므로 이 사건 보험계약은 유효하다. 따라서 원고는 이 사건 도난사고에 따른 스마트폰에 관한 손해 상당액의 보험금을 LG에 지급함으로써 보험자대위 법리에 따라 LG의 피고에 대한 손해배상청구권을 취득하였으므로, 피고는 원고에게 손해배상금을 지급할 의무가 있다.

(3) 대법원의 판단

이 사건에서 매도인으로서는 운송계약의 대상인 수출 물품이 목적지에 손상 없이 도착하여 상대방에게 무사히 인도되는 것에 관하여 기대이익(expected profit)을 포함하여 경제적 이익이 없다고 할 수 없으므로, 매도인과 보험회사 사이에 체결한 보험계약의 피보험이익이 매도인에게 없다고 볼 수 없다.[11)]

---

7) 대법원 2005. 4. 29. 선고 2004다57687 판결.
8) 대법원 2014. 1. 29. 선고 2013다65901 판결.
9) 대법원 2019. 5. 30. 선고 2017다254600 판결.
10) 서울남부지방법원 2017. 5. 26. 선고 2016나63352 판결.
11) 대법원 2012. 3. 29. 선고 2011다99061 판결 참조.

## 2. 이 사건 보험계약의 효력

### 가. 적용규범

출발지인 대한민국에서는 2007. 12. 29. 몬트리올 협약이 발효되었고, 도착지인 파라과이에서는 2003. 11. 4. 몬트리올 협약이 발효되었다. 이와 같이 출발지와 도착지가 모두 몬트리올 협약의 당사국인 국제항공운송에 관한 법률관계에 대하여는 몬트리올 협약이 민법이나 상법보다 우선적으로 적용된다.

### 나. 몬트리올 협약의 내용

(1) 몬트리올 협약 제12조 제1항, 제4항에 의하면, (i) 송하인은 운송계약에 따른 모든 채무를 이행할 책임을 조건으로, 출발공항 또는 도착공항에서 화물을 회수하거나, 운송 도중 착륙할 때에 화물을 유치하거나, 최초 지정한 수하인 이외의 자에 대하여 도착지에서 또는 운송 도중에 화물을 인도할 것을 요청하거나 또는 출발공항으로 화물을 반송할 것을 청구함으로써 화물을 처분할 권리를 보유하고, (ii) 송하인에게 부여된 권리는 수하인의 권리가 제13조에 따라 발생할 때에 소멸한다.

(2) 몬트리올 협약 제13조에 의하면, (i) 송하인이 제12조에 따른 권리를 행사하는 경우를 제외하고, 수하인은 화물이 도착지에 도착하였을 때 운송인에게 정당한 비용을 지급하고 운송의 조건을 충족하면 화물의 인도를 요구할 권리를 가지고, (ii) 별도의 합의가 없는 한, 운송인은 화물이 도착한 때에 수하인에게 통지를 할 의무가 있으며, (iii) 운송인이 화물의 분실을 인정하거나 화물이 도착되었어야 할 날로부터 7일이 경과하여도 도착하지 아니하였을 때에는 수하인은 운송인에 대하여 계약에 기한 권리를 행사할 권한이 있다.

(3) 몬트리올 협약 제11조에 의하면, 항공화물운송장은 반증이 없는 한 계약의 체결, 화물의 인수 및 운송의 조건에 관한 증거(prima facie evidence)가 된다.

### 다. 송하인 LG의 지위

위 규정의 체계와 내용을 종합하여 보면, 항공화물운송에서 운송인이 화물을 분실하거나 화물이 도착하지 아니하였을 때에 수하인은 운송인에 대하여 운송계약으로부터 발생한 권리를 행사할 권한이 있고 송하인에게 부여된 권리는 수하인의 권리가 발생한 때에 소멸하므로, 이 사건 약관 조항에서 화물이 멸실·손상·지연된 경우에 운송인에게 일정한 기간내에 서면으로 이의를 제기할 수 있는 '인도받을 권리를 가지는 자(the person entitled to delivery)'라 함은 운송 도중 송하인이 몬트리올 협약 제12조 제1항에서 규정한 처분권을 행사하지 아니하는 한 수하인을 의미한다고 보아야 한다.

### 라. 이 사건 보험계약의 무효 여부

LG가 수출한 이 사건 스마트폰은 도착지에 도착하기 이전에 운송 도중 분실되어 매수인에게 인도가 이루어지지 아니하였으므로 매수인으로서는 그 소유권을 취득한 사실이 없다. 매도인인 LG로서는 이 사건 수출계약의 이행을 위하여 이 사건 운송계약이 제대로 수행되는 데 경제적 이익을 가지는 이상 이 사건 보험계약의 피보험이익이 인정되므로 보험계약을 무효라고 볼 수 없다.

## 3. 부제소 특약의 효력

### 가. 인도받을 권리를 가지는 자

(1) 원심은, LG가 피고와의 운송계약에서 피고에 대하여 손해배상을 청구하고 그 손해배상금을 지급받을 수 있는 권한을 가지는 유일한 당사자인 점에 비추어 LG가 이 사건 약관 조항에 따라 피고에게 서면으로 이의를 제기할 수 있는 자에 해당한다고 보았다.

(2) 그러나 이 사건 약관 조항에서 규정하는 '인도받을 권리를 가지는 자'는 다른 특별한 사정이 없는 한 수하인인 셀렉스이므로, 원심이 이 사

건 약관 조항에 따라 피고에게 서면으로 이의를 제기할 수 있는 자는 LG라고 판단한 것은 잘못이다.

### 나. 이 사건 약관 조항의 효력

이 사건 약관 조항의 효력은 이 사건 운송계약 제5조의 내용에 배치되는 한도 내에서는 그 효력이 없다고 보아야 하므로, LG가 이 사건 운송계약 제5조에 정한 바에 따라 운송계약의 불이행으로 인한 손해배상을 청구하는 서면을 피고에게 보낸 이상, 피고로서는 이 사건 약관 조항에서 정하고 있는 한 부제소특약의 주장을 할 수 없다.

# [52] 항공화물운송장과 신용장 거래

대법원 2015. 1. 29. 선고 2014다40237 판결

## Ⅰ. 사실관계

(1) 주식회사 에이원 일렉트로닉스(이하 '에이원')는 2007. 11.경 미국 회사인 디이아이 헤드쿼터(DEI Headquarter Inc., 이하 '디이아이'라고 한다)와 자동차 보안장치 부품(이하 '이 사건 화물')을 미국으로 수출하기로 하는 계약을 체결하였다. 디이아이는 이 사건 화물의 대금을 지급하기 위하여 와코비아 은행(Wachovia Bank)에 신용장 개설을 의뢰하여 와코비아 은행이 2007. 11. 6. 수익자를 에이원으로 하는 취소불능 신용장을 개설하였다.

(2) 피고 UPSSCS Korea 주식회사는 디이아이와 이 사건 화물에 관한 운송계약을 체결한 유피에스 에어 프레이트 서비스(UPS Air Freight Services Inc., 이하 '유피에스항공')의 대리인인 유피에스 서플라이 체인 솔루션(UPS Supply Chain Solutions Inc., 이하 '유피에스체인')의 요청을 받고, 유피에스항공의 대한민국내 대리인 내지 이행보조자로서 이 사건 화물의 수령이나 선적에 관한 업무를 처리하면서 유피에스항공을 대리하여 항공화물운송장을 발행·교부하는 업무도 함께 처리하게 되었다.

(3) 피고의 담당 직원인 M은 이 사건 화물의 운송에 관한 항공화물운송장을 작성하기 전에 이미 상업송장 등 서류를 통하여 이 사건 화물의 운송이 신용장이 개설된 거래에 관한 것임을 알고 있었다. M은 2007. 11. 21. 계약운송인인 유피에스항공의 대리인인 유피에스체인과 송하인인 에이원의 지시에 따라 이 사건 화물의 운송에 관하여 수하인을 디이아이와 사실상 같은 회사인 디렉티드 일렉트로닉스(Directed Electronics, 이하 '디렉티드')로 기재한 수하인용 항공화물운송장(이하 '이 사건 제1항공화물운송장')을 발행하여 이 사건 화물과 함께 유피에스체인에 송부하였다.

(4) 다음 날인 11. 22. 에이원이 M에게 항공화물운송장의 수하인을 와

코비아 은행의 지시인으로 변경해 달라고 요청하자, M이 에이원의 요청에 따라 이 사건 제1항공화물운송장과 달리 수하인을 와코비아 은행의 지시인으로 기재한 송하인용 항공화물운송장(이하 '이 사건 제2항공화물운송장')을 발행하여 이를 에이원에 교부하였다. 이 사건 제1, 2항공화물운송장에는 항공화물운송장의 원본 3통은 같은 증명력을 가진다는 취지가 각 기재되어 있었다.

(5) 원고 주식회사 하나은행은 2007. 11. 22. 에이원으로부터 이 사건 화물에 관한 수출환어음과 이 사건 제2항공화물운송장 등 서류의 매입을 의뢰받고, 이를 미화 172,967.95달러에 매입하였다. 이와 관련하여 원고는 에이원과 수출환어음의 지급 또는 인수가 거절될 경우 에이원은 그 수출환어음 매입대금 상환의무를 지고, 수출환어음의 매입 및 추심에 수반하는 물품을 그 거래와 관련하여 에이원이 원고에게 부담하는 채무의 지급을 위한 담보로서 원고에게 양도하기로 약정하였다.

(6) 유피에스체인은 2007. 11. 26. 와코비아 은행의 지시나 승낙을 받지 아니한 채 이 사건 화물을 디렉티드에 인도하는 내용의 인도지시서를 발행하였고, 디이아이는 수출대금을 결제하지 아니한 채 그 인도지시서를 이용하여 이 사건 화물을 인도받았다. 원고는 와코비아 은행에 에이원으로부터 매입한 수출환어음의 지급을 청구하였으나, 와코비아 은행은 2007. 12. 5. 신용장 조건의 불일치를 이유로 이를 거절하였다.

## Ⅱ. 참조 조문

### 1. 개정 바르샤바 협약

**제6조**

(1) 항공화물운송장은 송하인이 원본 3통을 작성하여 이를 화물과 함께 교부하여야 한다.

(2) 제1의 원본에는 "운송인용"(for the carrier)이라고 기재하고 송하인이 이에 서명하여야 한다. 제2의 원본에는 "송하인용"(for the consignee)이라고 기재하고 송하인 및 운송인이 이에 서명한 후

이를 화물과 함께 송부하여야 한다. 제3의 원본에는 운송인이 서명하여야 하며, 이는 화물을 인수한 후에 송하인에게 교부하여야 한다.

**제11조**

(1) 항공화물운송장은 계약의 체결, 화물의 수령 및 운송의 조건에 관한 추정적인 증거가 된다.

(2) 화물의 중량, 크기와 포장 및 포장의 개수에 관한 항공화물운송장의 기재는 그 기재된 사실에 대한 추정적인 증거가 된다. 화물의 수량, 용적 및 상태에 관한 기재는 운송인이 송하인의 입회하에 화물을 점검하고 그 뜻을 항공화물운송장에 기재한 경우 또는 화물의 외관상태에 관한 기재의 경우를 제외하고는, 운송인에 대하여 불리한 증거를 구성하는 것은 아니다.

**제12조**

(1) 송하인은 운송계약으로부터 발생하는 모든 채무를 이행할 것을 조건으로, 출발공항 또는 도착공항에서 화물을 회수하거나, 운송 도중 착륙할 때에 화물을 정지하거나 또는 항공화물운송장에 기재한 수하인 이외의 자에 대하여 도착지에서 또는 운송도중에 화물을 인도하거나, 또는 출발공항으로 화물의 반송을 청구하는 것으로 인하여, 화물을 처분할 권리를 갖는다. 다만 그 권리의 행사로 인하여 운송인 또는 기타의 송하인을 해하여서는 아니되며, 또 그 행사로 의하여 생긴 비용을 부담하여야 한다.

(4) 송하인의 권리는 수하인의 권리가 제13조에 의하여 생긴 때에는 소멸한다. 다만 수하인이 항공화물운송장 또는 화물의 수령을 거부한 경우 또는 수하인을 알 수 없는 경우에는, 송하인은 그 처분의 권리를 회복한다.

**제13조**

(1) 전조에 규정된 경우를 제외하고, 화물이 도착지에 도착한 경우에는, 수하인은 운송인에 대하여 채무액을 지급하고 항공화물운송장에 기재된 운송의 조건을 충족한 때에는 항공화물운송장의 교부 및 화물의 인도를 청구할 권리를 갖는다.

(2) 별도의 합의가 없는 한, 운송인은 화물이 도착한 때에는 그 사실을 수하인에게 통지하여야 할 의무를 진다.

## Ⅲ. 판시사항

신용장이 개설된 무역거래에서 거래의 대상이 된 수출물품의 운송에 관한 항공화물운송장을 작성·발행하는 업무를 담당하는 자로서는 항공화물운송장 원본의 내용이 서로 불일치하지 않도록 하여야 할 의무가 있고, 이러한 의무에 위반하여 각 항공화물운송장 원본의 내용을 서로 다르게 작성·발행함으로써 송하인용 원본인 항공화물운송장의 기재를 신뢰한 국내은행이 수출자로부터 수출환어음과 항공화물운송장 등 서류를 매입하고도 신용장 개설은행의 수출환어음 지급 거절시 수출물품에 대한 양도담보권을 행사할 수 없게 되었다면, 그로 인하여 국내은행이 입은 손해를 배상할 책임이 있다.

## Ⅳ. 해 설

### 1. 신용장

#### 가. 의 의[1)]

(1) 물건 매매계약에서 매도인과 매수인의 주된 관심사는 매매대금의 확실한 지급과 매매 목적물의 확실한 수령에 있다. 이와 같은 매도인과 매수인의 대립되는 대가적 의무의 이행은 통상적인 국내거래, 그 중에서도 현실매매와 같이 매도인의 물건인도의무와 매수인의 대금지급의무가 동시이행되는 관계가 있는 경우에는 거래상 별다른 문제가 없다. 그러나 매도인과 매수인이 원거리에 떨어져 소재하는 격지자간의 거래, 특히 국제물품매매계약의 경우 매도인과 매수인 사이에는 대부분의 경우 계약당사자의 신용도에 관한 문제가 발생한다. 즉 매도인의 입장에서는 물품대금의 수령을 제대로 할 수 있을 지 여부에 대해, 매수인의 입장에서는 자신이 매수한 물품의 확실한 인수에 대해 불안감을 가지게 된다.

---

1) 이정원, "신용장거래에서 개설은행과 매입은행의 주의의무와 준거법", 중재연구 제22권 제1호(2012), 68~69면.

(2) 물품매매에 매도인과 매수인 사이에 존재하는 거래상 위험에 대한 대처방안의 하나로 고안되어 현재 국제무역거래에 사용되고 있는 제도가 신용장(信用狀, Letter of Credit)이다. 즉 신용장이란 거래 당사자간의 신용을 더 확고하게 하여 국제거래의 확대와 원활을 도모하도록 하는 수단의 하나로서, 개설은행이 신용장에서 규정한 소정의 조건에 합치하는 서류와 상환으로 제3자인 수익자 또는 그가 지시하는 자에게 금전의 지급 또는 수익자가 발행한 환어음(Bill of Exchange, Draft)의 인수·지급 또는 매입을 하도록 수권한 것을 말한다.

(3) 신용장은 원칙적으로 개설은행이 수익자에게 통지한 소정의 조건에 합치하는 서류와 상환으로 금전을 지급하겠다는 의사표시를 하는 것이므로, 이는 물품매매계약에 매도인과 매수인의 원인관계와는 전혀 별개의 거래로서 신용장대금을 지급하는 개설은행은 궁극적으로 수익자 등이 제시하는 서류의 신용장조건에의 합치 여부에만 관심이 있을 뿐이다.

(4) 원칙적으로 수익자는 신용장대금의 청구를 위해 신용장에서 요구하는 서류와 일치하는 서류를 신용장 개설은행에 제시하여야 하나, 통상 신용장 개설은행은 수익자 소재지가 아닌 장소, 특히 국외에 소재하는 경우가 대부분인 관계로 수익자는 신용장대금의 신속한 회수를 위해 자신의 거래은행에 신용장상 요구되는 기적서류(機積書類)와 환어음의 매입(Negotiation)을 의뢰하게 된다. 이와 같이 수익자 등으로부터 신용장에서 요구하는 기적서류와 환어음을 매입하는 은행을 매입은행(Negotiating bank)이라고 하는데, 통상 신용장과 관련된 법률적 분쟁은 수익자로부터 환어음과 기적서류를 매입한 매입은행과 신용장 개설은행 사이에 주로 발생한다.

### 나. 신용장거래에서 매입[2)]

(1) 신용장거래에서 매입이란 환어음 등의 매입을 수권받은 은행이 환어음 또는 기적서류를 수리하고 대가를 지급하는 것을 말하는데, 여기서

---

2) 이정원, 75~76면.

'대가를 지급한다'는 것은 현금·수표·은행을 통한 이체·계좌입금 등의 방법으로 즉시 지급하거나 지급할 채무를 부담하는 것을 말한다.[3] 매입은행이란 이와 같이 환어음 등을 매입하는 은행을 말하는데, 매입은행은 신용장에서 특별히 지정할 수도 있지만,[4] 그러한 지정이 없는 경우에는 어느 은행이든 매입은행이 될 수 있다.

(2) 매입은행이 특별히 지정된 특정신용장(Restricted Credit)의 경우 매입은행으로 지정되지 않은 은행이 환어음 등을 매입할 수 있는지 여부가 문제되는데, 비지정은행도 자신의 책임과 위험·계산하에 환어음 등을 매입하는 것을 금지하지 않은 이상 비지정은행이 환어음 등을 매입하는 것은 가능하다고 보아야 한다. 다만 이 경우 비지정은행은 지정은행에 재매입을 신청하여야 한다. 반면 자유매입신용장(Open Credit)이란 개설은행에 의한 매입은행의 지정이 없이 어느 은행이든 환어음 등의 매입을 할 수 있는 신용장을 말한다.

(3) 국제상업회의소(International Chamber of Commerce)의 제5차 개정 신용장통일규칙(The Uniform Customs and Practice for Documentary Credits, 1993 Revision, ICC Publication No. 500, 이하 '신용장통일규칙') 제9조 d항은 "제48조에 의하여 별도로 규정된 경우를 제외하고는 취소불능신용장은 개설은행, 확인은행(있는 경우) 및 수익자의 합의 없이는 변경되거나 취소되지 아니한다"고 규정하고 있다. 따라서 취소불능신용장에서 규정된 수익자의 권리 또는 권리의 행사요건 등에 영향을 미치는 신용장 조건 등의 변경은 수익자의 동의를 얻지 못하면 효력이 없다. 취소불능신용장의 이러한 조건변경 제한규정은 개설은행이 매입은행 등 지정은행에 대한 지시의 형식을 취하였다고 하더라도 그 지시 내용이 실질적으로 수익

---

3) 신용장통일규칙 제10조 b항 ii호는 "매입(negotiation)이라고 함은 매입을 수권받은 은행이 환어음 및/또는 서류(이하 '서류'라 한다)에 대한 대가를 지급하는 것을 의미한다. 대가를 지급하지 않고 단순히 서류만을 점검하는 것은 매입이 아니다"라고 규정하고 있는바, 위 규정의 취지에 비추어 개설은행에 의한 수권이 있는 은행이 서류에 대한 대가를 지급한 경우에 한하여 '매입'으로 인정되는 것이고, 그런 수권이 없는 은행의 경우에는 서류에 대하여 대가를 지급하였더라도 '매입'으로 인정될 수 없는 것이며, 이는 연지급신용장(Deffered L/C)이라 하여 달리 볼 것이 아니다. 대법원 2003. 1. 24. 선고 2001다68266 판결.

4) 신용장매입을 수권받은 은행을 '지정은행(nominated bank)'이라 한다.

자의 권리 또는 권리의 행사요건 등을 변경하는 결과를 초래하는 경우에도 마찬가지로 적용된다고 보아야 하므로 수익자의 동의가 없는 한 그와 같은 지시는 효력이 없다. 왜냐하면 개설은행의 그와 같은 지시가 수익자에 대한 관계에서만 무효이고 매입은행에 대한 관계에서는 그대로 유효하다고 한다면, 매입은행은 개설은행의 지시를 따를 수밖에 없고 그에 따라 수익자는 매입은행에게 변경 지시 전의 권리를 사실상 행사할 수 없게 되는 반면, 개설은행은 수익자의 동의 없이 매입은행에 대한 지시를 통하여 취소불능신용장의 신용장 조건을 임의로 변경할 수 있는 부당한 결과가 초래되기 때문이다. 따라서 이러한 경우 개설은행은 수익자뿐만 아니라 매입은행에 대한 관계에서도 그 지시의 유효를 주장할 수 없다.[5)]

### 다. 독립추상성의 원칙

#### (1) 의 의

신용장의 독립추상성이란 신용장이 기본계약을 기초로 하면서도 그러한 기본계약과는 별개 독립의 지위에 있어 기본계약에는 전혀 구속받지 아니한다는 것을 의미하고, 1983년의 제4차 및 1993년의 제5차 개정 신용장통일규칙 제3조에서 각각 이를 규정하고 있다. 신용장의 추상성은 유가증권인 어음수표의 추상성에 비교되나, 유가증권인 어음·수표에서는 실질관계와 어음관계와의 절단의 정도는 엄격하여 어음상에는 원인관계의 기재를 할 수 없을 뿐 아니라 만일 이를 기재한 경우에도 전혀 효력이 없거나(무익적 기재) 또는 어음자체의 효력에 영향을 주는 경우도 있는 반면(유해적 기재), 신용장에서는 그 정도로 엄격한 것은 아니다. 기본계약상 사유가 신용장의 조건으로 될 경우에는 비록 일정한 제약은 있으나, 그러한 사유는 신용장의 내용으로 되어 신용장 관계 당사자를 구속할 수 있다.

#### (2) 내 용

(가) 개설은행의 지급의무는 개설의뢰인과 개설은행 사이의 보상관계로부터 독립되어 있다. 따라서 신용장이 일단 개설되면 개설의뢰인이 무능

---

5) 대법원 2011. 1. 13. 선고 2008다88337 판결.

력자이거나 무권대리인인 경우, 착오·사기 등을 이유로 신용장 개설의뢰계약을 취소하였기 때문에 유효한 신용장개설의 의뢰가 없는 경우 또는 위 개설의뢰계약이 해제된 경우에도 이미 개설된 신용장이 당연히 취소되거나 효력이 상실되는 것은 아니다.

(나) 신용장은 개설의뢰인과 수익자 사이의 원인관계인 매매계약과 독립되어 있다. 따라서 서류가 신용장조건에 일치하는 이상 매매계약의 무효나 해제, 채무불이행 등의 사유를 가지고 개설은행이 수익자에게 대항하지 못한다. 이와 관련하여 개설은행이 수익자(매도인)에 대하여 채권을 갖는 경우에 신용장에 기한 채무와 상계할 수 있는가의 점에 관하여는 논의가 있는데, 위와 같은 매매계약으로부터의 독립추상성을 엄격히 강조하여 수익자로부터 신용장대금청구를 받은 개설은행은 개설의뢰인과 수익자 사이의 매매계약에 기한 원인관계상 채권을 개설의뢰인으로부터 양도받은 경우에도 매도인의 신용장대금청구에 대하여 이러한 권리로 대항할 수 없고, 따라서 개설은행이 양수한 원인관계상 채권으로 신용장대금 지급채무와 대등액에서 상계하는 것은 허용되지 아니한다는 견해가 있다.[6] 만일 이를 허용한다면 신용장에 기한 법률관계에 원인관계인 매매계약이 항상 끼어들게 되어 양자의 분리는 불가능하여 결국 신용장제도의 본래 목적을 달성하지 못하게 되는 점에 비추어 볼 때 위와 같은 개설은행의 상계는 신의칙상 허용되지 아니하는 것으로 볼 수 있다.

(다) 제5차 개정 신용장통일규칙(UCP 500) 제13조 c항은, "신용장에 제시되어야 할 서류에 관하여는 명시하지 않은 조건이 포함되어 있는 경우에는 은행은 그러한 조건이 제시되지 않은 것으로 간주하고 이를 무시하여야 한다"는 규정을 신설하였다. 이는 신용장거래는 서류거래이고(제4조), 신용장의 발행·조건변경을 위한 지시는 완전하고 정확한 것이어야 하며(제5조 a항), 신용장에는 지불·인수 또는 매입의 대상이 되는 서류를 정확하게 명시하여야 하고(제5조 b항), 은행은 신용장에 정해진 모든 서류가 문면상 신용장조건을 충족하고 있는가만을 심사하는 것이므로(제13조 a

---

6) BGH JZ 1959, 361.

항), 서류를 명시하지 않은 조건은 신용장의 독립추상성의 원칙을 침해하기 때문이다.

### 라. 신용장 개설은행의 주의의무

(1) 신용장 개설은행은 개설의뢰인인 매수인을 대신하여 매도인에게 매매대금을 지급하는 지위에 있는 자로서 은행에 제시된 서류가 형식상 신용장조건과 엄격하게 합치하는지를 조사·점검할 의무가 있고, 이러한 의무를 다함으로써 책임을 면한다. 제5차 개정 신용장통일규칙 제13조 a항은 위와 같은 취지를 명시하고 있으며, 특히 은행의 조사점검의무에 관하여 "은행은 신용장에 명시된 모든 서류가 문면상 신용장조건과 합치하는지의 여부를 상당한 주의를 기울여 점검하여야 한다. 서류 상호간에 문면상 모순되는 것은 신용장조건과 합치되지 않는 것으로 본다"고 규정하고 있다. 이 규정에서 '상당한 주의'라 함은 상품거래에 관한 특수한 지식경험에 의함이 없이 은행원으로서의 일반적인 지식경험에 의하여 기울여야 할 객관적이고 합리적인 주의를 가리킨다. 따라서 은행원은 신용장조건에 관한 실질적 심사의무는 없다고 하더라도 신용장과 기타 서류에 기재된 문언을 형식적으로 엄격하게 해석하여 신용장조건과의 합치 여부를 가려낼 의무가 있다.[7)]

(2) 제5차 개정 신용장통일규칙 제27조 a항 i호에 의하면, 신용장에서 항공운송서류를 요구한 경우에는, 은행은 신용장에 별도로 명시하고 있지 않는 한 그 명칭에 관계없이 문면상 운송인의 이름이 표시되고 운송인 또는 대리인이 서명하거나 기타 다른 방식으로 인증한 서면을 수리하여야 하며, 운송인의 모든 서명 또는 인증에는 반드시 운송인이라는 확인이 있어야 하고, 운송인을 대신하여 서명하거나 인증한 대리인은 반드시 운송인의 명의와 자격도 명시하여야 한다고 규정하고 있다.

(3) 신용장에서 항공화물운송장의 제시를 요구하고 있는 경우, 신용장 개설은행은 위 규정에서 정한 요건을 충족하는 서류만을 신용장조건에 합

---

7) 대법원 1985. 5. 28. 선고 84다카696 판결.

치하는 서류로서 수리하여야 하고, 항공화물운송장이 위와 같은 요건을 충족하고 있는지 여부는 신용장 관련 다른 서류의 기재를 참고하지 아니하고 해당 항공화물운송장의 문언만을 기준으로 하여 형식적으로 엄격하게 판단하여야 한다.

## 2. 신용장 거래와 항공화물운송장

### 가. 몬트리올 협약상 항공화물운송장의 작성

몬트리올 협약은, 항공화물운송장은 운송계약의 체결, 화물의 수취 및 운송의 조건에 관한 증거가 되는 서류로서 제1원본인 운송인용, 제2원본인 수하인용, 제3원본인 송하인용 등 3통의 원본(three original parts)이 작성되고, 운송인용 원본은 송하인이 서명하며, 수하인용 원본은 송하인 및 운송인이 서명하여 화물과 함께 송부되고, 송하인용 원본은 운송인이 서명하고 화물을 접수받은 후 송하인에게 교부되어야 한다고 규정하고 있다(제7조 제1항, 제2항). 따라서 운송인용, 수하인용, 송하인용 등 항공화물운송장 원본 3통은 모두 원본으로서 증거력이 동일하고, 각 서명 부분을 제외하고는 그 내용이 서로 동일하게 작성되어야 한다.

### 나. 화물의 처분권

송하인은 출발공항 또는 도착공항에서 화물을 회수하거나 운송 도중 착륙할 때에 화물을 유치하거나 항공화물운송장에 기재한 수하인 이외의 자에 대하여 도착지 또는 운송 도중에 화물을 인도하거나 또는 출발공항으로 화물의 반송을 청구하는 것에 의하여 화물을 처분할 권리를 가지고, 그 처분권은 화물이 도착지에 도착한 때에 수하인이 운송인에 대하여 정당한 비용을 지급하고 운송의 조건을 충족하면 화물의 인도를 청구할 권리를 가지게 됨으로써 소멸하지만,[8] 수하인이 화물의 수령을 거부한 때 또는 수하인을 알 수 없을 때에는 송하인은 그 처분권을 회복한다고 규정

---

8) 바르샤바 협약 제13조 제1항은 항공화물운송장의 교부를 청구할 권리도 규정하고 있었다.

하고 있다(몬트리올 협약 제12조 제1항, 제4항, 제13조 제1항).

### 다. 항공화물운송장과 수출대금의 담보

수출자가 항공화물운송장을 첨부한 수출환어음을 발행하여 국내은행에 그 매입을 의뢰하고 이를 매입한 국내은행이 신용장 개설은행에 추심하는 방법에 의하여 수출대금이 결제되는 방식의 무역거래에서 항공화물운송장의 수하인을 신용장 개설은행으로 할 경우, 신용장 개설은행이 도착지에서 화물의 인도청구권을 가지게 되어 그 인도청구권이 수출대금을 담보하는 기능을 하게 된다.

수출환어음을 매입하는 국내은행이 수출자와 사이에 수출환어음의 매입에 수반하는 화물을 그 거래와 관련하여 수출자가 국내은행에 부담하는 채무의 지급을 위한 담보로서 양도하기로 약정한 경우에는 국내은행이 그 화물에 대한 양도담보권(讓渡擔保權)을 취득하므로, 위와 같은 방식의 무역거래에서 항공화물운송장의 수하인인 신용장 개설은행이 수출환어음의 지급을 거절함으로써 항공화물운송장 또는 화물의 수령을 거부한 때에는 화물에 대한 처분권이 송하인인 수출자에게 회복되어 국내은행이 그 화물에 대한 양도담보권을 행사할 수 있게 되고, 국내은행은 그 양도담보권의 행사를 통하여 수출자에게 지급한 수출환어음 매입대금을 상환받게 된다.

### 라. 항공화물운송장 작성·발행자의 주의의무

신용장이 개설된 무역거래에서 그 거래의 대상이 된 수출물품의 운송에 관한 항공화물운송장을 작성·발행하는 업무를 담당하는 자로서는 각 항공화물운송장 원본의 내용이 서로 불일치하지 않도록 하여야 할 의무가 있다. 이러한 의무에 위반하여 각 항공화물운송장 원본의 내용을 서로 다르게 작성·발행함으로써 송하인용 원본인 항공화물운송장의 기재를 신뢰한 국내은행이 수출자로부터 수출환어음과 항공화물운송장 등 서류를 매입하고도 신용장 개설은행의 수출환어음 지급 거절시 그 수출물품에 대한 양도담보권을 행사할 수 없게 되었다면, 그로 인하여 국내은행이 입은 손해를 배상할 책임이 있다.

### 3. 대법원 2007. 5. 10. 선고 2005다57691 판결

#### 가. 사실관계

(1) 이 사건 항공화물운송장 상단 발행인(Issued by)란에는 "PRIME LOGISTICS INTERNATIONAL (HK) LTD."(이하 '프라임사')라고 굵은 글씨로 인쇄되어 있고, 그 옆에 "운송인으로서(as the Carrier)"라고 인쇄되어 있는 반면, 그 하단에 있는 "발행 운송인 또는 그 대리인의 서명(Signature of Issuing Carrier or its Agent)"란에는 프라임사를 표시하는 타원형의 스탬프와 프라임사측의 서명이 있고, "원고 마이크로머지 세미콘덕터 주식회사를 대신하여(For and on behalf of Micro-Merge Semiconductor Co., Ltd)"라는 스탬프와 "AS AGENT FOR THE CARRIER : KOREAN AIRLINES"라는 기재가 있다.

(2) 항공화물운송장의 발행인란에는 프라임사가 운송인으로 기재되어 있는 반면, 이 사건 항공화물운송장의 하단 부분에 의하면, 프라임사의 스탬프와 "As Agent For The Carrier : KOREAN AIRLINES"가 서명란에 기재되어 있다.

(3) 이와 같이 항공화물운송장의 발행인란에는 프라임사가 운송인으로 기재되어 있는 반면, 이 사건 항공화물운송장의 하단 부분에 의하면, 프라임사의 스탬프와 "As Agent For The Carrier: KOREAN AIRLINES"가 서명란에 기재된 점에 비추어, 프라임사는 운송인인 대한항공의 대리인으로서 서명하였다. 신용장 개설은행인 피고 국민은행으로서는 프라임사가 이 사건 항공화물운송장을 운송인으로서 발행하였는지, 운송인의 대리인으로서 발행하였는지 판단하기 불분명하여 이를 신용장에서 요구하는 적법한 항공화물운송장으로서 수리할 수 없는 경우, 항공화물운송장이 신용장 개설은행에 적법하게 제시되었다고 볼 수 있는지 여부가 문제되었다.

#### 나. 신용장 개설은행의 주의의무

(1) 신용장 개설은행은 개설의뢰인인 매수인을 대신하여 매도인에게

매매대금을 지급하는 지위에 있는 자로서 은행에 제시된 서류가 형식상 신용장조건과 엄격하게 합치하는지를 조사 점검할 의무가 있고, 이러한 의무를 다함으로써 책임을 면한다. 이 사건 신용장 거래에 적용되는 제5차 개정 신용장통일규칙 제13조 a항은 위와 같은 취지를 명시하고 있으며, 특히 은행의 조사점검의무에 관하여 "은행은 신용장에 명시된 모든 서류가 문면상 신용장조건과 합치하는지의 여부를 상당한 주의를 기울여 점검하여야 한다. 서류 상호간에 문면상 모순되는 것은 신용장조건과 합치되지 않는 것으로 본다"고 규정하고 있다.

이 규정에서 '상당한 주의'라 함은 상품거래에 관한 특수한 지식경험에 의함이 없이 은행원으로서의 일반적인 지식경험에 의하여 기울여야 할 객관적이고 합리적인 주의를 가리킨다. 따라서 은행원은 신용장조건에 관한 실질적 심사의무는 없다고 하더라도 신용장과 기타 서류에 기재된 문언을 형식적으로 엄격하게 해석하여 신용장조건과의 합치 여부를 가려낼 의무가 있다.[9)]

(2) 신용장통일규칙 제27조 a항 i호에 의하면, 신용장에서 항공운송서류를 요구한 경우에는, 은행은 신용장에 별도로 명시하고 있지 않는 한 그 명칭에 관계없이 문면상 운송인의 이름이 표시되고 운송인 또는 대리인이 서명하거나 기타 다른 방식으로 인증한 서면을 수리하여야 하며, 운송인의 모든 서명 또는 인증에는 반드시 운송인이라는 확인이 있어야 하고, 운송인을 대신하여 서명하거나 인증한 대리인은 반드시 운송인의 명의와 자격도 명시하여야 한다고 규정하고 있다.

신용장에서 항공화물운송장의 제시를 요구하고 있는 경우, 신용장 개설은행은 위 규정에서 정한 요건을 충족하는 서류만을 신용장조건에 합치하는 서류로서 수리하여야 하고, 항공화물운송장이 위와 같은 요건을 충족하고 있는지 여부는 신용장 관련 다른 서류의 기재를 참고하지 아니하고 해당 항공화물운송장의 문언만을 기준으로 하여 형식적으로 엄격하게 판단하여야 한다.

---

9) 대법원 1985. 5. 28. 선고 84다카696 판결.

(3) 그런데 신용장에 따라 제시된 항공화물운송장의 발행인란에 운송인으로 기재된 자가 운송인의 대리인으로서 서명함으로써, 항공화물운송장의 문언만으로는 그 항공화물운송장이 운송인에 의하여 서명·발행되었는지, 운송인의 대리인에 의하여 서명·발행되었는지 신용장 개설은행의 입장에서 판단하기 어려운 경우, 항공운송서류에 관한 신용장통일규칙 제27조 a항 i호의 요건을 충족하는 항공화물운송장이 신용장 개설은행에 적법하게 제시되었다고 볼 수 없다.

### 다. 판시사항

이 사건 항공화물운송장의 발행인란에는 프라임사가 운송인으로 기재되어 있는 반면, 이 사건 항공화물운송장의 하단 부분에 의하면, 프라임사의 스탬프와 "As Agent For The Carrier: KOREAN AIRLINES"가 서명란에 기재된 점에 비추어, 프라임사는 운송인인 대한항공의 대리인으로서 서명하였다. 따라서 신용장 개설은행으로서는 프라임사가 이 사건 항공화물운송장을 운송인으로서 발행하였는지, 운송인의 대리인으로서 발행하였는지 판단하기 불분명하여 이를 신용장에서 요구하는 적법한 항공화물운송장으로서 수리할 수 없으므로, 위와 같은 경우 항공화물운송장이 신용장 개설은행에 적법하게 제시되었다고 볼 수 없다.

## 4. 대법원 1998. 11. 10. 선고 98도2526 판결

### 가. 인정사실

(1) 피고인은 무역회사의 대표로서 물품을 수입하기 위하여 주식회사 조흥은행 신사동지점(이하 '피해 은행')과 수입거래약정을 체결하면서 장래에 수입하는 물품을 피해 은행에 대한 신용장대금 채무이행을 위한 담보로서 양도한다는 약정을 하였다.

(2) 이에 따라 환어음의 지급조건은 일람출급, 피해 은행을 수하인, 무역회사를 통지처, 가격조건을 본선 인도 조건(F.O.B.) 또는 운임·보험료 포함 조건(C.I.F.)으로 한 항공화물운송에 의하여 화물을 운송할 것을 조건

으로 한 신용장이 개설되어 위 조건에 맞추어 수출업자가 물품에 대한 항공화물운송을 위탁한 결과 물품이 국내 공항에 도착하였다.

(3) 피해 은행이 수출업자측에 적법하게 대금을 결제하였음에도, 피고인은 피해 은행에 대한 대금결제를 하지 않은 채 물품을 통관하여 보세창고업자로부터 인도받은 다음 이를 임의로 타에 처분하였다.

### 나. 판시사항

#### (1) 화물의 소유권이전

개정 바르샤바 협약 제13조 제1항에 의하면 항공화물운송에서 화물이 도착지에 도착하기 전에 송하인이 운송인에게 화물의 처분에 관한 지시를 하지 않은 이상 수하인은 화물이 도착지에 도착한 때에는 운송인에 대하여 확정적으로 화물의 인도청구권을 취득한다.

본선인도조건(F.O.B.) 또는 운임·보험료 포함조건(C.I.F.)으로 매수인을 수하인으로 하여 항공화물운송인에게 운송을 위탁하는 방법으로 물품을 인도하기로 하는 수출입매매계약이 체결된 경우, 특별한 사정이 없는 한 물품이 도착지에 도착함으로써 매수인이 운송인에 대하여 물품의 인도청구권을 취득하였을 때 민법 제190조의 규정에 의하여 매도인으로부터 매수인에게 물품의 인도가 이루어진 것으로 되어 그 소유권은 매수인에게 이전된다.

이 경우 매수인이 수입할 물품을 미리 제3자에게 양도함에 따라 매도인에 대하여 위 제3자를 수하인으로 하여 운송을 위탁할 것을 요구하고 매도인이 이에 응하였다면 물품이 국내에 도착하였을 때 당사자들의 의사에 따라 매도인으로부터 매수인, 매수인으로부터 제3자에게 순차로 물품에 대한 소유권이전이 이루어진다.

#### (2) 신용장 개설은행의 양도담보권 취득

수입업자가 물품을 수입하기 위하여 신용장 개설은행과 수입거래약정을 체결하면서 장래에 수입하는 물품을 개설은행에 대한 신용장대금 채무이행을 위한 담보로서 양도한다는 약정을 하고, 이에 따라 개설은행을 수하인, 수입업자를 통지처, 가격조건을 본선인도조건 또는 운임·보험료 포함조건으로 한 항공화물운송에 의하여 화물을 운송할 것을 조건으로 한 신용장이 개설되고 위 조건에 맞추어 수출업자가 물품에 대한 항공화물운송을 위탁한 경우, 특별한 사정이 없는 한 물품이 국내 공항에 도착하였을 때 개설은행이 민법 제190조의 규정에 의하여 인도를 받은 것으로 되어 당사자 사이에 그 소유권이전이 순차로 이루어져 위 수입거래약정과 별도로 양도담보계약을 체결하지 않았더라도 개설은행은 물품에 대한 양도담보권을 취득한다.[10)]

(3) 수입업자가 무단으로 화물을 반출한 경우 형사책임

수입업자가 신용장 개설은행에게 양도담보로 제공한 수입 물품이 통관을 위하여 보세창고업자에게 입고되자 관세법 제6조 소정의 관세납부의무자인 물품을 수입한 화주로서 수입신고를 하고, 통관절차를 마친 다음 보세창고업자에게 수입신고필증을 제시하고 물품을 인도받았다면 수입업자는 신의법칙상 양도담보권자인 개설은행이 담보의 목적을 달성할 수 있도록 개설은행에 대한 신용장대금 변제시까지 위 물품을 보관할 의무를 지게 된다. 이 의무는 개설은행에 대하여 타인의 사무에 해당하므로, 위 물품을 처분하는 등 부당하게 그 담보가치를 감소시키는 행위는 형법상 배임죄(背任罪)를 구성한다.

(4) 혼재항공화물운송장 수용 조건

송하인이 항공운송주선인(Forwarder)에게 화물운송을 의뢰하는 경우에는 그 운송주선인이 항공운송인의 지위에 서서 혼재항공화물운송장(House Air Waybill)을 작성하게 되며, 그 혼재화물이 항공사에 인도될 때 그 운송주선인은 송하인의 지위에 서서 항공사로부터 항공화물운송장(Master Air Waybill)을 작성·교부받게 된다. 혼재항공화물운송장 수용(House Air Waybill acceptable) 조건이라 함은 항공사가 발행하는 항공화물운송장뿐 아니라 항공운송주선인 발행의 혼재항공화물운송장으로도 신용장 대금의

10) 대법원 1997. 7. 25. 선고 97다19656 판결.

결제가 가능하다는 취지일 뿐, 수입자가 수하인의 동의 없이 수입화물을 통관하여 정당하게 인도받을 수 있다는 취지는 아니다.

## 5. 대상사안의 검토

### 가. 원심의 판단

이 사건 화물이 유피에스체인과 에이원의 지시에 따라 발행된 이 사건 제1항공화물운송장에 의하여 반출된 이상 이를 무단반출이라고 할 수 없고, 피고에게 이 사건 제1항공화물운송장과 달리 이 사건 제2항공화물운송장을 발행한 잘못이 있다고 하더라도 그로 인하여 이 사건 화물이 무단반출된 것이 아닌 이상 그와 원고의 손해 사이에 상당인과관계가 있다고 보기도 어렵다는 이유로 피고의 불법행위책임을 부정하였다.

### 나. 대법원의 판단

피고는 항공화물운송장을 발행하기 전에 이미 이 사건 화물 운송은 신용장이 개설된 거래에 관한 것임을 알고 있었다. 피고가 각 항공화물운송장 원본의 내용이 서로 불일치하지 않도록 하여야 할 의무에 위반하여 이 사건 제1, 2항공화물운송장의 내용을 서로 다르게 작성·발행함으로써 이 사건 제2항공화물운송장의 수하인 기재를 신뢰한 원고가 에이원으로부터 수출환어음과 이 사건 제2 항공화물운송장 등 서류를 매입하고도 이 사건 화물에 대한 양도담보권을 행사할 수 없게 되었다. 위와 같은 피고의 행위는 원고에 대한 불법행위가 되고, 피고는 그로 인하여 원고가 입은 손해를 배상할 책임이 있다.

# 판례색인

# 사항색인

# 저자약력

## ■ 권창영 權昌榮 (松齋)

〉〉〉 학력

서울대 물리학과 졸업(1992), 서울대 법학박사(2008), The University of Texas at Austin, School of Law Visiting Researcher(2006-2007)

〉〉〉 경력

[前] 제38회 사법시험 합격(1996), 사법연수원 수료(제28기, 1999), 춘천지법 판사(1999-2002), 의정부지법 판사(2002-2005), 서울서부지법 판사(2005-2007, 2012-2014), 서울행정법원 판사(2007-2009), 서울남부지법 판사(2009-2010), 서울고등법원 판사(2010-2012), 창원지법 부장판사(2014-2016), 의정부지법 부장판사(2016-2017)

[現] 법무법인(유한) 지평 변호사(2017-현재), 한국항공대 항공우주법학과 겸임교수(2017-현재), 대한상사중재원 중재인(2017-현재), 법제처 법령해석심의위원회 위원(2018-현재), 항공소음정책포럼 부회장(2019-현재), 항공판례연구회 회장(2020-현재)

〉〉〉 저서

노동재판실무편람(共著, 2005), 민사보전법(2010, 초판; 2012, 제2판), 근로기준법 주해 Ⅲ(共著, 2010), 주석 민사집행법 Ⅶ(제3판, 2012), 법원실무제요 민사집행 Ⅳ-보전처분-(共著, 2014), 노동조합 및 노동관계조정법 주해 Ⅱ·Ⅲ(共著, 2015), 선원법해설(2016, 초판), 온주 산업재해보상보험법(共著, 2017), 선원법해설(2018, 제2판), 민사보전(2018), 항공법판례해설 Ⅰ-항공민사법-(2019), 항공법판례해설 Ⅱ-항공노동법-(2019), 근로기준법 주해 Ⅲ(제2판, 共著, 2020)

〉〉〉 논문

"항공기 집행에 관한 법리" 등 100여 편

[항공우주법 강좌 3]

항공법판례해설 Ⅲ – 航空運送法

2020년 2월 25일 초판 인쇄
2020년 3월 1일 초판 1쇄 발행

저 자 권 창 영
발행인 배 효 선
발행처 도서출판 法 文 社
주 소 10881 경기도 파주시 회동길 37-29
등 록 1957년 12월 12일/제2-76호(윤)
전 화 (031)955-6500~6 FAX (031)955-6525
E-mail (영업) bms@bobmunsa.co.kr
(편집) edit66@bobmunsa.co.kr
홈페이지 http://www.bobmunsa.co.kr
조 판 법 문 사 전 산 실

정가 42,000원 ISBN 978-89-18-91095-6